Mathematik für Hochschule und duales Studium

Ihr Bonus als Käufer dieses Buches

Als Käufer dieses Buches können Sie kostenlos unsere Flashcard-App „SN Flashcards"
mit Fragen zur Wissensüberprüfung und zum Lernen von Buchinhalten nutzen.
Für die Nutzung folgen Sie bitte den folgenden Anweisungen:

1. Gehen Sie auf **https://flashcards.springernature.com/login**
2. Erstellen Sie ein Benutzerkonto, indem Sie Ihre Mailadresse angeben,
   ein Passwort vergeben und den Coupon-Code einfügen.

Ihr persönlicher „SN Flashcards"-App Code   C2A87-6B0AD-BBA99-F3C6A-AC4E3

Sollte der Code fehlen oder nicht funktionieren, senden Sie uns bitte eine E-Mail mit
dem Betreff **„SN Flashcards"** und dem Buchtitel an **customerservice@springernature.com**.

Guido Walz

Mathematik für Hochschule und duales Studium

3., erweiterte und korrigierte Auflage

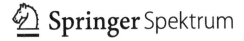

Guido Walz
Wilhelm Büchner Hochschule
Darmstadt, Deutschland

Unter Mitarbeit von Marco Daniel
Hamburg, Deutschland

ISBN 978-3-662-60505-9   ISBN 978-3-662-60506-6 (eBook)
https://doi.org/10.1007/978-3-662-60506-6

Die Deutsche Nationalbibliothek verzeichnet diese Publikation in der Deutschen Nationalbibliografie; detaillierte bibliografische Daten sind im Internet über http://dnb.d-nb.de abrufbar.

Springer Spektrum

Springer Spektrum ist ein Imprint der eingetragenen Gesellschaft Springer-Verlag GmbH, DE und ist ein Teil von Springer Nature.
Die Anschrift der Gesellschaft ist: Heidelberger Platz 3, 14197 Berlin, Germany

Vorwort zur dritten Auflage

Auch in dieser dritten Auflage wurden noch einige kleinere Fehler der Vorauflage korrigiert, auf die mich dankenswerterweise aufmerksame Leserinnen und Leser hingewiesen hatten.

Die wesentliche Neuerung dieser Auflage besteht jedoch darin, dass die Buchinhalte nun ergänzt werden durch den kostenlosen Zugang zur Springer Nature Flashcards-App. Dort wird Ihnen, den Leserinnen und Lesern, exklusives Zusatzmaterial in Form von über 300 neuen Prüfungsfragen zur Verfügung gestellt, mit deren Hilfe Sie jederzeit Prüfungssimulationen und eine Überprüfung des eigenen Leistungsstands durchführen können.

Wie schon bei den ersten beiden Auflagen konnte ich auch diesmal auf die sehr kompetente Unterstützung durch Frau Anja Groth und Frau Iris Ruhmann zählen, beiden gilt mein großer Dank.

Nun wünsche ich Ihnen viel Spaß und Erfolg beim Studium dieses Buchs sowie bei der Überprüfung Ihres Lernerfolgs mithilfe der neuen Springer Nature Flashcards.

Oktober 2020   Guido Walz

Vorwort zur zweiten Auflage

Wie kaum anders zu erwarten, hatten sich in die erste Auflage dieses Buchs einige kleinere Fehler eingeschlichen. Ich habe die vorliegende zweite Auflage zum Anlass genommen, diese zu entfernen, und danke allen aufmerksamen Leserinnen und Lesern für Ihre Hinweise, die geholfen haben, die Qualität des Werkes weiter zu verbessern.

Hierzu beigetragen hat (hoffentlich) auch die Tatsache, dass ich das Kapitel über numerische Mathematik signifikant erweitert habe: Sie finden dort jetzt auch Methoden zur Lösung linearer Gleichungssysteme und zur numerischen Integration von Funktionen.

Ich habe mir große Mühe gegeben, alle Inhalte gut zu erklären und durch Beispiele zu illustrieren. Sollten Sie dennoch einmal Verständnisschwierigkeiten haben, so können Sie mich gerne unter guido.walz@wb-fernstudium.de kontaktieren und um weitere Erklärung bitten.

Wie schon bei der ersten Auflage standen mir auch diesmal bei der Herstellung Frau Anja Groth und Herr Marco Daniel hilfreich zur Seite. Die sehr kompetente inhaltliche Betreuung des Werkes hatte Frau Iris Ruhmann inne. Ihnen allen, und weiß Gott nicht zuletzt auch Herrn Dr. Andreas Rüdinger, gilt mein großer Dank.

Nun möchte ich Sie aber nicht weiter davon abhalten, sich auf die Inhalte des Buches zu stürzen, und wünsche Ihnen viel Spaß und Erfolg dabei.

Februar 2016   Guido Walz

Vorwort

Mit Mathematikern ist kein heiteres Verhältnis zu gewinnen.
(J. W. von Goethe)

Bei allem Respekt vor Goethe: Der Mann hat gelegentlich auch Unsinn geschrieben. Hierzu gehört sicherlich seine „Farbenlehre", in der er vehement, aber natürlich vergebens versucht, Newtons Erkenntnisse über die Mischung von buntem Licht zu weißem Licht zu widerlegen.

Ebenso gehört dazu das obige Zitat; mit Mathematikern und ebenso mit der Mathematik ist durchaus „ein heiteres Verhältnis zu gewinnen", denn nirgendwo steht geschrieben, dass der Umgang mit der Mathematik verkrampft und todernst zu geschehen hat. Ich habe vor, Ihnen dies im Laufe des vorliegenden Buches zu beweisen. Das heißt natürlich nicht, dass ich die Dinge ins Lächerliche ziehen oder es an der nötigen Sorgfalt und Korrektheit mangeln lassen werde, aber dass ich versuchen will, Ihnen das Lesen der folgenden Seiten so angenehm und unterhaltsam wie möglich zu machen.

Wie üblich – aber keineswegs selbstverständlich – möchte ich an dieser Stelle einige Worte des Dankes anbringen. Da wäre zunächst mein Ansprechpartner beim Verlag, Herr Dr. Andreas Rüdinger, zu nennen, der sich weit über die üblichen Aufgaben eines Editors hinaus in die Entstehung dieses Buches eingebracht hat. Er war sich nicht zu schade dafür, jedes einzelne Kapitel Korrektur zu lesen, und hat dabei so manchen Lapsus meinerseits aufgedeckt und beseitigt. Frau Anja Groth, ebenfalls Springer-Verlag, hat es geschafft, aus einigen diffusen Vorstellungen meinerseits ein ansprechendes Layout zu erstellen. Schließlich ist Herr Marco Daniel zu nennen, der aus meinen laienhaften Latex-Fragmenten ein brauchbares Manuskript gebastelt und dazu professionelle Abbildungen erstellt hat.

Die ursprüngliche Idee für das Cover dieses Buches hatte mein Sohn Philipp. Leider ist er kurz darauf sehr krank geworden, sodass er an der weiteren Ausgestaltung des Buchtitels nicht mehr teilnehmen konnte. Gerade deswegen widme ich ihm dieses Buch von ganzem Herzen.

Im Sinne dessen, was ich eingangs formuliert habe: Ich wünsche Ihnen viel Erfolg, aber auch viel Spaß – und das meine ich ernst – beim Durcharbeiten der folgenden Seiten.

August 2010   Guido Walz

Inhaltsverzeichnis

Grundlagen

1

Übersicht

In diesem ersten Kapitel werde ich Sie mit den Grundlagen der Mathematik vertraut machen, die Sie im Laufe Ihres Studiums benötigen werden. Einiges wird Ihnen möglicherweise schon vertraut sein – was sicherlich nicht schlimm ist –, anderes dagegen vollständig neu – auch *das* ist nicht schlimm, wie Sie sehen werden. In jedem Fall werden Sie am Ende dieses Kapitels das Grundwissen sowie die nötigen Grundfertigkeiten haben, mit deren Hilfe Sie sowohl mit den weiteren Inhalten dieses Buchs, vor allem aber mit dem gesamten Mathematikteil Ihres Studiums keine unüberwindlichen Schwierigkeiten mehr haben werden. Das klingt doch schon mal gar nicht schlecht, oder?

1.1 Mengen

Vielleicht wundern Sie sich ja, dass ein Mathematikbuch wie dieses mit der Behandlung von Mengen beginnt, möglicherweise haben Sie eher erwartet, dass ich Ihnen zu Beginn Funktionen, Zahlen, Diagramme oder andere „typische" mathematische Dinge um die Ohren haue. Nun, keine Sorge, das kommt noch.

Zu Beginn aber werden wir uns mit Mengen befassen. Diese treten nämlich in allen Bereichen der Mathematik auf und sind die Basis für deren Verständnis. Beispielsweise werden Sie sich bald mit linearen Gleichungssystemen befassen und deren Lösungs*mengen* bestimmen, Sie werden Funktionen studieren und dabei Definitions*mengen* und Wer-

© Springer-Verlag GmbH Deutschland, ein Teil von Springer Nature 2020
G. Walz, *Mathematik für Hochschule und duales Studium*,
https://doi.org/10.1007/978-3-662-60506-6_1

te*mengen* benötigen, etc. … Und daher sollte man eben mit Mengen umgehen können. Also gehen wir's an.

1.1.1 Definition und Schreibweisen

So merkwürdig es klingen mag, aber mit das Schwierigste in der gesamten Mengenlehre – jedenfalls für den Autor bzw. Dozenten – ist die Definition des grundlegenden Begriffs der Menge. Wie meist in solchen Fällen zieht man Spezialisten des Fachgebiets zurate, ich gebe die folgende Definition daher so wieder, wie sie der große Georg Cantor, der von 1845 bis 1918 lebte und als der Begründer der modernen Mengenlehre gilt, angegeben hat:

> **Definition 1.1**
> Eine **Menge** ist die Zusammenfassung bestimmter wohlunterschiedener Objekte unserer Anschauung oder unseres Denkens – welche die **Elemente** der Menge genannt werden – zu einem Ganzen.

Das klingt für unsere Ohren natürlich ein wenig altertümlich, ist aber für unsere (und die allermeisten) Zwecke die beste aller möglichen Definitionen des Mengenbegriffs.

Mengen bezeichnet man üblicherweise mit Großbuchstaben, also A, B, C, … Ist x Element einer Menge A, so schreibt man $x \in A$, ist dies nicht der Fall, dann schreibt man $x \notin A$.

Wenn man eine Menge explizit angeben will, so schreibt man ihre Elemente meist in geschweifte Klammern eingeschlossen auf.

Beispiel 1.1

Die erste Menge, die ich hier angeben will, ist

$$A = \{1, 2, 3\}.$$

Die Elemente von A sind also gerade die ersten drei natürlichen Zahlen.

Auch wenn es sich hier um ein Mathematikbuch handelt, so hat doch kein Mensch behauptet, dass die Elemente einer Menge immer nur Zahlen sein müssen; so ist beispielsweise

$$B = \{\text{Schiffszwieback, Fachhochschule, Donald Duck}\}$$

eine Menge, an der es nichts auszusetzen gibt – die Herleitung ihrer Praxisrelevanz überlasse ich großzügigerweise Ihnen.

Schließlich ist auch

$$C = \{\ \}$$

eine Menge, wenn auch eine etwas armselige, da sie kein einziges Element hat. Man nennt diese Menge die **leere Menge** und bezeichnet sie mit dem Symbol $\emptyset$ oder eben einfach durch {}. ◄

Bemerkung

Ich hatte oben erwähnt, dass die Definition des Begriffs Menge schwierig sei. Nun haben Sie vermutlich Definition 1.1 gelesen und gedacht „Na ja, *so* schwierig war das ja nun auch wieder nicht."

Das scheint nur so; die wahre Schwierigkeit ist, dass sich diese Definition in der Höheren Mathematik als in sich widersprüchlich und somit unhaltbar herausstellen wird. Ein einfaches Gedankenexperiment zeigt dies: Elemente einer Menge können irgendwelche Objekte sein, insbesondere also auch andere Mengen. Nun definiere ich eine neue Menge, die sogenannte **Allmenge**, deren Elemente alle im Universum existierenden Mengen sein sollen. Sie sehen vielleicht schon die Schwierigkeit: Diese Menge ist eine Menge, müsste also in sich selbst enthalten sein, was zur sogenannten russelschen Antinomie führt.

Ein unauflösbarer Widerspruch, der dieses sogenannte naive Mengenkonzept in der Höheren Mathematik zum Scheitern bringt. Ich kann Sie aber beruhigen: In den Bereichen der Mathematik, in denen wir uns in diesem Buch und Sie sich in Ihrem Studium bewegen werden, ist Definition 1.1 völlig ausreichend.

Die Methode, eine Menge durch Aufzählung ihrer Elemente anzugeben, funktioniert theoretisch bei jeder endlichen Menge, also bei jeder Menge mit endlich vielen Elementen. Wenn Sie beispielsweise Lust haben, die Menge aller geraden Zahlen von 10 bis 2000 aufzuschreiben, so kann Sie niemand daran hindern, dies explizit und so oft Sie wollen zu tun.

Aber eben nur theoretisch. Beispielsweise ist die Menge aller möglichen Kombinationen von 6 aus 49 Zahlen – Kenner wittern hier das Zahlenlotto – durchaus endlich, aber diese endliche Menge hat weit über 13 Millionen Elemente. Ich habe ehrlich gesagt einen kurzen Moment lang mit dem Gedanken gespielt, die mit dem Verlag vertraglich vereinbarten Seiten damit zu füllen, diese Menge hier aufzuzählen. Sehr schnell jedoch habe ich davon Abstand genommen: Zum einen würde ich den Verlag verärgern (das wäre schlimm), zum anderen aber Sie als Leser langweilen (das wäre sehr schlimm).

Das Problem habe ich mit dieser Bemerkung aber dennoch deutlich gemacht: Es ist so gut wie unmöglich, eine sehr große endliche Menge explizit aufzuzählen – man nennt dies auch die aufzählende Form der Mengendarstellung –, und bei unendlichen Mengen, solchen mit unendlich vielen Elemente also, ist es sogar vollständig unmöglich.

Was kann man in diesen Fällen tun? Nun, zum einen gibt es hier die bei Mathematikern verpönte, bei Schülern und Studenten (und aufrichtigen Dozenten) aber recht beliebte Pünktchen-Schreibweise. Man ersetzt also diejenigen Elemente, die man nicht alle nennen kann, durch Pünktchen. Beispielsweise bezeichnet

$$\{1, 2, 3, 4, 5, \ldots, 48, 49\}$$

sicherlich die Menge aller natürlichen Zahlen von 1 bis 49, und

$$\{1, 3, 5, 7, 9, 11, 13, 15, 17, \ldots\}$$

ist ebenso sicherlich die Menge aller ungeraden Zahlen.

Aber die Pünktchen-Schreibweise hat ihre Tücken, denn schon bei

$$\{3, 5, 7, \dots, 29\}$$

wird es gefährlich: Um welche Menge handelt es sich hier? Sind es die ungeraden Zahlen zwischen 3 und 29? Sind es die Primzahlen zwischen eben diesen Grenzen? Das kann man nur anhand der Pünktchen nicht entscheiden. Und bei einer Menge wie

$$\{2, 5, 8, 13, 22, \dots\}$$

ist es wohl endgültig aus mit der eindeutigen Herleitung der hierdurch definierten Menge. (Welche ich daher auch gerne Ihnen überlassen will; schließlich schreibe ich lediglich dieses Buch, *Sie* müssen es lesen und interpretieren.)

Sehr viel sicherer in der Aussagekraft – wenn auch manchmal ein wenig unhandlich – ist die sogenannte beschreibende Form der Mengendarstellung:

Definition 1.2

Will man die Menge M aller Elemente angeben, die eine gewisse Eigenschaft E haben, so schreibt man

$$M = \{x \,;\, x \text{ hat die Eigenschaft } E\}.$$

Dies ist die **beschreibende Form** der Mengendarstellung.

Auf den ersten Blick nicht sehr erhellend, das gebe ich zu. Das muss man mit einigen Beispielen erläutern.

Beispiel 1.2

a) Die Menge

$$A = \{x \,;\, x \text{ ist eine Primzahl und ist gerade}\}$$

ist nichts anderes als eine vornehme Umschreibung der Menge $A = \{2\}$, denn 2 ist die einzige gerade Primzahl.

b) Bei der Menge

$$B = \{x \,;\, x \text{ ist eine ungerade Zahl und } 4 < x < 21\}$$

muss man schon ein wenig mehr nachdenken. Schließlich kommt man zum Ergebnis, dass es sich hierbei um die Menge

$$B = \{5, 7, 9, 11, 13, 15, 17, 19\}$$

handelt. Beachten Sie, dass das Zeichen < bedeutet, dass die Zahlen echt kleiner als (in diesem Fall) 21 sein müssen, die Zahl 21 also nicht mehr zur Menge gehört.

c) Kein Mensch hat behauptet, dass Mengen immer nur Zahlen enthalten müssen. Daher gebe ich Ihnen hier nun ein Beispiel, bei dem keine Zahlen auftreten:

$$C = \{x \,;\, x \text{ ist ein erwachsener Mensch und ist nicht weiblich}\}.$$

Wenn wir einmal von gewissen südafrikanischen Leichtathletinnen sowie Wesen wie Conchita Wurst absehen, handelt es sich hierbei schlicht und ergreifend um die Menge aller Männer auf der Welt. ◄

Mathematische Inhalte lernt man am besten, indem man selbst einige Aufgaben löst; daher streue ich in den Text dieses Buches immer wieder eine Anzahl von Übungsaufgaben ein und empfehle Ihnen, diese zu bearbeiten, ohne gleich hinten in den Lösungsteil zu spicken.

Übungsaufgabe 1.1

Geben Sie die Elemente der folgenden Mengen an:

a) $A = \{x \,;\, x \text{ ist eine ganze Zahl und } 3 < x < 11\}$

b) $B = \{x \,;\, x \text{ ist eine deutsche Stadt; die mehr als eine Million Einwohner hat}\}$

c) $C = \{x \,;\, x \text{ ist eine ungerade Zahl und } x \text{ ist durch 10 teilbar}\}$ ◄

Zum Abschluss dieses kurzen einführenden Unterabschnitts will ich noch zwei Begriffe definieren, die eigentlich selbsterklärend sind, aber in einem guten Mathematikbuch – und ein solches gedenke ich hier zu schreiben – muss man alles definieren, was man im weiteren Verlauf benutzen will. Außerdem sollten Sie dankbar sein für jede Definition, deren Inhalt sich ohne Weiteres sofort erschließt.

Definition 1.3
Es sei A eine beliebige Menge. Ist das „Objekt" x in A enthalten, so nennt man x ein **Element** von A und schreibt

$$x \in A.$$

Ist B eine Menge mit der Eigenschaft, dass jedes Element von B auch Element von A ist, so nennt man B eine **Teilmenge** von A und schreibt

$$B \subset A.$$

Per Definition ist die leere Menge Teilmenge *jeder* Menge: $\emptyset \subset A$ für jede Menge A.

Das Zeichen $\in$ ist übrigens ein stilisiertes Epsilon, also ein griechisches „e". Da heutzutage nur noch Dinosaurier wie ich Griechisch gelernt haben, beschreibt man es vielleicht besser als ein zu klein geratenes Euro-Zeichen, dem jemand auch noch den zweiten Querbalken geklaut hat.

1.1.2 Mengenoperationen

Nein, keine Sorge, auch wenn im Titel der Begriff „Operation" steht, kommt hier nichts Ekliges; wenn ich etwas wirklich Ekliges sehen will, schalte ich „Bones, die Knochenjägerin" ein. Hier geht es vielmehr darum, das Rechnen mit Mengen zu lernen, denn mit dem bloßen Hinschreiben von Mengen, wie ich es im letzten Abschnitt durchexerziert habe, ist es natürlich nicht getan.

Die beiden wichtigsten Operationen sind die Vereinigung und die Schnittbildung zweier Mengen, und diese werde ich jetzt definieren.

Definition 1.4

Es seien A und B Mengen. Dann ist die **Schnittmenge** (oder einfach der **Schnitt**) dieser beiden Mengen definiert durch

$$A \cap B = \{x \, ; \, x \in A \text{ und } x \in B\}. \tag{1.1}$$

In der Menge $A \cap B$ liegen also alle Elemente, die sowohl in A als auch in B liegen.

Beispiel 1.3

a) Es seien $A = \{2, 3, 5\}$ und $B = \{1, 2, 3\}$. Dann ist $A \cap B = \{2, 3\}$.

b) Es seien $A = \{2, 3, 5\}$ und $B = \{1, 4\}$. Dann ist $A \cap B = \{\}$. Die Schnittmenge ist hier also die leere Menge, da die beiden Ausgangsmengen kein gemeinsames Element haben.   ◄

Es ist bei Mengenoperationen oft hilfreich, die Vorgänge grafisch zu veranschaulichen. Hierfür benutzt man meist die Darstellung einer Menge als kreisförmiges oder ovales Objekt in der Ebene; vornehm formuliert handelt es sich hierbei um sogenannte **Venn-Diagramme**.

Abb. 1.1 veranschaulicht die Schnittbildung zweier Mengen: Die Ausgangsmengen sind durch Kreise visualisiert, die Schnittmenge ist der eingefärbte mandelförmige Bereich in der Mitte, der zu beiden Mengen gehört. Es muss aber betont werden, dass solche Diagramme nur der Veranschaulichung der Situation dienen, man kann mit ihnen keine Beweise führen oder Mengenumformungen vollziehen.

Abb. 1.1 Schnitt
zweier Mengen

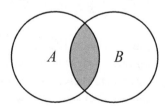

Die zweite wichtige Mengenoperation ist die Vereinigung von Mengen:

Definition 1.5

Es seien A und B Mengen. Dann ist die **Vereinigung** dieser beiden Mengen definiert durch

$$A \cup B = \{x \,;\, x \in A \text{ oder } x \in B\}. \tag{1.2}$$

In der Menge $A \cup B$ liegen also alle Elemente, die entweder in A oder in B liegen (oder in beiden Mengen) (vgl. Abb. 1.2).

Beispiel 1.4

a) Es seien $A = \{2, 3, 5\}$ und $B = \{1, 4\}$. Dann ist $A \cup B = \{1, 2, 3, 4, 5\}$. Die Reihenfolge, in der man die Elemente einer Menge notiert, ist beliebig. Bei Zahlenmengen ist es üblich, die Elemente der Größe nach zu sortieren, um den Überblick zu behalten; das habe ich hier bei der Vereinigungsmenge getan.

b) Es seien $A = \{2, 3, 5\}$ und $B = \{1, 2, 3\}$. Dann ist $A \cup B = \{1, 2, 3, 5\}$. Zu bemerken ist hier, dass man in einer Menge doppelt auftretende Elemente (wie hier 2 und 3) nur einmal notiert. ◄

Natürlich kann man Mengenoperationen wie die gerade definierten auch mehrfach anwenden und verknüpfen, wobei man die aus dem Zahlenrechnen gewohnten Klammerregeln verwendet. Beispielsweise bedeutet der Ausdruck $A \cap (B \cup C)$, dass man zunächst die Vereinigung der Mengen B und C bildet und danach den Schnitt dieser Vereinigung mit A bestimmt.

Gemeinerweise gebe ich hierfür nun kein Beispiel an, sondern überlasse das gleich einmal Ihnen:

Übungsaufgabe 1.2

Gegeben seien die folgenden Mengen: $F :=$ Menge aller weiblichen Menschen; $M :=$ Menge aller männlichen Menschen; $V :=$ Menge aller Menschen, die bereits ein Verbrechen begangen haben; $D :=$ Menge aller Menschen, die höchstens 30 Jahre alt sind.

a) Geben Sie in Worten die Elemente der folgenden Mengen an:
   a1) $(M \cap V) \cup (F \cap D)$
   a2) $V \cap D \cap M$

Abb. 1.2 Vereinigung
zweier Mengen

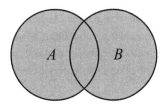

     a3) $(M \cup F) \cap D$

b) Was drücken die folgenden Gleichungen in Worten aus?

     b1) $V = M$

     b2) $F \cap D = F$ ◀

Für Mengenoperationen gibt es eine Fülle von Rechenregeln, die es erlauben, komplexere Mengenausdrücke zu vereinfachen. Die ersten Regeln, die sich nur auf Schnitt und Vereinigung beziehen, kann ich nun schon formulieren:

Satz 1.1

Es seien A, B und C beliebige Mengen. Dann gelten folgende Gesetze:

a) **Kommutativgesetze:** Es gilt

$$A \cup B = B \cup A$$

sowie

$$A \cap B = B \cap A.$$

b) **Assoziativgesetze:** Es gilt

$$(A \cup B) \cup C = A \cup (B \cup C)$$

sowie

$$(A \cap B) \cap C = A \cap (B \cap C).$$

c) **Distributivgesetze:** Es gilt

$$A \cap (B \cup C) = (A \cap B) \cup (A \cap C)$$

sowie

$$A \cup (B \cap C) = (A \cup B) \cap (A \cup C).$$

Die Kommutativgesetze sind meines Erachtens klar und bedürfen keiner weiteren Erläuterung. Auch die Assoziativgesetze sind nicht allzu tiefliegend, denn es ist offensichtlich egal, ob ich zuerst schaue, welche Elemente gleichzeitig in A und B liegen (also $A \cap B$ bilde), und danach überlege, welche davon auch noch zu C gehören (also $(A \cap B) \cap C$ bilde), oder ob ich diesen Ausdruck von hinten nach vorn aufrolle. Da dieses egal ist (vornehm formuliert: Aufgrund der Gültigkeit der Assoziativgesetze), lässt man im Allgemeinen die Klammern auch gleich ganz weg und schreibt

$$A \cap B \cap C \quad \text{bzw.} \quad A \cup B \cup C.$$

Ein wenig anders sieht es bei den Distributivgesetzen aus, hier muss man sicherlich einen Moment lang überlegen, ob die behaupteten Gleichungen richtig sind, und wenn ja, warum. Ich möchte Sie hier nun aber nicht mit einem formalen Beweis langweilen, sondern das erste der beiden Distributivgesetze mithilfe des Venn-Diagramms plausibel machen.

Abb. 1.3 Die Menge
$A \cap (B \cup C)$

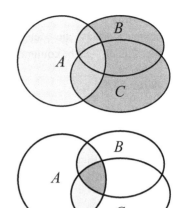

Abb. 1.4 Die Menge $(A \cap B)$
$\cup (A \cap C)$

Hierzu habe ich in Abb. 1.3 drei Mengen A, B und C eingezeichnet und zunächst einmal die Vereinigung $(B \cup C)$ durch eine dunkelgraue und die Menge A durch eine hellgraue Einfärbung markiert. Anschließend habe ich die Überlappung dieser beiden Mengen, also die Menge $A \cap (B \cup C)$, mittelgrau eingefärbt.

In Abb. 1.4 habe ich dagegen die beiden Schnittmengen $(A \cap B)$ und $(A \cap C)$ grau eingefärbt (wobei deren Überlappung etwas dunkler geraten ist). Sie sehen, dass dieser Bereich in verblüffender Übereinstimmung mit demjenigen in Abb. 1.3 ist – womit das erste Distributivgesetz veranschaulicht wäre.

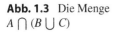

Übungsaufgabe 1.3

Prüfen Sie die beiden Distributivgesetze anhand der Mengen

$$A = \{1, 2, 4\}, B = \{2, 3, 4\}, C = \{2, 3, 5\}$$

nach. ◄

So richtig prickelnd ist das alles noch nicht, da werden Sie sicher zustimmen. Was wir brauchen, sind weitere Mengenoperationen, mit deren Hilfe wir dann zum einen weitere Gesetze formulieren und zum anderen und vor allem dann endlich wirklich komplexe Mengenausdrücke vereinfachen können.

Definition 1.6
Es seien A und B Mengen. Dann ist die **Mengendifferenz** (oder auch die **Differenzmenge**) dieser beiden Mengen definiert durch
$A \backslash B = \{x; x \in A \text{ und } x \notin B\}$.
In der Menge $A \backslash B$ liegen also alle Elemente, die in A, aber nicht in B liegen. Anders formuliert: Man bildet $A \backslash B$, indem man alles aus A entfernt, was auch in B liegt.

Bemerkung
Beachten Sie, dass die Mengendifferenz – ebenso wie die ganz gewöhnliche Differenz zweier Zahlen – nicht kommutativ ist, das heißt, im Allgemeinen gilt $A \setminus B \neq B \setminus A$.

Beispiel 1.5

a)   Es seien $A = \{1, 2, 3\}$ und $B = \{2, 3, 4\}$. Dann ist
$$A \setminus B = \{1\},$$
   denn die Elemente 2 und 3 liegen in B und müssen somit aus A entfernt werden.

b)   Es seien $A = \{1, 2, 3\}$ und $B = \{4, 5, 6\}$. Dann ist
$$A \setminus B = \{1,2,3\},$$
   also identisch mit A. Das ist auch kein Wunder, denn keines der Elemente von A liegt in B, und daher muss auch keines entfernt werden.   ◄

Natürlich gibt es auch wieder eine Reihe von Rechengesetzen für die Mengendifferenz, aber ich möchte diese gleich im Anschluss für den sicherlich wichtigsten Spezialfall der Differenzbildung, nämlich die Komplementbildung, formulieren. Sie wissen nun wohl schon, worauf ich Sie hiermit behutsam vorbereiten will: Es folgt die nächste Definition.

Definition 1.7
Es sei G eine Menge, die sogenannte **Grundmenge**, und A eine Teilmenge von G. Dann ist die **Komplementmenge** oder einfach das **Komplement** von A definiert als
$$\overline{A} = G \setminus A.$$
Zu $\overline{A}$ gehört also alles, was in G liegt, aber nicht zu A gehört.

Beispiel 1.6

a)   Es seien $G = \{1, 2, 3, 4, 5\}$ und $A = \{1, 2, 3\}$. Dann ist $\overline{A} = \{4, 5\}$.
   Kein Kommentar; oder wüssten Sie irgendetwas Nichttriviales, was man hierzu bemerken könnte? Ich nicht. Aber falls Sie es wissen, dürfen Sie gerne an der nächsten Auflage dieses Buches als Koautor mitarbeiten.

b)   Es seien $G = \mathbb{N}$, die Menge der natürlichen Zahlen, und A die Menge der geraden Zahlen. Dann ist $\overline{A}$ die Menge der ungeraden Zahlen.
   Kommentar? Siehe oben.   ◄

Wie oben schon erwähnt gibt es eine Fülle von Rechengesetzen für die Differenz- bzw. Komplementbildung. Die ersten sind so einfach, dass sie eigentlich keinen Satz wert sind; ich werde sie daher in einer kleinen Bemerkung verstecken:

Bemerkung

Es sei G eine Menge und A eine Teilmenge von G. Dann gilt:

a) $\overline{\overline{A}} = A$,

b) $A \cup \overline{A} = G$,

c) $A \cap \overline{A} = \emptyset$.

Wie schon angedeutet muss man hierfür sicherlich keinen Beweis angeben: Regel a) besagt, dass alles, was nicht nicht in A liegt, eben gerade in A liegt. Regel b) sagt aus, dass alle Elemente von G entweder in A liegen oder nicht in A liegen – auch keine allzu tiefliegende Erkenntnis –, und c) schließlich ist nur die Formalisierung der offensichtlichen Tatsache, dass es kein Element von G gibt, das sowohl zu A als auch nicht zu A gehört.

Die nächsten beiden Regeln über den Umgang mit dem Komplement sind da schon ein wenig mehr Überlegung wert; es handelt sich um die sogenannten **de morganschen Regeln**, die auf den britischen Logiker Augustus de Morgan zurückgehen, der von 1806 bis 1871 lebte.

Satz 1.2

Es sei G eine Menge und A und B Teilmengen von G. Dann gelten folgende Regeln:

a) $\overline{A \cup B} = \overline{A} \cap \overline{B}$,

b) $\overline{A \cap B} = \overline{A} \cup \overline{B}$.

Man kann also den Komplementstrich über die Vereinigung oder den Schnitt in zwei Teilstriche aufbrechen, muss dabei aber das Operationszeichen umdrehen.

Beweis Um Aussage a) zu beweisen, nehme ich ein beliebiges Element x aus $\overline{A \cup B}$ heraus. Dieses x liegt also nicht in $A \cup B$. Da es insbesondere nicht in A liegt, muss es also in $\overline{A}$ liegen, und da es ebensowenig in B liegt, muss es ebenso in $\overline{B}$ liegen. Das bedeutet aber gerade, dass es Element von $\overline{A} \cap \overline{B}$ ist.

Wenn Sie nun glauben, dass hiermit Aussage a) bereits bewiesen ist, so muss ich Sie enttäuschen: Bisher wurde lediglich gezeigt, dass $\overline{A \cup B}$ eine *Teilmenge* von $\overline{A} \cap \overline{B}$ ist. Um die Gleichheit der beiden Mengen zu zeigen, muss ich jetzt noch nachweisen, dass auch die umgekehrte Teilmengenbildung richtig ist, dass also auch $\overline{A} \cap \overline{B}$ Teilmenge von $\overline{A \cup B}$ ist. Hierzu wähle ich ein beliebiges Element x dieser Menge aus. Da x in $\overline{A}$ liegt, ist es kein Element von A, und da x in $\overline{B}$ liegt, ist es ebenso kein Element von B. Somit ist x kein Element von $A \cup B$, und das bedeutet, dass es in $\overline{A \cup B}$ liegt. Damit ist der Beweis abgeschlossen.

Wenn Sie diesen Beweis – den ersten in diesem Buch überhaupt – durchgearbeitet haben, sollte Sie die folgende Übungsaufgabe vor keine ernsthaften Probleme stellen.

Beweisen Sie Aussage b) in Satz 1.2.   ◄

Auch wenn es Ihnen ein klein wenig so vorkommen mag: Der Hauptzweck der auf den vorhergehenden Seiten vorgestellten Rechengesetze ist es nicht, Studierende zu ärgern, sondern vielmehr, komplizierte Mengenausdrücke zu vereinfachen. Ich zeige Ihnen das zunächst an ein paar Beispielen.

Es seien A, B und C Teilmengen einer gemeinsamen Grundmenge G.
a)   Als Erstes will ich die Menge

$$A \cap \overline{\left(A \cap \overline{B}\right)}$$

so weit wie möglich vereinfachen. Dazu wende ich auf den rechten Teilterm die de morgansche Regel und die Regel über das Doppelkomplement an und finde:

$$A \cap \overline{\left(A \cap \overline{B}\right)} = A \cap \left(\overline{A} \cup \overline{\overline{B}}\right) = A \cap \left(\overline{A} \cup B\right).$$

Hierauf wende ich nun noch das Distributivgesetz an, was mir Folgendes liefert:

$$A \cap \left(\overline{A} \cup B\right) = \left(A \cap \overline{A}\right) \cup \left(A \cap B\right).$$

Nun muss ich nur noch beachten, dass $A \cap \overline{A}$ stets die leere Menge ist und dass die Vereinigung einer beliebigen Menge mit der leeren Menge nichts an dieser Menge ändert, und erhalte:

$$\left(A \cap \overline{A}\right) \cup \left(A \cap B\right) = \emptyset \cup \left(A \cap B\right) = A \cap B.$$

Zusammengefasst haben wir also gezeigt:

$$A \cap \overline{\left(A \cap \overline{B}\right)} = A \cap B.$$

Ganz so ausführlich kommentiert wie im gerade besprochenen allerersten Beispiel werde ich künftig nicht mehr vorgehen, und das würde auch kein Mensch von Ihnen in einer Übung oder Klausur verlangen.
b)   Vielleicht haben Sie sich gefragt, warum ich zu Beginn dieses Beispiels auch noch eine Teilmenge C definiert habe; nun, weil ich jetzt ein ein wenig anspruchsvolleres Beispiel durchführen will: Vereinfachung des Ausdrucks

$$\overline{\left(A \cup \overline{B}\right)} \cap \overline{\left(B \cup \left(B \cup C\right)\right)}. \tag{1.3}$$

Betrachten wir zunächst den Ausdruck $B \cup (B \cap C)$: Da $B \cap C$ eine Teilmenge von B ist, „bringt" die Vereinigung mit B nichts, es gilt:

$$B \cup (B \cap C) = B, \text{ also } \overline{\left(B \cup (B \cap C)\right)} = \bar{B}.$$

Für den Ausdruck auf der linken Seite von (1.3) gilt nach der de morganschen Regel

$$\overline{\left(A \cup \bar{B}\right)} = \bar{A} \cap B.$$

Zusammenfassung dieser beiden Teilergebnisse liefert schließlich die Vereinfachung

$$\overline{\left(A \cup \bar{B}\right)} \cap \overline{\left(B \cup (B \cap C)\right)} = \bar{A} \cap B \cap \bar{B} = \emptyset.$$

Der ziemlich unübersichtliche Anfangsausdruck ist also nichts anderes als eine komplizierte Art und Weise, die leere Menge darzustellen.

c) Als Höhepunkt dieser kleinen Vereinfachungsorgie betrachten wir einmal das folgende Exemplar:

$$\left(\overline{\left(\bar{A} \cup \bar{B}\right)} \cup C\right) \cap \overline{\left(A \cup \bar{B}\right)}.$$

Zweimalige Anwendung der de morganschen Regel wandelt diesen Ausdruck zunächst um in

$$\left((A \cap B) \cup C\right) \cap \left(\bar{A} \cap B\right).$$

Nun kommt ein vielleicht etwas überraschender Schritt: Ich wende das Distributivgesetz an, wobei ich $(A \cap B)$ als die erste, C als die zweite und $\left(\bar{A} \cap B\right)$ als die dritte der drei beteiligten Mengen auffasse. Das ergibt

$$\left((A \cap B) \cup C\right) \cap \left(\bar{A} \cap B\right) = \left((A \cap B) \cap \left(\bar{A} \cap B\right)\right) \cup \left(C \cap \left(\bar{A} \cap B\right)\right).$$

Der linke Teilausdruck besteht nur aus Schnittbildungen, ich kann also aufgrund des Assoziativgesetzes die inneren Klammern weglassen und erhalte

$$(A \cap B) \cap \left(\bar{A} \cap B\right) = A \cap B \cap \bar{A} \cap B = \emptyset,$$

denn $A \cap \bar{A}$ ist bereits die leere Menge, und da kann der Schnitt mit B auch nichts mehr retten. Bei dem rechten Teilausdruck kann man nichts mehr vereinfachen, außer die inneren Klammern wegzulassen und die Reihenfolge zu verschönern (was nicht unbedingt nötig wäre):

$$C \cap \left(\bar{A} \cap B\right) = \bar{A} \cap B \cap C.$$

Insgesamt haben wir also gezeigt:

$$\left(\overline{\left(\bar{A} \cup \bar{B}\right)} \cup C\right) \cap \overline{\left(A \cup \bar{B}\right)} = \bar{A} \cap B \cap C. \qquad \blacktriangleleft$$

So, jetzt sind Sie dran:

Übungsaufgabe 1.5

Es seien A, B und C Teilmengen einer gemeinsamen Grundmenge G. Vereinfachen Sie die folgenden Mengenausdrücke so weit wie möglich.

a) $\overline{\overline{B} \cap \overline{(A \cap \overline{B})}}$,

b) $(A \cap B \cap C) \cup (\overline{\overline{A} \cup \overline{B} \cup C}) \cup (A \cap \overline{B} \cap C).$ ◀

1.1.3 Potenzmenge und kartesisches Produkt

Die Bildung der Potenzmenge ist eigentlich ein ganz einfacher Vorgang, das werden Sie gleich sehen. Die einzige Schwierigkeit, die in diesem Zusammenhang auftreten kann, ist die Tatsache, dass sich viele Leute durch den Namen irreleiten lassen. Um es gleich vorweg ganz deutlich zu sagen: Die Potenzmenge entsteht keineswegs durch Potenzierung, und sie enthält im Allgemeinen auch keinerlei Potenzen; woher der Name kommt, sage ich Ihnen gleich im Anschluss an die eigentliche Definition:

Definition 1.8
Es sei A eine vorgegebene Menge. Dann ist die **Potenzmenge** von A, bezeichnet mit $P(A)$, die Menge aller Teilmengen von A. Formal heißt das:

$$P(A) = \{M \, ; \, M \text{ ist eine Teilmenge von } A\}.$$

Beispiel 1.8

a) Es sei $A = \{2, 5\}$. Dann ist

$$P(A) = \{\emptyset, \{2\}, \{5\}, \{2, 5\}\}.$$

Zur Erläuterung: Wir hatten uns oben ein wenig diktatorisch darauf geeinigt, dass die leere Menge $\emptyset$ Teilmenge jeder Menge ist, also auch dieser Menge A. Des Weiteren findet man hier die einelementigen Teilmengen $\{2\}$ und $\{5\}$ sowie die Gesamtmenge $\{2, 5\}$ als Teilmengen. Weitere Teilmengen gibt es offenbar nicht, weshalb wir uns dem nächsten Beispiel widmen können.

b) Es sei $B = \{3, 4, 8\}$. Dann ist

$$P(B) = \{\emptyset, \{3\}, \{4\}, \{8\}, \{3, 4\}, \{3, 8\}, \{4, 8\}, \{3, 4, 8\}\}.$$

Überzeugen Sie sich selbst davon, dass es keine weiteren Teilmengen von B gibt, die Potenzmenge also hiermit vollständig angegeben ist; ich warte (meine Kinder und vielleicht auch Sie würden jetzt sagen: „chille") hier solange.   ◀

Der Grund dafür, dass ich bei Teil b) dieses Beispiels so sicher sein konnte, dass ich alle Elemente der Potenzmenge erwischt habe, ist die Tatsache, dass ich deren Anzahl genau kannte. Und mithilfe des folgenden Satzes wissen Sie diese von jetzt an auch:

Satz 1.3
Es sei A eine endliche Menge. Die Anzahl ihrer Elemente bezeichne ich mit n. Dann hat die Potenzmenge $P(A)$ genau 2^n Elemente.

In obigem Beispiel hatte A zwei und B drei Elemente, und die Potenzmenge $P(A)$ hatte $2^2 = 4$, die Potenzmenge $P(B)$ hatte $2^3 = 8$ Elemente, in Übereinstimmung mit der Aussage des Satzes.

Die Aussage von Satz 1.3 begründet nun auch die Bezeichnung Potenzmenge: Die Anzahl der Elemente der Potenzmenge ist eine Potenz (eben die Zweierpotenz) der Anzahl der Elemente der Ausgangsmenge. Man kann trefflich darüber streiten, ob diese Bezeichnung gut ist, aber das will ich hier nicht (ich wüsste auch nicht mit wem). Vielmehr übernehme ich sie, da sie in der gesamten Literatur üblich und akzeptiert ist.

Der zweite in diesem kurzen Abschnitt zu definierende Begriff ist der des kartesischen Produkts; ihn verbindet mit dem der Potenzmenge die Tatsache, dass die Bezeichnung zunächst irreführend ist. Aber wie Sie gerade gesehen haben, kann man hinterher alles erklären.

Definition 1.9
Es seien A und B beliebige Mengen. Dann ist das **kartesische Produkt** dieser Mengen, bezeichnet mit $A \times B$, definiert durch

$$A \times B = \left\{ (a,b) ; a \in A; b \in B \right\}.$$

Das kartesische Produkt ist also die Menge aller Pärchen, die man aus Elementen von A und B bilden kann.

Bemerkungen
a) Was ich hier für zwei Mengen gemacht habe, kann man ebenso für drei, vier, fünf, … Mengen machen; man erhält dann eben nicht Pärchen, sondern Tripel, Quadrupel, Quintupel und sonstige Monster.
b) Der Namensteil „Produkt" geht wie bei der Potenzmenge auf die Anzahl der Elemente der Menge zurück: Ist A eine endliche Menge mit n und B eine endliche Menge mit m Elementen, so hat das kartesische Produkt $A \times B$ genau $m \cdot n$ Elemente.
c) Den Namensteil „kartesisch" erkläre ich nach den folgenden Beispielen.

Beispiel 1.9

a) Es sei $A = \{1, 2\}$ und $B = \{3, 4, 5\}$. Dann ist

$$A \times B = \{(1, 3), (1, 4), (1, 5), (2, 3), (2, 4), (2, 5)\}.$$

b) Kein Mensch hat behauptet, dass A und B Zahlenmengen sein müssen, also gebe ich einmal ein Beispiel aus der betrieblichen Praxis. Es sei

$$A = \{\text{Müller, Meier, Schulze}\} \text{ und } B = \{\text{Abteilung 1, Abteilung 2}\}.$$

Dann ist

$$A \times B = \{(\text{Müller, Abteilung 1}), (\text{Meier, Abteilung 1}), (\text{Schulze, Abteilung 1}),$$
$$(\text{Müller, Abteilung 2}), (\text{Meier, Abteilung 2}), (\text{Schulze, Abteilung 2})\}.$$

Offenbar arbeitet hier also jeder Mitarbeiter in jeder Abteilung, was sicherlich unrealistisch ist; wir werden später sehen, wie man dies mithilfe von Relationen praxisnäher gestalten kann, als Beispiel für ein kartesisches Produkt mag es hier aber stehen bleiben.

c) Beim kartesischen Produkt müssen die Grundmengen nicht verschieden voneinander sein. Ein Beispiel hierfür ist das folgende. Es sei $\mathbb{N}$ die Menge der natürlichen Zahlen, also $\mathbb{N} = \{1, 2, 3, 4, \ldots\}$. Dann ist

$$\mathbb{N} \times \mathbb{N} = \{(n,m); \; n \, ; m \in \mathbb{N}\}$$

die Menge aller Pärchen natürlicher Zahlen.   ◄

Anhand von Beispiel 1.9 c) kann man nun endlich den Namensteil „kartesisch" erklären. Die Elemente der in diesem Beispiel angegebenen Menge kann man nämlich als Koordinaten eines Punktes in einem kartesischen – also rechtwinkligen – Koordinatensystem interpretieren, und diese Interpretation hat man dann eben freiweg auf allgemeine kartesische Produkte übertragen. Der Name „kartesisches Koordinatensystem" geht übrigens wiederum auf den französischen Philosophen und Mathematiker René Descartes zurück, der von 1596 bis 1650 lebte, und dessen Namen man wie damals üblich in latinisierter Form angab: Renatus Cartesius.

Nun aber genug der Ausflüge in die Philosophie und Geschichte, lasst Taten folgen.

Übungsaufgabe 1.6

Gegeben seien folgende Mengen: $A = \{1, 2, 3\}$, $B = \{1, 3, 5\}$, $C = \{2, 4, 6\}$.

a) Geben Sie die Potenzmengen der folgenden Mengen an:

$$A, \quad A \cap B, \quad (A \cup C) \cap B.$$

b) Geben Sie das kartesische Produkt $(A \cap B) \times C$ an.   ◄

1.1.4 Wichtige Zahlenmengen

Sie haben sich vielleicht oben darüber gewundert oder sich vielleicht sogar ein wenig ge-
ärgert darüber, wie sehr ich mich gewunden habe zu formulieren, was eine ganze Zahl
oder eine natürliche Zahl sein soll. An Begriffe wie rationale oder reelle Zahlen habe ich
mich noch gar nicht herangewagt.

Das muss und wird sich nun ändern. Es gibt nämlich in der Mathematik einige wenige
fundamentale Zahlenmengen, die daher besondere, in der Literatur durchgängig übliche
Bezeichnungen haben, die Sie sich einprägen sollten. Wenn nämlich im weiteren Verlauf
dieses Buches, aber auch Ihres Studiums beispielsweise von rationalen, reellen oder komplexen Zahlen die Rede sein wird – und das wird es mit Sicherheit –, dann sollten Sie wissen, worum es sich dabei handelt, ohne immer wieder umständlich nachschauen zu müssen.

Beginnen wir mit der in jederlei Hinsicht einfachsten Zahlenmenge:

Definition 1.10
Die Menge

$$\mathbb{N} = \{1, 2, 3, 4, 5, 6, \ldots\}$$

bezeichnet man als die Menge der **natürlichen Zahlen**.

Die natürlichen Zahlen sind quasi von Natur aus – manche sagen auch: von Gott – gegeben, es sind diejenigen Zahlen, mit denen jeder Mensch als Kind beginnt zu zählen und
zu rechnen, etwa wenn er stolzer Besitzer von fünf Bauklötzen ist, von seiner Mutter noch
zwei weitere geschenkt bekommt und dann feststellt, dass er sieben hat: $5 + 2 = 7$.

Bemerkung
Auch wenn ich hier die eigentlich verpönte Pünktchen-Schreibweise verwendet habe, so
dürfte doch kein Zweifel darüber herrschen, wie die Menge $\mathbb{N}$ „nach rechts" weitergeht:
Das nächste Element der Menge erhält man, indem man zum gegebenen Element 1 ad-
diert. Schwieriger ist tatsächlich die Frage, wo die Menge „links" beginnt. Nicht wenige
Mathematiker fordern nämlich, dass auch die Null eine natürliche Zahl ist, würden also in
Definition 1.10 die Zahlenmenge mit {0, 1, 2, …} beginnen lassen; übrigens macht das
auch das Deutsche Institut für Normung (DIN) so.

Das ist mir aber egal, denn mit der hier gegebenen Definition weiß ich mindestens die
Hälfte der Mathematikergemeinde hinter mir. Und solange ich während des gesamten Ver-
laufs konsequent bei dieser Festlegung bleibe, kann auch niemand etwas dagegen haben.
Endgültig einheitlich festlegen lassen wird sich das im Übrigen nie, Sie müssen also bei
jedem Lehrbuch, das Sie lesen, und bei jeder Vorlesung, die Sie besuchen, aufs Neue fragen bzw. nachschauen, wie der Autor bzw. Dozent die natürlichen Zahlen definiert.

Für die Menge {0, 1, 2, 3, 4, 5, 6, …} verwende ich übrigens die Bezeichnung $\mathbb{N}_0$.

Wie sieht es nun aus mit der Durchführbarkeit der Grundrechenarten im Bereich der natürlichen Zahlen? Zweifellos kann man unbeschadet addieren, denn die Summe zweier natürlicher Zahlen ist wieder eine solche. Sogar die Multiplikation ist durchführbar, denn die Muliplikation zweier natürlicher Zahlen ist nur eine abkürzende Schreibweise für eine mehrfache Addition. Beispielsweise ist 4 · 7 dasselbe wie (7 + 7 + 7 + 7).

Aber schon bei der Subtraktion gibt es Probleme: Zwar ist beispielsweise die Rechnung 5 − 3 noch ohne Schwierigkeiten durchführbar, denn das Ergebnis 2 ist eine natürliche Zahl, aber was sollte beispielsweise 3 − 5 sein? Hierfür gibt es in der gesamten Menge $\mathbb{N}$ keinen Repräsentanten. Und was machen Mathematiker, wenn etwas benötigt wird, was es nicht gibt? Richtig: Sie definieren es. In diesem Fall brauchen wir die Definition von −2 oder allgemeiner der negativen (ganzen) Zahlen. Das geht so:

Definition 1.11
Es sei a eine natürliche Zahl. Dann ist die **negative Zahl** $-a$ definiert als die **Gegenzahl** von a, also diejenige Zahl, die man zu a addieren muss, um 0 zu erhalten:

$$a + (-a) = 0.$$

Mit dieser Definition ist die Lösung der obigen Aufgabe ganz einfach, denn wenn ich zu 3 − 5 noch 2 addiere erhalte ich 0, und somit ist 3 − 5 die Gegenzahl von 2, also:

$$3 - 5 = -2.$$

Wenn Sie übrigens beim Lesen von Definition 1.11 (mal wieder) gedacht haben: „Mathematiker können auch die einfachsten Dinge kompliziert machen", dann müssen Sie sich die Frage gefallen lassen: „Wie würden Sie es denn einfacher und dennoch exakt formulieren?" Denken Sie mal drüber nach, ich warte hier solange.

Packt man nun die negativen Zahlen und die Null zu den natürlichen Zahlen hinzu, erhält man die Menge der ganzen Zahlen:

Definition 1.12
Die Menge

$$\mathbb{Z} = \left\{ \ldots, -3, -2, -1, 0, 1, 2, 3, \ldots \right\}$$

bezeichnet man als die Menge der **ganzen Zahlen**.

Manche Leute, die der Mathematik, sagen wir einmal, kritisch gegenüberstehen, werfen an dieser Stelle ein, dass es sich bei den negativen Zahlen um reine Gedankenkonstrukte abstrakt denkender Mathematiker handelt, die im Alltag gar nicht vorkommen. Wenn Sie auch so denken, dann schauen Sie einmal am Monatsende auf Ihren Kontostand (wenn dort „Soll" steht, dann ist das nichts anderes als Bänkerdeutsch für „Minus") oder an einem kalten Wintertag auf das Außenthermometer (natürlich nur, wenn dieses in Celsius oder Fahrenheit geeicht ist, in Kelvin wird es schwierig).

In der Menge der ganzen Zahlen kann man nun jede beliebige Subtraktion durchführen, ohne aus der Menge „herauszufallen". Wichtig ist aber auch, dass die beiden bereits in $\mathbb{N}$ möglichen Rechenarten Addition und Multiplikation hier erhalten bleiben – die Addition ist ohnehin kein Problem, und für die Multiplikation negativer Zahlen muss man sich, wie ich von meinen Kindern gelernt habe, lediglich merken, dass „Minus mal Minus gleich Plus" ist:

$$(-a) \cdot (-b) = a \cdot b.$$

Es fehlt also nur noch eine Grundrechenart, das Dividieren. Hier tritt nun die nächste Schwierigkeit auf, die ich zunächst an einem praktischen Beispiel veranschaulichen will: Nehmen Sie an, Sie sitzen zu dritt in gemütlicher Runde beisammen und bekommen plötzlich Heißhunger auf Pizza. Beim Blick in die Tiefkühltruhe stellen Sie erfreut fest, dass noch sechs Pizzen vorhanden sind, und da alle gleich viel Hunger haben, werden diese sechs Pizzen gerecht unter den drei Leuten aufgeteilt, jeder erhält also $6 : 3 = 2$ Stück. So weit, so gut.

Am nächsten Abend sind Sie wieder zu dritt, aber leider haben Sie vor lauter Mathematiklernen tagsüber vergessen einzukaufen, und es sind nur noch zwei Pizzen für drei Leute da. Das Problem ist klar: Bei gerechter Aufteilung bekommt jetzt niemand eine ganze Pizza, und das liegt eben daran, dass $2 : 3$ keine ganze Zahl ist.

Was tun? Bei der Pizza hilft ein scharfes Messer, beim Zahlenrechnen hilft die Einführung von nicht ganzen, also gebrochenen – auf gut Lateinisch: rationalen – Zahlen:

> **Definition 1.13**
> Die Menge
>
> $$\mathbb{Q} = \left\{ \frac{p}{q} \, ; \, p, q \in \mathbb{Z} \, ; \, q \neq 0 \right\}$$
>
> bezeichnet man als die Menge der **rationalen Zahlen**.

Damit ist das obige Pizza-Problem nun leicht lösbar, denn jeder erhält $\frac{2}{3}$ Teile einer Pizza. Beachten Sie übrigens, dass es sich hierbei wirklich um eine Erweiterung der Menge $\mathbb{Z}$ handelt, denn für alle $p \in \mathbb{Z}$ gilt natürlich

$$\frac{p}{1} = p,$$

die ganzen Zahlen sind also in den rationalen enthalten. In der Menge $\mathbb{Q}$ der rationalen Zahlen kann man nun getrost alle vier Grundrechenarten durchführen, ohne Gefahr zu laufen, dass das Ergebnis nicht wieder in $\mathbb{Q}$ enthalten wäre – vorausgesetzt natürlich, man beherrscht die immer wieder ebenso beliebte wie gefürchtete Bruchrechnung. Hierauf

möchte ich im Rahmen dieses Buches über Hochschulmathematik aber nicht weiter eingehen; sollten Sie hier bei sich selbst noch Defizite feststellen, so verweise ich Sie auf die
zahlreichen Vor- oder Brückenkurse zur Mathematik, die auf dem Markt sind, beispielsweise Walz et al. 2019.

Nachdem das mit den vier Grundrechenarten nun so gut läuft und alle dafür notwendigen Zahlenmengen zur Verfügung stehen, könnte man sich eigentlich zufrieden zurücklehnen; tut man aber nicht (sollte man eigentlich auch nie tun), sondern man möchte das
tun, was manche Leute auch als fünfte Grundrechenart bezeichnen: Wurzeln ziehen. Diesen Begriff sollte ich erst einmal exakt definieren, bevor es weitergeht:

Definition 1.14
Es sei a eine nicht negative Zahl. Dann ist die **Wurzel** oder genauer **Quadratwurzel**
aus a definiert als diejenige nicht negative Zahl $\sqrt{a}$, die mit sich selbst multipliziert
a ergibt:

$$\sqrt{a} \cdot \sqrt{a} = a.$$

Beispielsweise ist $\sqrt{4} = 2$, denn $2 \cdot 2 = 4$ und $\sqrt{\dfrac{9}{16}} = \dfrac{3}{4}$, denn $\dfrac{3}{4} \cdot \dfrac{3}{4} = \dfrac{9}{16}$. So weit, so gut,
aber was ist zum Beispiel $\sqrt{2}$? Das ist gar nicht so einfach zu beantworten, denn 2 ist
keine Quadratzahl, und es wird sogar noch schlimmer, denn es stellt sich heraus, dass $\sqrt{2}$
keine rationale Zahl, also insbesondere auch keine natürliche Zahl, ist. Mit anderen Worten, man findet keinen Bruch, der mit sich selbst multipliziert 2 ergibt, und möge man auch
noch so lange suchen.

Den sehr eleganten Beweis dieser Aussage, der auf Euklid von Alexandria zurückgeht,
will ich Ihnen nicht vorenthalten:

Satz 1.4
Die Zahl $\sqrt{2}$ ist keine rationale Zahl.

Der folgende Beweis von Euklid ist ein Klassiker aus der Abteilung „Beweis durch
Widerspruch": Man nimmt das Gegenteil der zu beweisenden Aussage an und führt dieses
Gegenteil auf einen Widerspruch. Da somit das Gegenteil der Aussage falsch sein muss,
ist die Aussage selbst korrekt.

Falls Sie das jetzt noch nicht so ganz verstanden haben, schauen Sie sich einmal den
folgenden Beweis an, er ist nicht sehr lang.

Beweis Angenommen, $\sqrt{2}$ wäre eine rationale Zahl, dann könnte man sie schreiben als

$$\sqrt{2} = \frac{p}{q}$$

mit geeigneten natürlichen Zahlen p und q, wobei wir noch annehmen, dass p und q keinen gemeinsamen Faktor enthalten, der Bruch also vollständig gekürzt ist.

Ich multipliziere nun die Ausgangsgleichung mit q durch und quadriere anschließend beide Seiten; das ergibt

$$p^2 = 2 \cdot q^2. \tag{1.4}$$

p^2 ist also das Zweifache von q^2, also eine gerade Zahl, und das kann nur sein, wenn p bereits eine gerade Zahl war (überlegen Sie kurz, warum das so ist). Da p gerade ist, kann man es schreiben in der Form $p = 2n$ mit einem $n \in \mathbb{N}$. Quadrieren dieser Gleichung liefert $p^2 = 4n^2$, und Einsetzen in (1.4) ergibt

$$4 \cdot n^2 = 2 \cdot q^2, \text{ also } 2 \cdot n^2 = q^2.$$

Ebenso wie oben für p folgt hieraus, dass q^2 und somit q eine gerade Zahl ist.

Haben Sie es gemerkt? Wir haben einen Widerspruch nachgewiesen, denn wir haben gesehen, dass sowohl p als auch q gerade sind (also den Faktor 2 enthalten), was im Widerspruch zur anfänglichen Annahme steht, dass beide *keinen* gemeinsamen Faktor enthalten. Also ist die Annahme, $\sqrt{2}$ wäre eine rationale Zahl, falsch, und Satz 1.4 bewiesen.

Es gibt also Zahlen, die keine rationalen Zahlen sind. Diese Erkenntnis war für die Mathematiker des Altertums, allen voran die Pythagoräer, also Pythagoras und seine Jungs, ein Schock, denn für sie hatte eigentlich festgestanden, dass alle Zahlen auf der Welt rationale Zahlen sind.

Sie versuchten die Situation zu retten, indem sie sich selbst und anderen sagten, dass diese merkwürdige Wurzel aus 2 in der Natur gar nicht vorkommt und somit gar keine richtige Zahl ist. Das war aber auch wieder nichts, wie man durch folgende kleine geometrische Konstruktion zeigen kann:

Nehmen Sie an, Sie seien stolzer Besitzer eines quadratischen Stücks Land, dessen Seitenlänge ich hier der Einfachheit halber mit 1 bezeichnen will. Nun möchten Sie dieses Grundstück durch einen Zaun halbieren, ohne allzu viel abmessen zu müssen; die einfachste Art, dies zu tun, ist, den Zaun auf einer der Diagonalen zu errichten. Und nun die Preisfrage: Wie lang wird dieser Zaun sein? Um das zu beantworten, schauen Sie sich am besten einmal Abb. 1.5 an.

Sie sehen hier das Quadrat mit eingezeichneter Diagonale d. Diese zerlegt das Quadrat offenbar in zwei rechtwinklige Dreiecke, deren Katheten die Länge 1 haben und deren

Abb. 1.5 Einheitsquadrat mit Diagonale

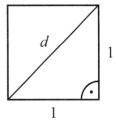

Hypotenuse gerade die gesuchte Länge von d hat. Nach dem Satz von Pythagoras gilt nun aber $1^2 + 1^2 = d^2$, also $2 = d^2$ oder

$$d = \sqrt{2}.$$

Die Diagonale im Einheitsquadrat – in meinem Beispiel der zu errichtende Zaun – hat also die Länge $\sqrt{2}$, und dass diese Diagonale in der Natur nicht vorkäme, kann man nun wirklich nicht behaupten.

Es hilft also nichts, wir müssen den Bereich der rationalen Zahlen nochmals erweitern, um Platz zu schaffen für neue Zahlen, die zweifellos existieren, neben $\sqrt{2}$ sind das beispielsweise alle Wurzeln aus Primzahlen, die eulersche Zahl e, die Kreiszahl π, und noch viele – im wahrsten Wortsinn unendlich viele – mehr.

Diese Erweiterung wird die Menge der reellen Zahlen sein; es gibt sehr ausgefeilte abstrakte Konstruktionen dieser Zahlenmenge, aber ich werde Ihnen hier eine eher geometrisch angehauchte und verständliche Definition geben. Ich zeichne zunächst wie in Abb. 1.6 zu sehen eine Gerade und markiere darauf die Null und die Eins.

Damit habe ich eine Einheit festgelegt und kann nun jede beliebige rationale Zahl an einer eindeutig bestimmten Stelle einzeichnen. In Abb. 1.7 sehen Sie ein paar Beispiele.

Wenn ich damit fertig bin – was mir niemals wirklich gelingen wird, weil es unendlich viele rationale Zahlen gibt –, existieren auf dieser Geraden immer noch unendlich viele Lücken, Stellen also, an denen keine rationale Zahl liegt. Diese Lücken fülle ich nun aus, indem ich die Gerade „durchziehe"; was dabei entsteht, nennt man eine **Zahlengerade**, ihre Elemente heißen **reelle Zahlen**, und die Punkte, die bei dieser Konstruktion neu hinzugekommen sind, nennt man **irrationale Zahlen**. Das ist der Inhalt der folgenden Definition:

> **Definition 1.15**
> Die Punkte der Zahlengeraden bilden die Menge der **reellen Zahlen**, bezeichnet mit $\mathbb{R}$. Diejenigen reellen Zahlen, die keine rationalen Zahlen sind, also die Elemente der Menge $\mathbb{R} \setminus \mathbb{Q}$, nennt man **irrationale Zahlen**.

Eine prominente irrationale Zahl hatten wir ja schon kennengelernt, nämlich $\sqrt{2}$. Wo ist die denn nun auf der Zahlengeraden zu finden? Nun, hierfür kann man die obige Konstruktion am Einheitsquadrat nochmals nachvollziehen, wobei ich das Quadrat diesmal

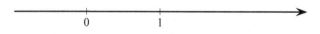

Abb. 1.6 Zahlengerade mit Markierung von 0 und 1

Abb. 1.7 Zahlengerade
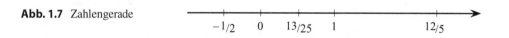

Abb. 1.8 Konstruktion von
$\sqrt{2}$ auf der Zahlengeraden

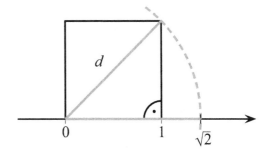

über dem Intervall [0, 1] der Zahlengeraden platziere und anschließend die konstruierte Diagonale, die ja die Länge $\sqrt{2}$ hat, nach unten in die Zahlengerade hineindrehe. Das Ende trifft dann auf den Punkt $\sqrt{2}$, das ist etwa bei 1,4142. Schauen Sie hierzu einmal auf Abb. 1.8.

Übungsaufgabe 1.7

Verwenden Sie die Aussage von Satz 1.4, um zu beweisen, dass $\sqrt{8}$ keine rationale Zahl ist. ◀

Übungsaufgabe 1.8

Es sei a eine reelle Zahl. Sind die folgenden Aussagen wahr oder falsch?
a) Ist a eine rationale Zahl, so ist auch a^2 eine rationale Zahl.
b) Ist a eine irrationale Zahl, so ist auch a^2 eine irrationale Zahl ◀

Zusammenhängende Teilmengen der Zahlengeraden – also der reellen Zahlen – bezeichnet man auch als Intervalle, wobei man noch zwischen offenen, halboffenen und abgeschlossenen Intervallen unterscheidet, je nachdem, ob keine, eine oder beide Intervallgrenzen zum Intervall dazugehören. Die präzise Definition lautet so:

Definition 1.16
Es seien a und b reelle Zahlen mit $a < b$. Dann gelten folgende Bezeichnungen:

a) Die Menge $\{x \in \mathbb{R}; a \leq x \leq b\}$ heißt **abgeschlossenes Intervall** (mit den Grenzen a und b) und wird mit $[a, b]$ bezeichnet.
b) Die Menge $\{x \in \mathbb{R}; a < x < b\}$ heißt **offenes Intervall** und wird mit (a, b) bezeichnet.
c) Die Mengen $\{x \in \mathbb{R}; a \leq x < b\}$ und $\{x \in \mathbb{R}; a < x \leq b\}$ heißen **halboffene Intervalle** und werden mit $[a, b)$ bzw. $(a, b]$ bezeichnet.
d) In jedem Fall bezeichnet man a und b als **Randpunkte** des Intervalls.

Bemerkungen

1) In manchen, vorwiegend älteren, Büchern finden Sie für offene Intervalle auch die Notation $]a, b[$; das ist genau dasselbe wie (a, b).

2) Auch die Notationen $[a, \infty)$ und $(-\infty, a]$ sowie (a, ∞) und $(-\infty, a)$ sind üblich und bezeichnen einseitig unendliche Mengen, also beispielsweise

$$\left[a, \infty\right) = \left\{x \in \mathbb{R};\ a \le x\right\}.$$

3) Für das Intervall $[0, \infty)$, also die Menge der nicht negativen reellen Zahlen, hat sich auch die Kurzbezeichnung $\mathbb{R}^+$ eingebürgert.

4) Beachten Sie, dass bei offenen und halboffenen Intervallen nicht alle Randpunkte Elemente des Intervalls sind.

Nun könnte man sich eigentlich zufrieden und beruhigt zurücklehnen in der Erkenntnis, dass man bis zum Zahlbereich der reellen Zahlen vorgedrungen ist und somit alle Rechenarten bis zum Wurzelziehen durchführen kann. Manche Autoren tun dies auch, aber es ist nicht richtig, denn wenn man einmal ganz genau hinschaut – und das sollte man in der Mathematik immer tun –, können Sie bisher nur Wurzeln aus *positiven* reellen Zahlen berechnen und natürlich auch aus der Null, denn $\sqrt{0} = 0$. Wurzeln aus *negativen* Zahlen können Sie aber noch nicht berechnen, und das liegt nicht an Ihnen, sondern an der Tatsache, dass es im Reellen einfach keine Wurzeln aus negativen Zahlen gibt: Es existiert zum Beispiel keine reelle Zahl x mit der Eigenschaft

$$x \cdot x = -1.$$

Um so etwas zu realisieren, müssen wir uns in den Bereich der komplexen Zahlen begeben, und ich bitte Sie, mir nun dahin zu folgen; keine Angst, ich bin bei Ihnen – falls das ein Trost für Sie ist. Da dieses Thema so wichtig und vermutlich auch neu für Sie ist, widme ich ihm eine eigene Kapitelüberschrift.

1.2   Komplexe Zahlen

1.2.1   Die imaginäre Einheit i und die Menge der komplexen Zahlen

Die Einführung der komplexen Zahlen steht und fällt mit der Einführung einer Zahl, die mit sich selbst multipliziert -1 ergibt, denn schon die Lösung der einfach aussehenden Gleichung

$$x^2 + 1 = 0$$

erfordert die Existenz einer solchen Zahl.

An dieser Stelle machen es die Mathematiker auch nicht anders als – beispielsweise – die Geisteswissenschaftler: Wenn etwas gebraucht wird, was noch nicht existiert, wird es eben definiert:

Definition 1.17

Als **imaginäre Einheit** bezeichnet man diejenige (im Reellen nicht vorkommende, daher „imaginäre") Zahl i, die die Eigenschaft

$$i^2 = -1$$

hat.

In gewissem Sinn ist also $i = \sqrt{-1}$, wobei man mit dieser Schreibweise sehr vorsichtig sein sollte, denn hiermit kann man mühelos „beweisen":

$$-1 = i^2 = i \cdot i = \sqrt{-1} \cdot \sqrt{-1} = \sqrt{(-1) \cdot (-1)} = \sqrt{1} = 1.$$

Vielleicht denken Sie jetzt: Na fein, nun können wir die Wurzel aus -1 berechnen, aber was ist mit Wurzel aus -2, aus -3 usw.? Sollen wir für jede negative Zahl einen neuen Buchstaben einführen und die Lösung neu benennen?

Das ist sicherlich nicht nötig, als erste Anwendung der neuen Zahl i zeige ich Ihnen jetzt, dass man die Wurzel aus *jeder* negativen Zahl berechnen kann, wenn man nur diejenige aus -1 beherrscht: Stehen Sie beispielsweise vor der Aufgabe, $\sqrt{-9}$ zu berechnen, so können Sie folgende Gleichungskette aufstellen:

$$\sqrt{-9} = \sqrt{(-1) \cdot 9} = \sqrt{-1} \cdot \sqrt{9} = i \cdot \sqrt{9} = 3i.$$

Damit haben Sie also die Wurzel aus -9 ermittelt; und da dieses Vorgehen offenbar nicht von der speziellen Wahl -9 abhängt, wissen Sie jetzt, wie man die Wurzel aus einer beliebigen negativen Zahl $-a$ berechnet: Es ist

$$\sqrt{-a} = \sqrt{(-1) \cdot a} = \sqrt{-1} \cdot \sqrt{a} = i \cdot \sqrt{a}.$$

Überhaupt ist die Zahl i der Schlüssel zur Einführung eines neuen, über die bekannten reellen Zahlen hinausgehenden Zahlbereichs, der Menge der komplexen Zahlen:

Definition 1.18

Ist i die oben definierte imaginäre Einheit und sind a und b beliebige reelle Zahlen, so nennt man eine Zahl der Form

$$a + ib$$

eine **komplexe Zahl**. Jede Zahl, die sich in dieser Form darstellen lässt, ist eine komplexe Zahl, und umgekehrt ist jede komplexe Zahl in dieser Form darstellbar.

Die Menge aller komplexen Zahlen bezeichnet man mit $\mathbb{C}$, also

$$\mathbb{C} = \left\{ a + bi;\, a, b \in \mathbb{R};\, i^2 = -1 \right\}.$$

Die Zahl a nennt man den **Realteil**, die Zahl b den **Imaginärteil** der komplexen Zahl $a + ib$.

Beispiele komplexer Zahlen sind also $1 + 2i$, $-\sqrt{3} - i$ und $\pi + \pi i$. Aber auch i selbst ist eine komplexe Zahl, denn es lässt sich in der Form $0 + 1i$ schreiben; und schließlich ist jede reelle Zahl x auch eine komplexe, denn man kann sie in der Form $x + 0i$ schreiben. Die komplexen Zahlen stellen also eine Erweiterung der reellen dar, ebenso wie die reellen Zahlen ihrerseits eine Erweiterung der rationalen und die rationalen eine der ganzen Zahlen waren.

Im nächsten Abschnitt zeige ich Ihnen, wie man mit komplexen Zahlen rechnet. Vorher jedoch... Na ja, Sie wissen schon:

Übungsaufgabe 1.9

Welche der folgenden Ausdrücke sind komplexe Zahlen?

a) $-2 - 3i$,

b) i^2,

c) die Lösungen x der Gleichung $x^2 + 2 = 0$.   ◄

1.2.2 Grundrechenarten für komplexe Zahlen

In diesem Abschnitt will ich Ihnen zeigen, wie man komplexe Zahlen addiert, subtrahiert, multipliziert und dividiert, und beginne dabei natürlich mit den beiden einfachsten Rechenarten, der Addition und der Subtraktion.

Sind z_1 und z_2 komplexe Zahlen, dann haben sie nach Definition 1.18 die Darstellung $z_1 = a_1 + ib_1$ und $z_2 = a_2 + ib_2$. Die Summe $z_1 + z_2$ ist demnach einfach gleich

$$z_1 + z_2 = \left(a_1 + ib_1\right) + \left(a_2 + ib_2\right),$$

wobei ich mathematisch unnötige Klammern gesetzt habe, um die Zusammensetzung dieses Ausdrucks zu verdeutlichen. In dieser Form ist das Ergebnis zwar noch nicht so recht als komplexe Zahl erkennbar, aber natürlich kann man es umstellen, um dies zu erreichen: Es ist

$$z_1 + z_2 = \left(a_1 + ib_1\right) + \left(a_2 + ib_2\right) = \left(a_1 + a_2\right) + i \cdot \left(b_1 + b_2\right),$$

also eine komplexe Zahl reinsten Wassers.

Damit hätten wir die Addition von komplexen Zahlen bereits geklärt (was nicht schwer war), und die Subtrakion ist auch nicht schlimmer: Ersetzt man das Pluszeichen zwischen z_1 und z_2 durch ein Minuszeichen, so ergibt sich

$$z_1 - z_2 = \left(a_1 + ib_1\right) - \left(a_2 + ib_2\right) = \left(a_1 - a_2\right) + i \cdot \left(b_1 - b_2\right),$$

auch kein Problem.

Mit Übungsaufgaben zu diesem Thema will ich Ihnen gar nicht erst kommen, aus dem Stadium sind wir raus. Gehen wir stattdessen zur nächsthöheren Grundrechenart über, dem Multiplizieren: Was ist das Produkt zweier komplexer Zahlen? Auch hier muss man keine Scheu haben und ebenso keine Tricks anwenden, man multipliziert einfach aus und schleppt dabei die ominöse Zahl i mit, „vergisst" also sozusagen, was für ein unvorstellbares Objekt sich dahinter verbirgt, und rechnet munter drauf los: Einfaches Ausmultiplizieren ergibt

$$z_1 \cdot z_2 = \left(a_1 + ib_1\right) \cdot \left(a_2 + ib_2\right) = a_1 a_2 + ib_1 a_2 + ia_1 b_2 + i^2 b_1 b_2. \tag{1.5}$$

Das sieht noch nicht sehr nach einer komplexen Zahl aus, aber das bekommen wir hin: Jetzt „erinnert" man sich daran, dass ja i nicht irgendein Parameter, sondern dass $i^2 = -1$ ist. Setzt man dies in die rechte Seite von (1.5) ein, so erhält man

$$z_1 \cdot z_2 = a_1 a_2 - b_1 b_2 + i\left(b_1 a_2 + a_1 b_2\right), \tag{1.6}$$

wobei ich gleich noch den Faktor i bei den beiden gemischten Termen ausgeklammert habe.

So multipliziert man also komplexe Zahlen. Es bleibt Ihrem persönlichen Geschmack überlassen, ob Sie sich die Formel (1.6) merken wollen oder ob Sie im konkreten Fall den gerade vorgeführten Weg (also ausmultiplizieren und dann $i^2 = -1$ setzen) nehmen wollen – das Ergebnis ist dasselbe.

Als kleines Beispiel berechne ich das Produkt

$$\left(3 - 2i\right) \cdot \left(1 + 4i\right) = \left(3 + 8\right) + i\left(-2 + 12\right) = 11 + 10i.$$

Das Beste habe ich mir bis zum Schluss aufgehoben: Die Division komplexer Zahlen, also die vierte Grundrechenart. Hier tasten wir uns ganz langsam an das Problem heran und sehen zunächst einmal, wie man den Kehrwert einer komplexen Zahl berechnet, was also

$$\frac{1}{a + ib}$$

ist. Um diese komplexe Zahl zu berechnen, gibt es einen einfachen Trick, und zu dessen Formulierung brauche ich noch eine Bezeichnung:

Definition 1.19

Ist $z = a + ib$ eine komplexe Zahl, so heißt

$$\overline{z} = a - ib$$

die (zu z) **konjugiert-komplexe Zahl**.

Um nun den Kehrwert der Zahl z zu berechnen, erweitert man den Bruch zunächst mit der konjugiert-komplexen Zahl und erhält

$$\frac{1}{a + ib} = \frac{a - ib}{\left(a + ib\right)\left(a - ib\right)} = \frac{a - ib}{a^2 + b^2}.$$

Der Nenner $a^2 + b^2$ ist eine positive reelle Zahl. Durch eine solche kann man aber immer dividieren, und somit haben wir das Problem gelöst. Ich fasse das als Merkregel in einem kleinen Satz zusammen:

Satz 1.5 (Kehrwert einer komplexen Zahl)
Für eine beliebige komplexe Zahl $z = a + ib \neq 0$ ist

$$\frac{1}{z} = \frac{1}{a+ib} = \frac{a}{a^2+b^2} - i \cdot \frac{b}{a^2+b^2}.$$

So ist zum Beispiel

$$\frac{1}{2+3i} = \frac{2}{13} - i \cdot \frac{3}{13}$$

und

$$\frac{1}{1-i} = \frac{1}{2} + i \cdot \frac{1}{2}.$$

Wenn Sie mir das nicht glauben – wozu ich Ihnen ehrlich gesagt immer raten würde –, so können Sie die Ergebnisse kontrollieren, indem Sie den Wert im Nenner auf der linken Seite mit dem Ergebnis auf der rechten Seite multiplizieren; als Ergebnis muss 1 herauskommen.

Bisher können wir ja nur Kehrwerte von komplexen Zahlen bilden, wie sieht es aber mit der allgemeinen Division aus, wie also berechnet man Werte der Form

$$\frac{c+id}{a+ib}?$$

Nun, man macht das ganz genauso, wie gerade bei der Kehrwertbildung gezeigt (weshalb ich dies auch getan habe), man erweitert also mit der konjugiert-komplexen Zahl $a - ib$. Das führt zunächst auf

$$\frac{c+id}{a+ib} = \frac{(c+id)(a-ib)}{(a+ib)(a-ib)} = \frac{(c+id)(a-ib)}{a^2+b^2},$$

und führt man die Multiplikation im Zähler noch aus, so erhält man das gewünschte Ergebnis, das ich gleich in einem Satz formulieren will:

Satz 1.6 (Quotient komplexer Zahlen)
Sind $z_1 = c + id$ und $z_2 = a + ib$ beliebige komplexe Zahlen mit $z_2 \neq 0$, so ist

$$\frac{z_1}{z_2} = \frac{ac+bd+i(ad-bc)}{a^2+b^2}.$$

Damit hätten wie die vier Grundrechenarten erledigt; was jetzt kommt, ist Ihnen wohl schon klar:

Übungsaufgabe 1.10

Gegeben seien die komplexen Zahlen $z_1 = 2 + 5i$, $z_2 = -1 - 2i$ und $z_3 = 1 - 3i$. Berechnen Sie die folgenden komplexen Zahlen:

a) $z_1 \cdot z_2$,

b) $\dfrac{z_1}{z_2 \cdot z_3}$

c) $\dfrac{z_1 + z_2}{z_2 - z_3}$. ◄

1.2.3 Die gaußsche Zahlenebene und die trigonometrische Form komplexer Zahlen

Vielleicht haben Sie sich ja schon die ganze Zeit über gefragt, wo man diese neue Zahlenmenge, eben die komplexen Zahlen, überhaupt noch auf der Zahlengeraden unterbringen soll. Zur Erinnerung: Die Zahlengerade ist die Menge aller reellen Zahlen und umgekehrt hat jede reelle Zahl ihren Platz auf der Zahlengeraden. Mit anderen Worten: Die Zahlengerade ist proppenvoll mit reellen Zahlen und für andere Dinge, beispielsweise die komplexen Zahlen, ist kein Platz mehr.

Das ist auch völlig richtig und dennoch kein Problem: Es ist eine ebenso einfache wie geniale Idee (wobei ich persönlich glaube, dass *wirklich* geniale Ideen immer einfach sind, allerdings nicht unbedingt umgekehrt), die auf den großen Carl Friedrich Gauß zurückgeht, hier sozusagen eine zweite Dimension zu eröffnen und die Menge der komplexen Zahlen in einer Ebene, die man die **gaußsche Zahlenebene** nennt, darzustellen.

Man interpretiert hierfür Real- und Imaginärteil der jeweiligen Zahl als ihre beiden Koordinaten in der Ebene, zeichnet also die Zahl $a + ib$ an die Stelle (a, b) im Koordinatensystem ein. In Abb. 1.9 sehen Sie drei komplexe Zahlen und ihre Position in der gaußschen Ebene.

Wo ist denn nun eigentlich die reelle Zahlengerade hingeraten? Nun, die Menge der reellen Zahlen ist ja gerade die Menge aller komplexen Zahlen mit $b = 0$; dementsprechend ist die gute alte reelle Zahlengerade als waagrechte Koordinatenachse in der gaußschen Zahlenebene wiederzufinden.

Die gaußsche Zahlenebene dient aber natürlich nicht nur zum bloßen Hinmalen der komplexen Zahlen, sondern kann auch zum „grafischen Rechnen" verwendet werden, insbesondere zum Wurzelziehen aus komplexen Zahlen, was ansonsten ein ziemlich schwieriges Unterfangen wäre. Hierzu braucht man eine andere Darstellung komplexer Zahlen, die so genannte trigonometrische Form. Diese beruht auf der Tatsache, dass man einen

Abb. 1.9 Einige komplexe
Zahlen in der gaußschen
Zahlenebene

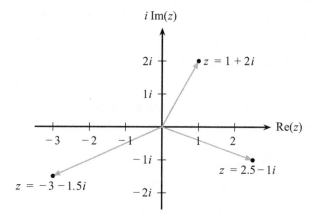

Punkt in der Ebene (und als einen solchen betrachtet man ja jetzt jede komplexe Zahl)
nicht nur durch seine kartesischen Koordinaten (also die Werte a und b) eindeutig beschreiben kann, sondern auch dadurch, dass man angibt, wie weit er vom Nullpunkt weg
ist und welchen Winkel er – beispielsweise – mit der positiven reellen Achse einschließt.
Den Abstand einer komplexen Zahl vom Nullpunkt der gaußschen Zahlenebene bezeichnet man auch als ihren Betrag, denn man kann diesen Abstand auch interpretieren als den
Betrag (also die Länge) des Vektors, der vom Nullpunkt zu dieser Zahl zeigt. Diesen Betrag berechnet man wie folgt:

> **Definition 1.20**
> Der Betrag der komplexen Zahl $z = a + ib$ ist die reelle Zahl
> $$|z| = \sqrt{a^2 + b^2}.$$

Beispielsweise ist

$$|2 + 3i| = \sqrt{2^2 + 3^2} = \sqrt{13}$$

und

$$|-3 - 4i| = \sqrt{(-3)^2 + (-4)^2} = \sqrt{9 + 16} = 5.$$

Wie berechnet man nun den Winkel, den eine komplexe Zahl, genauer gesagt der gerade erwähnte Vektor, mit der positiven Achse einschließt? Hierzu schauen wir uns am
besten einmal die komplexe Zahl $z = a + ib$ in Abb. 1.10 an: Sie sehen, dass der Winkel φ
als spitzer Winkel in einem rechtwinkligen Dreieck gedeutet werden kann, dessen Gegen-
kathete b und dessen Ankathete a ist. Folglich ist der Tangens dieses Winkels gleich

$$\tan \varphi = \frac{\text{Gegenkathete}}{\text{Ankathete}} = \frac{b}{a}.$$

Abb. 1.10 Komplexe Zahl
und zugehöriger Winkel

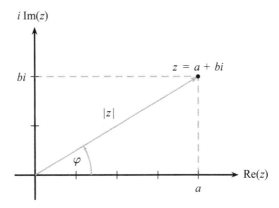

Wenn Sie mit dem Tangens nicht mehr oder noch nicht so sehr vertraut sind, dann vertrauen Sie mir doch bitte einfach und akzeptieren Sie die gerade gemachte Aussage. Sie ist richtig. Allerdings bin ich ja nicht am Tangens von φ interessiert, sondern an φ selbst. Diesen Winkel bekomme ich aber nun ganz einfach, indem ich auf beide Seiten die Umkehrfunktion des Tanges anwende, das ist der Arcustangens. Somit ist

$$\varphi = \arctan\left(\frac{b}{a}\right).$$

Damit hätten wir also die Berechnung des Winkels geklärt, allerdings nur, falls die betreffende komplexe Zahl im ersten Quadranten liegt. In allen anderen Fällen muss man noch gewisse Winkelzahlen addieren, deren Herleitung hier einfach zu weit führen würde; ich liste daher die Berechnung dieser Winkel kommentarlos in einer kleinen Tabelle auf:

Definition 1.21
Der Winkel φ, den eine komplexe Zahl $z = a + ib$ mit der positiven reellen Achse einschließt, ist wie folgt zu berechnen:

$$\varphi = \begin{cases} \arctan\left(\dfrac{b}{a}\right), & \text{falls } a > 0 \text{ und } b \geq 0, \\[2mm] \arctan\left(\dfrac{b}{a}\right) + 360°, & \text{falls } a > 0 \text{ und } b < 0, \\[2mm] \arctan\left(\dfrac{b}{a}\right) + 180°, & \text{falls } a < 0, \\[2mm] 90°, & \text{falls } a = 0 \text{ und } b > 0, \\[2mm] 270°, & \text{falls } a = 0 \text{ und } b < 0, \\[2mm] 0°, & \text{falls } a = 0 \text{ und } b = 0. \end{cases}$$

Beispielsweise ist der Winkel von $2 + 3i$ gleich

$$\varphi = \arctan\frac{3}{2} = 56,31^\circ$$

und derjenige von $-3 - 2i$ gleich

$$\varphi = \arctan\frac{-2}{-3} + 180^\circ = \arctan\frac{2}{3} + 180^\circ = 213,69^\circ.$$

Somit haben wir die beiden Ingredienzien der erwünschten trigonometrischen Form einer komplexen Zahl beisammen und können das nun formal hinschreiben:

Definition 1.22

Als **trigonometrische Form** der komplexen Zahl z bezeichnet man die Darstellung

$$z = |z| \cdot (\cos\varphi + i\sin\varphi).$$

Dabei ist $|z|$ der Betrag von z und φ der nach obiger Definition berechnete Winkel.

Übrigens nennt man die Darstellungsweise $a + ib$ einer komplexen Zahl auch deren **Normalform**, um sie von der trigonometrischen Form zu unterscheiden.

Auch hierzu natürlich wieder ein paar Beispiele: Ich benutze hierfür die beiden komplexen Zahlen, deren Winkel ich oben bereits ausgerechnet hatte, von denen ich also nur noch den Betrag bestimmen muss (man wird älter!).

Der Betrag von $z = 2 + 3i$ ist

$$|z| = \sqrt{2^2 + 3^2} = \sqrt{13} \approx 3,6056,$$

den Winkel hatte ich oben zu $56,31^\circ$ berechnet. Somit ist die trigonometrische Form dieser Zahl gleich

$$z = \sqrt{13} \cdot (\cos 56,31^\circ + i\sin 56,31^\circ).$$

Zur Kontrolle können Sie nachrechnen, dass

$$3,6056 \cdot (\cos 56,31^\circ + i\sin 56,31^\circ) = 3,6056 \cdot (0,5547 + i \cdot 0,8321) = 2 + i \cdot 3$$

ist.

Auch der Betrag der zweiten Beispielzahl, $z = -3 - 2i$, ist $\sqrt{13}$; hierfür ergibt sich somit die trigonometrische Form

$$z = 3,6056 \cdot (\cos 213,69^\circ + i\sin 213,69^\circ).$$

Die Kontrollrechnung vertraue ich diesmal Ihnen an.

Übungsaufgabe 1.11

Bestimmen Sie die trigonometrische Form der folgenden komplexen Zahlen:

a) $z = 1 - i$,

b) $z = -5 - 3i$. ◀

1.2.4 Potenzen und Wurzeln komplexer Zahlen

Im vorhergehenden Abschnitt hatte ich schon davon gesprochen, dass die trigonometrische Form komplexer Zahlen manche Rechenoperationen einfacher durchführbar bzw. überhaupt erst möglich macht; dies will ich Ihnen jetzt zeigen.

Addition und Subtraktion sind in der Normalform komplexer Zahlen so einfach durchführbar, dass sie keiner weiteren Vereinfachung bedürfen. Etwas anders sieht es schon bei der Multiplikation und der Division aus, beide können in der Normalform etwas aufwendig sein und sind daher für Vereinfachungen immer zu haben. Eine solche bietet die trigonometrische Form:

Satz 1.7

Es seien

$$z_1 = |z_1| \cdot (\cos \varphi_1 + i \sin \varphi_1)$$

und

$$z_2 = |z_2| \cdot (\cos \varphi_2 + i \sin \varphi_2)$$

zwei komplexe Zahlen in trigonometrischer Form. Dann lautet ihr Produkt

$$z_1 \cdot z_2 = |z_1| \cdot |z_2| \cdot (\cos(\varphi_1 + \varphi_2) + i \sin(\varphi_1 + \varphi_2)) \qquad (1.7)$$

sowie – falls $z_2 \neq 0$ – ihr Quotient

$$\frac{z_1}{z_2} = \frac{|z_1|}{|z_2|} \cdot (\cos(\varphi_1 - \varphi_2) + i \sin(\varphi_1 - \varphi_2)).$$

Man multipliziert also komplexe Zahlen, indem man ihre Beträge multipliziert (was einfach ist, da es sich um positive reelle Zahlen handelt), und ihre Winkel addiert; Entsprechendes gilt für die Division.

Auch dieses will ich wieder durch ein kleines Beispiel untermauern. Ich verwende die beiden weiter oben bereits als Beispiel für die trigonometrische Form benutzten Zahlen

$$z_1 = 2 + 3i = 3,6056 \cdot (\cos 56,31° + i \sin 56,31°)$$

und

$$z_2 = -3 - 2i = 3,6056 \cdot (\cos 213,69° + i \sin 213,69°).$$

Multiplikation der beiden Beträge und Addition der Winkel ergibt hier

$$z_1 \cdot z_2 = 13 \cdot (\cos 270° + i \sin 270°),$$

also

$$z_1 \cdot z_2 = 13 \cdot (0 - i) = -13i,$$

was man durch direkte Multiplikation der beiden Zahlen gemäß der Formel (1.5) auch bestätigen kann.

Um einen Quotienten der beiden Zahlen zu berechnen, muss ich zunächst die Beträge dividieren; dies ergibt 1, und insgesamt erhalte ich

$$\frac{z_1}{z_2} = 1 \cdot \left(\cos\left(-157{,}38°\right) + i\sin\left(-157{,}38°\right)\right) = -0{,}9230 - i \cdot 0{,}3846.$$

Na ja, zugegeben, allzu prickelnd war das noch nicht, eine simple Multiplikation oder Division komplexer Zahlen bekommt man auch in der Normalform noch ganz gut hin.

Ein wenig attraktiver wird die trigonometrische Form schon, wenn es sich um wiederholte Multiplikation, sprich also Potenzierung einer komplexen Zahl handelt. Will man beispielsweise $(3 + 7i)^5$ berechnen (keine Ahnung, warum man das tun sollte, aber um Anwendung ihrer Ergebnisse haben sich die Mathematiker noch selten gekümmert, dafür sind andere da), so kann man dies natürlich mithilfe wiederholter Anwendung der Formel (1.6) für das Multiplizieren komplexer Zahlen tun, aber man hat schon einige Arbeit damit. Sehr viel eleganter geht das durch die Benutzung der Formel (1.7) für die Multiplikation in trigonometrischer Form. Diese liefert bei mehrfacher Anwendung:

Satz 1.8
Ist $z = |z| \cdot \left(\cos\varphi + i\sin\varphi\right)$ eine komplexe Zahl und n eine natürliche Zahl, so ist

$$z^n = |z|^n \cdot \left(\cos n\varphi + i\sin n\varphi\right).$$

Man potenziert also eine komplexe Zahl, indem man ihren Betrag potenziert und ihren Winkel mit n multipliziert. Übrigens erhält man als Spezialfall dieser Regel für komplexe Zahlen, deren Betrag gleich 1 ist, die Formel

$$\left(\cos\varphi + i\sin\varphi\right)^n = \left(\cos n\varphi + i\sin n\varphi\right),$$

die man auch die **de moivresche Formel** nennt, benannt nach einem französischen Mathematiker namens – Sie werden es nicht glauben – de Moivre, der von 1667 bis 1754 lebte.

Als erstes Beispiel für diese neue Potenzierungsregel berechne ich die oben schon erwähnte Zahl $(3 + 7i)^5$. Die trigonometrische Form von $3 + 7i$ lautet

$$3 + 7i = \sqrt{58} \cdot \left(\cos 66{,}8014° + i\sin 66{,}8014°\right),$$

und somit ist

$$(3 + 7i)^5 = \sqrt{58}^{\,5} \cdot \left(\cos 334{,}0070° + i\sin 334{,}0070°\right) = 23.027{,}9907 - 11.228{,}0199i.$$

Da man aber ja weiß, dass Real- und Imaginärteil der Zahl $(3 + 7i)^5$ ganze Zahlen sein müssen, da sie bei Rechnung mit der Normalform durch wiederholte Multiplikation ganzer Zahlen entstehen, runde ich dies lieber gleich zu $23.028 - 11.228i$, und dieses Ergebnis wiederum kann man durch explizites Ausmultiplizieren bestätigen.

Als zweites Beispiel berechne ich einmal die vierte Potenz von i, also i^4. Die trigonometrische Form von i lautet – streng nach Vorschrift –

$$i = 1 \cdot \left(\cos 90° + i \sin 90° \right),$$

und somit ist

$$i^4 = 1^4 \cdot \left(\cos 360° + i \sin 360° \right) = 1 + i \cdot 0,$$

also $i^4 = 1$. Zugegeben, das kann man auch schneller direkt sehen, denn

$$i^4 = \left(i^2 \right)^2 = \left(-1 \right)^2 = 1,$$

aber damit sollte ja auch nur die Korrektheit der Potenzierungsformel illustriert werden.

Übungsaufgabe 1.12

Berechnen Sie die folgenden komplexen Zahlen und geben Sie diese in Normalform an:

a) $\left(-1 + 2i \right)^5$,

b) $\left(\dfrac{1}{\sqrt{2}} + \dfrac{i}{\sqrt{2}} \right)^8$.   ◀

Bisher hatten wir ja schon einige Vorteile der trigonometrischen Form gesehen, aber die wahre Stärke dieses Zugangs zeige ich Ihnen erst jetzt. (Toll, nicht wahr, erst mal ein paar Seiten hinhalten und dann erst mit dem großen Vorteil herausrücken! Na ja, das nennt man andernorts „Marketing".) Was ich sagen will, ist Folgendes: Bisher konnte ich Ihnen einige Techniken – sprich Durchführung der Grundrechenarten – zeigen, die in der trigonometrischen Form leichter von der Hand gehen als in der Standardform. Jetzt aber kommt etwas, das durch die trigonometrische Form überhaupt erst möglich ist, das also in der Normalform praktisch gar nicht durchführbar ist: das Wurzelziehen aus komplexen Zahlen.

Die Situation ist hier eigentlich so, wie man sie sich kaum schöner vorstellen kann: Während man im Reellen eigentlich nie so genau weiß, wie viele verschiedene n-te Wurzeln es aus einer gegebenen Zahl x gibt – das hängt davon ab, ob n gerade oder ungerade ist und natürlich vor allem davon, ob x positiv oder negativ ist – so gibt es hier im Komplexen eine ganz einfache Regel ohne jede Ausnahme: Ist n irgendeine natürliche Zahl und z irgendeine von 0 verschiedene komplexe Zahl, dann gibt es genau n verschiedene n-te Wurzeln aus z. Punkt, fertig, aus, keine Ausnahmen nötig und erlaubt!

Aus jeder komplexen Zahl kann man also genau drei verschiedene dritte Wurzeln ziehen, genau sieben verschiedene siebte Wurzeln, genau neunzehn verschiedene neunzehnte

Wurzeln und, wenn man unbedingt will, sogar zweihundertdreiundvierzig verschiedene zweihundertdreiundvierzigste Wurzeln.

Und es kommt sogar noch besser: Es gibt sogar eine einfache Formel, um diese Wurzeln zu berechnen. Diese gebe ich nun gleich an.

Satz 1.9 (Wurzeln aus komplexen Zahlen)

Es sei z eine beliebige komplexe Zahl ungleich 0 in der trigonometrischen Form

$$z = |z| \cdot (\cos\varphi + i\sin\varphi)$$

und n eine beliebige natürliche Zahl.

Es gibt genau n n-te Wurzeln aus z, die ich mit ζ_0, ζ_1, ..., ζ_{n-1} bezeichnen will. Diese Wurzeln berechnet man wie folgt: Es ist

$$\zeta_k = \sqrt[n]{|z|} \cdot \left(\cos\left(\frac{\varphi + k \cdot 360°}{n} \right) + i \cdot \sin\left(\frac{\varphi + k \cdot 360°}{n} \right) \right) \tag{1.8}$$

für $k = 0, 1, ..., n - 1$.

ζ ist übrigens der griechische Buchstabe „zeta", also das griechische „z"; schließlich müssen sich die mühevoll durchgestandenen fünf Jahre Griechischunterricht ja irgendwann einmal auszahlen.

Die gerade angegebene Formel (1.8) ist ein wahres Wunderwerk der Mathematik: Sie „produziert" ohne weitere Rückfrage und/oder Fallunterscheidung alle möglichen Wurzeln einer komplexen Zahl. Der kleine Nachteil einer solchen Wunderformel ist, dass man sich erst noch an den Umgang mit ihr gewöhnen muss. Dies macht man am besten mit ein paar Beispielen.

Als Erstes werde ich die dritten Wurzeln aus der Zahl

$$z = 8 \cdot \left(\cos 21° + i \cdot \sin 21° \right)$$

berechnen. Da ich an den dritten Wurzeln interessiert bin, ist hier also $n = 3$, und somit durchläuft der Index k die Werte 0, 1, 2. Freundlicherweise ist z bereits in trigonometrischer Form angegeben, sodass ich den Betrag 8 direkt ablesen kann, und aus dem gleichen Grund ist der Winkel $\varphi = 21°$ unschwer erkennbar.

Den Betrag aller drei dritten Wurzeln erhalte ich, indem ich aus $|z|$, also aus 8, die dritte Wurzel ziehe, was ohne weitere Mühe 2 ergibt. Um die erste der drei dritten Wurzeln, ζ_0, zu bestimmen, muss ich in der obigen Formel nun noch $\varphi = 21°$, $n = 3$ und $k = 0$ setzen. Dies ergibt

$$\zeta_0 = 2 \cdot \left(\cos 7° + i \cdot \sin 7° \right),$$

und wenn man dies noch ausrechnet, so erhält man die Normalform

$$\zeta_0 = 2 \cdot \left(0{,}9925 + i \cdot 0{,}1219 \right) = 1{,}985 + i \cdot 0{,}2438.$$

Ebenso berechnet man die beiden weiteren dritten Wurzeln zu

$$\zeta_1 = 2 \cdot \left(\cos 127^\circ + i \cdot \sin 127^\circ \right) = -1,2036 + 1,5972i$$

und

$$\zeta_2 = 2 \cdot \left(\cos 247^\circ + i \cdot \sin 247^\circ \right) = -0,7815 - 1,8410i.$$

Dieses erste Beispiel war – eben *weil* es das erste war – ein wenig atypisch, da die Zahl, aus der Wurzeln gezogen werden sollten, schon in trigonometrischer Form gegeben war. Das ist natürlich üblicherweise nicht so, und daher werde ich jetzt ein „ernsthaftes" Beispiel durchrechnen, nämlich die dritten Wurzeln aus

$$-1 + i$$

berechnen. Der Betrag dieser Zahl ist gleich $\sqrt{(-1)^2 + 1^2} = \sqrt{2}$, der Winkel ist

$$\arctan\left(\frac{1}{-1} \right) + 180^\circ = -45^\circ + 180^\circ = 135^\circ.$$

Damit ergeben sich die folgenden drei dritten Wurzeln:

$$\zeta_0 = \sqrt[6]{2} \cdot \left(\cos 45^\circ + i \sin 45^\circ \right) = 0,7937 + 0,7937i,$$

$$\zeta_1 = \sqrt[6]{2} \cdot \left(\cos 165^\circ + i \sin 165^\circ \right) = -1,0842 + 0,2905i,$$

$$\zeta_2 = \sqrt[6]{2} \cdot \left(\cos 285^\circ + i \sin 285^\circ \right) = 0,2905 - 1,0842i.$$

Vielleicht wundern Sie sich über die sechste Wurzel, die im Betrag vorkommt? Nun, nach Vorschrift musste ich die dritte Wurzel aus dem Betrag von $-1 + i$ ziehen, dieser wiederum ist die (zweite) Wurzel aus 2, insgesamt ergibt sich also die sechste Wurzel.

Übungsaufgabe 1.13

Berechnen Sie

a) alle zweiten Wurzeln aus $-2 + 3i$,

b) alle dritten Wurzeln aus 8,

und geben Sie das Ergebnis in Normalform an.   ◀

Damit verlassen wir die Welt der komplexen Zahlen und wenden uns wieder etwas praktisch Handbarem zu, nämlich den Relationen.

1.3 Relationen

1.3.1 Definition und erste Beispiele

Je länger ich an diesem Buch schreibe, desto mehr reift in mir die Erkenntnis, dass einige Bezeichnungen in der elementaren Mathematik schlecht, weil irreführend, gewählt sind. Das begann bei der Potenzmenge, die alles, nur keine Potenzen enthält, setzte sich fort beim kartesischen Produkt, das kein Produkt ist, und endet nun vorerst hier bei den Relationen, mit deren Namen man so ziemlich alles verbindet, was einem einfällt, nur nicht das, was sie wirklich sind, nämlich: Mengen. Die Bezeichnung ist also definitiv schlecht gewählt, aber ich übernehme sie hier, weil sie in der Literatur weit verbreitet ist; um einen Standardsatz meiner Kinder zu zitieren: „Ich kann nix dafür!"

Nun aber zur genauen Definition, nach der ich mich daran machen werde, diese zunächst etwas kryptische Bezeichnung zu erläutern:

Definition 1.23

Es seien A und B Mengen und $A \times B$ ihr kartesisches Produkt gemäß Definition 1.9. Dann bezeichnet man jede Teilmenge R von $A \times B$ als **Relation** auf $A \times B$.

Nicht sehr erhellend, das muss ich zugeben. Warum nennt man eine solche Teilmenge Relation, ein Wort, das man wohl am besten mit „Beziehung" übersetzt und somit zunächst einmal keinerlei Bezug zur Mengenlehre hat? Nun, das liegt daran, dass man die Teilmengeneigenschaft hier meist dadurch erzwingt, dass man nur solche Paare (a, b) zulässt, bei denen zwischen a und b eine gewisse Beziehung besteht. Zur Erinnerung: Das kartesische Produkt zweier Mengen A und B ist die Menge

$$A \times B = \big\{ (a,b);\, a \in A;\, b \in B \big\}.$$

Eine Teilmenge R hiervon kann ich nun beispielsweise wie folgt definieren:

$$R = \big\{ (a, b);\, a \in A;\, b \in B;\, \text{sowie weitere Bedingungen an } a \text{ und } b \big\}. \tag{1.9}$$

Beispiel 1.10

Als erstes Beispiel hierfür setze ich $A = B = \mathbb{R}$ und

$$R = \big\{ (x, y);\, x, y \in \mathbb{R},\, x = -y \big\}.$$

Die „weiteren Bedingungen", von denen oben die Rede war, sind also hier die schlichte Forderung $x = -y$. Elemente dieser Relation R sind also beispielsweise $(1, -1)$, $(-\sqrt{2}, \sqrt{2})$ und $(0, 0)$, nicht aber $(1, 2)$, denn auch bei großzügigster Auslegung algebraischer Regeln ist nun mal 1 nicht das Negative von 2.   ◄

Die Bezeichnung „Relation" für solche Teilmengen hat sich nun deswegen eingebürgert, weil man im weiteren Verlauf diesen ganzen mengentheoretischen Überbau sozusagen vergisst und nur noch auf die „weiteren Bedingungen", die man eben auch als Beziehungen oder Relationen bezeichnen kann, fokussiert. Man sagt dann auch, a und b sind (oder stehen) in Relation, wenn die jeweilige Bedingung erfüllt ist. In Beispiel 1.10 würde man also sagen, x und y stehen in Relation, wenn $x = -y$ ist.

Nein, schön ist das nicht, da haben Sie Recht, aber ich gebe ja nur wieder, was sich in der Fachsprache und -literatur seit Jahrzehnten eingebürgert hat. Und da Ihnen solche

Dinge während Ihres Studiums mit Sicherheit begegnen werden, wollte ich Sie eben schon mal darauf einstellen.

Bevor wir uns gemeinsam ein paar hoffentlich erhellende Beispiele anschauen, noch eine Bemerkung zu „kleinen" Relationen. Haben die Grundmengen A und B sehr wenige – insbesondere also nur endlich viele – Elemente, so ist notgedrungen auch das kartesische Produkt und damit jede daraus abgeleitete Relation sehr klein. In diesen Fällen spart man sich meist den Aufwand, diese Relation durch irgendwelche Eigenschaften zu charakterisieren, sondern schreibt sie stattdessen einfach explizit auf.

Ist beispielsweise $A = \{1, 2\}$ und $B = \{2, 3\}$, so hat das kartesische Produkt insgesamt nur vier Elemente:

$$A \times B = \{(1, 2), (1, 3), (2, 2), (2, 3)\}.$$

Die Auswahl an Teilmengen hiervon – also Relationen – ist nicht sehr groß, ein Beispiel wäre

$$R = \{(1, \ 2), (2, 3)\}.$$

Beispiel 1.11

a) Es sei $A = B = \mathbb{N}$. Das kartesische Produkt ist hier also die Menge aller Pärchen natürlicher Zahlen. Beispiel einer Relation ist hier:

$$R_1 = \{(n, m); n, m \in \mathbb{N}, n < m\}. \tag{1.10}$$

In dieser Relation liegen also nur Pärchen, bei denen der erste Eintrag kleiner ist als der zweite; beispielsweise liegen $(2, 3)$ und $(1, 18)$ in R, nicht aber $(8, 1)$ und $(3, 3)$.
Ein zweites Beispiel ist:

$$R_2 = \{(n, m); n, m \in \mathbb{N}, n - m \text{ ist gerade}\}. \tag{1.11}$$

In R_2 liegen beispielsweise $(4, 2)$ und $(5, 1)$, nicht aber $(2, 1)$.

b) $A = \{1, 2, 3\}$, $B = \{\text{Müller, Meier}\}$. Da die beteiligten Mengen und damit auch das kartesische Produkt hier recht überschaubar sind, bietet es sich wie oben gesagt an, die zu betrachtenden Relationen nicht durch irgendwelche Eigenschaften zu charakterisieren, sondern einfach explizit aufzuzählen. Ein Beispiel ist

$$R = \{(1, \text{Müller}), (2, \text{Meier})\}.$$

So etwas trifft man typischerweise im Kontext relationaler Datenbanken an, man kann diese Relation nämlich so interpretieren, dass Mitarbeiter Müller in Abteilung 1 arbeitet, Mitarbeiter Meier in Abteilung 2 und dass Abteilung 3 leider momentan nicht besetzt ist.

c) Es seien $A = B = $ Menge der deutschen Städte; diese Menge bezeichne ich mit S. Dann ist die folgende Menge eine wunderschöne Relation auf $S \times S$:

$$R = \{(s_1, s_2); s_1, s_2 \in S, s_1 \text{ liegt im selben Bundesland wie } s_2\}.$$

Mit ein wenig Geografiekenntnissen findet man heraus, dass beispielsweise (Frankfurt/Main, Pfungstadt) und (München, Nürnberg) Elemente dieser Relation sind (auch wenn Letzteres den Franken weh tut), nicht aber (Hamburg, Mannheim) oder (Frankfurt/Main, Frankfurt/Oder). ◄

Bevor wir zu den wichtigsten Relationen überhaupt, den Äquivalenzrelationen, kommen, möchte ich Sie auffordern, das bisher Gelernte zu vertiefen; Sie wissen schon, was kommt:

Übungsaufgabe 1.14

a) Es seien $A = \{3, 5, 7, 9, 11\}$ und $B = \{4, 5\}$. Geben Sie alle Elemente der folgenden Relationen explizit an:

$$R_1 = \left\{ (a, b); a \in A, b \in B, a < b \right\},$$

$$R_2 = \left\{ (a, b); a \in A, b \in B, a = b \right\}.$$

b) Es sei $A = B = \mathbb{R}$. Ich definiere hierauf die folgende Relation R:

$$(x, y) \in R, \text{wenn es eine ganze Zahl } n \text{ gibt, so dass } x^n = y.$$

c) Prüfen Sie, ob die folgenden Paare in R liegen:

$$(2, 4), \left(\sqrt{2}, 2\sqrt{2} \right), (3, 3), (3, 6). \qquad \blacktriangleleft$$

1.3.2 Äquivalenzrelationen

Möglicherweise empfinden Sie bei der obigen Definition des Begriffs Relation ähnlich wie ich und viele andere Mathematiker: Diese ist so allgemein und weit gefasst, dass so ziemlich alles unter der Sonne eine Relation darstellt, und daher ist sie nicht besonders gut.

Man ist daher an Relationen interessiert, die weitere Eigenschaften haben müssen und die man daher sozusagen besser im Griff hat. Die wichtigste Klasse solcher Relationen mit speziellen Eigenschaften sind die Äquivalenzrelationen, die ich in diesem Abschnitt vorstellen will. Sie zeichnen sich durch drei Eigenschaften aus, und so bitter es ist, diese drei Eigenschaften muss ich nun nach und nach definieren und durch Beispiele illustrieren. Und Sie müssen da mit durch, jedenfalls wenn Sie den hohen Preis für dieses Buch nicht umsonst bezahlt haben, sondern daraus etwas lernen wollen.

Äquivalenzrelationen kann man nur definieren, wenn die beiden Ausgangsmengen A und B identisch sind; ich setze also von nun an voraus, dass $A = B$ ist, das heißt, ich betrachte nur noch Relationen auf der Menge $A \times A$. Nun kann ich die Definition der drei Eigenschaften, die eine Äquivalenzrelation charakterisieren, angeben:

Definition 1.24

Es sei R eine Relation auf der Menge $A \times A$.

a) **Reflexivität:** Die Relation R heißt **reflexiv**, wenn gilt: $(a, a) \in R$ für alle $a \in A$. Es muss also *jedes* Element der Grundmenge mit sich selbst in Relation stehen.

b) **Symmetrie:** Die Relation R heißt **symmetrisch**, wenn gilt: Liegt (a, b) in R, so liegt auch (b, a) in R. Es muss also zu jedem in der Relation vorhandenen Element auch das „vertauschte" Element vorhanden sein.

c) **Transitivität:** Die Relation R heißt **transitiv**, wenn gilt: Liegen die Elemente (a, b) und (b, c) in R, so liegt auch (a, c) in R. Liegen also zwei Pärchen in R, bei denen der zweite Eintrag des ersten gleich dem ersten Eintrag des zweiten ist, so muss auch dasjenige Pärchen in R liegen, dessen erster Eintrag mit dem des ersten und dessen zweiter Eintrag mit dem des zweiten Ausgangspärchens identisch ist.

Ehrlich gesagt verstehe ich den letzten Satz auch nur mit Mühe und auch nur deswegen, weil ich ihn selbst geschrieben habe. Ich denke, ein paar Beispiele sind hier dringend nötig.

Beispiel 1.12

a) Auf der Menge $\mathbb{R} \times \mathbb{R}$ definiere ich folgende Relation:

$$R_1 = \left\{ (x, y) \in \mathbb{R} \times \mathbb{R}; \ x^2 = y^2 \right\}.$$

In dieser Relation liegen also beispielsweise die Paare $(3, 3)$, $(-2, -2)$ und $(5, -5)$. Um Reflexivität zu prüfen, muss ich untersuchen, ob für alle $x \in \mathbb{R}$ gilt: $x^2 = x^2$. Das ist zweifellos richtig, und daher ist die Relation R_1 reflexiv.

Wenn ein Paar (x, y) in R_1 liegt, so gilt $x^2 = y^2$. Dann ist aber natürlich auch $y^2 = x^2$, daher liegt auch (y, x) in R_1, und somit ist diese Relation symmetrisch. Zur Prüfung auf Transitivität brauche ich zwei Paare, sagen wir (x, y) und (y, z), die in R_1 liegen. Aufgrund der Definition dieser Relation ist dann

$$x^2 = y^2 \text{ und } y^2 = z^2.$$

Dann gilt aber natürlich auch $x^2 = z^2$, und das heißt, dass (x, z) in R_1 ist. Somit ist diese Relation auch transitiv.

b) Auf derselben Grundmenge wie oben betrachten wir nun die Relation

$$R_2 = \left\{ (x, y) \in \mathbb{R} \times \mathbb{R}; \ x < y \right\}.$$

Wäre diese Relation reflexiv, so würde für jede reelle Zahl x gelten: $x < x$. Das ist sicherlich nicht richtig, und daher ist R_2 nicht reflexiv.

Zur Symmetrie: Diese ist hier nicht gegeben, am besten zeigt man so etwas durch ein konkretes Gegenbeispiel. Die Auswahl ist hier natürlich unendlich groß, beispielsweise liegt (1, 2) in der Relation, und wäre sie symmetrisch, so müsste auch (2, 1) darin liegen, was aber nicht der Fall ist, denn 2 ist nun einmal nicht kleiner als 1.

Die ersten beiden Eigenschaften sind also hier nicht erfüllt, es bleibt nur noch eine Hoffnung, die Transitivität. Diese gilt hier tatsächlich, und das sieht man so: Liegen (x, y) und (y, z) in R_2, so gilt $x < y$ und $y < z$. Dann gilt aber auch $x < z$, und somit liegt (x, z) in R_2.

c) Auf der Menge M aller lebenden Menschen betrachte man die Relation

$$R_3 = \left\{ \left(m_1, m_2 \right); \, m_1, m_2 \in M, \, m_1 \text{ ist Bruder von } m_2 \right\}.$$

Um es deutlich zu sagen: Ich rede hier nicht von irgendwelchen Bluts-, Stammtisch oder sonstigen Gesinnungsbrüdern, sondern von ganz klassischen Brüdern im Sinne eines Verwandtschaftsverhältnisses. Demnach ist m_1 Bruder von m_2, wenn beide dieselben Eltern haben und m_1 männlich ist.

Nun zu den drei zu untersuchenden Eigenschaften. Reflexivität würde hier bedeuten, dass jeder Mensch sein eigener Bruder wäre. Das stimmt sicher nicht, schon allein meine Tante Lydia würde hier sicherlich massiv widersprechen.

Auch Symmetrie ist hier nicht gegeben, und um dies zu belegen, gebe ich wieder ein ganz konkretes Gegenbeispiel: Ich selbst habe eine Schwester, sie heißt Verena, und demnach bin ich ihr Bruder; somit ist (Guido, Verena) ein Element der Relation R_3, aber sicherlich nicht (Verena, Guido), denn meine Schwester würde protestieren, wenn man sie als meinen Bruder bezeichnen würde.

Wie sieht es mit der Transitivität aus? Nun, diese Eigenschaft ist tatsächlich gegeben: Voraussetzung ist hier, dass (m_1, m_2) und (m_2, m_3) Elemente von R_3 sind. Das bedeutet, dass m_1 männlich ist, und dass m_1, m_2 und m_3 dieselben Eltern haben. Hieraus folgt aber, dass m_1 ein Bruder von m_3 ist, und somit ist (m_1, m_3) ein Element von R_3. Somit ist diese Relation transitiv.

d) Schließlich sei die Grundmenge $A = \{1, 2, 3\}$ und hierauf die Relation

$$R_4 = \left\{ \left(1, 1 \right), \left(2, 2 \right), \left(1, 2 \right), \left(2, 1 \right) \right\}$$

definiert.

Diese Relation ist nicht reflexiv, denn Reflexivität würde erfordern, dass jedes Element der Grundmenge A mit sich selbst in Relation steht. Das ist hier nicht gegeben, denn 3 liegt in A, aber $(3, 3)$ liegt nicht in R_4.

Mit der Symmetrie sieht es schon besser aus, denn offenbar ist zu jedem Element der Relation auch das vertauschte Element vorhanden. R_4 ist also symmetrisch.

Und R_4 ist auch transitiv. Das sieht man, indem man die einzelnen Testfälle prüft: Da (1, 2) und (2, 1) in R_4 sind (hier ist also in der Sprache von Definition 1.24 $a = 1$, $b = 2$ und $c = 1$), muss auch (1, 1) in R_4 sein, und das ist der Fall. Nun muss man aber auch das Folgende prüfen: Da (2, 1) und (1, 2) in R_4 sind, muss auch (2, 2) drin sein, und das ist der Fall. Weitere Testfälle gibt es nicht, denn an Elementen der Form (a, a) – also solche mit zwei gleichen Einträgen – kann die Transitivität nicht scheitern.   ◀

Übungsaufgabe 1.15

Untersuchen Sie, ob die folgenden Relationen reflexiv, symmetrisch oder transitiv sind:

a) $R_5 = \{(x,y) \in \mathbb{R} \times \mathbb{R}; \, x \leq y\}$

b) $R_6 = \{(x,y) \in \mathbb{Z} \times \mathbb{Z}; \, x - y \text{ ist gerade}\}$

c) $R_7 = \{(x,y) \in \mathbb{Z} \times \mathbb{Z}; \, x - y \text{ ist ungerade}\}$

d) Die Städte-Relation aus Beispiel 1.11 c):

$$R_8 = \{(s_1, s_2); \, s_1, s_2 \in S, \, s_1 \text{ liegt im selben Bundesland wie } s_2\}$$

e) Die endliche Relation

$$R_9 = \{(1, 2), \, (1, 3), \, (2, 3)\}$$

auf der Grundmenge $A = \{1, 2, 3\}$. ◄

Nach diesen Vorarbeiten ist es ganz leicht, den Begriff Äquivalenzrelation selbst zu definieren:

Definition 1.25
Eine Relation R heißt **Äquivalenzrelation**, wenn sie reflexiv, symmetrisch und transitiv ist.

So kurz kann eine Definition manchmal sein. Und auch eigene Beispiele müssen wir hierfür jetzt nicht mühevoll erarbeiten, denn das haben wir weiter oben schon gemacht: Bei den Relationen R_1 in Beispiel 1.12 sowie R_6 und R_8 in Übungsaufgabe 1.15 hatten wir alle drei Eigenschaften nachgewiesen, diese sind also Äquivalenzrelationen.

Vielleicht haben Sie sich schon gefragt, wieso man Relationen mit den genannten drei Eigenschaften ausgerechnet Äquivalenzrelationen nennt. Nun, das kommt daher, dass man zwei Elemente der Grundmenge A als äquivalent, sozusagen „gleichwertig", betrachtet, wenn sie bezüglich einer Äquivalenzrelation in Relation stehen. Das mag in der Praxis manchmal etwas gewöhnungsbedürftig sein – beispielsweise sind nach dieser Denkweise bezüglich der oben genannten Städte-Relation R_8 die Städte Nürnberg und München gleichwertig, was jedem echten Franken widerstreben dürfte – aber es hat sich als erfolgreiches Konzept in der Mathematik und in verwandten Gebieten durchgesetzt.

Die Menge aller miteinander in Relation stehenden Elemente der Grundmenge erhält einen Namen, man nennt sie eine Äquivalenzklasse. Das wird in der folgenden Definition präzisiert:

Definition 1.26

Es sei A eine Menge und R eine Äquivalenzrelation auf $A \times A$. Weiterhin sei a ein beliebiges Element von A. Dann heißt die Menge

$$[a] = \{x \in A; (x,a) \in R\}$$

Äquivalenzklasse von a bezüglich R. Man nennt a dann einen **Repräsentanten** dieser Klasse.

Bemerkung

Die Schreibweise $[a]$ ist für eine Menge sicherlich etwas ungewöhnlich, hat sich aber in der Literatur eingebürgert, und daher übernehme ich sie hier; ich habe mich daran gewöhnt, und sicherlich gelingt Ihnen das auch. Offen gestanden: Sie haben keine andere Wahl, wenn Sie jemals ein Buch oder eine Vorlesung über Relationen mit Erfolg verfolgen wollen.

In der Äquivalenzklasse eines Elementes a sind also alle Elemente versammelt, die mit diesem in Relation stehen. Der nächste Satz sagt, dass man jedes andere Element dieser Klasse ebenso gut als Repräsentanten nehmen könnte:

Satz 1.10

Es sei R eine Äquivalenzrelation auf $A \times A$ und $a \in A$. Dann gilt:

a) Ist b ein beliebiges Element von $[a]$, so ist

$$[b] = [a].$$

b) Ist c ein Element von A, das nicht mit a in Relation steht, also $c \notin [a]$, so gilt

$$[c] \cap [a] = \emptyset.$$

In Worten bedeutet Teil a), dass man aus einer gegebenen Äquivalenzklasse jedes beliebige Element als Repräsentanten herausgreifen kann. Teil b) wiederum besagt, dass zwei verschiedene Äquivalenzklassen immer disjunkt sind, also keine gemeinsamen Elemente haben.

Beispiel 1.13

Ich verdeutliche dies an der Städte-Relation R_8 von oben, von der wir schon wissen, dass sie eine Äquivalenzrelation ist. Ich wähle zunächst eine beliebige deutsche Stadt, sagen wir, meine Heimatstadt Mannheim. Für alle, die es unentschuldbarerweise noch nicht wissen: Mannheim liegt in Baden-Württemberg. Daher sind alle baden-württembergischen Städte in Relation mit Mannheim, und somit besteht die Äquivalenzklasse von Mannheim aus genau diesen Städten. Es gilt also:

$$[\text{Mannheim}] = \{s; \, s \text{ ist eine Stadt in Baden} - \text{Württemberg}\}. \tag{1.12}$$

In dieser Klasse liegt zweifellos auch Stuttgart, und mit Stuttgart wiederum sind ebenfalls alle baden-württembergischen Städte in Relation. Somit gilt

$$[\text{Stuttgart}] = \{s; \, s \text{ ist eine Stadt in Baden} - \text{Württemberg}\}.$$

Ein Vergleich mit (1.12) zeigt nun, dass

$$[\text{Mannheim}] = [\text{Stuttgart}]$$

ist, was Teilaussage a) von Satz 1.10 illustriert. Übrigens kann man bei dieser Relation ohne jegliche Geografiekenntnisse sofort einen Repräsentanten jeder Äquivalenzklasse angeben, nämlich die Hauptstadt des jeweiligen Bundeslandes.

Um Teil b) zu illustrieren brauche ich eine Stadt, die nicht mit Mannheim in Relation steht, die also nicht in Baden-Württemberg liegt. Davon gibt es viele, ich wähle einfach einmal Saarbrücken. Saarbrücken liegt zweifellos im Saarland, und daher ist es nicht in Relation mit Mannheim. Außerdem besteht die Äquivalenzklasse von Saarbrücken, [Saarbrücken], aus allen saarländischen Städten, von denen wiederum sicherlich keine in Baden-Württemberg liegt. Also haben [Saarbrücken] und [Mannheim] keine gemeinsamen Elemente, es gilt also

$$[\text{Saarbrücken}] \cap [\text{Mannheim}] = \emptyset,$$

in Übereinstimmung mit Satz 1.10 b). ◄

Übungsaufgabe 1.16

a) Es sei

$$R = \{(x, y) \in \mathbb{Z} \times \mathbb{Z}; \, x - y \text{ ist gerade}\}.$$

In Aufgabe 1.15 wurde bereits nachgewiesen, dass dies eine Äquivalenzrelation ist. Bestimmen Sie nun die Äquivalenzklassen [1] und [2] und zeigen Sie, dass gilt:

$$[1] \cap [2] = \emptyset.$$

Bestimmen Sie weiterhin $[2] \cap [-12]$.

b) Auf der Menge $A = \{m, a, t, h\}$ sei folgende Relation definiert:

$$R = \{(m,m), (a,a), (a,m), (t,t), (h,h), (h,t), (m,a), (t,h)\}.$$

Zeigen Sie, dass R eine Äquivalenzrelation ist, und bestimmen Sie die Äquivalenzklassen [m] und [t]. ◄

Damit haben wir vorerst genug über Relationen gesprochen bzw. geschrieben und kommen nun zur vollständigen Induktion, einer sehr wichtigen Beweistechnik innerhalb der Mathematik.

1.4   Vollständige Induktion

In der Mathematik als einer der exaktesten Wissenschaften überhaupt muss man alles, aber auch wirklich alles, beweisen, was man behauptet und was man möglicherweise sogar weiterhin benutzen will. Keine Sorge: Das muss man nicht in jedem Lehrbuch tun, auch in diesem nicht, auch nicht unbedingt in jeder Vorlesung und jedem Seminar. Aber irgendwo muss einmal ein Beweis der Aussage in nachvollziehbarer Weise erbracht worden sein. Es nützt nichts, eine Aussage zu haben, die man mit 20 oder 100 Beispielen belegen kann, es muss ein Beweis her.

Und da das schon seit Jahrtausenden so ist, haben sich im Laufe der Zeit gewisse Beweisprinzipien herauskristallisiert, die man in jeweils angepasster oder modifizierter Form häufig anwenden kann; man muss das Rad ja nicht jedesmal neu erfinden.

Derartige Beweisprinzipien sind beispielsweise der Beweis durch Widerspruch, von dem bereits die Rede war, oder eben die vollständige Induktion, die in diesem Abschnitt Thema sein wird.

Mit vollständiger Induktion kann man zwar nur Aussagen beweisen, die sich in irgendeiner Form auf natürliche Zahlen beziehen, dafür aber ist sie in diesem Bereich ein sehr mächtiges Beweisinstrument. Aber um das illustrieren zu können, muss ich sie natürlich zunächst einmal formulieren:

Vollständige Induktion

Es sei A eine Aussage, von der behauptet wird, dass sie für alle natürlichen Zahlen n gilt, die größer als oder gleich einer festen natürlichen Zahl n_0 sind. Will man A mithilfe vollständiger Induktion beweisen, so sind die folgenden drei Schritte durchzuführen:

- **Induktionsanfang:** Die Aussage muss für $n = n_0$ gezeigt werden.
- **Induktionsannahme:** Es wird angenommen, dass die Aussage für eine natürliche Zahl n mit $n \geq n_0$ gilt.
- **Induktionsschluss:** Unter dieser Annahme ist zu zeigen, dass die Aussage dann auch für $n + 1$ gilt.

Bevor Sie sich nun vor Verzweiflung die Kugel geben oder sich einen vergifteten Strick besorgen, möchte ich Ihnen Folgendes mitteilen: Als ich als junger Student zum ersten Mal mit dieser Thematik konfrontiert wurde, habe ich nur „Bahnhof" und „Abfahrt" verstanden; ich vermute, Ihnen und den meisten Lesern geht es ähnlich.

Aber selbst ich habe nach einigen Erläuterungen, die ich Ihnen gleich geben werde, und vor allem zahlreichen Beispielen die Sache vollständig verstanden, und wenn ich das geschafft habe, warum sollte Ihnen das nicht auch gelingen?

Bemerkungen

1) Die allermeisten Aussagen, die mithilfe vollständiger Induktion bewiesen werden sollen, gelten für *alle* natürlichen Zahlen. In diesem Fall taucht dieses ominöse n_0, das Sie vermutlich irritiert hat, gar nicht explizit auf und ist gleich 1 zu setzen. Dann ist also der Induktionsanfang für $n = 1$ durchzuführen. Nur bei Aussagen vom Typus „Es gilt für alle $n \in \mathbb{N}$, $n \geq 5$" tritt n_0 explizit auf – in diesem Beispiel wäre $n_0 = 5$.

2) Möglicherweise hat Sie die Formulierung der Induktionsannahme irritiert, denn es scheint auf den ersten Blick, als würde man hier genau das annehmen, was man eigentlich beweisen will. Das scheint aber nur so, denn in Wirklichkeit steht hier etwas völlig anderes als in der Aussage: Die Aussage behauptet, dass etwas gilt *für alle*, also unendlich viele, natürliche Zahlen. In der Annahme wird dagegen nur angenommen, dass die behauptete Aussage *für eine* natürliche Zahl gilt.

3) Bei der Durchführung eines Induktionsbeweises wird man meist aus Zeit- und Platzgründen die Annahme, von der gerade schon die Rede war, nicht explizit formulieren, sondern nur kurz schreiben: „Die Aussage gilt für ein n", oder sogar diesen Schritt ganz weglassen. Das sollte Sie nicht weiter irritieren, denn tatsächlich ist in diesem Beweisteil ja nichts aktiv zu tun, man muss nur eine Annahme machen, und das kann man auch im Hinterkopf.

4) Der Induktionsschluss ist sicherlich der entscheidende und offen gestanden auch aufwendigste Schritt bei einem Induktionsbeweis. Hier muss gezeigt werden, dass eine Aussage, die nach Annahme für eine natürliche Zahl n gilt, auch für die *nächste*, also nächstgrößere natürliche Zahl gilt. Diese nächste natürliche Zahl hat aber einen Namen, sie heißt $n + 1$. Das steckt also hinter der oben gegebenen Formulierung des Induktionsschlusses. Und diese Stelle ist auch der Grund dafür, warum ein Induktionsbeweis nur für natürliche Zahlen durchführbar ist: Bei rationalen, reellen oder gar komplexen Zahlen gibt es so etwas wie die „nächstgrößere" Zahl nicht. Bei ganzen Zahlen gibt es das zwar schon, aber hier gäbe es Schwierigkeiten mit dem Induktionsanfang: Was sollte die kleinste ganze Zahl sein?

Sie sehen also: Die Menge $\mathbb{N}$ der natürlichen Zahlen ist der natürliche (sic!) Lebensraum des Induktionsbeweises.

1.4.1 Summenformeln

Das waren nun genug Bemerkungen, es wird höchste Zeit für ein erstes Beispiel. Dieses erste Beispiel ist vermutlich in jedem Lehrbuch und in jeder Vorlesung zum Thema vollständige Induktion dasselbe: Es handelt sich um eine sogenannte Summenformel, hier die Summe der ersten n natürlichen Zahlen betreffend, die von keinem Geringeren als dem berühmten Carl Friedrich Gauß gefunden wurde; um uns alle zu beschämen, hat er das übrigens im Alter von acht Jahren geschafft. Die Formel und ihr Beweis lauten wie folgt:

Beispiel 1.14

Behauptet wird: Für alle $n \in \mathbb{N}$ gilt:

$$1 + 2 + 3 + \cdots + n = \frac{n(n+1)}{2}. \tag{1.13}$$

Der Beweis wird überraschenderweise mit vollständiger Induktion geführt.

Induktionsanfang: Da die Formel (1.13) für *alle* natürlichen Zahlen behauptet wird, ist $n_0 = 1$ zu setzen, ich muss also den Anfang für $n = 1$ machen.

Die Summe auf der linken Seite besteht in diesem Fall nur aus einem Summanden, dieser hat den Wert 1, und damit hat auch die ganze Summe den Wert 1.

Auf der rechten Seite ist im Ausdruck $\frac{n(n+1)}{2}$ der Wert $n = 1$ einzusetzen; es ergibt sich

$$\frac{1 \cdot (1+1)}{2} = \frac{2}{2} = 1.$$

Beide Seite sind also gleich, und damit ist der Induktionsanfang geschafft.

Induktionsannahme: Wie in obiger Bemerkung schon gesagt wird das meist sehr stiefmütterlich abgehandelt, da hier *formelmäßig* dasselbe steht wie in der Behauptung. In diesem Fall wird angenommen, dass für *eine* natürliche Zahl n gilt:

$$1 + 2 + 3 + \cdots + n = \frac{n(n+1)}{2}.$$

Induktionsschluss: Zu zeigen ist nun, dass Formel (1.13) auch dann gilt, wenn n durch $n + 1$ ersetzt wird, dass also gilt:

$$1 + 2 + 3 + \cdots + n + (n+1) = \frac{(n+1)(n+2)}{2}. \tag{1.14}$$

Um dies zu zeigen, beginne ich mit einer Umformung der linken Seite, der Summe also; nach Induktionsannahme ist nämlich die Teilsumme der ersten n Summanden gleich $\frac{n(n+1)}{2}$, und wenn zwei Ausdrücke gleich sind, kann ich auch den einen durch den anderen ersetzen. Das ergibt:

$$1 + 2 + 3 + \cdots + n + (n+1) = \frac{n(n+1)}{2} + (n+1). \tag{1.15}$$

Da der Zielausdruck auf der rechten Seite von (1.14) ein Bruch mit dem Nenner 2 ist, wird es eine gute Idee sein, auch den neu gewonnenen Ausdruck auf der rechten Seite von (1.15) auf den Gesamtnenner 2 zu bringen; das bedeutet, dass ich $(n + 1)$ mit 2 erweitern muss und so erhalte

$$\frac{n(n+1)}{2} + \frac{2(n+1)}{2} = \frac{n(n+1) + 2(n+1)}{2}. \tag{1.16}$$

Nun kann man noch im Zähler $(n + 1)$ ausklammern und erhält so

$$\frac{(n+2)(n+1)}{2},$$

und das ist gerade die rechte Seite von (1.14).

Somit wurde gezeigt, was zu zeigen war, nämlich die Korrektheit der Gleichung (1.14). Damit ist der Beweis beendet. ◄

Bemerkungen

1) Ich würde Ihnen raten, die Zeile „zu zeigen", mit der ich den Induktionsschluss hier eingeleitet habe, immer zu Beginn des Schlusses hinzuschreiben. Man hat damit sozusagen ein Programm vor Auge, das einem sagt, was man eigentlich im Folgenden tun soll. Es ist wirklich nur ein Rat eines inzwischen schon sehr erfahrenen, weil leider älteren Mathematikers; viele Autoren gehen darauf gar nicht ein, aber ich halte es für eine sehr hilfreiche Vorgehensweise.

2) Bevor ich jetzt mit zahlreichen weiteren Beispielen die technisch-handwerkliche Durchführung eines Induktionsbeweises mit Ihnen übe, möchte ich kurz darauf eingehen, *warum* ein solcher Beweis mit vollständiger Induktion überhaupt ein vollgültiger Beweis ist.

Nun, stellen Sie sich vor, Sie hätten einen Induktionsbeweis wie den in Beispiel 1.14 mühevoll durchgeführt, und nun zweifelt jemand – beispielsweise Ihre Schwiegermutter, um ein in der Literatur beliebtes Feindbild aufzugreifen – an, dass damit tatsächlich die Behauptung für alle natürlichen Zahlen bewiesen sei. In diesem Fall können Sie wie folgt argumentieren: „Im Induktionsanfang habe ich doch gezeigt, dass die Behauptung für $n = 1$ gilt." Die Schwiegermutter entgegnet: „Alles schön und gut, aber damit ist sie ja nur für eine einzige Zahl bewiesen." Sie sagen dann: „Im Induktionsschluss wurde gezeigt: Wenn die Behauptung für eine natürliche Zahl gilt, dann gilt sie automatisch auch für die nächstgrößere. Nun, gerade habe ich gezeigt, dass sie für $n = 1$ gilt, also gilt sie auch für $n = 2$." Die Schwiegermutter wird schon leiser, weil sie ahnt, was kommt, entgegnet aber dennoch: „Nun gut, aber was ist mit $n = 3, 4, 5, \ldots$?" Sie wiederum sind nun auf der Siegerstraße und sagen: „Immer noch gilt die Aussage: Wenn die Behauptung für eine natürliche Zahl stimmt, stimmt sie auch für die nächste. Nun, gerade wurde gezeigt, dass sie für $n = 2$ stimmt, also stimmt sie auch für $n = 3$. Und da sie für $n = 3$ stimmt, stimmt sie auch für die nächste natürliche Zahl, also $n = 4$; wenn sie aber für $n = 4$ stimmt, dann auch für $n = 5$, damit auch für $n = 6$, und so weiter."

Womit die Schwiegermutter erledigt wäre.

Mit dem Induktionsschluss hat man quasi eine Endlosschleife programmiert, mit deren Hilfe man sich bis zu jeder beliebigen natürlichen Zahl durchhangeln kann. Das ist die Grundidee des Induktionsbeweises.

An die vollständige Induktion gewöhnt man sich am besten durch Beispiele; in diesem Abschnitt stelle ich daher noch zwei Induktionsbeweise von Summenformeln vor und gebe Ihnen anschließend großzügigerweise Gelegenheit, Ihr Wissen anhand von Übungsaufgaben zu testen.

Beispiel 1.15

Mithilfe vollständiger Induktion soll gezeigt werden, dass für alle $n \in \mathbb{N}$ gilt:

$$1 + 3 + 5 + \cdots + (2n - 1) = n^2. \tag{1.17}$$

Induktionsanfang: Für $n = 1$ ist $2n - 1 = 2 - 1 = 1$, daher besteht in diesem Fall die Summe auf der linken Seite nur aus dem ersten Summanden 1, und somit ist auch die linke Seite gleich 1. Auf der rechten Seite ergibt sich $1^2 = 1$, somit sind beide Seiten gleich und der Induktionsanfang ist erledigt.

Induktionsannahme: Die Gleichung (1.17) gilt für ein $n \in \mathbb{N}$.

Induktionsschluss: Zu zeigen ist, dass die Gleichung auch dann noch richtig ist, wenn man n durch $n + 1$ ersetzt, dass also gilt:

$$1 + 3 + 5 + \cdots + (2n - 1) + (2n + 1) = (n + 1)^2. \tag{1.18}$$

Der neue letzte Summand auf der linken Seite ist dadurch entstanden, dass ich im Ausdruck $(2n - 1)$ den Wert n durch $n + 1$ ersetzt habe: $2(n + 1) - 1 = 2n + 1$.

Um (1.18) nun zu zeigen, beginne ich wieder mit der linken Seite und ersetze die Teilsumme $1 + 3 + 5 + \cdots + (2n - 1)$ durch n^2. Das ergibt also $n^2 + (2n + 1)$, und spätestens wenn man nun noch die mathematisch unnötigen Klammern weglässt, sieht man, dass man hier die binomische Formel anwenden kann: Es gilt

$$n^2 + 2n + 1 = (n + 1)^2.$$

Das ist aber genau der Ausdruck auf der rechten Seite von (1.18), und somit ist der Induktionsschluss und damit der ganze Beweis beendet. ◀

Weil es gerade so gut läuft, halte ich mich und Sie nicht mit unnötigen Zwischenkommentaren auf und gebe gleich noch ein Beispiel.

Beispiel 1.16

Mithilfe vollständiger Induktion soll gezeigt werden, dass für alle $n \in \mathbb{N}$ gilt:

$$2 + 5 + 8 + \cdots + (3n - 1) = \frac{n(3n + 1)}{2}. \tag{1.19}$$

Induktionsanfang: Für $n = 1$ lautet der letzte Summand auf der linken Seite $3 - 1 = 2$, also bleibt von der ganzen Summe in diesem Fall nur der erste Summand übrig, dieser hat den Wert 2, und damit auch die Summe.

Auf der rechten Seite ergibt sich für $n = 1$:

$$\frac{1 \cdot (3+1)}{2} = 2,$$

also stimmen beide Seiten überein und der Induktionsanfang ist erfolgreich erledigt.

Induktionsannahme: Die Gleichung (1.19) gilt für ein $n \in \mathbb{N}$.

Induktionsschluss: Wenn man n durch $n + 1$ ersetzt wird der letzte Summand auf der linken Seite zu: $3(n + 1) - 1 = 3n + 3 - 1 = 3n + 2$. Daher ist im Induktionsschluss zu zeigen:

$$2 + 5 + 8 + \cdots + (3n-1) + (3n+2) = \frac{(n+1)(3n+4)}{2}. \tag{1.20}$$

Auch hier beginne ich wieder mit der linken Seite und ersetze im ersten Schritt die Teilsumme $2 + 5 + 8 \cdots + (3n - 1)$ durch den Ausdruck $\frac{n(3n+1)}{2}$, da ja laut Annahme beide Ausdrücke identisch sind. Also ist

$$2 + 5 + 8 + \cdots + (3n-1) + (3n+2) = \frac{n(3n+1)}{2} + (3n+2) \tag{1.21}$$

$$= \frac{n(3n+1) + 2(3n+2)}{2}. \tag{1.22}$$

Im zweiten Schritt habe ich lediglich mit 2 erweitert und das Ganze auf einen gemeinsamen Nenner gebracht. Nun ist also noch zu zeigen, dass die rechte Seite von (1.20) mit derjenigen von (1.22) übereinstimmt.

Nun kommt eine ganz wichtige Bemerkung: Man muss hier wie gesagt zeigen, dass die beiden genannten Terme übereinstimmen, aber kein Mensch fordert, dass unbedingt die rechte Seite von (1.22) in die Form der rechten Seite von (1.20) gebracht werden muss. Das wird oft falsch verstanden oder vielleicht auch falsch dargestellt und führt dann zu unnötigem Arbeitsaufwand.

Um die Gleichheit der beiden Terme zu zeigen, kann ich nämlich beispielsweise auch beide ausmultiplizieren und nach Potenzen von n sortieren; ergibt sich hier beide Male derselbe Ausdruck, ist die Gleichheit gezeigt und der Beweis beendet. Und genau das will ich nun tun. Offenbar kann ich mich dabei auf die jeweiligen Zähler beschränken, denn die Nenner sind schon identisch.

Ausmultiplizieren der rechten Seite von (1.20) ergibt:

$$(n+1)(3n+4) = 3n^2 + 3n + 4n + 4 = 3n^2 + 7n + 4,$$

ausmultiplizieren der rechten Seite von (1.22) wiederum ergibt:

$$n(3n+1) + 2(3n+2) = 3n^2 + n + 6n + 4 = 3n^2 + 7n + 4.$$

Somit sind beide Ausdrücke identisch und der Induktionsbeweis beendet.

Sie sollten auch einmal ein Beispiel einer Behauptung sehen, die nicht für alle natürlichen Zahlen gilt, bei der also das n_0 in der Definition der vollständigen Induktion nicht gleich 1 ist. Das zeige ich Ihnen im Folgenden und – versprochen! – letzten Beispiel dieses Abschnitts. In diesem wird der Term $n!$, gesprochen „n Fakultät", auftreten; zur Erinnerung: Dieser ist für jede natürliche Zahl n definiert durch

$$n! = 1 \cdot 2 \cdot 3 \cdots (n-1) \cdot n. \qquad \blacktriangleleft$$

Beispiel 1.17

Mithilfe vollständiger Induktion soll gezeigt werden, dass für alle $n \in \mathbb{N}$, $n \geq 3$, gilt:

$$3 \cdot 3! + 4 \cdot 4! + 5 \cdot 5! + \cdots + n \cdot n! = (n+1)! - 6. \qquad (1.23)$$

Induktionsanfang: Der Anfang muss hier mit $n = 3$ gemacht werden. Es ergibt sich auf der linken Seite $3 \cdot 3! = 3 \cdot 6 = 18$ und auf der rechten $4! - 6 = 24 - 6 = 18$. Beide Seiten haben also den Wert 18, und der Induktionsanfang ist erbracht.

Induktionsannahme: Die Gleichung (1.23) gilt für ein $n \in \mathbb{N}$, $n \geq 3$.

Induktionsschluss: Zu zeigen ist hier, dass gilt:

$$3 \cdot 3! + 4 \cdot 4! + 5 \cdot 5! + \cdots + n \cdot n! + (n+1) \cdot (n+1)! = (n+2)! - 6. \qquad (1.24)$$

Wieder beginne ich mit der linken Seite und benutze gleich im ersten Schritt die Induktionsannahme. Das liefert:

$$\begin{aligned}
3 \cdot 3! + 4 \cdot 4! + 5 \cdot 5! + \cdots + n \cdot n! + (n+1) \cdot (n+1)! \\
= (n+2)! - 6 + (n+1) \cdot (n+1)!.
\end{aligned} \qquad (1.25)$$

Nun kann man $(n + 1)!$ ausklammern und anschließend benutzen, dass

$$(n+2) \cdot (n+1)! = (n+2)!$$

ist. Das ergibt

$$(n+1)! + (n+1) \cdot (n+1)! = (1 + (n+1)) \cdot (n+1)! = (n+2) \cdot (n+1)!$$
$$= (n+2)!,$$

also die rechte Seite von (1.24), wobei ich auf das Mitschleppen des Terms -6 verzichtet habe. Damit ist der Beweis beendet. $\qquad \blacktriangleleft$

Falls Sie die Sache so langsam langweilt, ist das übrigens ein gutes Zeichen, dann haben Sie das Prinzip nämlich begriffen; falls nicht, so ist das auch nicht schlimm, denn es gibt jetzt noch genug Gelegenheit zum Üben.

Übungsaufgabe 1.17

Beweisen Sie die folgenden Summenformeln mithilfe vollständiger Induktion:
a) Für alle $n \in \mathbb{N}$ gilt

$$2 + 4 + 6 + \cdots + 2n = n \cdot (n+1).$$

b) Für alle $n \in \mathbb{N}$ gilt

$$1^2 + 3^2 + 5^2 + \cdots + (2n-1)^2 = \frac{n \cdot (4n^2 - 1)}{3}.$$

c) Für alle $n \in \mathbb{N}$, $n \geq 2$, gilt

$$9 + 13 + 17 + \cdots + (4n+1) = (n+1)(2n+1) - 6. \quad \blacktriangleleft$$

1.4.2 Rekursionsformeln

Mit vollständiger Induktion kann man beileibe nicht nur Summenformeln beweisen, das dient meist nur als Einstieg, weil man hier stets nach einem festen Prinzip, man könnte auch sagen Kochrezept, vorgehen kann.

Ein anderer großer Bereich, in dem vollständige Induktion sehr effizient angewendet werden kann, ist derjenige der Rekursionsformeln. Ich erläutere die Vorgehensweise ausnahmsweise einmal anhand eines kleinen Beispiels aus der Tierwelt:

Beispiel 1.18

Eine Schnecke kriecht, beginnend am Boden, pro Tag einen Meter an einer Mauer hoch; aufgrund der einsetzenden Feuchtigkeit rutscht sie aber jede Nacht um die Hälfte der bisher erreichten Gesamthöhe wieder hinunter. Bezeichnet man mit h_n die am Ende des n-ten Tages erreichte Höhe (in Meter), so ist also

$$h_1 = 1 \text{ und } h_n = \frac{1}{2} h_{n-1} + 1. \qquad (1.26)$$

Man zeige nun mittels vollständiger Induktion, dass für alle $n \in \mathbb{N}$ gilt:

$$h_n = 2 - \frac{1}{2^{n-1}}. \qquad (1.27)$$

Die in Zeile (1.26) angegebene Beziehung ist eine **Rekursionsformel**, genauer gesagt eine rekursive Darstellung der Folge $\{h_n\}$, denn hier wird das Folgenelement h_n rekursiv, also nur mit Kenntnis des Vorgängerelements h_{n-1}, berechnet. Das kann von Vorteil sein, aber will man beispielsweise heute schon wissen, welche Höhe die Schnecke am dreißigsten Tag erreicht hat, also h_{30}, so muss man hierfür alle Zahlen $h_1, h_2, \ldots,$ h_{29} berechnen, ob man will oder nicht.

Häufig will man das gerade nicht, und dann bevorzugt man die Darstellung (1.27), die man auch explizite Darstellung der Folge nennt. Hier kann man direkt $n = 30$ einsetzen und die am dreißigsten Tag erreichte Höhe ermitteln. Übrigens kann man an dieser Darstellung auch sofort erkennen, dass die Schnecke, so sehr sie sich auch abmüht, niemals die Höhe von zwei Metern erreichen oder gar überschreiten (sagt man hier: „überkriechen"?) wird.

Wie auch immer: Die Darstellung (1.27) hat ihre Vorteile, aber um sie benutzen zu können, muss man sie zunächst beweisen, und das macht man am besten mit vollständiger Induktion. Ich zeige Ihnen nun, wie das bei einer solchen Rekursionsformel geht:

Induktionsanfang: Setzt man $n = 1$, so liefert die Formel (1.27):

$$h_1 = 2 - \frac{1}{2^0} = 1.$$

Das deckt sich hervorragend mit der Angabe in (1.26), und somit ist der Anfang erledigt.

Induktionsannahme: Die Darstellung (1.27) gilt für ein $n \in \mathbb{N}$.

Induktionsschluss: Zu zeigen ist nun, dass die Darstellung (1.27) auch für $n + 1$ richtig ist, dass also gilt:

$$h_{n+1} = 2 - \frac{1}{2^n}. \tag{1.28}$$

Das ist nicht so schlimm, wie es vielleicht aussieht. Aufgrund der Rekursionsformel (1.26) gilt

$$h_{n+1} = \frac{1}{2} h_n + 1,$$

und aufgrund der Induktionsannahme ist

$$h_n = 2 - \frac{1}{2^{n-1}}.$$

Packt man das zusammen, erhält man

$$h_{n+1} = \frac{1}{2} h_n + 1 = \frac{1}{2}\left(2 - \frac{1}{2^{n-1}}\right) + 1 = 1 - \frac{1}{2^n} + 1 = 2 - \frac{1}{2^n}.$$

Das ist genau die rechte Seite von (1.28), und damit ist der Induktionsschluss vollständig.   ◄

An die vollständige Induktion gewöhnt man sich am besten mithilfe von Beispielen; daher werden Sie in diesem ganzen Abschnitt relativ wenige Aussagen, Bemerkungen oder Ähnliches antreffen, sondern eben überwiegend Beispiele, zum Teil von mir vorgerechnete, zum Teil zum Selbstlösen. Und damit geht es auch gleich weiter:

Beispiel 1.19

a) Die Folge $\{a_n\}$ sei rekursiv definiert durch

$$a_1 = 1,$$

$$a_n = 2a_{n-1} + 1 \text{ für } n = 2, 3, 4, \ldots \tag{1.29}$$

Man soll mithilfe vollständiger Induktion zeigen, dass für alle $n \in \mathbb{N}$ die folgende explizite Darstellung gilt:

$$a_n = 2^n - 1. \tag{1.30}$$

Induktionsanfang: Für $n = 1$ ergibt die Formel (1.30) den Wert

$$a_1 = 2^1 - 1 = 1$$

in Übereinstimmung mit der ersten Zeile von (1.29), somit ist der Anfang erledigt.

Induktionsannahme: Die Darstellung (1.30) gilt für ein $n \in \mathbb{N}$.

Induktionsschluss: Zu zeigen ist nun, dass diese Darstellung auch für $n + 1$ richtig ist, dass also gilt:

$$a_{n+1} = 2^{n+1} - 1.$$

Dies zeigt man unter Benutzung von (1.29) wie folgt:

$$a_{n+1} = 2a_n + 1 = 2 \cdot \left(2^n - 1\right) + 1 = 2^{n+1} - 2 + 1 = 2^{n+1} - 1.$$

Damit ist der Induktionsschluss beendet.

b)   Die Folge $\{b_n\}$ sei rekursiv definiert durch

$$b_1 = 2, \tag{1.31}$$

$$b_n = 2 - \frac{1}{b_{n-1}} \text{ für } n = 2, 3, 4, \ldots \tag{1.32}$$

Man soll mithilfe vollständiger Induktion zeigen, dass für alle $n \in \mathbb{N}$ die folgende explizite Darstellung gilt:

$$b_n = \frac{n+1}{n}. \tag{1.33}$$

Induktionsanfang: Für $n = 1$ ergibt die Formel (1.33) den Wert

$$b_1 = \frac{2}{1} = 2$$

in Übereinstimmung mit der ersten Zeile von (1.31), somit ist der Anfang erledigt.

Induktionsannahme: Die Darstellung (1.33) gilt für ein $n \in \mathbb{N}$.

Induktionsschluss: Zu zeigen ist nun, dass diese Darstellung auch für $n + 1$ richtig ist, dass also gilt:

$$b_{n+1} = \frac{n+2}{n+1}.$$

Dies kann man unter Verwendung der Induktionsannahme und unter Anwendung der Regeln der Bruchrechnung beispielsweise wie folgt zeigen:

$$b_{n+1} = 2 - \frac{1}{b_n}$$

$$= 2 - \frac{1}{\dfrac{n+1}{n}}$$

$$= 2 - \frac{n}{n+1}$$

$$= \frac{2(n+1) - n}{n+1}$$

$$= \frac{2n+2-n}{n+1} = \frac{n+2}{n+1}. \qquad \blacktriangleleft$$

Die Folge $\{a_n\}$ sei rekursiv definiert durch

$$a_1 = 11, \tag{1.34}$$

$$a_n = 3a_{n-1} - 6 \text{ für } n = 2,3,4,\ldots \tag{1.35}$$

Zeigen Sie mithilfe vollständiger Induktion, dass für alle $n \in \mathbb{N}$ die folgende explizite Darstellung gilt:

$$a_n = 8 \cdot 3^{n-1} + 3. \qquad \blacktriangleleft$$

Dieser Abschnitt begann mit einem Beispiel aus der Tierwelt, und er soll auch mit einem solchen enden: Wir befassen uns mit einem Partylöwen.

Der Gastgeber einer Party hat es sich angewöhnt, jedesmal wenn ein neuer Gast eintrifft, sowohl mit diesem als auch mit allen bereits vorhandenen Gästen anzustoßen und ein Glas Sekt zu leeren.

a) Es sei g_n die Anzahl der Gläser, die er nach dem Eintreffen des n-ten Gastes insgesamt geleert hat. Geben Sie eine Rekursionsformel zur Berechnung von g_n an.

b) Zeigen Sie mithilfe vollständiger Induktion, dass für alle $n \in \mathbb{N}$ die folgende explizite Darstellung gilt:

$$g_n = \frac{n \cdot (n+1)}{2}. \qquad \blacktriangleleft$$

1.4.3 Ungleichungen

Wenn Sie die Darstellung der vollständigen Induktion zu Beginn dieses Abschnitts genau gelesen haben (oder das jetzt tun), werden Sie feststellen, dass dort immer nur von „Aussagen" die Rede ist, die man mit vollständiger Induktion beweisen kann, nicht von Gleichungen; das wäre auch nicht richtig, denn beispielsweise auch der Beweis von Ungleichungen ist ein weites Betätigungsfeld für Induktionsbeweise. Ich zeige Ihnen das in diesem kurzen Abschnitt anhand einiger Beispiele.

Mithilfe vollständiger Induktion soll gezeigt werden, dass für alle $n \in \mathbb{N}$ gilt:

$$2^n > n. \tag{1.36}$$

Induktionsanfang: Für $n = 1$ lautet die Ungleichung (1.36): $2^1 > 1$, also $2 > 1$, was zweifellos richtig ist. Somit ist der Anfang erledigt.

Induktionsannahme: Die Ungleichung (1.36) gilt für ein $n \in \mathbb{N}$.

Induktionsschluss: Zu zeigen ist, dass die Ungleichung auch für $n + 1$ richtig ist, dass also gilt:

$$2^{n+1} > n+1. \tag{1.37}$$

Hierzu zerlege ich zunächst die linke Seite wie folgt:

$$2^{n+1} = 2 \cdot 2^n = 2^n + 2^n. \tag{1.38}$$

Jeden dieser beiden Summanden kann ich nach der Induktionsannahme durch n nach unten abschätzen, und da n eine natürliche Zahl ist, gilt sicherlich $n \geq 1$. Das ergibt zusammengefasst

$$2^n + 2^n > n + n \geq n+1;$$

kombiniert man dies nun mit (1.38), ist der Beweis von (1.37) erbracht. ◄

Eine Verschärfung der Aussage von Beispiel 1.20 stellt die folgende dar:

Beispiel 1.21

Es wird behauptet, dass für alle $n \in \mathbb{N}$, $n \geq 5$, gilt:

$$2^n > n^2. \tag{1.39}$$

Natürlich soll der Beweis mit vollständiger Induktion geführt werden. Das mache ich auch gleich im Anschluss, aber zuvor noch ein kurzes Wort dazu, warum Ungleichung (1.39) erst ab $n = 5$ behauptet wird. Nun, ganz einfach deshalb, weil sie für $n = 2$, $n = 3$ und $n = 4$ nicht richtig ist, wie Sie durch Einsetzen erkennen können: Für $n = 4$ ergäbe sich beispielsweise $16 > 16$, und das ist auch bei großzügigster Auslegung algebraischer Regeln nicht richtig.

Nun aber zum Beweis. Da $n \geq 5$ vorausgesetzt wird, muss der Induktionsanfang hier mit $n = 5$ gemacht werden.

Induktionsanfang: Für $n = 5$ lautet die Ungleichung (1.39): $32 > 25$, was zweifellos richtig ist. Somit ist der Anfang erledigt.

Induktionsannahme: Die Ungleichung (1.39) gilt für ein $n \in \mathbb{N}$, $n \geq 5$.

Induktionsschluss: Zu zeigen ist, dass die Ungleichung auch für $n + 1$ richtig ist, dass also gilt:

$$2^{n+1} > \left(n+1\right)^2. \tag{1.40}$$

Die ersten Schritte sind hier in völliger Analogie zum Induktionsschluss in Beispiel 1.20 zu machen und führen auf:

$$2^{n+1} = 2 \cdot 2^n = 2^n + 2^n > n^2 + n^2. \tag{1.41}$$

Da nun $n \geq 5$ ist, ist $n^2 \geq 5n$, und da $5n$ wiederum für jedes n größer ist als $2n + 1$, folgt aus (1.41):

$$2^{n+1} > n^2 + n^2 \geq n^2 + 5n > n^2 + 2n + 1.$$

Letzteres ist aber nach der binomischen Formel gleich $(n + 1)^2$, also der rechten Seite von (1.40). Damit ist der Induktionsschluss und somit der ganze Beweis beendet. ◄

Ich glaube, damit habe ich Sie zur Genüge mit Beispielen zu Induktionsbeweisen in jeder Form belästigt, und ich denke und hoffe, dass Sie in dieser wichtigen Beweistechnik nun einige Sicherheit erlangt haben. Fürs Erste will ich es damit – nach den unvermeidlichen Anregungen zum Selbststudium – dabei belassen.

Übungsaufgabe 1.20

Beweisen Sie die folgenden Ungleichungen mithilfe vollständiger Induktion:

a) Für alle $n \in \mathbb{N}$, $n \geq 3$, gilt

$$2^n > 2n + 1.$$

b) Für alle $n \in \mathbb{N}$, $n \geq 3$, gilt

$$n \cdot \sqrt{n} > n + \sqrt{n}. \qquad \blacktriangleleft$$

Lineare Gleichungssysteme, Vektoren und Matrizen

2

Contents

Beim Schreiben eines Buches oder wie hier eines Kapitels über die Kernthemen der linearen Algebra stellt sich jedesmal wieder die Frage, in welcher Reihenfolge man die einzelnen Themen abhandeln soll. Nun werden Sie sagen: „Junge, das ist dein Problem, nicht meines, denn du bist der Autor und bekommst Geld dafür!" Nun, das stimmt zwar beides (das Eine mehr, das Andere weniger), aber dennoch will ich Ihnen die Problematik kurz erklären, denn das fördert auch Ihr Verständnis der kommenden Seiten.

Die Hauptthemen dieses Kapitels sind Vektoren, Matrizen und Determinanten sowie lineare Gleichungssysteme. Beginnt man mit der Darstellung der Vektoren, so muss man ziemlich bald den Begriff der linearen Unabhängigkeit bringen, und zu dessen Untersuchung wiederum muss man entweder lineare Gleichungssysteme lösen oder die Determinante einer Matrix berechnen. Beginnt man dagegen mit der Darstellung von Matrizen, wird man diese invertieren wollen, und hierfür wiederum braucht man den Gauß-Algorithmus, der in den Kontext linearer Gleichungssysteme gehört. Und beginnt man die Darstellung mit der Behandlung linearer Gleichungssysteme, so sollte man dabei die sogenannte cramersche Regel angeben, die wiederum auf der Berechnung von Determinanten gewisser Matrizen beruht.

Sie sehen also: In irgendeinen sauren Apfel muss man hier beißen, es bleibt allerdings der Trost, dass sich im Laufe des Kapitels alles zusammenfügt und als Einheit verständlich wird; ich werde jedenfalls mein Möglichstes dafür tun.

Ich habe mich dazu entschlossen, mit dem Thema zu beginnen, das Sie vermutlich schon am besten kennen, nämlich mit den linearen Gleichungssystemen. Und damit geht es jetzt endlich los.

© Springer-Verlag GmbH Deutschland, ein Teil von Springer Nature 2020
G. Walz, *Mathematik für Hochschule und duales Studium*,
https://doi.org/10.1007/978-3-662-60506-6_2

2.1   Lineare Gleichungssysteme

2.1.1   Einführende Beispiele

Ich beginne mit einem Beispiel, das so einfach ist, dass es vermutlich noch nicht einmal
Aufnahme fände in der Wochenendbeilage der Zeitung. Ich gebe es hier dennoch an, kompliziert wird die Sache noch früh genug.

Beispiel 2.1

Ein kleiner Junge kauft am Kiosk einen Lutscher und zwei Päckchen Kekse und muss
dafür 1,90 Euro bezahlen. Am nächsten Tag kauft er drei Lutscher, jedoch nur ein Päckchen Kekse; der Gesamtpreis hierfür ist 1,20 Euro. Man soll hieraus den Preis für einen
Lutscher und ein Päckchen Kekse ermitteln.

Ich möchte mich, wie auch in meinen Vorlesungen, an dieser Stelle auf keinerlei
Diskussionen einlassen, weder über die Frage, ob man Kindern überhaupt guten Gewissens zahnschmelzvernichtende Dinge wie Lutscher geben sollte, noch darüber, ob
es heutzutage überhaupt noch Lutscher und Kekse für so wenig Geld gibt. Ich will einfach nur die Einzelpreise ermitteln, davon ausgehend, dass obige Angaben korrekt und
die Preise an beiden Tagen stabil geblieben sind. Hierzu bezeichne ich den Preis eines
Lutschers mit x und den eines Päckchens Kekse mit y. Dann lassen sich die obigen
beiden Angaben wie folgt als Gleichungen ausdrücken:

$$x + 2y = 1,90 \qquad\qquad (2.1)$$

$$3x + y = 1,20$$

Dies ist ein erstes lineares Gleichungssystem, wenn auch ein sehr klein geratenes.
Wir werden im nächsten Unterabschnitt ein Verfahren zur systematischen Lösung
linearer Gleichungssysteme kennenlernen, den Gauß-Algorithmus, aber für so ein
kleines System wie das hier angegebene kann man auch folgende Methode verwenden.
Von meinen Kindern habe ich gelernt (das meine ich ernst), dass man dies auch
Einsetzungsverfahren nennt: Löst man die erste Gleichung nach x auf, ergibt sich
$x = 1,90 - 2y$, und setzt man dies in die zweite Gleichung ein, erhält man

$$3 \cdot (1,90 - 2y) + y = 1,20,$$

also

$$5,70 - 6y + y = 1,20$$

oder

$$-5y = -4,50.$$

Somit ist $y = 0,90$, und hieraus wiederum folgt $x = 1,90 - 2 \cdot 0,90 = 0,10$. Ein Lutscher kostet also 10 Cent, ein Päckchen Kekse 90 Cent.   ◀

Wenn überhaupt etwas an diesem Beispiel bemerkenswert ist, dann die Tatsache, dass es eine eindeutige Lösung besitzt. Dass das nicht immer so sein muss, zeigen folgende Modifikationen des Beispiels:

Beispiel 2.2

a) Der Junge kauft an beiden Tagen jeweils einen Lutscher und ein Päckchen Kekse und zahlt dafür beide Male 1 Euro. Das lineare Gleichungssystem lautet dann:

$$x + y = 1$$
$$x + y = 1$$

Zwar wird auch dieses System durch $x = 0,10$ und $y = 0,90$ gelöst, aber diese Lösung ist nicht mehr eindeutig. Ebenso gut könnte es hier sein, dass beide Produkte 50 Cent kosten, oder – eher unwahrscheinlich – dass ein Lutscher 100 Euro kostet und man beim Erwerb eines Päckchens Kekse noch 99 Euro dazu erhält, also streng mathematisch formuliert -99 Euro zahlen muss. Dieses System hat unendlich viele Lösungen.

b) Im dritten Fall kauft der Junge am ersten Tag ebenfalls jeweils einen Lutscher und ein Päckchen Kekse und zahlt dafür 1 Euro, am zweiten Tag jedoch hat er Geld von der Oma bekommen und leistet sich zwei Lutscher und zwei Päckchen Kekse; dafür muss er 3 Euro bezahlen. Das lineare Gleichungssystem hierzu lautet:

$$x + y = 1$$
$$2x + 2y = 3$$

Sie sehen, dass hier etwas nicht stimmen kann: Wenn $x + y = 1$ ist, dann muss $2x + 2y = 2(x + y) = 2$ sein, und nicht 3, wie durch die zweite Gleichung des Systems gefordert. Was auch immer hier dahinter stecken mag, vielleicht eine saftige Preiserhöhung über Nacht oder ein Rechenfehler des Kioskbesitzers, mathematisch ist die Sache klar: Dieses System ist unlösbar.   ◄

Es wird sich herausstellen, dass die drei Fälle, die in den Beispielen 2.1 und 2.2 auftraten, die einzigen sind, die überhaupt jemals auftreten können: Jedes lineare Gleichungssystem hat entweder keine, eine oder unendlich viele Lösungen.

Ich hab Ihnen nun schon mehrere lineare Gleichungssysteme gezeigt, und intuitiv ist wohl auch klar, was dieser Begriff bedeuten soll, aber dennoch muss noch exakt definiert werden, was man unter einem linearen Gleichungssystem und den damit zusammenhängenden Begriffen genau versteht:

Schreibweise

Ist $n = 2$, so nenne ich die Variablen meist x und y (statt x_1 und x_2), und ebenso schreibe ich im Fall $n = 3$ anstelle von x_1, x_2 und x_3 meist x, y und z.

Definition 2.1

Es seien m und n natürliche Zahlen sowie $\{a_{ik}\}_{i=1,\,\ldots,\,m,\,k=1,\,\ldots,\,n}$ und $\{b_i\}_{i=1,\ldots,\,m}$ vorgegebene reelle Zahlen.

Ein Schema der Form

$$a_{11}x_1 + a_{12}x_2 + \cdots\cdots + a_{1n}x_n = b_1$$
$$a_{21}x_1 + a_{22}x_2 + \cdots\cdots + a_{2n}x_n = b_2$$
$$\cdots\quad\cdots\cdots\quad\cdots\cdots\quad\cdots$$
$$\cdots\quad\cdots\cdots\quad\cdots\cdots\quad\cdots$$
$$a_{m1}x_1 + a_{m2}x_2 + \cdots\cdots + a_{mn}x_n = b_m$$

heißt **lineares Gleichungssystem** mit m Gleichungen (Zeilen) und n Variablen (Unbekannten). Die Zahlen $\{a_{ik}\}$ nennt man die **Koeffizienten** des linearen Gleichungssystems, die Zahlen $\{b_k\}$ die **Daten** oder einfach die **rechte Seite** des Systems. Ist $m = n$, so nennt man das lineare Gleichungssystem **quadratisch**.

Ein Tupel reeller Zahlen $(x_1, x_2, \ldots, x_n)$, für das alle Gleichungen des Systems gleichzeitig erfüllt sind, heißt **Lösung** des linearen Gleichungssystems.

Erste Beispiele für lineare Gleichungssysteme hatten Sie oben bereits gesehen, dort waren alle gezeigten Systeme quadratisch. Im Folgenden gebe ich noch einige Beispiele für etwas ausgefallenere Systeme an.

Beispiel 2.3

a) Das System

$$x - 2y = -4$$
$$-x + 3y = 5$$
$$x - y = -3$$
$$2x - 3y = -7$$
$$x + y = -1$$

ist ein lineares Gleichungssystem, an dem es nichts auszusetzen gibt; hier ist $n = 2$ und $m = 5$. Falls Sie jetzt denken sollten: „Nur zwei Variablen, aber fünf Bedingungen, dieses System ist sicherlich unlösbar!", dann setzen Sie doch bitte einmal $x = -2$ und $y = 1$ in jede der fünf Gleichungen ein – ich warte hier inzwischen.

b) Bei dem System

$$x_1 - x_2 + 3x_3 - 2x_4 + x_5 = 1$$
$$2x_1 - 2x_2 + 6x_3 - 4x_4 + 2x_5 = 1$$

liegt vielleicht die Vermutung nahe, dass es mehr als eine Lösung – nach obiger Bemerkung also unendlich viele – haben könnte, da gleich fünf Variablen durch lediglich zwei Gleichungen gebunden sind. Das ist aber falsch, denn die linke Seite der zweiten Gleichung ist gerade das Doppelte der linken Seite der ersten. Lösen also die Werte x_1, x_2, x_3, x_4, x_5 die erste Gleichung, ergeben sie eingesetzt in die zweite den Wert 2 (das Doppelte von 1), und nicht 1, wie gefordert. Das System ist also unlösbar.

c)   Auch der Ausdruck

$$2x = 4$$

stellt rein formal ein lineares Gleichungssystem dar, denn nirgendwo wurde gefordert, dass n und m größer als 1 sein müssen. Allerdings werde ich ebenso wie alle anderen Autoren selten bis gar nicht auf diesem Spezialfall herumreiten. Der Vollständigkeit halber füge ich noch hinzu, dass die Lösung dieses „Systems" eindeutig ist und $x = 2$ lautet.   ◀

Übungsaufgabe 2.1

Bei welchen der folgenden Systeme handelt es sich um lineare Gleichungssysteme?

a) $\sin(\pi)x - e^2 y = \pi^2$

$\dfrac{x}{3} + \ln(3)y = -2$

b) $\sin(x) - e^2 y = \pi^2$

$3x + \ln(3)y = -2$

c) $x - y = 0$

$2x + y^2 = 1$ ◀

2.1.2   Der Gauß-Algorithmus

Das in Beispiel 2.1 benutzte Einsetzungsverfahren stößt bei größeren Systemen natürlich schnell an seine Grenzen. Was wir brauchen, ist eine systematische Vorgehensweise, die auch bei beliebig großen Systemen zum Erfolg führt – wobei „Erfolg" hier auch bedeuten kann, dass sich das System als unlösbar herausstellt; manchmal muss man seine Ansprüche eben umständehalber etwas zurückfahren.

Eine solche systematische Vorgehensweise stellt der Gauß-Algorithmus dar, benannt nach dem „Princeps Mathematicorum" (Fürst der Mathematiker), Carl Friedrich Gauß, der von 1777 bis 1855 lebte und zu fast allen Gebieten der Mathematik wichtige Beiträge lieferte. Er ist Ihnen ja im Zusammenhang mit der gaußschen Zahlenebene bereits begegnet. Der Gauß-Algorithmus beruht auf der Anwendung gewisser Umformungen des linearen Gleichungssystems, die ich jetzt zunächst definiere:

Definition 2.2

Die folgenden Umformungen ändern die Lösungsmenge eines linearen Gleichungssystems nicht und können daher auf ein gegebenes System beliebig oft angewendet werden. Man nennt sie **elementare** oder auch **zulässige Umformungen eines linearen Gleichungssystems**.

• Vertauschung zweier Zeilen
• Multiplikation einer Zeile mit einer von 0 verschiedenen Zahl
• Addition einer Zeile auf eine andere Zeile

Bemerkung

Sehr häufig kombiniert man die zweite und dritte dieser Operationen zu einer einzigen, indem man ein Vielfaches einer Zeile auf eine andere addiert.

Dass die Vertauschung zweier Zeilen die Lösungsmenge eines Systems nicht ändert, dürfte klar sein. Auch die Tatsache, dass man jede Zeile des Systems mit einer von 0 verschiedenen Zahl multiplizieren darf, ohne ihre Lösungsmenge und damit diejenige des gesamten Systems zu ändern, halte ich für unmittelbar einsehbar.

Über die dritte und letzte der genannten Umformungen will ich aber ein Wort verlieren und greife dazu noch einmal das lineare Gleichungssystem (2.1) aus dem allerersten Beispiel auf; es lautete

$$x + 2y = 1,90$$
$$3x + y = 1,20$$

und hatte die Lösung $x = 0,10$, $y = 0,90$. Addiert man hier beide Zeilen, ergibt sich

$$4x + 3y = 3,10,$$

und durch Einsetzen können Sie sofort überprüfen, dass auch diese neue Zeile die Lösung $x = 0,10$, $y = 0,90$ hat.

Alles schön und gut, werden Sie (zu Recht) sagen, aber wie bringt uns diese Spielerei dem Ziel der Lösung linearer Gleichungssysteme näher? Nun, dies geschieht, indem man diese „Spielereien" systematisch anwendet, und um das zu demonstrieren, nehme ich mir noch ein letztes Mal das System

$$x + 2y = 1,90$$
$$3x + y = 1,20$$

vor. Diesmal kombiniere ich zwei elementare Umformungen, indem ich das (-3)-fache der ersten Zeile auf die zweite addiere; die erste Zeile selbst lasse ich unverändert stehen. Das Ergebnis lautet:

$$x + 2y = 1,90$$
$$-5y = -4,50$$

Sie sehen, was passiert ist: Die letzte Zeile enthält nur noch die Variable y und lässt sich mühelos zu $y = 0,90$ auflösen; dies wiederum liefert mithilfe der ersten Zeile das uns bereits bekannte Ergebnis $x = 0,10$.

Klappt das auch mit größeren Systemen? Im Allgemeinen schon, und das zu zeigen ist mir doch glatt ein eigenes Beispiel wert.

Beispiel 2.4

a) Gegeben sei das lineare Gleichungssystem

$$-x + 2y + z = 3$$
$$x - y - 2z = -5 \qquad\qquad (2.2)$$
$$2x + 2y + z = 0$$

Ich addiere nun die erste Zeile auf die zweite und im selben Schritt das Doppelte der ersten Zeile auf die dritte. Die (unveränderte) erste Zeile schleppe ich wie üblich mit, und das ergibt folgendes System:

$$-x + 2y + z = 3$$
$$y - z = -2$$
$$6y + 3z = 6$$

Nun addiere ich noch das (-6)-fache der zweiten Zeile auf die dritte; dies ergibt:

$$-x + 2y + z = 3$$
$$y - z = -2$$
$$9z = 18$$

Sie sehen, dass man dieses System, das nach wie vor äquivalent ist zum Ausgangssystem (2.2), nun bequem „von unten nach oben" lösen kann: Die letzte Zeile liefert $z = 2$, setzt man dies in die vorletzte Zeile ein, erhält man

$$y = -2 + z = -2 + 2 = 0,$$

und dies wiederum in die erste Zeile eingesetzt ergibt

$$-x + 2 \cdot 0 + 2 = 3, \text{ also } x = -1.$$

b) Ich will nochmals das System

$$x - 2y = -4$$
$$-x + 3y = 5$$
$$x - y = -3$$
$$2x - 3y = -7$$
$$x + y = -1$$

aus Beispiel 2.3 aufgreifen. Addiert man hier die erste Zeile auf die zweite, erhält man die neue Gleichung

$$y = 1,$$

subtrahiert man die erste Zeile von der dritten, erhält man

$$y = 1,$$

subtrahiert man das Doppelte der ersten Zeile von der vierten, ergibt sich

$$y = 1,$$

und subtrahiert man schließlich die erste Zeile von der letzten verbleibt

$$3y = 3,$$

was offenbar ebenfalls äquivalent ist zu $y = 1$. Das gesamte System lässt sich also reduzieren auf

$$x - 2y = -4$$
$$y = 1$$

mit der eindeutigen Lösung $y = 1$ und $x = -2$. ◄

Was sich hier für zwei und drei Variablen andeutete lässt sich im Allgemeinen auch für beliebig viele Variablen durchführen: die schrittweise Reduktion der Variablenzahl in den unteren Gleichungen, so dass das ganze System eine Dreiecksform annimmt. Dies nennt man den Gauß-Algorithmus, und den will ich Ihnen nun endlich angeben. Ich beschränke mich dabei auf quadratische Systeme, was aber keine starke Einschränkung ist: Hat man beispielsweise weniger Gleichungen als Variablen, so kann man dieses System durch Nullzeilen ergänzen, um ein quadratisches System zu erzeugen.

Der Gauß-Algorithmus zur Erzeugung einer Dreiecksform
Gegeben sei ein lineares Gleichungssystem der Form

$$a_{11}x_1 + a_{12}x_2 + \cdots\cdots + a_{1n}x_n = b_1$$
$$a_{21}x_1 + a_{22}x_2 + \cdots\cdots + a_{2n}x_n = b_2$$
$$\cdots \quad \cdots \cdots \quad \cdots \cdots$$
$$a_{n1}x_1 + a_{n2}x_2 + \cdots\cdots + a_{nn}x_n = b_n$$

Um dieses System in **Dreiecksform** zu bringen, geht man wie folgt vor:

- Falls $a_{11} = 0$ ist, tauscht man die erste Zeile mit einer anderen Zeile, in der der erste Koeffizient nicht 0 ist. Um unnötiges Umindizieren zu sparen, gehe ich hier davon aus, dass bereits $a_{11} \neq 0$ ist.
- Für $i = 2, \ldots, n$ multipliziert man nun jeweils die erste Zeile mit $-a_{i1}/a_{11}$ und addiert sie anschließend auf die i-te Zeile. Das Ergebnis ist das System

$$a_{11}x_1 + a_{12}x_2 + \cdots\cdots + a_{1n}x_n = b_1$$
$$a_{22}^*x_2 + \cdots\cdots + a_{2n}^*x_n = b_2^*$$
$$\ldots\ldots\quad\ldots\ldots$$
$$a_{n2}^*x_2 + \cdots\cdots + a_{nn}^*x_n = b_n^*$$

mit

$$a_{ij}^* = a_{ij} - \frac{a_{i1}}{a_{11}}\,a_{1j} \text{ für alle } i \text{ und } j.$$

- Man wendet dieselbe Vorschrift auf das verkleinerte System

$$a_{22}^*x_2 + \cdots\cdots + a_{2n}^*x_n = b_2^*$$
$$\ldots\ldots\quad\ldots\ldots$$
$$a_{n2}^*x_2 + \cdots\cdots + a_{nn}^*x_n = b_n^*$$

an, das heißt, man tauscht gegebenenfalls die erste Zeile gegen eine andere, so dass links oben ein von 0 verschiedener Koeffizient steht, und addiert anschließend das $(-a_{i2}^* / a_{22}^*)$-fache der ersten Zeile auf die i-te. Das Ergebnis – wieder als Gesamtsystem geschrieben – hat die Form

$$a_{11}x_1 + a_{12}x_2 + \cdots\cdots\cdots + a_{1n}x_n = b_1$$
$$a_{22}^*x_2 + \cdots\cdots\cdots + a_{2n}^*x_n = b_2^*$$
$$a_{33}^{**}x_3 + \cdots + a_{3n}^{**}x_n = b_3^{**}$$
$$\ldots\quad\ldots\ldots$$
$$a_{n3}^{**}x_3 + \cdots + a_{nn}^{**}x_n = b_n^{**}$$

- So fortfahrend erhält man am Ende ein mit dem Ausgangssystem äquivalentes System in Dreiecksform, also

$$a_{11}x_1 + a_{12}x_2 + \cdots\cdots\cdots + a_{1n}x_n = b_1$$
$$a_{22}^*x_2 + \cdots\cdots\cdots + a_{2n}^*x_n = b_2^*$$
$$a_{33}^{**}x_3 + \cdots + a_{3n}^{**}x_n = b_3^{**}$$
$$\ddots\quad\ldots\ldots$$
$$\ddots\quad\ldots\ldots$$
$$\tilde{a}_{nn}\,x_n = \tilde{b}_n,$$

(2.3)

wobei ich der besseren Lesbarkeit wegen die eigentlich notwendigen $(n - 1)$ Sternchen an den Elementen der letzten Zeile durch eine Tilde ersetzt habe.

- Falls sich während der Durchführung der Methode Zeilen ergeben, bei denen links vom Gleichheitszeichen nur Nullen stehen, so tauscht man diese ans Ende des Systems; ist darunter eine Zeile, bei der rechts vom Gleichheitszeichen etwas von 0 verschiedenes steht, so kommt diese ganz ans Ende.

Ich weiß, dass das dringend nach Beispielen verlangt; die kommen auch sofort, zuvor aber noch ein Hinweis.

Bemerkung

Wenn man unschöne Brüche vermeiden will, kann man anstelle der Multiplikation der jeweils ersten Zeile mit $-a_{i1}/a_{11}$ und anschließender Addition auf die i-te auch wie folgt vorgehen: Man multipliziert die erste Zeile mit $-a_{i1}$, die i-te Zeile mit a_{11} und addiert anschließend die so veränderten Zeilen.

Beispiel 2.5

a) Gegeben sei das lineare Gleichungssystem

$$
\begin{aligned}
-x + 2y + z &= 0 \\
3x - 8y - 2z &= 0 \\
x \qquad\; + 4z &= 0.
\end{aligned}
\tag{2.4}
$$

Hier ist $a_{11} = -1$ und $a_{21} = 3$, ich multipliziere also die erste Zeile mit $-3/(-1) = 3$ und addiere sie auf die zweite; das ergibt $-2y + z = 0$. Wegen $a_{31} = 1$ addiere ich anschließend die unveränderte erste Zeile auf die dritte und erhalte $2y + 5z = 0$. Das System sieht nun wie folgt aus:

$$
\begin{aligned}
-x + 2y + z &= 0 \\
-2y + z &= 0 \\
2y + 5z &= 0.
\end{aligned}
$$

Nun ist $a_{22}^* = -2$ und $a_{32}^* = 2$, daher „multipliziere" ich die zweite Zeile mit $-2/(-2) = 1$ und addiere sie auf die letzte. Das ergibt das folgende System in Dreiecksform:

$$
\begin{aligned}
-x + 2y + z &= 0 \\
-2y + z &= 0 \\
6z &= 0.
\end{aligned}
$$

Ich werde dieses wie auch die folgenden Systeme in Beispiel 2.8 wieder aufgreifen und die Lösung bestimmen, hier lasse ich es mit der Erstellung der Dreiecksform bewenden.

b) Als zweites Beispiel dient das System

$$x + y + z = 1$$
$$y - z = 1 \qquad\qquad (2.5)$$
$$x + 2y = 2.$$

Hier ist $a_{11} = 1$ und $a_{21} = 0$, daher müsste ich rein formal die erste Zeile mit 0 multiplizieren und auf die zweite addieren, aber natürlich lasse ich das gleich bleiben und die zweite Zeile unverändert. Das korrespondiert übrigens hervorragend mit der Tatsache, dass die zweite Zeile gar keinen x-Term enthält. Anschließend (an was?) multipliziere ich die erste Zeile mit -1 und addiere sie auf die letzte Zeile. Das System hat dann folgende Gestalt:

$$x + y + z = 1$$
$$y - z = 1$$
$$y - z = 1.$$

Nun muss ich noch die zweite Zeile von der dritten abziehen und erhalte das Endresultat:

$$x + y + z = 1$$
$$y - z = 1$$
$$0 = 0.$$

Sie sehen, dass hier eine Nullzeile entstanden ist; was das für die Lösung des Systems bedeutet, sehen Sie gleich – nein, nicht nach der Werbung, sondern in Beispiel 2.8.

c) Als drittes und letztes Beispiel betrachte ich

$$x + y - 5z = -10$$
$$3x - 4y + z = 9 \qquad\qquad (2.6)$$
$$4x - 3y - 4z = 0.$$

Ich denke, ich kann mich jetzt ein wenig kürzer fassen und Ihnen die veränderten Systeme einfach so präsentieren. Im ersten Schritt ergibt sich

$$x + y - 5z = -10$$
$$-7y + 16z = 39$$
$$-7y + 16z = 40,$$

im zweiten

$$x + y - 5z = -10$$
$$-7y + 16z = 39$$
$$0 = 1.$$

Zugegeben, die letzte Zeile sieht ein wenig merkwürdig aus, aber auch das wird sich bald klären.   ◄

Und wieder folgt ein Beitrag aus unserer beliebten Serie „Gerade war ich dran, nun kommen Sie":

Übungsaufgabe 2.2

Bringen Sie die folgenden linearen Gleichungssysteme in Dreiecksform:

a) $\begin{aligned} x - y &= 2 \\ 2x + y + z &= 3 \\ 2y - z &= -4 \end{aligned}$

b) $\begin{aligned} 2x - y &= 2 \\ 4x - 2y &= 6 \end{aligned}$

c) $\begin{aligned} -x + 2y - 5z &= 0 \\ 2x - y + 4z &= 0 \\ 3x + 2y - z &= 0 \end{aligned}$

d) $\begin{aligned} x_1 - 2x_2 + x_3 - x_4 &= -2 \\ 2x_1 - 2x_2 + 2x_3 + x_4 &= 3 \\ 3x_1 - 4x_2 + 2x_3 - x_4 &= -3 \\ -2x_1 + 4x_2 - 4x_3 + 3x_4 &= 5 \end{aligned}$ ◀

Es steht ja schon länger die Behauptung im Raum, dass ein lineares Gleichungssystem entweder keine, genau eine oder unendlich viele Lösungen hat. Diese Aussage wird im nächsten Satz präzisiert; außerdem schreibe ich darin auf, wie man anhand der Dreiecksform erkennt, welche dieser drei Situationen vorliegt.

Satz 2.1

Vorgelegt sei ein lineares Gleichungssystem mit n Zeilen und n Variablen, das mit dem oben beschriebenen Gauß-Algorithmus in Dreiecksform gebracht wurde. Die letzte Zeile des Systems laute

$$a_{nn} x_n = b_n.$$

Dann gilt:

- Ist $a_{nn} \neq 0$, so hat das System eine eindeutige Lösung.
- Ist $a_{nn} = 0$ und $b_n \neq 0$, so hat das System keine Lösung.
- Ist $a_{nn} = 0$ und $b_n = 0$, so hat das System unendlich viele Lösungen.

Da es keine andere Möglichkeit für die Form der letzten Zeile gibt, ergibt sich hieraus, dass keine andere Anzahl von Lösungen eines linearen Gleichungssystems möglich ist.

Man weiß nun also, von welcher Struktur die Lösung eines gegebenen Systems ist, und nun möchte man diese gegebenenfalls auch bestimmen. Ich schreibe das zunächst für den Fall eindeutiger Lösbarkeit auf, danach kommt der Fall unendlich vieler Lösungen dran. Über unlösbare Systeme gibt es ja nichts weiter zu sagen.

Berechnung der Lösung eines eindeutig lösbaren linearen Gleichungssystems

Vorgelegt sei ein lineares Gleichungssystem mit n Zeilen und n Variablen, das bereits vollständig in Dreiecksform

$$a_{11}x_1 + a_{12}x_2 + \cdots\cdots\cdots + a_{1n}x_n = b_1$$
$$a_{22}x_2 + \cdots\cdots\cdots + a_{2n}x_n = b_2$$
$$a_{33}x_3 + \cdots + a_{3n}x_n = b_3$$
$$\ddots \quad \cdots \quad \cdots\cdots$$
$$\ddots \quad \cdots\cdots$$
$$a_{nn}x_n = b_n$$

gebracht wurde. Es gelte $a_{nn} \neq 0$. Dann berechnet man die Lösung des Systems mithilfe des sogenannten **Rückwärtseinsetzens** wie folgt:

- Man berechnet aufgrund der letzte Zeile

$$x_n = \frac{b_n}{a_{nn}}.$$

- Man setzt den so berechneten Wert x_n in die vorletzte Zeile ein und löst nach x_{n-1} auf; es ergibt sich

$$x_{n-1} = \frac{b_{n-1} - a_{n-1,n}x_n}{a_{n-1,n-1}}.$$

- So von unten nach oben fortfahrend berechnet man nacheinander die Lösungswerte $x_{n-2}, x_{n-3}, \ldots, x_1$. Auf die (ohne Weiteres mögliche) Angabe der expliziten Formel verzichte ich hier in unser aller Interesse.

Beachten Sie, dass hier nichts schiefgehen kann (natürlich einmal abgesehen davon, dass sich Leute wie ich bei so etwas andauernd verrechnen), denn die Koeffizienten a_{ii} auf der Diagonalen sind alle ungleich 0. Wäre nämlich einer davon 0, so könnte man mithilfe der betreffenden Zeile die nachfolgenden nochmals verkürzen und so am Ende des Systems eine Nullzeile erzeugen, was ich aber ausgeschlossen hatte.

A propos Verrechnen: Wenn Sie ein lineares Gleichungssystem gelöst haben, würde ich Ihnen sehr empfehlen, die Lösung zu überprüfen, indem Sie sie in das Ausgangssystem einsetzen und schauen, ob sich dadurch korrekte Gleichungen ergeben. Speziell in Prüfungen kann das lebensrettend sein.

Bemerkung

Im Falle eindeutiger Lösbarkeit gibt es noch eine andere prominente Methode zur Berechnung dieser Lösung, die sogenannte cramersche Regel. Um diese anzugeben, muss ich Sie aber zuerst mit der Determinantenrechnung vertraut machen, in Unterabschnitt 2.4.6 wird es soweit sein.

Beispiel 2.6

Ein erstes kleines Beispiel. Gegeben sei das System

$$-x + 2y + 3z = 0$$
$$y + z = 1$$
$$2z = 4$$

Aus der letzten Zeile folgt sofort $z = 2$. Einsetzen dieses Ergebnisses in die vorletzte Zeile liefert $y = 1 - 2 = -1$, und aus der ersten ergibt sich dann $x = 2 \cdot (-1) + 3 \cdot 2 = 4$. ◄

Weitere Beispiele folgen gleich. Zuvor bin ich Ihnen noch die Methode zur Angabe der Lösungen eines Gleichungssystems mit unendlich vielen Lösungen schuldig.

Berechnung der Lösung eines linearen Gleichungssystems mit unendlich vielen Lösungen

Vorgelegt sei ein lineares Gleichungssystem mit n Zeilen und n Variablen in Dreiecksform, wobei am Ende des Systems genau k vollständige Nullzeilen entstanden sind.

- Die k Variablen $x_{n-k+1}, \ldots, x_n$ sind frei wählbar. Um dies zu verdeutlichen, benennt man sie um und setzt

$$t_i = x_i \text{ für } i = n - k + 1, \ldots, n.$$

- Die restlichen Variablenwerte $x_{n-k}, x_{n-k-1}, \ldots, x_1$ berechnet man genau wie im Falle eindeutiger Lösbarkeit.

Beispiel 2.7

Gegeben sei das System

$$-x + 2y + 3z = 0$$
$$y + z = 1$$
$$0 = 0$$

Hier ist also $n = 3$ und $k = 1$. Ich benenne die letzte Variable um und setze $z = t$. Aus der vorletzten Zeile folgt dann $y = 1 - t$ und aus der ersten $x = 2(1 - t) + 3t = 2 + t$. Für jedes $t \in \mathbb{R}$ bilden also die Werte

$$x = 2 + t, \ y = 1 - t, \ z = t$$

eine Lösung des Systems, das somit wie behauptet unendlich viele Lösungen hat. ◀

Die Lösung linearer Gleichungssysteme ist eine fundamentale Technik, die fast überall in der Mathematik Anwendung findet und somit beherrscht werden sollte. Es wird Sie daher wohl nicht überraschen, dass nun noch eine Reihe von Beispielen – teilweise zum Selbstbearbeiten – folgt, zumal das ja auch schon angedroht war.

Beispiel 2.8

Ich greife hier die in Beispiel 2.5 behandelten Systeme wieder auf – man wird zwar älter, aber ganz vergessen habe ich das trotzdem noch nicht.

a) Das System (2.4) hatte ich bereits in die Dreiecksform

$$\begin{aligned} -x + 2y + z &= 0 \\ -2y + z &= 0 \\ 6z &= 0 \end{aligned}$$

überführt. Nun steht hier zwar in der letzten Zeile auf der rechten Seite eine Null, aber das ist völlig irrelevant. Wichtig ist, dass links keine Null steht (sondern 6), und somit ist das System eindeutig lösbar. Es ergibt sich $z = 0$ und daraus mithilfe der ersten beiden Zeilen $y = 0$ und $x = 0$. Das lineare Gleichungssystem (2.4) hat also die eindeutig bestimmte Lösung

$$x = y = z = 0.$$

b) Das System (2.5) besitzt die Dreiecksform

$$\begin{aligned} x + y + z &= 1 \\ y - z &= 1 \\ 0 &= 0. \end{aligned}$$

Da es hier eine Nullzeile gibt, führe ich einen Parameter t ein und setze $z = t$. Damit folgt $y = 1 + t$ und schließlich $x = 1 - (1 + t) - t = -2t$. Das System (2.5) hat also unendlich viele Lösungen der Form

$$x = -2t, y = 1 + t, \ z = t \ \text{mit} \ t \in \mathbb{R}.$$

c) Von dem System (2.6) hatte ich die Dreiecksform

$$\begin{aligned} x + y - 5z &= -10 \\ -7y + 16z &= 39 \\ 0 &= 1 \end{aligned}$$

ermittelt. An der letzten Zeile liest man ab, dass das System unlösbar ist, und somit bleibt hier auch nichts mehr zu tun.   ◀

Nicht nur in Beispiel 2.5, sondern auch in der daran anschließenden Übungsaufgabe hatte ich Baustellen geöffnet, die es nun zu schließen gilt.

Übungsaufgabe 2.3

Bestimmen Sie die Lösungen der in Übungsaufgabe 2.2 angegebenen linearen Gleichungssysteme.   ◀

Die folgende Aussage, die diesen Unterabschnitt beschließt, ist eigentlich mehr eine Beobachtung als ein mathematischer Satz. Sie bezieht sich auf homogene lineare Gleichungssysteme, also solche, bei denen die rechte Seite nur Nullen enthält.

Satz 2.2
Ein homogenes lineares Gleichungssystem ist immer lösbar. Ist die Anzahl n der Variablen größer als die Anzahl m der Gleichungen, so hat es unendlich viele Lösungen.

Beweis Ein homogenes System hat immer die Lösung $x_1 = x_2 = \cdots = x_n = 0$; das beweist die erste Aussage. Ist weiterhin $n > m$, so kann man das System durch $n - m$ komplette Nullzeilen zu einem quadratischen System ergänzen, ohne die Lösungsmenge zu verändern. Dieses quadratische System besitzt dann auch nach Überführung in Dreiecksform $n - m$, also mindestens eine Nullzeile und hat somit unendlich viele Lösungen.

2.1.3 Textaufgaben zu linearen Gleichungssystemen

Ich hatte diesen Abschnitt mit einer kleinen Textaufgabe begonnen, und ich möchte ihn auch mit einigen Textaufgaben beenden, denn sehr häufig kommen Aufgaben zu linearen Gleichungssystemen textlich verkleidet daher, und dafür sollten Sie von mir schon ein wenig vorbereitet werden.

Beispiel 2.9

a) Ein Mathematikprofessor sagt: „Ich habe drei Söhne, die zusammen genau 100 Jahre alt sind. Wenn Jürgen doppelt so alt wäre, wie er nun mal ist, wäre er genau 20 Jahre älter als Albert. Nimmt man sein Lebensalter aber sogar mal drei und addiert das Alter von Manfred dazu, so erhält man die schöne Zahl 110."

Ich behaupte, dass sich der Mann – wie die meisten Mathematikprofessoren – verrechnet haben muss, und stelle hierzu ein lineares Gleichungssystem auf. Das erste, was man hierbei tun sollte, ist, die Variablen zu identifizieren. Im vorliegenden Beispiel sind das sicherlich die Lebensalter der drei Söhne. Ich schlage vor, in einem solchen Fall anstelle der sonst üblichen x, y und z mnemotechnisch bessere Bezeichnungen wie j (für das Alter von Jürgen), m (Manfred) und a (Albert) zu nehmen. Damit lautet das aus obigen Angaben abzulesende lineare Gleichungssystem

$$
\begin{aligned}
j + a + m &= 100 \\
2j - a \quad &= 20 \\
3j \quad + m &= 110.
\end{aligned}
$$

Mit dem Gauß-Algorithmus ergibt sich hieraus folgende Dreiecksform:

$$
\begin{aligned}
j + a + m &= 100 \\
-3a - 2m &= -180 \\
0 &= -10
\end{aligned}
$$

Die letzte Zeile ist nun auch bei großzügigster Auslegung algebraischer Regeln nicht richtig, somit haben wir einen Widerspruch und das Gleichungssystem ist unlösbar. Mindestens eine der Angaben kann also nicht stimmen.

b) Wenig später kommt seine Frau hinzu und sagt: „Aber Schnäuzelchen, du weißt doch, dass Jürgen 29 Jahre alt ist, also musst du in deiner letzten Aussage 110 durch 120 ersetzen!"

Zunächst muss ich mich bei allen Asterix-Fans entschuldigen: „Schnäuzelchen" habe ich geklaut, so nennt eigentlich Gutemine ihren Gatten Majestix, zumindest, wenn sie gut gelaunt ist.

Nun aber: Aufgrund der Aussage der Ehefrau ändert sich die letzte Zeile des Ausgangssystems zu $3j + m = 120$. Dieselbe Vorgehensweise wie in Teil a) führt nun auf das umgeformte System

$$
\begin{aligned}
j + a + m &= 100 \\
-3a - 2m &= -180 \\
0 &= \quad 0
\end{aligned}
$$

Das Gleichungssystem ist nun also lösbar, allerdings nicht eindeutig, es gibt unendlich viele Lösungen. Nun benutzt man die Information, dass $j = 29$ ist, und erhält die eindeutigen Lösungen $a = 38$ und $m = 33$.   ◄

Übungsaufgabe 2.4

Ein Chefarzt schwärmt von alten Zeiten: „Früher konnte man als Mediziner ja noch richtig Kohle verdienen. Ich erinnere mich an einen Tag, an dem ich zwei Herzoperationen durchgeführt habe, ein künstliches Kniegelenk einsetzte und noch eine Gallenblase entfernte. An diesem einen Tag habe ich satte 47.000 DM verdient. Am nächsten Tag war es eher lau: Grade mal eine Herzoperation und ein künstliches Kniegelenk, Verdienst an diesem Tag: 24.000 DM. Ein paar Tage später war dann dieses spannende Fußballspiel; Resultat für mich: fünf Herzoperationen und zwei Gallenblasenentfernungen für insgesamt 106.000 DM." Stellen Sie fest, wie hoch der Verdienst für die einzelnen Operationstypen war.   ◄

Übungsaufgabe 2.5

Ein Bankier erzählt: „Ich habe zurzeit drei Großkunden: den deutschen Großindustriellen Machma Voran (V), den finnischen Saunahersteller Hunde Anleinen (A) und den griechischen Bauunternehmer Fundamentos Schonkaputtis (S). Zusammen haben die drei satte 200 Millionen auf ihren Geheimkonten. Wenn S seinen Kontostand verdoppeln würde, hätte er glatt das Dreifache dessen von V. Außerdem weiß ich noch, dass der fünffache Kontostand von V plus dem doppelten von A genau 400 Millionen ergeben würde. Leider genügen diese Angaben aber nicht, um den Kontostand jedes Einzelnen der drei zu ermitteln."

a) Weisen Sie mithilfe eines linearen Gleichungssystems nach, dass der Bankier Recht hat.

b) Durch eine Indiskretion wird bekannt, dass der Bauunternehmer Schonkaputtis 90 Millionen auf seinem Konto hat. Ermitteln Sie die Kontostände der anderen beiden Herren.   ◄

2.2   Vektoren

Dieser Abschnitt wird recht kurz ausfallen, nicht zuletzt deswegen, weil Vektoren als spezielle Matrizen aufgefasst werden können (eine Bemerkung, die Sie natürlich erst im nächsten Abschnitt richtig verstehen können) und ich daher einige Aussagen zu Vektoren erst später im allgemeinen Kontext machen werde. Dennoch ist der Begriff des Vektors so grundlegend, dass ich ihm hier einen eigenen Abschnitt widme. Und damit sollte ich jetzt auch gleich beginnen.

Definition 2.3
Es seien $x_1, x_2, \ldots x_n$ reelle Zahlen. Ein Schema der Form

$$\mathbf{x} = \begin{pmatrix} x_1 \\ x_2 \\ \vdots \\ x_n \end{pmatrix} \tag{2.7}$$

heißt **Vektor mit n Komponenten** oder auch n**-dimensionaler Vektor**. Die Menge aller dieser Vektoren bezeichnet man als $\mathbb{R}^n$.

Als **Nullvektor** bezeichnet man den Vektor

$$\mathbf{0} = \begin{pmatrix} 0 \\ 0 \\ \vdots \\ 0 \end{pmatrix}.$$

Bemerkungen

1) Vielleicht sind Sie von dieser Definition ein wenig überrascht, weil Sie sich unter dem Begriff Vektor eher irgendwelche Pfeilchen in der Ebene oder im Raum vorgestellt haben, die man verschieben und aneinanderheften kann und mit deren Hilfe so lustige Dinge wie Kräfteparallelogramme konstruierbar sind. Nun, das hat alles schon auch seine Berechtigung, aber es handelt sich dabei um grafische Veranschaulichungen von Vektoren, wenn man nämlich das, was ich oben definiert habe, als Koordinaten im n-dimensionalen Raum interpretiert. Diese Dinge werden wir in Kap. 3 untersuchen.

2) Genau wie bei den linearen Gleichungssystemen werde ich in den Fällen $n = 2$ (das ist grafisch interpretiert die Ebene) und $n = 3$ (das ist der dreidimensionale Raum, also unsere Vorstellungswelt) Indizes und damit Schreibarbeit sparen und schreiben:

$$\mathbf{x} = \begin{pmatrix} x \\ y \end{pmatrix} \text{ bzw. } \mathbf{x} = \begin{pmatrix} x \\ y \\ z \end{pmatrix}.$$

3) Genau genommen müsste ich in der Definition noch das Wörtchen „reeller" (Vektor) hinzufügen, denn man kann als Komponenten beispielsweise auch komplexe Zahlen zulassen, die entsprechende Menge bezeichnet man dann als $\mathbb{C}^n$. In diesem Buch wird aber stets nur von reellen Vektoren die Rede sein, und daher werde ich mir dieses Adjektiv wie schon in der Definition sparen.

Ein Vektor ist also zunächst einmal nur ein Schema, in dem gewisse reelle Zahlen versammelt werden; so fasst man manchmal die Lösungen eines linearen Gleichungssystems zu einem Vektor zusammen und spricht dann vom **Lösungsvektor** des Systems.

Man kann mit Vektoren aber auch rechnen. Zunächst gebe ich an, wie man sie addiert und subtrahiert sowie mit Konstanten multipliziert. Das geschieht genau so, wie Sie sich das vermutlich schon gedacht haben, nämlich komponentenweise.

Definition 2.4

Es seien $\mathbf{x}$ und $\mathbf{y}$ n-dimensionale Vektoren und a eine beliebige reelle Zahl. Dann ist die Summe der beiden Vektoren definiert als

$$\mathbf{x} + \mathbf{y} = \begin{pmatrix} x_1 + y_1 \\ x_2 + y_2 \\ \vdots \\ x_n + y_n \end{pmatrix}$$

und das a-fache des Vektors $\mathbf{x}$ als

$$a \cdot \mathbf{x} = \begin{pmatrix} ax_1 \\ ax_2 \\ \vdots \\ ax_n \end{pmatrix}.$$

Viel falsch machen kann man hierbei eigentlich nicht, man muss lediglich beachten, dass man nur Vektoren derselben Dimension addieren kann, dass also für Vektoren mit unterschiedlicher Zahl von Komponenten keine Summe definiert ist.

Beispiel 2.10

Es seien

$$\mathbf{x} = \begin{pmatrix} -1 \\ 2 \\ 1 \end{pmatrix} \text{ und } \mathbf{y} = \begin{pmatrix} 2 \\ -2 \\ 3 \end{pmatrix}.$$

Dann ist

$$\mathbf{x} + \mathbf{y} = \begin{pmatrix} 1 \\ 0 \\ 4 \end{pmatrix} \text{ und } 3\mathbf{x} = \begin{pmatrix} -3 \\ 6 \\ 3 \end{pmatrix}. \qquad \blacktriangleleft$$

Ich denke, Sie haben nicht ernsthaft Übungsaufgaben zu diesem Thema erwartet. Es kommen auch keine, stattdessen will ich lieber ein paar Worte darüber verlieren, dass man die beiden in Definition 2.4 definierten Operationen natürlich auch kombinieren und auf mehrere Vektoren ausweiten kann. Was dabei entsteht, nennt man eine Linearkombination dieser Vektoren. Als Mathematiker alter Schule (was, wie ich befürchte, fast schon ein Schimpfwort ist) packe ich diese Aussage in eine formale, zitierbare Definition:

Definition 2.5
Es seien $\mathbf{x}_1$, $\mathbf{x}_2$, ..., $\mathbf{x}_k$ Vektoren derselben Dimension und a_1, a_2, ..., a_k reelle Zahlen. Dann nennt man jeden Vektor $\mathbf{x}$, der in der Form

$$\mathbf{x} = a_1\mathbf{x}_1 + a_2\mathbf{x}_2 + \cdots a_k\mathbf{x}_k$$

geschrieben werden kann, eine **Linearkombination** der Vektoren $\mathbf{x}_1$, $\mathbf{x}_2$, ..., $\mathbf{x}_k$.

So ist beispielsweise der Vektor

$$\mathbf{x} = \begin{pmatrix} 2 \\ -3 \end{pmatrix} \tag{2.8}$$

eine Linearkombination der Vektoren

$$\mathbf{x}_1 = \begin{pmatrix} 2 \\ -2 \end{pmatrix} \text{ und } \mathbf{x}_2 = \begin{pmatrix} 0 \\ 1 \end{pmatrix},$$

denn es ist

$$\mathbf{x} = 1 \cdot \mathbf{x}_1 + \left(-1\right) \cdot \mathbf{x}_2,$$

was man natürlich üblicherweise in der Form

$$\mathbf{x} = \mathbf{x}_1 - \mathbf{x}_2$$

schreibt.

Dagegen ist derselbe Vektor $\mathbf{x}$ *keine* Linearkombination der Vektoren

$$\mathbf{y}_1 = \begin{pmatrix} 2 \\ -2 \end{pmatrix} \text{ und } \mathbf{y}_2 = \begin{pmatrix} 1 \\ -1 \end{pmatrix}.$$

Wäre er es nämlich, müsste es reelle Zahlen a_1 und a_2 geben, so dass

$$\begin{pmatrix} 2 \\ -3 \end{pmatrix} = a_1 \begin{pmatrix} 2 \\ -2 \end{pmatrix} + a_2 \begin{pmatrix} 1 \\ -1 \end{pmatrix}$$

ist. Dies ist ein lineares Gleichungssystem, denn ausführlich geschrieben steht da

$$2 = 2a_1 + a_2$$
$$-3 = -2a_1 - a_2$$

Addiert man diese beiden Zeilen, ergibt sich

$$-1 = 0.$$

Nun hoffe ich, dass Sie nicht schon alles vergessen haben, was im letzten Unterabschnitt gesagt wurde, denn dann wissen Sie, dass dies bedeutet: Das lineare Gleichungssystem ist unlösbar, es gibt also keine reellen Zahlen a_1 und a_2 mit der gewünschten Eigenschaft.

Ich weiß nicht, ob Sie sich vorgenommen haben, alle Übungsaufgaben in diesem Buch durchzuarbeiten (vermutlich ja), und falls ja, ob Sie dieses Vorhaben auch strikt in die Tat umsetzen (vermutlich eher nein, wir sind alle nur Menschen). Wie auch immer Sie das halten, die nächste Übungsaufgabe 2.6 lege ich Ihnen sehr ans Herz, denn auf diese werde ich im weiteren Verlauf des Textes noch Bezug nehmen.

Übungsaufgabe 2.6

Kann man den dreidimensionalen Nullvektor $\mathbf{0}$ als Linearkombination der Vektoren

$$\mathbf{x}_1 = \begin{pmatrix} 0 \\ 1 \\ -1 \end{pmatrix}, \mathbf{x}_2 = \begin{pmatrix} 1 \\ 1 \\ 0 \end{pmatrix}, \mathbf{x}_3 = \begin{pmatrix} 1 \\ 0 \\ 2 \end{pmatrix}$$

darstellen? Falls ja, ist diese Darstellung eindeutig? ◀

Wenn Sie diese Aufgabe bearbeitet haben, werden Sie festgestellt haben, dass es nur eine einzige Möglichkeit gibt, die gewünschte Linearkombination zu konstruieren, nämlich die sogenannte triviale Kombination: Man setzt einfach alle Koeffizienten gleich 0. Dies geht natürlich immer, wichtig ist hier aber festzuhalten: Es gibt keine andere Möglichkeit, sozusagen keine „echte" Kombination der genannten Vektoren zum Nullvektor. In einem solchen Fall bezeichnet man die Vektoren als linear unabhängig, und dieser zentrale Begriff der linearen Algebra ist Gegenstand der folgenden Definition.

Definition 2.6

Eine Menge von n-dimensionalen Vektoren $\{\mathbf{x}_1, \mathbf{x}_2, \ldots \mathbf{x}_k\}$ heißt **linear unabhängig**, wenn die einzige Möglichkeit, den Nullvektor als Linearkombination

$$a_1\mathbf{x}_1 + a_2\mathbf{x}_2 + \cdots a_k\mathbf{x}_k = \mathbf{0} \tag{2.9}$$

dieser Vektoren darzustellen darin besteht,

$$a_1 = a_2 = \cdots = a_k = 0$$

zu setzen. Gibt es dagegen eine Linearkombination der Form (2.9), bei der nicht alle Koeffizienten $a_1, a_2, \ldots, a_k$ null sind, so nennt man die Menge $\{\mathbf{x}_1, \mathbf{x}_2, \ldots \mathbf{x}_k\}$ **linear abhängig**.

Manchmal sagt man auch nur, die Vektoren $\mathbf{x}_1, \mathbf{x}_2, \ldots \mathbf{x}_k$ seien linear abhängig bzw. unabhängig, lässt also das Wort „Menge" weg.

Bemerkung

Eine äquivalente und vielleicht etwas anschaulichere Definition von linearer Abhängigkeit ist die folgende: Die Menge $\{\mathbf{x}_1, \mathbf{x}_2, \ldots \mathbf{x}_k\}$ heißt linear abhängig, wenn mindestens einer der Vektoren $\mathbf{x}_i$ aus dieser Menge als Linearkombination der anderen dargestellt werden kann:

$$\mathbf{x}_i = b_1\mathbf{x}_1 + \cdots + b_{i-1}\mathbf{x}_{i-1} + b_{i+1}\mathbf{x}_{i+1} + \cdots + b_k\mathbf{x}_k. \tag{2.10}$$

Ist dies nicht möglich, so heißt die Menge linear unabhängig.

Übungsaufgabe 2.7

Beweisen Sie, dass die in Definition 2.6 und der anschließenden Bemerkung gegebenen Definitionen von linearer Abhängigkeit äquivalent sind.

Hinweis: Hierzu müssen Sie zeigen, dass jede der beiden Formulierungen aus der jeweils anderen folgt.   ◄

Bevor ich das Thema lineare Unabhängigkeit mit Beispielen und Übungsaufgaben illustriere, will ich noch folgende Bemerkung formulieren, die das Leben in manchen Fällen vereinfacht:

Bemerkung

Ist die Anzahl k der Vektoren größer als die Dimension n, so sind die Vektoren stets linear abhängig. Dies folgt aus Satz 2.2.

Beispiel 2.11

a) Die drei Vektoren

$$\mathbf{x}_1 = \begin{pmatrix} 1 \\ 1 \\ 1 \end{pmatrix}, \ \mathbf{x}_2 = \begin{pmatrix} 1 \\ -1 \\ 0 \end{pmatrix}, \ \mathbf{x}_3 = \begin{pmatrix} 2 \\ 0 \\ 1 \end{pmatrix}$$

sind linear abhängig, denn mit $a_1 = a_2 = 1$ und $a_3 = -1$ gilt:

$$a_1\mathbf{x}_1 + a_2\mathbf{x}_2 + a_3\mathbf{x}_3 = \mathbf{0},$$

man kann also den Nullvektor aus den gegebenen Vektoren linear kombinieren, ohne alle Koeffizienten gleich 0 zu setzen. Alternativ kann man – gemäß obiger Bemerkung – argumentieren, dass sich der Vektor $\mathbf{x}_3$ als Linearkombination der anderen beiden darstellen lässt, denn es gilt

$$\mathbf{x}_3 = \mathbf{x}_1 + \mathbf{x}_2.$$

b) Die beiden Vektoren

$$\mathbf{x}_1 = \begin{pmatrix} 1 \\ 1 \end{pmatrix} \text{ und } \mathbf{x}_2 = \begin{pmatrix} 1 \\ 0 \end{pmatrix}$$

sind linear unabhängig: Macht man den Ansatz

$$a_1 \begin{pmatrix} 1 \\ 1 \end{pmatrix} + a_2 \begin{pmatrix} 1 \\ 0 \end{pmatrix} = \begin{pmatrix} 0 \\ 0 \end{pmatrix}$$

mit zunächst unbekannten Koeffizienten a_1 und a_2, so liefert dies – zeilenweise gelesen – das lineare Gleichungssystem

$$\begin{aligned} a_1 + a_2 &= 0 \\ a_1 \quad\ &= 0, \end{aligned}$$

das offenbar die eindeutige Lösung $a_1 = a_2 = 0$ hat.

c) Die Vektoren

$$\mathbf{x}_1 = \begin{pmatrix} -2 \\ -1 \\ 1 \end{pmatrix}, \ \mathbf{x}_2 = \begin{pmatrix} 3 \\ 2 \\ 1 \end{pmatrix}, \ \mathbf{x}_3 = \begin{pmatrix} 3 \\ -2 \\ 4 \end{pmatrix}, \ \mathbf{x}_4 = \begin{pmatrix} -1 \\ -2 \\ -3 \end{pmatrix}$$

sind linear abhängig. Um dies zu begründen, muss man nicht rechnen, denn es folgt direkt aus obiger Bemerkung, da es sich hier um vier dreidimensionale Vektoren handelt.

d) Als letztes Beispiel betrachte ich die drei dreidimensionalen Vektoren

$$\mathbf{x}_1 = \begin{pmatrix} 1 \\ -1 \\ 1 \end{pmatrix}, \mathbf{x}_2 = \begin{pmatrix} 2 \\ 2 \\ 1 \end{pmatrix}, \mathbf{x}_3 = \begin{pmatrix} 2 \\ 1 \\ 0 \end{pmatrix}. \tag{2.11}$$

Ich wage zu behaupten, dass man diesen drei Vektoren nicht mit bloßem Auge ansehen kann, ob sie linear unabhängig sind oder nicht. (Dieses „wagen" meine ich
durchaus ernst: Manchmal formuliert man so etwas in einer Vorlesung, macht anschließend aufwendige Umrechnungen und legt sich an der Tafel quer, und danach
kommt eine schüchterne Wortmeldung aus dem Auditorium, die einen darauf hinweist, dass man das sehr wohl direkt sehen kann, weil … Und dann fragt man sich,
warum man Dozent geworden ist und nicht einen anständigen Beruf gelernt hat.) Da
ich momentan keine derartigen Wortmeldungen sehe (was daran liegen könnte, dass
ich alleine an meinem Schreibtisch sitze), starte ich das übliche Verfahren, um zu
überprüfen, ob die drei Vektoren in (2.11) linear abhängig sind: Ich mache den Ansatz

$$a_1 \mathbf{x}_1 + a_2 \mathbf{x}_2 + a_3 \mathbf{x}_3 = \mathbf{0},$$

der hier auf das lineare Gleichungssystem

$$a_1 + 2a_2 + 2a_3 = 0$$
$$-a_1 + 2a_2 + a_3 = 0$$
$$a_1 + a_2 \qquad = 0$$

führt. Wendet man hierauf den Gauß-Algorithmus an, findet man schnell heraus,
dass das System die eindeutige Lösung $a_1 = a_2 = a_3 = 0$ hat. Die drei Vektoren sind
also linear unabhängig.   ◄

Bemerkung
Ist die Anzahl der Vektoren gleich ihrer Dimension, so gibt es noch eine andere Methode,
um ihre lineare Unabhängigkeit zu prüfen. Diese Methode benutzt Determinantenrechnung und wird daher in Unterabschnitt 2.4.5 behandelt werden.

Übungsaufgabe 2.8

Mit einem reellen Parameter b sind folgende Vektoren definiert:

$$\mathbf{x}_1 = \begin{pmatrix} 1 \\ b \\ -1 \end{pmatrix}, \ \mathbf{x}_2 = \begin{pmatrix} 1 \\ b \\ 1 \end{pmatrix}, \ \mathbf{x}_3 = \begin{pmatrix} 0 \\ b \\ 0 \end{pmatrix}, \ \mathbf{x}_4 = \begin{pmatrix} b \\ b \\ b^2 \end{pmatrix}.$$

a) Für welche Werte von b sind die Vektoren $\mathbf{x}_1$ und $\mathbf{x}_2$ linear abhängig?
b) Für welche Werte von b sind die Vektoren $\mathbf{x}_1$, $\mathbf{x}_2$ und $\mathbf{x}_3$ linear abhängig?
c) Für welche Werte von b sind die Vektoren $\mathbf{x}_1$, $\mathbf{x}_2$, $\mathbf{x}_3$ und $\mathbf{x}_4$ linear abhängig?   ◄

Sind die folgenden Aussagen richtig oder falsch?

a) Sind zwei Vektoren linear abhängig, so ist jede Menge von Vektoren, die diese beiden enthält, linear abhängig.

b) Sind zwei Vektoren linear unabhängig, so ist jede Menge von Vektoren, die diese beiden enthält, linear unabhängig.

c) Sind zwei Vektoren linear unabhängig, so kann man immer einen dritten Vektor finden, sodass diese drei Vektoren linear unabhängig sind. ◄

Vielleicht ist Ihnen aufgefallen, dass wir bisher – so wichtig die Untersuchung linearer Unabhängigkeit auch sein mag – über das simple Addieren und Subtrahieren von Vektoren nicht hinausgekommen sind. Was ist aber mit den anderen beiden Grundrechenarten, dem Multiplizieren und dem Dividieren?

Um es gleich deutlich zu sagen: Versuchen Sie niemals, Vektoren zu dividieren, eine solche Operation ist schlicht und ergreifend nicht definiert, und jeder Versuch, dies zu tun, führt zur Katastrophe, sowohl für die Vektoren als auch für Sie!

Dagegen ist die Multiplikation von Vektoren durchaus sinnvoll, sogar so sinnvoll, dass es gleich mehrere Arten von Vektorprodukten gibt. Da diese auch durchaus anschauliche geometrische Anwendungen haben, werde ich sie Ihnen in Kap. 3 vorstellen. Hier wenden wir uns nun dem Thema Matrizen zu.

2.3 Matrizen

Eine Matrix ist im Gegensatz zu einem Vektor ein zweidimensionales Gebilde, also ein Schema, das nicht nur aus einer, sondern im Allgemeinen aus mehreren Spalten besteht, in gewissem Sinn ist eine Matrix also ein zu breit geratener Vektor. Formal korrekter (aber langweiliger) definiert man das so:

Definition 2.7
Es seien m und n natürliche Zahlen sowie $\{a_{ik}\}_{i=1, \ldots, m, \, k=1, \ldots, n}$ reelle Zahlen. Ein Schema der Form

$$A = \begin{pmatrix} a_{11} & a_{12} & \cdots & \cdots & a_{1n} \\ a_{21} & a_{22} & \cdots & \cdots & a_{2n} \\ \cdots & \cdots & \cdots & \cdots & \cdots \\ \cdots & \cdots & \cdots & \cdots & \cdots \\ a_{m1} & a_{m2} & \cdots & \cdots & a_{mn} \end{pmatrix}$$

heißt **Matrix** mit m Zeilen und n Spalten oder kurz $(m \times n)$-Matrix. Ist $m = n$, so nennt man A eine **quadratische Matrix**.

Eine Matrix ist also zunächst einmal nichts anderes als ein Schema zur übersichtlichen Notation von zweifach indizierten reellen Zahlen. Das Einzige, was man in diesem Stadium falsch machen kann, ist vermutlich die Schreibweise: Eine Matrix ist etwas anderes als eine Matratze (so weit ist das klar), und daher schreibt man den Plural „Matrizen" auch anders als den Plural „Matratzen".

Wenn ich es recht überlege, kann man vielleicht doch noch etwas anderes falsch machen, nämlich die Reihenfolge der Indizes. Beachten Sie daher: Der erste Index bezeichnet die Zeile, der zweite die Spalte, das Element a_{ij} steht also in der i-ten Zeile und j-ten Spalte der Matrix.

2.3.1 Addition und Multiplikation von Matrizen

Da Matrizen offenbar engstens mit Vektoren verwandt sind – man kann einen Spaltenvektor ja als eine $(m \times 1)$-Matrix auffassen –, wird es nicht verwundern, dass die ersten Rechenregeln über das Addieren von Matrizen sowie das Multiplizieren einer Matrix mit einer reellen Zahl identisch sind mit denjenigen für Vektoren, wie sie in Definition 2.4 angegeben wurden:

Definition 2.8
Es seien

$$A = \begin{pmatrix} a_{11} & a_{12} & \cdots & \cdots & a_{1n} \\ a_{21} & a_{22} & \cdots & \cdots & a_{2n} \\ \cdots & \cdots & \cdots & \cdots & \cdots \\ \cdots & \cdots & \cdots & \cdots & \cdots \\ a_{m1} & a_{m2} & \cdots & \cdots & a_{mn} \end{pmatrix}$$

und

$$B = \begin{pmatrix} b_{11} & b_{12} & \cdots & \cdots & b_{1n} \\ b_{21} & b_{22} & \cdots & \cdots & b_{2n} \\ \cdots & \cdots & \cdots & \cdots & \cdots \\ \cdots & \cdots & \cdots & \cdots & \cdots \\ b_{m1} & b_{m2} & \cdots & \cdots & b_{mn} \end{pmatrix}$$

zwei $(m \times n)$-Matrizen sowie r eine beliebige reelle Zahl. Dann ist die Summe der beiden Matrizen definiert als

$$A + B = \begin{pmatrix} a_{11} + b_{11} & a_{12} + b_{12} & \cdots & \cdots & a_{1n} + b_{1n} \\ a_{21} + b_{21} & a_{22} + b_{22} & \cdots & \cdots & a_{2n} + b_{2n} \\ \cdots & \cdots & \cdots & \cdots & \cdots \\ \cdots & \cdots & \cdots & \cdots & \cdots \\ a_{m1} + b_{m1} & a_{m2} + b_{m2} & \cdots & \cdots & a_{mn} + b_{mn} \end{pmatrix}$$

und das r-fache der Matrix A als

$$rA = \begin{pmatrix} ra_{11} & ra_{12} & \cdots & \cdots & ra_{1n} \\ ra_{21} & ra_{22} & \cdots & \cdots & ra_{2n} \\ \cdots & \cdots & \cdots & \cdots & \cdots \\ \cdots & \cdots & \cdots & \cdots & \cdots \\ ra_{m1} & ra_{m2} & \cdots & \cdots & ra_{mn} \end{pmatrix}.$$

Beispiel 2.12

Es seien

$$A = \begin{pmatrix} 2 & 0 & 1 \\ -1 & 1 & 1 \end{pmatrix} \text{ und } B = \begin{pmatrix} 0 & -1 & 2 \\ 2 & 3 & -1 \end{pmatrix}$$

gegebene (2×3)-Matrizen. Dann ist

$$A + B = \begin{pmatrix} 2 & -1 & 3 \\ 1 & 4 & 0 \end{pmatrix}$$

und

$$3A = \begin{pmatrix} 6 & 0 & 3 \\ -3 & 3 & 3 \end{pmatrix}.$$

Natürlich kann man diese Operationen auch kombinieren, so ist beispielsweise

$$2A - 3B = \begin{pmatrix} 4 & 3 & -4 \\ -8 & -7 & 5 \end{pmatrix}$$

◄

Nein, keine Übungsaufgaben hierzu, wir wollen uns ja schließlich nicht mit Lappalien aufhalten. Stattdessen gehe ich direkt über zur nächsten Rechenart, dem Multiplizieren. Im Gegensatz zur Situation bei Vektoren ist das Produkt zweier Matrizen eindeutig definiert, das soll heißen, es gibt nicht mehrere Möglichkeiten zur Definition eines solchen Produkts, sondern nur eine einzige, und die gebe ich jetzt an.

Definition 2.9 (Produkt zweier Matrizen)
Es seien

$$A = \begin{pmatrix} a_{11} & a_{12} & \cdots & \cdots & a_{1k} \\ a_{21} & a_{22} & \cdots & \cdots & a_{2k} \\ \cdots & \cdots & \cdots & \cdots & \cdots \\ \cdots & \cdots & \cdots & \cdots & \cdots \\ a_{m1} & a_{m2} & \cdots & \cdots & a_{mk} \end{pmatrix}$$

eine $(m \times k)$-Matrix und

$$B = \begin{pmatrix} b_{11} & b_{12} & \cdots & \cdots & b_{1n} \\ b_{21} & b_{22} & \cdots & \cdots & b_{2n} \\ \cdots & \cdots & \cdots & \cdots & \cdots \\ \cdots & \cdots & \cdots & \cdots & \cdots \\ b_{k1} & b_{k2} & \cdots & \cdots & b_{kn} \end{pmatrix}$$

eine $(k \times n)$-Matrix. Dann ist das Produkt $C = A \cdot B$ dieser beiden Matrizen die $(m \times n)$-Matrix

$$C = \begin{pmatrix} c_{11} & c_{12} & \cdots & \cdots & c_{1n} \\ c_{21} & c_{22} & \cdots & \cdots & c_{2n} \\ \cdots & \cdots & \cdots & \cdots & \cdots \\ \cdots & \cdots & \cdots & \cdots & \cdots \\ c_{m1} & c_{m2} & \cdots & \cdots & c_{mn} \end{pmatrix},$$

deren Einträge wie folgt zu berechnen sind:

$$c_{ij} = a_{i1}b_{1j} + a_{i2}b_{2j} + \cdots + a_{ik}b_{kj}. \tag{2.12}$$

Nein, ganz einfach ist das nicht, aber sollte Ihnen jemand vor Beginn des Studiums gesagt haben, dass in der Mathematik alles ganz einfach ist, hat er ohnehin gelogen.

Allerdings ist das Allermeiste verständlich erklärbar, auch wenn viele Menschen das nicht glauben wollen, und so ist es auch mit dem Matrizenprodukt: Die Voraussetzung an die Formate der Matrizen A und B lautet in Worten einfach, dass die Anzahl der Spalten von A gleich der Anzahl der Zeilen von B sein muss; in der Definition habe ich diese

Anzahl mit k bezeichnet. Die Ergebnismatrix C erbt dann von A die Zeilenzahl m und von B die Spaltenzahl n. Diese Voraussetzung ist insbesondere dann erfüllt, wenn A und B quadratische Matrizen desselben Formats sind; in diesem Fall ist auch C eine quadratische Matrix dieses Formats.

Die Berechnung der Elemente c_{ij} von C geschieht dann wie folgt: Man nimmt die Elemente der i-ten Zeile von A, also a_{i1}, a_{i2}, ..., a_{ik}, multipliziert sie komponentenweise mit den Elementen der j-ten Spalte von B, also b_{1j}, b_{2j}, ..., b_{kj}, und addiert diese Produkte auf. Nichts anderes steht – in gewohnt präziser mathematischer Kurzschreibweise – in Gleichung (2.12).

Wie immer sollen einige Beispiele den Sachverhalt erläutern.

Beispiel 2.13

a) Es seien

$$A = \begin{pmatrix} 1 & 4 & 2 \\ 4 & 0 & -3 \end{pmatrix} \text{ und } B = \begin{pmatrix} 1 & 1 & 0 \\ -2 & 3 & 5 \\ 0 & 1 & 4 \end{pmatrix}$$

gegebene Matrizen, in der Notation der Definition ist also $m = 2$, $k = 3$ und $n = 3$. Das Produkt sollte also eine (2×3)-Matrix sein, und tatsächlich ergibt sich

$$A \cdot B = \begin{pmatrix} -7 & 15 & 28 \\ 4 & 1 & -12 \end{pmatrix}.$$

b) Niemand hat behauptet, dass die Matrizen A und B verschieden sein müssen, vielmehr kann man auch das Produkt einer quadratischen Matrix A mit sich selbst berechnen, das man dann in vom Zahlenrechnen her gewohnter Notation mit A^2 bezeichnet. So berechnet man zum Beispiel, dass für

$$A = \begin{pmatrix} 3 & 0 & -2 \\ 1 & 2 & 5 \\ -3 & -1 & 0 \end{pmatrix}$$

gilt:

$$A^2 = \begin{pmatrix} 15 & 2 & -6 \\ -10 & -1 & 8 \\ -10 & -2 & 1 \end{pmatrix}.$$

c) Vektoren sind spezielle Matrizen, also kann man auch das Produkt einer Matrix mit einem Vektor berechnen; so ist zum Beispiel

$$\begin{pmatrix} 5 & 2 & -1 \\ -1 & 2 & 1 \\ 0 & -2 & 1 \end{pmatrix} \cdot \begin{pmatrix} 1 \\ 2 \\ -1 \end{pmatrix} = \begin{pmatrix} 10 \\ 2 \\ -5 \end{pmatrix}.$$

Das Produkt einer Matrix mit einem passenden Vektor ergibt also einen Vektor.

d)   Als letztes – und erstes negatives – Beispiel stelle ich das Problem, das Produkt

$$\begin{pmatrix} 1 & 1 & 3 \\ -2 & 0 & 5 \end{pmatrix} \cdot \begin{pmatrix} 2 & 3 \\ -1 & 3 \end{pmatrix}$$

zu berechnen. Da hier die Spaltenzahl der ersten Matrix nicht mit der Zeilenzahl der zweiten übereinstimmt, ist dieses Produkt jedoch *nicht* berechenbar. ◄

Übungsaufgabe 2.10

Gegeben seien die folgenden Matrizen:

$$A = \begin{pmatrix} 3 & 0 \\ -1 & 2 \\ 1 & 1 \end{pmatrix}, B = \begin{pmatrix} 4 & -1 \\ 0 & 2 \end{pmatrix}, C = \begin{pmatrix} 1 & 4 & 2 \\ 3 & 1 & 5 \end{pmatrix}.$$

Berechnen Sie, falls möglich, die folgenden Produkte:
$$A \cdot B, \ B \cdot C, \ A \cdot C, \ B \cdot A. \qquad ◄$$

Schon beim elementaren Rechnen mit Zahlen haben Sie bereits in der Grundschule gelernt, dass man sich das Leben erleichtern kann, indem man gewisse Rechenregeln benutzt. Sollte beispielsweise der Lehrer fordern, zunächst $7 \cdot 2$ und $7 \cdot 8$ zu berechnen und anschließend die Ergebnisse zu addieren, so können Sie das Distributivgesetz benutzen und wie folgt rechnen:

$$7 \cdot 2 + 7 \cdot 8 = 7 \cdot (2 + 8) = 7 \cdot 10 = 70,$$

womit Sie sich viel Arbeit erspart und möglicherweise auch den Lehrer verblüfft hätten. Ebensolche Rechenregeln gibt es auch für das Rechnen mit Matrizen:

Satz 2.3 (Rechenregeln für das Matrizenprodukt)

Für das Matrizenprodukt gelten – vorausgesetzt, die beteiligten Matrizen erfüllen die Bedingungen an die Formate – folgende Regeln:

$$\text{a)} \qquad (A \cdot B) \cdot C = A \cdot (B \cdot C)$$

Das Matrizenprodukt ist also assoziativ, weshalb man in der Praxis die nicht notwendigen Klammern auch einfach weglässt und schreibt: $A \cdot B \cdot C$.

$$\text{b)} \qquad A \cdot (B + C) = A \cdot B + A \cdot C$$

und

$$(B + C) \cdot A = B \cdot A + C \cdot A.$$

Das Matrizenprodukt ist also distributiv.

c) Im Allgemeinen gilt

$$A \cdot B \neq B \cdot A,$$

das Matrizenprodukt ist also **nicht** kommutativ.

Beispiel 2.14

a) Ich definiere die folgenden Matrizen:

$$A = \begin{pmatrix} 3 & 0 \\ -1 & 2 \\ 1 & 1 \end{pmatrix}, \ B = \begin{pmatrix} 4 & -1 \\ 0 & 2 \end{pmatrix}, \ C = \begin{pmatrix} 1 & 4 & 2 \\ 3 & 1 & 5 \end{pmatrix}.$$

Dann ist

$$A \cdot B = \begin{pmatrix} 12 & -3 \\ -4 & 5 \\ 4 & 1 \end{pmatrix}, \ \text{also} \ (A \cdot B) \cdot C = \begin{pmatrix} 3 & 45 & 9 \\ 11 & -11 & 17 \\ 7 & 17 & 13 \end{pmatrix}. \tag{2.13}$$

Andererseits ist

$$B \cdot C = \begin{pmatrix} 1 & 15 & 3 \\ 6 & 2 & 10 \end{pmatrix}, \ \text{also} \ A \cdot (B \cdot C) = \begin{pmatrix} 3 & 45 & 9 \\ 11 & -11 & 17 \\ 7 & 17 & 13 \end{pmatrix}. \tag{2.14}$$

Sie sehen anhand der Übereinstimmung der Endergebnisse in (2.13) und (2.14), dass die Matrizenmultiplikation wie im Satz formuliert assoziativ ist, wenngleich die Zwischenergebnisse völlig unterschiedlich sind.

b) Zur Illustration der Distributivität mache ich es uns einmal etwas einfacher und benutze kleine Matrizen: Es seien

$$A = \begin{pmatrix} -1 & 2 \\ 2 & 3 \end{pmatrix}, \ B = \begin{pmatrix} 0 & 1 \\ 2 & -3 \end{pmatrix} \text{und} \ C = \begin{pmatrix} 1 & -1 \\ 1 & 1 \end{pmatrix}.$$

Dann ist

$$A \cdot (B + C) = \begin{pmatrix} -1 & 2 \\ 2 & 3 \end{pmatrix} \cdot \begin{pmatrix} 1 & 0 \\ 3 & -2 \end{pmatrix} = \begin{pmatrix} 5 & -4 \\ 11 & -6 \end{pmatrix} \tag{2.15}$$

sowie

$$A \cdot B = \begin{pmatrix} 4 & -7 \\ 6 & -7 \end{pmatrix} \text{und} \ A \cdot C = \begin{pmatrix} 1 & 3 \\ 5 & 1 \end{pmatrix},$$

also

$$A \cdot B + A \cdot C = \begin{pmatrix} 5 & -4 \\ 11 & -6 \end{pmatrix}. \tag{2.16}$$

Offensichtlich stimmen die Ergebnisse in (2.15) und (2.16) überein.

c) Um zu belegen, dass die Matrizenmultiplikation nicht kommutativ ist, muss man sich nicht sehr anstrengen. Es genügt, die beiden (2 × 2)-Matrizen

$$A = \begin{pmatrix} 1 & 0 \\ 1 & 1 \end{pmatrix} \text{ und } B = \begin{pmatrix} 1 & 1 \\ 0 & 1 \end{pmatrix}$$

zu betrachten. Hierfür ist nämlich

$$A \cdot B = \begin{pmatrix} 1 & 1 \\ 1 & 2 \end{pmatrix} \neq B \cdot A = \begin{pmatrix} 2 & 1 \\ 1 & 1 \end{pmatrix},$$

wie im Satz formuliert gilt das Kommutativgesetz für die Matrizenmultiplikation also nicht. ◀

Übungsaufgabe 2.11

Gegeben seien die Matrizen

$$A = \begin{pmatrix} 3 & 1 & -1 \\ 0 & -2 & 2 \\ 1 & -1 & 0 \end{pmatrix}, \ B = \begin{pmatrix} 2 & 1 & 0 \\ 0 & -1 & 2 \\ 1 & 1 & -1 \end{pmatrix}, \ C = \begin{pmatrix} -1 & -1 & 0 \\ 0 & 2 & -2 \\ -1 & -1 & 2 \end{pmatrix}.$$

Berechnen Sie

$$A \cdot B + A \cdot C \quad \text{und} \quad A \cdot (B + C). \qquad ◀$$

2.3.2 Symmetrische Matrizen

Ausnahmsweise gehe ich ohne große Vorrede gleich zur ersten Definition über, allerdings nicht zu derjenigen des Begriffs, der in der Überschrift steht, sondern zu einer anderen, deren Sinn und Zweck im Anschluss (hoffentlich) klar wird:

Definition 2.10

Ist

$$A = \begin{pmatrix} a_{11} & a_{12} & \cdots & \cdots & a_{1n} \\ a_{21} & a_{22} & \cdots & \cdots & a_{2n} \\ \cdots & \cdots & \cdots & \cdots & \cdots \\ \cdots & \cdots & \cdots & \cdots & \cdots \\ a_{n1} & a_{n2} & \cdots & \cdots & a_{nn} \end{pmatrix}$$

eine gegebene $(n \times n)$-Matrix, so nennt man die $(n \times n)$-Matrix

$$A^t = \begin{pmatrix} a_{11} & a_{21} & \cdots & \cdots & a_{n1} \\ a_{12} & a_{22} & \cdots & \cdots & a_{n2} \\ \cdots & \cdots & \cdots & \cdots & \cdots \\ \cdots & \cdots & \cdots & \cdots & \cdots \\ a_{1n} & a_{2n} & \cdots & \cdots & a_{nn} \end{pmatrix}$$

die (zu A) **transponierte Matrix**.

Man erhält die transponierte Matrix also, indem man die gegebene Matrix entlang der gedachten Linie durch die Elemente $a_{11}, a_{22}, \ldots, a_{nn}$, der sogenannten Hauptdiagonalen, spiegelt.

Beispiel 2.15

Ist

$$A = \begin{pmatrix} 1 & 0 & 2 & -1 \\ 3 & 3 & -1 & 0 \\ -1 & 0 & 0 & 4 \\ 2 & 3 & -2 & 2 \end{pmatrix},$$

so ist

$$A^t = \begin{pmatrix} 1 & 3 & -1 & 2 \\ 0 & 3 & 0 & 3 \\ 2 & -1 & 0 & -2 \\ -1 & 0 & 4 & 2 \end{pmatrix}. \qquad \blacktriangleleft$$

Möglicherweise fragen Sie sich, wo denn die symmetrischen Matrizen bleiben, nach denen dieser Unterabschnitt benannt ist. Nun, die kommen jetzt, aber zur Definition dieses Begriffs braucht man eben den der transponierten Matrix, und daher musste ich diesen zunächst definieren.

Nun aber:

Definition 2.11

Eine quadratische Matrix S heißt **symmetrisch**, wenn gilt:

$$S^t = S.$$

Es gibt in der Mathematik – wie in jeder Wissenschaft – sicherlich einige historisch bedingt schlechte Bezeichnungen, aber diese hier gehört nicht dazu, denn eine symmetrische Matrix sieht genauso aus, wie man sie sich vorstellt: Eine „Spiegelung" an der Hauptdiagonalen ändert nichts an ihrer Gestalt.

Beispiel 2.16

Die Matrizen

$$S_1 = \begin{pmatrix} 1 & 0 & -1 \\ 0 & 2 & -2 \\ -1 & -2 & 3 \end{pmatrix} \text{ und } S_2 = \begin{pmatrix} 1 & 0 & 1 \\ 0 & 4 & 0 \\ 1 & 0 & 22 \end{pmatrix}$$

sind symmetrisch.   ◄

Auch hierzu möchte ich keine Übungsaufgaben angeben (hätten Sie einen Vorschlag für eine Aufgabe zu diesem Thema, die nicht so läppisch klingt wie: „Prüfen Sie, ob die folgende Matrix symmetrisch ist"?).

Vielmehr gebe ich den folgenden Satz an, der eine Aussage darüber macht, wie man sozusagen symmetrische Matrizen „produzieren" kann:

Satz 2.4

Es sei A eine quadratische Matrix. Dann sind die Matrizen

$$S_1 = A \cdot A^t \text{ und } S_2 = A^t \cdot A$$

symmetrische Matrizen.

Beispiel 2.17

Betrachten wir als willkürliches Beispiel nochmals die Matrix A und ihre transponierte A^t aus Beispiel 2.15. Ich denke, ich kann Ihnen inzwischen zumuten, die folgenden Produkte ohne weiteren Kommentar anzugeben; sollten Sie beim Nachrechnen zu anderen Ergebnissen kommen, so schauen Sie sich nochmals die obige Definition des Matrizenprodukts an. Es ist hier

$$S_1 = A \cdot A^t = \begin{pmatrix} 6 & 1 & -5 & -4 \\ 1 & 19 & -3 & 17 \\ -5 & -3 & 17 & 6 \\ -4 & 17 & 6 & 21 \end{pmatrix} \text{ und } S_2 = A^t \cdot A = \begin{pmatrix} 15 & 15 & -5 & -1 \\ 15 & 18 & -9 & 6 \\ -5 & -9 & 9 & -6 \\ -1 & 6 & -6 & 21 \end{pmatrix}.$$

Wie Sie sehen, sind beide symmetrisch, in Übereinstimmung mit Satz 2.4.   ◄

Tiefer will ich hier in das Thema „symmetrische Matrizen" nicht einsteigen, denn jetzt kommt *das* zentrale Thema der ganzen Matrizenrechnung, die Invertierbarkeit.

2.3.3 Invertierung von Matrizen

Die Frage nach der Invertierbarkeit einer Matrix ist fundamental für die gesamte Matrizenrechnung. Um die Problematik einzuleiten, gehe ich noch einmal zurück zum einfachen Rechnen mit reellen Zahlen: Ist a eine gegebene reelle Zahl, so fragt man sich – falls man Mathematiker ist und keine sonstigen Sorgen hat –, unter welchen Bedingungen es eine Zahl – nennen wir sie a^{-1} – gibt, so dass

$$a \cdot a^{-1} = a^{-1} \cdot a = 1 \tag{2.17}$$

ist. Nach einiger Überlegung findet man heraus, dass diese gesuchte Zahl für alle $a \neq 0$ existiert, eindeutig ist und lautet:

$$a^{-1} = \frac{1}{a}.$$

Diese Fragestellung überträgt man nun auf die Matrizenrechnung. Hierfür muss man sich zunächst überlegen, welche Matrix die Rolle der Zahl 1 übernehmen kann. Es stellt sich heraus, dass dies die folgende Einheitsmatrix erledigt:

Definition 2.12
Die Matrix

$$I = \begin{pmatrix} 1 & 0 & 0 & \cdots & 0 \\ 0 & 1 & 0 & \cdots & 0 \\ \vdots & \ddots & \ddots & \ddots & \vdots \\ \vdots & & \ddots & \ddots & 0 \\ 0 & 0 & \cdots & 0 & 1 \end{pmatrix}$$

heißt (*n*-reihige) **Einheitsmatrix**. Will man die Anzahl der Reihen (also Zeilen und Spalten) besonders betonen, schreibt man auch I_n.

Das I steht übrigens für „Identität". Die Einheitsmatrix nimmt, wie eingangs erwähnt, in der Matrizenrechnung denselben Platz ein wie die Zahl 1 beim Rechnen mit reellen Zahlen, denn es gilt für jede quadratische Matrix A:

$$A \cdot I = I \cdot A = A.$$

Der „Beweis" dieser Aussage erfolgt durch einfaches Nachrechnen und ist mir ehrlich gesagt keine Zeile wert – Papier ist teuer.

Die Analogie zur Zahlenrechnung geht aber noch weiter, denn jetzt fragt man sich, ob es ebenso wie in (2.17) zu gegebener Matrix A eine andere Matrix A^{-1} gibt, so dass das Produkt dieser beiden Matrizen gerade die Einheitsmatrix ergibt. Es wird sich herausstellen, dass das tatsächlich möglich ist, aber beileibe nicht für alle Matrizen; diejenigen Matrizen, die das ermöglichen, erhalten eine besondere Bezeichnung:

Definition 2.13

Eine quadratische Matrix A heißt **invertierbar** oder **regulär**, wenn es eine Matrix A^{-1} gibt, so dass

$$A \cdot A^{-1} = A^{-1} \cdot A = I \tag{2.18}$$

gilt. Die Matrix A^{-1} nennt man die (zu A) **inverse Matrix**.

Gibt es keine solche Matrix A^{-1}, so nennt man A **nicht invertierbar** oder **singulär**.

Leider sieht man es im Gegensatz zur Situation bei reellen Zahlen einer Matrix nicht so ohne Weiteres an, ob sie invertierbar ist. Die naheliegende Vermutung, dass eine Matrix, die „nicht allzu viele" Nullen enthält, eine Inverse besitzt, ist (leider) falsch, wie folgendes Beispiel zeigt:

Beispiel 2.18

Die Matrix

$$A = \begin{pmatrix} 1 & 1 \\ 1 & 1 \end{pmatrix}$$

ist nicht invertierbar, obwohl sie keine einzige Null enthält. Wäre sie es nämlich, so müsste es eine (2×2)-Matrix

$$A^{-1} = \begin{pmatrix} a & b \\ c & d \end{pmatrix}$$

geben, so dass $A \cdot A^{-1} = I_2$ ist, also

$$\begin{pmatrix} 1 & 1 \\ 1 & 1 \end{pmatrix} \cdot \begin{pmatrix} a & b \\ c & d \end{pmatrix} = \begin{pmatrix} a+c & b+d \\ a+c & b+d \end{pmatrix} = \begin{pmatrix} 1 & 0 \\ 0 & 1 \end{pmatrix}.$$

Nach der ersten Zeile müsste also $a + c = 1$ und $b + d = 0$ sein, nach der zweiten aber $a + c = 0$ und $b + d = 1$, was sicherlich nicht erfüllbar ist. Es gibt also keine derartige Matrix A^{-1}.   ◄

Übungsaufgabe 2.12

Zeigen Sie, dass die Matrix

$$B = \begin{pmatrix} 1 & 1 \\ 0 & 1 \end{pmatrix}$$

invertierbar ist, indem Sie die inverse Matrix B^{-1} angeben. ◄

Wenn ich bisher von *der* inversen Matrix gesprochen habe, so war das ein wenig lax, denn es könnte ja mehrere geben. Das ist aber nicht der Fall, wie folgende Aussage zeigt.

Satz 2.5
Die inverse Matrix einer Matrix A ist eindeutig bestimmt, das heißt, es kann *niemals* zwei verschiedene Matrizen A_1^{-1} und A_2^{-1} mit der Eigenschaft

$$A \cdot A_1^{-1} = A \cdot A_2^{-1} = I \quad \text{bzw.} \quad A_1^{-1} \cdot A = A_2^{-1} \cdot A = I$$

geben.

Beweis Ich multipliziere beide Seiten der Gleichung

$$A \cdot A_1^{-1} = A \cdot A_2^{-1}$$

von links mit A_1^{-1}; das ergibt

$$A_1^{-1} \cdot A \cdot A_1^{-1} = A_1^{-1} \cdot A \cdot A_2^{-1}. \tag{2.19}$$

Da aber A_1^{-1} nach Annahme eine Inverse von A ist, gilt $A_1^{-1} \cdot A = I$, also wird (2.19) zu:

$$A_1^{-1} = A_2^{-1}.$$

Somit ist die inverse Matrix eindeutig.
Und weil es gerade so gut läuft, gleich der nächste Satz:

Satz 2.6
Ist eine quadratische Matrix A invertierbar, so ist auch ihre inverse Matrix A^{-1} invertierbar, und es gilt:

$$\left(A^{-1} \right)^{-1} = A.$$

In Worten sagt dieser Satz aus, dass die inverse Matrix der inversen Matrix die Matrix selbst ist, und das ist etwa von derselben Qualität wie das langjährige Zitat meiner Kinder aus dem Mathematikunterricht: „Minus mal Minus ergibt Plus."

Beweis Es ist zu zeigen, dass es eine zu A^{-1} inverse Matrix gibt, also eine Matrix, nennen wir sie B, so dass

$$A^{-1} \cdot B = I$$

ist. Eine solche Matrix kennen wir aber schon, denn es gilt nach Voraussetzung

$$A^{-1} \cdot A = I.$$

Wegen der Eindeutigkeit der Inversen muss also $A = B$ sein.

Bisher sind wir schon wieder einmal in dem Stadium: „Schön, dass wir darüber gesprochen haben." Ich habe Ihnen nämlich noch kein Verfahren angegeben, um die inverse Matrix konstruktiv zu ermitteln und gleichzeitig zu prüfen, ob die gegebene Matrix invertierbar ist. Das will ich jetzt tun, und wieder einmal ist es der große Gauß, der den hierfür geeigneten Algorithmus angegeben hat.

Prüfung auf Invertierbarkeit und Berechnung der Inversen

Es sei A eine $(n \times n)$-Matrix. Zur Prüfung auf Invertierbarkeit und gleichzeitiger Bestimmung der inversen Matrix geht man wie folgt vor:

- Man schreibt rechts neben A die Einheitsmatrix I_n. Das ergibt eine Gesamtmatrix mit n Zeilen und $2n$ Spalten:

$$A \big| I_n$$

- Man wendet die elementaren Zeilenumformungen des Gauß-Algorithmus an, um die Matrix A in die Einheitsmatrix zu transformieren. Jede Umformung muss man dabei auf alle $2n$ Spalten anwenden.
- Bricht der Algorithmus ab, weil auf der linken Seite eine Nullzeile entstanden ist, so ist die Matrix A nicht invertierbar.
- Gelingt es, die Matrix A in die Einheitsmatrix zu transformieren, so wurde auf der rechten Seite automatisch die Einheitsmatrix in die inverse Matrix A^{-1} transformiert:

$$I_n \big| A^{-1}$$

Beachten Sie insbesondere, dass diese Methode auch eine eindeutige Aussage liefert, falls A nicht invertierbar ist. Es könnte ja – in einem anderen Universum – auch sein, dass der Gauß-Algorithmus (oder wie immer dieser im anderen Universum heißen mag) abbricht, es aber dennoch eine andere Möglichkeit gibt, die Matrix zu invertieren. In unserem Universum nicht!

Mir ist klar, dass diese Algorithmusbeschreibung förmlich nach Beispielen schreit; und hier kommen sie auch schon.

Beispiel 2.19

a)   Fangen wir klein an: Gegeben sei die Matrix

$$A = \begin{pmatrix} 1 & 2 \\ -1 & -1 \end{pmatrix}.$$

Wie vorgegeben schreibe ich nun die zweireihige Einheitsmatrix daneben; die umschließenden Klammern lasse ich weg – Druckerschwärze ist ebenfalls teuer.

$$\begin{array}{cc|cc} 1 & 2 & 1 & 0 \\ -1 & -1 & 0 & 1 \end{array}$$

Um zunächst unten links eine Null zu erzeugen, addiere ich die erste Zeile auf die zweite; das ergibt

$$\begin{array}{cc|cc} 1 & 2 & 1 & 0 \\ 0 & 1 & 1 & 1 \end{array}$$

Nun möchte ich oben rechts (in A) noch eine Null erzeugen, dazu ziehe ich das Doppelte der zweiten Zeile von der ersten Zeile ab. Ich erhalte

$$\begin{array}{cc|cc} 1 & 0 & -1 & -2 \\ 0 & 1 & 1 & 1 \end{array}$$

Auf der linken Seite ist nun die Einheitsmatrix entstanden, also ist die Matrix A invertierbar, und die Inverse kann man auf der rechten Seite ablesen: Es ist

$$A^{-1} = \begin{pmatrix} -1 & -2 \\ 1 & 1 \end{pmatrix}.$$

Um dies zu überprüfen, können Sie beispielsweise das Produkt $A \cdot A^{-1}$ bilden. Es ergibt sich die Einheitsmatrix.

b)   Nun wage ich mich an eine (3×3)-Matrix: Gesucht ist die Inverse von

$$B = \begin{pmatrix} 1 & 2 & 0 \\ 1 & 3 & 1 \\ -2 & 1 & 4 \end{pmatrix}.$$

Ich schreibe sie zunächst in ein gemeinsames Schema mit der Einheitsmatrix:

$$\begin{array}{ccc|ccc} 1 & 2 & 0 & 1 & 0 & 0 \\ 1 & 3 & 1 & 0 & 1 & 0 \\ -2 & 1 & 4 & 0 & 0 & 1 \end{array}$$

Nun ziehe ich die erste Zeile von der zweiten ab und addiere anschließend das Doppelte der ersten Zeile auf die dritte; das ergibt:

$$
\begin{array}{ccc|ccc}
1 & 2 & 0 & 1 & 0 & 0 \\
0 & 1 & 1 & -1 & 1 & 0 \\
0 & 5 & 4 & 2 & 0 & 1
\end{array}
$$

Um als Zwischenergebnis eine Dreiecksmatrix zu erhalten, ziehe ich nun noch das Fünffache der zweiten von der dritten Zeile ab und erhalte

$$
\begin{array}{ccc|ccc}
1 & 2 & 0 & 1 & 0 & 0 \\
0 & 1 & 1 & -1 & 1 & 0 \\
0 & 0 & -1 & 7 & -5 & 1
\end{array}
$$

Nun wird die dritte Zeile auf die zweite addiert:

$$
\begin{array}{ccc|ccc}
1 & 2 & 0 & 1 & 0 & 0 \\
0 & 1 & 0 & 6 & -4 & 1 \\
0 & 0 & -1 & 7 & -5 & 1
\end{array}
$$

Ich denke, die beiden nächsten (und abschließenden) Schritte kann ich Ihnen auf einmal zumuten: Ich ziehe das Doppelte der zweiten Zeile von der ersten ab und multipliziere die letzte mit (-1). Das Ergebnis lautet:

$$
\begin{array}{ccc|ccc}
1 & 0 & 0 & -11 & 8 & -2 \\
0 & 1 & 0 & 6 & -4 & 1 \\
0 & 0 & 1 & -7 & 5 & -1
\end{array}
$$

Also ist

$$
B^{-1} = \begin{pmatrix} -11 & 8 & -2 \\ 6 & -4 & 1 \\ -7 & 5 & -1 \end{pmatrix}
$$

Auch hier können (und sollten) Sie wieder die Probe machen, indem Sie diese Matrix mit der Ausgangsmatrix multiplizieren; ich warte hier gerne so lange.

c) Sie sollten auch einmal ein negatives Beispiel sehen: Gesucht ist die Inverse von

$$
C = \begin{pmatrix} 1 & 2 & -3 \\ -2 & 0 & 1 \\ -1 & 2 & -2 \end{pmatrix}.
$$

In Schemaform ergibt dies:

$$
\begin{array}{ccc|ccc}
1 & 2 & -3 & 1 & 0 & 0 \\
-2 & 0 & 1 & 0 & 1 & 0 \\
-1 & 2 & -2 & 0 & 0 & 1
\end{array}
$$

Ich addiere das Doppelte der ersten Zeile auf die zweite und anschließend die unveränderte erste Zeile auf die dritte; das ergibt:

$$
\begin{array}{ccc|ccc}
1 & 2 & -3 & 1 & 0 & 0 \\
0 & 4 & -5 & 2 & 1 & 0 \\
0 & 4 & -5 & 1 & 0 & 1
\end{array}
$$

Ich denke, Sie sehen schon, was nun passiert: Zieht man die zweite Zeile von der dritten ab, so ergibt sich auf der linken Seite des Schemas eine Nullzeile. Der Algorithmus bricht also ab, und das heißt, die Matrix C ist nicht invertierbar. ◄

Übungsaufgabe 2.13

Bestimmen Sie, falls möglich, die Inversen der folgenden Matrizen:

$$
A = \begin{pmatrix} -1 & 1 & 0 \\ 2 & 0 & 1 \\ -1 & 2 & 0 \end{pmatrix}, \; B = \begin{pmatrix} 2 & 0 & 1 \\ 1 & 2 & 1 \\ 0 & 1 & -1 \end{pmatrix}, \; C = \begin{pmatrix} 1 & 2 & -3 & -3 \\ -2 & 0 & 1 & 2 \\ -1 & 2 & -2 & -1 \\ 2 & 1 & 0 & -2 \end{pmatrix}.
$$

◄

Im Zusammenhang mit Matrizen, speziell mit deren Invertierung, taucht oft der Begriff des Rangs einer Matrix auf. Ich persönlich halte diesen für ein wenig überbewertet, aber natürlich will ich hier zumindest die Definition angeben, damit Sie wissen, wovon gesprochen wird, wenn vom Rang einer Matrix die Rede ist. Ich beschränke mich dabei auf den wichtigen Fall der quadratischen Matrizen.

Definition 2.14

Eine $(n \times n)$-Matrix A sei durch Anwendung des Gauß-Algorithmus in Dreiecksform gebracht worden. Dann bezeichnet man die Anzahl r derjenigen Zeilen, die *keine* Nullzeilen sind, als **Rang** der Matrix A und schreibt

$$
\mathrm{Rg}(A) = r.
$$

Ist $r = n$, so sagt man, die Matrix habe **vollen Rang**.

Beispiel 2.20

Die Matrizen A und B in Beispiel 2.19 haben vollen Rang, denn ich habe „zwischendurch" Dreiecksform erzeugt, die keine Nullzeile enthält. Die Matrix C im selben Beispiel hat Rang 2, denn es entsteht eine Nullzeile. ◄

Die folgende Aussage ist offensichtlich:

Satz 2.7

Eine quadratische Matrix ist genau dann invertierbar, wenn sie vollen Rang hat.

Abschließend noch ein Satz, der einem das Leben erleichtern kann, wenn es um die Invertierung komplexerer Ausdrücke geht:

Satz 2.8

Es seien A und B invertierbare $(n \times n)$-Matrizen. Dann ist auch $A \cdot B$ eine invertierbare $(n \times n)$-Matrix, und es gilt

$$\left(A \cdot B\right)^{-1} = B^{-1} \cdot A^{-1}.$$

Die Inverse eines Produkts ist also das Produkt der Inversen der einzelnen Faktoren, wobei man beachten muss, dass sich die Reihenfolge der Faktoren ändert.

Beweis Nach Voraussetzung sind A und B invertierbar, die $(n \times n)$-Matrizen A^{-1} und B^{-1} existieren also. Nun bilde ich das Produkt $(A \cdot B) \cdot (B^{-1} \cdot A^{-1})$ und wende dabei das Assoziativgesetz an; das ergibt:

$$\left(A \cdot B\right) \cdot \left(B^{-1} \cdot A^{-1}\right) = A \cdot \left(B \cdot B^{-1}\right) \cdot A^{-1} = A \cdot I_n \cdot A^{-1} = A \cdot A^{-1} = I_n.$$

Das bedeutet aber nichts anderes, als dass $B^{-1} \cdot A^{-1}$ die inverse Matrix von $A \cdot B$ ist, was zu zeigen war.

Ausnahmsweise führe ich einmal kein Beispiel vor, sondern gebe Ihnen gleich Gelegenheit zum Selbststudium.

Übungsaufgabe 2.14

Bestimmen Sie für die beiden Matrizen A und B aus Übungsaufgabe 2.13 die Inverse von $A \cdot B$ auf zwei verschiedene Arten.   ◀

2.4   Determinanten

Die Determinante ist die wichtigste Kennzahl einer quadratischen Matrix. Die Betonung liegt hier auf „Zahl", denn es handelt sich tatsächlich nicht um irgendein matrix- oder vektorartiges Konstrukt, sondern um eine schlichte reelle Zahl. Allerdings wird diese Zahl so raffiniert (und damit leider auch aufwendig) berechnet, dass sie eine Fülle von Informationen über die Matrix enthält. Eine der wichtigsten Aussagen in diesem Zusammenhang ist: Die Matrix ist genau dann invertierbar, wenn ihre Determinante ungleich 0 ist.

2.4.1   Definition der Determinante und der Entwicklungssatz

Eine Determinante ist für quadratische Matrizen beliebiger Größe erklärt, aber wir fangen mal klein an und definieren die Determinante von (2×2)-Matrizen:

Definition 2.15

Die Determinante einer (2×2)-Matrix

$$A = \begin{pmatrix} a_{11} & a_{12} \\ a_{21} & a_{22} \end{pmatrix}$$

ist wie folgt definiert:

$$\det(A) = a_{11}a_{22} - a_{12}a_{21}.$$

Beispielsweise ist also

$$\det \begin{pmatrix} 2 & 1 \\ -1 & 3 \end{pmatrix} = 6 - (-1) = 7 \text{ und } \det \begin{pmatrix} 0 & 2 \\ 2 & -1 \end{pmatrix} = 0 - 4 = -4.$$

Ich denke, viel mehr muss ich hierzu nicht sagen, wenden wir uns lieber im wahrsten Sinne des Wortes größeren Aufgaben zu, nämlich der Determinantenberechnung bei beliebigen quadratischen Matrizen. Die Vorgehensweise ist rekursiv: Man führt die Berechnung einer n-reihigen Determinante zurück auf die Berechnung mehrerer $(n-1)$-reihiger Determinanten, deren Berechnung man wiederum zurückführt auf die Berechnung mehrerer $(n-2)$-reihiger Determinanten, usw. Das macht man so lange, bis man bei 2-reihigen Determinanten angekommen ist, und wie man die berechnet, haben wir in Definition 2.15 gesehen.

Wie man nun diese ominöse Zurückführung durchführt, wird in folgender Definition angegeben.

Definition 2.16

Gegeben sei die $(n \times n)$-Matrix

$$A = \begin{pmatrix} a_{11} & a_{12} & \cdots & \cdots & a_{1n} \\ a_{21} & a_{22} & \cdots & \cdots & a_{2n} \\ \cdots & \cdots & \cdots & \cdots & \cdots \\ \cdots & \cdots & \cdots & \cdots & \cdots \\ a_{n1} & a_{n2} & \cdots & \cdots & a_{nn} \end{pmatrix}.$$

Für alle Indizes i und j aus $\{1, 2, \ldots, n\}$ bezeichne A_{ij} diejenige Matrix, die aus A durch Streichung der i-ten Zeile und j-ten Spalte hervorgeht; die A_{ij} sind also $((n-1) \times (n-1))$-Matrizen.

Dann ist die Determinante von A wie folgt zu berechnen:

$$\det(A) = a_{11} \det(A_{11}) - a_{21} \det(A_{21}) \pm \cdots + (-1)^{n+1} a_{n1} \det(A_{n1})$$

In der von Studierenden oft ungeliebten, aber präzisen Summenschreibweise heißt das:

$$\det(A) = \sum_{i=1}^{n} (-1)^{i+1} a_{i1} \det(A_{i1}).$$

Man nimmt also nacheinander die Elemente a_{i1} der ersten Spalte, multipliziert sie mit der jeweiligen Determinante $\det(A_{i1})$ und addiert das Ganze, versehen mit wechselnden Vorzeichen, auf. Schon wieder etwas, was man umgangssprachlich nicht unbedingt mit dem Attribut „schön" belegen würde, aber was soll's, die Determinante ist eine ganz zentrale Größe in der linearen Algebra, da müssen wir gemeinsam durch, und die folgenden Beispiele werden die Sache klar machen.

Beispiel 2.21

a) Es sei

$$A = \begin{pmatrix} 1 & 3 & 4 \\ 2 & 0 & 1 \\ 3 & 1 & 2 \end{pmatrix}.$$

Ich identifiziere zunächst die Matrizen A_{i1} und berechne deren Determinanten: Es ist

$$A_{11} = \begin{pmatrix} 0 & 1 \\ 1 & 2 \end{pmatrix}, A_{21} = \begin{pmatrix} 3 & 4 \\ 1 & 2 \end{pmatrix} \text{ und } A_{31} = \begin{pmatrix} 3 & 4 \\ 0 & 1 \end{pmatrix},$$

also

$$\det(A_{11}) = -1, \det(A_{21}) = 2 \text{ und } \det(A_{31}) = 3.$$

Damit wird

$$\det(A) = 1 \cdot (-1) - 2 \cdot 2 + 3 \cdot 3 = 4.$$

b) Nun berechne ich die Determinante von

$$B = \begin{pmatrix} -1 & 0 & 2 \\ 0 & 3 & 2 \\ 3 & -1 & -2 \end{pmatrix},$$

wobei ich diesmal auf die explizite Nennung der „Streichungsmatrizen" verzichte und gleich deren Determinante berechne. Es ist

$$\det(B) = (-1) \cdot (-6+2) - 0 \cdot (0+2) + 3 \cdot (0-6) = 4 - 0 - 18 = -14.$$

c) Als erstes Beispiel einer (4 × 4)-Determinante betrachte ich die Matrix

$$C = \begin{pmatrix} 2 & 1 & 3 & 4 \\ 0 & 2 & 0 & 1 \\ 0 & 3 & 1 & 2 \\ -1 & -1 & 1 & 0 \end{pmatrix}.$$

Nach der Definition kann ich die Determinante dieser Matrix zunächst wie folgt umschreiben:

$$\det(C) = 2 \cdot \det \begin{pmatrix} 2 & 0 & 1 \\ 3 & 1 & 2 \\ -1 & 1 & 0 \end{pmatrix} - 0 \cdot \det \begin{pmatrix} 1 & 3 & 4 \\ 3 & 1 & 2 \\ -1 & 1 & 0 \end{pmatrix}$$

$$+ 0 \cdot \det \begin{pmatrix} 1 & 3 & 4 \\ 2 & 0 & 1 \\ -1 & 1 & 0 \end{pmatrix} - (-1) \cdot \det \begin{pmatrix} 1 & 3 & 4 \\ 2 & 0 & 1 \\ 3 & 1 & 2 \end{pmatrix}.$$

So hat man also eine vierreihige Determinante zunächst auf vier dreireihige zurückgeführt, wobei man sich hier um den zweiten und dritten Summanden gar nicht weiter kümmern muss, da beide gleich 0 sind. Die Werte der anderen beiden Determinanten sind 0 (bitte nachrechnen!) bzw. 4 (das war das erste Beispiel oben), so dass das Endergebnis lautet:

$$\det(C) = 2 \cdot 0 - (-1) \cdot 4 = 4 \qquad \blacktriangleleft$$

Übungsaufgabe 2.15

Berechnen Sie die Determinanten der folgenden Matrizen.

$$A = \begin{pmatrix} 1 & 4 & 17 \\ -1 & 9 & 13 \\ 0 & 26 & 7 \end{pmatrix}, \ B = \begin{pmatrix} 2 & 0 & 1 \\ 0 & 1 & 0 \\ 4 & 0 & 2 \end{pmatrix}, \ C = \begin{pmatrix} 5 & 7 & 1 & -1 \\ 0 & 1 & 4 & 17 \\ -2 & -1 & 9 & 13 \\ 0 & 0 & 26 & 7 \end{pmatrix}. \qquad \blacktriangleleft$$

Der Vollständigkeit halber muss ich Ihnen noch sagen, wie man die Determinante einer (1 × 1)-Matrix A berechnet; nun, eine solche Matrix ist ja einfach eine reelle Zahl, also $A = (a_{11})$, und die Determinante einer solchen Matrix ist einfach gleich dieser Zahl, also $\det(A) = a_{11}$. Mehr gibt es darüber nicht zu sagen, der einzige Fehler, den man hier machen kann – und genau den sollten Sie dann auch vermeiden –, ist, dass man nicht diese Zahl, sondern ihren Betrag nimmt. Aber das wäre, wie gesagt, falsch.

Möglicherweise haben Sie sich bei Definition 2.16 ja gewundert, warum man nun gerade nach der ersten Spalte entwickeln muss, denn diese ist ja in keiner Weise gegenüber den anderen Spalten ausgezeichnet. Nun tatsächlich muss man nicht unbedingt die erste

Spalte aussuchen, der nächste Satz, den man auch den Determinantenentwicklungssatz oder einfach Entwicklungssatz nennt, besagt, dass man nach jeder beliebigen Spalte und sogar nach jeder beliebigen Zeile entwickeln kann, das Ergebnis, also der Wert der Determinante, ist immer dasselbe.

Satz 2.9 (Entwicklungssatz)

Es sei A eine $(n \times n)$-Matrix und A_{ij} ihre Untermatrizen wie in Definition 2.16 bezeichnet. Dann gilt:

1) Ist j ein beliebiger fester Index aus der Menge $\{1, 2, ..., n\}$, so ist

$$\det(A) = \sum_{i=1}^{n} (-1)^{i+j} a_{ij} \det(A_{ij}).$$

Man nennt dies die Entwicklung nach der j-ten Spalte; für $j = 1$ ist dies gerade die Definition der Determinante.

2) Ist i ein beliebiger fester Index aus der Menge $\{1, 2, ..., n\}$, so ist

$$\det(A) = \sum_{j=1}^{n} (-1)^{i+j} a_{ij} \det(A_{ij}).$$

Man nennt dies die Entwicklung nach der i-ten Zeile.

Bemerkung

Da eine $(n \times n)$-Matrix n Spalten und n Zeilen hat, hat man also $2n$ verschiedene Möglichkeiten, die Determinante zu berechnen. Rein theoretisch ist es völlig egal, für welche man sich entscheidet, aber in der Praxis sollte man natürlich eine solche Zeile oder Spalte nehmen, die möglichst viele Nullen enthält. Das wirklich Erstaunliche hierbei ist, dass dabei jedesmal dasselbe Ergebnis herauskommt.

Beispiel 2.22

Ich berechne die Determinante aus Beispiel 2.21 a), indem ich nach der zweiten Zeile entwickle. Es ergibt sich

$$\det\begin{pmatrix} 1 & 3 & 4 \\ 2 & 0 & 1 \\ 3 & 1 & 2 \end{pmatrix} = (-1) \cdot 2 \cdot (6-4) + 0 \cdot (2-12) + (-1) \cdot 1 \cdot (1-9) = -4 + 8 = 4$$

in Übereinstimmung mit dem obigen Ergebnis.   ◄

Übungsaufgabe 2.16

Berechnen Sie die Determinante der Matrix aus Beispiel 2.22, indem Sie

a)   nach der dritten Spalte,
b)   nach der dritten Zeile entwickeln.   ◀

Berechnen Sie mit möglichst wenig Aufwand

$$\det \begin{pmatrix} 5 & 2 & 0 & -7 \\ -1 & 2 & 1 & 3 \\ 0 & 1 & 0 & -1 \\ -2 & 2 & 0 & 3 \end{pmatrix}.$$

◀

Für (3×3)-Determinanten (und – man kann es nicht oft genug betonen – *nur* für diese) gibt es noch eine recht effiziente Berechnungsmethode, die sogenannte Regel von Sarrus. Diese ist übrigens nicht nach einem alten Römer namens Sarrus benannt (was unter anderem daraus folgt, dass die Römer weder Matrizen noch Determinanten kannten), sondern nach dem französischen Mathematiker Pierre F. Sarrus (1798 bis 1861).

Satz 2.10
Für eine (3×3)-Matrix

$$A = \begin{pmatrix} a_{11} & a_{12} & a_{13} \\ a_{21} & a_{22} & a_{23} \\ a_{31} & a_{32} & a_{33} \end{pmatrix}$$

gilt:

$$\det(A) = a_{11} \cdot a_{22} \cdot a_{33} + a_{12} \cdot a_{23} \cdot a_{31} + a_{13} \cdot a_{21} \cdot a_{32}$$
$$- a_{31} \cdot a_{22} \cdot a_{13} - a_{32} \cdot a_{23} \cdot a_{11} - a_{33} \cdot a_{21} \cdot a_{12}.$$

Ich vermute, Ihre Begeisterung für diese Regel hält sich gerade in engen Grenzen, da sie in dieser Form wenig „effizient" aussieht. Das ändert sich aber, wenn Sie sich folgende grafische Veranschaulichung der Regel ansehen; ich schreibe dazu die ersten beiden Spalten der Matrix A nochmals rechts daneben und erhalte so das folgende Schema aus drei Zeilen und fünf Spalten:

$$\begin{array}{ccc|cc} a_{11} & a_{12} & a_{13} & a_{11} & a_{12} \\ a_{21} & a_{22} & a_{23} & a_{21} & a_{22} \\ a_{31} & a_{32} & a_{33} & a_{31} & a_{32} \end{array}$$

Die Regel von Sarrus besagt nun einfach, dass ich die Produkte aller Elemente auf den sechs möglichen Diagonalen – drei von links oben nach rechts unten, drei von links unten nach rechts oben – bilden und anschließend die drei erstgenannten addieren, die zweitgenannten subtrahieren muss.

Beispiel 2.23

Ich berechne nochmals die Determinanten aus Beispiel 2.21 a) und b); das erweiterte Schema der Matrix in a) lautet:

$$
\begin{array}{ccc|cc}
1 & 3 & 4 & 1 & 3 \\
2 & 0 & 1 & 2 & 0. \\
3 & 1 & 2 & 3 & 1
\end{array}
$$

Somit ergibt die Regel von Sarrus:

$$\det(A) = 0 + 9 + 8 - 0 - 1 - 12 = 4,$$

in Übereinstimmung mit obigem Ergebnis.

Das Schema der Matrix in Teil b) lautet

$$
\begin{array}{ccc|cc}
-1 & 0 & 2 & -1 & 0 \\
0 & 3 & 2 & 0 & 3, \\
3 & -1 & -2 & 3 & -1
\end{array}
$$

und die Regel von Sarrus ergibt

$$\det(B) = 6 + 0 + 0 - 18 - 2 = -14.$$

Auch dies deckt sich mit dem Ergebnis in Beispiel 2.21 b).   ◀

Ich denke, damit haben wir ausführlich genug darüber gesprochen, wie man Determinanten berechnet, und es wird Zeit, einige Eigenschaften der Determinante kennenzulernen und insbesondere zu erfahren, wozu sie verwendet werden kann.

2.4.2   Eigenschaften der Determinante

Die erste Eigenschaft erspart oft viel Arbeit bei der Berechnung von Determinanten:

Satz 2.11
Sind die Zeilen oder Spalten einer $(n \times n)$-Matrix A – aufgefasst als Vektoren des $\mathbb{R}^n$ – linear abhängig, so ist $\det(A) = 0$.

Bemerkung
Insbesondere ist also die Determinante einer Matrix gleich null, wenn zwei ihrer Reihen (Zeilen oder Spalten) proportional sind oder wenn sie eine komplette Nullreihe enthält.

Beispiel 2.24

Es sei

$$A = \begin{pmatrix} 3 & 1 & -2 \\ -4 & -2 & 3 \\ -1 & -1 & 1 \end{pmatrix}$$

Offenbar ist die letzte Zeile gerade die Summe der ersten beiden, somit sind die drei Zeilen linear abhängig. Und tatsächlich ist $\det(A) = 0$, wie Sie entweder mit dem Entwicklungssatz oder der Regel von Sarrus nachrechnen können. ◀

Satz 2.12
Die Determinante einer Matrix ändert sich nicht, wenn man die Matrix transponiert, es gilt also

$$\det(A) = \det(A^t).$$

Dieser Satz ist einer von der Sorte „ist doch klar, musste aber einmal hingeschrieben werden" und ist mir weder ein Beispiel noch einen formalen Beweis wert: Nach Satz 2.9 ergibt sich nämlich bei Entwicklung nach einer beliebigen Zeile und einer beliebigen Spalte stets dasselbe Ergebnis. Und da die Zeilen von A gerade identisch sind mit den Spalten von A^t, ist die Aussage von Satz 2.12 offensichtlich.

Auch der nächste Satz ist recht leicht einzusehen:

Satz 2.13
Es sei A eine (obere oder untere) Dreiecksmatrix, also

$$A = \begin{pmatrix} a_{11} & a_{12} & a_{13} & \cdots & a_{1n} \\ 0 & a_{22} & \cdots & \cdots & a_{2n} \\ \vdots & \ddots & \ddots & & \vdots \\ \vdots & & \ddots & \ddots & \vdots \\ 0 & 0 & \cdots & 0 & a_{nn} \end{pmatrix} \text{ oder } A = \begin{pmatrix} a_{11} & 0 & & \cdots & 0 \\ a_{21} & a_{22} & 0 & \cdots & 0 \\ \vdots & \ddots & \ddots & \ddots & \vdots \\ \vdots & & & \ddots & 0 \\ a_{n1} & a_{n2} & \cdots & \cdots & a_{nn} \end{pmatrix}.$$

Dann ist in beiden Fällen

$$\det(A) = a_{11} \cdot a_{22} \cdots a_{nn}.$$

Beweis Ich deute den Beweis für die obere Dreiecksmatrix an: Entwickelt man deren Determinante nach der ersten Spalte, ergibt sich

$$\det\left(A\right) = a_{11} \cdot \det \begin{pmatrix} a_{22} & a_{23} & a_{24} & \cdots & a_{2n} \\ 0 & a_{33} & \cdots & \cdots & a_{3n} \\ \vdots & \ddots & \ddots & & \vdots \\ \vdots & & \ddots & \ddots & \vdots \\ 0 & 0 & \cdots & 0 & a_{nn} \end{pmatrix}.$$

Die verbliebene Matrix ist wiederum eine obere Dreiecksmatrix, auch sie entwickle ich nach der ersten Spalte und erhalte insgesamt:

$$\det\left(A\right) = a_{11} \cdot a_{22} \cdot \det \begin{pmatrix} a_{33} & \cdots & \cdots & a_{3n} \\ \vdots & \ddots & & \vdots \\ \vdots & & \ddots & \vdots \\ 0 & \cdots & 0 & a_{nn} \end{pmatrix}.$$

Ich denke, Sie sehen nun schon, wie es weitergeht: Die verbliebene Matrix ist stets eine Dreiecksmatrix, und deren Determinante entwickelt man stets nach der ersten Spalte. Das ergibt die Aussage des Satzes für obere Dreiecksmatrizen, und diejenige für untere Dreiecksmatrizen folgt analog durch Entwicklung nach der letzten Spalte.

Bemerkungen

Der Satz erlaubt zwei wichtige Folgerungen:

1) Die Determinante einer Dreiecksmatrix ist genau dann ungleich null, wenn alle Elemente der Hauptdiagonalen ungleich null sind.
2) Da jede **Diagonalmatrix**

$$D = \begin{pmatrix} d_1 & 0 & 0 & \cdots & 0 \\ 0 & d_2 & 0 & \cdots & 0 \\ \vdots & \ddots & \ddots & \ddots & \vdots \\ \vdots & & \ddots & \ddots & 0 \\ 0 & 0 & \cdots & 0 & d_n \end{pmatrix}$$

auch eine Dreiecksmatrix ist, gilt auch für Diagonalmatrizen:

$$\det\left(D\right) = d_1 \cdot d_2 \cdots d_n.$$

Insbesondere gilt $\det(I_n) = 1$.

Eigentlich war das alles nur Vorgeplänkel für den folgenden Satz, der eine ganz zentrale Aussage der Determinantenrechnung darstellt. Er besagt, dass die Determinante eines Produkts gleich dem Produkt der Determinanten ist.

Noch irgendwelche Fragen, mein lieber Watson? Dann bitte:

Satz 2.14

Es seien A und B quadratische Matrizen gleicher Größe. Dann gilt:

$$\det(A \cdot B) = \det(A) \cdot \det(B).$$

So unscheinbar diese Aussage daherkommen mag, sie ist gewaltig, das kann ich Ihnen versichern. So sollten Sie sich beispielsweise darüber im Klaren sein, dass die beiden Multiplikationspunkte auf beiden Seiten dieser Gleichung völlig verschiedene Dinge sind: Links steht das Produkt zweier Matrizen, ein – wie Sie sich sicherlich erinnern – ziemlich aufwendiger Prozess, rechts dagegen steht die simple Multiplikation zweier reeller Zahlen.

Und mehr noch: Hier werden die Determinanten dreier verschiedener Matrizen miteinander kombiniert, und obwohl die Determinantenbildung selbst ein noch viel komplizierterer Prozess ist als die Matrizenmultiplikation, so ergibt sich doch auf beiden Seiten des Gleichheitszeichens dieselbe reelle Zahl.

Ein Beispiel für diese Aussage muss ich Ihnen natürlich auch noch geben.

Beispiel 2.25

Es seien

$$A = \begin{pmatrix} -1 & 2 & 0 \\ 1 & 0 & 3 \\ 0 & -1 & 2 \end{pmatrix} \text{ und } B = \begin{pmatrix} 0 & 2 & -3 \\ 2 & 0 & -2 \\ 0 & 1 & 1 \end{pmatrix}.$$

Dann ist

$$A \cdot B = \begin{pmatrix} 4 & -2 & -1 \\ 0 & 5 & 0 \\ -2 & 2 & 4 \end{pmatrix}.$$

Als Determinanten dieser drei Matrizen erhält man (bitte nachrechnen!):

$$\det(A) = -7, \det(B) = -10 \text{ und } \det(A \cdot B) = 70,$$

was wegen $(-7) \cdot (-10) = 70$ die Aussage des Satzes bestätigt. ◀

Übungsaufgabe 2.18

Gegeben seien die Matrizen

$$A = \begin{pmatrix} -11 & 8 & -2 \\ 6 & -4 & 1 \\ -7 & 5 & -1 \end{pmatrix} \text{ und } B = \begin{pmatrix} 1 & 2 & 0 \\ 1 & 3 & 1 \\ -2 & 1 & 4 \end{pmatrix}.$$

Berechnen Sie $\det(A \cdot B)$ auf zwei verschiedene Arten. ◀

Es gibt – gefühlt – mindestens noch 1000 weitere Sätze über Eigenschaften der Determinante, aber ich denke, man sollte aufhören, wenn es am schönsten ist; außerdem habe ich wie jeder Autor nur begrenzten Platz zur Verfügung und noch eine Menge anderer Themen zu behandeln. Ich stoppe daher hier und gehe dazu über, Ihnen die sogenannten definiten Matrizen vorzustellen, zu deren Definition man den Begriff der Determinante benötigt und die wir unter anderem in Kap. 10 dringend brauchen werden.

2.4.3 Definite Matrizen

Bevor Sie fragen: Nein, in der Überschrift fehlt kein „er", die Matrizen sind nicht „definiert", sondern „definit". Um diesen Begriff definieren (sic!) zu können, benötige ich zunächst noch einen anderen, nämlich den der Hauptminoren einer Matrix:

Definition 2.17

Es sei

$$A = \begin{pmatrix} a_{11} & a_{12} & \cdots & \cdots & a_{1n} \\ a_{21} & a_{22} & \cdots & \cdots & a_{2n} \\ \cdots & \cdots & \cdots & \cdots & \cdots \\ \cdots & \cdots & \cdots & \cdots & \cdots \\ a_{n1} & a_{n2} & \cdots & \cdots & a_{nn} \end{pmatrix}$$

eine $(n \times n)$-Matrix. Dann nennt man für $i = 1, 2, \ldots, n$ die Zahlen

$$H_i = \det \begin{pmatrix} a_{11} & a_{12} & \cdots & a_{1i} \\ a_{21} & a_{22} & \cdots & a_{2i} \\ \cdots & \cdots & \cdots & \cdots \\ a_{i1} & a_{i2} & \cdots & a_{ii} \end{pmatrix}$$

die (i-ten) **Hauptminoren** der Matrix A.

Man gewinnt den i-ten Hauptminor also, indem man in der Matrix A die letzten $(n - i)$ Spalten und $(n - i)$ Zeilen streicht und die Determinante der Restmatrix berechnet.

Beispiel 2.26

Es sei

$$A = \begin{pmatrix} 2 & -3 & 1 \\ 1 & 0 & -1 \\ 4 & -3 & 1 \end{pmatrix}.$$

Dann ist

$$H_1 = \det(2) = 2, \ H_2 = \det\begin{pmatrix} 2 & -3 \\ 1 & 0 \end{pmatrix} = 3$$

und

$$H_3 = \det\begin{pmatrix} 2 & -3 & 1 \\ 1 & 0 & -1 \\ 4 & -3 & 1 \end{pmatrix} = 6.$$

◀

Mithilfe dieses Begriffs kann man nun recht bequem definieren, was eine positiv bzw. negativ definite Matrix sein soll; ich möchte zuvor darauf hinweisen, dass die Definition dieser Begriffe „eigentlich" auf einem anderen Weg verläuft – man benutzt dabei entweder sogenannte quadratische Formen oder Eigenwerte der Matrix – und man erst später herausfindet, dass das, was ich gleich als Definition angeben werde, eine äquivalente Fassung des Begriffs ist. Da ich aber vermutlich ebenso wie Sie keine Notwendigkeit dafür sehe, hier quadratische Formen oder Eigenwerte zu untersuchen, mache ich mir diese Äquivalenz zunutze und formuliere die folgende Definition:

Definition 2.18

Eine quadratische Matrix A heißt **positiv definit**, wenn alle Hauptminoren H_1, H_2, ..., H_n positiv sind.

Eine quadratische Matrix A heißt **negativ definit**, wenn die Matrix $-A$ positiv definit ist.

Möglicherweise hatten Sie beim zweiten Teil der Definition erwartet, dass dort steht: „... wenn alle Hauptminoren negativ sind." Das wäre *nicht* richtig, wie folgendes Beispiel zeigt:

Beispiel 2.27

Es sei

$$A = \begin{pmatrix} -1 & -1 \\ -1 & -2 \end{pmatrix}.$$

Dann ist $H_1 = \det(-1) = -1$ und $H_2 = \det(A) = 2 - 1 = 1 > 0$. Es sind also hier nicht alle Hauptminoren negativ, denn H_2 ist positiv. Die Matrix A ist aber streng nach Definition 2.18 negativ definit, denn hier ist

$$-A = \begin{pmatrix} 1 & 1 \\ 1 & 2 \end{pmatrix},$$

und die beiden Hauptminoren dieser Matrix sind positiv – eine Aussage, deren Nachweis ich vertrauensvoll in Ihre Hände lege. ◀

Beispiel 2.28

a) Die Matrix A in Beispiel 2.26 ist positiv definit, denn alle drei Hauptminoren sind positiv.

b) Es sei

$$B = \begin{pmatrix} 0 & -1 & 1 & 2 \\ -2 & 1 & 3 & 2 \\ -1 & 1 & 3 & -4 \\ 1 & 0 & 2 & 2 \end{pmatrix}.$$

Fangen Sie bloß nicht an, hier irgendetwas zu berechnen: Da links oben eine 0 steht, ist der erste Hauptminor $H_1 = 0$. Die Matrix kann also nicht positiv definit sein, und da nach Übergang zur negativen Matrix oben links immer noch eine 0 steht, kann sie ebenso wenig negativ definit sein. Diese Matrix hat also keine der beiden Definitheitseigenschaften.

c) Die Matrix

$$C = \begin{pmatrix} -2 & 3 \\ -1 & 1 \end{pmatrix}$$

kann nicht positiv definit sein, da oben links eine negative Zahl steht. Möglicherweise ist sie aber negativ definit, daher untersuche ich nun

$$-C = \begin{pmatrix} 2 & -3 \\ 1 & -1 \end{pmatrix}.$$

Tatsächlich ist hier $H_1 = 2 > 0$ und $H_2 = \det(C) = -2 + 3 = 1 > 0$, die Matrix $-C$ ist also positiv definit, und somit ist die Matrix C selbst negativ definit. ◄

Übungsaufgabe 2.19

Prüfen sie die Definitheitseigenschaften der folgenden Matrizen:

a) $\quad A = \begin{pmatrix} 1 & -1 & 1 & 2 \\ -2 & 2 & 3 & 2 \\ -1 & 1 & 3 & -4 \\ 1 & 0 & 2 & 2 \end{pmatrix}.$

b) $\quad B = \begin{pmatrix} -3 & 1 & 2 \\ 0 & -1 & -2 \\ -2 & -1 & -3 \end{pmatrix}.$ ◄

Es folgen nun noch drei kurze Unterabschnitte, in denen wir sozusagen die Früchte der vorangegangenen Bemühungen ernten, denn hier wird die Determinantenrechnung erfolgreich angewendet auf einige Teilprobleme, die im Verlaufe dieses Kapitels bereits ange-sprochen wurden. Ich beginne mit einem sehr kompakten Kriterium für die Invertierbar-keit einer Matrix.

2.4.4 Invertierbarkeit von Matrizen

Satz 2.15 (Kriterium für Invertierbarkeit)
Eine quadratische Matrix ist genau dann invertierbar, wenn ihre Determinante un-gleich 0 ist.

Beispiel 2.29

Die Matrix

$$A = \begin{pmatrix} 1 & 2 \\ -1 & -1 \end{pmatrix}$$

stellte sich in Beispiel 2.19 a) als invertierbar heraus, und tatsächlich ist ihre Determi-nante $\det(A) = 1 \neq 0$. Dagegen wurde in Teil c) desselben Beispiels festgestellt, dass die Matrix

$$C = \begin{pmatrix} 1 & 2 & -3 \\ -2 & 0 & 1 \\ -1 & 2 & -2 \end{pmatrix}$$

nicht invertierbar ist, und tatsächlich gilt – mithilfe der Regel von Sarrus –

$$\det(C) = 0 - 2 + 12 - 0 - 2 - 8 = 0. \qquad \blacktriangleleft$$

Eine wichtige Folgerung aus Satz 2.14 ist die folgende Aussage, die ich eben ihrer Wichtigkeit wegen ebenfalls als Satz formuliere:

Satz 2.16
Ist die quadratische Matrix A invertierbar, so gilt

$$\det(A^{-1}) = \frac{1}{\det(A)}.$$

Beweis Wie eingangs schon gesagt folgt die Aussage aus Satz 2.14 und der Tatsache, dass $\det(I) = 1$ ist, denn es gilt:

$$1 = \det\left(I\right) = \det\left(A^{-1} \cdot A\right) = \det\left(A^{-1}\right) \cdot \det\left(A\right). \tag{2.20}$$

Da A als invertierbar vorausgesetzt wurde, gilt nach Satz 2.15 $\det(A) \neq 0$, daher darf man Gleichung (2.20) durch $\det(A)$ dividieren, was die Aussage des Satzes bereits liefert.

Beispiel 2.30

In Übungsaufgabe 2.13 hatten Sie – möglicherweise – als Inverse der Matrix

$$B = \begin{pmatrix} 2 & 0 & 1 \\ 1 & 2 & 1 \\ 0 & 1 & -1 \end{pmatrix}$$

berechnet:

$$B^{-1} = \begin{pmatrix} \dfrac{3}{5} & -\dfrac{1}{5} & \dfrac{2}{5} \\[2mm] -\dfrac{1}{5} & \dfrac{2}{5} & \dfrac{1}{5} \\[2mm] -\dfrac{1}{5} & \dfrac{2}{5} & -\dfrac{4}{5} \end{pmatrix}.$$

Für diese beiden Matrizen gilt: $\det(B) = -5$ und $\det(B^{-1}) = -\dfrac{1}{5}$, in Übereinstimmung mit der Aussage des Satzes.   ◀

Übungsaufgabe 2.20

Beweisen Sie folgende Aussage: Sind A und B quadratische Matrizen gleicher Größe, und ist B invertierbar, so gilt:

$$\det\left(B \cdot A \cdot B^{-1}\right) = \det\left(A\right). \quad ◀$$

2.4.5   Prüfung auf lineare Unabhängigkeit

In Abschn. 2.2 hatten wir uns mit der linearen Unabhängigkeit von Vektoren beschäftigt. Ich habe bereits die Aussage formuliert, dass eine Menge von k n-dimensionalen Vektoren immer linear abhängig ist, wenn $k > n$ ist. Im (sehr häufigen) Fall $k = n$ kann man nun das folgende Kriterium angeben:

Satz 2.17 (Determinantenkriterium für lineare Unabhängigkeit)
Es sei $\{x_1, x_2, \ldots, x_n\}$ eine Menge von n-dimensionalen Vektoren. Schreibt man diese Vektoren (als Spaltenvektoren) nebeneinander, so definiert das eine $(n \times n)$-Matrix A.

Dann gilt: Die Vektoren $\{x_1, x_2, \ldots, x_n\}$ sind genau dann linear unabhängig, wenn die Determinante dieser Matrix A ungleich 0 ist.

Beispiel 2.31

a) In Beispiel 2.11 a) hatten wir schon gesehen, dass die drei Vektoren

$$x_1 = \begin{pmatrix} 1 \\ 1 \\ 1 \end{pmatrix}, \; x_2 = \begin{pmatrix} 1 \\ -1 \\ 0 \end{pmatrix}, \; x_3 = \begin{pmatrix} 2 \\ 0 \\ 1 \end{pmatrix}$$

linear abhängig sind. Das neue Determinantenkriterium bestätigt dies, denn es ist

$$\det \begin{pmatrix} 1 & 1 & 2 \\ 1 & -1 & 0 \\ 1 & 0 & 1 \end{pmatrix} = 0.$$

b) Und nochmal recycle ich ein bekanntes Beispiel, diesmal Teil d) von Beispiel 2.11. Es handelt sich um die drei Vektoren

$$x_1 = \begin{pmatrix} 1 \\ -1 \\ 1 \end{pmatrix}, \; x_2 = \begin{pmatrix} 2 \\ 2 \\ 1 \end{pmatrix}, \; x_3 = \begin{pmatrix} 2 \\ 1 \\ 0 \end{pmatrix}. \tag{2.21}$$

Die hieraus zu bildende Matrix lautet

$$A = \begin{pmatrix} 1 & 2 & 2 \\ -1 & 2 & 1 \\ 1 & 1 & 0 \end{pmatrix}$$

und hat die Determinante $\det(A) = -5$. Die drei Vektoren in (2.21) sind also linear unabhängig. ◄

Ich denke, Sie stimmen zu, wenn ich sage, dass dieses Determinantenkriterium üblicherweise schneller zum Ziel führt als die Methode, die lineare Unabhängigkeit über die Lösung eines Gleichungssystems zu prüfen. Allerdings kann Ihnen niemand eine bestimmte Methode vorschreiben; wenn Sie lieber Gleichungssysteme lösen als Determinanten berechnen, dann bitte sehr.

Übungsaufgabe 2.21

Für welche Werte des reellen Parameters b sind die Vektoren

$$\mathbf{x}_1 = \begin{pmatrix} 0 \\ b \\ 1 \end{pmatrix}, \ \mathbf{x}_2 = \begin{pmatrix} -1 \\ 1 \\ 1 \end{pmatrix}, \ \mathbf{x}_3 = \begin{pmatrix} b \\ 1 \\ 1 \end{pmatrix}$$

linear unabhängig?   ◄

2.4.6   Die cramersche Regel

Ganz am Ende dieses recht langen Kapitels komme ich noch einmal auf das Anfangsthema zurück, die Lösung linearer Gleichungssysteme. Ich gebe ein Determinantenkriterium für die eindeutige Lösbarkeit eines quadratischen Systems an und gleichzeitig eine Möglichkeit, diese eindeutigen Lösungen mithilfe von Determinanten zu berechnen. Diese Berechnungsformel bezeichnet man nach dem Schweizer Mathematiker Gabriel Cramer (1704 bis 1752) als **cramersche Regel**.

Satz 2.18 (Cramersche Regel)
Das quadratische lineare Gleichungssystem

$$a_{11}x_1 + a_{12}x_2 + \cdots\cdots + a_{1n}x_n = b_1$$
$$a_{21}x_1 + a_{22}x_2 + \cdots\cdots + a_{2n}x_n = b_2$$
$$\cdots \quad\quad \cdots\cdots \quad \cdots\cdots\cdots$$
$$\cdots \quad\quad \cdots\cdots \quad \cdots\cdots\cdots$$
$$a_{n1}x_1 + a_{n2}x_2 + \cdots\cdots + a_{nn}x_n = b_n$$

ist genau dann eindeutig lösbar, wenn die Determinante der Koeffizientenmatrix

$$A = \begin{pmatrix} a_{11} & a_{12} & \cdots & \cdots & a_{1n} \\ a_{21} & a_{22} & \cdots & \cdots & a_{2n} \\ \cdots & \cdots & \cdots & \cdots & \cdots \\ \cdots & \cdots & \cdots & \cdots & \cdots \\ a_{n1} & a_{n2} & \cdots & \cdots & a_{nn} \end{pmatrix}$$

ungleich 0 ist: $\det(A) \neq 0$.

In diesem Fall kann man die Komponenten der Lösung wie folgt berechnen:

$$x_1 = \frac{1}{\det(A)} \cdot \det \begin{pmatrix} b_1 & a_{12} & \cdots & \cdots & a_{1n} \\ b_2 & a_{22} & \cdots & \cdots & a_{2n} \\ \cdots & \cdots & \cdots & \cdots & \cdots \\ \cdots & \cdots & \cdots & \cdots & \cdots \\ b_n & a_{n2} & \cdots & \cdots & a_{nn} \end{pmatrix},$$

$$x_2 = \frac{1}{\det(A)} \cdot \det \begin{pmatrix} a_{11} & b_1 & a_{13} & \cdots & a_{1n} \\ a_{21} & b_2 & a_{23} & \cdots & a_{2n} \\ \cdots & \cdots & \cdots & \cdots & \cdots \\ \cdots & \cdots & \cdots & \cdots & \cdots \\ a_{n1} & b_n & a_{n3} & \cdots & a_{nn} \end{pmatrix},$$

$$\vdots \qquad \vdots \qquad \vdots \qquad \vdots \qquad \vdots$$

$$x_n = \frac{1}{\det(A)} \cdot \det \begin{pmatrix} a_{11} & a_{12} & \cdots & \cdots & b_1 \\ a_{21} & a_{22} & \cdots & \cdots & b_2 \\ \cdots & \cdots & \cdots & \cdots & \cdots \\ \cdots & \cdots & \cdots & \cdots & \cdots \\ a_{n1} & a_{n2} & \cdots & \cdots & b_n \end{pmatrix}.$$

Man bestimmt die i-te Komponente x_i der Lösung also, indem man den Quotienten zweier Determinanten berechnet: im Nenner diejenige der Koeffizientenmatrix A, im Zähler diejenige der Matrix, bei der man ausgehend von A die i-Spalte durch die rechte Seite des Gleichungssystems ersetzt.

Das klingt komplizierter, als es ist, wie ich durch folgende Beispiele zeigen will; wie üblich bezeichne ich dabei im Falle kleiner Systeme die Variablen mit x, y und z.

Beispiel 2.32

a) Ich greife nochmals das einfache Eingangsbeispiel 2.1 auf, in dem es um einen Jungen geht, der Kekse und Lutscher kaufen will. Das zugehörige Gleichungssystem (2.1) lautete:

$$x + 2y = 1,90$$
$$3x + y = 1,20$$

Die Koeffizientenmatrix A lautet hier also

$$A = \begin{pmatrix} 1 & 2 \\ 3 & 1 \end{pmatrix}$$

und hat die Determinante $\det(A) = 1 - 6 = -5$. Somit weiß man also, auch ohne Beispiel 2.1 gelesen zu haben, dass das System eine eindeutige Lösung hat. Um diese zu berechnen, muss ich nun noch in der Matrix A zunächst die erste Spalte durch die rechte Seite des Systems ersetzen und die Determinante der resultierenden Matrix berechnen; es ergibt sich

$$x = \frac{1}{-5} \cdot \det \begin{pmatrix} 1{,}9 & 2 \\ 1{,}2 & 1 \end{pmatrix} = -\frac{1}{5} \cdot (1{,}9 - 2{,}4) = -\frac{1}{5} \cdot (-0{,}5) = 0{,}1.$$

Dieselbe Vorgehensweise ergibt dann

$$y = \frac{1}{-5} \cdot \det \begin{pmatrix} 1 & 1{,}9 \\ 3 & 1{,}2 \end{pmatrix} = -\frac{1}{5} \cdot (1{,}2 - 5{,}7) = -\frac{1}{5} \cdot (-4{,}5) = 0{,}9,$$

in Übereinstimmung mit Beispiel 2.1.

b) Gegeben sei das lineare Gleichungssystem

$$x + 2y - 5z = 3$$
$$2x - y + 4z = 0$$
$$3x + 2y - z = 0.$$

Dann ist

$$A = \begin{pmatrix} 1 & 2 & -5 \\ 2 & -1 & 4 \\ 3 & 2 & -1 \end{pmatrix},$$

also

$$\det(A) = 1 + 24 - 20 - 15 - 8 + 4 = -14,$$

wobei ich den Kollegen Sarrus zur Berechnung bemüht habe. Das System ist also eindeutig lösbar, und es ergeben sich folgende Werte der Lösung:

$$x = -\frac{1}{14} \cdot \det \begin{pmatrix} 3 & 2 & -5 \\ 0 & -1 & 4 \\ 0 & 2 & -1 \end{pmatrix} = \frac{3}{2},$$

$$y = -\frac{1}{14} \cdot \det \begin{pmatrix} 1 & 3 & -5 \\ 2 & 0 & 4 \\ 3 & 0 & -1 \end{pmatrix} = -3,$$

$$z = -\frac{1}{14} \cdot \det \begin{pmatrix} 1 & 2 & 3 \\ 2 & -1 & 0 \\ 3 & 2 & 0 \end{pmatrix} = -\frac{3}{2}.$$

◀

Übungsaufgabe 2.22

Prüfen Sie, ob die folgenden linearen Gleichungssysteme eindeutig lösbar sind; falls ja, geben Sie diese Lösung an.

a) $\quad x + y + z = 100$

$\quad\quad 3y + 2z = 180$

$\quad\quad x \quad + 2z = 95$

b) $\quad x + y - 5z = -10$

$\quad\quad 3x - 4y + z = \ 9$

$\quad\quad 4x - 3y - 4z = \ 0.$

◀

Analytische Geometrie

3

Übersicht

In Kap. 2 wurden Vektoren als schematische Anordnung von reellen Zahlen definiert. Das ist im Rahmen der Matrizenrechnung und bei der Behandlung von linearen Gleichungssystemen auch völlig richtig so. In diesem Kapitel werden nun mehr die geometrischen Aspekte von Vektoren und daraus gebildeten Objekten wie Geraden und Ebenen im Vordergrund stehen.

Wenngleich fast alles, was auf den folgenden Seiten behandelt wird, auch Gültigkeit im $\mathbb{R}^n$ für beliebiges $n \in \mathbb{N}$ hat, werde ich mich auf den dreidimensionalen Raum $\mathbb{R}^3$, also unseren natürlichen Lebens- und Vorstellungsraum, konzentrieren.

3.1 Vektoren im dreidimensionalen Raum und Produkte von Vektoren

Ein Vektor im geometrischen Sinne ist eine „gerichtete Strecke". Im Unterschied zu einer „gewöhnlichen"Strecke – die man wiederum als ein endliches Geradenstück definieren kann – muss man beim Vektor also noch dazu sagen, in welche Richtung er zeigt; das wiederum kann man tun, indem man seinen Anfangs- und seinen Endpunkt festlegt. Und damit komme ich nun endlich zur präzisen Definition des Begriffs Vektor im geometrischen Sinne. Es wird sich unmittelbar danach zeigen, dass die folgende Definition im Einklang steht mit Definition 2.3 (Abb. 3.1):

© Springer-Verlag GmbH Deutschland, ein Teil von Springer Nature 2020
G. Walz, *Mathematik für Hochschule und duales Studium*,
https://doi.org/10.1007/978-3-662-60506-6_3

Abb. 3.1 Vektor mit
Anfangspunkt A und
Endpunkt E

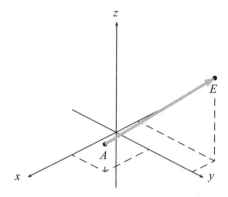

Sicherlich suchen Sie verzweifelt nach den Koordinaten, die ein Vektor nach den Ausführungen des vorangegangenen Kapitels haben muss; die kommen jetzt:

Beispiel 3.1

a) Es seien folgende Punkte gegeben:

$$A = \begin{pmatrix} 3 \\ 2 \\ -1 \end{pmatrix}, \quad B = \begin{pmatrix} 1 \\ -2 \\ 0 \end{pmatrix}, \quad C = \begin{pmatrix} -1 \\ 1 \\ 1 \end{pmatrix}.$$

Dann ist

$$\overrightarrow{AB} = \begin{pmatrix} -2 \\ -4 \\ 1 \end{pmatrix}, \overrightarrow{BC} = \begin{pmatrix} -2 \\ 3 \\ 1 \end{pmatrix}, \overrightarrow{AC} = \begin{pmatrix} -4 \\ -1 \\ 2 \end{pmatrix}.$$

b) Mit den Punkten

$$A = \begin{pmatrix} 3 \\ 2 \\ -1 \end{pmatrix}, B = \begin{pmatrix} 2 \\ 0 \\ 1 \end{pmatrix}, \quad C = \begin{pmatrix} 1 \\ -2 \\ 3 \end{pmatrix}$$

erhält man beispielsweise

$$\overrightarrow{AB} = \begin{pmatrix} -1 \\ -2 \\ 2 \end{pmatrix} \text{ und } \overrightarrow{BC} = \begin{pmatrix} -1 \\ -2 \\ 2 \end{pmatrix}.$$

◀

In Beispiel 3.1 b) ist Ihnen sicherlich aufgefallen, dass beide Vektoren identisch sind, obwohl sie nicht dieselben Anfangs- und Endpunkte haben. Das ist ganz typisch, denn ein Vektor ist stets ein **Repräsentant** einer ganzen Klasse von Vektoren, die in Länge und Richtung übereinstimmen.

Ein Repräsentant jeder Klasse ist immer ausgezeichnet, nämlich derjenige, dessen Anfangspunkt A gleich dem Nullpunkt $\mathbf{0}$ ist. In diesem Fall sind nämlich die Koordinaten des Vektors identisch mit denen des Endpunktes E, man bezeichnet diesen Vektor auch als **Ortsvektor** von E. Wichtig ist aber festzuhalten, dass ein Punkt im $\mathbb{R}^3$ und ein Vektor im $\mathbb{R}^3$ verschiedene Dinge sind, auch wenn die Koordinaten eines Punktes mit denen seines Ortsvektors übereinstimmen. Wenn nichts anderes gesagt wird, so meint man mit der Bezeichnung „Vektor" den Ortsvektor als Repräsentanten seiner Klasse.

Von besonderer Bedeutung sind die Vektoren, die auf einer der Koordinatenachsen liegen und die Länge 1 haben; solche Vektoren nennt man Einheitsvektoren:

Definition 3.2
Die drei Vektoren

$$\mathbf{e}_1 = \begin{pmatrix} 1 \\ 0 \\ 0 \end{pmatrix}, \mathbf{e}_2 = \begin{pmatrix} 0 \\ 1 \\ 0 \end{pmatrix}, \mathbf{e}_3 = \begin{pmatrix} 0 \\ 0 \\ 1 \end{pmatrix}$$

bezeichnet man als (dreidimensionale) **Einheitsvektoren** (vgl. Abb. 3.2).

Abb. 3.2 Einheitsvektoren im dreidimensionalen Raum

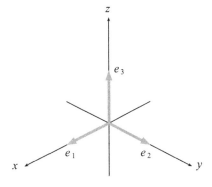

Bemerkung

Manchmal bezeichnet man auch beliebige Vektoren, die die Länge 1 haben, als Einheits-vektoren. In diesem Fall nennt man die gerade definierten Vektoren e_1, e_2, e_3 auch **kanonische Einheitsvektoren**.

Wie schon in Kap. 2 angedeutet kennt man verschiedene Arten von Vektorprodukten; in diesem Abschnitt stelle ich Ihnen die beiden am häufigsten auftretenden vor: das Skalarprodukt und das Kreuzprodukt. Welches der beiden im konkreten Fall benötigt wird, hängt unter anderem davon ab, ob man als Ergebnis eine reelle Zahl oder wieder einen Vektor haben möchte.

Das populärste Produkt zwischen Vektoren ist sicherlich das Skalarprodukt, dessen Ergebnis eine reelle Zahl ist. Getreu der geometrischen Zielsetzung dieses Kapitels definiere ich das Skalarprodukt für dreidimensionale Vektoren, es ist jedoch ohne Weiteres auch für n-dimensionale Vektoren mit $n \neq 3$ (in offensichtlicher Verallgemeinerung) definierbar:

Definition 3.3

Es seien

$$\mathbf{a} = \begin{pmatrix} a_1 \\ a_2 \\ a_3 \end{pmatrix} \text{ und } \mathbf{b} = \begin{pmatrix} b_1 \\ b_2 \\ b_3 \end{pmatrix}$$

dreidimensionale Vektoren. Als **Skalarprodukt** dieser beiden Vektoren bezeichnet man die reelle Zahl

$$\langle \mathbf{a}, \mathbf{b} \rangle = a_1 b_1 + a_2 b_2 + a_3 b_3.$$

Beispielsweise ist

$$\left\langle \begin{pmatrix} 1 \\ -1 \\ 2 \end{pmatrix}, \begin{pmatrix} 3 \\ 1 \\ 2 \end{pmatrix} \right\rangle = 3 - 1 + 4 = 6 \text{ und } \left\langle \begin{pmatrix} 0 \\ 2 \\ 1 \end{pmatrix}, \begin{pmatrix} 3 \\ -1 \\ 2 \end{pmatrix} \right\rangle = 0 - 2 + 2 = 0.$$

Nun ja. Das, was jetzt kommt, finde ich selbst offen gestanden ziemlich langweilig, aber es muss eben sein, damit Sie mit dem Skalarprodukt richtig umgehen können: einige Rechenregeln.

Satz 3.2 (Rechenregeln für das Skalarprodukt)

Es seien **a**, **b** und **c** Vektoren sowie r eine beliebige reelle Zahl. Dann gelten folgende Rechenregeln:

a) $\langle \mathbf{a}, \mathbf{b} \rangle = \langle \mathbf{b}, \mathbf{a} \rangle$.

Das Skalarprodukt ist also kommutativ.

b) $\langle r \cdot \mathbf{a}, \mathbf{b} \rangle = r \cdot \langle \mathbf{a}, \mathbf{b} \rangle$.

c) $\langle \mathbf{a}, \mathbf{b} + \mathbf{c} \rangle = \langle \mathbf{a}, \mathbf{b} \rangle + \langle \mathbf{a}, \mathbf{c} \rangle$.

Das Skalarprodukt ist also linear.

Da wir in diesem Kapitel wie eingangs gesagt immer mit einer geometrischen Vorstellung an die Vektoren herangehen sollten, ist es sinnvoll, danach zu fragen, ob zwei gegebene Vektoren (genauer gesagt ihre Repräsentanten) senkrecht aufeinander stehen, also den Winkel 90° bzw. $\frac{\pi}{2}$ einschließen. Mithilfe des Skalarprodukts kann man diese Frage präzise beantworten:

Satz 3.3

Zwei vom Nullvektor verschiedene Vektoren $\mathbf{a}$ und $\mathbf{b}$ stehen genau dann senkrecht aufeinander, wenn gilt:

$$\langle \mathbf{a}, \mathbf{b} \rangle = 0.$$

Beispiel 3.2

a) Die Vektoren

$$\begin{pmatrix} 1 \\ 1 \\ 0 \end{pmatrix} \text{ und } \begin{pmatrix} 0 \\ 0 \\ 1 \end{pmatrix}$$

haben das Skalarprodukt 0, gemäß der Aussage von Satz 3.3 stehen sie also senkrecht aufeinander. Das deckt sich auch hervorragend mit der anschaulichen geometrischen Vorstellung, denn der erste Vektor liegt komplett in der x-y-Ebene, während der zweite auf der z-Achse verläuft und somit senkrecht auf der x-y-Ebene steht.

b) Es gilt ebenso

$$\left\langle \begin{pmatrix} -1 \\ 3 \\ 4 \end{pmatrix}, \begin{pmatrix} -2 \\ -2 \\ 1 \end{pmatrix} \right\rangle = 0,$$

das heißt, auch diese beiden Vektoren stehen senkrecht aufeinander. Dies wiederum kann man nicht mit bloßem Auge erkennen – Sie können ja einmal an einem langen Winterabend ein Drahtmodell basteln, um sich die Lage zu veranschaulichen –, sondern man muss (und kann) der Aussage des Satzes vertrauen. Und gerade das zeigt seine Stärke! ◄

Übungsaufgabe 3.1

Gegeben seien die drei Vektoren

$$\mathbf{a} = \begin{pmatrix} -1 \\ 1 \\ 1 \end{pmatrix}, \mathbf{b} = \begin{pmatrix} 2 \\ 1 \\ 3 \end{pmatrix}, \mathbf{c} = \begin{pmatrix} -1 \\ -1 \\ 1 \end{pmatrix}.$$

Berechnen Sie alle drei Skalarprodukte dieser drei Vektoren untereinander. Welche stehen senkrecht aufeinander? ◀

Eine wichtige Verallgemeinerung von Satz 3.3 gibt der nachfolgende Satz 3.4 an. Um diesen wiederum formulieren zu können, benötigt man noch den Begriff des Betrags eines Vektors. In völliger Analogie zum Betrag einer komplexen Zahl definiert man:

Definition 3.4

Als **Betrag** oder **Länge** des Vektors

$$\mathbf{a} = \begin{pmatrix} a_1 \\ a_2 \\ a_3 \end{pmatrix}$$

bezeichnet man die reelle Zahl

$$|\mathbf{a}| = \sqrt{a_1^2 + a_2^2 + a_3^2}.$$

Das ist einfach nur der gute alte Pythagoras. Beispielsweise hat ein Einheitsvektor stets den Betrag 1: $|\mathbf{e}_i| = 1$ für i=1,2,3. Mit dieser Begrifflichkeit bewaffnet kann ich nun den folgenden Satz formulieren:

Satz 3.4

Es seien **a** und **b** zwei vom Nullvektor verschiedene Vektoren. Den Winkel α, unter dem sich diese schneiden, kann man wie folgt berechnen:

$$\cos(\alpha) = \frac{\langle \mathbf{a}, \mathbf{b} \rangle}{|\mathbf{a}| \cdot |\mathbf{b}|}. \tag{3.1}$$

Warum stellt dieser Satz nun einer Verallgemeinerung von Satz 3.3 dar? Nun, weil aus $\langle \mathbf{a}, \mathbf{b} \rangle = 0$ gemäß (3.1) folgt, dass $\cos(\alpha) = 0$ ist, und das wiederum heißt, dass die beiden Vektoren senkrecht aufeinander stehen.

Übungsaufgabe 3.2

Unter welchem Winkel schneiden sich die Vektoren

$$\mathbf{a} = \begin{pmatrix} 0 \\ 1 \\ 0 \end{pmatrix} \text{ und } \mathbf{b} = \begin{pmatrix} 0 \\ 3 \\ -4 \end{pmatrix}?$$

◀

So viel zunächst zum Skalarprodukt; der Name kommt übrigens daher, dass man die reellen Zahlen, aus denen unsere Vektoren ja aufgebaut sind, manchmal auch als Skalare bezeichnet (nicht zu verwechseln mit den gleichnamigen Aquarienfischen), und das Ergebnis eines Skalarprodukts ist eben ein solcher „Skalar".

Folgerichtig bezeichnet man das nächste zu behandelnde Produkt als Vektorprodukt, denn hier ist das Ergebnis ein Vektor. Wenn man will, kann man das Vektorprodukt, wie auch das Skalarprodukt übrigens physikalisch interpretieren, aber wollen wir das wirklich? Ich denke, nein, gehen wir lieber direkt zur Definition über.

Definition 3.5
Das **Vektorprodukt a × b** der beiden Vektoren

$$\mathbf{a} = \begin{pmatrix} a_1 \\ a_2 \\ a_3 \end{pmatrix} \text{und } \mathbf{b} = \begin{pmatrix} b_1 \\ b_2 \\ b_3 \end{pmatrix}$$

ist der Vektor

$$\mathbf{a} \times \mathbf{b} = \begin{pmatrix} a_2 b_3 - a_3 b_2 \\ a_3 b_1 - a_1 b_3 \\ a_1 b_2 - a_2 b_1 \end{pmatrix}.$$

Bemerkungen

1) Im Gegensatz zum Skalarprodukt existiert das Vektorprodukt nur im $\mathbb{R}^3$, es gibt also kein Vektorprodukt im $\mathbb{R}^n$ mit $n > 3$.

2) Für das Vektorprodukt existieren in der Literatur auch andere Bezeichnungen, beispielsweise „Kreuzprodukt", „vektorielles Produkt" oder „äußeres Produkt". Ich kann's nicht ändern, das ist historisch bedingt und die Freiheit jedes Autors, Sie müssen also, falls Sie ein anderes Buch als dieses hier lesen, die Definition des Begriffs genau anschauen.

Beispiel 3.3

Als erstes Beispiel berechne ich das Vektorprodukt der beiden Vektoren

$$\mathbf{a} = \begin{pmatrix} 2 \\ -1 \\ 2 \end{pmatrix} \text{ und } \mathbf{b} = \begin{pmatrix} 3 \\ 2 \\ 6 \end{pmatrix};$$

es ergibt sich

$$\mathbf{a} \times \mathbf{b} = \begin{pmatrix} -1 \cdot 6 - 2 \cdot 2 \\ 2 \cdot 3 - 2 \cdot 6 \\ 2 \cdot 2 - (-1) \cdot 3 \end{pmatrix} = \begin{pmatrix} -10 \\ -6 \\ 7 \end{pmatrix}.$$

◀

Auch für das Vektorprodukt gibt es natürlich ein paar Rechenregeln, die ich Ihnen nicht vorenthalten will:

Satz 3.5 (Rechenregeln für das Vektorprodukt)
Es seien $\mathbf{a}$, $\mathbf{b}$ und $\mathbf{c}$ Vektoren und r eine reelle Zahl. Dann gelten folgende Rechenregeln:

a) $\mathbf{a} \times \mathbf{b} = -\mathbf{b} \times \mathbf{a}$.   (3.2)

Das Vektorprodukt ist also nicht kommutativ; gelegentlich nennt man die Eigenschaft (3.2) auch Antikommutativität.

b) $(r \cdot \mathbf{a}) \times \mathbf{b} = \mathbf{a} \times (r \cdot \mathbf{b}) = r \cdot (\mathbf{a} \times \mathbf{b})$.

c) $\mathbf{a} \times (\mathbf{b} + \mathbf{c}) = \mathbf{a} \times \mathbf{b} + \mathbf{a} \times \mathbf{c}$.

Den Nachweis dieser Regeln führt man am besten „zu Fuß", indem man die jeweiligen Terme auf beiden Seiten der Gleichung nach Definition des Vektorprodukts berechnet. Ich möchte Sie (und mich) offen gestanden weder damit noch mit Beispielen zu den Rechenregeln aufhalten, da das Vektorprodukt nur noch an einer einzigen Stelle in diesem Buch auftauchen wird und dabei auch keine Rechenregeln benötigt werden.

Sehr wohl benötigt wird allerdings die folgende wichtige Eigenschaft:

Satz 3.6
Es seien $\mathbf{a}$ und $\mathbf{b}$ vom Nullvektor $\mathbf{0}$ verschiedene Vektoren und $\mathbf{c} = \mathbf{a} \times \mathbf{b}$. Dann gilt:

a) Sind $\mathbf{a}$ und $\mathbf{b}$ parallel, gilt also $\mathbf{a} = \lambda \mathbf{b}$ mit einem $\lambda \in \mathbb{R}$, so ist $\mathbf{c} = \mathbf{0}$.

b) Sind $\mathbf{a}$ und $\mathbf{b}$ nicht parallel, so steht der Vektor $\mathbf{c}$ senkrecht auf $\mathbf{a}$ und auf $\mathbf{b}$.

Beispiel 3.4

Ich greife nochmals die Vektoren

$$\mathbf{a} = \begin{pmatrix} 2 \\ -1 \\ 2 \end{pmatrix} \text{ und } \mathbf{b} = \begin{pmatrix} 3 \\ 2 \\ 6 \end{pmatrix}$$

aus Beispiel 3.3 auf. Sicherlich sind sie nicht parallel, und folgerichtig ist ihr Vektorprodukt

$$\mathbf{a} \times \mathbf{b} = \begin{pmatrix} -10 \\ -6 \\ 7 \end{pmatrix}$$

nicht der Nullvektor. Berechnet man aber das Skalarprodukt dieses Ergebnisses mit **a** und mit **b**, so ergibt sich beide Male der Wert 0, was beweist, dass **a** × **b** auf beiden senkrecht steht. ◄

Übungsaufgabe 3.3

Gegeben seien die Vektoren

$$\mathbf{a} = \begin{pmatrix} 2 \\ 2 \\ -1 \end{pmatrix}, \mathbf{b} = \begin{pmatrix} 1 \\ 6 \\ -3 \end{pmatrix} \text{ und } \mathbf{c} = \begin{pmatrix} -6 \\ -6 \\ 3 \end{pmatrix}.$$

Berechnen Sie die Produkte

$$\mathbf{a} \times \mathbf{b}, \mathbf{b} \times \mathbf{c} \text{ und } \mathbf{a} \times \mathbf{c}.$$ ◄

Damit will ich es mit den Vorbemerkungen über Vektoren im Raum auch schon bewenden lassen und komme zum zentralen Thema dieses Kapitels, nämlich der Behandlung von Geraden und Ebenen.

3.2 Geraden und Ebenen im Raum

3.2.1 Darstellungsformen für Geraden und Ebenen

Ob Sie's glauben oder nicht, aber ich will tatsächlich zunächst einmal definieren, was eine Gerade ist (Abb. 3.3):

Abb. 3.3 Gerade im Raum

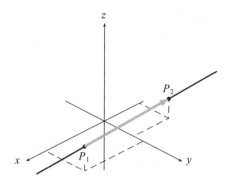

Definition 3.6

Es seien P_1 und P_2 zwei verschiedene Punkte im $\mathbb{R}^3$. Dann gibt es eine eindeutig bestimmte Gerade g, die durch diese beiden Punkte verläuft. Es gilt:

$$g = \left\{ \mathbf{x} \in \mathbb{R}^3; \mathbf{x} = P_1 + t \cdot \left(P_2 - P_1 \right) \text{ für } t \in \mathbb{R} \right\}. \tag{3.3}$$

Man nennt dies die **Parameterform** der Geradengleichung.

Ganz ähnlich wie bei der Mengenlehre zu Beginn des ersten Kapitels ist es auch hier: dieDefinitionen der grundlegenden Dinge sind die schwierigsten. Daher ein paar erläuternde Bemerkungen.

Bemerkungen

1) Der Term $(P_2 - P_1)$ ist ein Vektor, nämlich der Verbindungsvektor von P_1 und P_2. Man bezeichnet ihn als den **Richtungsvektor** der Geraden. Praktisch berechnet man ihn, indem man die Koordinaten von P_1 von denen von P_2 abzieht.

2) Die Formulierung „für $t \in \mathbb{R}$" bedeutet, dass man die gesamte Gerade erhält, indem t die gesamten reellen Zahlen durchläuft. Umgekehrt liefert das Einsetzen jeder einzelnen reellen Zahl für t einen Punkt auf der Geraden.

3) Meist lässt man beim praktischen Rechnen den ganzen mengentheoretischen Überbau weg und schreibt anstelle von (3.3) kurz:

$$g : \mathbf{x} = P_1 + t \cdot \left(P_2 - P_1 \right). \tag{3.4}$$

Auch ich werde das von jetzt ab tun.

Beispiel 3.5

Die Gerade durch die beiden Punkte

$$P_1 = \begin{pmatrix} -1 \\ 1 \\ -1 \end{pmatrix} \text{ und } P_2 = \begin{pmatrix} 2 \\ 3 \\ 4 \end{pmatrix}$$

hat die Gleichung

$$g : \mathbf{x} = \begin{pmatrix} -1 \\ 1 \\ -1 \end{pmatrix} + t \cdot \begin{pmatrix} 3 \\ 2 \\ 5 \end{pmatrix}. \tag{3.5}$$

Für $t = 0$ erhält man gerade den Punkt P_1, für $t = 1$ den Punkt P_2 zurück. Einsetzen der (willkürlich gewählten) Parameterwerte $t = -1, 2$ und 10 liefert in dieser Reihenfolge die Geradenpunkte

$$\begin{pmatrix} -4 \\ -1 \\ -6 \end{pmatrix}, \begin{pmatrix} 5 \\ 5 \\ 9 \end{pmatrix} \text{ und } \begin{pmatrix} 29 \\ 21 \\ 49 \end{pmatrix}.$$

Dagegen liegt der Nullpunkt *nicht* auf dieser Geraden, denn hierfür müsste es ein $t \in \mathbb{R}$ geben, so dass alle drei Komponenten gleichzeitig 0 werden. Aus der ersten Zeile ergibt sich dadurch $-1 + 3t = 0$, also $t = \dfrac{1}{3}$. Für diesen Wert von t werden aber weder die zweite noch die dritte Komponente null. ◄

Der Richtungsvektor einer Geraden ist übrigens nicht eindeutig (weshalb man streng genommen auch niemals von *der*, sondern immer nur von *einer* Geradengleichung reden sollte), vielmehr kann er mit beliebigen Konstanten ungleich 0 multipliziert werden. Beispielsweise könnte man in (3.5) auch den (-2)-fachen Richtungvektor verwenden, also schreiben:

$$g : \mathbf{x} = \begin{pmatrix} -1 \\ 1 \\ -1 \end{pmatrix} + \overline{t} \cdot \begin{pmatrix} -6 \\ -4 \\ -10 \end{pmatrix}. \tag{3.6}$$

Die im Beispiel angegebenen Punkte erhält man dann durch die Wahl $\overline{t} = \dfrac{1}{2}, -1$ und -5. Ebenso kann man als „Aufpunkt" P_1 jeden beliebigen Punkt auf der Geraden verwenden.

Übungsaufgabe 3.4

Gegeben seien die Punkte

$$P_1 = \begin{pmatrix} 0 \\ -1 \\ 2 \end{pmatrix}, P_2 = \begin{pmatrix} 3 \\ 4 \\ -1 \end{pmatrix}, Q_1 = \begin{pmatrix} -6 \\ -11 \\ 8 \end{pmatrix}, Q_2 = \begin{pmatrix} 3 \\ 4 \\ 1 \end{pmatrix}.$$

a) Bestimmen Sie die Gleichung der Geraden durch P_1 und P_2.
b) Prüfen Sie, ob die Punkte Q_1 und Q_2 auf dieser Geraden liegen. ◄

Auf Dauer sind Geraden allein ziemlich langweilige Objekte; wenden wir uns daher gleich im wahrsten Sinne des Wortes größeren Dingen zu, nämlich den Ebenen (Abb. 3.4):

Abb. 3.4 Ebene in
Parameterform

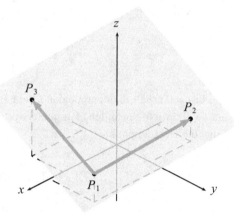

Definition 3.7
Es seien P_1, P_2 und P_3 drei verschiedene Punkte im $\mathbb{R}^3$, die nicht auf einer gemeinsamen Geraden liegen. Dann gibt es eine eindeutig bestimmte Ebene E, die diese drei Punkte enthält. Es gilt:

$$E = \left\{ \mathbf{x} \in \mathbb{R}^3; \, \mathbf{x} = P_1 + t \cdot \left(P_2 - P_1 \right) + s \cdot \left(P_3 - P_1 \right) \text{für } t; \, s \in \mathbb{R} \right\}. \qquad (3.7)$$

Man nennt dies die **Parameterform** der Ebenengleichung.

Zugegeben: Hier habe ich mit Copy-and-Paste gearbeitet und Definition 3.3 übertragen. Dasselbe hätte ich auch mit der daran anschließenden Bemerkung machen können, aber das war mir dann doch zu läppisch; stattdessen bitte ich Sie, diese Bemerkung nochmals im Hinblick auf die gerade definierte Ebenengleichung anzuschauen.

Eine Erläuterung noch zur Voraussetzung, dass die drei Punkte nicht auf einer gemeinsamen Geraden liegen sollen: Dies ist notwendig und hinreichend dafür, dass die Ebene eindeutig ist. Im Alltagsleben bewirkt das beispielsweise, dass ein dreibeiniger Tisch nicht wackelt, jedenfalls solange die drei Beine nicht in einer geraden Linie angeordnet sind, was bei Tischen nach meiner Erfahrung eher selten vorkommt.

Ich denke, dass ich Ihnen nun gleich ohne eigene Beispiele eine Übungsaufgabe zu diesem Thema zumuten kann.

Übungsaufgabe 3.5

a)   Geben Sie eine Gleichung der Ebene an, die die Punkte

$$P_1 = \begin{pmatrix} 1 \\ 0 \\ 0 \end{pmatrix}, P_2 = \begin{pmatrix} 0 \\ 1 \\ 0 \end{pmatrix}, P_3 = \begin{pmatrix} 0 \\ 0 \\ 1 \end{pmatrix}$$

enthält.

b) Begründen Sie, warum die vier Punkte P_1, P_2, Q_1 und Q_2 aus Übungsaufgabe 3.4 in
    einer gemeinsamen Ebene liegen, und geben Sie eine Gleichung dieser Ebene an. ◄

Die bisher angegebenen Darstellungen von Gerade und Ebene nennt man Parameterform, weil sie Parameter s und t enthalten. Für Ebenen gibt es noch eine andere prominente Darstellung, die keine Parameter enthält, und die man daher – nicht sehr phantasie-
voll, aber einleuchtend – parameterfreie Form nennt.

Definition 3.8
Es seien a, b, c und D feste reelle Zahlen. Dann stellt die Menge

$$E = \left\{ \begin{pmatrix} x \\ y \\ z \end{pmatrix} \in \mathbb{R}^3; \, ax + by + cz = D \right\} \tag{3.8}$$

eine Ebene im $\mathbb{R}^3$ dar. Man nennt (3.8) die **parameterfreie Form** der Ebenengleichung (Abb. 3.5).

Fast schon unnötig zu sagen, dass man auch hier die Mengenschreibweise sehr bald
weglässt und einfach schreibt:

$$E : ax + by + cz = D. \tag{3.9}$$

Ein erstes, ziemlich dürftiges Beispiel kann ich Ihnen schon jetzt geben und anschaulich erläutern. Ich betrachte die Gleichung

$$E : z = 1.$$

Abb. 3.5 Ebene mit
Normalenvektor

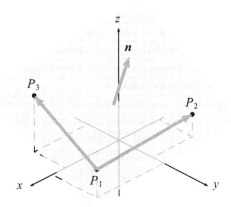

Dies ist eine Ebenengleichung in parameterfreier Form, denn sie hat die geforderte Gestalt mit $a = b = 0$ und $c = D = 1$. Auf dieser Ebene versammeln sich alle Punkte des $\mathbb{R}^3$, deren dritte Koordinate 1 ist, während die ersten beiden Koordinaten beliebige Werte annehmen können. Es handelt sich anschaulich um die Ebene, die in der Höhe 1 über der *x*-*y*-Ebene schwebt.

Um anspruchsvollere Ebenen in parameterfreier Form beschreiben zu können, braucht man nun eine Methode, um eine (beispielsweise) in Parameterform gegebene Ebene in die parameterfreie Form umschreiben zu können. Hierzu verhilft folgender Satz:

Satz 3.7

Gegeben sei eine Ebene E. Ist dann $\mathbf{n} = \begin{pmatrix} n_1 \\ n_2 \\ n_3 \end{pmatrix}$ ein beliebiger Vektor, der senkrecht auf

der Ebene steht – man nennt einen solchen Vektor auch einen **Normalenvektor**, daher die Bezeichnung $\mathbf{n}$ –, sowie P der Ortsvektor eines beliebigen fest gewählten Punktes auf E, so gilt:

$$E = \left\{ \begin{pmatrix} x \\ y \\ x \end{pmatrix} \in \mathbb{R}^3;\ n_1 x + n_2 y + n_3 z = \langle \mathbf{n}, P \rangle \right\}. \tag{3.10}$$

Wenn Sie nun (3.8) mit (3.10) vergleichen, sehen Sie, wie man sich die parameterfreie Form einer Ebene verschaffen kann: Man muss nur einen Vektor $\mathbf{n}$ konstruieren, der senkrecht auf der Ebene steht, und einen Punkt P finden, der auf der Ebene liegt. Dann schreibt man die Komponenten des Vektors als Koeffizienten der parameterfreien Gleichung auf die linke Seite und auf die rechte Seite das Skalarprodukt des Punktes P (genauer gesagt seines Ortsvektors) mit $\mathbf{n}$. Einen Punkt auf der Ebene zu finden dürfte kein Problem sein, die Auswahl ist im wahrsten Sinne des Wortes unendlich groß, aber wie konstruiert man einen Normalenvektor? Nun, hierfür erinnert man sich an das Vektorprodukt, insbesondere an die in Satz 3.6 formulierte Tatsache, dass es einen Vektor liefert, der senkrecht steht auf beiden Faktoren des Produkts. Nimmt man nämlich jetzt als Faktoren gerade die beiden Richtungsvektoren der Ebene, so steht das Produkt senkrecht auf diesen beiden und somit auf der Ebene.

Haben Sie den gesamten letzten Absatz verstanden? Ehrlich gesagt habe ich ihn gerade noch einmal durchgelesen und nur mit Mühe verstanden – und das, obwohl ich ihn vor wenigen Minuten selbst geschrieben habe! Ich denke, es wird gut sein, diesen Absatz zwar zum späteren Nachlesen stehen zu lassen (täte mir auch in der Seele weh, das alles jetzt wieder zu löschen), aber die Vorgehensweise nochmals algorithmisch aufzuschreiben.

Berechnung der parameterfreien Form einer Ebene
Gegeben sei eine Ebene E in Parameterform:

$$E : \mathbf{x} = P_1 + t \cdot (P_2 - P_1) + s \cdot (P_3 - P_1) = \mathbf{x} = P_1 + t \cdot \mathbf{u} + s \cdot \mathbf{v}.$$

- Man berechnet das Vektorprodukt $\mathbf{n}$ der beiden Richtungsvektoren: $\mathbf{n} = \mathbf{u} \times \mathbf{v}$.
- Man berechnet das Skalarprodukt $D = \langle \mathbf{n}, P_1 \rangle$.
- Bezeichnet man die drei Komponenten von $\mathbf{n}$ mit a, b, und c, so lautet die gesuchte Ebenengleichung in parameterfreier Form:

$$ax + by + cz = D.$$

Ich weiß, hier müssen dringend Beispiele her; und die kommen ja auch schon:

Beispiel 3.6

a) Gegeben sei die Ebene

$$E : \begin{pmatrix} 1 \\ 1 \\ 4 \end{pmatrix} + t \cdot \begin{pmatrix} -1 \\ 0 \\ 2 \end{pmatrix} + s \cdot \begin{pmatrix} 1 \\ -1 \\ 5 \end{pmatrix}. \tag{3.11}$$

Das Vektorprodukt der beiden Richtungsvektoren lautet

$$\mathbf{n} = \begin{pmatrix} -1 \\ 0 \\ 2 \end{pmatrix} \times \begin{pmatrix} 1 \\ -1 \\ 5 \end{pmatrix} = \begin{pmatrix} 2 \\ 7 \\ 1 \end{pmatrix},$$

das Skalarprodukt des Aufpunktes P_1 mit diesem Vektor ist

$$\left\langle \begin{pmatrix} 1 \\ 1 \\ 4 \end{pmatrix}, \begin{pmatrix} 2 \\ 7 \\ 1 \end{pmatrix} \right\rangle = 13.$$

Somit lautet die gesuchte Ebenengleichung:

$$E : 2x + 7y + z = 13. \tag{3.12}$$

Man kann das übrigens recht leicht testen, indem man durch Einsetzen verschiedener Parameterwerte in (3.11) einige Ebenenpunkte berechnet und deren Koordinaten dann wiederum in (3.12) einsetzt.

b) Im zweiten Beispiel werde ich mich ein wenig kürzer fassen; gegeben ist die Ebene

$$E : \begin{pmatrix} 1 \\ 0 \\ -1 \end{pmatrix} + t \cdot \begin{pmatrix} 1 \\ 0 \\ 1 \end{pmatrix} + s \cdot \begin{pmatrix} 0 \\ 1 \\ 0 \end{pmatrix}. \tag{3.13}$$

Man berechnet nun

$$\mathbf{n} = \begin{pmatrix} -1 \\ 0 \\ 1 \end{pmatrix} \text{ und } \left\langle \begin{pmatrix} -1 \\ 0 \\ 1 \end{pmatrix}, \begin{pmatrix} 1 \\ 0 \\ -1 \end{pmatrix} \right\rangle = -2.$$

Somit lautet die gesuchte Ebenengleichung:

$$E : -x + z = -2. \tag{3.14}$$

◄

Nun sind Sie dran:

Übungsaufgabe 3.6

Geben Sie die parameterfreie Form der Ebene

$$E : \begin{pmatrix} 2 \\ 1 \\ 0 \end{pmatrix} + t \cdot \begin{pmatrix} 1 \\ 2 \\ 0 \end{pmatrix} + s \cdot \begin{pmatrix} -1 \\ 0 \\ 2 \end{pmatrix}$$

an.   ◄

Zum Abschluss dieses Unterabschnitts noch ein paar Anmerkungen zur umgekehrten Aufgabenstellung: Gegeben sei eine Ebene in parameterfreier Form, wie ermittelt man daraus die Parameterform? Nun, in der Literatur finden Sie hierfür teilweise sehr ausgefeilte Algorithmen. Mein Rat hierzu: Vergessen Sie die. Es gibt eine ganz einfache Methode: Verschaffen Sie sich mithilfe der gegebenen parameterfreien Form drei Ebenenpunkte, die nicht auf einer gemeinsamen Geraden liegen, und erstellen Sie dann die Parameterform wie in Definition 3.7 angegeben.

Diese Methode mag ein wenig unelegant daherkommen, aber sie hat einen entscheidenden Vorteil: Sie funktioniert. Und das scheint mir doch das Wichtigste zu sein.

Beispiel 3.7

Gegeben ist die Ebene

$$E : x + 2y - z = 2.$$

Ich verschaffe mir nun einen Punkt auf dieser Ebene, indem ich willkürlich $x = y = 0$ setze und den Rest der Gleichung nach z auflöse; ich erhalte $z = -2$, also liegt der Punkt

$$P_1 = \begin{pmatrix} 0 \\ 0 \\ -2 \end{pmatrix} \text{ auf der Ebene. Mit derselben Vorgehensweise – indem ich also jeweils zwei}$$

Koordinaten gleich 0 setze – verschaffe ich mir die beiden Ebenenpunkte

$$P_2 = \begin{pmatrix} 2 \\ 0 \\ 0 \end{pmatrix} \text{ und } P_3 = \begin{pmatrix} 0 \\ 1 \\ 0 \end{pmatrix}.$$

Das nun sicherlich schon vertraute Verfahren liefert mir die Ebenengleichung

$$E : \mathbf{x} = \begin{pmatrix} 0 \\ 0 \\ -2 \end{pmatrix} + t \cdot \begin{pmatrix} 2 \\ 0 \\ 2 \end{pmatrix} + s \cdot \begin{pmatrix} 0 \\ 1 \\ 2 \end{pmatrix}.$$

◀

Mit dem bloßen Aufschreiben von Ebenen- und Geradengleichungen ist es natürlich nicht getan, man will damit auch umgehen können, beispielsweise Schnittpunkte und -winkel berechnen. Das ist der Inhalt des nächsten Unterabschnitts.

3.2.2 Schnittpunkte und Schnittgeraden

Vielleicht kennen Sie das folgende kleine Rätsel, das schon seit vielen Jahren durch die Populärmathematik geistert: Ein Wanderer beginnt morgens um 8 Uhr einen Bergpfad, von dem es keine Abzweigungen gibt, zu erklimmen. Nach acht Stunden hat er sein Ziel, eine Berghütte, erreicht. Da er müde ist, übernachtet er auf der Hütte und macht sich am nächsten Morgen, ebenfalls um 8 Uhr, auf den Rückweg. Da der Abstieg schneller vonstatten geht, hat er seinen Ausgangspunkt im Tal bereits nach sechs Stunden erreicht. Die Frage ist nun: Gibt es eine Tageszeit, zu der er sich bei Auf- und Abstieg am selben Punkt des Weges befunden hat?

Bevor Sie – wie die meisten Menschen – anfangen zu rechnen: Die Lösung ist ganz einfach und ohne Berechnungen möglich. Stellen Sie sich einfach vor, es gäbe *zwei* Wanderer, die sich am selben Tag um 8 Uhr auf den Weg machen, der eine berg-, der andere talwärts. Es ist dann völlig klar, dass sich die beiden innerhalb der sechs Stunden, die für den Abstieg gebraucht werden, irgendwann einmal treffen müssen, mit anderen Worten: zur selben Tageszeit am selben Ort sein müssen. Die Antwort auf obige Frage lautet also: Ja.

Was hat das nun mit Schnitten von Geraden und Ebenen zu tun? Hierauf gibt es eine zweiteilige Antwort:

1. Überhaupt nichts, ich erzähle die Geschichte nur so gerne.
2. Ziemlich viel, denn die Frage, ob sich zwei geometrische Objekte schneiden, ist nichts anderes als die Frage, ob es Punkte gibt, die gleichzeitig zu beiden Objekten gehören. Und genau mit dieser Sichtweise sollte man an die Problematik herangehen, dann ist sie schon halb gelöst.

Auch wenn ein wenig Redundanz hereinkommt (man kann es natürlich auch positiv ausdrücken: Vertiefung des Gelernten durch Wiederholung), so möchte ich doch drei Situationen getrennt nacheinander untersuchen: Den Schnitt zweier Geraden, den Schnitt einer Geraden und einer Ebene, sowie den Schnitt zweier Ebenen. Ich beginne damit, den Schnitt zweier Geraden zu untersuchen.

Schnitt zweier Geraden

Gegeben seien zwei Geraden

$$g_1 : \mathbf{x} = P_1 + t \cdot \left(P_2 - P_1 \right) \text{ und } g_2 : \mathbf{x} = Q_1 + s \cdot \left(Q_2 - Q_1 \right).$$

- Man erstellt das lineare Gleichungssystem

$$P_1 + t \cdot \left(P_2 - P_1 \right) = Q_1 + s \cdot \left(Q_2 - Q_1 \right).$$

  Beachten Sie, dass es sich dabei um ein System mit drei Gleichungen (die drei Komponenten müssen gleich sein) und zwei Unbekannten (t und s) handelt.
- Hat das System unendlich viele Lösungen, so sind die beiden Geraden identisch.
- Hat das System eine eindeutige Lösung, so haben die Geraden genau einen Schnittpunkt. Man berechnet diesen, indem man einen der beiden ermittelten Parameterwerte in die zugehörige Geradengleichung einsetzt.
- Ist das System unlösbar, so schneiden sich die beiden Geraden nicht.

Den ersten Fall musste ich nur der Vollständigkeit halber aufschreiben, der „Schnitt" einer Geraden mit sich selbst ist sicherlich eher uninteressant. Die anderen beiden Situation erläutere ich jetzt durch je ein Beispiel.

Beispiel 3.8

a) Ich will den Schnittpunkt S der Geraden

$$g_1 : \mathbf{x} = \begin{pmatrix} 3 \\ 2 \\ 1 \end{pmatrix} + t \cdot \begin{pmatrix} 0 \\ -1 \\ 3 \end{pmatrix} \text{ und } g_2 : \mathbf{x} = \begin{pmatrix} 2 \\ 1 \\ 0 \end{pmatrix} + s \cdot \begin{pmatrix} 1 \\ 1 \\ 1 \end{pmatrix}$$

bestimmen. Dazu erstelle ich zunächst das notwendige lineare Gleichungssystem, wobei ich gleich zur zeilenweisen Schreibweise übergehe, also jede Komponente mit dem Parameter multipliziere und mit der jeweiligen Komponente des Aufpunktes addiere. Das ergibt

$$\begin{aligned} 3 \quad &= 2 + s \\ 2 - t \quad &= 1 + s \\ 1 + 3t \quad &= s, \end{aligned}$$

also

$$-s = -1$$
$$-t - s = -1$$
$$3t - s = -1.$$

Dieses System hat die eindeutige Lösung $t = 0$ und $s = 1$. Den Schnittpunkt selbst ermittelt man nun, indem man wahlweise $t = 0$ in die erste oder $s = 1$ in die zweite Geradengleichung einsetzt; es ergibt sich beide Male $S = \begin{pmatrix} 3 \\ 2 \\ 1 \end{pmatrix}$.

b)   Der Versuch, den Schnittpunkt der beiden Geraden

$$g_1 : \mathbf{x} = \begin{pmatrix} 0 \\ 1 \\ 2 \end{pmatrix} + t \cdot \begin{pmatrix} 1 \\ -1 \\ 2 \end{pmatrix} \text{ und } g_2 : \mathbf{x} = \begin{pmatrix} 1 \\ -2 \\ 2 \end{pmatrix} + s \cdot \begin{pmatrix} 1 \\ 1 \\ 2 \end{pmatrix}$$

zu bestimmen, führt auf das lineare Gleichungssystem

$$t - s = 1$$
$$-t - s = -3$$
$$2t - 2s = 0.$$

Dieses ist unlösbar: Die ersten beiden Zeilen haben die eindeutige Lösung $t = 2$ und $s = 1$, diese löst aber nicht die dritte Gleichung. Die beiden Geraden schneiden sich also nicht.   ◀

Übungsaufgabe 3.7

a)   Zeigen Sie, dass die beiden Geraden

$$g_1 : \mathbf{x} = \begin{pmatrix} 1 \\ -2 \\ 1 \end{pmatrix} + t \cdot \begin{pmatrix} 3 \\ 1 \\ 1 \end{pmatrix} \text{ und } g_2 : \mathbf{x} = \begin{pmatrix} 0 \\ -1 \\ 0 \end{pmatrix} + s \cdot \begin{pmatrix} 2 \\ 0 \\ 1 \end{pmatrix}$$

einen Schnittpunkt besitzen, und bestimmen Sie diesen.

b)   Unter welchem Winkel schneiden sich die Geraden?

c)   Geben Sie die Gleichung der Ebene, die beide Geraden enthält, in parameterfreier Form an.   ◀

Die nächsten Seiten befassen sich mit dem Schnitt einer Geraden und einer Ebene. Ist die Ebene in Parameterform gegeben, so unterscheidet sich die Vorgehensweise wenig bis gar nicht von der gerade geschilderten; ich gebe sie direkt in algorithmischer Form an:

Schnitt einer Geraden mit einer Ebene in Parameterform
Gegeben sei eine Gerade

$$g : \mathbf{x} = P_1 + u \cdot (P_2 - P_1)$$

und eine Ebene

$$E : \mathbf{x} = Q_1 + t \cdot (Q_2 - Q_1) + s \cdot (Q_3 - Q_1).$$

- Man erstellt das lineare (3 × 3)-Gleichungssystem

$$P_1 + u \cdot (P_2 - P_1) = Q_1 + t \cdot (Q_2 - Q_1) + s \cdot (Q_3 - Q_1).$$

- Hat das System unendlich viele Lösungen, so ist die Gerade in der Ebene enthalten.
- Hat das System eine eindeutige Lösung, so gibt es genau einen Schnittpunkt. Man ermittelt diesen, indem man den ermittelten Parameterwert u in die Geradengleichung einsetzt.
- Ist das System unlösbar, so schneiden sich die Gerade und die Ebene nicht, sondern sind parallel.

Beispiel 3.9

a)   Ich versuche, den Schnittpunkt der Geraden

$$g_1 : \mathbf{x} = \begin{pmatrix} 1 \\ -1 \\ 2 \end{pmatrix} + u \cdot \begin{pmatrix} 1 \\ 1 \\ -3 \end{pmatrix}$$

mit der Ebene

$$E : \mathbf{x} = \begin{pmatrix} 2 \\ 0 \\ -1 \end{pmatrix} + t \cdot \begin{pmatrix} 1 \\ 1 \\ 1 \end{pmatrix} + s \cdot \begin{pmatrix} -2 \\ -1 \\ 3 \end{pmatrix} \tag{3.15}$$

zu bestimmen. Dazu erstelle ich zunächst das Gleichungssystem, indem ich die Geraden- und die Ebenengleichung komponentenweise aufschreibe und gleichsetze. Das ergibt:

$$1 + u = 2 + t - 2s$$
$$-1 + u = \quad t - s$$
$$2 - 3u = -1 + t + 3s,$$

also

$$u - t + 2s = 1$$
$$u - t + s = 1$$
$$-3u - t - 3s = -3.$$

Mithilfe des Gauß-Algorithmus bringt man dieses System in die folgende Dreiecksform:

$$u - t + 2s = 1$$
$$-4t + 3s = 0$$
$$s = 0,$$

also ist $s = t = 0$ und $u = 1$. Der gesuchte Schnittpunkt lautet also $S = \begin{pmatrix} 2 \\ 0 \\ -1 \end{pmatrix}$.

b) Nun versuche ich, den Schnittpunkt der in (3.15) gegebenen Ebene aus Teil a) mit der Geraden

$$g_2 : \mathbf{x} = \begin{pmatrix} 1 \\ -1 \\ 2 \end{pmatrix} + u \cdot \begin{pmatrix} -1 \\ 0 \\ 4 \end{pmatrix}$$

zu bestimmen. Das lineare Gleichungssystem lautet hier

$$1 - u = 2 + t - 2s$$
$$-1 = t - s$$
$$2 + 4u = -1 + t + 3s$$

und lässt sich auf folgende Dreiecksform bringen:

$$-u - t + 2s = 1$$
$$-t + s = 1$$
$$0 = 4.$$

Es ist also unlösbar, und daher haben die Gerade g_2 und die Ebene E keinen Schnittpunkt. ◀

Übungsaufgabe 3.8

Gegeben seien die Punkte

$$P_1 = \begin{pmatrix} -3 \\ 2 \\ -3 \end{pmatrix}, P_2 = \begin{pmatrix} 9 \\ -4 \\ 12 \end{pmatrix}, Q_1 = \begin{pmatrix} 1 \\ 5 \\ 2 \end{pmatrix}, Q_2 = \begin{pmatrix} -1 \\ -1 \\ 4 \end{pmatrix}, Q_3 = \begin{pmatrix} 0 \\ 3 \\ 3 \end{pmatrix}.$$

Bestimmen Sie den Schnittpunkt der Geraden, die durch P_1 und P_2 geht, mit der Ebene, die durch die Punkte Q_1, Q_2 und Q_3 bestimmt ist. ◀

Mit einem reellen Parameter $a \neq 0$ sind die Ebene

$$E : \mathbf{x} = \begin{pmatrix} 0 \\ 1 \\ 0 \end{pmatrix} + t \cdot \begin{pmatrix} -1 \\ 1 \\ 0 \end{pmatrix} + s \cdot \begin{pmatrix} 0 \\ 1 \\ 1 \end{pmatrix}$$

und die Gerade

$$g : \mathbf{x} = \begin{pmatrix} 1 \\ 0 \\ -1 \end{pmatrix} + u \cdot \begin{pmatrix} 1 \\ a \\ 1 \end{pmatrix}$$

gegeben. Bestimmen Sie den Schnittpunkt von E und g in Abhängigkeit von a.   ◄

Sind Sie nicht auch der Meinung, dass das andauernde Lösen von linearen Gleichungssystemen ein wenig langweilt? Ich jedenfalls schon, daher möchte ich Ihnen jetzt noch eine Methode vorstellen, mit der man den Schnittpunkt einer Geraden mit einer Ebene durch Lösen einer einzigen Gleichung bestimmen kann; Voraussetzung ist hierfür, dass die Ebenengleichung in parameterfreier Form vorliegt.

Schnitt einer Geraden mit einer Ebene in parameterfreier Form
Gegeben sei eine Gerade

$$g : \mathbf{x} = P_1 + t \cdot \left(P_2 - P_1 \right)$$

und eine Ebene

$$E : ax + by + cz = D.$$

- Man setzt die drei Komponenten der Geradengleichung in die Ebenengleichung ein. Dies liefert eine Gleichung für den Parameter t.
- Ist die Gleichung auf $0 = 0$ reduzierbar, so ist die Gerade in der Ebene enthalten.
- Hat die Gleichung eine eindeutige Lösung, so gibt es genau einen Schnittpunkt. Man ermittelt diesen, indem man den ermittelten Parameterwert t in die Geradengleichung einsetzt.
- Ist die Gleichung unlösbar, so schneiden sich die Gerade und die Ebene nicht, sondern sind parallel.

Beispiel 3.10

a) Ich bestimme – falls möglich – den Schnittpunkt der Ebene

$$E : x - 2z = -1$$

mit der Geraden

$$g : \mathbf{x} = \begin{pmatrix} 0 \\ 1 \\ 0 \end{pmatrix} + t \cdot \begin{pmatrix} 1 \\ 1 \\ 1 \end{pmatrix}. \tag{3.16}$$

Hierzu setze ich die drei Komponenten der in (3.16) gegebenen Geraden, also $x = t$, $y = 1 + t$ und $z = t$ in die Ebenengleichung ein; das ergibt

$$t - 2t = -1,$$

also $t = 1$. Setzt man diesen Parameterwert wiederum in die Geradengleichung ein, erhält man den Schnittpunkt

$$S = \begin{pmatrix} 1 \\ 2 \\ 1 \end{pmatrix}.$$

b) Nun versuche ich, den Schnittpunkt der Ebene

$$E : x - 2y + 3z = -1$$

mit der Geraden

$$g : \mathbf{x} = \begin{pmatrix} 2 \\ 1 \\ 1 \end{pmatrix} + t \cdot \begin{pmatrix} -3 \\ 0 \\ 1 \end{pmatrix} \tag{3.17}$$

zu berechnen. Wiederum setze ich die drei Komponenten der Geradengleichung, hier $x = 2 - 3t$, $y = 1$ und $z = 1 + t$, in die Ebenengleichung ein. Dies liefert die Gleichung

$$(2 - 3t) - 2 \cdot 1 + 3(1 + t) = -1,$$

also

$$3 = -1.$$

Ganz offensichtlich ist diese Gleichung unlösbar, also haben die Gerade und die Ebene keinen Schnittpunkt. ◄

Übungsaufgabe 3.10

Gegeben seien die Ebene

$$E : 2x - y + z = 1$$

und die Gerade

$$g : \mathbf{x} = \begin{pmatrix} 1 \\ 1 \\ 1 \end{pmatrix} + t \cdot \begin{pmatrix} 1 \\ 0 \\ \lambda \end{pmatrix},$$

wobei λ ein reeller Parameter ist.

a)   Für welchen Wert von λ sind E und g parallel?
b)   Bestimmen Sie den Schnittpunkt von E und g für den Fall $\lambda = 0$. ◄

Übungsaufgabe 3.11

a)   Bestimmen Sie eine Gleichung der Geraden g, die senkrecht auf der Ebene

$$E : x + 2y - 3z = 0$$

steht und den Punkt $P = \begin{pmatrix} 5 \\ 3 \\ -1 \end{pmatrix}$ enthält.

b)   Bestimmen Sie den Schnittpunkt von g und E. ◄

Zum Abschluss dieses Kapitels möchte ich Ihnen noch zeigen, wie man den Schnitt zweier Ebenen bestimmen kann. Es ist anschaulich klar, dass dieser Schnitt, falls die Ebenen nicht parallel oder gar identisch sind, aus einer Geraden besteht. Will man das Thema in voller Ausführlichkeit behandeln, muss man die folgenden drei Fälle darstellen: Beide Ebenen sind in Parameterform gegeben, beide Ebenen sind in parameterfreier Form gegeben, oder eine der Ebenen ist in Parameterform, die andere in parameterfreier Form gegeben.

Die Vorgehensweisen sind direkte Verallgemeinerungen derer beim Schnitt von Gerade und Ebene, daher will ich Sie (und mich) nicht damit langweilen, alle drei Fälle in voller Ausführlichkeit darzulegen. Vielmehr werde ich die Fälle, in denen beide Ebenen in derselben Form vorliegen, jeweils anhand eines instruktiven Beispiels erklären und nur den meiner Meinung nach interessantesten, in dem die beiden Ebenen in unterschiedlicher Darstellung gegeben sind, auch in algorithmischer Form vorstellen. Eine abschließende Übungsaufgabe gibt Ihnen dann Gelegenheit, die verschiedenen Situationen zu üben.

Liegen beide Ebenen in Parameterform vor, so setzt man diese beiden Darstellungen komponentenweise gleich und erstellt so ein lineares Gleichungssystem mit drei Gleichungen und vier Unbekannten (den Parametern der beiden Ebenen). Anschließend wendet man den Gauß-Algorithmus an, um die Anzahl der Parameter zu reduzieren. Sind die Ebenen nicht parallel, so ergibt das eine einparametrige Lösungsmenge, mit anderen Worten, eine Gerade, nämlich die gesuchte Schnittgerade. Ich zeige Ihnen das an einem Beispiel.

Beispiel 3.11

Zu bestimmen sei die Schnittgerade der beiden Ebenen

$$E_1 : \mathbf{x} = \begin{pmatrix} 1 \\ 0 \\ 1 \end{pmatrix} + s_1 \cdot \begin{pmatrix} -2 \\ 1 \\ 0 \end{pmatrix} + t_1 \cdot \begin{pmatrix} 3 \\ 1 \\ -1 \end{pmatrix}$$

und

$$E_2 : \mathbf{x} = \begin{pmatrix} -1 \\ 1 \\ 1 \end{pmatrix} + s_2 \cdot \begin{pmatrix} 4 \\ -2 \\ 0 \end{pmatrix} + t_2 \cdot \begin{pmatrix} 1 \\ 0 \\ -2 \end{pmatrix}.$$

Gleichsetzen der beiden Darstellungen liefert das lineare Gleichungssystem

$$1 - 2s_1 + 3t_1 = -1 + 4s_2 + t_2$$
$$s_1 + t_1 = 1 - 2s_2$$
$$1 \quad - t_1 = 1 \quad - 2t_2,$$

also

$$2s_1 + 3t_1 - 4s_2 - t_2 = -2$$
$$s_1 + t_1 + 2s_2 \quad = 1$$
$$-t_1 \quad + 2t_2 = 0.$$

Mithilfe des Gauß-Algorithmus erzeugt man hieraus folgende Dreiecksform:

$$-2s_1 + 3t_1 - 4s_2 - t_2 = -2$$
$$5t_1 \quad - t_2 = 0$$
$$9t_2 = 0.$$

Es ist also $t_1 = t_2 = 0$, s_1 und s_2 sind beliebig. Die gesuchte Geradengleichung lautet also unter Verwendung von E_1:

$$g : \mathbf{x} = \begin{pmatrix} 1 \\ 0 \\ 1 \end{pmatrix} + s_1 \cdot \begin{pmatrix} -2 \\ 1 \\ 0 \end{pmatrix},$$

und unter Verwendung von E_2:

$$g : \mathbf{x} = \begin{pmatrix} -1 \\ 1 \\ 1 \end{pmatrix} + s_2 \cdot \begin{pmatrix} 4 \\ -2 \\ 0 \end{pmatrix}.$$

Sie können sich – beispielsweise durch Berechnung verschiedener Geradenpunkte – leicht davon überzeugen, dass es sich um dieselbe Gerade handelt.   ◄

Sind beide Ebenen in parameterfreier Form gegeben, so fasst man die beiden Ebenengleichungen einfach zu einem linearen Gleichungssystem mit zwei Gleichungen und drei Unbekannten zusammen. Sind die Ebenen nicht parallel, so hat dieses System eine einparametrige Lösungsmenge, mit anderen Worten, eine Gerade, nämlich die gesuchte Schnittgerade. Ich zeige Ihnen auch das an einem Beispiel.

Beispiel 3.12

Gegeben seien die beiden Ebenen

$$E_1 : 3x - y + 2z = 0$$

und

$$E_2 : y + z = 3.$$

Das aus beiden Ebenengleichungen kombinierte lineare Gleichungssystem lautet

$$3x - y + 2z = 0$$
$$y + z = 3$$

und hat freundlicherweise bereits Dreiecksform. Wie in Kap. 2 dargestellt, muss man nun einen Parameter einführen; ich setze $z = t$ und erhalte damit für die beiden anderen Variablen $y = 3 - t$ und $x = 1 - t$.

Stellt man dies vektoriell dar, so ergibt sich:

$$\begin{pmatrix} x \\ y \\ z \end{pmatrix} = \begin{pmatrix} 1-t \\ 3-t \\ t \end{pmatrix} = \begin{pmatrix} 1 \\ 3 \\ 0 \end{pmatrix} + t \cdot \begin{pmatrix} -1 \\ -1 \\ 1 \end{pmatrix}.$$

Dies ist die gesuchte Geradengleichung.   ◄

Den wie gesagt aus meiner Sicht interessantesten – weil ungewöhnlichsten – Fall gebe ich zum Abschluss in algorithmischer Formulierung an.

Schnitt zweier Ebenen

Gegeben sei eine Ebene

$$E_1 : \mathbf{x} = P_1 + t \cdot \left(P_2 - P_1 \right) + s \cdot \left(P_3 - P_1 \right)$$

und eine weitere Ebene

$$E_2 : ax + by + cz = D.$$

- Man setzt die drei Komponenten der ersten Ebenengleichung in die Gleichung von E_2 ein. Dies liefert eine Gleichung für die Parameter t und s.
- Ist die Gleichung auf $0 = 0$ reduzierbar, so sind die Ebenen identisch.
- Ist die Gleichung unlösbar, so schneiden sich die Ebenen nicht, sondern sind parallel.
- Ergibt sich eine eindeutige Beziehung zwischen s und t, so eliminiert man dadurch in der Gleichung für E_1 einen der Parameter. Es ergibt sich die gesuchte Gleichung der Schnittgeraden.

Beispiel 3.13

Gegeben seien die Ebenen

$$E_1 : \mathbf{x} = \begin{pmatrix} 0 \\ 3 \\ 0 \end{pmatrix} + s \cdot \begin{pmatrix} 1 \\ -1 \\ 0 \end{pmatrix} + t \cdot \begin{pmatrix} 0 \\ 0 \\ 1 \end{pmatrix}$$

und

$$E_2 : 3x - y + 2z = 1.$$

Um die Schnittgerade zu bestimmen, setze ich die drei Komponenten von E_1, also $x = s$, $y = 3 - s$ und $z = t$, in die Gleichung von E_2 ein. Dies ergibt

$$3s - (3 - s) + 2t = 1,$$

also

$$t = 2 - 2s.$$

Setzt man dies wiederum in die Gleichung von E_1 ein, erhält man

$$\mathbf{x} = \begin{pmatrix} 0 \\ 3 \\ 0 \end{pmatrix} + s \cdot \begin{pmatrix} 1 \\ -1 \\ 0 \end{pmatrix} + (2 - 2s) \cdot \begin{pmatrix} 0 \\ 0 \\ 1 \end{pmatrix} = \begin{pmatrix} 0 \\ 3 \\ 2 \end{pmatrix} + s \cdot \begin{pmatrix} 1 \\ -1 \\ -2 \end{pmatrix}.$$

Dies ist eine Geradengleichung reinsten Wassers und stellt die gesuchte Schnittgerade dar. ◄

Nun noch die versprochene (angedrohte?) Übungsaufgabe.

Übungsaufgabe 3.12

Bestimmen Sie die Schnittgerade der beiden Ebenen

$$E_1 : \mathbf{x} = s_1 \cdot \begin{pmatrix} -2 \\ 1 \\ 1 \end{pmatrix} + t_1 \cdot \begin{pmatrix} 1 \\ 0 \\ -1 \end{pmatrix}$$

und

$$E_2 : \mathbf{x} = \begin{pmatrix} 0 \\ 1 \\ 4 \end{pmatrix} + s_2 \cdot \begin{pmatrix} -1 \\ 1 \\ 3 \end{pmatrix} + t_2 \cdot \begin{pmatrix} 1 \\ 1 \\ -1 \end{pmatrix},$$

indem Sie

a) das Gleichsetzungsverfahren aus Beispiel 3.11 anwenden,
b) für beide Ebenen die parameterfreie Form ermitteln und das Verfahren aus Beispiel 3.12 anwenden,
c) den beschriebenen Algorithmus für die gemischte Form beider Ebenen anwenden. ◀

Lineare Optimierung

4

Übersicht

Der Begriff „Optimierung" bezeichnet sowohl in der Mathematik als auch in der Umgangssprache das Problem, irgendetwas „möglichst gut" zu machen. Im Gegensatz zur Umgangssprache kann man das in der Mathematik allerdings sehr präzise formulieren: Der Wert einer Funktion soll – je nach Problemstellung – maximal bzw. minimal gemacht werden, wobei üblicherweise noch gewisse einschränkende Nebenbedingungen zu beachten sind. Eine solche Funktion kann beispielsweise eine Kostenfunktion sein, hier wird man sicherlich minimieren wollen, oder aber eine Ertragsfunktion, die man dann maximieren will.

4.1   Ein erstes Beispiel

Ein erstes und ganz einfaches Beispiel: Stellen Sie sich vor, Sie seien in der glücklichen Lage, das Monopol über ein bestimmtes rege nachgefragtes Produkt zu besitzen, beispielsweise Kühlschränke in der Sahara oder Wodka in Novosibirsk. Sie wissen, dass Sie pro verkaufter Einheit Ihres Produkts einen Gewinn von 50 Euro machen. Haben Sie also x Einheiten verkauft, so beträgt Ihr Gewinn $g = 50x$ Euro. Die Aufgabe lautet nun: Maximieren Sie Ihren Gewinn, das heißt, bestimmen Sie einen Wert von x so, dass g maximal wird.

Ich hoffe, dass Sie gerade ziemlich verblüfft bzw. ratlos einher blicken, denn in dieser Form ist die Aufgabe einfach nicht lösbar: Für keinen endlichen Wert von x nimmt g ein

© Springer-Verlag GmbH Deutschland, ein Teil von Springer Nature 2020   149
G. Walz, *Mathematik für Hochschule und duales Studium*,
https://doi.org/10.1007/978-3-662-60506-6_4

Maximum an, denn man kann es jederzeit vergrößern. Die sogenannte Zielfunktion $g(x) = 50 \cdot x$ hat im Endlichen kein Maximum.

Anders sieht es aus, wenn zusätzlich sogenannte Nebenbedingungen ins Spiel kommen; beispielsweise könnte es sein, dass Ihre Produktion nur in der Lage ist, pro Tag 1000 Einheiten des Produkts zu fertigen. In diesem Fall lautet das Optimierungsproblem also: Man bestimme das Maximum der Zielfunktion

$$g(x) = 50 \cdot x$$

unter der Nebenbedingung

$$x \leq 1000.$$

Hier ist die Lösung offensichtlich: Man fährt die Produktion ans Limit hoch und produziert 1000 Einheiten pro Tag; der optimale Gewinn ist dann 50.000 Euro.

Nun kommt noch eine weitere, zunächst unerwartete Restriktion ins Spiel: Die Marktforschung (so etwas gibt es sowohl in der Sahara als auch in Novosibirsk) hat herausgefunden, dass Sie pro Tag nur 600 Stück Ihres Produkts absetzen können. Dies bedeutet also eine weitere Nebenbedingung, nämlich $x \leq 600$. Das gesamte Optimierungsproblem lautet damit: Man bestimme das Maximum der Zielfunktion

$$g(x) = 50 \cdot x$$

unter den Nebenbedingungen

$$x \leq 1000 \text{ und } x \leq 600.$$

Offensichtlich ist die erste Nebenbedingung $x \leq 1000$ nun überflüssig, denn ihre Erfüllung wird von der zweiten bereits impliziert. Dies ist eine nicht untypische Situation in der Optimierung, man nennt $x \leq 1000$ in diesem Fall eine inaktive und $x \leq 600$ eine aktive Nebenbedingung. Die optimale Lösung ist nun offensichtlich $x = 600$, der Zielfunktionswert $g(600) = 30.000$.

Damit haben Sie die grundlegenden Begriffe der linearen Optimierung, mit der wir uns in diesem Buch befassen werden, bereits kennengelernt. Die kleine Schwierigkeit, die nun noch ins Spiel kommt, ist die Tatsache, dass man es im Allgemeinen mit sehr viel mehr Nebenbedingungen und – vor allem – mit mehreren Variablen zu tun haben wird. Aber keine Sorge, das bekommen wir gemeinsam hin. Ich beginne damit, das Problem für zwei Variablen zu lösen.

4.2   Lineare Optimierung mit zwei Variablen

Nach diesen Vorbemerkungen will ich nun das erste „echte" Optimierungsproblem vorstellen. In diesem Abschnitt beschränke ich mich noch auf den Fall zweier Variablen, denn diesen kann man recht gut grafisch veranschaulichen.

Die formale Definition eines linearen Optimierungsproblems in zwei Variablen lautet wie folgt:

Definition 4.1

Es seien x und y reelle Variablen sowie c_1, c_2, $b_1,\ldots,b_m$ und a_{11}, a_{12}, a_{21}, $a_{22},\ldots,a_{m1}$, a_{m2} fest vorgegebene Koeffizienten.

Man maximiere den Wert der **Zielfunktion**

$$Z(x,y) = c_1 x + c_2 y$$

unter Beachtung der **Nebenbedingungen (Restriktionen)**

$$a_{11} x + a_{12} y \le b_1$$
$$a_{21} x + a_{22} y \le b_2$$
$$\cdots\cdots\cdots$$
$$a_{m1} x + a_{m2} y \le b_m.$$

Da es sich bei x und y meist um irgendwelche Stückzahlen, Losgrößen oder Ähnliches handelt, ist es sinnvoll, noch die **Nichtnegativitätsbedingungen**

$$x \ge 0, \quad y \ge 0$$

zu stellen.

Eine Nebenbedingung, deren Erfüllung bereits durch die anderen Nebenbedingungen garantiert wird, bezeichnet man als **inaktiv**, alle anderen Nebenbedingungen als **aktiv**.

Bevor Sie jetzt ob dieser unanschaulichen Definition in Verzweiflung geraten: Das ist genau die Situation, die ich eingangs mit dem kleinen Wodka/Kühlschränke-Beispiel beschrieben habe, nur dass wir es jetzt mit zwei (statt einer) Variablen zu tun haben. Ein erstes Zahlenbeispiel gebe ich Ihnen jetzt:

Beispiel 4.1

Man maximiere den Wert der Zielfunktion

$$Z(x,y) = x + y$$

unter den Nebenbedingungen

$$x + 2y \le 4$$
$$x \le 2$$

◀

Bemerkungen

1. Zum aktuellen Zeitpunkt können wir dieses Problem zwar stellen, aber noch nicht lösen. Das kommt später.
2. Auch wenn es nicht explizit gesagt wird: Bei einer solchen Problemstellung werden immer die Nichtnegativitätsbedingungen „automatisch" angenommen, das heißt, es muss zusätzlich gelten: $x \ge 0$, $y \ge 0$.

3. Die hier angegebene Formulierung ist die sogenannte Standardform eines linearen Optimierungsproblems, in der die Zielfunktion maximiert werden soll. Manchmal trifft man jedoch Situationen an, in denen die Zielfunktion minimiert werden soll – beispielsweise wenn es um Kosten oder Verbrauchswerte geht. In solchen Fällen kann man sich behelfen, indem man die Zielfunktion mit − 1 multipliziert, also alle Vorzeichen „umdreht", und anschließend die negative Zielfunktion maximiert.

Optimierungsprobleme treten typischerweise in Anwendungen auf, das heißt, sie fallen nicht als Zahlenbeispiele wie das gerade formulierte vom Himmel, sondern sie werden als Textaufgaben formuliert. Daher möchte ich Ihnen auch hierzu gleich ein erstes Beispiel geben.

Beispiel 4.2

Ein Handwerksbetrieb stellt zwei verschiedene Produkte her: Bleistifte und Atomkraftwerke. Pro Jahr können höchstens 10 Bleistifte und höchstens 7 Atomkraftwerke hergestellt werden, insgesamt aber höchstens 13 Produkte. Zur Herstellung eines Bleistifts werden 12 Arbeitstage benötigt, für ein Atomkraftwerk braucht man etwas länger, nämlich 32 Tage. Insgesamt arbeitet der Betrieb an 256 Tagen im Jahr. Der Gewinn pro Bleistift beträgt 100 Euro, der für ein Atomkraftwerk 160 Euro. Die Frage – eben das Optimierungsproblem – lautet nun: Wie viele Bleistifte und wie viele Atomkraftwerke muss der Betrieb pro Jahr fertigen, um seinen Gewinn zu maximieren?

Gehen wir die Sache ganz langsam an und identifizieren zunächst die Variablen. Diese sind offenbar die Anzahl der beiden Produkte, die gefertigt werden können, also setzen wir $x =$ Anzahl der gefertigten Bleistifte pro Jahr und $y =$ Anzahl der gefertigten Atomkraftwerke. Als Nächstes sollten wir die Zielfunktion formulieren. Da der Gesamtgewinn maximiert werden soll und der Gewinn pro Einheit x 100 Euro, derjenige pro Einheit y 160 Euro beträgt, lautet die zu maximierende Zielfunktion:

$$Z(x,y) = 100x + 160y.$$

Die ersten Nebenbedingungen werden durch die eingangs formulierten Kapazitätsbeschränkungen gegeben. Diese lauten formalisiert:

$$x \leq 10,$$
$$y \leq 7,$$
$$x + y \leq 13,$$

wobei die dritte Zeile aussagt, dass pro Jahr insgesamt nur 13 Produkte hergestellt werden können.

Die nächste – und auch schon letzte – Nebenbedingung leitet man aus der Aussage über die benötigten Arbeitstage pro Einheit ab; sie lautet:

$$12x + 32y \leq 256.$$

Damit wäre das Problem vollständig formuliert, wobei man wie gesagt wie immer stillschweigend zusätzlich annimmt, dass x und y nicht negativ sind, denn negative Bleistifte oder Atomkraftwerke wurden bisher nicht erfunden. ◀

4.2.1 Grafische Lösung

So langsam sollten wir einmal daran gehen, die Probleme nicht nur zu formulieren, sondern auch zu lösen. Hat man es nur mit zwei Variablen zu tun, so kann man diese Lösung grafisch ermitteln, und das will ich Ihnen jetzt vorführen.

Man beginnt damit, in die x-y-Ebene den sogenannten zulässigen Bereich einzuzeichnen. Das ist ein sehr wichtiger Begriff in der Optimierung, daher will ich ihn formal als Definition festhalten.

> **Definition 4.2**
> Der **zulässige Bereich** eines linearen Optimierungsproblems ist die Menge aller Punkte (x, y), die allen Nebenbedingungen gleichzeitig genügen.

Mit dieser neuen Begrifflichkeit bewaffnet führe ich nun Beispiel 4.2 fort, indem ich den zulässigen Bereich einzeichne. Das Ergebnis sehen Sie in Abb. 4.1. Nun geht es darum, denjenigen Punkt (x, y) im zulässigen Bereich zu finden, der den maximalen Wert der Zielfunktion liefert, und hierzu muss man wohl oder übel die Zielfunktion einzeichnen. Zur Erinnerung: Die Zielfunktion ist in diesem Beispiel gegeben durch $100x + 160y$. Hätte dieser Term noch eine rechte Seite, würde die Gleichung also lauten

$$100x + 160y = c$$

mit einer reellen Zahl c, so wäre es eine Geradengleichung, und wir könnten loslegen mit dem Einzeichnen. Da man uns in der Problemstellung kein solches c mitgegeben hat, denke ich mir jetzt einfach mal eines aus und wähle $c = 0$, die Geradengleichung lautet also

$$100x + 160y = 0.$$

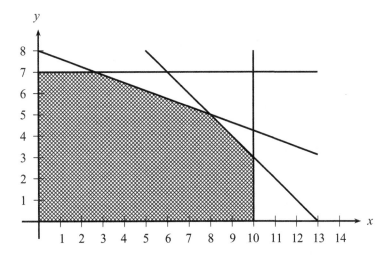

Abb. 4.1 Der zulässige Bereich in Beispiel 4.2

Diese Gerade habe ich in Abb. 4.2 zusätzlich zum zulässigen Bereich gestrichelt ein-gezeichnet. Sie geht durch den Nullpunkt, was nicht weiter verwunderlich ist, da offenbar $x = y = 0$ die Geradengleichung erfüllt. Allerdings liefert dieser Punkt auch den Gewinn 0, ist also ziemlich uninteressant, und da es der einzige Punkt ist, den diese Zielgerade mit dem zulässigen Bereich gemeinsam hat, ist die Wahl $c = 0$ offenbar nicht gut.

Was passiert, wenn man andere Werte von c als rechte Seite wählt? Die Antwort darauf gibt Abb. 4.3; hier sind – ebenfalls gestrichelt – die Geraden

$$100x + 160y = c$$

für die Werte $c = 0$, 500, 1000 und 1250 eingezeichnet. Man sieht, dass eine Erhöhung des Wertes c eine Parallelverschiebung der Geraden nach rechts oben bewirkt.

Was bedeutet das nun für die Lösung unseres Problems? Nun, beachten Sie, dass die linke Seite jeder Geradengleichung $100x + 160y = c$ ja gerade unsere Zielfunktion dar-stellt. Das bedeutet, dass jeder Punkt (x, y) auf dieser Geraden denselben Wert der Ziel-funktion – also Gewinn – liefert, nämlich c.

Da wir ja an der Maximierung des Gewinns, also an der größtmöglichen Zahl c inte-ressiert sind, verschieben wir nun die Gerade so lange nach rechts, bis sie den zulässigen Bereich verlässt. Der letzte Punkt, den die Gerade bei dieser Verschiebung noch mit dem zulässigen Bereich gemeinsam hat, ist dann der optimale Punkt, die zugehörige rechte Seite c ist der gesuchte maximale Gewinn. Das Ergebnis zeigt Abb. 4.4: Der optimale Punkt ist ein Eckpunkt des zulässigen Bereichs, nämlich der Schnittpunkt der beiden Randgeraden $x + y = 13$ und $12x + 32y = 256$.

Ich hoffe, Sie haben sich durch diesen notwendigerweise etwas längeren Textblock nicht einlullen lassen, denn wir haben gerade einen ganz zentralen Punkt dieses Kapitels behandelt. Falls Sie jetzt gerade erst wieder aufwachen, lesen Sie den vorigen Abschnitt besser nochmal durch.

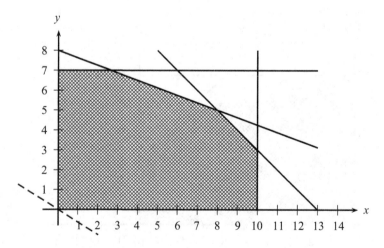

Abb. 4.2 Eingefügt (*gestrichelt*) die Gerade $100x + 160y = 0$

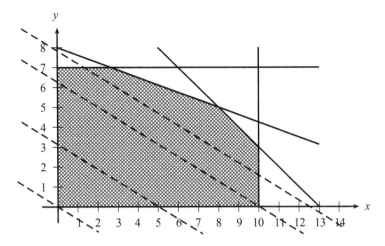

Abb. 4.3 Die Geraden $100x + 160y = c$ für $c = 0, 500, 1000, 1250$

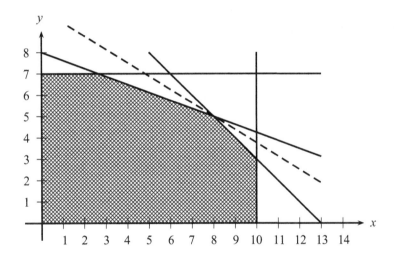

Abb. 4.4 Optimale Lage der Zielfunktion

Bevor ich die gerade am Beispiel gezeigte Vorgehensweise als Algorithmus formuliere, noch ein Wort dazu, wie man den optimalen Punkt, also die optimalen Werte von x und y, nun genau ermittelt. Natürlich kann man versuchen, ihn der Zeichnung zu entnehmen, aber das ist meist ungenau und daher nicht zu empfehlen. Besser ist es, ihn zu berechnen: Man erkennt an Abb. 4.4, dass der optimale Punkt der Schnittpunkt der Geraden $x + y = 13$ und $12x + 32y = 256$ ist. Man kann ihn also mithilfe der Methoden aus Kap. 3 berechnen und findet $x = 8$ und $y = 5$. Der Betrieb sollte also pro Jahr 8 Bleistifte und 5 Atomkraftwerke produzieren. Der sich damit ergebende maximale Gewinn ist dann $100 \cdot 8 + 160 \cdot 5 = 1600$ Euro.

Dass die Lösungen für x und y hier ganzzahlig sind, ist übrigens reiner Zufall oder, sagen wir mal, didaktisches Geschick des Autors. Bei anderen Zahlenwerten in der Aufgabenstellung könnten sich auch 5,43 Atomkraftwerke oder 8,76 Bleistifte als optimal erweisen, wogegen rein mathematisch auch gar nichts spräche.

Nun aber zur algorithmischen Formulierung dieses grafischen Lösungsverfahrens.

Grafische Lösung eines linearen Maximierungsproblems in zwei Variablen
Vorgelegt sei ein lineares Optimierungsproblem wie in Definition 4.1 angegeben.

*   Man zeichnet den zulässigen Bereich (inklusive der Nichtnegativitätsbedingungen) ein.
*   Man zeichnet die Gerade $c_1 x + c_2 y = c$ mit einem frei wählbaren Wert c ein; häufig ist hierfür $c = 0$ eine geeignete Wahl.
*   Man verschiebt diese Gerade so lange parallel nach oben, bis sie den Rand des zulässigen Bereichs verlässt.
*   Der letzte Punkt, den die Gerade mit dem zulässigen Bereich gemeinsam hat, löst das Maximierungsproblem, der zugehörige Wert c ist der optimale (also maximale) Wert der Zielfunktion.

Bemerkung
In den meisten Fällen wird die Gerade bei diesem Verschiebungsprozess den zulässigen Bereich an einem Eckpunkt verlassen, in diesem Fall ist diese Ecke der optimale Punkt, und er ist eindeutig bestimmt. Es kann aber vorkommen, dass eine der Randgeraden parallel zur Zielfunktion ist; in diesem Fall sind *alle* Punkte dieser Randgeraden optimal. Abb. 4.5 zeigt ein Beispiel hierfür.

Nach einer alten, aber bisher immer noch unwiderlegten These von mir ist es mit der Mathematik wie mit dem Klavierspielen: Richtig gut wird man nur durch mehrfaches Üben. Daher gebe ich Ihnen jetzt noch einige Beispiele für den gerade vorgestellten Algorithmus, und bitte Sie, anschließend die folgenden Übungsaufgaben durchzuarbeiten.

Beispiel 4.3

Ein Kleingartenbesitzer hat eine Fläche von 150 qm zur Verfügung, auf der er Kohl und Tomaten anbauen kann. Am Ende der Saison will er die Ernte verkaufen. Er weiß, dass er für den auf einem qm angebauten Kohl 15 Euro erlösen kann, für einen qm Tomaten erhält er 25 Euro.

Die Vorschriften der Kleingartenanlage sehen es vor, dass die Tomatenanbaufläche nicht größer sein darf als die Kohlanbaufläche. Da Tomaten anspruchsvolle Pflanzen

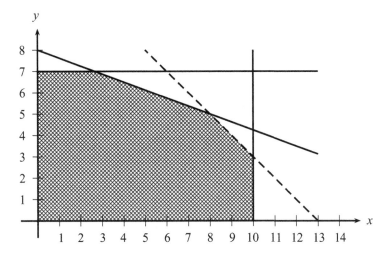

Abb. 4.5 Zielfunktion (*gestrichelt*) ist parallel zu einer Randgeraden

sind (jedenfalls im Vergleich zu Kohl), benötigt der Gärtner zur Bewirtschaftung eines qm Tomatenfläche 8 Arbeitsstunden im Jahr, für einen qm Kohl dagegen 5 Stunden. Da es sich um einen gestressten Rentner handelt, hat er pro Jahr nur 1100 Stunden zur Bewirtschaftung zur Verfügung. Wie sollte er die Anbaufläche aufteilen, um seinen Gewinn zu maximieren?

Ich bezeichne mit x die Anbaufläche für Kohl, mit y diejenige für Tomaten. Damit lautet die zu maximierende Zielfunktion:

$$Z(x,y) = 15x + 25y.$$

Die Nebenbedingungen sind $y \leq x$, denn die Anbaufläche für Tomaten darf nicht größer sein als diejenige von Kohl, und $x + y \leq 150$, denn als gesamte Anbaufläche stehen nur 150 qm zur Verfügung. Aufgrund der Arbeitszeitbeschränkung gilt weiterhin $5x + 8y \leq 1100$. Hieraus ergibt sich der zulässige Bereich, den ich in Abb. 4.6 eingezeichnet habe.

Beachten Sie, dass die Gerade $5x + 8y = 1100$, die Sie ganz rechts sehen, keinen Punkt mit dem zulässigen Bereich gemeinsam hat. Es handelt sich hierbei also um eine inaktive Nebenbedingung. Dasselbe gilt übrigens für die Nichtnegativitätsbedingung $x \geq 0$.

Zeichnet man nun noch die Zielfunktionsgerade $15x + 25y = c$ für verschiedene Werte von c ein, ergibt sich das in Abb. 4.7 gezeigte Bild.

Der optimale Punkt ist also der Schnittpunkt der beiden Randgeraden $x = y$ und $x + y = 150$. Durch Einsetzen folgt $2x = 150$, also $x = y = 75$. Der maximale Gewinn beträgt somit $Z(75, 75) = 15 \cdot 75 + 25 \cdot 75 = 3000$. ◀

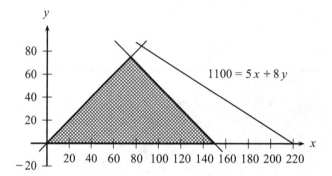

Abb. 4.6 Der zulässige Bereich in Beispiel 4.3

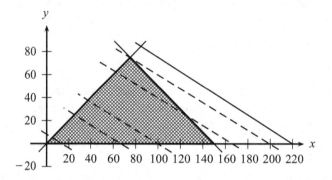

Abb. 4.7 Zielfunktion in Beispiel 4.3

Beispiel 4.4

Ein Süßwarenhersteller ist vertraglich verpflichtet, an einen Händler pro Tag 100 Becher Pudding zu liefern. Es stehen drei Sorten zur Auswahl, nämlich Karamell, Schokolade und Nuss. Um eine gewisse Breite des Angebots zu gewährleisten, muss er von jeder Sorte täglich mindestens 10 Becher liefern. Außerdem gibt es Kapazitätsbeschränkungen, denn jede der drei Sorten muss einen bestimmten Kakao-Anteil enthalten: Karamell enthält zwei Anteile Kakao, Schokolade deren drei, und Nuss einen. Insgesamt stehen für die Tagesproduktion 200 Anteile Kakao zur Verfügung.

Natürlich möchte der Hersteller seinen Gewinn maximieren. Pro Becher Karamell-Pudding gewinnt er 3 Euro, pro Becher Schokolade 2 Euro, und pro Becher Nuss noch einen Euro. Wie viele Becher sollte er von jeder Sorte täglich liefern? Welchen Gewinn erzielt er damit?

Neu ist an diesem Beispiel, dass es sich zunächst um drei Variablen handelt, nämlich die drei Sorten Karamell (x), Schokolade (y) und Nuss (z). Das ist aber nur scheinbar so, denn die drei Variablen sind durch die Tatsache, dass pro Tag genau 100 Becher zu liefern sind, gekoppelt: Es gilt

$$x + y + z = 100,$$

man kann also beispielsweise die Variable z mithilfe von x und y wie folgt ausdrücken:

$$z = 100 - x - y.$$

Damit kann man z aus allen Nebenbedingungen und der Zielfunktion eliminieren und diese so auf Gleichungen in den beiden Variablen x und y reduzieren. Ich zeige das jetzt mal für die Zielfunktion. Diese lautet, zunächst noch mit den drei Variablen x, y und z formuliert:

$$Z = 3x + 2y + z.$$

Setzt man hier $z = 100 - x - y$ ein, ergibt sich $Z(x, y) = 3x + 2y + (100 - x - y)$, also

$$Z(x,y) = 100 + 2x + y.$$

Diese Funktion ist also zu maximieren.

Da von jedem Produkt mindestens 10 Einheiten geliefert werden müssen, lauten die ersten Nebenbedingungen

$$x \geq 10,$$

$$y \geq 10,$$

$$x + y \leq 90.$$

Die letzte Bedingung entsteht dadurch, dass z nicht kleiner als 10 sein darf und $z = 100 - x - y$ ist, also $x + y \leq 100 - 10 = 90$.

Schließlich ist noch die „Kakao-Restriktion" zu berücksichtigen; diese lautet formal:

$$2x + 3y + z \leq 200.$$

Auch hier ersetzt man wieder z mithilfe der oben genannten Gleichung durch x und y und erhält zunächst $2x + 3y + (100 - x - y) \leq 200$, also

$$x + 2y \leq 100.$$

Damit haben wie alle Informationen in Formeln gepackt; Nichtnegativitätsbedingungen sind hier nicht aktiv, da alle Variablen ohnehin größer oder gleich 10 sein sollen.

Abb. 4.8 zeigt zunächst einmal den zulässigen Bereich dieses Beispiels. Sie sehen, dass sich im rechten Randpunkt des Bereichs, also dem Punkt (80,10), gleich drei Randgeraden schneiden, nämlich die Geraden $x + y = 90$, $y = 10$ und $x + 2y = 100$.

In Abb. 4.9 habe ich zusätzlich einige Verschiebungsstadien der Zielfunktion gestrichelt eingezeichnet; man sieht, dass der gerade erwähnte Eckpunkt auch das Maximum der Zielfunktion liefert. Die optimalen Werte sind also $x = 80$ und $y = 10$, somit $z = 10$. Der zugehörige maximale Wert der Zielfunktion ist

$$Z(80,10) = 100 + 2 \cdot 80 + 10 = 270.$$

Natürlich erhalten Sie dasselbe Ergebnis, wenn Sie die drei optimalen Werte von x, y und z in die ursprüngliche Zielfunktion $3x + 2y + z$ einsetzen.

Abb. 4.8 Der zulässige
Bereich in Beispiel 4.4

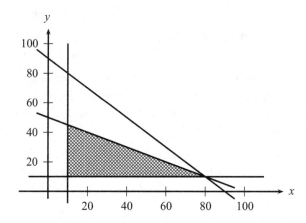

Abb. 4.9 Zielfunktion in
Beispiel 4.4

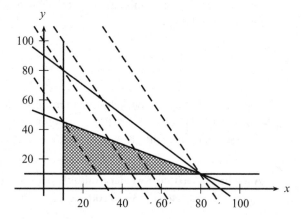

Übungsaufgabe 4.1

Ermitteln Sie grafisch die Lösung des in Beispiel 4.1 formulierten Optimierungsproblems.   ◄

Übungsaufgabe 4.2

Ein Landwirt möchte seinen Betrieb auf Milchproduktion umstellen und muss hierfür
zunächst geeignete Milchkühe anschaffen. In seinem Stall hat er Platz für 200 Kühe,
und diese Zahl möchte er auch ausnutzen. Zur Auswahl stehen drei Rassen: die holstei-
nische Schwarzbunte, die hessische Rotkarierte und die alpenländische lila Kuh. Von
jeder der drei Rassen kann ihm der Züchter höchstens 120 Tiere verkaufen.

Außerdem gibt es gewaltige Preisunterschiede: Eine Schwarzbunte kostet gerade
mal 100 Euro, eine Rotkarierte dagegen 1500 Euro, und für eine lila Kuh muss er immer noch 500 Euro bezahlen. Unter Ausnutzung aller verfügbaren Bankkredite kann er
insgesamt 180.000 Euro für den Kauf der Rinder einsetzen.

Natürlich möchte er seinen Gewinn maximieren; für die Milch, die eine Schwarz-bunte pro Tag gibt, kann er 20 Euro erlösen, für die einer Rotkarierten ebenfalls 20 Euro, für die einer lila Kuh aber nur 10 Euro. Wie sollte der Landwirt seinen Viehbestand zusammensetzen, und welchen Gewinn kann er pro Tag maximal erzielen? ◄

4.2.2 Rechnerische Lösung durch Eckpunktberechnung

Bei den grafischen Beispielen hatten wir beobachtet, dass der optimale Wert der Zielfunktion entweder in genau einer Ecke des zulässigen Bereichs oder in allen Punkten eines Randgeradenstücks angenommen wurde. Da zu einem solchen Randgeradenstück auch zwei Ecken des zulässigen Bereichs gehören, kann man diese Beobachtung zusammenfassen zu der Aussage, dass das Optimum der Zielfunktion stets in (mindestens) einer Ecke des zulässigen Bereichs angenommen wird.

Tatsächlich kann man beweisen, dass dies nicht nur in unseren Beispielen der Fall ist, sondern immer, und auch nicht nur im Fall zweier Variablen, sondern auch bei beliebig vielen. Dies ist der Inhalt des folgenden Satzes, der so wichtig ist, dass man ihn den Hauptsatz der linearen Optimierung nennt:

Satz 4.1 (Hauptsatz der linearen Optimierung)
Besitzt ein lineares Optimierungsproblem eine endliche Lösung, so wird sie in mindestens einer der Ecken des zulässigen Bereichs angenommen.

Über den ersten Halbsatz brauchen Sie sich nicht allzu viele Sorgen zu machen, alle auch nur halbwegs vernünftigen Optimierungsprobleme besitzen eine endliche Lösung, und nur solche werden Ihnen in diesem Buch begegnen.

Wenn Sie sich fragen, wie denn überhaupt ein lineares Optimierungsproblem aussehen könnte, das keine endliche Lösung hat, dann schauen Sie noch einmal in die Einleitung dieses Kapitels: Dort hatte ich nach dem maximalen Gewinn eines Monopolisten ohne jede Restriktion gefragt. Dieses Problem hat sicherlich keine endliche Lösung. Weiterhin gibt es natürlich Optimierungsprobleme, die überhaupt keine (insbesondere also keine endliche) Lösung haben, wenn nämlich der zulässige Bereich eine leere Menge ist.

Bei „vernünftigen" Problemen – und auf solche beschränke ich mich im weiteren Verlauf – stellt der Satz einen gewaltigen Fortschritt dar. Er besagt nämlich, dass man bei der rechnerischen Suche nach einem Optimum nicht mehr den gesamten zulässigen Bereich durchsuchen muss, der ja aus unendlich vielen Punkten besteht, sondern dass man sich bei der Suche auf die endlich vielen Ecken dieses Bereichs beschränken kann. Die Koordinaten dieser Eckpunkte muss man dann in die Zielfunktion einsetzen und deren Wert berechnen. Dort, wo dieser Wert am größten ist, liegt das Optimum. So einfach kann Mathematik sein.

Ich schreibe das nun noch in Form eines kleinen Algorithmus auf:

Rechnerische Lösung eines linearen Optimierungsproblems durch Eckpunktberechnung

Vorgelegt sei ein lineares Optimierungsproblem wie in Definition 4.1 angegeben.

- Man bestimmt die Eckpunkte des zulässigen Bereichs durch Gleichsetzen der sich schneidenden Randgeraden.
- Man berechnet die Werte der Zielfunktion in diesen Eckpunkten.
- Der größte (bei Maximierungsproblemen) bzw. der kleinste (bei Minimierungsproblemen) dieser Werte ist der optimale Wert der Zielfunktion, ein Punkt, in dem dieser Wert angenommen wird, ist optimaler Punkt des Problems.

Beispiel 4.5

Zur Illustration dieses Verfahrens greife ich nochmals Beispiel 4.2 auf, in dem es um Bleistifte und Atomkraftwerke ging. Abb. 4.10 zeigt nochmals den zulässigen Bereich dieses Problems, wie er bereits in Abb. 4.1 zu sehen war, zusätzlich habe ich nun die Eckpunkte beschriftet.

Die Randgeraden entnimmt man den bereits in der Behandlung des Beispiels formulierten Ungleichungen und Nichtnegativitätsbedingungen; sie lauten:

$$g_1 : x = 0$$
$$g_2 : y = 0$$
$$g_3 : x = 10$$
$$g_4 : y = 7$$
$$g_5 : x + y = 13$$
$$g_6 : 12x + 32y = 256$$

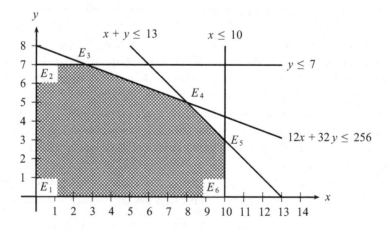

Abb. 4.10 Der zulässige Bereich in Beispiel 4.2 mit beschrifteten Eckpunkten

Um die in der Abbildung bezeichneten Eckpunkte zu berechnen, muss man nun also jeweils zwei dieser Geradengleichungen gleichsetzen.

So erhält man den Eckpunkt E_1, den Schnittpunkt von g_1 und g_2, als $E_1 = (0, 0)$. In E_2 schneiden sich die Geraden g_1 und g_4, also ist $E_2 = (0, 7)$. E_3 ist der Schnittpunkt von g_4 und g_6. Hier muss man zum ersten Mal ein wenig rechnen und den aus g_4 stammenden Wert $y = 7$ in die Gleichung $12x + 32y = 256$ einsetzen. Anschließendes Auflösen nach x liefert $x = 8/3$. Bleibt nur zu hoffen, dass dies nicht der optimale Punkt sein wird, sonst muss der Handwerksbetrieb 8/3 Bleistifte herstellen.

Weiter geht es mit der Berechnung der Eckpunkte. In E_4 schneiden sich die Geraden g_5 und g_6, hier ist also ein Gleichungssystem mit zwei Gleichungen und zwei Unbekannten zu lösen. Dies habe ich bereits bei der grafischen Behandlung des Beispiels getan (bzw. das Problem dort elegant auf Sie abgedrückt) und als Lösung erhalten: $x = 8$, $y = 5$. Also ist $E_4 = (8, 5)$. Nun wird es wieder einfacher, in E_5 schneiden sich g_5 und die Konstante g_3, somit ist $x = 10$ und $y = 3$, also $E_5 = (10, 3)$, und schließlich hat E_6 als Schnittpunkt von g_2 und g_3 die Koordinaten $E_6 = (10, 0)$.

Geschafft. Allerdings steht das Ganze noch etwas unübersichtlich da, außerdem fehlt noch das Einsetzen der Punktkoordinaten in die Zielfunktion, die übrigens, falls Sie es nicht mehr präsent haben sollten, lautet: $Z(x, y) = 100x + 160y$. Ich erledige das in Form der folgenden kleinen Tabelle:

Eckpunkt	Schnittgeraden	Koordinaten	Wert der Zielfunktion
E_1	$g_1 \cap g_2$	(0,0)	0
E_2	$g_1 \cap g_4$	(0,7)	1120,00
E_3	$g_4 \cap g_6$	$\left(\dfrac{8}{3}, 7\right)$	1386,67
E_4	$g_5 \cap g_6$	(8,5)	1600,00
E_5	$g_3 \cap g_5$	(10,3)	1480,00
E_6	$g_2 \cap g_3$	(10,0)	1000,00

Offenbar ist der maximale Wert der Zielfunktion gleich 1600, dieser wird im Punkt $(x, y) = (8, 5)$ angenommen. Das heißt, die optimale Wahl ist $x = 8$ und $y = 5$, und dieses Ergebnis hatten wir ja auch durch die grafische Methode ermittelt. ◄

Vielleicht ist Ihnen aufgefallen, dass ich in diesem Beispiel nicht so ganz ohne grafische Unterstützung ausgekommen bin, denn ich habe mich an der Abbildung darüber informiert, welche Schnittpunkte der Randgeraden denn nun wirklich zum zulässigen Bereich gehören. Beispielsweise sieht man sofort, dass der Schnittpunkt der Geraden $x = 10$ und $y = 7$ außerhalb des zulässigen Bereichs liegt, und daher habe ich diesen Punkt auch gar nicht erst untersucht.

Ich halte das durchaus für legitim, aber manche Leute zugegebenermaßen nicht, außerdem stößt die grafische Veranschaulichung sehr bald an ihre Grenzen, wenn wir im nächsten Kapitel Probleme mit mehr als zwei Variablen betrachten. Daher möchte ich hier deutlich darauf hinweisen, dass man das Verfahren der Eckpunktberechnung auch rein rechnerisch durchführen kann, ohne ein einziges Mal eine Abbildung anzuschauen. Man muss dann allerdings *alle* möglichen Schnittpunkte der Randgeraden berechnen und anschließend für jeden dieser Schnittpunkte prüfen, ob er im zulässigen Bereich liegt, also alle (anderen) Nebenbedingungen erfüllt. Im obigen Beispiel würde das beispielsweise bedeuten, dass ich die Koordinaten des Schnittpunkts (10,7) in die Nebenbedingung $x + y \leq 13$ einsetzen muss. Offenbar ist $10 + 7$ nicht kleiner oder gleich 13, also gehört dieser Punkt nicht zum zulässigen Bereich. So muss man dann mit allen Schnittpunkten der Randgeraden verfahren. Der rechnerische Aufwand dieses Verfahrens ist natürlich erheblich höher.

Übungsaufgabe 4.3

Lösen Sie das in Beispiel 4.4 gestellte Problem durch das Verfahren der Eckpunktberechnung. Erstellen Sie hierzu eine Tabelle wie oben gezeigt, und berechnen Sie den maximalen Gewinn. Zur Orientierung dürfen Sie hierbei gerne grafische Unterstützung benutzen.   ◄

4.2.3 Der Simplex-Algorithmus

Der Simplex-Algorithmus ist *das* Standardverfahren zur rechnerischen Lösung linearer Optimierungsprobleme. In diesem Unterabschnitt werde ich ihn zunächst für zwei Variablen vorstellen und dabei die im ersten Unterabschnitt grafisch behandelten Beispiele nochmals aufgreifen. Im anschließenden Abschnitt wird dann der allgemeine Fall, also lineare Optimierung für beliebig viele Variablen, behandelt.

Im Prinzip beruht der Simplex-Algorithmus wie die Eckpunktberechnungsmethode auf der Tatsache, dass das Optimum der Zielfunktion in einem Eckpunkt des zulässigen Bereichs angenommen wird, dass man also zur Bestimmung dieses Optimums nur diese Eckpunkte untersuchen muss. Im Gegensatz zur Eckpunktberechnung muss man im Simplex-Algorithmus jedoch nicht alle Ecken untersuchen, sondern man kann sich von einer Ecke zu einer anderen bewegen, die garantiert einen nicht schlechteren, meist sogar einen besseren Zielfunktionswert liefert. Bei zwei Variablen kommt dieser Vorteil noch nicht so sehr zum Tragen, aber stellen Sie sich vor, Sie müssten ein Problem mit 17 Variablen, also im 17-dimensionalen Raum, mithilfe der Eckpunktberechnungsmethode oder gar grafisch lösen. Dabei müssten Sie also alle Ecken eines 17-dimensionalen Gebietes untersuchen, eine in endlicher Zeit fast unlösbare Aufgabe. Hier bietet der Simplex-Algorithmus unschlagbare Vorteile.

Um den Simplex-Algorithmus anwenden zu können, muss man das gegebene Problem zunächst in Gleichungsform bringen, also alle Ungleichungen in Gleichungen verwandeln. Das klingt komplizierter, als es ist: Hat man beispielsweise eine Ungleichung der Form

$$a_1 x + a_2 y \leq b, \tag{4.1}$$

so führt man eine zusätzliche Variable, sagen wir u, ein, die die Eigenschaft $u \geq 0$ haben soll. Dann lautet die der Ungleichung (4.1) entsprechende Gleichung:

$$a_1 x + a_2 y + u = b.$$

Die Variable u bezeichnet man als **Schlupfvariable**. Sie repräsentiert denjenigen Anteil der durch die Ungleichung (4.1) formalisierten Ressource, der nicht in Anspruch genommen wird. Demgegenüber bezeichnet man die „eigentlichen" Variablen x und y (bzw. $x_1, \ldots x_n$ im allgemeinen Fall mit beliebig vielen Variablen) als **Strukturvariablen**.

Beispiel 4.6

Ein Betrieb fertigt zwei Produkte, nämlich Wasserbetten und Milchbetten (eine Neuentwicklung, für die ich mir erst noch das Patent sichern muss). Die pro Tag produzierten Stückzahlen bezeichne ich mit x (für Wasserbetten) und y (für Milchbetten). Die Fertigung eines Wasserbetts nimmt die Maschine für 2 Stunden in Anspruch, die Fertigung eines Milchbetts für 3 Stunden. Insgesamt kann die Maschine 18 Stunden am Tag laufen.

Damit lautet die Restriktion in Ungleichungsform: $2x + 3y \leq 18$. Führt man nun die Schlupfvariable u ein, so wird daraus die Gleichung

$$2x + 3y + u = 18.$$

Entscheidet sich der Betrieb nun beispielsweise dafür, pro Tag vier Wasserbetten und zwei Milchbetten zu produzieren, so ist $x = 4$ und $y = 2$, also

$$8 + 6 + u = 18.$$

Somit ist in diesem Fall $u = 4$, und das entspricht der Tatsache, dass die Maschine bei dieser Wahl der Produktionsmengen vier Stunden lang nicht benutzt wird.   ◄

So behandelt man jede einzelne Ungleichung des gegebenen Optimierungsproblems, das heißt, man führt für jede Ungleichung eine neue Variable ein und verwandelt sie so in eine Gleichung. Das erhöht zwar die Anzahl der Variablen unter Umständen beträchtlich, aber es muss sein, da der Simplex-Algorithmus nur mit Gleichungen arbeiten kann.

Beispiel 4.7

Vielleicht tut es an dieser Stelle gut, etwas Bekanntes zu sehen, daher greife ich jetzt noch ein letztes Mal das Bleistifte-Atomkraftwerke-Beispiel (Beispiel 4.2) auf. Bei der ersten Behandlung dieses Beispiels hatte sich bereits herausgestellt, dass es hier vier Restriktionen gibt:

$$x \leq 10$$
$$y \leq 7$$
$$x + y \leq 13$$
$$12x + 32y \leq 256.$$

Demzufolge müssen vier Schlupfvariablen eingeführt werden, die ich u_1 bis u_4 nenne. Es ergeben sich folgende Gleichungen:

$$x + u_1 = 10$$
$$y + u_2 = 7$$
$$x + y + u_3 = 13$$
$$12x + 32y + u_4 = 256.$$

Außerdem sollen die Schlupfvariablen ebenso wie die ursprünglichen Variablen nicht negativ sein, das heißt:

$$x, y, u_1, \ldots, u_4 \geq 0.$$

An der Zielfunktion $Z(x, y) = 100x + 160y$ ändert sich nichts; na ja, streng genommen ändert sich schon etwas, nur sieht man es nicht: Die Zielfunktion hängt ja von *allen* beteiligten Variablen ab, also auch von den Schlupfvariablen. Da diese aber nicht ausgenutzte Kapazitäten widerspiegeln, die ja keinen Beitrag zur Gewinnmaximierung bringen, werden die Schlupfvariablen in der Zielfunktion mit den Koeffizienten 0 versehen. Ganz genau lautet die Zielfunktion nun also:

$$Z = Z\left(x, y, u_1, u_2, u_3, u_4\right) = 100x + 160y + 0u_1 + 0u_2 + 0u_3 + 0u_4. \qquad \blacktriangleleft$$

Wieder einmal bin ich in der bereits bekannten Situation, dass ich ein Problem zwar wunderbar formulieren, es aber noch nicht lösen kann. Das ist natürlich nicht befriedigend, und daher werde ich das jetzt schleunigst ändern, indem ich das gerade formulierte Problem mithilfe das Simplex-Algorithmus lösen werde.

Allerdings werde ich hierbei, um die Anzahl der Variablen überschaubar zu halten, einen Trick anwenden, der in der Praxis natürlich nicht erlaubt ist: Da ich durch das Ergebnis der grafischen Lösung dieses Problems bereits weiß, dass die Restriktionen $x \leq 10$ und $y \leq 7$ beim optimalen Ergebnis nicht ausgenutzt werden, also inaktiv sind, lasse ich diese von Anfang an bei der Problemstellung weg. Das reduziert die Anzahl der Nebenbedingungen auf zwei, und demnach haben wir es auch nur noch mit zwei anstelle von vier Schlupfvariablen zu tun. Das Optimierungsproblem lautet damit:

Man maximiere die Zielfunktion

$$100x + 160y \qquad\qquad\qquad (4.2)$$

unter den Nebenbedingungen

$$x + y + u_3 = 13$$
$$12x + 32y + u_4 = 256 \qquad\qquad (4.3)$$

Ich möchte aber noch einmal betonen, dass diese Vorgehensweise hier nur aus didaktischen Gründen gewählt wurde, im Allgemeinen hat man a priori keine Information darüber, welche Restriktion inaktiv ist, und daher kann man im Allgemeinen auch keine der Restriktionen von Anfang an weglassen.

Wie funktioniert nun der Simplex-Algorithmus? Man beginnt damit, das mithilfe der Schlupfvariablen in Gleichungsform formulierte Problem in Tabellenform zu notieren; man nennt dies dann eine **Simplex-Tabelle**. Im Falle des gerade gestellten Problems, also der Zielfunktion (4.2) und der Nebenbedingungen (4.3), sieht die Simplex-Tabelle wie folgt aus:

x	y	u_3	u_4	
1	1	1	0	13
12	32	0	1	256
−100	**−160**	**0**	**0**	**0**

In der Kopfzeile stehen hier einfach nochmal die Variablen, damit man nicht den Überblick darüber verliert, was man eigentlich gerade optimiert. Die nächsten beiden Zeilen enthalten die Koeffizienten der Nebenbedingungen, ganz rechts steht sinnigerweise deren rechte Seite. Die unterste, fett gedruckte Zeile, enthält die Zielfunktion, wobei, wie ich oben gerade sagte, die Schlupfvariablen die Koeffizienten 0 erhalten. Aus Gründen, deren Erklärung Sie mir und sich bitte ersparen wollen, versieht man die Koeffizienten der Zielfunktion in der Anfangstabelle mit negativen Vorzeichen. Grob gesprochen macht man das, um am Ende auf der rechten Seite ein „schönes" positives Resultat, nämlich den optimalen Wert der Zielfunktion zu erhalten.

Aber so weit sind wir hier noch nicht, momentan steht auf der rechten Seite der Zielfunktionszeile noch eine Null. Das entspricht der Tatsache, dass man zu Beginn mangels weiterer Information die Werte der Strukturvariablen x und y auf 0 setzt, was zwangsweise auch den Wert der Zielfunktion auf diesen Wert bringt.

Das wollen wir ändern, daher müssen wir nun gewisse Manipulationen an der Simplex-Tabelle vornehmen. Zunächst muss ich mich entscheiden, welche Spalte, also welche Variable, ich verändern will. Hierfür muss ich mich an der Zielfunktionszeile orientieren: Prinzipiell darf ich jede Spalte nehmen, in der diese Zeile einen negativen Wert hat. Am effizientesten ist es, diejenige Spalte zu wählen, in der der kleinste – also betragsmäßig größte! – Wert steht, denn diese bringt den stärksten Zuwachs in der Zielfunktion. In diesem Beispiel ist das die zweite, also y-Spalte, denn −160 ist kleiner als −100 und allemal kleiner als 0. Damit hätten wir die maßgebliche Spalte festgelegt; man nennt diese Spalte die Pivotspalte. Da dies ein zentraler Begriff ist, halte ich ihn in einer kleinen formalen Definition fest:

Definition 4.3
Die Simplex-Tabelle enthalte in der Zielfunktionszeile mindestens einen negativen Wert. Als **Pivotspalte** bezeichnet man dann diejenige Spalte dieser Tabelle, in der der kleinste dieser negativen Werte steht. Gibt es mehrere Spalten, die denselben kleinsten Wert enthalten, so kann man eine davon frei wählen. Die Variable, die durch diese Spalte repräsentiert wird, nennt man Pivotvariable.

Nun sucht man innerhalb der Pivotspalte nach derjenigen Zeile, die bezüglich der in dieser Spalte relevanten Variablen die stärkste Restriktion darstellt.

In unserem Beispiel ist die Situation wie folgt: Die erste Zeile besagt $y \leq 13$, die zweite $32y \leq 256$, also $y \leq 8$. Somit stellt die zweite Zeile die stärkere Restriktion für y dar und wird Pivotzeile genannt.

Definition 4.4
Diejenige Nebenbedingungszeile, die für die Pivotvariable die stärkste Restriktion darstellt, nennt man **Pivotzeile**.

Rechnerisch ermittelt man die Pivotzeile, indem man in jeder Zeile die rechte Seite durch den Koeffizienten der Pivotvariablen dividiert, falls dieser positiv ist. Zeilen, in denen dieser Koeffizient negativ oder 0 ist, scheiden von vornherein aus. Diejenige Zeile, in der dieser Quotient am kleinsten ist, ist die Pivotzeile. Gibt es mehrere Zeilen, die denselben Quotienten liefern, kann man sich für eine davon frei entscheiden. Im aktuellen Beispiel ist der fragliche Quotient in der ersten Zeile gleich $13/1 = 13$, in der zweiten gleich $256/32 = 8$. Da 8 kleiner ist als 13, ist die zweite Zeile die eindeutig bestimmte Pivotzeile.

Schließlich und endlich erhält dasjenige Element der Tabelle, das im Schnittpunkt von Pivotspalte und -zeile steht, einen Namen, man nennt es das **Pivotelement**. Im Beispiel ist das die 32.

Nun aber endlich genug der Definitionen, lasst Taten folgen! Als Erstes normiert man die Pivotzeile, indem man alle Einträge der Zeile durch das Pivotelement dividiert, sodass dieses den Wert 1 erhält. Im vorliegenden Beispiel ergibt das die folgende Tabelle:

x	y	u_3	u_4	
1	1	1	0	13
$\dfrac{3}{8}$	1	0	$\dfrac{1}{32}$	8
-100	-160	**0**	**0**	**0**

Der wichtigste Schritt bei der Umformung der Simplex-Tabelle kommt nun: Man wendet den Gauß-Algorithmus an, um in der Pivotspalte alle Elemente (auch das in der Zielfunktionszeile) außer dem Pivotelement zu 0 zu machen.

In unserem Beispiel kann ich hierfür beispielsweise die zweite Zeile von der ersten abziehen und anschließend die zweite Zeile mit 160 multiplizieren und auf die letzte Zeile addieren. Das Resultat sieht wie folgt aus:

x	y	u_3	u_4	
$\dfrac{5}{8}$	0	1	$-\dfrac{1}{32}$	5
$\dfrac{3}{8}$	1	0	$\dfrac{1}{32}$	8
-40	**0**	**0**	**0**	**1280**

Nun beginnt das Ganze von vorn. Die Wahl der Pivotspalte fällt nun leicht, denn es gibt in der Zielfunktionszeile nur ein einziges negatives Element, dieses steht in der ersten Spalte, und somit ist diese die Pivotspalte. Zur Bestimmung der Pivotzeile muss ich die oben erwähnten Quotienten bilden. In der ersten Zeile finde ich $5/(5/8) = 8$, in der zweiten $8/(3/8) = 64/3$. Da 8 kleiner ist als $64/3$, ist die erste Zeile die Pivotzeile und demnach $5/8$ das Pivotelement. Durch diese Zahl wird also die erste Zeile dividiert, um zu normieren. Das Ergebnis ist folgende Tabelle:

x	y	u_3	u_4	
1	0	$\dfrac{8}{5}$	$-\dfrac{1}{20}$	8
$\dfrac{3}{8}$	1	0	$\dfrac{1}{32}$	8
-40	0	0	5	1280

Dann wird nochmals der Gauß-Algorithmus angewendet; dies ergibt folgende Simplex-Tabelle:

x	y	u_3	u_4	
1	0	$\dfrac{8}{5}$	$-\dfrac{1}{20}$	8
0	1	$-\dfrac{3}{5}$	$\dfrac{1}{20}$	5
0	0	64	3	1600

Nun endet das Verfahren zwangsläufig, denn in der Zielfunktionszeile ist kein negativer Koeffizient mehr vorhanden. Den optimalen Wert der Zielfunktion liest man nun rechts unten ab: Er lautet 1600. Die zugehörigen optimalen Werte von x und y kann man den ersten beiden Zeilen entnehmen: Es ist $x = 8$ und $y = 5$. Ja, ich *weiß*, dass wir das schon wussten, aber genau deswegen ist es ja als erstes Beispiel für diesen neuen Algorithmus gut geeignet.

Bevor ich den Simplex-Algorithmus formal aufschreibe, möchte ich noch ein weiteres Beispiel durchexerzieren. Ich greife hierfür das in Beispiel 4.1 formulierte Maximierungsproblem nochmals auf.

Beispiel 4.8

Man maximiere die Zielfunktion

$$Z\left(x,y\right) = x + y$$

unter den Nebenbedingungen

$$x + 2y \leq 4$$
$$x \leq 2$$

mithilfe das Simplex-Algorithmus. Hierzu führe ich zunächst zwei Schlupfvariablen u_1 und u_2 ein und formuliere die Nebenbedingungen als Gleichungen:

$$x + 2y + u_1 = 4$$

$$x + u_2 = 2$$

Dieses System übertrage ich mitsamt der Zielfunktion zunächst in eine Simplex-Tabelle:

x	y	u_1	u_2	
1	2	1	0	4
1	0	0	1	2
−1	**−1**	**0**	**0**	**0**

Als Pivotspalte kommen hier die ersten beiden Spalten infrage, denn beide enthalten eine negative Zahl; zwischen diesen wiederum kann ich mich frei entscheiden, da sie identisch sind, und ich entscheide mich für die erste Spalte, meine Pivotvariable ist also x.

Um die Pivotzeile zu ermitteln, muss ich die Einträge auf der rechten Seite durch den jeweiligen Koeffizienten von x, also den Eintrag in der ersten Spalte, dividieren. In der ersten Zeile ergibt dies $4/1 = 4$, in der zweiten $2/1 = 2$. Da nun mal 2 kleiner ist als 4, ist die zweite Zeile die Pivotzeile und die 1 das Pivotelement. Zu normieren gibt es hier nichts, da das Element bereits gleich 1 ist, also kann der Kollege Gauß in Aktion treten. Ich addiere das Negative der zweiten Zeile auf die erste und anschließend die unveränderte zweite Zeile auf die Zielfunktionszeile. Das ergibt folgende Tabelle:

x	y	u_1	u_2	
0	2	1	−1	2
1	0	0	1	2
0	**−1**	**0**	**1**	**2**

Die Pivotspalte ist nun eindeutig bestimmt, denn nur in der zweiten Spalte findet sich in der Zielfunktionszeile noch ein negativer Eintrag, und auch die Pivotzeile ist hier eindeutig die erste Zeile. Ich normiere diese, indem ich alle Einträge durch 2 teile, und addiere sie anschließend auf die Zielfunktionszeile. Dies liefert mir die folgende abschließende Simplex-Tabelle:

x	y	u_1	u_2	
0	1	$\frac{1}{2}$	$-\frac{1}{2}$	1
1	0	0	1	2
0	**0**	$\mathbf{\frac{1}{2}}$	$\mathbf{\frac{1}{2}}$	**3**

Hieran liest man ab, dass die optimalen Werte $x = 2$ und $y = 1$ sind und dass der zugehörige optimale Wert der Zielfunktion gleich 3 ist; Sie finden ihn rechts unten in der Tabelle. ◄

Falls Sie der Meinung sind, dass es nun höchste Zeit sei, den Simplex-Algorithmus endlich einmal formal aufzuschreiben, so bin ich ganz Ihrer Meinung und will das auch gleich tun.

Der Simplex-Algorithmus zur Lösung eines linearen Maximierungsproblems in zwei Variablen

Vorgelegt sei ein lineares Optimierungsproblem wie in Definition 4.1 angegeben. Es wird vorausgesetzt, dass der Punkt $(x, y) = (0,0)$ zum zulässigen Bereich gehört.

1. Man verwandelt das gegebene Problem durch Einführung von Schlupfvariablen in ein Gleichungssystem und überträgt dieses in Schemaform. Hierbei muss man alle positiven Koeffizienten der Zielfunktion ins Negative übertragen.
2. Man ermittelt die Pivotspalte. Hierzu sucht man den kleinsten (also betragsmäßig größten) Wert in der Zielfunktionszeile. Gibt es mehrere dieser Werte, so kann man sich einen davon aussuchen.
3. Für jeden positiven Wert a_i in dieser Spalte bildet man den Quotienten aus der rechten Seite b_i und diesem Koeffizienten. Diejenige Zeile, in der der Quotient b_i/a_i am kleinsten ist, ist die Pivotzeile.
4. Dasjenige Element, das in Pivotzeile *und* Pivotspalte steht, ist das Pivotelement. Man normiert dann diese Zeile, indem man alle Elemente der Zeile durch das Pivotelement dividiert.
5. Durch Anwendung des Gauß-Algorithmus macht man alle anderen Elemente der Pivotspalte zu 0.
6. Man untersucht die Zielfunktionszeile. Sind alle Koeffizienten positiv oder 0, so endet das Verfahren. Der optimale Wert der Zielfunktion ist rechts unten abzulesen, die zugehörigen Werte der Variablen x und y ergeben sich aus dem Schema. Ansonsten geht man zu Schritt 2 zurück.

Ich halte es nicht für sinnvoll, Ihnen nun noch ein paar Beispiele vorzukauen, sondern fur viel besser, wenn Sie sich an den folgenden Übungsaufgaben einmal selbst versuchen.

Übungsaufgabe 4.4

Ermitteln Sie mithilfe des Simplex-Algorithmus das Maximum der Funktion

$$Z(x,y) = 40x + 60y$$

unter den Nebenbedingungen

$$3x + 6y \le 42$$
$$5x + 4y \le 58$$

◀

Übungsaufgabe 4.5

Ein Betrieb fertigt zwei verschiedene Produkte, P_1 und P_2, zu deren Herstellung zwei Maschinen benötigt werden. Die Herstellung von P_1 belegt die erste Maschine für zwei Stunden, diejenige von P_2 für eine Stunde. Insgesamt kann diese Maschine an 22 Stunden pro Tag laufen. Die zweite Maschine wird durch die Herstellung von P_1 für eine Stunde belegt, durch diejenige von P_2 für zwei Stunden. Diese zweite Maschine kann 23 Stunden am Tag laufen.

Der Verkauf einer Einheit P_1 bringt dem Betrieb 3 Euro Gewinn, der von einer Einheit P_2 2 Euro. Berechnen Sie mithilfe des Simplex-Algorithmus, wie der Betrieb seine Produktionskapazitäten aufteilen sollte, um den Gewinn zu maximieren. Wie hoch ist der maximale Gewinn pro Tag?   ◀

Übungsaufgabe 4.6

Wir sollten den Kleingartenbesitzer aus Beispiel 4.3 nicht ganz aus dem Auge verlieren und sicherheitshalber die grafisch ermittelte Lösung durch den Simplex-Algorithmus bestätigen. Um die Anzahl der Variablen in Grenzen zu halten, verzichte ich auch hier – in der Praxis unzulässigerweise – auf die bereits als redundant erkannte Nebenbedingung $5x + 8y \leq 1100$.

Das Problem lautet also: Maximieren Sie die Zielfunktion $Z(x, y) = 15x + 25y$ unter den Nebenbedingungen $y \leq x$ und $x + y \leq 150$. Lösen Sie dieses Problem durch den Simplex-Algorithmus.   ◀

4.3   Lineare Optimierung mit beliebig vielen Variablen

Sie haben möglicherweise schon bemerkt, dass ich in der Überschrift des vorangegangenen Abschnitts ein wenig geschwindelt habe: Wir hatten es gegen Ende nicht mit zwei *Variablen* zu tun, wie ich behauptet hatte, sondern mit zwei *Strukturvariablen*, nämlich x und y. Die Gesamtzahl der Variablen hatte sich durch die notwendige Einführung von mindestens zwei Schlupfvariablen auf mindestens vier erhöht. Das bedeutet, dass wir den Sprung von „zwei" auf „beliebig viele" Variablen bereits heimlich gemacht haben, und das bedeutet vor allem, dass Sie bezüglich des Simplex-Algorithmus in diesem Kapitel nur einige neue Aspekte, aber nichts grundsätzlich Neues mehr lernen müssen. Klingt doch gut, oder nicht?

4.3.1   Problemstellung und allgemeine Vorbemerkungen

In diesem Abschnitt befassen wir uns durchweg mit einem linearen Maximierungsproblem in n Variablen, wobei n eine beliebige natürliche Zahl sein kann. Die genaue Definition dieser Problemstellung erfolgt in direkter Verallgemeinerung von Definition 4.1:

Definition 4.5

Es seien $x_1, x_2, \ldots x_n$ reelle Variablen sowie $c_1, c_2, \ldots c_n, b_1, \ldots, b_m$ und a_{ij} für $i = 1, \ldots,$ m und $j = 1, \ldots n$ fest vorgegebene Koeffizienten.

Man maximiere den Wert der **Zielfunktion**

$$Z(x,y) = c_1 x_1 + c_2 x_2 + \cdots c_n x_n$$

unter Beachtung der **Nebenbedingungen (Restriktionen)**

$$a_{11} x_1 + a_{12} x_2 + \cdots a_{1n} x_n \leq b_1$$
$$a_{21} x_1 + a_{22} x_2 + \cdots a_{2n} x_n \leq b_2$$
$$\ldots \ldots \quad \ldots \ldots \ldots$$
$$a_{m1} x_1 + a_{m2} x_2 + \cdots a_{mn} x_n \leq b_m$$

Auch hier nimmt man meist stillschweigend die **Nichtnegativitätsbedingungen**

$$x_1 \geq 0, x_2 \geq 0, \ldots, x_n \geq 0$$

als gegeben an.

Auch der zulässige Bereich ist hier genau wie im Fall zweier Variabler definiert, es ist die Menge aller Punkte $(x_1, x_2, \ldots, x_n)$ im n-dimensionalen Raum, die allen Nebenbedingungen (inklusive der Nichtnegativitätsbedingung) gleichzeitig genügen.

Wie sieht der zulässige Bereich im n-dimensionalen Raum eigentlich aus? Für $n = 2$ hatten wir gesehen, dass es sich um ein von mehreren Geradenstücken begrenztes Gebiet in der Ebene handelt. Für $n = 3$ kann man sich den zulässigen Bereich mit etwas Mühe auch noch vorstellen: Es handelt sich um ein von Ebenenstücken begrenztes Gebilde im Raum. Dort, wo sich zwei Ebenen schneiden, entsteht eine Kante, wo sich mehrere Kanten treffen, eine Ecke. In Ausnahmefällen kann so etwas sehr regelmäßig aussehen, beispielsweise wie ein Würfel (hier haben wir sechs quadratische Ebenenstücke, zwölf Kanten und acht Ecken) oder eine ägyptische Pyramide (vier dreieckige und ein quadratisches Ebenenstück, acht Kanten und fünf Ecken). Im Allgemeinen wird der zulässige Bereich aber ein sehr unregelmäßiges Gebilde mit vielen Ecken und Kanten sein. Im höherdimensionalen Raum versagt die menschliche Vorstellungskraft, aber es ist auch hier richtig, dass der zulässige Bereich ein ebenflächig begrenztes Gebilde mit Ecken ist.

Die Durchführbarkeit aller Lösungsverfahren für lineare Optimierungsprobleme beruht auf der Gültigkeit des bereits im zweidimensionalen Fall formulierten Hauptsatzes 4.1, der besagt, dass die Lösung eines linearen Optimierungsproblems immer in mindestens einer der Ecken des zulässigen Bereichs angenommen wird.

Die Situation ist also prinzipiell nicht anders als im zweidimensionalen Fall, und rein theoretisch könnte man die im letzten Abschnitt angegebenen Lösungsverfahren hier alle übernehmen.

Bei der grafischen Methode würde das allerdings bedeuten, dass man *sehr* gut sein müsste im räumlichen Zeichnen, und auch dann hätte man nur noch für $n = 3$ eine Chance. Man müsste dann alle Randebenen, die ja durch die Nebenbedingungen gegeben werden, in ein dreidimensionales Koordinatensystem einzeichnen und anschließend eine Ebene, die die Zielfunktion darstellt, so lange durchschieben, bis sie den Bereich verlässt. Das ist praktisch kaum machbar und wird daher auch nicht gemacht.

Zumindest theoretisch durchführbar ist da schon die Methode der Eckpunktberechnung: Man berechnet hierzu zunächst die Koordinaten aller Eckpunkte des zulässigen Bereichs, indem man Schnitte der Randebenen bildet, also lineare Gleichungssysteme löst, und setzt anschließend diese Eckpunktkoordinaten in die Zielfunktion ein. Diejenige Ecke, die den größten Wert liefert, ist der optimale Punkt. Das Problem bei dieser Vorgehensweise ist die immens große Anzahl von Ecken und damit von linearen Gleichungssystemen, die man bei höher dimensionalen Problemen mit vielen Ungleichungen zu lösen hat und die die Durchführbarkeit der Eckpunktberechnung für größere Dimensionen praktisch unmöglich macht.

So wird das also nix, man braucht ein effizientes Verfahren zur Lösung höherdimensionaler linearer Optimierungsprobleme, und genau das wird durch den Simplex-Algorithmus bereitgestellt. Hiermit befasst sich der nächste Abschnitt.

4.3.2 Der Simplex-Algorithmus

Ungewöhnlicherweise beginne ich hier mit zwei Beispielen, noch bevor ich den Algorithmus in seiner vollen Allgemeinheit angegeben habe. Das kann ich guten Gewissens tun, denn der Simplex-Algorithmus für beliebig viele Variablen unterscheidet sich – bis auf den höheren Rechenaufwand – in nichts von demjenigen für zwei Strukturvariablen, den wir ja schon zur Genüge durchexerziert haben. Allerdings möchte ich Ihnen in diesen beiden Beispielen zwei spezielle Situationen näherbringen, die bisher nicht aufgetreten waren:

1. Mindestens eine der Strukturvariablen hat in der Optimallösung den Wert 0.
2. Die optimale Lösung ist nicht eindeutig, wird also nicht nur in einer Ecke des zulässigen Bereichs angenommen.

Beispiel 4.9

Eine Lebensmittelfirma produziert Müsli in Großgebinden für Institutionen wie Seniorenheime, Waisenhäuser und Hochschul-Cafeterien. Es werden drei Sorten hergestellt, nämlich „Omas Bestes", „Power-Frühstück" und „Morgenglück", die sich durch die unterschiedliche Zusammensetzung der vier Grundzutaten unterscheiden.

Diese Zusammensetzung (in kg pro Gebinde) entnimmt man der folgenden Tabelle. Die rechte Spalte gibt dabei die für die Tagesproduktion zur Verfügung stehende Menge (in t) an:

	Omas Bestes	Power-Frühstück	Morgenglück	Ges. Menge pro Tag
Nüsse	6	12	2	5
Rosinen	8	8	4	7,2
Haferflocken	12	6	8	4,8
Fruchtstücke	4	6	8	3,2

Der Gewinn pro verkaufter Einheit „Omas Bestes" beträgt 50 Euro, der für „Power-Frühstück" 40 Euro und derjenige für „Morgenglück" 60 Euro. Bezeichnet man die Anzahl der verkauften Einheiten der drei Sorten in dieser Reihenfolge mit x_1, x_2 und x_3, so lautet die zu maximierende Zielfunktion also

$$Z(x_1, x_2, x_3) = 50x_1 + 40x_2 + 60x_3.$$

Die Nebenbedingungen ergeben sich direkt aus der Tabelle zu:

$$6x_1 + 12x_2 + 2x_2 \leq 5000$$
$$8x_1 + 8x_2 + 4x_3 \leq 7200$$
$$12x_1 + 6x_2 + 8x_3 \leq 4800$$
$$4x_1 + 6x_2 + 8x_3 \leq 3200$$

sowie

$$x_1 \geq 0, x_2 \geq 0, x_3 \geq 0$$

Da es sich hier um vier Nebenbedingungen handelt, muss ich ebenso viele Schlupfvariablen einführen, also u_1, u_2, u_3, u_4. Das Resultat gebe ich unter Umgehung der expliziten Formulierung als Gleichungssystem sofort als Simplex-Tabelle an:

x_1	x_2	x_3	u_1	u_2	u_3	u_4	
6	12	2	1	0	0	0	5000
8	8	4	0	1	0	0	7200
12	6	8	0	0	1	0	4800
4	6	8	0	0	0	1	3200
−50	−40	−60	0	0	0	0	0

Offenbar ist hier die dritte Spalte die Pivotspalte, denn −60 ist die kleinste Zahl in der Zielfunktionszeile. Nun bildet man die Quotienten der Einträge in der rechten Spalte durch diejenigen in der Pivotspalte und findet: 5000/2 = 2500, 7200/4 = 1800, 4800/8 = 600 und 3200/8 = 400. Da 400 die kleinste dieser Zahlen ist, ist die zugehörige vierte Zeile die Pivotzeile und 8 das Pivotelement. Division dieser Zeile durch 8 liefert die folgende Tabelle:

x_1	x_2	x_3	u_1	u_2	u_3	u_4	
6	12	2	1	0	0	0	5000
8	8	4	0	1	0	0	7200
12	6	8	0	0	1	0	4800
$\dfrac{1}{2}$	$\dfrac{3}{4}$	1	0	0	0	$\dfrac{1}{8}$	400
-50	-40	-60	**0**	**0**	**0**	**0**	**0**

Anwendung des Gauß-Algorithmus auf diese Tabelle ergibt folgendes Bild:

x_1	x_2	x_3	u_1	u_2	u_3	u_4	
5	$\dfrac{21}{2}$	0	1	0	0	$-\dfrac{1}{4}$	4200
6	5	0	0	1	0	$-\dfrac{1}{2}$	5600
8	0	0	0	0	1	-1	1600
$\dfrac{1}{2}$	$\dfrac{3}{4}$	1	0	0	0	$\dfrac{1}{8}$	400
-20	5	**0**	**0**	**0**	**0**	$\dfrac{15}{2}$	**24.000**

Nun ist zweifellos die erste Spalte die Pivotspalte, denn -20 ist das einzige negative Element in der Zielfunktionszeile überhaupt. Wiederum berechnet man die Quotienten der rechten Spalte durch diejenigen der Pivotspalte und stellt fest, dass $1600/8 = 200$ der kleinste ist. Somit ist die zugehörige dritte Zeile die Pivotzeile. Normierung ergibt folgende Tabelle:

x_1	x_2	x_3	u_1	u_2	u_3	u_4	
5	$\dfrac{21}{2}$	0	1	0	0	$-\dfrac{1}{4}$	4200
6	5	0	0	1	0	$-\dfrac{1}{2}$	5600
1	0	0	0	0	$\dfrac{1}{8}$	$-\dfrac{1}{8}$	1600
$\dfrac{1}{2}$	$\dfrac{3}{4}$	1	0	0	0	$\dfrac{1}{8}$	400
-20	5	**0**	**0**	**0**	**0**	$\dfrac{15}{2}$	**24.000**

Anschließende Anwendung des Gauß-Algorithmus liefert:

x_1	x_2	x_3	u_1	u_2	u_3	u_4	
0	$\dfrac{21}{2}$	0	1	0	$-\dfrac{5}{8}$	$\dfrac{3}{8}$	3200
0	5	0	0	1	$-\dfrac{3}{4}$	$\dfrac{1}{4}$	4400
1	0	0	0	0	$\dfrac{1}{8}$	$-\dfrac{1}{8}$	200
0	$\dfrac{3}{4}$	1	0	0	$-\dfrac{1}{16}$	$\dfrac{3}{16}$	300
0	**5**	**0**	**0**	**0**	$\mathbf{\dfrac{5}{2}}$	**5**	**28.000**

Nun ist das Verfahren beendet, denn in der Zielfunktionszeile sind nur noch nicht negative Zahlen zu sehen.

Hier ist nun ein neues Phänomen zu beobachten: Die Zielfunktionszeile enthält in der Spalte der Strukturvariablen x_2 eine positive Zahl. Das bedeutet, dass jede Belegung dieser Variablen mit einem positiven Wert den Wert der Zielfunktion verkleinern würde, was man natürlich nicht haben will. Daher lautet in diesem Fall die optimale Wahl für $x_2 : x_2 = 0$. Der Betrieb sollte also auf die Produktion von „Power-Frühstück" ganz verzichten – ist sowieso ein blöder Name. An der Tabelle liest man noch ab, dass die Wahl von $x_1 = 200$ und $x_3 = 300$ optimal ist und den maximalen Gewinn von 28.000 Euro ergibt.   ◄

Im folgenden Beispiel will ich Ihnen zeigen, was passiert, wenn die optimale Lösung nicht eindeutig ist, also nicht nur in einer Ecke, sondern entlang eines gesamten Randgeradenstücks angenommen wird. Dieses Beispiel enthält der Einfachheit halber nur zwei Strukturvariablen, ich hätte es also bereits im letzten Abschnitt bringen können, aber da wollte ich Sie mit solch unangenehmen Dingen nicht unnötig erschrecken.

Beispiel 4.10

Zu lösen ist das folgende Optimierungsproblem in zwei Variablen: Man maximiere die Funktion

$$Z\left(x_1,x_2\right) = 5x_1 + 10x_2$$

unter den Nebenbedingungen

$$x_1 + 2x_2 \le 24$$
$$x_1 \le 10$$

Die Simplex-Tabelle ist hier schnell aufgestellt, sie lautet:

x_1	x_2	u_1	u_2	
1	2	1	0	24
1	0	0	1	10
−5	−10	0	0	0

Hier ist offensichtlich die zweite Spalte die Pivotspalte, denn −10 ist kleiner als −5. Die Pivotzeile wiederum ist die erste Zeile, das Pivotelement somit die 2. Normierung der Pivotzeile liefert folgendes Bild:

x_1	x_2	u_1	u_2	
$\dfrac{1}{2}$	1	$\dfrac{1}{2}$	0	12
1	0	0	1	10
−5	−10	0	0	0

Nun wende ich den Gauß-Algorithmus an, addiere also das Zehnfache der ersten Zeile auf die letzte. Das Ergebnis sieht wie folgt aus:

x_1	x_2	u_1	u_2	
$\dfrac{1}{2}$	1	$\dfrac{1}{2}$	0	12
1	0	0	1	10
0	0	5	0	120

Nun ist der Simplex-Algorithmus auch schon beendet, denn in der Zielfunktionszeile ist kein negativer Eintrag mehr vorhanden.

Allerdings ist hier nun ein auf den ersten Blick sehr merkwürdiger Effekt zu beobachten, denn die ersten beiden Zeilen legen keine eindeutigen Werte für x_1 und x_2 fest. Das ist ein typisches Anzeichen dafür, dass das Problem keine eindeutige Lösung hat, sondern dass ein ganzes Randgeradenstück parallel zur Zielfunktion und somit Lösung ist. Um hier eine Lösung festzulegen, kann man noch einen weiteren Schritt des Simplex-Algorithmus durchführen. Als Pivotspalte wähle ich die erste Spalte, denn ich will eine eindeutige Aussage über x_1 erhalten. Da 10/1 kleiner ist als 12/(1/2) = 24, ist die zweite Zeile die Pivotzeile und 1 das Pivotelement. Man muss also das −(1/2)-fache der zweiten Zeile auf die erste addieren. Das ergibt folgende Simplex-Tabelle:

x_1	x_2	u_1	u_2	
0	1	$\dfrac{1}{2}$	$-\dfrac{1}{2}$	7
1	0	0	1	10
0	0	5	0	120

Hieraus liest man ab, dass $x_1 = 10$ und $x_2 = 7$ eine optimale Lösung ist und dass der optimale Wert der Zielfunktion gleich $Z(10,7) = 120$ ist. ◄

Nach diesen beiden einleitenden Beispielen formuliere ich nun endlich den Simplex-Algorithmus für beliebig viele Variablen. Sie werden sehen, was Sie schon lange ahnen, nämlich dass er sich von demjenigen für zwei Strukturvariablen kaum unterscheidet:

Der Simplex-Algorithmus zur Lösung eines linearen Maximierungsproblems
Vorgelegt sei ein lineares Maximierungsproblem in n Variablen $x_1, \ldots x_n$. Es wird vorausgesetzt, dass der Punkt $(x_1, \ldots, x_n) = (0, \ldots, 0)$ zum zulässigen Bereich gehört.

1. Man verwandelt das gegebene Problem durch Einführung von Schlupfvariablen in ein Gleichungssystem und überträgt dieses in Schemaform. Hierbei muss man alle positiven Koeffizienten der Zielfunktion ins Negative übertragen.
2. Man ermittelt die Pivotspalte. Hierzu sucht man den kleinsten (also betragsmäßig größten) Wert in der Zielfunktionszeile. Gibt es mehrere dieser Werte, so kann man sich einen davon aussuchen.
3. Für jeden positiven Wert a_i in dieser Spalte bildet man den Quotienten aus der rechten Seite b_i und diesem Koeffizienten. Diejenige Zeile, in der Quotient b_i/a_i am kleinsten ist, ist die Pivotzeile.
4. Dasjenige Element, das in Pivotzeile *und* Pivotspalte steht, ist das Pivotelement. Man normiert dann diese Zeile, indem man alle Elemente der Zeile durch das Pivotelement dividiert.
5. Durch Anwendung des Gauß-Algorithmus macht man alle anderen Elemente der Pivotspalte zu 0.
6. Man untersucht die Zielfunktionszeile. Sind alle Koeffizienten positiv oder 0, so endet das Verfahren. Der optimale Wert der Zielfunktion ist rechts unten abzulesen, die zugehörigen Werte der Variablen $x_1, \ldots, x_n$ ergeben sich aus dem Schema. Ansonsten geht man zu Schritt 2 zurück.
7. Hat eine Strukturvariable in der Zielfunktionszeile einen positiven Wert, so hat diese Variable in der optimalen Lösung den Wert 0.
8. Ergibt das Schema nach Beendigung des Verfahrens für mindestens zwei Strukturvariablen keinen eindeutigen Wert, so hat das Problem unendlich viele Lösungen, zu denen aber mindestens zwei Ecken des zulässigen Bereichs gehören. Man kann dann das obige Schema nochmals anwenden, um eine dieser Ecken zu bestimmen.

Die Idee für das nächste Beispiel habe ich dem sehr schönen Buch „Analytische Geometrie" von Gerd Fischer entnommen. Ich habe dieses Buch als junger Student im ersten Semester gelesen, und bis heute sind mir die „mathematischen Kühe", von denen gleich die Rede sein wird, im Gedächtnis geblieben. Sie werden gleich merken, warum.

Beispiel 4.11

Ein Landwirt besitzt 20 ha Land und einen Stall. Dieser bietet Platz für 10 Kühe, alternativ können auch Schweine in den Stall eingestellt werden, jedes Schwein benötigt ein Drittel des Platzes einer Kuh. Insgesamt kann der Landwirt pro Jahr 2400 Arbeitsstunden aufbringen. Für eine Kuh benötigt er 1/2 ha Land und 200 Arbeitsstunden pro Jahr. Ein Schwein ist genügsamer: Hierfür werden 1/3 ha Land und 20 Stunden pro Jahr gebraucht. Alternativ kann der Landwirt auf seinem Land auch Weizen anbauen: Pro ha benötigt er hierfür 100 Arbeitsstunden pro Jahr. Natürlich möchte er seinen Gewinn maximieren. Wie sollte er seine Ressourcen aufteilen, wenn er pro Kuh 350 Euro, pro Schwein 100 Euro und pro ha Weizen 260 Euro Gewinn macht?

Bezeichnet man die Anzahl der Kühe mit x_1, die ha Weizen mit x_2 und die Anzahl der Schweine mit x_3, so lautet die zu maximierende Zielfunktion:

$$Z\left(x_1, x_2, x_3\right) = 350x_1 + 260x_2 + 100x_3.$$

Die Nebenbedingungen sind dann:

$$x_1 + \frac{1}{3}x_3 \leq 10$$
$$\frac{1}{2}x_1 + x_2 + \frac{1}{3}x_3 \leq 20$$
$$200x_1 + 100x_2 + 20x_3 \leq 2400$$

Hieraus leitet sich folgende Simplex-Tabelle ab, wobei ich bei der letzten Neben-bedingung – um Nullen zu sparen – gleich durch 10 dividiert habe:

x_1	x_2	x_3	u_1	u_2	u_3	
1	0	$\frac{1}{3}$	1	0	0	10
$\frac{1}{2}$	1	$\frac{1}{3}$	0	1	0	20
20	10	2	0	0	1	240
−350	**−260**	**−100**	**0**	**0**	**0**	**0**

Das Pivotelement ist hier links oben zu finden, denn die −350 in der ersten Spalte markiert diese als Pivotspalte, und der kleinste Quotient in der ersten Spalte ist 10/1 = 10 in der ersten Zeile. Eine Normierung ist hier nicht nötig, so dass direkt der Gauß-Algorithmus angewendet werden kann. Dieser liefert folgende Tabelle:

x_1	x_2	x_3	u_1	u_2	u_3	
1	0	$\frac{1}{3}$	1	0	0	10
0	1	$\frac{1}{6}$	$-\frac{1}{2}$	1	0	15
0	10	$-\frac{14}{3}$	−20	0	1	40
0	**−260**	$\frac{50}{3}$	**350**	**0**	**0**	**3500**

Als Pivotspalte kommt hier nur die zweite infrage, und da $40/10 = 4$ allemal kleiner ist als 15, ist die dritte Zeile die Pivotzeile. Pivotelement ist also die 10, und Normierung ergibt folgendes Bild:

x_1	x_2	x_3	u_1	u_2	u_3	
1	0	$\dfrac{1}{3}$	1	0	0	10
0	1	$\dfrac{1}{6}$	$-\dfrac{1}{2}$	1	0	15
0	1	$-\dfrac{7}{15}$	-2	0	$\dfrac{1}{10}$	4
0	-260	$\dfrac{50}{3}$	350	0	0	3500

Nun tut wieder der Kollege Gauß seine Arbeit und führt auf die folgende Tabelle:

x_1	x_2	x_3	u_1	u_2	u_3	
1	0	$\dfrac{1}{3}$	1	0	0	10
0	0	$\dfrac{19}{30}$	$\dfrac{3}{2}$	1	$-\dfrac{1}{10}$	11
0	1	$-\dfrac{7}{15}$	-2	0	$\dfrac{1}{10}$	4
0	0	$-\dfrac{314}{3}$	-170	0	26	4540

Plötzlich sind wieder zwei Einträge in der Zielfunktionszeile negativ, aber das sollte Sie nicht weiter irritieren, so etwas kommt vor. Der kleinere der beiden ist -170, also ist die u_1-Spalte die Pivotspalte, und in dieser Spalte ist $11/(3/2)$ der kleinste Quotient. Somit ist die zweite Zeile die Pivotzeile und muss normiert werden. Das ergibt:

x_1	x_2	x_3	u_1	u_2	u_3	
1	0	$\dfrac{1}{3}$	1	0	0	10
0	0	$\dfrac{19}{45}$	1	$\dfrac{2}{3}$	$-\dfrac{1}{15}$	$\dfrac{22}{3}$
0	1	$-\dfrac{7}{15}$	-2	0	$\dfrac{1}{10}$	4
0	0	$-\dfrac{314}{3}$	-170	0	26	4540

Nun – man kann es kaum noch hören – wird der Gauß-Algorithmus wieder angewendet und liefert:

x_1	x_2	x_3	u_1	u_2	u_3	
1	0	$-\dfrac{4}{45}$	0	$-\dfrac{2}{3}$	$\dfrac{1}{15}$	$\dfrac{8}{3}$
0	0	$\dfrac{19}{45}$	1	$\dfrac{2}{3}$	$-\dfrac{1}{15}$	$\dfrac{22}{3}$
0	1	$\dfrac{17}{45}$	0	$\dfrac{4}{3}$	$-\dfrac{1}{30}$	$\dfrac{56}{3}$
0	**0**	$-\dfrac{296}{9}$	**0**	$\dfrac{340}{3}$	$\dfrac{44}{3}$	$\dfrac{17.360}{3}$

Die einzige als Pivotspalte infrage kommende ist die dritte, und hier wiederum liefert die zweite Zeile den kleinsten Quotienten. Pivotelement ist also 19/45 und muss normiert werden; das ergibt:

x_1	x_2	x_3	u_1	u_2	u_3	
1	0	$-\dfrac{4}{45}$	0	$-\dfrac{2}{3}$	$\dfrac{1}{15}$	$\dfrac{8}{3}$
0	0	1	$\dfrac{45}{19}$	$\dfrac{30}{19}$	$-\dfrac{3}{19}$	$\dfrac{330}{19}$
0	1	$\dfrac{17}{45}$	0	$\dfrac{4}{3}$	$-\dfrac{1}{30}$	$\dfrac{56}{3}$
0	**0**	$-\dfrac{296}{9}$	**0**	$\dfrac{340}{3}$	$\dfrac{44}{3}$	$\dfrac{17.360}{3}$

Nochmalige und – das sei Ihnen zum Trost gesagt – letztmalige Anwendung des Gauß-Algorithmus führt nun auf die folgende finale Simplex-Tabelle:

x_1	x_2	x_3	u_1	u_2	u_3	
1	0	0	$\dfrac{4}{19}$	$-\dfrac{10}{19}$	$\dfrac{1}{19}$	$\dfrac{80}{19}$
0	0	1	$\dfrac{45}{19}$	$\dfrac{30}{19}$	$-\dfrac{3}{19}$	$\dfrac{330}{19}$
0	1	0	$-\dfrac{17}{19}$	$\dfrac{14}{19}$	$\dfrac{1}{38}$	$\dfrac{230}{19}$
0	**0**	**0**	$\dfrac{1480}{19}$	$\dfrac{3140}{19}$	$\dfrac{180}{19}$	$\dfrac{120.800}{19}$

Der maximale Gewinn ist also 120.800/19 ≈ 6357,89 Euro. So weit, so gut, aber wie sehen die optimalen Variablenwerte aus? Der dritten Zeile entnimmt man, dass $x_2 = 230/19 \approx 12{,}11$ ist, der Landwirt also etwa 12,11 ha Land mit Weizen bebauen sollte. Das ist noch machbar, aber die Werte der anderen beiden Variablen, $x_1 = 80/19 \approx 4{,}21$ und $x_3 = 330/19 \approx 17{,}37$ sind sicherlich nur durch „mathematische Kühe" bzw. Schweine erreichbar.

Immerhin, ein illustratives Beispiel ist das, denke ich, gewesen, und abschließend schlage ich vor, dass Sie den optimalen Wert des Gewinns nochmal durch Einsetzen der optimalen Variablenwerte in die Zielfunktion nachprüfen. ◄

Damit bin ich mit meinen Beispielen am Ende, und möchte Sie auffordern, zur Vertiefung des Stoffs noch die folgende Übungsaufgabe zu bearbeiten.

Übungsaufgabe 4.7

Bestimmen Sie das Maximum der Funktion

$$Z\left(x_1, x_2, x_3\right) = 3x_1 + 5x_2 + 4x_3$$

unter den Nebenbedingungen

$$\frac{1}{2}x_1 + \frac{3}{2}x_2 + x_3 \le 4$$
$$4x_1 + 2x_2 + 2x_3 \le 14$$ ◄

4.3.3 Modifikationen des Simplex-Algorithmus

Dieser kurze Schlussabschnitt könnte auch die Überschrift „Was ich Ihnen in diesem Kapitel alles erspart habe" tragen. Es gibt nämlich diverse Modifikationen des Simplex-Algorithmus, die in der Fachliteratur auch ausführlich behandelt werden. Ich halte das hier nicht für nötig (und ich spüre förmlich, wie Sie mir gerade zustimmen), denn ich bin überzeugt davon, dass Sie mit der in diesem Kapitel vorgestellten Basisversion des Simplex-Algorithmus durchaus gut gerüstet sind für das Studium und auch für das nachfolgende (Berufs-)Leben. Dennoch möchte ich Ihnen hier zumindest stichwortartig einige dieser Modifikationen nennen:

Minimierungsprobleme: Hierbei geht es darum, nicht das Maximum, sondern das Minimum einer Zielfunktion zu bestimmen, wobei natürlich die Nebenbedingungen dann „größer/gleich"-Bedingungen sein werden. Solche Probleme lassen sich mithilfe geeigneter algebraischer Operationen – im Wesentlichen Multiplikation mit -1 – in Maximierungsprobleme umformulieren und dadurch mit den in diesem Kapitel vorgestellten Methoden lösen.

Optimierungsprobleme, bei denen der Punkt (0,0, …, 0) **nicht zum zulässigen Bereich gehört:** So marginal sich diese Einschränkung zunächst anhören mag: Sie ist ein

Riesenproblem und bewirkt, dass man den Simplex-Algorithmus nicht direkt anwenden kann. Vielmehr muss man eine Modifikation des Simplex-Algorithmus vorschalten, um zunächst eine geeignete Startecke zu bestimmen, und nennt das Ganze dann „Zwei-Phasen-Methode". Unter diesem Namen werden Sie auch bei gegebenenfalls notwendiger Recherche fündig werden.

Ganzzahlige Optimierungsprobleme: In Beispiel 4.11 – ich sage nur: mathematische Kühe – hatten wir bereits das Problem kennengelernt, dass die optimale Lösung einer Optimierungsaufgabe nicht ganzzahlig ist, obwohl die Aufgabe selbst nur ganzzahlige Lösungen zulässt. Auch dieses Problem ist nicht mal so „nebenher" zu lösen, etwa durch Auf-und Abrunden der Lösungen. Vielmehr muss man hier ganz eigene Techniken anwenden, die man sinnigerweise unter dem Titel „Ganzzahlige Optimierung" zusammenfasst.

Folgen und Funktionen

5

Übersicht

Auf den ersten Seiten dieses Buches habe ich bereits erwähnt, dass für die meisten Menschen die „richtige" Mathematik erst dann beginnt, wenn es um Funktionen geht. Das ist zwar inhaltlich nicht richtig – denn was um alles in der Welt haben wir auf den bisherigen Seiten gemacht? –, aber verständlich, und ich vermute fast, auch Sie warten schon verzweifelt auf die erste Funktion in diesem Buch.

Nun, in diesem Kapitel ist es endlich so weit, allerdings muss ich Sie immer noch um ein klein wenig Geduld bitten: Bevor wir uns in Abschn. 5.2 endlich mit Funktionen befassen, ist es notwendig, den Begriff der Folge einzuführen und deren wichtigsten Eigenschaften kennenzulernen. Wenn wir uns nämlich später beispielsweise mit Grenzwerten von Funktion, mit stetigen und differenzierbaren Funktionen befassen, ist es bitter nötig, sich mit Folgen und deren Grenzwerten auszukennen.

Ich werde Ihnen daher nun zunächst die Grundlagen über Folgen näherbringen und mich dabei – das versichere ich Ihnen zum Trost und zur Motivation – auf das Notwendigste beschränken, denn um ehrlich zu sein: Auch ich freue mich schon auf den Abschnitt über Funktionen.

© Springer-Verlag GmbH Deutschland, ein Teil von Springer Nature 2020   185
G. Walz, *Mathematik für Hochschule und duales Studium*,
https://doi.org/10.1007/978-3-662-60506-6_5

5.1   Folgen

Eine Folge entsteht, indem man den Elementen einer Menge A je eine natürliche Zahl als Index verpasst und dadurch eine Reihenfolge dieser Elemente festlegt. Da Begriffe wie „einen Index verpassen" nicht sehr wissenschaftlich exakt klingen, hier nun eine zitierfähige präzise Definition:

> **Definition 5.1**
>
> Es sei $\mathbb{N}$ die Menge der natürlichen Zahlen und A eine nicht leere Menge. Eine **Folge** entsteht, indem man jedem Element $n \in \mathbb{N}$ ein Element a von A zuordnet; man schreibt dann für diese Zuordung
>
> $$n \mapsto a_n.$$
>
> Die entstandene Folge selbst wird meist mit $\{a_n\}_{n \in \mathbb{N}}$ oder einfach mit $\{a_n\}$ bezeichnet.

Bemerkungen
1) Wird die Indexmenge wie bei dem Ausdruck $\{a_n\}$ nicht explizit genannt – was meistens eine Schlamperei des Autors bzw. Dozenten ist –, so wird automatisch die Menge $\mathbb{N}$ als Indexmenge genommen.
2) Über die Menge A, deren Elemente die Folge bilden, habe ich mich bewusst nicht näher ausgelassen. Sehr häufig – und im vorliegenden Kapitel ausschließlich – wird es sich dabei um reelle Zahlen handeln, aber es gibt durchaus auch Folgen von Vektoren, von Matrizen oder natürlich auch komplexen Zahlen. Eine Folge von reellen Zahlen bezeichnet man auch kurz als **reelle Folge**; in diesem Kapitel spreche ich, auch wenn es nicht jedesmal explizit gesagt wird, ausschließlich von reellen Folgen.
3) In seltenen Fällen wird man auch negative Indizes verwenden müssen; dieser Fall ist von der obigen Definition nicht erfasst, es ist jedoch intuitiv klar, dass man dann die Menge $\mathbb{N}$ durch die Menge $\mathbb{Z}$ (oder eine Teilmenge davon) ersetzen muss.
4) Es ist durchaus zulässig, dass verschiedene n demselben Mengenelement a zugeordnet werden; das bedeutet anschaulich, dass Folgenelemente mit verschiedenen Indizes identisch sein können.
5) Definition 5.1 ist eine formale Definition und als solche korrekt (denke ich wenigstens). In der Praxis wird man allerdings selten zunächst die Menge A definieren und dann an deren Elemente Indizes anhängen, sondern man wird direkt durch Festlegung der Werte a_n in Abhängigkeit von n die Folge definieren. Die anschließenden Beispiele erläutern dies.

Beispiel 5.1

a)   Das so ziemlich einfallsloseste Beispiel einer Folge entsteht durch die Definition $a_n = n$ für alle $n \in \mathbb{N}$. Es handelt sich hierbei also um die Folge der natürlichen Zahlen selbst:

$$1, 2, 3, 4, 5, \ldots$$

Nun ja.

b) Als zweites Beispiel setze ich $b_n = (-1)^n$. Diese Folge nimmt abwechselnd die Werte -1 und $+1$ an, sie lautet also explizit:

$$-1, 1, -1, 1, -1, 1, \ldots$$

c) Nun sei $c_n = 1$ für alle $n \in \mathbb{N}$. Nein, das ist kein Schreibfehler, hier kommt rechts wirklich kein n vor. Es handelt sich hier um eine konstante Folge, deren Elemente alle den Wert 1 haben.

d) Als letztes Beispiel definiere ich

$$d_n = \frac{2n + 3}{n + 1} \text{ für alle } n \in \mathbb{N}.$$

Diese Folge hat keinen speziellen Namen, sie wird aber später noch als Beispielfolge für diverse Eigenschaften dienen. Explizit lauten ihre ersten Elemente:

$$d_1 = \frac{5}{2}, d_2 = \frac{7}{3}, d_3 = \frac{9}{4}, \ldots \quad \blacktriangleleft$$

5.1.1 Beschränktheit und Monotonie

Bei Folgen ist das genau wie bei Menschen: Manche sind beschränkt.

Während es jedoch bei Menschen meines Wissens nach keine exakte Definition der Beschränktheit gibt, ist das bei Folgen durchaus der Fall. Und genau diese Definition gebe ich jetzt.

Definition 5.2
Es sei $\{a_n\}$ eine reelle Folge.

a) Gibt es eine reelle Zahl K_o so, dass

$$a_n \le K_o \text{ für alle } n \in \mathbb{N}$$

gilt, so ist die Folge $\{a_n\}$ **nach oben beschränkt**. Man nennt dann K_o eine **obere Schranke** der Folge.

b) Gibt es eine reelle Zahl K_u so, dass

$$a_n \ge K_u \text{ für alle } n \in \mathbb{N}$$

gilt, so ist die Folge $\{a_n\}$ **nach unten beschränkt**. Man nennt dann K_u eine **untere Schranke** der Folge.

c) Ist die Folge $\{a_n\}$ sowohl nach unten als auch noch oben beschränkt, so nennt man sie **beschränkt**.

Bemerkung

Beachten Sie, dass in Definition 5.2 nur die Existenz *irgendeiner* Schranke gefordert wird, es ist also im Einzelfall nicht nötig, immer die bestmögliche Schranke zu bestimmen. Hat man es beispielsweise mit einer Folge zu tun, deren Elemente alle positiv sind, so kann man stets ohne weitere Einzelbetrachtung $K_u = 0$ wählen; das kann im Ernstfall viel Arbeit ersparen.

Beispiel 5.2

a) Die Folge $a_n = n$ für alle $n \in \mathbb{N}$ ist nach unten beschränkt, denn sie besteht nur aus positiven Elementen, und nach der gerade formulierten Bemerkung ist somit $K_u = 0$ eine untere Schranke. Natürlich können Sie auch genauer hinsehen und $K_u = 1$ wählen, denn kein Folgeglied ist kleiner als 1, aber nötig ist das nicht. Nach oben ist die Folge sicherlich nicht beschränkt, denn wenn immer man fälschlicherweise glaubt, eine obere Schranke gefunden zu haben, stellt man fest, dass es darüber noch unendlich viele natürliche Zahlen gibt, die natürlich alle zur Folge gehören. Insgesamt ist die Folge gemäß Definition 5.2 also nicht beschränkt.

b) Die Folge $b_n = (-1)^n$ für alle $n \in \mathbb{N}$ nimmt nur die Werte -1 und $+1$ an; sie ist also nach unten beschränkt durch -1 und nach oben beschränkt durch $+1$, und insgesamt ist sie eine beschränkte Folge. Auch hier möchte ich noch einmal die Bemerkung machen, dass Sie keineswegs immer die bestmöglichen Schranken (das sind hier die angegebenen) bestimmen müssen; wenn Sie Lust haben, können Sie hier auch $K_u = -22.443$ und $K_o = 42$ angeben, es wäre völlig korrekt.

c) Die Folge $c_n = (-2)^n$ für alle $n \in \mathbb{N}$ ist dagegen weder nach oben noch nach unten beschränkt: Für gerade Indizes sind die Folgeglieder positiv und werden beliebig groß, für ungerade Indizes sind sie negativ und werden beliebig klein. Es ist also nicht möglich, eine untere oder eine obere Schranke anzugeben.

d) Die Folge

$$d_n = \frac{2n+3}{n+1} \text{ für alle } n \in \mathbb{N}$$

verdient eine etwas genauere Betrachtung. Sicherlich ist sie nach unten beschränkt, denn sie besteht nur aus positiven Elementen. Ich behaupte nun: Sie ist auch nach oben beschränkt. Um dies zu zeigen, forme ich das allgemeine Folgenelement zunächst um:

$$d_n = \frac{2n+3}{n+1} = \frac{2n+2+1}{n+1} = \frac{2(n+1)+1}{n+1} = \frac{2(n+1)}{n+1} + \frac{1}{n+1}$$
$$= 2 + \frac{1}{n+1}.$$

Da der Summand $1/(n + 1)$ für jede natürliche Zahl n kleiner als 1 ist, gilt: $d_n < 3$. Somit ist die Folge nach oben beschränkt und damit insgesamt beschränkt. ◄

Wie das Spiel läuft, wissen Sie ja inzwischen: Zuerst war ich dran, nun Sie:

Übungsaufgabe 5.1

Überprüfen Sie die Beschränktheitseigenschaften der durch die folgenden Vorschriften definierten Folgen:

a) $a_n = (-n)^n$, $b_n = -n^n$, $c_n = n^{-n}$

b) $a_n = \dfrac{1}{n+1} - \dfrac{1}{2n}$

c) $a_n = \dfrac{2^{5n}}{5^{2n}}$ ◀

Ebenso wie Beschränktheit ist auch der jetzt einzuführende Begriff der Monotonie im täglichen Leben eher negativ belegt. Im Zusammenhang mit Folgen ist dies anders, hier bedeutet Beschränktheit, dass man die Folge sozusagen im Griff hat; bei einer monotonen Folge weiß man sofort, dass sie keine unvorhersehbaren Schlenker nach oben bzw. unten macht, sondern schön brav immer nur steigt oder fällt. Haben Sie das verstanden? Nun, wenn nicht, dann liegt das mal wieder an mir: Ich sollte endlich die genaue Definition für Monotonie angeben:

Definition 5.3
Es sei $\{a_n\}$ eine Folge reeller Zahlen.

a) Gilt $a_n \leq a_{n+1}$ für alle $n \in \mathbb{N}$, so nennt man $\{a_n\}$ **monoton steigend**.
b) Gilt $a_n < a_{n+1}$ für alle $n \in \mathbb{N}$, so nennt man $\{a_n\}$ **streng monoton steigend**.
c) Gilt $a_n \geq a_{n+1}$ für alle $n \in \mathbb{N}$, so nennt man $\{a_n\}$ **monoton fallend**.
d) Gilt $a_n > a_{n+1}$ für alle $n \in \mathbb{N}$, so nennt man $\{a_n\}$ **streng monoton fallend**.

Bemerkung
Manche Autoren bzw. Dozenten verwenden die Bezeichnung „monoton wachsend" anstelle von „monoton steigend". Das ist natürlich völlig gleichwertig, ich habe das früher gelegentlich auch getan, aber seit die Wirtschaftswissenschaftler so schöne Begriffe wie „Nullwachstum" oder gar „Negativwachstum" eingeführt haben, habe ich davon ein wenig Abstand genommen.

Beispiel 5.3

a) Die Folge $a_n = n$ ist natürlich ein Musterbeispiel einer streng monoton steigenden Folge, denn sicherlich gilt für jedes $n \in \mathbb{N}$: $n < n + 1$.

b) Die Folge $b_n = (-1)^n$ hat keinerlei Monotonieeigenschaften. Um das präzise zu beweisen (also die Annahme, die Folge wäre monoton, zu widerlegen), genügt die

Angabe eines ganz konkreten Gegenbeispiels. Beispielsweise ist $b_2 = 1$ größer als $b_3 = -1$, also kann die Folge nicht monoton steigend sein; andererseits ist b_3 wieder kleiner als b_4, daher ist sie auch nicht monoton fallend.

c) Eine konstante Folge – sagen wir $c_n = c$ für alle n – ist dagegen sowohl monoton steigend als auch monoton fallend (natürlich nicht streng!). Das klingt zunächst ein wenig merkwürdig, entspricht aber durchaus der Definition: Für jeden Index n gilt sicherlich

$$c_n = c = c_{n+1},$$

und da „="ein Spezialfall von „$\leq$" ist, bedeutet das, dass die konstante Folge monoton steigend ist; genauso begründet man, dass sie monoton fallend ist. Übrigens sind pathologische Fälle wie dieser gerade der Grund dafür, dass man zusätzlich zur Monotonie den Begriff der strengen Monotonie eingeführt hat.

d) Die Folge

$$d_n = \frac{2n+3}{n+1}$$

ist streng monoton fallend. Um das zu beweisen, erinnere ich daran, dass in Beispiel 5.2 bereits die Umformung

$$d_n = 2 + \frac{1}{n+1}$$

gezeigt wurde. Damit sieht man aber sofort, dass für jedes $n \in \mathbb{N}$ gilt:

$$d_n = 2 + \frac{1}{n+1} > 2 + \frac{1}{n+2} = d_{n+1}.$$

Also ist die Folge streng monoton fallend.   ◄

Übungsaufgabe 5.2

Überprüfen Sie die Monotonieeigenschaften der in Übungsaufgabe 5.1 definierten Folgen.   ◄

Die nächste Aussage ist nicht sehr tiefliegend und somit eigentlich eher eine Beobachtung als ein Satz; da ich in diesem Kapitel aber noch gar keinen Satz formuliert habe und das endlich tun will, gewähre ich dieser Aussage ein kleines Upgrade und formuliere sie als Satz:

Satz 5.1
Eine monoton steigende Folge mit Indexmenge $\mathbb{N}$ ist immer nach unten beschränkt, eine untere Schranke ist a_1, eine monoton fallende Folge mit Indexmenge $\mathbb{N}$ ist immer nach oben beschränkt, eine obere Schranke ist a_1.

Da strenge Monotonie immer Monotonie impliziert, gilt der Satz natürlich auch für streng monotone Folgen.

Ein formaler Beweis ist hier wohl nicht nötig: Bei einer monoton steigenden Folge gilt eben nach Definition immer $a_n \leq a_{n+1}$, und setzt man diese Ungleichung nach unten fort, folgt $a_1 \leq a_n$ für alle n. Auch ein Beispiel halte ich hier für nicht notwendig. Gehen wir stattdessen lieber ohne Umschweife zum zentralen Begriff der ganzen Folgenlehre über: der Konvergenz.

5.1.2 Konvergente Folgen und Grenzwerte

Leider ist die Definition der Konvergenz – ein ganz zentraler Begriff innerhalb der Analysis – ein wenig spröde, daher beginne ich diesen Unterabschnitt mit einem Beispiel, bevor ich noch die exakte Definition angebe.

Betrachten wir die Folge $\{a_n\}$, die definiert ist durch

$$a_n = \frac{1}{n} \quad \text{für alle } n \in \mathbb{N}. \tag{5.1}$$

Was passiert hier, wenn n anwächst? Nun, ganz offensichtlich werden durch die Kehrwertbildung die Folgenelemente a_n immer kleiner, und da n beliebig groß werden kann, werden die a_n auch beliebig klein. Andererseits sind natürlich alle Folgenglieder positiv, das heißt, sie können niemals die Null erreichen und schon gar nicht unterschreiten. Man sagt auch, die Folge nähert sich der Null „beliebig nahe" an.

Das ist die zentrale Situation der Konvergenz: Eine Folge nähert sich einem Zahlenwert – den man dann Grenzwert nennt – beliebig nahe an. Dass die in (5.1) definierte Folge den Wert 0 für keinen Index n tatsächlich erreicht, tut der Begeisterung keinen Abbruch.

Ganz anders ist die Situation bei der Folge $\{b_n\}$, die definiert ist durch

$$b_n = (-1)^n \quad \text{für alle } n \in \mathbb{N}. \tag{5.2}$$

Die Folgenelemente zeigen keine rechte Tendenz zu einem einheitlichen Grenzwert, sie springen vielmehr immer zwischen -1 und $+1$ hin und her, und wenn immer man fälschlicherweise glaubt, man habe einen Grenzwert gefunden, macht einem gleich das nächste Folgenelement einen Strich durch die Rechnung, weil es wieder wegspringt. Die Folge $\{b_n\}$ hat also keinen Grenzwert und konvergiert demnach nicht.

Zugegeben, das war alles ein wenig folkloristisch und vielleicht unpräzise, aber es sollte ja auch nur ein erstes Gefühl vom Konvergenzbegriff vermitteln. Gleich nach der anschließenden Definition werde ich die beiden gerade vorgestellten Beispielfolgen exakt untersuchen.

Definition 5.4

Es sei $\{a_n\}_{n \in \mathbb{N}}$ eine reelle Folge und a eine reelle Zahl. Man sagt, die Folge **konvergiert** gegen den **Grenzwert** a, wenn für jede beliebige reelle Zahl $\varepsilon > 0$ ein Index n_0 existiert, so dass gilt:

$$|a_n - a| < \varepsilon \quad \text{für alle } n \geq n_0 \text{ (Abb. 5.1)}. \tag{5.3}$$

Man schreibt dann

$$a = \lim_{n \to \infty} a_n$$

oder auch

$$a_n \to a \text{ für } n \to \infty.$$

Mir ist klar, dass diese Definition nicht gerade ein Muster an Anschaulichkeit und Verständlichkeit darstellt, aber so etwas gibt es in einer formalen Disziplin wie der Mathematik eben auch, da müssen wir gemeinsam durch. Sicherlich schreit diese Definition nach gefühlt etwa 1000 erläuternden Bemerkungen und Beispielen, und genau dazu komme ich jetzt.

Bemerkungen

1) Das Symbol ε ist ein epsilon, also das „e" des griechischen Alphabets. Es hat sich als Standardbezeichnung für eine positive, üblicherweise sehr kleine, Zahl eingebürgert.

2) Die in Gl. (5.3) gegebene Bedingung besagt anschaulich Folgendes: Wann immer mir jemand – sagen wir die sprichwörtlich übelmeinende Schwiegermutter – eine auch noch so kleine positive Zahl ε vorgibt, muss ich in der Lage sein, einen Index n_0 anzugeben, ab dem die Folgeglieder a_n sich nur noch um weniger als dieses ε vom Grenzwert a unterscheiden. Das bedeutet, dass sich ab diesem Index n_0 *alle* Folgeglieder im Intervall $(a - \varepsilon, a + \varepsilon)$ befinden.

3) Das Formelzeichen „lim" steht für „Limes", was nichts anderes ist als das lateinische Wort für Grenze oder eben Grenzwert. In meiner Heimatgegend findet man heute noch gut erhaltene Reste einer römischen Grenzbefestigung, die „Limes" genannt wird. Die Römer haben sie vor etwa 2000 Jahren gebaut, damit sich die anstürmenden Barbaren daran die Köpfe einrennen, man kann auch sagen: ihr beliebig nahe kommen, sie aber niemals überschreiten. Ein hübsches Bild, das den in Definition 5.4 gegebenen Sachverhalt ganz gut widerspiegelt; übrigens waren diese Barbaren niemand anders als meine und vielleicht auch Ihre Vorfahren, die Germanen.

4) Die Betragsbildung in (5.3) sollte Sie nicht weiter irritieren, sie besagt einfach nur, dass es lediglich auf den *Abstand* der a_n zu a ankommt und nicht darauf, ob sie ein wenig kleiner oder ein wenig größer sind als dieser Wert; exakter gesagt: Es kommt nur auf den Abstand an und nicht auf das Vorzeichen der Abweichung.

Abb. 5.1 Das Intervall $(a - \varepsilon, a + \varepsilon)$

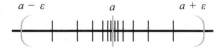

5) Eine Folge, die gegen keinen Grenzwert konvergiert, nennt man **divergent**. In der Fachliteratur unterscheidet man oft noch weiter zwischen „bestimmter Divergenz" und „unbestimmter Divergenz". Damit will ich Sie und mich aber hier nicht weiter aufhalten, denn ich halte es für nicht so sehr interessant, Folgen, die nicht konvergieren, noch weiter daraufhin zu untersuchen, in welcher Form sie das nicht tun.

Beispiel 5.4

a) Wie angekündigt zunächst ein genauer Blick auf die eingangs betrachteten Folgen; sei also

$$a_n = \frac{1}{n} \text{ für alle } n \in \mathbb{N}. \tag{5.4}$$

Ich vermute, dass diese Folge gegen den Grenzwert $a = 0$ konvergiert. Um dies zu beweisen, lasse ich mir zunächst – notfalls von der Schwiegermutter – ein beliebiges positives ε vorgeben (sollte gerade keine Schwiegermutter zur Verfügung stehen, wähle ich mir selbst eines). Da ε, so klein es auch sein mag, eine positive reelle Zahl ist, ist auch $1/\varepsilon$ eine positive reelle Zahl. Wenn ε sehr klein ist, ist $1/\varepsilon$ sehr groß, aber so groß es auch sein mag, es gibt immer eine noch größere natürliche Zahl (sogar unendlich viele davon).

Ich wähle nun als n_0 eine natürliche Zahl, die größer ist als $1/\varepsilon$. Dann ist $1/n_0$ kleiner als ε, und ebenso ist für jede natürliche Zahl n, die größer ist als n_0, $1/n$ kleiner als ε. Das ist genau der Schlüssel für den folgenden Konvergenzbeweis, den ich nun ohne störenden Zwischenkommentar als Ungleichungskette angebe.

Es sei also ε eine beliebige positive Zahl und $n_0 > 1/\varepsilon$. Dann gilt für alle $n \geq n_0$:

$$\left| a_n - a \right| = \left| \frac{1}{n} - 0 \right| = \frac{1}{n} \leq \frac{1}{n_0} < \varepsilon. \tag{5.5}$$

Damit ist die in (5.3) geforderte Ungleichung gezeigt und somit auch die Konvergenz der Folgen $\{a_n\}$ gegen den Grenzwert 0 bewiesen; es gilt also

$$\lim_{n \to \infty} a_n = 0.$$

Eine Folge, die gegen 0 konvergiert, bezeichnet man auch als **Nullfolge**.

b) Ich behauptete eingangs weiterhin, dass die Folge der $b_n = (-1)^n$ nicht konvergiert, also divergiert. Das will ich jetzt beweisen. Die einzigen Kandidaten für das Amt des Grenzwertes sind offenbar die Zahlen -1 und $+1$, denn anderen Zahlen nähert sich die Folge sicherlich nicht an. Wäre nun $b = 1$ Grenzwert der Folge, so müsste ich für *jedes* positive ε einen Index n_0 angeben können, so dass sich jedes Folgeglied, dessen Index größer ist als n_0, um weniger als ε von 1 unterscheidet. Das ist aber nicht möglich. Beispielsweise kann ich $\varepsilon = 1$ setzen; wähle ich nun irgendeinen Index n_0, so groß er auch sein mag, so gibt es natürlich eine noch größere natürliche Zahl n_1, die ungerade ist. Damit ist aber $b_{n_1} = \left(-1 \right)^{n_1} = -1$, und somit

$$\left| b_{n_1} - 1 \right| = \left| -1 - 1 \right| = 2 > 1 = \varepsilon. \tag{5.6}$$

Die Folge konvergiert also nicht gegen 1, und ebenso kann man nachweisen, dass sie auch nicht gegen -1 konvergiert.

c) Jetzt betrachte ich eine konstante Folge, sei also $c_n = c$ für alle $n \in \mathbb{N}$. Eine stärkere Form der Konvergenz als das konstante Beharren auf ein und demselben Wert gibt es wohl nicht; selbstverständlich konvergiert diese Folge, und der Grenzwert ist c.

Nun ist das mit diesem „selbstverständlich" aber so eine Sache, es gibt in der Mathematikgeschichte viele Beispiele „selbstverständlicher" Aussagen, die sich bei exakter Prüfung als falsch herausgestellt haben. Ich gebe also lieber einen kurzen formalen Beweis an: Es sei ein beliebiges positives ε vorgegeben. Ich bin großzügig und setze $n_0 = 1$; dann folgt für alle $n \geq n_0$:

$$\left| c_n - c \right| = \left| c - c \right| = 0 < \varepsilon,$$

womit der formale Beweis erbracht wäre.

d) Die Folge $\{d_n\}$, definiert durch

$$d_n = \frac{2n+3}{n+1},$$

habe ich bereits des Öfteren betrachtet. Ich behaupte nun: Diese Folge konvergiert gegen $d = 2$. Um dies zu zeigen, lasse ich mir ein beliebiges positives ε vorgeben und wähle als n_0 eine natürliche Zahl, die größer ist als $1/\varepsilon$.

Dann gilt für alle $n \geq n_0$:

$$\left| d_n - 2 \right| = \left| \left(2 + \frac{1}{n+1} \right) - 2 \right| = \frac{1}{n+1} < \frac{1}{n} \leq \frac{1}{n_0} < \varepsilon.$$

Damit ist die Behauptung bewiesen, es gilt

$$\lim_{n \to \infty} d_n = 2. \qquad \blacktriangleleft$$

Sie werden sicherlich sofort zustimmen, wenn ich sage, dass diese ε-Kiste manchmal etwas mühsam ist. Es wird also höchste Zeit, den folgenden Satz zu formulieren, der besagt, dass konvergente Folgen sozusagen gegenüber den Grundrechenarten resistent sind. Diese Aussage kann dann dazu benutzt werden, das Konvergenzverhalten einer zu untersuchenden Folge auf dasjenige eventuell bereits untersuchter Folgen zurückzuführen.

Haben Sie diesen Satz verstanden? Vermutlich noch nicht so ganz, ich werde ihn aber im Anschluss an Satz 5.2 durch Beispiele erläutern.

Satz 5.2

Es seien $\{a_n\}$ eine konvergente Folge mit Grenzwert a und $\{b_n\}$ eine konvergente Folge mit Grenzwert b. Dann gilt:

a) Die Folge $\{a_n + b_n\}$ konvergiert gegen $a + b$.

b) Die Folge $\{a_n - b_n\}$ konvergiert gegen $a - b$.

c) Die Folge $\{a_n \cdot b_n\}$ konvergiert gegen $a \cdot b$.

d) Die Folge $\left\{ \dfrac{a_n}{b_n} \right\}$ konvergiert gegen $\dfrac{a}{b}$, falls $b \neq 0$ und $b_n \neq 0$ für alle n.

Abb. 5.2 Dreieck mit
Seiten x und y

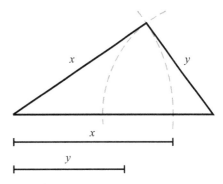

Beweis Ich will zumindest für eine der Aussagen, nehmen wir a), einen formalen Beweis geben.

Der Beweis benutzt eine fundamentale Ungleichung, die Ihnen vermutlich des Öfteren wieder begegnen beziehungsweise bei eigenen Beweisen nützlich sein wird. Es handelt sich um die **Dreiecksungleichung**: Für beliebige Zahlen x und y gilt

$$|x + y| \leq |x| + |y|. \tag{5.7}$$

Name wie auch Beweis dieser Ungleichung beruhen auf der Tatsache, dass man die hier verwendeten Größen als Seiten eines Dreiecks interpretieren kann; Näheres entnehmen Sie bitte Abb. 5.2.

Nun beweise ich Aussage a) des Satzes. Ich darf (und muss) dabei benutzen, dass $\{a_n\}$ gegen den Grenzwert a und $\{b_n\}$ gegen den Grenzwert b konvergieren. Für jede positive Zahl – aus Jux und Tollerei nenne ich diese Zahl jetzt einmal $\varepsilon/2$ – existiert also ein Index $n_{a,0}$, ab dem der Abstand $|a_n - a|$ kleiner ist als $\varepsilon/2$, und ebenso ein Index $n_{b,0}$, ab dem der Abstand $|b_n - b|$ kleiner ist als $\varepsilon/2$. Bezeichne ich nun mit n_0 die größere der beiden Zahlen $n_{a,0}$ und $n_{b,0}$, so ist für alle $n \geq n_0$ sowohl $|a_n - a|$ als auch $|b_n - b|$ kleiner als $\varepsilon/2$.

Nun kommt die Dreiecksungleichung zum Einsatz: Für alle $n \geq n_0$ gilt:

$$\left|(a_n + b_n) - (a + b)\right| = \left|(a_n - a) + (b_n - b)\right|$$

$$\leq \left|(a_n - a)\right| + \left|(b_n - b)\right| < \frac{\varepsilon}{2} + \frac{\varepsilon}{2} = \varepsilon.$$

Somit ist der Abstand von $(a_n + b_n)$ zu $(a + b)$ kleiner als ε, also konvergiert die Summenfolge gegen diesen Grenzwert.

Die anderen Aussagen des Satzes beweist man ähnlich, damit will ich Sie hier nicht langweilen. Schauen wir uns lieber Beispiele an.

Beispiel 5.5

a) Die Folge

$$\left\{\frac{1}{n^2}\right\}_{n \in \mathbb{N}}$$

konvergiert gegen 0, denn sie ist das Produkt der Folge $\{1/n\}_{n\in\mathbb{N}}$ mit sich selbst. Von dieser wiederum haben wir oben gezeigt, dass sie gegen 0 konvergiert, also konvergiert auch ihr Produkt mit sich selbst gegen 0 (streng genommen gegen 0^2), und das war behauptet.

b) Mit derselben Argumentation kann man auch beweisen, dass jede Folge der Form

$$\left\{\frac{1}{n^k}\right\}_{n\in\mathbb{N}}$$

mit $k \in \mathbb{N}$ gegen 0 konvergiert, also eine Nullfolge bildet.

c) Und noch einmal betrachte ich die Folge $\{d_n\}$, definiert durch

$$d_n = \frac{2n+3}{n+1},$$

deren Folgeglieder man umschreiben kann zu

$$d_n = 2 + \frac{1}{n+1}.$$

Die Folge kann also interpretiert werden als die Summe der konstanten Folge $\{2\}$ und der Folge $\{1/(n + 1)\}$. Letztere konvergiert gegen 0 und die konstante Folge gegen 2, daher gilt

$$\lim_{n\to\infty} d_n = 2 + 0 = 2.$$

d) Vielleicht fragen Sie sich gerade, was Sie machen sollen, wenn Sie eine Zerlegung wie die gerade angegebene nicht finden? Nun, kein Grund zur Panik, es gibt für Folgen wie die angegebene Folge $\{d_n\}$ ein Standardverfahren, das ich Ihnen jetzt angebe.

Natürlich kann man die Folge

$$d_n = \frac{2n+3}{n+1}$$

auffassen als Quotient der beiden Folgen $\{2n + 3\}$ und $\{n + 1\}$, aber das nützt zunächst einmal leider nichts, denn diese beiden Folgen konvergieren nicht. Wenn man allerdings die Folgeglieder d_n, die ja einen Bruch darstellen, durch n kürzt (was an ihrem Wert nichts ändert), so erhält man die Darstellung

$$d_n = \frac{2n+3}{n+1} = \frac{2 + \dfrac{3}{n}}{1 + \dfrac{1}{n}}.$$

Das sieht schon besser aus, denn nun besteht der Zähler aus einer Folge, die gegen 2 konvergiert, und der Nenner aus einer Folge, die gegen 1 konvergiert. Nach Satz 5.2 d) konvergiert daher die Folge der d_n gegen den Quotienten dieser beiden Grenzwerte, also gegen $2/1 = 2$.

e) Mit demselben Verfahren kann man auch den Grenzwert der durch

$$e_n = \frac{6n^3 + n - 1}{3n^3 + 2n^2 + 3}$$

definierten Folge bestimmen: Man kürzt zunächst durch n^3 und erhält

$$e_n = \frac{6 + \dfrac{1}{n^2} - \dfrac{1}{n^3}}{3 + \dfrac{2}{n} + \dfrac{3}{n^3}}.$$

Für $n \to \infty$ konvergiert der Zähler offenbar gegen 6, der Nenner dagegen gegen 3. Der Grenzwert der Quotientenfolge – also $\{e_n\}$ – ist daher $6/3 = 2$:

$$\lim_{n \to \infty} e_n = 2. \qquad \blacktriangleleft$$

Möglicherweise haben Sie ja bei der Vorgehensweise in Beispiel d) und e) ein allgemeines Prinzip erkannt? Falls ja, so haben Sie nun in Übungsaufgabe 5.3 Gelegenheit, dieses zu formulieren.

Übungsaufgabe 5.3

Es seien m und k natürliche Zahlen und c und d reelle, von 0 verschiedene Zahlen. Prüfen Sie, ob die Folge $\{a_n\}$, definiert durch

$$a_n = \frac{cn^k - 1}{dn^m + 2},$$

konvergiert, und geben Sie gegebenenfalls den Grenzwert an.

Hinweis: Sie werden verschiedene Fälle unterscheiden müssen. $\qquad \blacktriangleleft$

Übungsaufgabe 5.4

Prüfen Sie, ob die angegebenen Folgen konvergieren, und geben Sie gegebenenfalls den Grenzwert an.

a) $\quad \left\{ \dfrac{1}{2n} - \dfrac{3}{2n^2} \right\}_{n \in \mathbb{N}}$

b) $\quad \left\{ \dfrac{3n^4 - 2n^2 + (-1)^n \cdot n^3}{2 + n^2 + n^4} \right\}_{n \in \mathbb{N}}$

c) $\quad \left\{ \sqrt{n+1} + \sqrt{n} \right\}_{n \in \mathbb{N}}$

d) $\quad \left\{ \sqrt{n+1} - \sqrt{n} \right\}_{n \in \mathbb{N}} \qquad \blacktriangleleft$

Im vorigen Unterabschnitt habe ich Sie mit Ausführungen zur Beschränktheit und Monotonie gequält, und möglicherweise fragen Sie sich, ob dies wenigstens einen Nutzen in Bezug auf Konvergenzfragen hat. Nun, den hat es, die wichtigste Aussage in diesem Zusammenhang stellt der folgende Satz 5.3 über reelle Folgen dar:

Satz 5.3
a) Eine monoton steigende und nach oben beschränkte Folge konvergiert.
b) Eine monoton fallende und nach unten beschränkte Folge konvergiert.

Nun muss man zwar mit der Intuition in mathematischen Begründungen sehr vorsichtig sein, aber ich glaube dennoch sagen zu können, dass man intuitiv die Richtigkeit dieser Aussagen erkennt. Ist die betrachtete Folge beispielsweise monoton steigend, so kann sie sozusagen nicht mehr „nach unten abhauen", andererseits steht ihr nach Voraussetzung nach oben eine Schranke im Weg. Der Folge bleibt also gar nichts anderes übrig, als zu konvergieren.

Ich schlage Ihnen an dieser Stelle einen Deal vor: Ich lasse es bei dieser intuitiven Begründung bewenden und quäle Sie nicht mit einem trockenen formalen Beweis, und Sie versprechen mir als Gegenleistung, diesen „Beweis" niemals Ihren Dozenten oder sonstigen gestandenen Mathematikern zu zeigen, denn die würden darüber wohl nur mit dem Kopf schütteln.

Achtung! Ohne die Voraussetzung der Monotonie wäre dieser Satz nicht richtig, das heißt, es gibt Folgen, die zwar beschränkt, aber nicht konvergent sind. Das einfachste Beispiel ist wieder die bereits hinlänglich bekannte durch $c_n = (-1)^n$ definierte Folge.

Auch die Umkehrung von Satz 5.3 stimmt nur zum Teil, und zwar in folgendem Sinne:

Satz 5.4
Jede konvergente Folge ist beschränkt.

Man kann also aus Konvergenz auf Beschränktheit schließen, aber nicht unbedingt auf Monotonie.

Übungsaufgabe 5.5

Geben Sie eine konvergente Folge an, die nicht monoton ist.   ◄

Den nächsten (und letzten) Satz dieses Abschnitts widme ich einem der Idole meiner Jugend, dem Highlander: Es kann nur einen geben.

Satz 5.5
Der Grenzwert einer konvergenten Folge ist eindeutig bestimmt. Mit anderen Worten: Jede Folge hat höchstens einen Grenzwert.

Beweis Es sei $\{a_n\}$ eine Folge. Ist sie nicht konvergent, so hat sie gar keinen Grenzwert, und es ist nichts zu zeigen.

Nun nehme ich an, $\{a_n\}$ sei konvergent und habe zwei verschiedene Grenzwerte, sagen wir a und b. Da a und b verschieden sind, haben sie einen positiven Abstand $|b - a|$, und damit ist auch die Zahl

$$\varepsilon = \frac{|b - a|}{2}$$

positiv. Da nun $\{a_n\}$ nach Annahme gegen a konvergiert, gibt es einen Index n_0, so dass für alle Folgeglieder a_n mit $n \geq n_0$ gilt: $|a_n - a| < \varepsilon$. Diese Folgeglieder haben also einen Abstand zu a, der kleiner ist als die Hälfte des Abstandes von a und b.

Nun ist aber nach Annahme auch b ein Grenzwert der Folge, man kann also dieselbe Argumentation nochmal mit b anstelle von a durchziehen und erhält das Resultat, dass diese Folgeglieder auch zu b einen Abstand haben, der kleiner ist als die Hälfte des Abstandes von a und b. Das ist ein offensichtlicher Widerspruch, daher kann die Folge nicht zwei verschiedene Grenzwerte haben.

Wie man diesen Satz durch Beispiele illustrieren soll, weiß ich ehrlich gesagt auch nicht, daher verzichte ich darauf und gehe direkt über zum nächsten Abschnitt, der sich mit Funktionen befasst.

5.2 Funktionen

Funktionen dienen der Beschreibung von Zusammenhängen, Verläufen und Abhängigkeiten und sind damit wichtige Instrumente der Mathematik und ihrer Anwendungsgebiete. Die Behandlung von Funktionen ist Hauptgegenstand der Analysis. Dieser Abschnitt befasst sich mit den wichtigsten Typen von Funktionen und ihren grundlegenden Eigenschaften.

Reden wir nicht lange um den heißen Brei herum, sondern stürzen wir uns direkt auf die Definition des Begriffs Funktion:

Definition 5.5
Eine **Funktion** ist eine Vorschrift, die jedem Element x einer Menge D ein eindeutig bestimmtes Element y einer Menge W zuordnet. Die Menge D bezeichnet man als **Definitionsbereich**, die Menge W als **Wertevorrat** der Funktion.
Man schreibt:

$$f : D \to W,$$
$$f : x \mapsto y \text{ oder kürzer} \quad f(x) = y.$$

Den Wert y nennt man den **Funktionswert** von x.

Und schon wieder ist die Zeit für erläuternde Bemerkungen gekommen.

Bemerkung

1) Das vielleicht wichtigste Wort in obiger Definition ist das Wort „eindeutig". Diese Eindeutigkeit ist nämlich ein Charakteristikum einer Funktion; ist sie nicht gegeben, kann
   es sich auch nicht um eine Funktion handeln, da kann die angesprochene Vorschrift so
   schön sein, wie sie will.

2) Sehr häufig werden wir es mit Funktionen zu tun haben, bei denen sowohl der Definitionsbereich D als auch der Wertevorrat W eine Teilmenge der reellen Zahlen oder eben
   die Menge $\mathbb{R}$ selbst ist. In diesem Fall spricht man ebenso wie bei Folgen von **reellen
   Funktionen**, und ebenso wie bei den Folgen möchte ich folgende Konvention einführen: Wenn nicht ausdrücklich anders gesagt, ist im Folgenden mit „Funktion" immer
   eine reelle Funktion gemeint.

Den Verlauf einer reellen Funktion $f(x)$ kann man veranschaulichen, indem man in einem Koordinatensystem die Punkte mit den Koordinaten $(x, f(x))$ für alle x aus einem gewissen Bereich einträgt. Die sich ergebende Kurve nennt man auch den Graphen der
Funktion. Abb. 5.3 zeigt ein Beispiel.

Beispiel 5.6

a) Das erste Beispiel kommt ein wenig „unmathematisch" daher (ist also einer der
    oben angesprochenen Fälle, in denen es nicht um reelle Funktionen geht), und das
    ist volle Absicht, denn ich will verdeutlichen, dass der Funktionsbegriff sehr weit
    gefasst ist und es eben nicht nur reelle Funktionen gibt.
    Es sei D die Menge aller lebenden Menschen und W die Menge aller Tage des
    Jahres. Dann ist die Zuordnung

    $$g : D \to W, g : x \mapsto \text{Geburtstag von } x$$

    eine Funktion, denn diese Vorschrift ordnet jedem Menschen seinen Geburtstag zu,
    und der Geburtstag eines Menschen ist eindeutig (wenn auch bei manchen Damen
    aus dem Schauspielgewerbe in mehreren Versionen im Umlauf).

b) Nun etwas Gewohnteres: Es sei $D = W = \mathbb{R}$ und $f(x) = x^2$. Das ist sicherlich eine
    Funktion, denn jeder reellen Zahl x wird in eindeutiger Weise eine reelle Zahl x^2

Abb. 5.3 Graph einer
Funktion im $(x, f(x))$-
Koordinatensystem

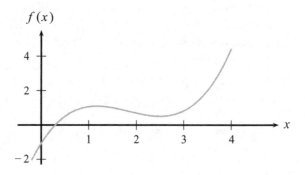

zugeordnet. Der Graph dieser Funktion ist die gute alte Normalparabel, die Ihnen sicherlich schon begegnet ist.

c) Jetzt sei $D = W = \mathbb{N}$ und

$$f(x) = \frac{x}{2}.$$

Das ist *keine* Funktion, denn nicht jedem Wert aus D kann ein Wert in W zugeordnet werden. Beispielsweise käme als Funktionswert von $x = 1$ zunächst $y = 1/2$ infrage, aber das ist leider keine natürliche Zahl und somit nicht im Wertevorrat vorhanden.

d) Mit $D = \mathbb{N}$ und $W = \mathbb{Q}$ ist dagegen alles in Ordnung, nun ist

$$f(x) = \frac{x}{2}$$

eine Funktion. ◀

Bevor ich Sie mit Übungsaufgaben zum Thema Funktionen erheitere, möchte ich noch den Begriff der Bildmenge einführen.

Definition 5.6
Es sei $f : D \to W, f : x \mapsto y$ eine Funktion. Dann nennt man die Menge aller Funktionswerte von f die **Bildmenge** von f und bezeichnet sie mit $f(D)$. $f(D)$ ist also eine Teilmenge von W.

Wenn Sie lieber formale als verbale Definitionen mögen (das meine ich ernst, es gibt solche Menschen, man nennt sie auch Mathematiker), dann lesen sie das Folgende:

$f(D) = \{y \in W;$ es gibt mindestens ein $x \in D$ mit $f(x) = y\}$.

Als Beispiel betrachte ich nochmals die in Beispiel 5.6 angegebene Normalparabel mit der Funktionsgleichung $f(x) = x^2$. Der Wertevorrat war dort als $\mathbb{R}$ angegeben, das heißt, jede reelle Zahl ist als Funktionswert zulässig. Aber natürlich kann das Quadrat x^2 einer reellen Zahl niemals negativ werden, daher wird dieser Wertevorrat sozusagen nicht ausgeschöpft, da nur nicht negative Zahlen als Funktionswert auftreten. Es gilt hier

$$f(D) = \mathbb{R}^+ = \{x \in \mathbb{R}; x \geq 0\}.$$

Bemerkung
Die feinsinnige Unterscheidung zwischen Wertevorrat und Bildmenge ist sicherlich nicht jedermanns Lieblingsthema, und schlimmer noch: Die Bezeichnungsweise und Notation sind in der Literatur nicht einheitlich. Es kann Ihnen durchaus passieren, dass später einmal ein Dozent oder Fachbuchautor das, was ich hier als Wertevorrat bezeichne, lieber Wertebereich nennen wird, die Bildmenge wiederum heißt dann vielleicht Wertemenge

usw. Ich kann es nicht ändern, Sie müssen einfach immer sorgfältig schauen, was der jeweilige Autor am Anfang des Textes definiert.

Übungsaufgabe 5.6

Prüfen Sie, ob es sich bei den im Folgenden angegebenen Vorschriften um Funktionen handelt, und geben Sie gegebenenfalls die Bildmenge an.

a) $f_1 : \mathbb{R} \to \mathbb{R}, f_1(x) = x$

b) $f_2 : [-1,1] \to \mathbb{R}, f_2(x) = \sqrt{x}$

c) $f_3 : \mathbb{R} \to \{0,1\}, \quad f_3(x) = 1$ oder 0, je nachdem, wie es mir gerade geht

d) $f_4 : \mathbb{R} \setminus \{0\} \to \mathbb{R}, \quad f_4(x) = \dfrac{1}{x}$ ◀

Bei den bisherigen Beispielen war der Definitionsbereich stets vorgegeben. Es kann jedoch Situationen (sprich: Klausuraufgaben oder Prüfungsfragen) geben, in denen dieser erst bestimmt werden muss, in denen man also prüfen muss, für welche Werte die gegebene Funktionsvorschrift *nicht* definiert ist.

Ein Beispiel hierfür ist die folgende Aufgabenstellung: Bestimmen Sie den größtmöglichen Definitionsbereich D (innerhalb $\mathbb{R}$) der Funktion

$$f(x) = \sqrt{x-2}.$$

Da Wurzeln nur aus nicht negativen Zahlen gezogen werden können, ist also hier nach der Menge der Zahlen x gefragt, für die $x - 2 \geq 0$ ist. Es folgt

$$D = \{x \in \mathbb{R}; \; x \geq 2\}.$$

Die Tatsache, dass der Radikand einer Wurzel negativ werden könnte, ist ein häufiger Grund für die Einschränkung des Definitionsbereichs. Ein zweiter mindestens ebenso häufiger Grund ist, dass der Nenner eines Bruchs 0 werden kann; ein Beispiel hierfür ist die Funktion

$$g(x) = \frac{1}{x^2 - 1}.$$

Da der Nenner für $x = 1$ und $x = -1$ null wird, ist der maximale reelle Definitionsbereich dieser Funktion

$$D = \mathbb{R} \setminus \{-1,1\}.$$

Übungsaufgabe 5.7

Bestimmen Sie den maximalen reellen Definitionsbereich der Funktion

$$f(x) = \sqrt{\frac{x}{1-x}}.$$ ◀

Die folgende Definition gehört eindeutig in die Kategorie „ist doch klar, musste aber dennoch einmal festgeschrieben werden". Es geht darum, was die Summe, Differenz etc. von Funktionen sein soll.

Definition 5.7

Es seien $f(x)$ und $g(x)$ zwei auf einer gemeinsamen Definitionsmenge D definierte Funktionen. Dann ist

a) die Summenfunktion $(f + g)(x)$ definiert als $(f + g)(x) = f(x) + g(x)$,
b) die Differenzfunktion $(f - g)(x)$ definiert als $(f - g)(x) = f(x) - g(x)$,
c) die Produktfunktion $(f \cdot g)(x)$ definiert als $(f \cdot g)(x) = f(x) \cdot g(x)$,
d) die Quotientenfunktion $(f/g)(x)$ definiert als $(f/g)(x) = f(x)/g(x)$, falls $g(x) \neq 0$.

Vermutlich denken Sie gerade zu Recht: „Was soll das, will der Autor hier Zeilen schinden, die er dann dem Verlag in Rechnung stellt?" Ich kann Ihnen versichern, dass das nicht so ist, aber ebenso wie Sie finde ich diese Definition langweilig und keiner weiteren Würdigung wert. Sie muss lediglich in einem seriösen Mathematikbuch wie diesem (spüre ich da ein Grinsen?) formuliert werden, denn ansonsten ist nicht klar definiert, was beispielsweise eine Summenfunktion sein soll.

Schreibweise Das Produkt einer Funktion $f(x)$ mit sich selbst ist nach Teil c) der Definition gerade $(f(x))^2 = f(x) \cdot f(x)$. Man spart sich hierbei meist die umschließenden Klammern und schreibt einfach $f^2(x)$. So steht also beispielsweise der Ausdruck $\sin^2(x)$ für das Produkt der Sinusfunktion mit sich selbst:

$$\sin^2\left(x\right) = \left(\sin\left(x\right)\right)^2$$

Ich habe bereits weiter oben auf den Unterschied zwischen Wertevorrat und Bildmenge einer Funktion hingewiesen, insbesondere darauf, dass die tatsächliche Bildmenge einer Funktion kleiner sein kann als der eigentliche Wertevorrat, dass dieser also quasi nicht ausgeschöpft werden muss. Im Umkehrschluss folgt daraus, dass eine Funktion, die ihren Wertevorrat eben doch ausschöpft, etwas Besonderes ist und ihr daher eine eigene Bezeichnung verliehen wird: Man nennt eine solche Funktion surjektiv.

Definition 5.8

Eine Funktion $f: D \to W$ heißt **surjektiv**, wenn zu jedem $y \in W$ mindestens ein $x \in D$ existiert, so dass $f(x) = y$ ist.

Eine Funktion ist also genau dann surjektiv, wenn die Bildmenge $f(D)$ gleich dem Wertevorrat W ist, wenn also jedes $y \in W$ als Funktionswert vorkommt.

Ich fürchte, diese Definition kann ich noch hundert Mal umformulieren, sie wird allein dadurch nicht verständlicher; dazu müssen schon Beispiele her.

Beispiel 5.7

Um nachzuweisen, dass eine Funktion surjektiv ist, muss man zeigen, dass zu jedem $y \in W$ ein $x \in D$ existiert, so dass $f(x) = y$ ist. In der Praxis macht man das meist, indem man die Gleichung $y = f(x)$ (für die konkret vorgegebene Funktion f) nach x auflöst. Gelingt dies für alle $y \in W$, ist die Surjektivität gezeigt.

a) Es sei $f : \mathbb{R} \to \mathbb{R}, f(x) = 2x + 5$. Die Gleichung $y = 2x + 5$ ist problemlos nach x auflösbar, es ergibt sich:

$$2x = y - 5, \text{also } x = \frac{y}{2} - \frac{5}{2}.$$

Es gibt also zu jedem y ein x, das auf y abgebildet wird, und somit ist f surjektiv.

b) Jetzt untersuche ich die Funktion

$$g : \mathbb{R} \setminus \{1\} \to \mathbb{R}, \quad g(x) = \frac{x}{x-1}$$

und zu diesem Zweck versuche ich, die Gleichung

$$y = \frac{x}{x-1}$$

nach x aufzulösen. Dazu multipliziere ich zunächst mit $x - 1$ durch und erhalte

$$y(x-1) = x, \quad \text{also} \quad yx - y = x.$$

Nun bringe ich x auf die linke und das einsam stehende y auf die rechte Seite, was mir liefert:

$$yx - x = y, \text{ also } (y-1)x = y.$$

Nun dividiere ich beide Seiten durch $y - 1$ und erhalte als Ergebnis die gewünschte Auflösung nach x:

$$x = \frac{y}{y-1}.$$

Fertig. Dachten Sie vielleicht, stimmt aber nicht, denn im letzten Schritt habe ich geschummelt bzw. war zumindest nicht sorgfältig: Die Division durch $y - 1$ ist nämlich nicht immer möglich, genauer gesagt nur dann, wenn dieser Term nicht 0 ist, wenn also $y \neq 1$ ist.

Das bedeutet: Für $y = 1$ existiert *kein x*, das auf dieses y abgebildet wird, somit tritt der Funktionswert $y = g(x) = 1$ nicht auf, und daher ist die Funktion $g(x)$ nicht surjektiv, denn die 1 ist im Wertevorrat $\mathbb{R}$ der Funktion leider vorhanden.

c) Nun ein Beitrag aus unserer beliebten Reihe „kleine Ursache, große Wirkung": Ich betrachte dieselbe Funktionsvorschrift wie in Teil b), ändere nun aber den Wertevorrat ab zu $\mathbb{R} \setminus \{1\}$, untersuche also

$$\tilde{g} : \mathbb{R} \setminus \{1\} \to \mathbb{R} \setminus \{1\}, \quad \tilde{g}(x) = \frac{x}{x-1}.$$

Diese Funktion ist surjektiv, denn wie wir gerade gesehen haben, tritt jede reelle Zahl außer 1 als Funktionswert auf, und das entspricht genau dem Wertevorrat von g. ◄

Sicherlich warten Sie verzweifelt auf Übungsaufgaben zu diesem Thema. Nun, keine Sorge, die kommen gleich, aber ich will zuvor noch einen zweiten Begriff einführen, der stets im Zusammenhang mit Surjektivität auftaucht, nämlich den der Injektivität. Die anschließenden Übungen beziehen sich dann auf beide Eigenschaften gleichzeitig. Das nennt man effizientes Schreiben eines Lehrbuchs.

Definition 5.9

Eine Funktion $f : D \to W$ heißt **injektiv**, wenn gilt: Sind x_1 und x_2 *verschiedene* Werte aus D, so sind auch ihre Funktionswerte verschieden: $f(x_1) \neq f(x_2)$.

Auch hierzu folgen Beispiele. Zunächst aber eine Bemerkung dazu, wie man Injektivität in der Praxis am einfachsten nachweisen bzw. widerlegen kann. Widerlegen ist dabei wie sehr oft der einfachere Part: Man muss nur zwei verschiedene x-Werte finden, die denselben Funktionswert liefern, und schon ist es vorbei mit der Injektivität.

Der Nachweis, dass eine Funktion injektiv ist, ist schon etwas aufwendiger. Meist ist die folgende Vorgehensweise am effektivsten: Man geht davon aus, dass es zwei Werte x_1 und x_2 gibt, so dass $f(x_1) = f(x_2)$ ist, und zeigt dann, dass dies nur möglich ist, wenn schon $x_1 = x_2$ war. Mit anderen Worten: Aus $f(x_1) = f(x_2)$ folgt $x_1 = x_2$.

Das soll wie gesagt jetzt durch Beispiele illustriert werden. Ich greife hierfür zunächst die in Beispiel 5.7 auf Surjektivität untersuchten Funktionen nochmals auf.

Beispiel 5.8

a) Es sei also $f : \mathbb{R} \to \mathbb{R}$, $f(x) = 2x + 5$. Ich setze nun zwei Zahlen x_1 und x_2 ein und nehme an, dass deren Funktionswerte gleich sind:

$$2x_1 + 5 = 2x_2 + 5.$$

Nach den üblichen Regeln der Äquivalenzumformung von Gleichungen subtrahiere ich nun auf beiden Seiten dieser Gleichung 5, es verbleibt also $2x_1 = 2x_2$, und dividiere anschließend durch 2. Das Ergebnis ist

$$x_1 = x_2.$$

Gleichheit der Funktionswerte ist also nur dann möglich, wenn die Urbilder schon gleich waren, das heißt, die Funktion ist injektiv.

b) Nun untersuche ich

$$\tilde{g} : \mathbb{R} \setminus \{1\} \to \mathbb{R} \setminus \{1\}, \tilde{g}(x) = \frac{x}{x-1}$$

auf Injektivität. Es sei also

$$\frac{x_1}{x_1 - 1} = \frac{x_2}{x_2 - 1}.$$

Durchmultiplizieren mit dem Hauptnenner $(x_1 - 1)(x_2 - 1)$ liefert

$$x_1 (x_2 - 1) = x_2 (x_1 - 1),$$

also

$$x_1 x_2 - x_1 = x_2 x_1 - x_2$$

und somit $x_1 = x_2$. Daher ist auch diese Funktion injektiv.

c) Wir sollten uns endlich einmal eine Funktion ansehen, die nicht injektiv ist. Das ist aber einfach, schon die ganz gewöhnliche Normalparabel $p(x) = x^2$ ist nicht injektiv, wenn sie auf ganz $\mathbb{R}$ definiert ist.

Um dies exakt zu beweisen, muss ich zwei verschiedene x-Werte angeben, die auf denselben Funktionswert abgebildet werden. Hierfür kann ich beispielsweise $x_1 = -1$ und $x_2 = 1$ wählen. Diese Werte sind mit Sicherheit verschieden, aber es ist

$$p(x_1) = p(x_2) = 1.$$

Die Funktion $p(x)$ ist also nicht injektiv.

d) Schließlich betrachte ich die Funktion

$$q : \mathbb{R} \to \mathbb{R}, \quad q(x) = x^2 + 2x - 3.$$

Mithilfe der p-q-Formel oder irgendeiner anderen Formel zur Lösung quadratischer Gleichungen können Sie feststellen, dass diese Funktion die beiden Nullstellen $x_1 = 1$ und $x_2 = -3$ hat. Mit anderen Worten: Es gilt $q(1) = q(-3) = 0$, die Funktion hat also an zwei verschiedenen Stellen denselben Funktionswert (nämlich 0) und ist somit nicht injektiv.

Diese Aussage ist natürlich leicht übertragbar auf andere Funktionen: Eine Funktion, die (mindestens) zwei Nullstellen hat, ist nicht injektiv.   ◄

Nun aber endlich die versprochenen Übungsaufgaben zu den Begriffen surjektiv und injektiv.

Übungsaufgabe 5.8

Prüfen Sie, ob die im Folgenden angegebenen Funktionen surjektiv bzw. injektiv sind:

a) $f_1 : \mathbb{N} \to \{1,2\}, \quad f_1(n) = 1$

b) $f_2 : \mathbb{R} \to [0,1), \quad f_2(x) = \frac{x^2}{x^2 + 1}$

c) $f_3 : \mathbb{R}^+ \to \mathbb{R}^+, \quad f_3(x) = x^2.$ ◄

Eine Funktion, die sowohl surjektiv als auch injektiv ist, erhält ein besonderes Prädikat, man nennt sie bijektiv. Dies ist der Inhalt der folgenden kleinen Definition:

Definition 5.10
Eine Funktion heißt **bijektiv**, wenn sie surjektiv und injektiv ist.

Wenn Sie Übungsaufgabe 5.8 bearbeitet haben, haben Sie festgestellt, dass die in Teil c) angegebene Funktion sowohl surjektiv als auch injektiv ist; mit der gerade angegebenen Bezeichnungsweise heißt diese Funktion jetzt also bijektiv. Dasselbe gilt für die in Teil a) von Beispiel 5.8 untersuchte Funktion, denn sie ist injektiv und nach Beispiel 5.7 ebenso surjektiv.

Zum Schluss dieses einleitenden Unterabschnitts über Funktionen noch eine weitere Begrifflichkeit, nämlich die der geraden und ungeraden Funktion. Diese wird später noch, beispielsweise im Zusammenhang mit Fourier-Reihen, nützlich sein:

Definition 5.11
Es sei f eine reelle Funktion, deren Definitionsbereich D symmetrisch zum Punkt $x = 0$ liegt.

a) Die Funktion f heißt **gerade**, wenn ihr Graph symmetrisch zur y-Achse ist, wenn also gilt

$$f(-x) = f(x)$$

für alle $x \in D$.
b) Die Funktion f heißt **ungerade**, wenn ihr Graph punktsymmetrisch zum Nullpunkt ist, wenn also gilt

$$f(-x) = -f(x)$$

für alle $x \in D$ (Abb. 5.4).

Bemerkung
Die Voraussetzung, dass der Definitionsbereich symmetrisch zum Nullpunkt liegen soll, ist notwendig, damit mit x auch stets $-x$ in D liegt. Der häufigste Fall, bei dem dies automatisch gegeben ist, ist $D = \mathbb{R}$.

Beispiel 5.9

a) Jede konstante Funktion

$$f(x) = c$$

ist gerade, denn sicher ist $f(x) = f(-x)(= c)$ für alle x.

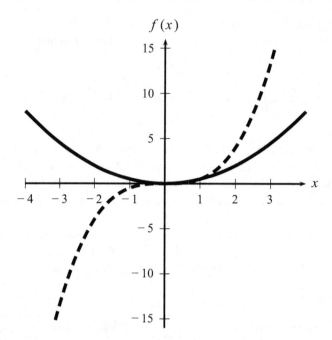

Abb. 5.4 Gerade (*durchgezogen*) und ungerade Funktion (*gestrichelt*)

b) Für jedes $a \in \mathbb{R}$ ist die Funktion $f(x) = ax$ ungerade, denn es ist

$$f(-x) = a \cdot (-x) = -ax = -f(x)$$

für alle x.

c) Ist m eine gerade natürliche Zahl, so ist die Funktion

$$f(x) = x^m$$

eine gerade Funktion. Eine gerade Zahl m kann man nämlich immer in der Form $m = 2k$ mit $k \in \mathbb{N}$ schreiben. Damit folgt:

$$f(-x) = (-x)^m = (-x)^{2k} = \left((-x)^2\right)^k = \left(x^2\right)^k = x^m = f(x).$$

d) Auch wenn ich sie in diesem Buch noch nicht offiziell eingeführt habe, kennen Sie sicherlich die beiden trigonometrischen Funktionen Sinus und Cosinus; diese sind geradezu die Standardbeispiele ungerader bzw. gerader Funktionen, denn es gilt für alle $x \in \mathbb{R}$:

$$\sin(-x) = -\sin(x) \quad \text{und} \quad \cos(-x) = \cos(x). \qquad \blacktriangleleft$$

Übungsaufgabe 5.9

Beweisen Sie folgende Aussage: Ist m eine ungerade natürliche Zahl, so ist die Funktion

$$f(x) = x^m$$

eine ungerade Funktion. $\qquad \blacktriangleleft$

Sind die folgenden Aussagen wahr oder falsch?

a) Die Summe zweier ungerader Funktionen ist eine ungerade Funktion.
b) Das Produkt zweier ungerader Funktionen ist eine ungerade Funktion.
c) Jede reelle Funktion ist entweder gerade oder ungerade.
d) Es gibt keine Funktion, die gleichzeitig gerade und ungerade ist.   ◄

Erstaunlicherweise kann man jede reelle Funktion in ihren geraden und ungeraden Anteil zerlegen, auch wenn die Funktion selbst weder gerade noch ungerade ist (womit ich
versehentlich Teil c) von Übungsaufgabe 5.10 gelöst habe, aber die haben Sie hoffentlich
ohnehin schon bearbeitet). Wie das geht sagt der nächste Satz aus.

Satz 5.6
Ist f eine auf $\mathbb{R}$ definierte Funktion, so bildet man die beiden Funktionen

$$f_u(x) = \frac{f(x) - f(-x)}{2} \text{ und } f_g(x) = \frac{f(x) + f(-x)}{2}.$$

Dann ist f_u eine ungerade und f_g eine gerade Funktion. Außerdem gilt

$$f(x) = f_u(x) + f_g(x). \tag{5.8}$$

Beweis Ich zeige, dass $f_u(x)$ eine ungerade Funktion ist; dazu untersuche ich für beliebiges x den Wert $f_u(-x)$ und finde:

$$f_u(-x) = \frac{f(-x) - f(-(-x))}{2} = \frac{f(-x) - f(x)}{2} = -\frac{f(x) + f(-x)}{2} = -f_u(x).$$

Also ist wie behauptet $f_u(x)$ ungerade, und völlig analog zeigt man, dass $f_g(x)$ gerade ist.
Die in (5.8) behauptete Zerlegung können Sie leicht selbst nachrechnen (und sollten das
übungshalber auch tun, ich warte hier solange).

Zerlegen Sie die folgenden auf ganz $\mathbb{R}$ definierten Funktionen in ihren ungeraden und
geraden Anteil; stellen Sie diese Anteile möglichst einfach dar.

a) $f(x) = 2x - 2x^2$
b) $g(x) = 4x^3 + 2\sin(x)$ ◄

5.2.1   Verkettung, Umkehrbarkeit und Monotonie

Nehmen wir einmal an, Sie sind glücklicher Inhaber einer kleinen Firma, die ein stark nachgefragtes Produkt verkauft, und Sie wollen den Preis für dieses Produkt neu kalkulieren. Da Sie ordentlich verdienen wollen, gehen Sie dabei wie folgt vor: Zuerst wird der alte Preis um 10 Euro erhöht, danach wird das Ganze quadriert. (Sollte Ihnen das unverschämt erscheinen, so bin ich ganz Ihrer Meinung, aber beispielsweise machen das die Ölkonzerne bei der Neubestimmung ihrer Benzinpreise nach meinem Gefühl ganz ähnlich.)

Da Sie schon einmal ein Mathematikbuch gelesen haben, beschreiben Sie diese beiden Operationen jeweils durch eine Funktion, die auf der Menge der positiven Zahlen definiert sein soll: Ist x der alte Preis, so lautet die zuerst anzuwendende Funktion

$$g(x) = x + 10,$$

und die zweite ist

$$f(y) = y^2.$$

So berechnen Sie beispielsweise für $x = 10$, dass $g(x) = 20$ und $f(20) = 400$ ist; ein Produkt, das vorher 10 Euro kostete, schlägt jetzt mit 400 Euro zu Buche.

So können Sie das nach und nach mit allen Produktpreisen machen. Beispielsweise kommt ein Produkt, das eingangs $x = 2$ Euro kostete, nach Ihrer kleinen Neukalkulation auf $g(x) = 12$ und schließlich $f(12) = 144$ Euro.

Allerdings fällt Ihnen wohl ziemlich bald auf, dass Sie die zwischenzeitliche Bestimmung von $g(x)$ eigentlich weglassen und lieber gleich den Ausgabewert von g wieder in f hineinstecken können. Was Sie dabei machen, nennt man in der Mathematik die **Verkettung** der Funktionen g und f. Die durch die Verkettung entstandene neue Funktion nenne ich für den Moment h; ich berechne sie explizit, indem ich $g(x)$ in f hineinstecke und ausrechne:

$$h(x) = f(g(x)) = f(x + 10) = (x + 10)^2.$$

In dieser Darstellung können Sie nun etwas schneller als oben nachrechnen, dass $h(10) = 400$ und $h(2) = 144$ ist.

So geht das prinzipiell für alle Funktionen der Welt, wobei nur gewährleistet sein muss, dass die Funktion f mit dem Ausgabewert von g etwas anzufangen weiß, dass also die Bildmenge von g im Definitionsbereich von f liegt. Mit mathematischer Präzision definiert lautet das wie folgt:

Definition 5.12
Es seien $f : F \to W$ und $g : D \to E$ zwei Funktionen mit der Eigenschaft, dass der Definitionsbereich F von f die Bildmenge $g(D)$ von g enthält.

Dann heißt die Funktion $f \circ g : D \to W$, definiert durch

$$f \circ g : D \to W, (f \circ g)(x) = f(g(x))$$

für alle $x \in D$, die **Verkettung** von f und g; gelegentlich sagt man auch **Hintereinanderausführung** oder **Komposition** der beiden Funktionen.

Bemerkung
Zu beachten ist die Reihenfolge: Es wird *zuerst* g und *danach* f angewendet.

Das muss natürlich durch Beispiele illustriert werden:

Beispiel 5.10

a) Ich definiere die Funktionen

$$g : \mathbb{R}^+ \to \mathbb{R}, \quad g(x) = (x+9)^2$$

und

$$f : \mathbb{R}^+ \to \mathbb{R}, \quad f(y) = \sqrt{y} - 8.$$

Da die Bildmenge von g gerade die nicht negativen reellen Zahlen sind, kann ich unbesorgt f mit g verketten und erhalte:

$$(f \circ g) : \mathbb{R} \to \mathbb{R}, \quad (f \circ g)(x) = f\left((x+9)^2\right) = \sqrt{(x+9)^2} - 8$$

$$= x + 9 - 8 = x + 1,$$

also

$$(f \circ g)(x) = x + 1.$$

Die Verkettung bewirkt also einfach nur die Erhöhung von x um 1.

b) Jetzt seien

$$g : (-1, \infty) \to \mathbb{R}, \quad g(x) = \sqrt{\frac{2}{x+1}}$$

und

$$f : \mathbb{R} \setminus \{0\} \to \mathbb{R}, \quad f(y) = \frac{1}{y^2}.$$

Die Funktion f akzeptiert als Eingabewert jede reelle Zahl außer der Null, und da diese als Wert von g nicht vorkommt, brauchen wir uns um das Zusammenpassen der Bereiche keine Sorgen zu machen und können die beiden Funktionen verketten. Setzt man $g(x)$ in f ein, so wird $g(x)$ quadriert und in den Nenner geschoben; das Quadrieren hebt aber gerade die Wurzelbildung auf, so dass der *Nenner* von f jetzt $\dfrac{2}{x+1}$ heißt. Und da man durch einen Bruch dividiert, indem man mit seinem Kehrbruch multipliziert, erhalten wir als Ergebnis:

$$(f \circ g) : (-1, \infty) \to \mathbb{R}, \quad (f \circ g)(x) = \frac{x+1}{2}. \qquad \blacktriangleleft$$

Übungsaufgabe 5.12

Es seien

$$f : \mathbb{R} \to \mathbb{R}, \ f(x) = x^4 + x^2 - 2 \text{ und } g : [-1, \infty) \to \mathbb{R}, \ g(x) = \sqrt{x+1}.$$

Bestimmen Sie die verkettete Funktion $f \circ g$ und vereinfachen Sie sie so weit wie möglich.   ◄

Ich denke, es ist klar, dass man die Reihenfolge der Verkettung zweier Funktionen nicht immer umkehren kann, das heißt, es gibt Situationen, in denen man $f \circ g$ bilden kann, nicht aber $g \circ f$. Und auch wenn das möglich ist, liefern beide Verkettungen meist nicht dieselbe Funktion. Dies zu illustrieren, überlasse ich Ihnen in der nächsten Übungsaufgabe.

Übungsaufgabe 5.13

Prüfen Sie bei den in Beispiel 5.10 sowie in Übungsaufgabe 5.12 behandelten Funktionenpaaren, ob auch die Verkettung $g \circ f$ auf dem gesamten Definitionsbereich von f möglich ist; falls ja, geben Sie die verkettete Funktion möglichst einfach an   ◄

Für manche Funktionen existiert eine spezielle Funktion, die sogenannte Umkehrfunktion, die bei Verkettung mit der gegebenen Funktion deren Wirkung gerade wieder aufhebt. Nein, zugegeben, das kann man wohl noch nicht so richtig verstehen, ich illustriere das daher zunächst durch ein Beispiel und gebe danach die exakte Definition.

Beispiel 5.11

Verkettet man die Funktion

$$g : \mathbb{R} \to \mathbb{R}, \ g(x) = 3x - 8$$

mit der Funktion

$$f : \mathbb{R} \to \mathbb{R}, \ f(x) = \frac{x}{3} + \frac{8}{3}$$

so ergibt sich

$$(f \circ g) : \mathbb{R} \to \mathbb{R}, \ (f \circ g)(x) = \frac{3x-8}{3} + \frac{8}{3} = x$$

und ebenso

$$(g \circ f) : \mathbb{R} \to \mathbb{R}, \ (g \circ f)(x) = 3\left(\frac{x}{3} + \frac{8}{3}\right) - 8 = x.$$

Die Verkettung der beiden Funktionen lässt also unabhängig von der Reihenfolge jedes x unverändert, so, als ob gar keine Funktion angewandt worden wäre. Anders formuliert: Die jeweils zuerst angewandte Funktion wird durch die Anwendung der zweiten umgekehrt.   ◄

Alles schön und gut, werden Sie sagen, wo ist das Problem? Die Probleme kommen noch, keine Sorge. Zuvor wird es aber höchste Zeit, den Begriff Umkehrfunktion exakt zu definieren.

Definition 5.13

Es sei f eine Funktion mit dem Definitionsbereich D und der Bildmenge $f(D)$. Existiert eine Funktion f^{-1}, deren Definitionsbereich $f(D)$ ist und die die Eigenschaft

$$\left(f^{-1} \circ f\right)(x) = x$$

für alle $x \in D$ hat, so nennt man f umkehrbar oder auch invertierbar, und f^{-1} bezeichnet man als **Umkehrfunktion** von f.

Bemerkung

Eine erste einfache „Rechenregel" für Umkehrfunktionen können Sie aus obigem Beispiel sofort ablesen bzw. sich auch selbst überlegen: Ist f eine umkehrbare Funktion und f^{-1} ihre Umkehrfunktion, so ist f seinerseits die Umkehrfunktion von f^{-1}. In Formeln:

$$\left(f^{-1}\right)^{-1}(x) = f(x).$$

Vielleicht fragen Sie sich ja, warum um alles in der Welt man eigentlich an der Umkehrfunktion interessiert ist, man könnte ja auch gleich die Ausführung der Funktion bleiben lassen und sparte sich dadurch auch die Durchführung der Umkehrfunktion. Das ist für sich betrachtet schon richtig, aber meist ist man eben nicht an der Unwirksammachung einer Funktion interessiert, sondern man möchte anhand eines vorgelegten Funktionswertes $f(x)$ Rückschlüsse auf den Wert x ziehen, von dem der Funktionswert herstammt. Und dazu dient die Umkehrfunktion.

Hierzu ein ganz einfaches Beispiel:

Beispiel 5.12

Ihre Firma stellt ein Produkt her, dessen Produktion pro Stück Kosten von 12 Euro verursacht, außerdem gibt es Fixkosten der Produktion in Höhe von 112 Euro. Werden also x Stück dieses Produkts hergestellt, entstehen Kosten in Höhe von

$$k(x) = 12x + 112.$$

Nun möchten Sie vielleicht wissen, wie viel Stück Sie produzieren können, wenn die Kosten 1000 Euro betragen sollen. Hierfür benötigen Sie die Umkehrfunktion der gerade angegebenen Kostenfunktion k; sie lautet (ich zeige gleich, wie man diese Umkehrfunktion konstruktiv ermittelt, nehmen Sie das Ergebnis bitte erst einmal so hin):

$$k^{-1}(y) = \frac{y - 112}{12}.$$

Setzt man hier nun $y = 1000$ ein, erhält man den Wert

$$k^{-1}(1000) = 74.$$

Der Kostenrahmen von 1000 Euro erlaubt also die Produktion von 74 Einheiten. So einfach kann das Leben mit ein wenig Mathematik sein! ◄

Nun möchte ich Ihnen anhand zweier Beispiele zeigen, wie man die Umkehrfunktion konstruktiv ermittelt (und dabei in einem Aufwasch klärt, ob sie existiert, denn, wenn man sie ermitteln kann, existiert sie auch – so läppisch das klingen mag).

Beispiel 5.13

a) Es sei

$$f : \mathbb{R} \setminus \{1\} \to \mathbb{R}, \quad f(x) = \frac{x+3}{x-1}.$$

Um zu untersuchen, ob diese Funktion umkehrbar ist, ersetze ich zunächst einmal das sperrige $f(x)$ durch ein einfaches y, schreibe also

$$y = \frac{x+3}{x-1}. \tag{5.9}$$

Nun versuche ich diesen Ausdruck nach x aufzulösen. Dazu multipliziere ich zunächst mit $(x - 1)$ durch und erhalte

$$y(x-1) = x+3.$$

Ich glaube, jetzt kann ich Sie damit konfrontieren, in einem Schritt zwei Dinge zu erledigen: Ich multipliziere die linke Seite aus und bringe anschließend alles, was mit x behaftet ist, auf die linke und alles andere auf die rechte Seite. Das ergibt

$$yx - x = y+3.$$

Nun klammert man links noch x aus und kürzt; das liefert

$$x = \frac{y+3}{y-1}.$$

Die gesuchte Umkehrfunktion lautet also

$$f^{-1}(y) = \frac{y+3}{y-1},$$

sie hat offenbar den maximalen Definitionsbereich $\mathbb{R} \setminus \{1\}$.

Dass die Umkehrfunktion in diesem Beispiel eine gewisse Ähnlichkeit mit der Ausgangsfunktion hat, ist zwar nicht gerade Zufall, steht hier aber nicht im Zentrum des Interesses. Wichtiger ist vielmehr die Technik, mit der ich die Umkehrfunktion ermittelt habe: Man setzt $y = f(x)$ und versucht dann, diese Gleichung nach x aufzulösen.

Und das wollen wir – um einmal in den immer wieder beliebten Kranken-schwesternplural zu verfallen – doch gleich noch einmal ein wenig üben:

b) Es sei

$$f : [0, \infty) \to [0, 1), \quad f(x) = \frac{x^2}{1 + x^2}.$$

Ich muss also die Gleichung

$$y = \frac{x^2}{1 + x^2} \qquad (5.10)$$

nach x auflösen. Durchmultiplizieren mit dem Nenner der rechten Seite und an-schließendes Ausmultiplizieren ergibt zunächst

$$y + y x^2 = x^2.$$

Nun bringt man x^2 auf die linke und y auf die rechte Seite und erhält

$$y x^2 - x^2 = -y.$$

Klammert man nun wieder x^2 auf der linken Seite aus, dividiert dann durch $(y - 1)$ und zieht auf beiden Seiten die positive Wurzel, ergibt sich

$$x = \sqrt{\frac{-y}{y - 1}}. \qquad (5.11)$$

Sind wir nun fertig? Na ja, wenn ich schon *so* frage vermutlich nicht. Tatsächlich haben wir gezeigt, dass die Gl. (5.10) nach x auflösbar ist, *falls* die Wurzel auf der rechten Seite existiert, falls also der Radikand nicht negativ und der Nenner nicht 0 ist. Hierzu muss man sich den Wertevorrat anschauen: Jedes y liegt im Intervall [0, 1), das heißt, es ist nicht negativ und kleiner als 1. Das bedeutet aber, dass der Nenner in (5.11) immer negativ (also insbesondere nicht 0) ist. Da auch der Zähler immer negativ ist, ist der Gesamtbruch positiv und die Wurzel anwendbar. Somit existiert für jedes y ein passendes x, und die Funktion ist umkehrbar.

c) Ein Beispiel einer nicht überall umkehrbaren Funktion ist gegeben durch die gute alte Normalparabel

$$p : \mathbb{R} \to \mathbb{R}, \quad p(x) = x^2.$$

Um dies zu begründen, ist es am besten, sich einmal anschaulich klarzumachen, was Umkehrbarkeit eigentlich bedeutet: Es geht dabei darum, jeden Funktionswert $f(x)$ von f auf sein Urbild x „zurückzuwerfen", so, als ob gar keine Abbildung statt-gefunden hätte. Dazu ist es aber offensichtlich nötig, dass man bei jedem Funkti-onswert eindeutig sagen kann, woher er kam, das heißt von welchem x -Wert er herstammt. Das geht aber bei der Normalparabel $p(x) = x^2$ nicht, denn jeder Funk-tionswert außer der Null hat zwei verschiedene Urbilder; beispielsweise gilt $p(-2) = p(2) = 4$, das heißt, vom Funktionswert 4 kann niemand mehr sagen, woher dieser Wert kam, ob von -2 oder von $+2$. Daher ist p nicht umkehrbar. ◄

Um die nächste Definition ein wenig einzuleiten, frage ich noch ein letztes Mal (versprochen!) nach der Umkehrfunktion einer Funktion, diesmal von

$$f : \mathbb{R} \to \mathbb{R}, \quad f(x) = -x.$$

Gemäß obiger Vorschrift muss ich zur Bestimmung der Umkehrfunktion die Gleichung $y = -x$ nach x auflösen. Nun ja, allzu tief muss man hier nicht in die Algebra-Kiste greifen, um festzustellen, dass dies $x = -y$ liefert, die Umkehrfunktion lautet also

$$f^{-1} : \mathbb{R} \to \mathbb{R}, \quad f^{-1}(y) = -y.$$

Hier ist also die Funktion f gleich ihrer eigenen Umkehrfunktion; Funktionen, die diese besondere Eigenschaft haben, verdienen nach Ansicht der Mathematiker eine eigene Bezeichnung:

Definition 5.14
Eine Funktion, die gleich ihrer eigenen Umkehrfunktion ist, nennt man eine **Involution**.

Weltbewegend ist diese Definition nicht, aber möglicherweise begegnet Ihnen dieser Begriff während Ihres Studiums einmal wieder, und dann können Sie mit Recht sagen: „Kenn ich schon!"
Ein weiteres Beispiel einer Involution ist übrigens die Hyperbelfunktion

$$h : \mathbb{R} \setminus \{0\} \to \mathbb{R} \setminus \{0\}, \quad h(x) = \frac{1}{x}.$$

Überlegen Sie bitte selbst kurz, warum das richtig ist.
Die in Teil c) von Beispiel 5.13 gegebene Begründung für die Nicht-Umkehrbarkeit der auf ganz $\mathbb{R}$ definierten Funktion $p(x) = x^2$ deutet bereits an, wonach man suchen muss, wenn man Kriterien für die Umkehrbarkeit einer Funktion sucht: Die Funktion muss sicherlich injektiv sein, denn sonst würde ja genau das eintreten, was die Umkehrbarkeit von $p(x) = x^2$ scheitern ließ; und weiterhin muss sie sicherlich den ganzen Wertevorrat abdecken, denn sonst gibt es dort Werte, die nicht als Funktionswert von f vorkommen, und denen könnte eine potenzielle Umkehrfunktion beim besten Willen keinen Funktionswert zuordnen.
Es stellt sich heraus, dass diese beiden sicherlich notwendigen Eigenschaften – Injektivität und Surjektivität, also Bijektivität – auch schon ausreichen, um zu garantieren, dass eine Funktion umkehrbar ist. Dies ist der Inhalt des folgenden Satzes:

Satz 5.7
Eine Funktion $f : D \to W$ besitzt genau dann eine auf ganz W definierte Umkehrfunktion f^{-1}, wenn sie bijektiv ist. In diesem Fall ist auch f^{-1} bijektiv.

Beispiele hierfür haben wir oben schon zur Genüge gesehen, ich verzichte daher hier auf neue Beispiele, schließlich müssen wir weiterkommen. Stattdessen formuliere ich gleich im Anschluss Satz 5.8, der die Situation für reelle Funktionen noch ein wenig präzisiert. Hierfür benötige ich allerdings einen Monotoniebegriff für Funktionen, und diesen definiere ich jetzt, in direkter Übertragung des Monotoniebegriffs für Folgen, der in Definition 5.3 gegeben wurde:

Definition 5.15

Es sei $f: D \to \mathbb{R}$ eine stetige reelle Funktion.

a) Gilt $f(x_1) \leq f(x_2)$ für alle $x_1, x_2 \in D$ mit $x_1 < x_2$, so nennt man f **monoton steigend**.

b) Gilt $f(x_1) < f(x_2)$ für alle $x_1, x_2 \in D$ mit $x_1 < x_2$, so nennt man f **streng monoton steigend**.

c) Gilt $f(x_1) \geq f(x_2)$ für alle $x_1, x_2 \in D$ mit $x_1 < x_2$, so nennt man f **monoton fallend**.

d) Gilt $f(x_1) > f(x_2)$ für alle $x_1, x_2 \in D$ mit $x_1 < x_2$, so nennt man f **streng monoton fallend**.

Satz 5.8

Es sei I ein Intervall und $f: I \to W$ eine stetige reelle Funktion. Mit $f(I)$ bezeichne ich wie üblich den Bildbereich von f. Dann gilt:

Die Funktion f ist genau dann auf $f(I)$ umkehrbar, wenn sie auf I streng monoton ist. In diesem Fall hat die Umkehrfunktion f^{-1} dieselben Monotonieeigenschaften wie f, das heißt: Ist f streng monoton steigend, dann ist auch f^{-1} streng monoton steigend, ist f streng monoton fallend, dann auch f^{-1}.

Beispiel 5.14

a) Es bei

$$f : \mathbb{R} \to \mathbb{R}, \quad f(x) = 2x - 3.$$

Diese Funktion ist streng monoton steigend, denn wenn $x_1 < x_2$ ist, dann ist auch $2x_1 < 2x_2$ und daher auch $f(x_1) < f(x_2)$.

Folglich besitzt sie eine Umkehrfunktion, diese lautet

$$f^{-1}(x) : \mathbb{R} \to \mathbb{R}, \quad f^{-1}(x) = \frac{x+3}{2}.$$

Auch diese Umkehrfunktion ist streng monoton steigend, wie Sie leicht nachrechnen und auch in Abb. 5.5 erkennen können.

Abb. 5.5 Die Funktionen f (*durchgezogen*) und f^{-1} (*gepunktet*) in Beispiel 5.14 a)

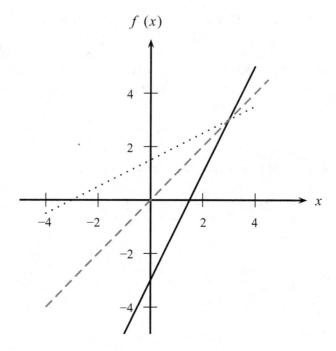

b) Nun sei

$$g : \mathbb{R}^+ \to (0,1], \quad g(x) = \frac{1}{1+x^2}.$$

Diese Funktion ist streng monoton fallend (beachten Sie den Definitionsbereich!), besitzt also eine Umkehrfunktion, die dieselbe Eigenschaft hat. Durch Auflösen der Gleichung

$$y = \frac{1}{1+x^2},$$

das ich freundlicherweise Ihnen überlasse, findet man heraus, dass diese Umkehrfunktion lautet:

$$g^{-1} : (0,1] \to \mathbb{R}^+, \quad g^{-1}(x) = \sqrt{\frac{1-x}{x}}.$$

Tatsächlich ist sie streng monoton fallend, wie Sie in Abb. 5.6 sehen.

c) Nun untersuche ich die Funktion

$$h : (1,\infty) \to (1,\infty), \quad h(x) = \frac{x+4}{x-1}.$$

Ich behaupte, dass diese Funktion auf dem ganzen Definitionsbereich streng monoton fallend ist. Um dies zu beweisen, muss ich zwei beliebige Punkte x_1 und x_2 mit $x_1 < x_2$ nehmen und zeigen, dass dann gilt:

Abb. 5.6 Die Funktionen g (*durchgezogen*) und g^{-1} (*gepunktet*) in Beispiel 5.14 b)

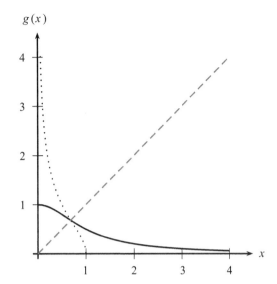

$$\frac{x_1 + 4}{x_1 - 1} > \frac{x_2 + 4}{x_2 - 1}. \tag{5.12}$$

Das sieht man so: Da x_1 und x_2 größer als 1 sind, sind beide Nenner in (5.12) positiv, so dass ich mit dem Produkt der beiden Nenner durchmultiplizieren kann, ohne das Ungleichungszeichen zu ändern. Gl. (5.12) ist also äquivalent mit

$$(x_1 + 4)(x_2 - 1) > (x_2 + 4)(x_1 - 1).$$

Multipliziert man beide Seiten aus, erhält man

$$x_1 x_2 + 4x_2 - x_1 - 4 > x_2 x_1 + 4x_1 - x_2 - 4,$$

was offenbar äquivalent ist zu

$$5x_2 > 5x_1, \ \ \text{also} \ x_2 > x_1,$$

was genau die Voraussetzung war.

Die Funktion h ist also streng monoton fallend und somit umkehrbar. Ihre Umkehrfunktion bestimmt man durch Auflösen der Gleichung

$$y = \frac{x + 4}{x - 1}$$

nach x, es ergibt sich

$$h^{-1}(x) = \frac{x + 4}{x - 1}.$$

Die Umkehrfunktion ist also identisch mit h, insbesondere also auch streng monoton fallend; die Funktion h ist eine Involution (vgl. Abb. 5.7). ◀

Abb. 5.7 Die Funktion
$h(= h^{-1})$ in Beispiel 5.14 c)

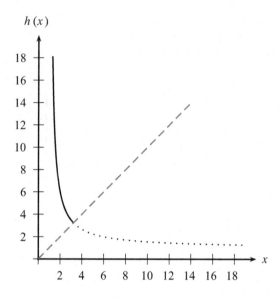

Bemerkung

Anhand der Abbildungen, die dieses Beispiel illustrieren, erkennt man sofort die Richtigkeit der folgenden Aussage:

Ist die Funktion f streng monoton, also umkehrbar, so erhält man den Graphen der Umkehrfunktion f^{-1}, indem man den Graphen von f an der Winkelhalbierenden $y = x$ spiegelt. Ist f insbesondere eine Involution, so ist der Graph von f^{-1} identisch mit dem von f. Das bedeutet: Der Graph einer Involution ist immer symmetrisch zur ersten Winkelhalbierenden.

Bevor wir im nächsten Unterabschnitt zu einem der zentralen Themen der Funktionenlehre, nämlich der Stetigkeit, kommen, noch einige Übungsaufgaben zum Themenkreis „Umkehrbarkeit".

Übungsaufgabe 5.14

Wie muss man Definitionsbereich D und Wertevorrat W wählen, damit die Funktion

$$f(x) = \sqrt{x-1}$$

umkehrbar ist? Wie lautet in diesem Fall die Umkehrfunktion? ◀

Übungsaufgabe 5.15

Prüfen Sie, ob die folgenden Funktionen umkehrbar sind, und geben Sie gegebenenfalls die Umkehrfunktion an.

a) $f : \mathbb{R} \to \mathbb{R}, \quad f(x) = x^4 + 1$

b) $g : \mathbb{R} \to \mathbb{R}, \quad g(x) = x^3$ ◀

5.2.2 Stetigkeit

Ein wichtiger Grundsatz der Naturlehre und -philosophie, der bereits auf die Vorsokratiker zurückgeht und in dieser Form vermutlich von Carl von Linné (1707 bis 1778) formuliert wurde, lautet: „Natura non facit saltus", auf Deutsch: „Die Natur macht keine Sprünge."

Damit ist gemeint, dass in der Natur alle Prozesse stetig und eben nicht sprunghaft verlaufen. Nun muss man zwar konstatieren, dass die Entdeckung der Quantenmechanik, insbesondere der Quantensprünge, diesem Grundsatz einen gewaltigen Schlag versetzt hat, aber solange wir uns nicht in den submolekularen Bereich hinabbegeben (und wer will das schon?), ist er sicherlich immer noch richtig.

Bemerkung
Bei den Recherchen zu diesem Buch habe ich auch die Kurzform dieses Zitats – „natura non saltat" – in eine nicht ganz unbekannte Suchmaschine des Internets eingegeben. Die Antwort war – believe it or not –: „Meinten Sie vielleicht: Natur Salat". Nein, das meinte ich nicht, aber das zeigt mir, dass auch die scheinbar allwissenden Suchmaschinen der Neuzeit so ihre Schwächen haben. Und das motiviert mich wiederum bei dem Vorhaben, ein Lehrbuch über Mathematik zu schreiben, in dem Sie (fast) alles finden, was Sie im Laufe Ihres Studiums benötigen werden, ohne jedesmal ergänzend einen Suchbefehl im Internet losschicken zu müssen.

Und weil wir gerade beim Thema Suchmaschinen und ihrer Relevanz zur Mathematik sind: Wussten Sie eigentlich, woher der Name „Google" stammt? Im Jahre 1938 bat der Mathematiker Edward Kasner seinen neunjährigen Neffen Milton Sirotta, sich einen Namen für die „unvorstellbar große" Zahl 10^{100} auszudenken. Sirotta antwortete ohne langes Zögern: „Das ist ein **Googol**." (Kasner, ganz Mathematiker, „erfand" daraufhin die noch viel größere Zahl 10^{Googol}, die er **Googolplex** nannte.)

Entweder in bewusster Abänderung oder in schlichter Unkenntnis der Orthografie dieses Wortes (ich persönlich tendiere zu Letzterem, aber das darf ich hier nicht wirklich schreiben, denn es wäre politisch unkorrekt) benannten die Entwickler der genannten Suchmaschine ihre Entwicklung nach Sirottas Googol, um anzudeuten, dass diese Maschine auf eine „unvorstellbar große" Zahl von Seiten verweisen kann.

Nach dieser eher folkloristischen Bemerkung zurück zum Thema Stetigkeit. Da mathematische Funktionen dazu dienen, Verläufe, Prozesse und Ähnliches zu modellieren, ist auch hier Stetigkeit eine zentrale Forderung. Nur: Wann ist eine Funktion stetig? Dies ist eine Grundfrage der ganzen Funktionenlehre, und die Beantwortung dieser Frage gehe ich jetzt an.

Die in Abb. 5.8 dargestellten Funktionen zeigen das charakteristische Verhalten einer stetigen und einer unstetigen Funktion, jedenfalls wenn es sich nicht um allzu pathologische Definitionsmengen handelt, was ich jetzt einfach einmal ausschließen will. Sie sehen: Im Gegensatz zur unstetigen Funktion macht die stetige „keine Sprünge."

Im Folgenden gilt es nun, diese Beobachtung in eine mathematisch präzise Form zu bringen, wobei ich mich auf die reellen Funktionen als mit Abstand wichtigste Klasse beschränken werde. Hierzu benötige ich zunächst den Begriff des Grenzwertes einer Funktion.

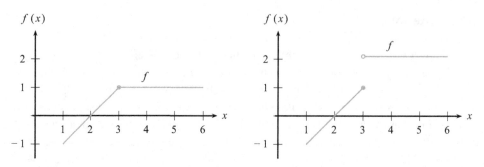

Abb. 5.8 Stetige (*links*) und unstetige Funktion (*rechts*)

Definition 5.16

Es sei $f: D \to W$ eine reelle Funktion und $\bar{x}$ ein Element oder ein Randpunkt von D. Gibt es dann eine Zahl $\bar{y}$, so dass für *jede* Folge $\{x_n\}$, die ganz in D liegt und gegen $\bar{x}$ konvergiert, der Grenzwert

$$\lim_{n \to \infty} f(x_n) \tag{5.13}$$

existiert und gleich $\bar{y}$ ist, so bezeichnet man $\bar{y}$ als den **Grenzwert der Funktion** f an der Stelle $\bar{x}$.

In diesem Fall schreibt man meist kurz

$$\lim_{x \to \bar{x}} f(x) = \bar{y}. \tag{5.14}$$

Beispiel 5.15

a) Ich betrachte (mal wieder typisches Mathematikerdeutsch!) die Funktion

$$f_1 : \mathbb{R} \to \mathbb{R}, \quad f_1(x) = 2x - 3,$$

und wähle mir einen beliebigen reellen Wert $\bar{x}$. Ist nun $\{x_n\}$ irgendeine Folge, die gegen $\bar{x}$ konvergiert, so konvergiert nach den in Satz 5.2 formulierten Regeln die Folge $\{2x_n - 3\}$ gegen $2\bar{x} - 3$, das heißt:

$$\lim_{n \to \infty} f_1(x_n) = 2\bar{x} - 3 = \bar{y}.$$

Der Grenzwert existiert also.

b) Nun sei

$$f_2 : \mathbb{R} \to \mathbb{R}, \quad f_2(x) = \begin{cases} 0 \text{ für } x < 0 \\ 1 \text{ für } x \geq 0. \end{cases}$$

Der Graph der Funktion sieht an der Stelle $\bar{x} = 0$ nicht danach aus, als würde ein einheitlicher Grenzwert existieren, aber diese Vermutung muss ich erst noch beweisen. Hierzu wähle ich mir eine beliebige Folge negativer x-Werte, die gegen 0 konvergiert. Offensichtlich gilt für alle diese Werte $f_2(x) = 0$, und somit ergibt sich als Grenzwert dieser Folge

$$\lim_{\substack{x \to 0 \\ x < 0}} f_2(x) = 0.$$

Nun wähle ich eine beliebige Folge positiver x-Werte, die gegen 0 konvergiert. Offensichtlich gilt für alle diese Werte $f_2(x) = 1$, und somit ergibt sich als Grenzwert dieser Folge

$$\lim_{\substack{x \to 0 \\ x > 0}} f_2(x) = 1.$$

Die Funktion $f_2(x)$ besitzt also an der Stelle $\bar{x} = 0$ keinen Grenzwert, denn hierfür müsste gelten, dass alle Folgen, die gegen $\bar{x}$ konvergieren, denselben Grenzwert der Funktionswerte erzeugen (Abb. 5.9). ◄

Die Tatsache, dass sich bei der in Teil b) des gerade betrachteten Beispiels betrachteten Funktion $f_2(x)$ durchaus jeweils ein Grenzwert ergeben würde, wenn man nur Folgen betrachten würde, die sich von links *oder* nur von rechts der Stelle $\bar{x} = 0$ nähern, motiviert (hoffentlich) die folgende Definition der einseitigen Grenzwerte:

Definition 5.17

Es sei $f : D \to W$ eine reelle Funktion und $\bar{x}$ ein Element oder ein Randpunkt von D.

a) Gibt es eine Zahl $\bar{y}_l$, so dass für jede Folge $\{x_n\}$, die ganz in D liegt und gegen $\bar{x}$ konvergiert und für die gilt $x_n < \bar{x}$ für alle n, der Grenzwert

$$\lim_{n \to \infty} f(x_n)$$

existiert und gleich $\bar{y}_l$ ist, so bezeichnet man $\bar{y}_l$ als den **linksseitigen Grenzwert der Funktion** f an der Stelle $\bar{x}$. In diesem Fall schreibt man kurz

$$\lim_{\substack{x \to \bar{x} \\ x < \bar{x}}} f(x) = \bar{y}_l. \tag{5.15}$$

b) Gibt es eine Zahl $\bar{y}_r$, so dass für jede Folge $\{x_n\}$, die ganz in D liegt und gegen $\bar{x}$ konvergiert und für die gilt $x_n > \bar{x}$ für alle n, der Grenzwert

$$\lim_{n \to \infty} f(x_n)$$

existiert und gleich $\bar{y}_r$ ist, so bezeichnet man $\bar{y}_r$ als den **rechtsseitigen Grenzwert der Funktion** f an der Stelle $\bar{x}$. In diesem Fall schreibt man kurz

$$\lim_{\substack{x \to \bar{x} \\ x > \bar{x}}} f(x) = \bar{y}_r.$$

Abb. 5.9 Graph der
Funktion $f_2(x)$

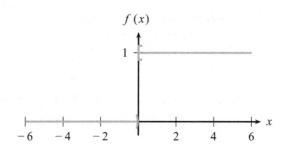

Bemerkungen

a) Der linksseitige Grenzwert bezieht sich also nur auf Folgen, die sich von links an die Stelle $\bar{x}$ heranschleichen, der rechtsseitige entsprechende auf solche, die das von rechts tun.

b) Aus drucktechnischen Gründen ist leider das, was in Gl. (5.15) dem Limes-Zeichen steht, ein wenig klein geraten. (Andererseits ist es gegen das, was man heutzutage in handelsüblichen Handyverträgen und -prospekten geliefert bekommt, der reinste Senioren-Großdruck.) Falls Sie es ähnlich wie ich dennoch nicht so recht erkennen können: Man schreibt zunächst $x \to \bar{x}$ und dann $x < \bar{x}$ beim linksseitigen und $x > \bar{x}$ beim rechtsseitigen Grenzwert.

Die folgende Aussage ist eigentlich wieder mehr eine Beobachtung als ein Satz, aber da der Terminus „Beobachtung" in der mathematischen Fachliteratur meines Wissens nach nicht sehr anerkannt ist, formuliere ich sie eben als Satz; schaden wird es wohl niemandem:

Satz 5.9

Eine Funktion besitzt genau dann den Grenzwert $\bar{y}$ an der Stelle $\bar{x}$, wenn linksseitiger Grenzwert $\bar{y}_l$ und rechtsseitiger Grenzwert $\bar{y}_r$ an dieser Stelle existieren und beide gleich sind. In diesem Fall gilt

$$\bar{y}_l = \bar{y}_r = \bar{y}.$$

Ich hoffe, Sie erinnern sich noch vage daran, dass es in diesem Unterabschnitt um das Thema Stetigkeit geht, denn das will ich nun endlich in Angriff nehmen. Die gerade eingeführten Grenzwertbegriffe sind dabei natürlich von entscheidender Bedeutung, sonst hätte ich sie ja nicht eingeführt.

Definition 5.18

Es sei $f : D \to W$ eine Funktion und $\overline{x}$ ein Punkt aus dem Innern von D. Den Funktionswert von f an der Stelle $\overline{x}$ bezeichne ich mit $\overline{y}$, also $f(\overline{x}) = \overline{y}$.

Die Funktion f heißt **stetig in** $\overline{x}$, wenn sowohl der linksseitige als auch der rechtsseitige Grenzwert von f an der Stelle $\overline{x}$ existieren und beide gleich $\overline{y}$ sind.

Als Merkregel kann man das so formulieren:

Linksseitiger Grenzwert = rechtsseitiger Grenzwert = Funktionswert.

Ist f in jedem Punkt eines Teilbereichs T von D stetig, so sagt man, f sei stetig auf T.

Bemerkung

Vielleicht haben Sie beim Lesen der Formulierung „aus dem Innern" ein wenig gezögert? Nun, das bedeutet einfach, dass $\overline{x}$ kein Randpunkt von D sein darf. Dieses Problem wiederum tritt nur dann auf, wenn D ein abgeschlossenes oder halb-abgeschlossenes Intervall ist; offene Intervalle, dazu gehört auch $\mathbb{R}$ selbst, haben keine zum Intervall gehörenden Randpunkte. Liegt aber ein Randpunkt vor, so ist in leichter Abänderung von Definition 5.18 nur derjenige einseitige Grenzwert zu betrachten, bei dem die Werte, die sich $\overline{x}$ annähern, im Intervall liegen.

Haben Sie das sofort verstanden? Wohl kaum, und das liegt nicht an Ihnen, sondern an demjenigen, der das formuliert hat. Und der macht das jetzt wieder gut, indem er erläuternde Beispiele zum gesamten Themenkomplex Stetigkeit zur Hand gibt.

Beispiel 5.16

a) Die Funktion

$$f_1 : \mathbb{R} \to \mathbb{R}, \quad f_1(x) = 2x - 3$$

aus Beispiel 5.15 ist auf ganz $\mathbb{R}$ stetig, denn sie besitzt, wie dort gezeigt wurde, in jedem Punkt $\overline{x} \in \mathbb{R}$ den Grenzwert $2\overline{x} - 3$, und dieser ist offensichtlich auch gleich dem Funktionswert.

b) Die Funktion $f_2(x)$ definiere ich wie folgt:

$$f_2 : \mathbb{R} \to \mathbb{R}, \quad f_2(x) = \begin{cases} -x & \text{für } x < 0 \\ x^2 & \text{für } x \geq 0. \end{cases}$$

Abb. 5.10 zeigt den Graphen dieser Funktion. Es fällt auf, dass er zwar an der Stelle $x = 0$ einen Knick hat, aber dennoch zusammenhängend ist. Die Funktion müsste also an dieser Stelle stetig sein. Müsste, sollte, würde …? Hält diese Vermutung einer genauen Überprüfung stand?

Ich bestimme zunächst den linksseitigen Grenzwert an der Stelle $\overline{x} = 0$. Hierfür muss ich eine beliebige Folge $\{x_n\}$ von links gegen $\overline{x}$ gehen lassen und den

Abb. 5.10 Graph der
Funktion $f_2(x)$

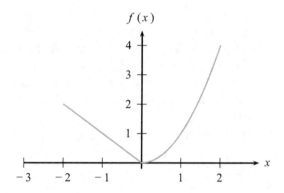

Grenzwert der Funktionswerte bestimmen. Da alle x_n kleiner als 0 sind, gilt nach Definition der Funktion $f_2(x_n) = -x_n$. Somit ist

$$\lim_{\substack{x_n \to 0 \\ x_n < 0}} f_2(x_n) = \lim_{\substack{x_n \to 0 \\ x_n < 0}} -x_n = 0.$$

Für den rechtsseitigen Grenzwert folgt in gleicher Weise

$$\lim_{\substack{x_n \to 0 \\ x_n > 0}} f_2(x_n) = \lim_{\substack{x_n \to 0 \\ x_n < 0}} (x_n)^2 = 0.$$

Links- und rechtsseitiger Grenzwert sind also beide gleich 0, und da freundlicherweise auch der Funktionswert $f_2(0) = 0$ ist, haben wir auch analytisch die Stetigkeit der Funktion in $\bar{x} = 0$ nachgewiesen.

c) Die Funktion

$$f_3 : \mathbb{R} \to \mathbb{R}, \quad f_3(x) = \begin{cases} 0 & \text{für } x < 0 \\ 1 & \text{für } x \geq 0 \end{cases}$$

hatte ich bereits in Beispiel 5.15 c) untersucht und dort festgestellt, dass links- und rechtsseitiger Grenzwert in $\bar{x} = 0$ verschieden sind; diese Funktion ist also in 0 nicht stetig.   ◄

Beispiel 5.17

a) Häufig werden Sie Beispiele und Aufgaben des folgenden Typs antreffen: Mit einem reellen Parameter a sei die Funktion $f : \mathbb{R} \to \mathbb{R}$, definiert durch

$$f(x) = \begin{cases} -2x, & \text{falls } x < 0, \\ a, & \text{falls } x = 0, \\ x^2 - 3x, & \text{falls } x > 0. \end{cases}$$

gegeben. Nun soll man, falls möglich, einen Parameterwert a so angeben, dass f in 0 stetig ist.

Hierfür bestimmt man zunächst die einseitigen Grenzwerte. Der linksseitige ist der Grenzwert der Funktion $-2x$ für x gegen 0. Ohne viel Rechnung erkennt man, dass dieser Grenzwert gleich 0 ist. Und ebenso schnell sieht man, dass der rechtsseitige Grenzwert, nämlich der Grenzwert der Funktion $x^2 - 3x$ für x gegen 0 ebenfalls gleich 0 ist. Die Funktion ist also genau dann an dieser Stelle stetig, wenn ihr Funktionswert ebenfalls 0 ist, mit anderen Worten: Für $a = 0$.

b) Nun sei die folgende Funktion gegeben:

$$g : [0,1] \to \mathbb{R}, \quad g(x) = \begin{cases} x^2, & \text{falls } 0 \le x < 1, \\ 0, & \text{falls } x = 1. \end{cases}$$

Die Frage ist natürlich, ob diese Funktion an der Stelle $x = 1$ stetig ist. Da dies der rechte Randpunkt des Definitionsbereichs ist, muss ich gemäß obiger Bemerkung lediglich den linksseitigen Grenzwert mit dem Funktionswert vergleichen. Leider ist aber der linksseitige Grenzwert gleich 1, der Funktionswert explizit gleich 0, sodass diese Funktion an der Stelle 1 nicht stetig ist. ◀

Mit Sicherheit das Drögeste, was man in einem Lehrbuch wie diesem formulieren kann, sind Rechenregeln für Operationen oder Eigenschaften – hier die Stetigkeit –, von denen jeder sagt oder zumindest denkt: „Na ist doch klar, warum schreibt der das überhaupt?" Es tut mir leid (das meine ich ernst!), aber ich muss das tun, denn ansonsten könnte ich diese Rechenregeln im weiteren Verlauf nicht ohne Weiteres benutzen, dies ist nun einmal ein Grundprinzip einer exakten Wissenschaft wie der Mathematik. Und so müssen wir nun gemeinsam durch die nächsten drei Sätze durch.

Satz 5.10

Es seien f und g auf einem gemeinsamen Definitionsbereich D definierte Funktionen und $\overline{x}$ ein Punkt in D, in dem beide Funktionen stetig sind.

Dann sind auch die Funktionen $(f + g)$, $(f - g)$ und $(f \cdot g)$ in $\overline{x}$ stetig. Ist $g(\overline{x}) \ne 0$, so ist ebenfalls die Funktion (f/g) in $\overline{x}$ stetig.

Nein, kein Beispiel und auch kein weiterer Kommentar. Stattdessen direkt weiter zum nächsten Satz:

Satz 5.11

Es seien $f : F \to W$ und $g : D \to E$ zwei Funktionen mit der Eigenschaft, dass der Definitionsbereich F von f die Bildmenge $g(D)$ von g enthält. Ist dann g in einem Punkt $\overline{x} \in D$ stetig und f im Punkt $g(\overline{x}) \in g(D)$ stetig, so ist auch die verkettete Funktion $(f \circ g)$ im Punkt $\overline{x}$ stetig.

Beispiel 5.18

Das ist mir schon eher ein Beispiel wert. Nehmen Sie an, Sie müssten die Stetigkeit der Funktion

$$h : \mathbb{R} \to \mathbb{R}, \quad h(x) = \frac{2 + \left(x^2 + 3\right)^9}{x^{22} + 2}$$

in einem beliebigen Punkt $\overline{x} \in \mathbb{R}$ zeigen. Wenn Sie das mithilfe der Definition, also der Berechnung der beiden einseitigen Grenzwerte und des Funktionswertes tun müssten, hätten Sie viel Arbeit. Da Sie nun aber die Sätze 5.10 und 5.11 kennen, können Sie das Stück für Stück angehen und wie folgt argumentieren: Die Stetigkeit der Funktion $f(x) = x$ sowie der konstanten Funktionen ist offensichtlich. Daher ist auch x^{22} als 22-faches Produkt der Funktion f mit sich selbst stetig, und ebenso $x^{22} + 2$ als Summe dieser stetigen Funktion und einer konstanten Funktion. Mit derselben Argumentation ist $x^3 + 3$ stetig, ebenso die neunte Potenz dieser Funktion, also die Verkettung, und die Addition von 2 kann daran auch nichts mehr kaputt machen. Nun sind also Zähler und Nenner der Funktion h als stetig nachgewiesen, und da der Nenner immer positiv, also insbesondere niemals 0 ist, ist somit auch h selbst als Quotient zweier stetiger Funktionen stetig. ◀

Da Sie nun auf Stetigkeit von verketteten, summierten, multiplizierten und anderweitig kombinierten stetigen Funktionen zurückgreifen können, sind Sie in der Lage, auch die Stetigkeit etwas komplexerer Funktionen zu überprüfen. Dazu gebe ich Ihnen in Übungsaufgabe 5.16 Gelegenheit. Um die dort anzuwendende Technik ein wenig kennenzulernen, arbeiten Sie bitte zuvor das folgende Beispiel durch.

Beispiel 5.19

Gegeben sei die reelle Funktion

$$f(x) = \begin{cases} \dfrac{x^2 - 1}{x(x-1)}, & \text{falls } x < 1, \\[2mm] 2, & \text{falls } x = 1, \\[2mm] \dfrac{x^2 + 4x - 5}{x^2 + x - 2}, & \text{falls } x > 1. \end{cases}$$

Es soll nun geprüft werden, ob diese Funktion an der Stelle $\overline{x} = 1$ stetig ist. Frohgemut macht man sich daran, den linksseitigen Grenzwert an dieser Stelle zu berechnen, also

$$\lim_{\substack{x \to 1 \\ x < 1}} f(x) = \lim_{\substack{x \to 1 \\ x < 1}} \frac{x^2 - 1}{x(x-1)}.$$

Offenbar gibt es hier aber ein Problem, denn man kann in diesen Term nicht einfach $x = 1$ einsetzen, da der Nenner 0 wird. Glücklicherweise kann man aber den Zähler umschreiben – beispielsweise unter Benutzung der binomischen Formel – als $x^2 - 1 = (x - 1)(x + 1)$, es gilt also

$$\frac{x^2 - 1}{x(x-1)} = \frac{(x-1)(x+1)}{x(x-1)}. \tag{5.17}$$

Nun argumentiert man wie folgt: x geht gegen 1, ist aber nicht gleich 1, also ist $(x - 1)$ ungleich 0, und durch Terme, die ungleich 0 sind, darf man kürzen. Man kürzt also in (5.17) den Faktor $(x - 1)$ heraus und erhält

$$\frac{x^2 - 1}{x(x-1)} = \frac{(x-1)(x+1)}{x(x-1)} = \frac{x+1}{x}. \tag{5.18}$$

Hier darf man nun schadlos x gegen 1 gehen lassen, und damit berechnet man den linksseitigen Grenzwert:

$$\lim_{\substack{x \to 1 \\ x<1}} \frac{x^2 - 1}{x(x-1)} = \lim_{\substack{x \to 1 \\ x<1}} \frac{x+1}{x} = 2. \tag{5.19}$$

Zur Berechnung des rechtsseitigen Grenzwerts muss man den Term

$$\frac{x^2 + 4x - 5}{x^2 + x - 2} \tag{5.20}$$

betrachten, und auch hier entsteht das Problem, dass das Einsetzen von $x = 1$ im Nenner (wie auch im Zähler) den Wert 0 liefert. Leider bietet sich hier nicht direkt ein gemeinsamer Faktor an, den man kürzen könnte. Hier hilft aber die folgende Aussage, die ein Spezialfall des allgemeineren Satzes 5.16 ist, den ich weiter unten formulieren werde:

Hat die Funktion $p(x) = x^2 + px + q$ die beiden reellen Nullstellen x_1 und x_2, (die nicht notwendigerweise verschieden sein müssen), so kann man sie in der Form

$$p(x) = (x - x_1)(x - x_2)$$

schreiben.

Man wendet dies zunächst auf den Zähler in (5.20) an; mit einer beliebigen Formel Ihres Vertrauens, beispielsweise der p-q-Formel, bestimmt man die beiden Nullstellen als $x_1 = 1$ und $x_2 = -5$, der Zähler kann also dargestellt werden als

$$x^2 + 4x - 5 = (x-1)(x+5), \tag{5.21}$$

wie Sie im Übrigen durch Ausmultiplizieren der rechten Seite sofort verifizieren können. Mit derselben Methode findet man die folgende Darstellung des Nenners:

$$x^2 + x - 2 = (x-1)(x+2). \tag{5.22}$$

Setzt man nun die beiden Darstellungen (5.21) und (5.22) in (5.20) ein, erhält man

$$\frac{x^2+4x-5}{x^2+x-2}=\frac{(x-1)(x+5)}{(x-1)(x+2)}.$$

Hier kann man nun den Faktor $(x-1)$ kürzen und erhält somit den folgenden Wert für den rechtsseitigen Grenzwert der untersuchten Funktion:

$$\lim_{\substack{x\to 1\\x>1}}=\frac{x^2+4x-5}{x^2+x-2}=\lim_{\substack{x\to 1\\x>1}}\frac{(x-1)(x+5)}{(x-1)(x+2)}=\lim_{\substack{x\to 1\\x>1}}\frac{x+5}{x+2}=2. \qquad (5.23)$$

Falls Sie es vergessen haben sollten (was ich verstehen könnte): Wir wollen die Stetigkeit der zu Beginn dieses Beispiels formulierten Funktion f an der Stelle $\bar{x}=1$ untersuchen. Bisher haben wir herausgefunden, dass sowohl links- als auch rechtsseitiger Grenzwert der Funktion an dieser Stelle gleich 2 sind. Und da ein nochmaliger Blick auf die Funktionsdefinition zeigt, dass auch $f(1)=2$ ist, ist die Stetigkeit der Funktion nun endlich nachgewiesen. ◄

Übungsaufgabe 5.16

a) Für welche Werte des reellen Parameters a ist die Funktion

$$f_1(x)=\begin{cases}\dfrac{x^2+3x-10}{x^2-3x+2}, & \text{falls } x<2,\\[2mm] a^2-2, & \text{falls } x=2,\\[1mm] 2x+3, & \text{falls } x>2\end{cases}$$

   im Punkt $\bar{x}=2$ stetig?

b) Prüfen Sie, ob die Funktion

$$f_2(x)=\begin{cases}\dfrac{2x^2+2x-4}{x^3-x^2}, & \text{falls } x<1,\\[2mm] x^2+5, & \text{falls } x\geq 1\end{cases}$$

   an der Satelle $\bar{x}=1$ stetig ist.

c) Für welche Werte des reellen Parameters a ist die Funktion

$$f_3(x)=\begin{cases}\dfrac{(1-x)(x^2-9)}{6(x-3)}, & \text{falls } x<3,\\[2mm] 2-a^2, & \text{falls } x=3,\\[1mm] a^4+9-x^3, & \text{falls } x>3.\end{cases}$$

   im Punkt $\bar{x}=3$ stetig? ◄

Zur Erholung nach diesen sicherlich anstrengenden Aufgaben ein eher leicht zu lesender Satz.

Satz 5.12

Ist $f : D \to \mathbb{R}$ eine umkehrbare stetige Funktion, so ist auch die Umkehrfunktion f^{-1} auf $f(D)$ stetig.

Beispiele hierzu hatten wir während des gesamten Unterabschnitts bereits gesehen, etwa in Beispiel 5.8, wenngleich dort noch nicht die Stetigkeit der Umkehrfunktion herausgestellt wurde; vielleicht sehen Sie sich die Beispiele unter diesem Aspekt nochmals an.

Es gibt eine schier unüberschaubare Anzahl mathematischer Sätze, die sich auf stetige Funktionen beziehen, eine ganze Reihe davon wird Ihnen im Folgenden noch begegnen. In diesem Unterabschnitt will ich es dabei bewenden lassen, nur noch einen Satz zu formulieren, der wie kaum ein anderer als Voraussetzung die Stetigkeit der betrachteten Funktion benötigt:

Satz 5.13 (Zwischenwertsatz)

Es sei $[a, b]$ ein Intervall und $f : [a, b] \to \mathbb{R}$ eine stetige Funktion.

Ist $f(a) \leq f(b)$ und y eine Zahl mit $f(a) \leq y \leq f(b)$ *oder* ist $f(a) \geq f(b)$ und y eine Zahl mit $f(a) \geq y \geq f(b)$, so gibt es mindestens ein $x \in [a, b]$ mit der Eigenschaft: $f(x) = y$.

Bemerkungen

a) Die saloppe Formulierung des Satzes, die ihm auch seinen Namen verleiht, lautet: Eine auf $[a, b]$ stetige Funktion nimmt jeden Wert zwischen $f(a)$ und $f(b)$ an. Und genau so sollten Sie sich diesen Satz merken.

b) Das Bemerkenswerteste an diesem Satz ist wohl, dass man ihn überhaupt beweisen muss und dass dieser Beweis durchaus anspruchsvoll ist – woraus Sie bereits ablesen können, dass ich hier darauf verzichte, aber bemerken wollte ich es schon. Gerade im Zusammenhang mit Stetigkeit sind oft „anschaulich klare" Dinge schwer zu beweisen.

Ausnahmsweise lasse ich einmal einen Abschnitt ohne Übungsaufgaben ausklingen, denn zum Zwischenwertsatz gibt es eigentlich wenig zu üben, und den Aufgabenkomplex Stetigkeit haben Sie bereits in Übungsaufgabe 5.16 erledigt. Hoffe ich jedenfalls.

5.3   Wichtige Funktionenklassen

In diesem Abschnitt möchte ich Ihnen die wichtigsten Funktionen, die man in der Mathematik und ihren Anwendungsgebieten kennt, kurz vorstellen. Dieses „kurz" meine ich ausnahmsweise ernst, denn ich bin mir sicher, dass Sie alle diese Funktionen schon aus der Schulzeit oder sonstigen Quellen kennen. Sollte das nicht der Fall sein, finden Sie eine ausführlichere Vorstellung mit vielen Beispielen in den in der Literaturliste angegebenen Vor- und Brückenkursen, zum Beispiel Walz et al. 2019.

5.3.1   Potenz- und Wurzelfunktionen

Ich hatte Ihnen ja weiter oben schon mehrfach die Normalparabelfunktion $p(x) = x^2$ sowie – im Zusammenhang mit geraden und ungeraden Funktionen – deren Verallgemeinerung auf andere Potenzen untergejubelt. Formal definiert wurden diese Funktionen allerdings noch nicht, und bevor das jemand merkt, hole ich es schnell nach:

> **Definition 5.19**
>
> Es sei $n \in \mathbb{N}_0$. Die Funktion
>
> $$p_n : \mathbb{R} \to \mathbb{R}, \quad p_n\left(x\right) = x^n$$
>
> heißt Potenzfunktion mit dem Exponenten n oder auch einfach n-te Potenzfunktion. Eine andere Bezeichnung für derartige Funktionen ist **Monom**.

Die einfachste Potenzfunktion, die diesen Namen eigentlich gar nicht so recht verdient, ist $p_0(x) = x^0 = 1$. Hier wird also nicht wirklich potenziert. Der Graph dieser Funktion ist die konstante Funktion 1, eine ziemlich langweilige Angelegenheit. Die erste „richtige" Potenzfunktion ist $p_2(x) = x^2$. Diese hatten wir – unter dem Namen Normalparabel – bereits im letzten Abschnitt untersucht und insbesondere gesehen, dass sie nicht umkehrbar ist, jedenfalls dann nicht, wenn man sie auf ihrem ganzen Definitionsbereich $\mathbb{R}$ betrachtet.

Abb. 5.11 zeigt exemplarisch die Graphen einiger Potenzfunktionen. Man erkennt, dass es offenbar zwei Typen von Potenzfunktionen gibt: Ist n gerade, so bewegt sich der Funktionsgraph nur innerhalb des nicht negativen Bereichs und ist symmetrisch zur y-Achse. Ist aber n ungerade, so kommt offenbar jede reelle Zahl als Funktionswert vor und der Funktionsgraph ist symmetrisch zum Nullpunkt.

Dies fasst folgender Satz zusammen, dessen Inhalt Sie im Wesentlichen schon kennen, wenn Sie dieses Kapitel bisher aufmerksam gelesen haben (kleine Lernzielkontrolle!):

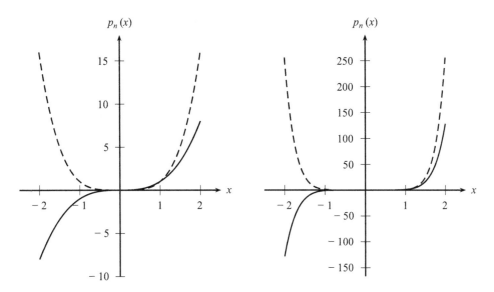

Abb. 5.11 Einige Potenzfunktionen: x^3 (links, durchgezogen), x^4 (links, gestrichelt), x^7 (rechts, durchgezogen), x^8 (rechts, gestrichelt)

Satz 5.14

Für beliebiges $n \in \mathbb{N}_0$ gelten folgende Aussagen:

a) Ist n gerade, so ist p_n eine gerade Funktion.
b) Ist n ungerade, so ist p_n eine ungerade Funktion.
c) Ist n ungerade, so ist die Funktion p_n auf ganz $\mathbb{R}$ umkehrbar.
d) Ist n gerade, so ist p_n umkehrbar, wenn man den Definitionsbereich auf $\mathbb{R}^+$ einschränkt.

Übungsaufgabe 5.17

a) Für welche $x \in \mathbb{R}$ haben alle Potenzfunktionen $p_n(x)$ denselben Funktionswert?
b) Für welche $x \in \mathbb{R}$ haben alle Potenzfunktionen $p_n(x)$ mit ungeradem n denselben Funktionswert? ◄

Nach Aussage c) von Satz 5.14 ist jede Potenzfunktion $p_n(x)$ umkehrbar, wenn n ungerade ist ist auf ganz $\mathbb{R}$, ansonsten auf $\mathbb{R}^+$. Wie aber sieht diese Umkehrfunktion aus? Nun, um die Wirkung von x^n wieder rückgängig zu machen, brauche ich eine Funktion, nennen wir sie für den Moment $w_n(x)$, die die Eigenschaft

$$w_n\left(x^n\right) = x$$

hat, denn das ist ja gerade die Definition von Umkehrfunktion. Da bietet sich aber die Funktion

$$w_n\left(x\right) = x^{\frac{1}{n}}$$

an, denn es gilt nach den Regeln der Potenzrechung:

$$w_n\left(x^n\right) = \left(x^n\right)^{\frac{1}{n}} = x^{n \cdot \frac{1}{n}} = x.$$

Die n-te Wurzelfunktion ist, da sie ja die Umkehrfunktion der streng monoton steigenden Funktion x^n ist, ebenfalls streng monoton steigend, ihren Graphen erhält man demnach, indem man denjenigen von x^n an der ersten Winkelhalbierenden spiegelt.

Definition 5.20

Die Umkehrfunktion der n-ten Potenzfunktion ist die Funktion

$$w_n\left(x\right) = x^{\frac{1}{n}}.$$

Man nennt sie **n-te Wurzelfunktion** und schreibt sie auch in der Form $w_n(x) = \sqrt[n]{x}$. Den Term unter der Wurzel nennt man auch **Radikand**.

Für den Definitionsbereich D der n-ten Wurzelfunktion gilt:

$$D = \begin{cases} \mathbb{R}, & \text{falls } n \text{ ungerade ist,} \\ \mathbb{R}^+, & \text{falls } n \text{ gerade ist.} \end{cases}$$

Im Falle $n = 2$ schreibt man meist einfach nur $w_2\left(x\right) = \sqrt{x}$ und sagt **Wurzel** oder **Quadratwurzel**.

Bemerkung

Ich möchte Sie noch auf ein kleines Problem im praktischen Umgang mit Wurzeln aus negativen Zahlen hinweisen: Zwar ist es nach den obigen Überlegungen völlig in Ordnung, einen Ausdruck wie $\sqrt[3]{-8}$ berechnen zu wollen, denn 3 ist eine ungerade Zahl, und damit ist $p_3(x) = x^3$ für alle $x \in \mathbb{R}$ umkehrbar, aber das hat sich zu manchen Programmierern bis heute noch nicht herumgesprochen, daher melden manche Softwarepakete bei Eingabe von $\sqrt[3]{-8}$ wegen des negativen Radikanden einen Fehler und weigern sich weiterzumachen. Die guten Programme berechnen dagegen das korrekte Ergebnis -2.

Wenn Ihnen so etwas passiert, dann müssen Sie in die Trickkiste greifen: Da $-8 = (-1) \cdot 8$ und $-1 = (-1)^3$ ist, können Sie streng nach den Regeln der Wurzel- bzw. Potenzrechnung den vom Rechner ungeliebten Ausdruck $\sqrt[3]{-8}$ wie folgt sukzessive umformen:

$$\sqrt[3]{-8} = \sqrt[3]{(-1)\cdot 8} = \sqrt[3]{(-1)^3 \cdot 8} = \sqrt[3]{(-1)^3} \cdot \sqrt[3]{8} = (-1)\cdot\sqrt[3]{8} = -2,$$

denn die dritte Wurzel aus der *positiven* Zahl 8 ist nun einmal 2, das bekommt auch das dümmste Computerprogramm noch hin.

Was ich hier für $n = 3$ und $x = -8$ gemacht habe, geht natürlich für jede ungerade Zahl n und jede negative Zahl x genauso: Die n-te Wurzel $\sqrt[n]{x}$ kann man immer berechnen durch

$$\sqrt[n]{x} = -\sqrt[n]{|x|}.$$

Hierbei ist $|x|$ der Betrag der negativen Zahl x.

Übungsaufgabe 5.18

Skizzieren Sie die Graphen der Funktionen $w_2(x)$ und $w_3(x)$. ◀

5.3.2 Polynome und rationale Funktionen

Ich hatte weiter oben erwähnt, dass man die einfachen Potenzfunktionen auch als Monome bezeichnet. In dieser Bezeichnung steckt das griechische Wort „monos"($\mu o\nu o\varsigma$), das „Einer"oder „einzeln"bedeutet. Und wenn man mehrere Einzelne kombiniert, sind das „viele", und das griechische Wort dafür heißt „polys"($\pi o\lambda y\varsigma$). Deshalb nennt man einen Term, der aus mehreren Monomen zusammengesetzt ist, ein Polynom:

Definition 5.21

Es sei $n \in \mathbb{N}_0$ und es seien $a_0, a_1, \ldots, a_n$ reelle Zahlen. Eine Funktion $p(x)$, die sich in der Form

$$p : \mathbb{R} \to \mathbb{R}, \quad p(x) = a_n x^n + a_{n-1} x^{n-1} + \cdots + a_1 x + a_0 \qquad (5.24)$$

darstellen lässt, nennt man ein **Polynom** vom Grad (höchstens) n.

Die Zahlen $a_0, a_1, \ldots, a_n$ heißen die **Koeffizienten** des Polynoms, den Koeffizienten a_n nennt man den **Leitkoeffizienten** des Polynoms. Die Menge aller Polynome vom Grad n bezeichnet man mit Π_n.

Bemerkungen

1) Es kann natürlich sein, dass der erste Koeffizient a_n oder gleich mehrere der ersten Koeffizienten gleich 0 sind. Beispielsweise ist

$$p(x) = 0x^5 + 0x^4 + x^3 - x + 1$$

nach obiger Definition ein Polynom vom Grad 5. Natürlich schreibt aber kein Mensch diese führenden Nullen dauernd hin, sondern man schreibt einfach

$$p(x) = x^3 - x + 1,$$

und so ist aus unserem Polynom fünften Grades eines dritten Grades geworden. Um nicht dauernd irgendwelche derartigen pathologischen Fälle gesondert betrachten zu müssen, hat man das Wörtchen „höchstens" (das man allerdings oft nicht hinschreibt) in die Definition eingefügt: $p(x)$ gehört also definitionsgemäß zur Menge der Polynome höchstens fünften Grades, und das stimmt ja auch; dass diese Funktion zwei hohe Potenzen verschenkt, ist ihre eigene Schuld. Will man dagegen betonen, dass ein Polynom einen gewissen Grad, sagen wir n, auch wirklich hat, so sagt man, es sei *vom genauen Grad n*.

2) Eine andere Bezeichnung für Polynom ist **ganzrationale Funktion**. Ich gebrauche sie nicht so gern, denn als Konsequenz daraus muss man das, was ich weiter unten als rationale Funktion bezeichnen werde, „gebrochenrationale Funktion"nennen, und das mag ich nicht so gerne, denn bei dieser Bezeichnung entstehen Bilder in meinem Kopf, die mag ich Ihnen gar nicht schildern.

Beispiel 5.20

a) Die Funktion $p_1(x) = x^4 + 4x - 1$ ist ein Polynom vom Grad 4, der Leitkoeffizient ist 1.

b) Auch die Funktion $p_2(x) = (2x + 2)^3 - (2x + 1)^2$ ist ein Polynom, genauer gesagt eines vom Grad 3, denn wenn man die beiden potenzierten Terme ausmultipliziert und nach x-Potenzen sortiert, hat p_2 genau die in Definition 5.21 geforderte Form. Der Leitkoeffizient ist übrigens 8 (warum?).

c) Die Funktion $p_3(x) = x + x^{-1}$ ist *kein* Polynom, denn bei einem Polynom müssen alle Potenzen von x natürliche Zahlen oder 0 sein, und das ist bei -1 eben nicht der Fall. ◀

Nicht nur, aber vor allem bei Polynomen interessiert man sich für Nullstellen, also x-Werte, an denen das Polynom den Wert 0 hat. Die zitierfähige Definition ist wie folgt:

Definition 5.22

Eine reelle Zahl x_N heißt **Nullstelle** einer Funktion $f(x)$, wenn gilt (Abb. 5.12):

$$f(x_N) = 0.$$

Abb. 5.12 Funktion mit drei Nullstellen

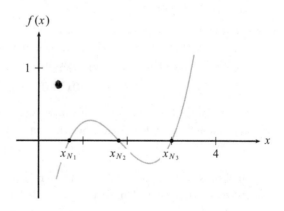

Während es bei allgemeinen Funktionen schwierig (bis unmöglich) sein kann, die Anzahl der Nullstellen zu bestimmen oder zumindest abzuschätzen, ist die Situation bei Polynomen recht übersichtlich:

Satz 5.15
Für jede Zahl $n \in \mathbb{N}_0$ gilt: Ein Polynom vom Grad n, das nicht konstant gleich 0 ist, hat höchstens n Nullstellen.

Für kleine Grade n ist diese Aussage anschaulich klar: Ein Polynom vom Grad $n = 0$ ist nichts anderes als eine konstante Funktion, und die hat eben – wenn sie wie vorausgesetzt nicht gleich 0 ist – gar keine Nullstelle. Ein Polynom vom Grad 1 ist eine Gerade, und eine Gerade hat höchstens eine Nullstelle. Ein Polynom vom Grad 2 wiederum ist eine Parabel, und eine Parabel hat entweder gar keine, eine oder höchstens zwei Nullstellen. Und manchmal schreibt das Leben, in diesem Fall die Mathematik, eben auch schöne Geschichten, denn wie Satz 5.15 aussagt setzt sich das für beliebiges n so fort.

In Beispiel 5.19 hatte ich bereits erwähnt, dass man ein Polynom zweiten Grades $p(x) = x^2 + px + q$, das zwei reelle Nullstellen x_1 und x_2 besitzt, immer in der Form $p(x) = (x - x_1)(x - x_2)$ schreiben kann. Der nachfolgende Satz, der insbesondere im Zusammenhang mit der Integration rationaler Funktionen von Wichtigkeit sein wird, verallgemeinert diese Aussage:

Satz 5.16
Das Polynom

$$p(x) = a_n x^n + a_{n-1} x^{n-1} + \cdots + a_1 x + a_0$$

sei vom genauen Grad n und habe die reellen Nullstellen $x_1, \ldots, x_k$, die nicht notwendigerweise verschieden sein müssen. Dann existiert eine eindeutig bestimmte Darstellung dieses Polynoms der Form

$$p(x) = a_n \left(x - x_1\right) \cdots \left(x - x_k\right) \left(x^2 + b_1 x + c_1\right) \cdots \left(x^2 + b_m x + c_m\right).$$

Hierbei ist $k + 2m = n$. Tritt in der Zerlegung gar kein linearer Faktor auf, ist $k = 0$ zu setzen, entsprechend ist $m = 0$, falls kein quadratischer Faktor auftritt.

Bemerkung
Man kann die Aussage dieses Satzes auch in Worte fassen und dadurch vielleicht leichter verständlich machen: Zunächst kann man bei einem Polynom für jede reelle Nullstelle x_j einen Faktor der Form $(x - x_j)$ abspalten. Hat das Polynom weniger als n reelle Nullstellen, ist also $k < n$, so kann man den Rest noch in quadratische Faktoren der im Satz angegebenen Form zerlegen, die ihrerseits nicht weiter zerlegbar sind. Und wenn Sie es ganz genau

wissen wollen (was ich gut finden würde): In diesen quadratischen Faktoren sind die komplexen Nullstellen des Polynoms versteckt, das heißt, jeder quadratische Faktor hat zwei komplexe (nicht reelle) Nullstellen, die natürlich auch Nullstellen des Polynoms $p(x)$ sind.

Beispiel 5.21

1) Es sei

$$p_1(x) = 2x^3 - 2x^2 - 4x.$$

Offenbar kann man hier zunächst $2x$ abspalten, es verbleibt $p(x) = 2x \cdot (x^2 - x - 2)$. Der quadratische Term in der Klammer hat allerdings reelle Nullstellen, nämlich -1 und 2, so dass die vollständige Zerlegung des Polynoms $p_1(x)$ lautet:

$$p_1(x) = 2x(x+1)(x-2).$$

In der Notation von Satz 5.16 ist hier also $n = k = 3$, $a_3 = 2$, $x_1 = 0$, $x_2 = -1$ und $x_3 = 2$.

2) Das Polynom fünften Grades

$$p_2(x) = x^5 - x^4 - x + 1 \tag{5.25}$$

besitzt die Zerlegung

$$p_2(x) = (x-1)(x-1)(x+1)(x^2+1). \tag{5.26}$$

Es ist also $x_1 = x_2 = 1$ und $x_3 = -1$. Der quadratische Faktor $x^2 + 1$ hat die beiden nicht reellen Nullstellen i und $-i$ und kann im Reellen nicht weiter zerlegt werden. Somit ist hier $k = 3$ und $m = 1$.

So weit zur Existenzaussage. Die Frage bleibt: „Wie ermittelt man die in (5.26) angegebene Zerlegung?" Nun, ich will ehrlich sein: Bei der Herleitung dieses Beispiels bin ich von (5.26) ausgegangen und habe durch Ausmultiplizieren der Terme die Darstellung (5.25) ermittelt – übrigens können Sie genauso die Richtigkeit der angegebenen Zerlegung verifizieren.

Aber das ist natürlich nicht konstruktiv. Das Problem ist: Wenn ich die konstruktive Methode zur Ermittlung der Zerlegung (5.26) schildern will, muss ich das Wort „Polynomdivision" erwähnen, und damit habe ich in der Vergangenheit schon ganze Hörsäle leer gefegt.

Aber es hilft nichts, da müssen wir durch, ich mache es auch so kurz und erträglich wie möglich: Das Polynom $x^5 - x^4 - x + 1$ hat offenbar die Nullstelle $x_1 = 1$, also kann man den Faktor $(x - 1)$ abdividieren. Hat man das getan, verbleibt $x^4 - 1$ (es ist also $x^5 - x^4 - x + 1 = (x^4 - 1)(x - 1)$). Dieses Polynom vierten Grades hat ebenfalls die Nullstelle $x_2 = 1$, also kann man nochmal $(x - 1)$ abdividieren und erhält als Rest $x^3 + x^2 + x + 1$ (fürs Protokoll: Es ist also

$$x^5 - x^4 - x + 1 = (x-1)(x-1)(x^3 + x^2 + x + 1).)$$

Dieses Polynom dritten Grades hat nun offensichtlich die Nullstelle $x_3 = -1$, also kann man den Faktor $(x + 1)$ abdividieren; der verbleibende Rest ist $x^2 + 1$. Fasst man das nun zusammen, ergibt sich genau die in (5.26) angegebene Darstellung. ◄

Damit fürs Erste genug mit Polynomen, es folgen einige Bemerkungen zu rationalen Funktionen. Ich hoffe, Sie erinnern sich zumindest noch vage an das erste Kapitel dieses Buches, in dem ich die Menge $\mathbb{Q}$ der rationalen Zahlen vorgestellt habe. Diese werden als Quotienten ganzer Zahlen definiert, wobei die Zahl im Nenner nicht 0 sein darf. Ganz ähnlich macht man das jetzt bei der Definition der rationalen Funktion: Diese sind als Quotienten von zwei Polynomen definiert, wobei das Polynom im Nenner nicht 0 werden darf.

Definition 5.23

Es seien $p(x)$ und $q(x)$ zwei Polynome und D eine Teilmenge der reellen Zahlen, die keine Nullstelle von q enthält. Eine Funktion der Form

$$r : D \to \mathbb{R}, \quad r(x) = \frac{p(x)}{q(x)}$$

nennt man eine **rationale Funktion**.

Eine Zahl x_P, die eine Nullstelle des Nenners, aber nicht des Zählers ist, nennt man **Polstelle** der rationalen Funktion. Polstellen gehören also nicht zum Definitionsbereich D.

Beispiel 5.22

Die einfachste rationale Funktion ist vermutlich die **Hyperbel**, die definiert ist durch

$$h : \mathbb{R} \setminus \{0\} \to \mathbb{R}, \quad h(x) = \frac{1}{x}.$$

Die Hyperbel hat ihre einzige Polstelle in $x_P = 0$ (Abb. 5.13).   ◄

Abb. 5.13 Hyperbel

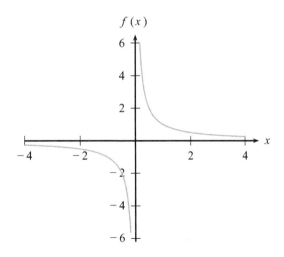

Mehr will ich hier – vermutlich überraschenderweise – zu rationalen Funktionen nicht sagen, sie werden uns im Zusammenhang mit der Differenzial- und Integralrechnung in den nächsten Kapiteln noch oft genug begegnen.

Abschließend soll allerdings als Rückbezug auf den vorigen Unterabschnitt der folgende Satz formuliert werden:

Satz 5.17
Polynome und rationale Funktionen sind auf ihrem gesamten Definitionsbereich stetig.

5.3.3 Trigonometrische Funktionen

Die wichtigsten trigonometrischen Funktionen sind Sinus, Cosinus und Tangens. Sie entstehen durch Verallgemeinerung der bekannten Winkelverhältnisse am rechtwinkligen Dreieck. Dazu zunächst eine kleine Reminiszenz an Ihre Schulmathematik:

Definition 5.24
Gegeben sei ein rechtwinkliges Dreieck mit den in Abb. 5.14 angegebenen Bezeichnungen. Dann sind Sinus, Cosinus und Tangens des Winkels α wie folgt definiert:

$$\sin(\alpha) = \frac{a}{c}$$

$$\cos(\alpha) = \frac{b}{c}$$

$$\tan(\alpha) = \frac{a}{b} = \frac{\sin(\alpha)}{\cos(\alpha)}$$

Bemerkungen
1) Man sieht an dieser Definition, dass der Tangens nicht ganz so fundamental ist wie Sinus und Cosinus, da man ihn durch diese beiden Ausdrücke definieren und somit seine

Abb. 5.14 Rechtwinkliges Dreieck

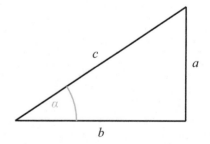

Eigenschaften auf die diejenigen von Sinus und Cosinus zurückführen kann. Ich werde mich daher im Weiteren auf Sinus und Cosinus konzentrieren.

2) Das Ziel ist ja, Funktionen zu definieren, die für alle reellen Zahlen erklärt sind. In diesem Sinn ist Definition 5.24 unbefriedigend, denn die Größe α kann nur Werte zwischen 0° und 90° annehmen. Außerdem ist es unbequem, dauernd mit diesen Gradangaben hantieren zu müssen. Daher geht man über zu einer anderen Maßzahl für Winkel, dem Bogenmaß.

Definition 5.25
Es sei α ein beliebiger Winkel im Gradmaß. Man zeichnet wie in Abb. 5.15 gezeigt den Einheitskreis E, also den Kreis mit Radius 1 und Mittelpunkt (0,0), und trägt den Winkel α beginnend auf der rechten Halbachse entgegen dem Uhrzeigersinn ab. Das **Bogenmaß** dieses Winkels ist die Länge x des Kreisbogenstücks, das hierdurch auf E definiert wird.

Bemerkungen
1) Da die Länge des vollen Einheitskreises gerade 2π ist, können Sie unmittelbar ablesen, dass $\alpha = 360°$ dem Bogenmaß 2π und beispielsweise $\alpha = 180°$ dem Bogenmaß π entspricht. Allgemein besteht zwischen Gradmaß α und Bogenmaß x eines Winkels folgende Beziehung:

$$\frac{x}{2\pi} = \frac{\alpha}{360°}.$$

2) Beachten Sie, dass Definition 5.25 auch für Winkel gilt, die größer als 360° und kleiner als 0° sind; in diesem Fall muss man den Kreis mehrfach bzw. rückwärts durchlaufen. Beispielsweise entspricht dem Gradmaß 540° das Bogenmaß 3π.

Abb. 5.15 Bogenmaß
eines Winkels

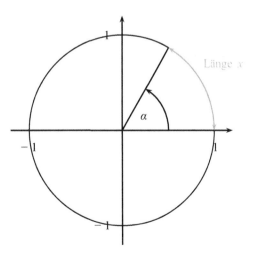

Winkel werden also von jetzt an im Bogenmaß gemessen und dieses Bogenmaß x kann eine beliebige reelle Zahl sein. Hiermit kann man nun als Verallgemeinerung von Definition 5.24 die folgende Definition der *Funktionen* Sinus, Cosinus und Tangens geben:

Definition 5.26

Es sei x ein beliebiger Winkel im Bogenmaß. Man trägt nun x beginnend auf der rechten Halbachse entgegen dem Uhrzeigersinn ab, der Schnittpunkt des Winkelschenkels mit dem Einheitskreis habe die Koordinaten (c, s). Dann definiert man den Wert der **Sinusfunktion** an der Stelle x als

$$\sin(x) = s$$

und den Wert der **Cosinusfunktion** an der Stelle x als

$$\cos(x) = c.$$

Als **Tangensfunktion** definiert man

$$\tan(x) = \frac{s}{c} = \frac{\sin(x)}{\cos(x)}, \quad \text{falls} \cos(x) \neq 0.$$

Ich bin mir ziemlich sicher, dass Sie im wahrsten Sinne des Wortes ein Bild der Sinus- und der Cosinusfunktion vor Ihrem geistigen Auge haben; und falls doch nicht, hier eine kleine Auffrischung (Abb. 5.17). Der folgende Satz listet einige wichtige Eigenschaften dieser Funktionen auf:

Satz 5.18

Die Funktionen Sinus und Cosinus haben folgende Eigenschaften:

a) Es gilt

$$\sin(x + 2\pi) = \sin(x) \quad \text{und} \quad \cos(x + 2\pi) = \cos(x)$$

für alle $x \in \mathbb{R}$.

b) Sinus ist eine ungerade Funktion, das heißt, es ist $\sin(-x) = -\sin(x)$ für alle $x \in \mathbb{R}$.

c) Cosinus ist eine gerade Funktion, das heißt, es ist $\cos(-x) = \cos(x)$ für alle $x \in \mathbb{R}$.

d) $\sin\left(x + \dfrac{\pi}{2}\right) = \cos(x)$ für alle $x \in \mathbb{R}$.

e) $\sin(x + \pi) = -\sin(x)$ für alle $x \in \mathbb{R}$.

f) Es gilt

$$\sin^2(x) + \cos^2(x) = 1$$

für alle $x \in \mathbb{R}$.

g) Die Nullstellen des Sinus sind genau die ganzzahligen Vielfachen von π, also die Zahlen der Form $n \cdot \pi$ mit $n \in \mathbb{Z}$.

h) Die Nullstellen des Cosinus sind genau die Zahlen der Form $n\pi + \dfrac{\pi}{2}$ mit $n \in \mathbb{Z}$.

Bemerkungen

1) Aussage a) bedeutet gerade, dass Sinus und Cosinus periodische Funktionen (mit Periode 2π) sind; mit periodischen Funktionen, insbesondere diesen beiden, werden wir uns in Kap. 8 im Zusammenhang mit Fourier-Reihen noch intensiv befassen.

2) Aussage f) bezeichnet man häufig auch als den „trigonometrischen Satz des Pythagoras"; wenn Sie sich die Aussage noch einmal anhand von Abb. 5.16 klarmachen, verstehen Sie diese Bezeichnung sofort.

Übungsaufgabe 5.19

Beweisen Sie mithilfe von Satz 5.18 folgende Aussagen:

a) Für alle $x \in \mathbb{R}$ ist $|\sin(x)| \leq 1$ und $|\cos(x)| \leq 1$.

b) Es ist

$$\sin\left(\frac{\pi}{4}\right) = \frac{\sqrt{2}}{2}.$$

◀

Abb. 5.16 Zur Definition von
Sinus und Cosinus

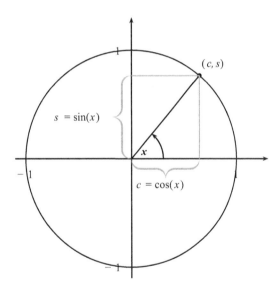

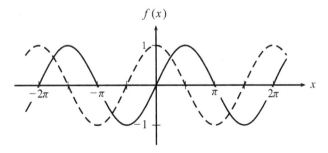

Abb. 5.17 Sinusfunktion (*durchgezogen*) und Cosinusfunktion (*gestrichelt*)

Eine der wichtigsten Eigenschaften trigonometrischer Funktionen ist, dass es für sie sogenannte Additionstheoreme gibt. Das sind Formeln, mit deren Hilfe man die Funktionswerte an der Stelle $x + y$ allein mithilfe der Funktionswerte an den Stellen x und y berechnen kann.

Satz 5.19

Es seien x und y beliebige reelle Zahlen. Dann gelten die folgenden **Additionstheoreme**:

$$\sin(x+y) = \sin(x)\cos(y) + \cos(x)\sin(y)$$
$$\cos(x+y) = \cos(x)\cos(y) - \sin(x)\sin(y)$$

Aus diesen beiden fundamentalen Additionstheoremen kann man noch eine Fülle weiterer ableiten, auf die ich hier aus Platz-, Zeit- und offen gestanden auch Interessegründen nicht weiter eingehen will. Sie finden sie in jeder guten Formelsammlung.

Nun ja, wenn Sie unbedingt wollen, kann ich ja noch zwei angeben; das ist allerdings (für Sie) mit Arbeit verbunden.

Übungsaufgabe 5.20

Beweisen Sie mithilfe der in Satz 5.19 formulierten Additionstheoreme die **Winkelverdoppelungsformeln**

$$\sin(2x) = 2\sin(x)\cos(x) \text{ und}$$
$$\cos(2x) = \cos^2(x) - \sin^2(x).$$
◄

Abschließend auch für die trigonometrischen Grundfunktionen die Stetigkeitsaussage:

Satz 5.20

Die Funktionen $\sin(x)$ und $\cos(x)$ sind auf ganz $\mathbb{R}$ stetig, die Funktion $\tan(x)$ auf ihrem gesamten Definitionsbereich

$$D = \mathbb{R} \setminus \left\{ n \cdot \pi + \frac{\pi}{2} \text{ mit } n \in \mathbb{Z} \right\}.$$

5.3.4 Exponential- und Logarithmusfunktionen

Springen wir ausnahmsweise einmal ohne große Vorrede direkt zur Definition der fraglichen Funktionen:

Definition 5.27

Es sei a eine positive reelle Zahl. Die Funktion

$$\exp_a : \mathbb{R} \to \mathbb{R}, \quad \exp_a(x) = a^x$$

heißt **allgemeine Exponentialfunktion** oder **Exponentialfunktion zur Basis** a.

Beispiel 5.23

Nehmen Sie einmal an, jemand macht Ihnen folgendes Angebot: „Du kannst wählen: Entweder ich schenke dir auf der Stelle eine Million Euro oder aber ich zahle dir an jedem Tag des nächsten Monats eine gewisse Summe aus; am ersten Tag zwei Euro, am zweiten Tag vier Euro, am dritten Tag acht Euro, am vierten Tag sechzehn Euro und so weiter, also an jedem Tag den doppelten Betrag des Vortages, bis zum dreißigsten Tag des Monats."

Im Vergleich zu dem Angebot, eine ganze Million bar auf die Hand zu bekommen, sieht natürlich die zweite Möglichkeit auf den ersten Blick kümmerlich aus: Nach vier Tagen haben Sie insgesamt gerade mal $2 + 4 + 8 + 16 = 30$ Euro in der Hand, und auch wenn Sie eine Woche warten, nennen Sie nur $2 + 4 + 8 + 16 + 32 + 64 + 128 = 254$ Euro Ihr Eigen.

Aber keine Angst, es wird besser! Um das zu untermauern, stelle ich zunächst einmal fest, dass die Auszahlung am x-ten Tag genau 2^x Euro beträgt. Mit einem Taschenrechner (oder viel Geduld und Papier) können Sie hiermit berechnen, dass die Auszahlung am fünfzehnten Tag, also zur Mitte des Monats, immerhin schon $2^{15} = 32.768$ Euro beträgt. Auch noch nicht sehr beeindruckend? Nun ja, dann wagen wir jetzt gleich mal den Sprung ans Monatsende: Am dreißigsten Tag erhalten Sie

$$2^{30} = 1.037.741.824 \text{ Euro},$$

also mehr als eine Milliarde und somit mehr als das Tausendfache der als Alternative angebotenen Million. Angesichts solcher Summen kann ich fast großzügig darauf verzichten zu erwähnen, dass Sie ja in unserem Modell an den Tagen zuvor auch schon eine ganze Menge Geld abgestaubt haben, beispielsweise am 29. Tag die Hälfte der gerade berechneten Summe, also mehr als eine halbe Milliarde Euro. Was hier zum Tragen kommt, ist das fast unvorstellbar schnelle Anwachsen der Exponentialfunktion, in diesem Fall derjenigen zur Basis 2, also $\exp_2(x)$. ◄

Übungsaufgabe 5.21

Berechnen Sie für $a = \dfrac{1}{2}, 1, 2, 4$ die Funktionswerte von $\exp_a(x)$ an den Stellen $x = -2, 0, 1, 2, 10$ (Abb. 5.18). ◄

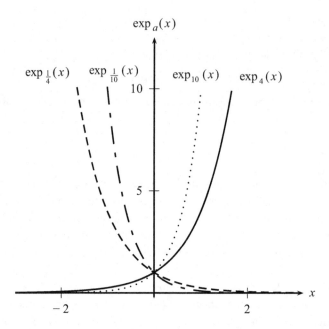

Abb. 5.18 Die Funktion $\exp_a(x)$ für verschiedene Werte von a

Wenn Sie diese Aufgabe bearbeitet haben, werden Sie einen signifikanten Unterschied beispielsweise im Verhalten von $\exp_{\frac{1}{2}}(x)$ und $\exp_2(x)$ festgestellt haben: Die eine fällt, die andre wächst, und die Funktion $\exp_1(x) = 1^x$ wiederum überzeugt durch Langeweile, denn sie ist konstant gleich 1, da eben 1^x für alle reellen Zahlen x gleich 1 ist.

Tatsächlich ist die Zahl 1 als Basis eine Grenze zwischen den beiden grundsätzlich verschiedenen Typen von Exponentialfunktionen:

Satz 5.21

Die Funktion $\exp_a(x) = a^x$ ist auf ganz $\mathbb{R}$ streng monoton wachsend, falls $a > 1$, und auf ganz $\mathbb{R}$ streng monoton fallend, falls $a < 1$ ist. In jedem Fall sind die Funktionswerte stets positive Zahlen, das heißt, die Bildmenge der Exponentialfunktion ist die Menge $(0, \infty)$.

Aus den Rechenregeln für das Potenzieren leitet man direkt die folgenden Gesetzmäßigkeiten ab:

Satz 5.22

Für alle reellen Zahlen x und y und für jede positive Basis a gelten folgende Rechenregeln:

1) $\quad \exp_a(x + y) = \exp_a(x) \cdot \exp_a(y),$

2) $\quad \exp_a(-x) = \exp_{1/a}(x).$

Von besonderem Interesse ist die Exponentialfunktion zur Basis e, der eulerschen Zahl, benannt nach Leonhard Euler, der von 1707 bis 1783 lebte.

Nach vorsichtigen Schätzungen meinerseits gibt es etwa 117 verschiedene Definitionen bzw. Herleitungen dieser Zahl, und alle führen natürlich auf denselben Wert. Die vermutlich kürzeste ist die folgende:

Definition 5.28

Die **eulersche Zahl** e ist definiert als

$$e = \lim_{n \to \infty} \left(1 + \frac{1}{n}\right)^n.$$

Ihre Dezimaldarstellung lautet

$$e = 2{,}718\,281\,828\,459\,045\,\ldots,$$

wobei die Folge dieser Nachkommazahlen niemals abbricht und nicht periodisch ist, da e keine rationale Zahl ist.

Zu zeigen, dass die in der Definition benutzte Folge überhaupt konvergiert und den genannten Grenzwert hat, ist übrigens ein wenig Arbeit. Um zumindest ein Gefühl dafür zu bekommen, sollten Sie die in der folgenden Übungsaufgabe formulierten Zahlenwerte berechnen.

Übungsaufgabe 5.22

Ich bezeichne die in Definition 5.28 benutzte Folge mit $\{e_n\}$, also

$$e_n = \left(1 + \frac{1}{n}\right)^n.$$

Berechnen Sie auf fünf Nachkommastellen genau die Werte e_1, e_{12}, e_{52}, e_{365} und e_{8760}. ◀

Mit der Kenntnis der eulerschen Zahl bewaffnet kann man nun die prominenteste Exponentialfunktion überhaupt definieren, eben die zur Basis e.

Definition 5.29

Es sei e die eulersche Zahl. Die Funktion

$$\exp : \mathbb{R} \to \mathbb{R}, \quad \exp(x) = e^x$$

heißt **Exponentialfunktion** oder einfach **e-Funktion**.

Ich hatte oben in Satz 5.21 formuliert, dass jede Exponentialfunktion streng monoton ist, nach Satz 5.8 besitzt sie also eine Umkehrfunktion mit denselben Eigenschaften. Diese Umkehrfunktion bezeichnet man als Logarithmus oder Logarithmusfunktion:

Definition 5.30

Es seien a und x positive reelle Zahlen und $a \neq 1$. Diejenige reelle Zahl y, die die Gleichung

$$a^y = x$$

löst, nennt man **Logarithmus** oder auch **Logarithmusfunktion von x zur Basis** a und bezeichnet sie mit $\log_a(x)$.

Den Logarithmus zur Basis e nennt man **natürlichen Logarithmus** und bezeichnet ihn mit $\ln(x)$, es ist also

$$\ln(x) = \log_e(x).$$

Satz 5.23

Der Definitionsbereich der Logarithmusfunktion $\log_a(x)$ ist die Menge der positiven Zahlen. Die Funktion $\log_a(x)$ ist überall streng monoton steigend, falls $a > 1$, und überall streng monoton fallend, falls $a < 1$ ist.

Beispielsweise ist $\log_2(8) = 3$, denn $2^3 = 8$, und $\log_5\left(\dfrac{1}{5}\right) = -1$, denn $5^{-1} = \dfrac{1}{5}$. Ein anderes charakteristisches Beispiel ist $\log_4(2) = \dfrac{1}{2}$, denn $4^{1/2} = 2$. Schließlich will ich noch darauf hinweisen, dass für jede Basis a gilt: $\log_a(1) = 0$, denn für alle positiven reellen Zahlen a gilt $a^0 = 1$.

Übungsaufgabe 5.23

Berechnen Sie ohne Taschenrechner die folgenden Logarithmen:

$$\log_{10}(0{,}001), \quad \log_7\left(\sqrt[4]{7^3}\right). \qquad \blacktriangleleft$$

Nicht nur das Monotonieverhalten, sondern auch die Rechenregeln für die Exponentialfunktion haben direkte Auswirkungen auf die Logarithmusfunktion, denn sie führen direkt auf die folgenden Regeln:

Satz 5.24

Für alle zulässigen reellen Zahlen x, y und p und für jede positive Basis a gelten folgende Rechenregeln:

1) $\log_a(x \cdot y) = \log_a(x) + \log_a(y)$

2) $\log_a\left(\dfrac{x}{y}\right) = \log_a(x) - \log_a(y)$

3) $\log_a(x^p) = p \cdot \log_a(x)$

Gegen Ende diese kurzen Ausflugs in die Welt der Logarithmen noch ein eher prakti-
scher Hinweis: Oft werden Sie einen Logarithmus zu einer Basis a berechnen müssen, die
Ihr Taschenrechner nicht zur Verfügung stellt, beispielsweise den Wert $\log_{104}(2)$. In solchen Fällen kann man die im nächsten Satz angegebene Umrechnungsformel zwischen
Logarithmen zu verschiedenen Basen benutzen; wie, das sage ich Ihnen im Anschluss an
den Satz.

Satz 5.25
Für beliebige positive und von 1 verschiedene Zahlen a und b und positive Werte x
gilt die Umrechnungsformel

$$\log_a(x) = \frac{\log_b(x)}{\log_b(a)}. \tag{5.27}$$

So einfach Ihr Taschenrechner auch gestrickt sein mag (wenn Sie ein besseres Modell
haben, ist es auch nicht schlimm), er kann mit Sicherheit den natürlichen Logarithmus
oder den zur Basis Zehn berechnen. Dann können Sie Formel (5.27) benutzen, indem Sie
$b = e$ oder $b = 10$ setzen.

Um das vor dem Satz begonnene Beispiel fortzuführen, setze ich jetzt $a = 1,04$ und
$b = 10$. Beachten Sie, dass ich auf der rechten Seite der Umrechnungsformel nur Zehner-
logarithmen berechnen muss, was nach Annahme mein Taschenrechner auch kann; es ergibt sich

$$\log_{1,04}(2) = \frac{\log_{10}(2)}{\log_{10}(1,04)} = \frac{0,301029995}{0,017033339} \approx 17,673.$$

Übungsaufgabe 5.24

Ihrem Taschenrechner entnehmen Sie die Werte $\ln(7,5) = 2,0149$ und $\ln(3) = 1,0986$.
Berechnen Sie hiermit den Wert $\log_3(7,5)$. ◀

Vermutlich überrascht es Sie nicht, dass ich dieses Kapitel mit einem Satz über Stetigkeit beende:

Satz 5.26
Exponentialfunktionen und Logarithmusfunktionen sind auf ihrem gesamten Definitionsbereich stetig.

Differenzialrechnung

6

Übersicht

Die Differenzialrechnung befasst sich mit der Bestimmung von Ableitungen einer Funktion. Das Berechnen einer solchen Ableitung nennt man „ableiten" oder auch „differenzieren" der Funktion, und dieser Vorgang ist *DER* (genau so: groß und kursiv) zentrale Vorgang der gesamten Analysis überhaupt.

Die zugrunde liegende Problemstellung ist eigentlich ganz einfach: Man möchte die Steigung einer Funktion $f(x)$ an einer bestimmten Stelle a berechnen. In Abb. 6.1 habe ich eine solche Situation einmal skizziert, und hieran erkennen Sie wohl schon, was die Mathematik über Jahrhunderte hinweg davon abgehalten hat, sich mit diesem Problem erfolgreich zu befassen: Was soll die Steigung eines solchen „gekrümmten" Objekts an einer festen Stelle überhaupt sein, und, weitergehend, wie sollte man sie berechnen?

Vermutlich war Gottfried Wilhelm Leibniz (1646 bis 1716) der Erste, der dieses Problem erfolgreich bearbeitete und somit der Differenzialrechnung die Bahn brach; „vermutlich" deshalb, weil es andere Quellen bzw. Meinungen gibt, die diese historische Tat Sir Isaac Newton (1643 bis 1727) zuordnen. Mit letzter Sicherheit lässt sich heute nicht sagen, wer von den beiden der Erste war, ob einer vom anderen Teilergebnisse übernommen hat, ob beide überhaupt von ihren gegenseitigen Resultaten wussten, und so weiter. Der Streit über die Urheberschaft der Differenzialrechnung ging jedenfalls als „Prioritätsstreit" in die Geschichte ein; er wurde wohl weniger zwischen Newton und Leibniz selbst, sondern mehr zwischen ihren Anhängern ausgetragen. Unstrittig ist jedoch, dass sich innerhalb der

Abb. 6.1 Steigung der
Funktion *f* an der Stelle *a*

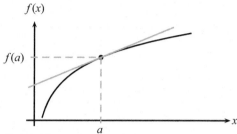

Mathematik die leibnizsche Notation – ein Strich hinter dem Funktionsnamen oder das
Symbol $\dfrac{d}{dx}$ davor kennzeichnet die Ableitung – durchgesetzt hat, und diese werde ich im
Folgenden natürlich auch übernehmen.

6.1   Differenzierbarkeit

6.1.1   Definition und erste Beispiele

Die Problemstellung habe ich ja bereits ausführlich geschildert, nun gebe ich die geniale
Idee zu ihrer Lösung an, die ich jetzt ohne weitere Rücksicht auf den ohnehin unsäglichen
Prioritätsstreit Leibniz zuordne.

Man legt hierfür in der Nähe der Stelle *a*, in der man die Steigung der Funktion berechn-
en will, eine weitere Stelle fest, die ich nun nicht sehr originell mit *x* bezeichnen will.
Nun hat man also zwei Stellen, *x* und *a*, und natürlich zwei zugehörige Funktionswerte,
f(*x*) und *f*(*a*). Abb. 6.2 illustriert die Situation.

Durch die beiden Kurvenpunkte (*x*, *f*(*x*)) und (*a*, *f*(*a*)) verläuft nun eine eindeutig bestimmte Gerade, die sogenannte **Sekante** (weil sie die Kurve nicht nur berührt, sondern
sogar schneidet, von lateinisch „secare", schneiden), die ich in Abb. 6.2 bereits eingetra-
gen habe. Die Steigung der Sekante kann man mühelos ausrechnen, sie lautet nach der
Regel „vertikaler Abstand durch horizontalen Abstand":

$$\frac{f\left(x\right)-f\left(a\right)}{x-a}. \tag{6.1}$$

Abb. 6.2 Funktion
und Sekante

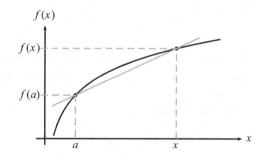

Und nun kommt die wirklich geniale Idee: Man lässt x immer näher an a heranrü-
cken und schleppt dabei die Sekante – ob sie will oder nicht – mit. Schließlich lässt
man den Punkt x in den Punkt a „hineinrutschen" (für die Puristen: Man vollzieht den
Grenzübergang für x gegen a). Dabei wird die Sekante zur **Tangente** (von lateinisch
„tangere", berühren), also zur Geraden, die die Funktion an der Stelle a gerade berührt.
Offenbar hat die Funktion an dieser Stelle dieselbe Steigung wie diese Tangente, daher
muss man „nur" die Steigung der Tangente berechnen, um die eigentlich gesuchte Steigung der Funktion zu erhalten. Und dies wiederum macht man durch Grenzübergang
für x gegen a in der durch (6.1) angegebenen Sekantensteigung, die dadurch zur Tan-
gentensteigung wird.

Das ist die Grundidee der von Leibniz gegebenen und auch heute noch gültigen Definition der Ableitung einer Funktion, und diese will ich nun noch formal aufschreiben:

Definition 6.1
Es sei f eine reelle Funktion und a ein Punkt aus der Definitionsmenge von f. Dann
nennt man f in a **differenzierbar** (oder **ableitbar**), wenn für alle x in der Nähe von
a der Grenzwert

$$\lim_{x \to a} \frac{f(x) - f(a)}{x - a} \tag{6.2}$$

existiert. In diesem Fall nennt man den Grenzwert (6.2) die **Ableitung** von f an der
Stelle a und bezeichnet ihn mit $f'(a)$. Es ist also im Falle der Existenz

$$f'(a) = \lim_{x \to a} \frac{f(x) - f(a)}{x - a}.$$

Ist f in allen Punkten einer Teilmenge M des Definitionsbereichs differenzierbar,
so sagt man auch, f sei differenzierbar auf M.

Bemerkung
Den in Gl. (6.2) angegebenen Grenzwert, den man gelegentlich in guter alter leibnizscher
Notation auch in der Form

$$\frac{df}{dx}(a)$$

schreibt, bezeichnet man auch **Differenzialquotient**. Dies erinnert daran, dass es sich um
den Grenzwert des in Gl. (6.1) angegebenen **Differenzenquotienten** handelt.

Vielleicht haben Sie ja beim Betrachten des in (6.2) definierten Grenzwerts ebenso wie
die meisten Zeitgenossen Leibniz' ein wenig Unbehagen verspürt, denn hier geht schließlich der Nenner gegen 0, und es gibt in der Mathematik eigentlich nichts Schlimmeres, als

durch 0 zu dividieren. Glücklicherweise geht aber gleichzeitig auch der Zähler des Ausdrucks gegen 0, und bei den meisten gutartigen Funktionen bewirkt das, dass sich insgesamt ein vernünftiger Grenzwert ergibt. Wohlgemerkt: Das muss nicht immer gut gehen –
wir werden später Beispiele dafür sehen, wo es nicht klappt – aber oft genug tut es das.
Und diese Aussage untermauere ich jetzt erst mal durch eine Reihe von Beispielen.

Beispiel 6.1

Wir betrachten die Funktion $f(x) = 3x$. Natürlich weiß man allein schon aus elementar-
geometrischen Gründen, dass die Steigung dieser Funktion überall gleich 3 ist. Aber
genau das muss man nun für einen kurzen Moment vergessen und stattdessen das in
Definition 6.1 angegebene Konzept durchziehen; wenn dabei auch 3 herauskommt, ist
alles in Ordnung, wenn nicht, werfen wir das Konzept auf den Müll. Um es vorwegzu-
nehmen: Es wird 3 herauskommen.

Es sei a ein beliebiger Punkt der reellen Achse und x eine Stelle in der Nähe von a.
Dann ist $f(a) = 3a$ und $f(x) = 3x$. Damit ist zunächst einmal

$$\lim_{x \to a} \frac{f(x) - f(a)}{x - a} = \lim_{x \to a} \frac{3x - 3a}{x - a} = \lim_{x \to a} \frac{3(x - a)}{x - a}. \tag{6.3}$$

Hier habe ich lediglich die Funktionswerte eingesetzt und ausgeklammert. Nun
kann man offensichtlich den Term $(x - a)$ ausdividieren, und das führt auf folgende
Weiterführung der in (6.3) angegebenen Gleichungskette:

$$\lim_{x \to a} \frac{3(x - a)}{x - a} = \lim_{x \to a} 3 = 3,$$

denn die konstante Folge $\{3\}$ hat nun mal den Grenzwert 3.

Hier kommt die Stelle a gar nicht mehr explizit vor, und das bedeutet, dass die Funktion $f(x) = 3x$ an *jeder* Stelle a differenzierbar ist und die Steigung 3 hat. Mit anderen
Worten: Es ist $f'(a) = 3$ für alle a. Tauft man wie üblich die Variable wieder in das gewohntere x um, so ergibt sich das Resultat: Die Funktion $f(x) = 3x$ hat an jeder Stelle x
die Ableitung $f'(x) = 3$.

Die gerade untersuchte Funktion $f(x) = 3x$ ist eine lineare Funktion und damit recht
„einfach". Es gibt allerdings eine noch einfachere Klasse von Funktionen, und damit
will ich mich im nächsten Beispiel befassen: mit den konstanten Funktionen.   ◄

Beispiel 6.2

Es sei c eine beliebige feste reelle Zahl und $f(x) = c$, also eine konstante Funktion. Weiterhin sei a wiederum ein beliebiger Punkt der reellen Achse und x eine Stelle in der
Nähe von a. Dann ist $f(a) = f(x) = c$, und es folgt:

$$\lim_{x \to a} \frac{f(x) - f(a)}{x - a} = \lim_{x \to a} \frac{c - c}{x - a} = \lim_{x \to a} \frac{0}{x - a} = 0. \tag{6.4}$$

Eine konstante Funktion $f(x) = c$ hat also überall die Steigung 0, also $f'(a) = 0$, was nicht weiter überrascht, aber immerhin die Richtigkeit des Konzepts auch in diesem Fall bestätigt.

Nun werden wir kühn (jedenfalls ich, und Sie müssen da wohl oder übel mit) und wagen uns an die erste nicht lineare Funktion in diesem Kapitel: Wir bestimmen die Ableitung der Normalparabel $f(x) = x^2$. ◀

Beispiel 6.3

Ich will die Ableitung, also Steigung, der Funktion $f(x) = x^2$ an einer beliebigen Stelle a berechnen. Hierzu setze ich natürlich wiederum zunächst die Funktionsdefinition ein und erhalte:

$$\lim_{x \to a} \frac{f(x) - f(a)}{x - a} = \lim_{x \to a} \frac{x^2 - a^2}{x - a}. \tag{6.5}$$

So weit, so ungut. Was machen wir jetzt? Nun, ein scharfer Blick auf den Zähler zeigt, dass man diesen mithilfe der binomischen Formel (oder einfachem Ausmultiplizieren) zerlegen kann wie folgt:

$$x^2 - a^2 = (x - a)(x + a). \tag{6.6}$$

Benutzt man diese Zerlegung, kann man den Term in (6.5) weiter umformen zu

$$\lim_{x \to a} \frac{x^2 - a^2}{x - a} = \lim_{x \to a} \frac{(x - a)(x + a)}{x - a} = \lim_{x \to a} x + a = a + a = 2a. \tag{6.7}$$

Die Normalparabel $f(x) = x^2$ hat also an jeder Stelle a die Ableitung $f'(a) = 2a$; tauft man nun wieder die Stelle a um in das gewohntere x und bezeichnet die Ableitung definitionsgemäß mit $f'(x)$, so heißt das: $f'(x) = 2x$. So kennen Sie das sicherlich schon aus der Schulzeit, aber nun wissen Sie auch, warum das so ist. ◀

6.1.2 Ableitungen einiger elementarer Funktionen

Nachdem das nun wieder so gut geklappt hat, werden wir nicht nur kühn, sondern sogar übermütig und versuchen die Ableitung einer beliebigen Potenzfunktion (eines Monoms) zu bestimmen. Da das eine fundamentale Aussage ist, formuliere ich das Ergebnis nicht mehr als Beispiel, sondern als Satz:

Satz 6.1

Es sei n eine beliebige natürliche Zahl sowie a eine beliebige reelle Zahl. Dann ist die Funktion

$$f(x) = x^n$$

an der Stelle a differenzierbar, und ihre Ableitung dort lautet:

$$f'(a) = n \cdot a^{n-1}.$$

Beweis Auch der Beweis dieses Satzes beruht natürlich auf der Betrachtung des Differenzialquotienten, der hier lautet:

$$\lim_{x \to a} \frac{f(x) - f(a)}{x - a} = \lim_{x \to a} \frac{x^n - a^n}{x - a}. \tag{6.8}$$

Nun wäre es schön, eine Zerlegung des Zählers in einer ähnlichen Art und Weise wie in (6.6) zu haben, und tatsächlich gibt es so etwas, denn für alle $n \in \mathbb{N}$ gilt:

$$x^n - a^n = (x - a)\left(x^{n-1} + x^{n-2}a + x^{n-3}a^2 + \cdots + x^2 a^{n-3} + x a^{n-2} + a^{n-1}\right). \tag{6.9}$$

Man kann diese Zerlegung herleiten, indem man die Polynomdivision

$$(x^n - a^n) : (x - a)$$

ausführt, es geht aber wesentlich schneller, sie als gegeben hinzunehmen und zu verifizieren, indem man die rechte Seite ausmultipliziert. Man erhält dann

$$\begin{aligned}
&(x - a)\left(x^{n-1} + x^{n-2}a + x^{n-3}a^2 + \cdots + x^2 a^{n-3} + x a^{n-2} + a^{n-1}\right) \\
&= x^n + x^{n-1}a + x^{n-2}a^2 + \cdots + x^3 a^{n-3} + x^2 a^{n-2} + x a^{n-1} \\
&\quad - x^{n-1}a - x^{n-2}a^2 - x^{n-3}a^3 - \cdots x^2 a^{n-2} - x a^{n-1} - a^n \\
&= x^n - a^n,
\end{aligned}$$

da sich alle anderen Summanden gegenseitig aufheben.

Nun geht es weiter wie in Beispiel 6.3: Man ersetzt den Zähler der rechten Seite von (6.8) durch die rechte Seite von (6.9) und kürzt anschließend den gemeinsamen Faktor $(x - a)$ heraus. Damit wird (6.8) zu

$$\lim_{x \to a}\left(x^{n-1} + x^{n-2}a + x^{n-3}a^2 + \cdots + x^2 a^{n-3} + x a^{n-2} + a^{n-1}\right). \tag{6.10}$$

Hier kann man den Grenzübergang problemlos durchführen, denn es ist kein Nenner mehr da, der 0 werden könnte. Somit wird

$$\lim_{x \to a} \left(x^{n-1} + x^{n-2}a + x^{n-3}a^2 + \cdots\cdots + x^2 a^{n-3} + x a^{n-2} + a^{n-1} \right)$$

$$= a^{n-1} + a^{n-2}a + a^{n-3}a^2 + \cdots\cdots + a^2 a^{n-3} + a \cdot a^{n-2} + a^{n-1}$$

$$= \underbrace{a^{n-1} + a^{n-1} + \cdots\cdots + a^{n-1} + a^{n-1}}_{n-\text{mal}} = n \cdot a^{n-1}.$$

Damit ist der Satz bewiesen.

Übungsaufgabe 6.1

Bestimmen Sie ohne Benutzung der Aussage von Satz 6.1 die Ableitung der Funktion $f(x) = x^3$ an einer beliebigen Stelle a. ◄

Bemerkung

Ich habe bisher stets eine beliebige Stelle a des Definitionsbereichs der Funktion herausgegriffen und in dieser Stelle die Ableitung an dieser Stelle, also $f'(a)$, berechnet. Diese Ableitung hängt also im Allgemeinen von der Stelle a ab, mit anderen Worten: Die Ableitung ist eine Funktion der Variablen a. Nun sind Variablennamen Schall und Rauch, man kann sie a nennen, aber eben auch x. Daher lässt man meist – formal etwas schlampig, aber eben gewohnt – den Zwischenschritt über dieses „beliebige, aber feste" a weg, nennt die Variable gleich x und spricht von der Ableitungs*funktion* $f'(x)$. Und auch ich werde mich im weiteren Verlauf dem nicht verschließen und diese Notation übernehmen. Die Aussage von Satz 6.1 lautet dann also: Die Ableitung der Funktion $f(x) = x^n$ ist die Funktion $f'(x) = nx^{n-1}$.

Nun hat sich also gezeigt, dass der leibnizsche (für die Anglophilen unter Ihnen: newtonsche) Ansatz bei beliebigen Potenzfunktionen zum Ziel führt, und das ist schon ein recht ansehnliches Ergebnis. Andererseits gibt es natürlich noch mehr elementare Funktionen, beispielsweise die trigonometrischen Funktionen oder die Exponentialfunktionen und ihre Umkehrungen, und auch für diese hätte man gerne leicht angebbare Ableitungen.

Manchmal schreibt das Leben auch schöne Geschichten, sogar in der Mathematik, denn genau das, was man gerne hätte, gibt es auch: direkt angebbare Ableitungen der genannten Funktionen. Allerdings ist die Herleitung bzw. der Beweis hier weit aufwendiger als bei den Potenzfunktionen, denn man kann hier nicht einfach Faktoren abspalten oder Ähnliches. Ich werde mir daher den Luxus erlauben und die entsprechenden Resultate in zitierfähiger Form, aber ohne Beweis angeben:

Satz 6.2

Die Funktionen $\sin(x)$ und $\cos(x)$ sind auf ganz $\mathbb{R}$ differenzierbar, und ihre Ableitungen sind:

$$\sin'(x) = \cos(x),$$
$$\cos'(x) = -\sin(x).$$

Beachten Sie übrigens das Minuszeichen vor der Ableitung des Cosinus.

Satz 6.3 (Ableitung der Exponentialfunktion)

Mit einer festen positiven Zahl a sei $\exp_a(x)$ die allgemeine Exponentialfunktion $\exp_a(x) = a^x$. Diese Funktion ist für alle $x \in \mathbb{R}$ differenzierbar, und es gilt:

$$\exp'(x) = \ln(a) \cdot a^x.$$

Ist insbesondere $a = e$, also $\exp_a(x)$ die (spezielle) Exponentialfunktion oder auch e-Funktion $\exp(x) = e^x$, so gilt

$$\exp'(x) = e^x.$$

Die e-Funktion ist also überall gleich ihrer eigenen Ableitung. Sie ist sogar bis auf konstante Vielfache ihrer selbst die einzige Funktion mit dieser Eigenschaft überhaupt und spielt nicht zuletzt deswegen in vielen Bereichen der Mathematik eine wichtige Rolle.

Schließlich möchte ich nicht verhehlen, dass die Aussage von Satz 6.1 nicht auf natürliche Zahlen als Exponenten beschränkt ist, sondern für beliebige reelle Exponenten, insbesondere also auch negative und rationale Zahlen, gilt. Dies fasse ich noch einmal in einem zitierfähigen Satz zusammen:

Satz 6.4 (Ableitung der Potenzfunktion)

Es sei q eine reelle Zahl. Dann ist die Funktion

$$f(x) = x^q$$

auf ihrem gesamten Definitionsbereich D (mit Ausnahme von $x = 0$ für $0 < q < 1$) differenzierbar, und ihre Ableitung lautet:

$$f'(x) = q \cdot x^{q-1}.$$

Bemerkung

Was genau der im Satz erwähnte Definitionsbereich D ist, hängt vom Exponenten q ab. Ist beispielsweise $q = -1$, so handelt es sich um die Funktion $f(x) = x^{-1} = \frac{1}{x}$, hier ist also $D = \mathbb{R}\backslash\{0\}$. Für $q = \frac{1}{2}$ erhalten wir die Wurzelfunktion, und hier wäre es gut, wenn x nicht negativ wäre.

Beispiel 6.4

a)   Es sei $q = -2$, also

$$f(x) = x^{-2} = \frac{1}{x^2}.$$

Dann ist

$$f'(x) = -2 \cdot x^{-3} = \frac{-2}{x^3}.$$

b) Für $q = \dfrac{1}{2}$ erhalten wir wie schon erwähnt die Wurzelfunktion, also

$$f(x) = x^{\frac{1}{2}} = \sqrt{x}.$$

Deren Ableitung ist dann gemäß Satz 6.4:

$$f'(x) = \frac{1}{2} \cdot x^{-\frac{1}{2}} = \frac{1}{2\sqrt{x}}. \qquad \blacktriangleleft$$

Vielleicht sind Sie ja der Meinung, es wäre schön, noch einige weitere Beispiele zur Verfügung zu haben. Nun, der Meinung bin ich offen gesagt auch, aber dazu ist es noch zu früh, so richtig viele Auswahlmöglichkeiten haben wir ja noch gar nicht, da wir nur die Ableitungen der oben genannten Funktionen selbst kennen.

In Abschn. 6.2 werden Sie einige Regeln kennenlernen, mit deren Hilfe man unter anderem Produkte, Quotienten und Verkettungen von Funktionen ableiten kann, und in diesem Zusammenhang werde ich Ihnen auch noch einen ganzen Batzen weiterer Beispiele und Aufgaben präsentieren; das soll übrigens keine Drohung sein, nur eine Vorschau.

6.1.3 Nicht differenzierbare Funktionen

Wahrscheinlich habe ich Ihnen mit den zahlreichen Beispielen und Sätzen der vorangegangenen Abschnitte ungewollt vorgegaukelt, dass so ziemlich alle Funktionen, die man sich vorstellen kann, differenzierbar sind, und das auch noch überall. Nun, das ist keineswegs so, Differenzierbarkeit ist also keine selbstverständliche Eigenschaft, und das werde ich in diesem Unterabschnitt verdeutlichen.

Beispiel 6.5

Ich will die Differenzierbarkeit der Funktion

$$f(x) = \begin{cases} -x, & \text{falls } x < 0, \\ x^2, & \text{falls } x \geq 0, \end{cases}$$

die Sie bereits aus Beispiel 5.15 kennen, an der Stelle $a = 0$ überprüfen. Da die Funktion links und rechts der kritischen Stelle $a = 0$ durch zwei verschiedene Terme definiert ist, muss der Differenzialquotient auch getrennt durch Bildung des links- und des rechtsseitigen Grenzwerts ermittelt werden. Ich beginne mit dem linksseitigen Grenzwert. Da die Funktion links von $a = 0$ definiert ist als $f(x) = -x$, ergibt sich hierfür (Abb. 6.3)

Abb. 6.3 Die Funktion in
Beispiel 6.5

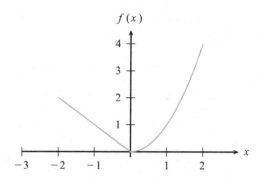

$$\lim_{x\to 0, x<0} \frac{f(x)-f(0)}{x-0} = \lim_{x\to 0, x<0} \frac{-x-0}{x-0} = \lim_{x\to 0, x<0} -1 = -1.$$

Rechts von $a = 0$ ist die Funktion definiert als $f(x) = x^2$, daher ergibt sich als rechtsseitiger Grenzwert

$$\lim_{x\to 0, x>0} \frac{f(x)-f(0)}{x-0} = \lim_{x\to 0, x>0} \frac{x^2-0}{x-0} = \lim_{x\to 0, x>0} x = 0.$$

Links- und rechtsseitiger Grenzwert stimmen also nicht überein, es existiert also kein einheitlicher Grenzwert, und somit ist die Funktion in $x = 0$ *nicht* differenzierbar. ◄

Bemerkung

Möglicherweise haben Sie ja beim Durcharbeiten von Beispiel 6.5 gedacht: „Warum so kompliziert? Man könnte doch auch die ganz gewöhnlichen Ableitungsregeln separat auf den linken Funktionsteil x und den rechten Funktionsteil x^2 anwenden, das ergäbe 1 bzw. $2x$, an der Stelle $x = 0$ also 1 und 0 genau wie oben, und man hätte sich die lästige Herumrechnerei mit den einseitigen Grenzwerten gespart." Nun, diese Denkweise wäre zwar verständlich, hat aber leider den Nachteil, dass sie falsch ist. Dazu folgendes Beispiel:

Beispiel 6.6

Es soll die Differenzierbarkeit der Funktion

$$f(x) = \begin{cases} x^2+1, & \text{falls } x < 0, \\ x^2, & \text{falls } x \geq 0 \end{cases}$$

an der Stelle $a = 0$ überprüft werden (Abb. 6.4).

Auch hier müssen links- und rechtsseitiger Grenzwert getrennt ermittelt werden. Der rechtsseitige ist identisch mit dem in Beispiel 6.5. Für den linksseitigen erhält man hier:

Abb. 6.4 Die Funktion in
Beispiel 6.6

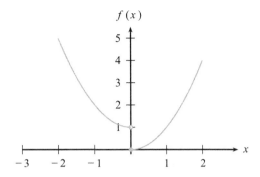

$$\lim_{x \to 0, x<0} \frac{f(x)-f(0)}{x-0} = \lim_{x \to 0, x<0} \frac{x^2+1-0}{x-0} = \lim_{x \to 0, x<0} x+\frac{1}{x}.$$

Es existiert hier also gar kein linksseitiger Grenzwert (da der Term $\frac{1}{x}$ in $x = 0$ nicht definiert ist) und somit erst recht kein Grenzwert: Die Funktion ist also in 0 nicht differenzierbar. Mit der „naiven" Methode, die ich in obiger Bemerkung geschildert habe, würde man jedoch das Ergebnis erhalten, dass beide Funktionteile dieselbe Ableitung $2x$ besitzen und die Funktion in 0 differenzierbar wäre. Wohlgemerkt: Das wäre *falsch*! ◀

Der Grund dafür, dass die Funktion in Beispiel 6.6 in $x = 0$ nicht differenzierbar ist, ist die Tatsache, dass sie dort noch nicht einmal stetig ist, und eine Funktion, die an einer Stelle nicht stetig ist, also einen „Sprung" macht, hat dort sicherlich auch keine Steigung, also Ableitung. Diese Beobachtung sollten wir in einem zitierfähigen Satz festhalten:

> **Satz 6.5**
> Ist eine Funktion f an einer Stelle a nicht stetig, so ist sie dort auch nicht differenzierbar.

Bemerkung
In vielen Büchern werden Sie diesen Satz in der – logisch gleichwertigen – umgekehrten Formulierung finden: Ist eine Funktion f an einer Stelle a differenzierbar, so ist sie dort auch stetig. Das wirkt ein wenig seriöser als meine obige Formulierung, wird in dieser Form aber seltener gebraucht.

Übungsaufgabe 6.2

Prüfen Sie, ob die folgenden Funktionen an der Stelle $x = 0$ differenzierbar sind; falls ja, geben Sie die Ableitung der Funktion an der Stelle $x = 0$ an.

a) $f(x) = \begin{cases} 2x^2, & \text{falls } x < 0, \\ x^2, & \text{falls } x \geq 0 \end{cases}$

b) $g(x) = \begin{cases} x\sin(x)+1, & \text{falls } x < 0, \\ x^2+1, & \text{falls } x \geq 0 \end{cases}$

c) $h(x) = \begin{cases} x^2-1, & \text{falls } x < 0, \\ (x-1)^2, & \text{falls } x \geq 0 \end{cases}$

d) $b(x) = |x|$ ◀

6.1.4   Tangente

Wir haben in der Zwischenzeit – zugegebenermaßen durch meine Schuld – vielleicht ein wenig die Tangente aus dem Auge verloren, mit deren Betrachtung das ganze Kapitel ja begann. Das soll sich nun ändern.

Zur Erinnerung: Die Tangente einer Funktion f an einer Stelle a ist diejenige Gerade, die den Funktionsgraphen an der Stelle a – genauer gesagt im Punkt $(a, f(a))$ – berührt, wobei ich natürlich voraussetzen muss, dass f in a differenzierbar ist.

Nun will ich die Gleichung dieser Tangente, nennen wir sie $t(x)$, bestimmen. Da es sich um eine Gerade handelt, hat sie die allgemeine Form

$$t(x) = mx + b \tag{6.11}$$

mit noch zu bestimmenden Koeffizienten m und b. Nun gibt m bekanntlich die (konstante) Steigung dieser Geraden an, und diese soll nach Konstruktion gerade gleich der Steigung der Funktion f an der Stelle a sein; diese wiederum wird aber genau durch die Ableitung von f an der Stelle a angegeben, also $f'(a)$. Mit anderen Worten, es gilt:

$$m = f'(a). \tag{6.12}$$

Um den Koeffizienten b zu bestimmen, muss ich mich daran erinnern, dass die Tangente an der Stelle a nicht nur dieselbe Steigung haben soll wie die Funktion f, sondern auch denselben Funktionswert (denn genau das bedeutet „berühren"). Es muss also gelten: $f(a) = t(a)$. Nun ist aber nach (6.11) $t(a) = ma + b$, und m ist wiederum nach (6.12) gleich $f'(a)$. Fügt man dies alles zusammen, erhält man die Gleichung

$$f(a) = f'(a) \cdot a + b,$$

die man mühelos nach der einzigen unbekannten b auflösen kann. Dadurch wurde folgender Satz bewiesen:

Satz 6.6

Die Funktion $f(x)$ sei an der Stelle a differenzierbar. Dann hat die Tangente $t(x)$ an $f(x)$ in a folgende Darstellung:

$$t(x) = f'(a) \cdot x + \left(f(a) - f'(a) \cdot a\right). \tag{6.13}$$

Das Einklammern des hinteren Terms ist natürlich mathematisch nicht notwendig, es soll hier nur vor Auge führen, dass es sich hierbei um die eingangs als b bezeichnete Konstante handelt.

Allzu Tiefgründiges fällt mir als Bemerkung zu diesem Satz offen gestanden nicht ein, daher gebe ich lieber gleich Beispiele.

Beispiel 6.7

a) Gesucht ist die Tangente der Funktion $f(x) = x^3$ an der Stelle $a = 2$. Hierfür berechnet man nach Satz 6.1 $f'(x) = 3x^2$, also $f'(2) = 12$, sowie $f(2) = 8$. Damit ist die gesuchte Tangentengleichung gemäß (6.13) gleich

$$t(x) = 12x + (8 - 24) = 12x - 16.$$

b) Nun will ich die Tangente an die Funktion $f(x) = 3x$ an der Stelle $a = 7$ bestimmen. In Beispiel 6.3 hatten wir bereits festgestellt, dass $f'(x)$ konstant gleich 3 ist, also gilt insbesondere $f'(7) = 3$. Außerdem ist $f(7) = 21$, so dass die Tangentengleichung nach (6.13) lautet:

$$t(x) = 3x + (21 - 3 \cdot 7) = 3x.$$

Die Tangente ist also identisch mit der Funktion, und das ist kein Wunder, denn die Funktion stellt selbst eine Gerade dar, und daher ist sie natürlich gleich der „berührenden" Geraden, also der Tangente. ◀

Übungsaufgabe 6.3

Bestimmen Sie die Tangente an die Funktion $f(x) = \sin(x)$ an der Stelle $a = 0$. ◀

Übungsaufgabe 6.4

Gegeben sei die Funktion $f(x) = x^2$.

a) Bestimmen Sie ihre Tangente an der Stelle $a = 1$.

b) Zeigen Sie, dass $f(x)$ und diese Tangente keinen weiteren Schnittpunkt haben. ◀

6.2   Ableitungsregeln

Im vorigen Abschnitt haben Sie die Ableitungen der wichtigsten elementaren Funktionen kennengelernt. Das ist schon mal nicht schlecht, weil Basis für die gesamte Differenzialrechnung, aber leider ist dieses Wissen bisher auf genau diese Funktionen beschränkt: Schon die Ableitung von so einfachen Kombinationen wie $f(x) = \sin(x) + e^x$ oder $g(x) = 5x^2$ ist bisher nicht bekannt – wenn auch intuitiv klar –, und bei Funktionen wie $f(x) = x^2 \sin(x)$ oder $g(x) = \cos(x^2)$ weiß man bisher überhaupt nicht, was man machen soll. Das wird sich in diesem Abschnitt ändern, in dem ich angeben werde, wie man die Ableitung von Kombinationen wie den gerade genannten mithilfe recht einfacher Regeln auf die bekannten Ableitungen der elementaren Funktionen zurückführen kann.

6.2.1   Linearität

Die erste dieser Ableitungsregeln empfindet man meist gar nicht als solche, weil man das, was die Regel besagt, ohnehin intuitiv richtig macht: Die Ableitung ist linear, das heißt, man kann Summen von Funktionen summandenweise ableiten sowie Vorfaktoren von Funktionen bei der Ableitung einfach „mitschleppen". Das ist der Inhalt des folgenden Satzes:

Satz 6.7 (Linearität der Ableitung)
Es seien $f(x)$ und $g(x)$ auf einer Menge M differenzierbare Funktionen, sowie c eine beliebige reelle Zahl. Dann sind auch die Funktionen $(c \cdot f)(x)$ sowie $(f + g)(x)$ auf M differenzierbar, und es gilt

$$\left(c \cdot f\right)'(x) = c \cdot f'(x)$$

sowie

$$\left(f + g\right)'(x) = f'(x) + g'(x).$$

Beispiel 6.8

a) Die Ableitung der Funktion $h(x) = 5x^2$ ist $h'(x) = 10x$, denn die Ableitung von $f(x) = x^2$ ist $f'(x) = 2x$, und die Ableitung von $h(x)$ ist nach dem ersten Teil von Satz 6.7 gerade das Fünffache davon.

b) Die Ableitung der Funktion $h(x) = \sin(x) + e^x$ ist gemäß der zweiten Aussage des Satzes gleich der Summe der Ableitungen von $\sin(x)$ und e^x, also gleich $h'(x) = \cos(x) + e^x$.

c) Die Kombination beider Teilaussagen des Satzes liefert das folgende allgemeine Resultat: Die Ableitung des Polynoms

$$p(x) = a_n x^n + a_{n-1} x^{n-1} + \cdots + a_1 x + a_0$$

ist das Polynom

$$p'(x) = n a_n x^{n-1} + (n-1) a_{n-1} x^{n-2} + \cdots + 2 a_2 x + a_1. \qquad \blacktriangleleft$$

Mit Übungsaufgaben zu diesem Thema will ich Ihnen gar nicht erst kommen, sondern gleich zur nächsten, der ersten „richtigen" Ableitungsregel übergehen.

6.2.2 Produktregel

Hier geht es um das Problem, das Produkt $(f \cdot g)(x)$ zweier differenzierbarer Funktionen $f(x)$ und $g(x)$ abzuleiten. Man darf um Himmels willen nicht den Fehler machen, einfach das Produkt der beiden Ableitungen hinzuschreiben; vielmehr muss man die gesuchte Ableitung nach folgender **Produktregel** bestimmen:

Satz 6.8 (Produktregel)
Es seien $f(x)$ und $g(x)$ auf einer Menge M differenzierbare Funktionen. Dann ist auch das Produkt $(f \cdot g)(x)$ auf M differenzierbar und es gilt:

$$(f \cdot g)'(x) = f(x) \cdot g'(x) + f'(x) \cdot g(x).$$

Beweis Ich untersuche für einen beliebigen Punkt $a \in M$ den Differenzialquotienten

$$\lim_{x \to a} \frac{(f \cdot g)(x) - (f \cdot g)(a)}{x - a}. \qquad (6.14)$$

Ich muss zeigen, dass er existiert, und gleichzeitig seinen Wert bestimmen. Hierzu schreibe ich zunächst das lästige $(f \cdot g)(x)$ um in die gewohntere Form $f(x) \cdot g(x)$. Dadurch wird (6.14) zu

$$\lim_{x \to a} \frac{f(x) \cdot g(x) - f(a) \cdot g(a)}{x - a}. \qquad (6.15)$$

Nun mache ich etwas zunächst sehr merkwürdig Anmutendes: Ich subtrahiere im Zähler den Ausdruck $f(x) \cdot g(a)$ und addiere ihn gleich wieder. Das ändert sicherlich nichts am Wert des gesamten Terms in (6.15), also ist dieser gleich

$$\lim_{x \to a} \frac{f(x) \cdot g(x) - f(x) \cdot g(a) + f(x) \cdot g(a) - f(a) \cdot g(a)}{x - a}. \qquad (6.16)$$

Jetzt nehme ich an dem Ausdruck (6.16) noch ein paar Umformungen vor, die ich ohne störende Zwischenkommentare angeben will; ich bin sicher, dass Sie diese nachvollziehen können:

$$\lim_{x \to a} \frac{f(x) \cdot g(x) - f(x) \cdot g(a) + f(x) \cdot g(a) - f(a) \cdot g(a)}{x - a}$$

$$= \lim_{x \to a} \frac{f(x) \cdot g(x) - f(x) \cdot g(a)}{x - a} + \lim_{x \to a} \frac{f(x) \cdot g(a) - f(a) \cdot g(a)}{x - a}$$

$$= \lim_{x \to a} \frac{f(x) \cdot (g(x) - g(a))}{x - a} + \lim_{x \to a} \frac{(f(x) - f(a)) \cdot g(a)}{x - a}$$

$$= \lim_{x \to a} \left(f(x) \cdot \frac{g(x) - g(a)}{x - a} \right) + \lim_{x \to a} \left(\frac{f(x) - f(a)}{x - a} \cdot g(a) \right).$$

Da sowohl $f(x)$ als auch $g(x)$ als differenzierbar vorausgesetzt waren, gilt

$$\lim_{x \to a} \frac{g(x) - g(a)}{x - a} = g'(a) \text{ und } \lim_{x \to a} \frac{f(x) - f(a)}{x - a} = f'(a).$$

Fasst man nun – beginnend in Zeile (6.14) – alles zusammen, so haben wir gezeigt, dass

$$\lim_{x \to a} \frac{(f \cdot g)(x) - (f \cdot g)(a)}{x - a} = f(a) \cdot g'(a) + f'(a) \cdot g(a).$$

und da a ein beliebiger Punkt aus M war, ist der Satz damit bewiesen.

Nach so viel anstrengender Umformerei tut ein wenig Erholung in Form von Beispielen sicherlich gut.

Beispiel 6.9

a) Es soll die Ableitung der Funktion $h_1(x) = x \cdot \sin(x)$ bestimmt werden. Hierfür setze ich $f(x) = x$ und $g(x) = \sin(x)$ und wende die Produktregel an. Das ergibt:

$$h_1'(x) = x \cdot \cos(x) + \sin(x),$$

denn die Ableitung von x ist gerade 1.

b) Nun sei $h_2(x) = 2x^3 \cdot e^x$. Ich setze $f(x) = 2x^3$ und $g(x) = e^x$. Da e^x gleich seiner eigenen Ableitung ist, erhalte ich:

$$h_2'(x) = 2x^3 \cdot e^x + 6x^2 \cdot e^x = (x + 3) \cdot 2x^2 \cdot e^x.$$

c) Schließlich sei $h_3(x) = \cos^2(x)$, was bekanntlich eine Kurzschreibweise für $(\cos(x))^2$ oder eben $\cos(x) \cdot \cos(x)$ ist. Auch hierauf kann ich die Produktregel anwenden, indem ich $f(x) = g(x) = \cos(x)$ setze. Dann ist natürlich auch $f'(x) = g'(x)$, nämlich $-\sin(x)$ nach Satz 6.2, und damit ist

$$h_3'(x) = \cos(x) \cdot (-\sin(x)) + (-\sin(x) \cdot \cos(x)) = -2\sin(x)\cos(x). \quad \blacktriangleleft$$

Die Produktregel wird in der Differenzialrechnung praktisch ständig benötigt, daher verzichte ich hier zunächst auf weitere Beispiele, da sie uns ohnehin auf den nächsten Seiten andauernd begegnen wird. Diese Bemerkung bezieht sich allerdings nur auf Beispiele, die *ich* durchrechnen muss:

Übungsaufgabe 6.5

Bestimmen Sie die Ableitungen der folgenden Funktionen:

a) $h_1(x) = \sin(x) \cdot \cos(x)$

b) $h_2(x) = \dfrac{e^x}{x^2}$

c) $h_3(x) = e^{2x}$ $\quad\blacktriangleleft$

Übungsaufgabe 6.6

Beweisen Sie folgende Aussage: Sind $f(x)$, $g(x)$ und $h(x)$ auf einer Menge M differenzierbare Funktionen, dann ist auch das Produkt $(f \cdot g \cdot h)(x)$ auf M differenzierbar, und es gilt:

$$(f \cdot g \cdot h)'(x) = f(x) \cdot g(x) \cdot h'(x) + f(x) \cdot g'(x) \cdot h(x) + f'(x) \cdot g(x) \cdot h(x).$$

Hinweis: Fassen Sie zunächst $f(x) \cdot g(x)$ zu *einer* Funktion zusammen und wenden Sie Satz 6.8 an. $\quad\blacktriangleleft$

6.2.3 Quotientenregel

Nachdem Sie im vorhergehenden Unterabschnitt gesehen haben, wie man das Produkt zweier Funktionen ableitet, lernen Sie nun das Pendant dazu kennen, nämlich die Regel über das Ableiten eines Bruches, bei dem Zähler und Nenner differenzierbare Funktion sind. Man nennt diese Regel die **Quotientenregel**:

Satz 6.9 (Quotientenregel)

Es seien $f(x)$ und $g(x)$ auf einer Menge M differenzierbare Funktionen, und es sei

$$\widetilde{M} = M \setminus \{x \in M; g(x) = 0\},$$

also die Menge M ohne die Nullstellen von g. Dann ist der Quotient $\left(\dfrac{f}{g}\right)(x)$ auf $\widetilde{M}$ differenzierbar, und es gilt:

$$\left(\frac{f}{g}\right)'(x) = \frac{g(x) \cdot f'(x) - f(x) \cdot g'(x)}{\left(g(x)\right)^2}.$$

Der Beweis dieses Satzes verläuft ganz ähnlich demjenigen von Satz 6.8, also der Produktregel. Ich möchte hier auf die doch etwas längliche Angabe dieses Beweises verzichten und stattdessen eine kleine Merkregel präsentieren.

Da im Zähler der Quotientenregel eine Differenz zweier Terme steht, kommt es im Gegensatz zur Produktregel auf die Reihenfolge dieser beiden Terme an. Und die kann man sich beispielsweise so merken: „NAZ minus ZAN", das steht für „Nenner mal Ableitung des Zählers minus Zähler mal Ableitung des Nenners". Das klingt sicherlich erst mal ziemlich läppisch, und auch ich dachte, als ich es zu Gymnasialzeiten von meinem Lehrer das erste Mal hörte, dass ich das nach fünf Minuten wieder vergessen hätte. Habe ich aber nicht, es ist bis heute unauslöschlich in meinem Kopf, und das seit nunmehr 40 Jahren; ganz so läppisch scheint die Merkregel also nicht zu sein, und ich wette fast, auch Ihnen wird es nicht gelingen, sie wieder zu vergessen. Falls Sie dann irgendwann einmal auf einer einsamen Insel gestrandet sein sollten, ohne Zugriff auf Mathematikunterlagen oder Google, so können Sie damit jederzeit rationale Funktionen ableiten – falls das dann Ihre Hauptsorge sein sollte.

Aber auch inmitten der Zivilisation muss man manchmal eine derartige Ableitung berechnen, und das will ich nun anhand einiger Beispiele vorführen.

Beispiel 6.10

Die folgenden Funktionen sollen generell auf Mengen betrachtet werden, die keine Nullstelle des Nenners enthalten.

a) Es sei

$$h_1(x) = \frac{\sin(x)}{x^3}.$$

Dann ist

$$h_1'(x) = \frac{x^3 \cdot \cos(x) - \sin(x) \cdot 3x^2}{x^6} = \frac{x \cdot \cos(x) - 3\sin(x)}{x^4},$$

wobei ich benutzt habe, dass $(x^3)^2 = x^6$ ist.

b)   Es sei

$$h_2(x) = \frac{2x + 5}{e^x}.$$

Da e^x gleich seiner eigenen Ableitung und $(e^x)^2 = e^{2x}$ ist, folgt:

$$h_2'(x) = \frac{2e^x - (2x+5)e^x}{e^{2x}} = \frac{-(2x+3)}{e^x}.$$

Hier wurde am Ende noch e^x gekürzt.

c)   Nun will ich die Funktion

$$h_3(x) = \frac{x^5}{x^2}$$

mithilfe der Quotientenregel ableiten. Ja, ich *weiß*, dass das gleich x^3 ist und dass die Ableitung von $h_3(x)$ demnach gleich $3x^2$ sein muss, aber genau das will ich jetzt erst einmal nicht wissen, sondern „stur" die Quotientenregel anwenden.
Diese liefert

$$h_3'(x) = \frac{x^2 \cdot 5x^4 - x^5 \cdot 2x}{x^4} = \frac{5x^6 - 2x^6}{x^4} = \frac{3x^6}{x^4} = 3x^2,$$

also das erwartete Ergebnis. Die Quotientenregel scheint somit in diesem Fall das Richtige zu machen, und ich darf Ihnen versichern, sie tut es hier und auch in allen anderen Fällen.   ◄

Beispiel 6.11

Wir kennen bereits die Ableitung des Sinus und des Cosinus, aber noch nicht diejenige des Tangens. Diese kann man nun aber mithilfe der Quotientenregel leicht bestimmen, denn es ist ja

$$\tan(x) = \frac{\sin(x)}{\cos(x)},$$

und das schreit nun förmlich nach Anwendung der Quotientenregel. Nun gut, hier ist sie:

$$\tan'(x) = \frac{\cos^2(x) - (-\sin^2(x))}{\cos^2(x)} = \frac{1}{\cos^2(x)},$$

denn $\cos^2(x) + \sin^2(x) = 1$ für alle x. ◄

Übungsaufgabe 6.7

Bestimmen Sie die Ableitungen der folgenden Funktionen; auch diese sollen auf Mengen betrachtet werden, die keine Nullstelle des Nenners enthalten:

a) $h_1(x) = \dfrac{2x^2 + 3}{\sqrt{x}}$

b) $h_2(x) = \dfrac{\sin(x) \cdot e^x}{\cos(x)}$ ◄

Weitere Aufgaben werden Sie – ob Sie wollen oder nicht – am Ende dieses Kapitels finden, wenn noch weitere Ableitungsregeln zur Verfügung stehen und somit gemischte Aufgaben gemacht werden können.

6.2.4 Kettenregel

Wir haben oben gesehen, dass die Ableitung der Sinusfunktion $\sin(x)$ gerade die Cosinusfunktion $\cos(x)$ ist; was ist aber die Ableitung der Funktion $\sin(x^2)$? Hierbei handelt es sich um eine Funktion, die durch Verkettung entsteht, denn eine „äußere Funktion" – die Sinusfunktion – greift auf eine „innere Funktion" – die Funktion x^2 – zu. Die Ableitung einer solchen Funktion erfolgt nach der **Kettenregel**:

> **Satz 6.10 (Kettenregel)**
> Es seien f und g differenzierbare Funktionen. Die Funktion h sei als Verkettung dieser beiden Funktionen definiert, also
>
> $$h(x) = (f \circ g)(x) = f(g(x)).$$
>
> Dann ist auch h differenzierbar, und es gilt
>
> $$h'(x) = f'(g(x)) \cdot g'(x).$$

Beachten Sie, dass zwischen $f'(g(x))$ und $g'(x)$ keine Verknüpfung oder Ähnliches steht, sondern ein ganz gewöhnlicher Multiplikationspunkt.

Beweis Satz 6.10 will ich zur Abwechslung wieder einmal beweisen, und der Beweis ist überraschenderweise kürzer als derjenige der Produktregel, den ich oben angegeben habe, obwohl die Aussage in gewissem Sinne komplexer ist als die Produktregel.

Genau wie beim Beweis der Produktregel untersuche ich den Differenzialquotienten an einer beliebigen Stelle a. Dieser lautet hier

$$\lim_{x \to a} \frac{f\big(g(x)\big) - f\big(g(a)\big)}{x - a}. \tag{6.17}$$

Ich erweitere diesen Ausdruck mit dem Term $g(x) - g(a)$ – wobei ich annehmen will, dass $g(x) \neq g(a)$ ist, dieser Ausdruck also ungleich 0 – und zerlege das Ganze gleichzeitig in das Produkt zweier Brüche. Dadurch wird (6.17) zu

$$\lim_{x \to a} \frac{f\big(g(x)\big) - f\big(g(a)\big)}{g(x) - g(a)} \cdot \frac{g(x) - g(a)}{x - a}. \tag{6.18}$$

Der zweite Bruch in (6.18) geht offenbar gegen $g'(a)$, denn das ist wörtlich die Definition dieser Ableitung. Und was ist mit dem ersten Bruch? Nun, wenn x gegen a konvergiert, dann konvergiert $g(x)$ gegen $g(a)$, da g differenzierbar und somit stetig ist. Damit ist der Grenzwert des ersten Bruchs aber gerade gleich der Ableitung der Funktion f an der Stelle $g(a)$, also $f'(g(a))$.

Das heißt also zusammenfassend:

$$\lim_{x \to a} \frac{f\big(g(x)\big) - f\big(g(a)\big)}{x - a} = \lim_{x \to a} \frac{f\big(g(x)\big) - f\big(g(a)\big)}{g(x) - g(a)} \cdot \frac{g(x) - g(a)}{x - a}$$
$$= f'\big(g(a)\big) \cdot g'(a).$$

Damit ist der Satz bewiesen.

Beispiel 6.12

a) Als erstes Beispiel greife ich das Eingangsbeispiel $h_1(x) = \sin(x^2)$ wieder auf. Die äußere Funktion ist hier $f(z) = \sin(z)$ mit der Ableitung $f'(z) = \cos(z)$, die innere ist $g(x) = x^2$ mit der Ableitung $g'(x) = 2x$. Somit gilt

$$h_1'(x) = \cos(x^2) \cdot 2x.$$

So einfach ist das. Falls Sie übrigens die Variable z in der Funktion f irritiert: Ich habe hier mit Absicht nicht x benutzt, um beim anschließenden Einsetzen von $g(x)$ für die Variable nicht in Schwierigkeiten zu kommen.

b) Nun betrachte ich auf dem Definitionsbereich $D = \{x \in \mathbb{R}; x > 0\}$ die Funktion

$$h_2(x) = \sqrt{x^2}.$$

Ja, doch, das meine ich ernst: Ich will auf diese Funktion die Kettenregel anwenden, auch wenn Sie natürlich schon mit den Hufen scharren, um mir mitzuteilen, dass es sich hierbei nur um eine verklausulierte Form der Funktion $h_2(x) = x$ handelt und ihre Ableitung somit gleich 1 ist.

Die äußere Funktion ist hier offenbar die Quadratwurzel, also $f(z) = \sqrt{z}$, die innere ist $g(x) = x^2$. Nach Satz 6.4 ist

$$f'(z) = \frac{1}{2\sqrt{z}},$$

weiterhin ist natürlich $g'(x) = 2x$ und somit

$$h_2'(x) = \frac{1}{2\sqrt{x^2}} \cdot 2x = \frac{1}{2x} \cdot 2x = 1$$

in völliger Übereinstimmung mit der Erwartung.

c) Zum Abschluss dieser kleinen Beispielsammlung zur Kettenregel betrachte ich die Funktion

$$h_3(x) = \sin\left(e^{\cos(x)}\right).$$

Dies ist eine Verkettung von gleich drei Funktionen. Hierfür haben wir keine fertige Rechenregel, aber wir können die normale Kettenregel zweimal anwenden und so zum Ziel kommen.

Hierfür betrachte ich zunächst die innere Funktion $e^{\cos(x)}$, nennen wir sie für den Moment $g(x)$. Dann ist gemäß der Kettenregel

$$g'(x) = -\sin(x) \cdot e^{\cos(x)}, \tag{6.19}$$

denn die e-Funktion ist ihre eigene Ableitung. Nun wende ich nochmals die Kettenregel an, diesmal auf die äußere Verkettung $h_3(x) = \sin(g(x))$ mit $g(x)$ wie oben definiert. Es folgt

$$h_3'(x) = \cos(g(x) \cdot g'(x)$$

und schließlich durch Benutzung von (6.19):

$$h_3'(x) = \cos\left(e^{\cos(x)}\right) \cdot \left(-\sin(x) \cdot e^{\cos(x)}\right). \qquad \blacktriangleleft$$

Übungsaufgabe 6.8

Bestimmen Sie die Ableitungen der folgenden Funktionen:

a) $h_1(x) = \cos\left(\sqrt{x}\right)$

b) $h_2(x) = \dfrac{\sin^2(x)}{\sin(x^2)}$

c) $h_3(x) = \sqrt{e^{\sin(x)}}$ ◄

6.2.5 Ableitung der Umkehrfunktion

Möglicherweise haben Sie bei der Auflistung der elementaren Funktionen und ihrer Ableitungen im ersten Unterabschnitt den guten alten Logarithmus vermisst, insbesondere den natürlichen Logarithmus $\ln(x)$. Nun, den habe ich mir für diesen Unterabschnitt aufgespart, denn hier werden wir sehen, wie man ausgehend von der Ableitung einer Funktion diejenige ihrer Umkehrfunktion bestimmen kann – natürlich nur wenn die Funktion umkehrbar und selbst differenzierbar ist. Und da der natürliche Logarithmus die Umkehrfunktion der e-Funktion ist, deren Ableitung man nur zu gut kennt, dient er im Folgenden als Anwendungsbeispiel.

Bevor ich aber zu Beispielen komme, muss der folgende allgemeine Satz formuliert werden:

Satz 6.11 (Ableitung der Umkehrfunktion)
Die Funktion f sei auf einem Intervall I differenzierbar und es gelte $f'(x) > 0$ oder $f'(x) < 0$ für alle $x \in I$.

Dann ist auch ihre Umkehrabbildung f^{-1} differenzierbar auf $f(I)$. Ist a ein beliebiger Punkt aus I und $f(a) = b$, so gilt

$$\left(f^{-1}\right)'(b) = \frac{1}{f'(a)}. \tag{6.20}$$

Bemerkungen
a) Ich fürchte, ich langweile Sie mit der Bemerkung, dass man auch diesen Satz mithilfe des Differenzialquotienten relativ schnell beweisen kann. Ich mache die Bemerkung dennoch, denn sie liefert mir die Begründung dafür, dass ich den Beweis hier nicht angebe, und dieser wäre vermutlich noch langweiliger für Sie als die Bemerkung.

b) Die Gl. (6.20) impliziert, dass $(f^{-1})'$ überall dasselbe Vorzeichen hat wie f'. Ist also $f'(x) > 0$ auf I, dann auch $(f^{-1})'(y)$ auf $f(I)$, und ebenso mit $f'(x) < 0$.

Beispiel 6.13

a) Ich beginne ganz langsam und vorsichtig mit der linearen Funktion $f(x) = 2x - 3$. Auflösen der Gleichung $y = 2x - 3$ nach x liefert die Gleichung der Umkehrfunktion:

$$f^{-1}(y) = \frac{1}{2}y + \frac{3}{2}.$$

Offensichtlich hat diese Umkehrfunktion die konstante Ableitung $(f^{-1})(y) = \frac{1}{2}$, aber das will ich jetzt eigentlich noch gar nicht wissen, sondern es durch Anwendung von Satz 6.11 ermitteln.

Offenbar ist $f(x)$ überall streng monoton steigend und es gilt $f'(x) = 2 > 0$ für alle x. Daher ist der Satz anwendbar und liefert:

$$\left(f^{-1}\right)'(y) = \frac{1}{f'(x)} = \frac{1}{2},$$

in Übereinstimmung mit der Erwartung; bei jedem anderen Ergebnis hätte ich Satz 6.11 auch umgehend auf den Komposthaufen der Mathematik geworfen.

b) Nachdem das mit linearen Funktionen offenbar problemlos läuft, gehe ich zu etwas komplizierteren Funktionen über und setze $f(x) = \sqrt{x}$, wobei $x > 0$ sein soll. Auf dieser Definitionsmenge ist die Funktion streng monoton wachsend und ihre Ableitung $f'(x) = \dfrac{2}{2\sqrt{x}}$ ist überall positiv, so dass Satz 6.11 auch hier anwendbar ist. Es sei also a eine positive Zahl und $b = f(a) = \sqrt{a}$. Dann gilt

$$\left(f^{-1}\right)'(b) = \frac{1}{\dfrac{1}{2\sqrt{a}}} = 2\sqrt{a} = 2b.$$

Die Umkehrabbildung $f^{-1}(b)$ ist natürlich gerade die Quadratfunktion, also $f^{-1}(b) = b^2$, und damit ist auch hier alles in Ordnung, denn ihre Ableitung ist natürlich $2b$.   ◀

Ich hatte eingangs versprochen, diesen Satz zu benutzen, um die Ableitung des natürlichen Logarithmus zu ermitteln; genau das will ich jetzt tun, wegen der Wichtigkeit der Aussage und der späteren Zitierbarkeit formuliere ich sie als Satz und wende Satz 6.11 dann im Beweis an.

Satz 6.12

Die natürliche Logarithmusfunktion $\ln(x)$ ist für alle $x > 0$ differenzierbar, und es gilt

$$\ln'(x) = \frac{1}{x}.$$

Beweis Der natürliche Logarithmus ist die Umkehrfunktion der e-Funktion, um Satz 6.11 anwenden zu können, setze ich also $f(x) = e^x$ mit $f'(x) = e^x$. Damit ist f auf ganz $\mathbb{R}$ definiert und dort streng monoton steigend, es gilt überall $f'(x) > 0$, und die Bildmenge ist $f(\mathbb{R}) = (0, \infty)$.

Daher ist Satz 6.11 anwendbar und ergibt mit $b = f(a)$, also $b = e^a$ bzw. $a = \ln(b)$:

$$\ln'(b) = \frac{1}{f'(a)} = \frac{1}{e^a} = \frac{1}{e^{\ln(b)}} = \frac{1}{b}.$$

Wenn man jetzt noch b durch das für das mathematische Auge gewohntere x ersetzt, ist das genau die Aussage von Satz 6.12, der damit bewiesen ist.

Neben der Logarithmusfunktion gibt es noch weitere „prominente" Umkehrfunktionen, von denen hier noch gar nicht die Rede war: die Arcusfunktionen, die Umkehrungen von Sinus, Cosinus und Tangens also. Deren Ableitungen gebe ich im folgenden Satz gesammelt an:

Satz 6.13

Für alle x aus dem Definitionsbereich der jeweiligen Funktionen gilt:

$$\arcsin'(x) = \frac{1}{\sqrt{1 - x^2}}$$

$$\arccos'(x) = -\frac{1}{\sqrt{1 - x^2}}$$

$$\arctan'(x) = \frac{1}{1 + x^2}$$

Beweis Zumindest den Beweis einer dieser Behauptungen will ich hier vorführen, die anderen beiden verlaufen ganz ähnlich.

Ich entscheide mich spontan für die letzte. Da ich natürlich Satz 6.11 anwenden will, verwende ich das Wissen über die Ableitung des Tangens. Es sei also a eine reelle Zahl und $b = \tan(a)$; damit ist $a = \arctan(b)$, und es folgt

$$\arctan'(b) = \frac{1}{\tan'(a)} = \frac{1}{\dfrac{1}{\cos^2(a)}} = \cos^2(a). \tag{6.21}$$

Nun muss man noch $\cos(a)$ irgendwie durch b ausdrücken. Dazu muss man ein wenig mit der in Satz 5.18 angegebenen Beziehung $\sin^2(a) + \cos^2(a) = 1$ zaubern und wie folgt umformen:

$$\cos^2(a) = \frac{\cos^2(a)}{\sin^2(a) + \cos^2(a)} = \frac{1}{1 + \dfrac{\sin^2(a)}{\cos^2(a)}} = \frac{1}{1 + \tan^2(a)} = \frac{1}{1 + b^2}.$$

Setzt man dies nun in (6.21) ein, ergibt sich

$$\arctan'(b) = \frac{1}{1 + b^2},$$

also die Behauptung.

Übungsaufgabe 6.9

Es sei $f(x) = mx + c$ mit $m \neq 0$ eine lineare Funktion. Bestimmen Sie die Ableitung ihrer Umkehrfunktion an einer beliebigen Stelle y. ◀

Übungsaufgabe 6.10

Es sei $f(x) = \lg(x)$ die Logarithmusfunktion zur Basis 10. Bestimmen Sie ihre Ableitung. Verwenden Sie hierzu Satz 6.3 und gehen Sie vor wie im Beweis von Satz 6.12. ◀

6.2.6 Wichtige Ableitungen

Im bisherigen Verlauf dieses Kapitels haben Sie, manchmal eher nebenher oder vielleicht sogar versteckt in einem Beispiel, die Ableitungen der wichtigsten elementaren Funktionen kennengelernt. Damit Sie diese aber stets schnell und ohne zu suchen nachschlagen können, fasse ich sie nun noch einmal in einer Tabelle zusammen. In Tab. 6.1 sehen Sie wichtige Funktionen $f(x)$ und ihre Ableitungsfunktionen $f'(x)$. Etwaige Besonderheiten

Tab. 6.1 Ableitungen einiger wichtiger Funktionen

Funktion $f(x)$	Ableitung $f'(x)$	Bemerkung
x^q	qx^{q-1}	$q \in \mathbb{R}$, D abhängig von q
$\sin(x)$	$\cos(x)$	
$\cos(x)$	$-\sin(x)$	
$\tan(x)$	$\dfrac{1}{\cos^2(x)}$	$\cos(x) \neq 0$
$\arcsin(x)$	$\dfrac{1}{\sqrt{1-x^2}}$	$-1 < x < 1$
$\arccos(x)$	$-\dfrac{1}{\sqrt{1-x^2}}$	$-1 < x < 1$
$\arctan(x)$	$\dfrac{1}{1+x^2}$	
e^x	e^x	
a^x	$\ln(a) \cdot a^x$	$a > 0$
$\ln(x)$	$\dfrac{1}{x}$	$x > 0$
$\log_a(x)$	$\dfrac{1}{\ln(a) \cdot x}$	$a > 0, a \neq 1, x > 0$

sind in der dritten Spalte vermerkt. Im Anschluss an die Tabelle gebe ich Ihnen Gelegenheit, die Verwendung dieser Ableitungen sowie der oben vorgestellten Ableitungsregeln anhand einiger vermischter Aufgaben zu üben.

Übungsaufgabe 6.11

Ermitteln Sie die Ableitungen der folgenden Funktionen:

a) $h_1(x) = x \cdot e^{\sin(x)}$

b) $h_2(x) = \dfrac{e^{2x}}{1 + x^2}$

c) $h_3(x) = \arcsin(e^x) + \arccos(e^x)$　◀

Übungsaufgabe 6.12

Geben Sie die Tangente der Funktion $f(x) = e^{\sin(x^2)}$ an der Stelle $x = \sqrt{\pi}$ an.　◀

6.3   Anwendungen der Differenzialrechnung

6.3.1   Monotoniekriterien für differenzierbare Funktionen

In Kap. 5 hatten Sie bereits den Begriff der Monotonie bzw. strengen Monotonie einer Funktion kennengelernt. Mithilfe der Ableitung einer differenzierbaren Funktion, die ja nichts anderes als ihre Steigung darstellt, kann man nun relativ leicht das Monotonieverhalten dieser Funktion klären, ohne jedesmal explizit zwei beliebige Funktionswerte vergleichen zu müssen. Die Kernaussage gebe ich in Satz 6.15 an. Um diesen Satz beweisen sowie anschließend Kriterien zur Bestimmung der Extremwerte einer Funktion formulieren zu können, benötige ich aber zunächst eine andere wichtige Aussage, den **Mittelwertsatz der Differenzialrechnung**:

Satz 6.14 (Mittelwertsatz der Differenzialrechnung)
Es seien a und b reelle Zahlen mit $a < b$. Die Funktion f sei auf dem Intervall $[a, b]$ definiert und im Innern des Intervalls überall differenzierbar.
Dann gibt es eine Stelle $\xi \in (a, b)$, so dass gilt:

$$\frac{f(b) - f(a)}{b - a} = f'(\xi). \tag{6.22}$$

Bemerkungen
1) Vielleicht entsteht gerade der Eindruck, dass dieser Satz ein wenig verschämt als Hilfssatz daherkommt, der nur zum Beweis der nachfolgenden Aussagen benötigt wird. Das wäre nicht richtig, denn der Mittelwertsatz der Differenzialrechnung ist ein fundamentaler Satz, der in vielen Bereichen der Analysis zum Einsatz kommt.
2) Der Namenszusatz „der Differenzialrechnung" deutet bereits auf genau das hin, was Sie vermutlich schon befürchtet haben: Es gibt noch einen anderen prominenten Mittelwertsatz, nämlich den der Integralrechnung. Diesen werden Sie in Kap. 7 kennenlernen; es handelt sich im Wesentlichen um den „hochintegrierten" Mittelwertsatz der Differenzialrechnung.
3) Ich will Satz 6.14 hier nicht beweisen, aber anschaulich verdeutlichen; schauen Sie sich hierzu doch bitte einmal Abb. 6.5 an. Eingezeichnet ist hier zum einen die Gerade, die durch die Punkte $(a, f(a))$ und $(b, f(b))$ bestimmt ist und die demnach die Steigung $(f(b) - f(a))/(b - a)$ hat. Der Mittelwertsatz sagt nun aus, dass es irgendwo zwischen a und b eine Stelle ξ geben muss, in der die Kurve dieselbe Steigung hat wie die genannte Gerade. Und genau das ist der Fall, wie Sie an der gepunkteten Geraden, die eine Tangente an die Kurve darstellt, erkennen können.

Abb. 6.5 Zum Mittelwertsatz
der Differenzialrechnung

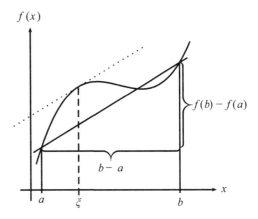

Mit dem Mittelwertsatz bewaffnet kann man nun relativ leicht die folgenden Monoto-
niekriterien beweisen:

Satz 6.15

Die Funktion f sei auf dem offenen Intervall I definiert und auf ganz I differenzierbar. Dann gilt:

a) Ist $f'(x) \geq 0$ für alle $x \in I$, so ist f auf I monoton steigend.
b) Ist $f'(x) > 0$ für alle $x \in I$, so ist f auf I streng monoton steigend.
c) Ist $f'(x) \leq 0$ für alle $x \in I$, so ist f auf I monoton fallend.
d) Ist $f'(x) < 0$ für alle $x \in I$, so ist f auf I streng monoton fallend.

Beweis Ich beweise nur die Aussage a), die Beweise der anderen Aussagen verlaufen
völlig analog.

Es seien a und b zwei beliebige Punkte aus I mit der Eigenschaft $a < b$. Nach Satz 6.14
gibt es dann ein ξ zwischen a und b, so dass

$$\frac{f(b) - f(a)}{b - a} = f'(\xi)$$

ist. Nach Voraussetzung ist $f'(\xi) \geq 0$, also

$$\frac{f(b) - f(a)}{b - a} \geq 0,$$

und da $b - a > 0$ ist, bedeutet das, dass $f(b) - f(a) \geq 0$ ist, also $f(b) \geq f(a)$. Somit ist f monoton steigend.

Beispiel 6.14

a) Die Ableitung der Funktion $f(x) = x^2$ ist bekanntlich $f'(x) = 2x$. Also ist $f'(x) < 0$, falls $x < 0$, und $f'(x) > 0$, falls $x > 0$ ist, und das heißt: f ist streng monoton fallend auf $(-\infty, 0)$ und streng monoton steigend auf $(0, \infty)$. Nicht, dass das irgendjemanden überraschen würde, aber es tut ja auch irgendwie gut, im ersten Beispiel einer neuen Aussage etwas Bekanntes anzutreffen.

b) Es sei nun

$$g(x) = \frac{1}{x}.$$

Diese Funktion, die Hyperbel, ist auf $\mathbb{R}\backslash\{0\}$ definiert und besitzt dort die Ableitung

$$g'(x) = -\frac{1}{x^2}.$$

Da x^2 immer positiv ist, ist diese Ableitung immer negativ. Beachten Sie nun Folgendes: Satz 6.15 macht lediglich eine Aussage über das Monotonieverhalten von Funktionen *auf einem Intervall*. Der Definitionsbereich von g ist aber kein Intervall, also kann man hier zunächst keine Aussage machen. Tatsächlich ist die Hyperbel auf ganz $\mathbb{R}\backslash\{0\}$ betrachtet weder monoton steigend – beispielsweise ist $g(1) = 1 > g(2) = \frac{1}{4}$ – noch monoton fallend – beispielsweise ist $g(-1) = -1 < g(1) = 1$. Man kann jedoch den gesamten Definitionsbereich in die beiden Intervalle $(-\infty, 0)$ und $(0, \infty)$ zerlegen; auf jedem dieser Intervalle ist Satz 6.15 anwendbar und impliziert, dass die Funktion dort streng monoton fallend ist, was ein Blick auf Abb. 6.6 auch bestätigt.   ◄

Abb. 6.6 Hyperbel

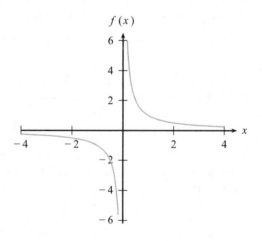

Übungsaufgabe 6.13

Auf der Menge $D = \mathbb{R} \setminus \{-1\}$ sei die Funktion

$$f(x) = \frac{x}{(1+x)^2}$$

definiert. Prüfen Sie, auf welchen Teilbereichen von D diese Funktion streng monoton steigend und auf welchen sie streng monoton fallend ist.   ◄

Bei mathematischen Sätzen, die wie Satz 6.15 Kriterien angeben, ist es immer wichtig zu fragen, ob die Aussage auch umkehrbar ist. Nun, im vorliegenden Fall lautet die Antwort auf diese Frage: „Fast!"
Was ich damit meine, zeigt folgendes Beispiel:

Beispiel 6.15

Ich betrachte die Funktion $f(x) = x^3$. Diese Funktion ist auf ganz $\mathbb{R}$ streng monoton steigend, denn wenn $x_1 < x_2$ ist, dann ist $x_1^3 < x_2^3$. Wären die Aussagen von Satz 6.15 umkehrbar, dann müsste die Ableitung $f'(x)$ auf ganz R positiv sein. Ist sie aber leider nicht, denn $f'(x) = 3x^2$ ist zwar nirgends negativ, aber für $x = 0$ ist eben $f'(0) = 0$, und daher kann man nur sagen: $f'(x) \geq 0$ für alle x.   ◄

Und genau das ist auch im Allgemeinen richtig und Inhalt des folgenden Satzes, der die „Fast-Umkehrung" von Satz 6.15 darstellt:

Satz 6.16
Die Funktion $f(x)$ sei auf einem offenen Intervall I definiert und dort überall differenzierbar. Dann gilt:

a)   Ist $f(x)$ auf I monoton steigend, so gilt $f'(x) \geq 0$ für alle $x \in I$.
b)   Ist $f(x)$ auf I monoton fallend, so gilt $f'(x) \leq 0$ für alle $x \in I$.

Ein Beispiel hierzu hatte ich ja schon als Einleitung dieses Satzes gegeben, und viel mehr will ich dazu auch nicht sagen, sondern gleich zum nächsten Abschnitt übergehen, der die in mancherlei Hinsicht wichtigste Anwendung der Differenzialrechnung beinhaltet: die Bestimmung von Extremstellen einer differenzierbaren Funktion.

6.3.2   Extremstellen und Extremwerte

Bevor ich mich daran mache, Extremstellen zu bestimmen, wäre es sicherlich eine gute Idee, diesen und die damit zusammenhängenden Begriffe erst einmal zu definieren:

Definition 6.2

Es sei f eine reelle Funktion und a ein Punkt aus dem Definitionsbereich D von f.

a) Gilt $f(x) \leq f(a)$ für alle $x \in D$ in der Nähe von a, so nennt man a eine **lokale Maximalstelle** oder – etwas nachlässig, aber verbreitet – eine **Maximalstelle** von f. Den Funktionswert $f(a)$ bezeichnet man als **lokales Maximum** von f.

b) Gilt $f(x) \geq f(a)$ für alle $x \in D$ in der Nähe von a, so nennt man a eine **lokale Minimalstelle** oder eine **Minimalstelle** von f. Den Funktionswert $f(a)$ bezeichnet man als **lokales Minimum** von f.

c) Gilt $f(x) \leq f(a)$ für alle $x \in D$, so nennt man a **globale Maximalstelle** und $f(a)$ entsprechend ein **globales Maximum**, gilt $f(x) \geq f(a)$ für alle $x \in D$, so nennt man a **globale Minimalstelle** und $f(a)$ entsprechend ein **globales Minimum**.

d) Als **Extremum** bezeichnet man ein Maximum oder Minimum, als **Extremalstelle** oder auch **Extremstelle** eine Maximal- oder Minimalstelle.

Beispiel 6.16

a) Es sei $f(x) = x^2$ mit $x \in \mathbb{R}$. Da das Quadrat einer reellen Zahl niemals negativ sein kann, ist der Wert $f(0) = 0$ sicherlich der kleinste, den f überhaupt annehmen kann. Daher ist $x = 0$ globale Minimalstelle und $f(0) = 0$ das globale Minimum. Andere lokale Minimalstellen hat f nicht: Angenommen, Sie hätten einen Kandidaten $a > 0$ gefunden. Dann müssen Sie nur ein kleines Stückchen nach links gehen und finden so eine positive Zahl b, deren Quadrat sicherlich kleiner ist als das von a, somit $f(b) < f(a)$. Ist Ihr Kandidat aber negativ, so funktioniert dasselbe Argument, wenn Sie nur ein kleines Stückchen nach rechts gehen.

Und mit derselben Überlegung kann man auch beweisen, dass f keinerlei Maximalstellen hat, denn wenn Sie beispielsweise einen positiven Kandidaten gefunden haben, so gehen Sie einfach ein wenig nach rechts und gelangen so zu einer Stelle, die einen größeren Funktionswert hat. Somit ist Ihr Kandidat durchgefallen, und ebenso geht das mit negativen Kandidaten. (Letzteres übrigens eine bemerkenswerte Wortschöpfung, die man vielleicht einmal in die Politik einführen sollte.)

b) Nun sei $g(x) = 1$ für alle $x \in \mathbb{R}$. Da sicherlich $g(x) \geq g(1)$ für alle $x \in \mathbb{R}$ gilt, ist *jede* reelle Zahl x lokale wie auch globale Minimalstelle von g. Und um die Sache noch verwirrender zu machen: Jede reelle Zahl x ist – streng nach Definition – ebenso lokale wie auch globale Maximalstelle von g. Sicherlich ein etwas pathologisches Beispiel, aber aus genau solchen Beispielen lernt man den Umgang mit neuen Definitionen.

c) Es sei $h(x) = x$ für $x \in [-1, 1]$. Beachten Sie, dass hier der Definitionsbereich erstmals nicht aus der ganzen reellen Achse besteht. Und das hat Auswirkungen, denn diese Funktion nimmt ihre Extremwerte am Rand des Definitionsbereichs an, man

nennt solche Extremstellen auch **Randextremstellen**: Der Wert $h(1) = 1$ ist (lokales wie auch globales) Maximum, denn an keiner Stelle des Definitionsbereichs
$[-1, 1]$ nimmt h einen größeren Wert an, und aus dem gleichen Grund ist $h(-1) = -1$
das einzige Minimum dieser Funktion. ◄

Beispiel 6.17

Zu guter Letzt betrachte ich die Funktion $f(x) = 2x^3 - 9x^2 + 12x - 3$ für $x \in \mathbb{R}$, deren
Graphen Sie in Abb. 6.7 sehen. An der Abbildung erkennt man, dass die Funktion an
der Stelle $x = 1$ ein lokales Maximum annimmt (denn rechts und links davon geht es
„abwärts"), und in $x = 2$ ein lokales Minimum. Globale Extrema gibt es nicht, denn die
Funktion strebt für $x \to \pm \infty$ gegen $\pm \infty$. ◄

Nun ist das mit dem „An der Abbildung Erkennen" so eine Sache, in der Mathematik gilt
so etwas nicht als Beweis, man braucht eine analytische Herleitung bzw. einen rechnerischen Nachweis dieser Extremstellen. Das ist nach momentanem Stand sehr schwierig,
denn dem Funktionsterm von f sieht man nicht ohne Weiteres an, wo die Funktion steigt,
fällt oder lokale Extrema hat. Es wird also höchste Zeit, Kriterien anzugeben, mit deren
Hilfe man rein rechnerisch Extremstellen bestimmen kann. Und genau dazu komme ich
jetzt ohne weitere Umschweife:

Satz 6.17
Die Funktion $f(x)$ sei auf einer Menge $D \subset \mathbb{R}$ definiert und im Inneren von D differenzierbar. Ist ein Punkt a aus dem Inneren von D eine lokale Extremstelle von
f, so gilt

$$f'(a) = 0.$$

Abb. 6.7 Die Funktion
$f(x) = 2x^3 - 9x^2 + 12x - 3$

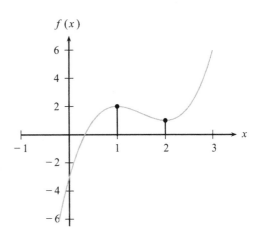

An Abb. 6.7 können Sie erkennen, warum dieser Satz richtig ist: Liegt – wie hier in $x = 1$ und $x = 2$ – eine lokale Extremstelle vor, so hat die Funktion dort eine Gipfelstelle bzw. eine Talsenke. In beiden Fällen ist aber der Funktionsgraph an dieser Stelle waagrecht, die Steigung ist dort also gleich 0.

Das ist zwar noch lange kein formaler Beweis, aber als Begründung geht es allemal durch, und damit will ich es hier auch bewenden lassen.

Bemerkung

Vielleicht denken Sie gerade: „Was soll das? Wir suchen doch Mittel und Wege, um Extremstellen zu finden. Wenn ich aber wie in der Voraussetzung des Satzes schon weiß, dass ein Extremum vorliegt, was interessiert mich dann noch die Ableitung?" Nun, das ist zwar verständlich, aber sozusagen falsch herum gedacht – man könnte auch sagen, der Satz ist falsch herum formuliert –, denn man benutzt diese Aussage beim Aufsuchen von Extremstellen in der umgekehrten Richtung: Ist eine Stelle a keine Nullstelle der ersten Ableitung, so kann es sich auch nicht um eine lokale Extremstelle handeln.

Oder noch etwas anders und kompakter formuliert: Bei der Suche nach lokalen Extremstellen einer differenzierbaren Funktion kann man sich auf die Nullstellen ihrer ersten Ableitung beschränken; diese Nullstellen sind sozusagen die Kandidaten für die lokalen Extremstellen.

Wohlgemerkt: Wir reden hier die ganze Zeit von inneren Extremstellen, Randextrema werden durch diese Aussage nicht erfasst.

Schauen wir uns Beispiele an.

Beispiel 6.18

Ich greife zunächst die Funktionen aus Beispiel 6.16 und Beispiel 6.17 auf:

a) Die Funktion $f(x) = x^2$ hat, wie wir gesehen haben, ein lokales Extremum in $x = 0$, und wie vorausgesagt hat ihre Ableitung $f'(x) = 2x$ dort eine Nullstelle.

b) Die Funktion $g(x) = 1$ besteht sozusagen nur aus Extremstellen, und folgerichtig ist ihre Ableitung konstant gleich 0.

c) Die Funktion $h(x) = x$ hat die konstante Ableitung $h'(x) = 1$. Diese besitzt offenbar keine Nullstelle, und das ist auch in Ordnung so, denn die Funktion hat auf dem Definitionsbereich $D = [-1, 1]$ keine inneren Extremstellen. Die Randextrema werden ja wie gesagt durch die erste Ableitung nicht erfasst.

d) Bei der Funktion $f(x) = 2x^3 - 9x^2 + 12x - 3$ hatten wir in Beispiel 6.17 dem Funktionsgraphen angesehen, dass in $x = 1$ und $x = 2$ Extremstellen vorliegen. Wenn das richtig ist, dann muss es sich hierbei um Nullstellen von $f'(x)$ handeln. Und tatsächlich hat $f'(x) = 6x^2 - 18x + 12$ diese beiden Nullstellen, wie Sie durch Einsetzen sofort erkennen können.

Abb. 6.8 Die Funktion
$p(x) = x^3$

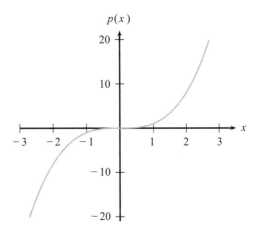

e)   Um zu zeigen, dass man die Aussage von Satz 6.17 nicht falsch herum anwenden darf, dass also Kandidaten auch einmal durchfallen können, schauen wir noch kurz auf die Funktion $p(x) = x^3$ für $x \in \mathbb{R}$. Ihre Ableitung $p'(x) = 3x^2$ hat eine Nullstelle in $x = 0$, aber von einem Extremum ist hier weit und breit nichts zu sehen, wie Sie in Abb. 6.8 erkennen können.   ◄

Wir brauchen also hinreichende Kriterien, die aussagen, wann eine Nullstelle der ersten Ableitung auch wirklich eine Extremstelle ist. Diese gebe ich gleich an, vorher aber – nun ja, Sie wissen ja schon …

Übungsaufgabe 6.14

Auf $D = \mathbb{R}$ sei das Polynom zweiten Grades

$$p(x) = ax^2 + b$$

mit $a, b \in \mathbb{R}$ gegeben.

a)   Wie viele Extremstellen kann p höchstens besitzen?
b)   Es sei jetzt $a > 0$. Zeigen Sie, dass p genau eine Minimalstelle hat, und geben Sie diese an.   ◄

Zur Formulierung der oben bereits angedrohten hinreichenden Kriterien benötige ich noch den Begriff der zweiten, dritten und, wenn es dumm läuft, n-ten Ableitung. Auch wenn diese Bezeichnungen fast selbsterklärend sind, so will ich doch eine formale Definition angeben:

Definition 6.3

a) Die Funktion $f(x)$ sei auf der Menge D differenzierbar. Ist die Ableitungsfunktion $f'(x)$ ihrerseits differenzierbar, so nennt man ihre Ableitung $(f')'(x)$ die **zweite Ableitung** von f, bezeichnet mit $f''(x)$. Es ist also

$$f''(x) = (f')'(x).$$

b) So fortfahrend bezeichnet man im Falle der Existenz die Ableitung von $f''(x)$ als dritte Ableitung von f, also $f'''(x) = (f'')'(x)$, die Ableitung von $f'''(x)$ als vierte Ableitung von f usw.

Um nicht irgendwann 27 Striche an die Funktion machen zu müssen, hat sich folgende Konvention eingebürgert: Ab der vierten Ableitung bezeichnet man die Ordnung der Ableitung nicht mehr mit Strichen, sondern schreibt diese Ordnung in Klammern als Exponenten; es ist also beispielsweise $f^{(5)}(x)$ die fünfte Ableitung von f und allgemein $f^{(n)}(x)$ die n-te Ableitung für $n \in \mathbb{N}$.

c) Existiert für ein $n \in \mathbb{N}$ die n-te Ableitung $f^{(n)}(x)$ und ist als Funktion von x stetig, so sagt man, f sei n-mal **stetig differenzierbar**.

Beispiel 6.19

Es sei

$$f(x) = 3x^3 - x^2 + 3x.$$

Dann ist $f(x) = 9x^2 - 2x + 3$ ebenfalls überall differenzierbar, und es gilt

$$f''(x) = (f')'(x) = 18x - 2.$$

Auch das kann man nochmal ableiten und findet $f'''(x) = 18$. Schließlich ist $f^{(4)}(x) = 0$, und da sich daran durch weiteres Ableiten auch nichts mehr ändern wird, gilt

$$f^{(n)}(x) = 0 \text{ für alle } n \geq 4. \qquad \blacktriangleleft$$

Übungsaufgabe 6.15

Bestimmen Sie jeweils die zweite Ableitung der folgenden Funktionen:

a) $f_1(x) = x^3 \cdot e^{-x}$

b) $f_2(x) = \sin\left(\dfrac{x}{3}\right) \cdot x^2$

c) $f_3(x) = x \cdot \ln(x)$ für $x > 0$ $\qquad \blacktriangleleft$

Übungsaufgabe 6.16

Es sei $f(x) = \sin(x)$. Bestimmen Sie die Ableitungen $f^{(n)}(x)$ für $n = 4$, $n = 40$ und $n = 49$. ◄

Mithilfe der zweiten Ableitung kann man nun ein sehr elegantes hinreichendes Kriterium für das Vorliegen einer Extremstelle angeben:

Satz 6.18

Die Funktion f sei auf einer offenen Menge D zweimal stetig differenzierbar. Weiterhin sei $a \in D$ eine Nullstelle von $f'(x)$, also $f'(a) = 0$. Dann gilt:

a) Ist $f''(a) > 0$, so hat f in a ein lokales Minimum.
b) Ist $f''(a) < 0$, so hat f in a ein lokales Maximum.

Den Beweis dieses Satzes kann man durch Anwendung des Mittelwertsatzes der Differenzialrechnung auf f' führen. Ich verzichte darauf, ihn hier anzugeben, und illustriere ihn lieber durch ein paar Beispiele.

Beispiel 6.20

a) Wieder einmal betrachte ich die Funktion $h_1(x) = x^2$ mit den Ableitungen $h_1'(x) = 2x$ und $h_1''(x) = 2$. Der einzige Kandidat für das Amt einer Extremstelle ist die Nullstelle der ersten Ableitung, also $x = 0$. Setzt man diesen in die zweite Ableitung ein, erhält man $h_1''(0) = 2$, also einen positiven Wert. Somit nimmt die Funktion nach Satz 6.18 in $x = 0$ ein Minimum an.

b) Als zweites Beispiel untersuche ich die Funktion

$$h_2(x) = \frac{x}{x^2 + 1}.$$

Als erste Ableitung erhalte ich nach der Quotientenregel

$$h_2'(x) = \frac{x^2 + 1 - x(2x)}{\left(x^2 + 1\right)^2} = \frac{1 - x^2}{\left(x^2 + 1\right)^2}.$$

Diese Ableitungsfunktion hat die beiden Nullstellen $x_1 = -1$ und $x_2 = 1$, dies könnten also Extremstellen von $h_2(x)$ sein. Um dies zu überprüfen, benötige ich die zweite Ableitung und muss nochmals die Quotientenregel bemühen; es ergibt sich

$$h_2''(x) = \frac{-2x \cdot \left(x^2 + 1\right)^2 - \left(1 - x^2\right) \cdot 2 \cdot 2x \cdot \left(x^2 + 1\right)}{\left(x^2 + 1\right)^4}.$$

Das kann man natürlich noch weiter zusammenfassen, aber ich rate an dieser Stelle davon ab, denn die Gefahr, bei dieser Umformerei Fehler zu machen, ist sehr groß. Man braucht die zweite Ableitung an dieser Stelle ja nur, um den Wert an zwei Stellen auszurechnen, und das geht auch in der hier angegebenen Form ganz gut. Man findet $h_2^{''}(-1) = 1/2$ und $h_2^{''}(1) = -1/2$. Also liegt nach Satz 6.18 in $x_1 = -1$ ein lokales Minimum und in $x_2 = 1$ ein lokales Maximum vor.

c)   Die Funktion $h_3(x) = xe^{1-x}$ hat die Ableitung $h_3^{'}(x) = (1 - x)e^{1-x}$. Da die Exponentialfunktion niemals 0 wird, ist die einzige Nullstelle dieser Ableitung die Stelle $x_0 = 1$. Ob es sich hierbei um ein Extremum der Funktion $h_3(x)$ handelt, muss die zweite Ableitung zeigen. Sie lautet $h_3^{''}(x) = (x - 2)e^{1-x}$, und somit ist $h_3^{''}(1) = -1 < 0$, $x_0 = 1$ also eine Maximalstelle von $h_3(x)$. ◀

Übungsaufgabe 6.17

Bestimmen Sie alle Extremstellen der folgenden Funktionen:

a) $f_1(x) = e^{x^2}$ auf $D = \mathbb{R}$.
b) $f_2(x) = e^x$ auf $D = \mathbb{R}$.
c) $f_3(x) = x^3 - 2x^2 + x$ auf $D = \mathbb{R}$.
d) $f_4(x) = \sin^2(x)$ auf $D = (0, \pi)$. ◀

Sicherlich haben Sie schon festgestellt, dass Satz 6.18, der in allen bisherigen Fällen die Situation vollständig geklärt hat, noch eine Lücke aufweist: Ist $f''(a) = 0$, so macht er keine Aussage. Diese Lücke wird durch das folgende erweiterte hinreichende Kriterium geschlossen:

Satz 6.19

Es sei n eine natürliche Zahl und f eine auf einem Intervall I n-mal differenzierbare Funktion. Weiter sei a ein Punkt aus dem Inneren von I mit

$$f'(a) = f''(a) = \cdots = f^{(n-1)}(a) = 0 \text{ und } f^{(n)}(a) \neq 0.$$

Dann gilt:

- Ist n gerade und $f^{(n)}(a) > 0$, so hat f in a ein lokales Minimum.
- Ist n gerade und $f^{(n)}(a) < 0$, so hat f in a ein lokales Maximum.
- Ist n ungerade, so hat f in a kein Extremum.

Beispiel 6.21

a) Betrachten wir zunächst die Funktion $f(x) = x^3$ mit den Ableitungen $f'(x) = 3x^2$, $f''(x) = 6x$ und $f'''(x) = 6$. Offenbar ist die einzig interessante Stelle $a = 0$, hier gilt

$$f'(0) = f''(0) = 0 \text{ und } f'''(0) = 6 \neq 0.$$

In der Notation von Satz 6.19 ist also $n = 3$, und da 3 nun einmal eine ungerade Zahl ist, sagt der Satz, dass in 0 kein Extremum vorliegt.

b) Dieselben Überlegungen führen bei der Funktion $g(x) = x^4$ zum Ergebnis

$$g'(0) = g''(0) = g'''(0) = 0 \text{ und } g^{(4)}(0) = 24 > 0.$$

Hier ist also $n = 4$, eine gerade Zahl, und da 24 größer als 0 ist, hat $g(x)$ in $x = 0$ ein Minimum, was die Anschauung natürlich auch bestätigt.   ◀

Übungsaufgabe 6.18

Es sei m eine feste natürliche Zahl. Bestimmen Sie alle Extremstellen der Funktion

$$f(x) = (1 + x)^m.$$ ◀

In diesem Unterabschnitt haben wir eine der wichtigsten Anwendungen der Differenzialrechnung kennengelernt, nämlich die Bestimmung von Extremstellen einer differenzierbaren Funktion. Abschließend fasse ich das ganze Prozedere nochmals kochrezeptartig – akademischer formuliert: algorithmisch – zusammen:

Bestimmung der Extremstellen einer differenzierbaren Funktion
Es sollen die Extremstellen einer auf einer reellen Menge D definierten Funktion bestimmt werden. Hierfür geht man wie folgt vor:

*   Man bestimmt die Nullstellen von $f'(x)$.
*   Ist a eine solche Nullstelle von f', so berechnet man $f''(a)$.
*   Ist $f''(a) > 0$, so ist a eine lokale Minimalstelle, ist $f''(a) < 0$, so ist a eine lokale Maximalstelle.
*   Ist $f''(a) = 0$, so berechnet man $f'''(a)$, $f^{(4)}(a)$, …, so lange, bis das erste Mal ein Wert ungleich 0 auftritt, und wendet Satz 6.19 an.
*   Hat die Menge D Randpunkte, so muss man diese separat untersuchen. Hierzu berechnet man die Funktionswerte der Randpunkte und vergleicht sie mit den lokalen Extremwerten.

6.3.3　Wendestellen und Sattelpunkte

Neben den Extremstellen sind die Wendestellen einer Funktion häufig von großem Interesse. (Das schreibt man – ob es nun stimmt oder nicht – immer, wenn einem keine gescheite Einleitung eines Abschnitts einfällt. Nehmen Sie es bitte einfach hin und lesen Sie weiter.) Zunächst muss ich diesen Begriff definieren:

Definition 6.4

Es sei f eine auf einem offenen Intervall I differenzierbare reelle Funktion und $a \in I$.

Die Funktion f hat in a eine **Wendestelle** oder einen **Wendepunkt**, wenn die Ableitung f' in a lokales Extremum hat.

Das ist mal wieder eine typische Mathematikerdefinition: Absolut korrekt und völlig unverständlich. Ich will daher kurz erklären, was diese Definition eigentlich besagt. Anschaulich bedeutet sie, dass sich in einem Wendepunkt der Drehsinn der Funktionskurve ändert: Stellen Sie sich vor, sie würden mit einem Auto auf dem Funktionsgraphen entlang fahren und befänden sich beispielsweise in einer lang gezogenen Rechtskurve. Ein Wendepunkt im mathematischen Sinne kommt dann, wenn die Rechts- in eine Linkskurve übergeht, wenn Sie also das Lenkrad in die andere Richtung drehen müssen (Abb. 6.9).

Genau wie bei der Bestimmung von Extremstellen zerlegt man auch das Aufsuchen von Wendestellen in zwei Teile: Zunächst werden die Kandidaten bestimmt, und danach werden diese überprüft. Die Kandidatensuche geschieht mithilfe des folgenden Satzes, der das Pendant zu Satz 6.17 darstellt.

Satz 6.20

Es sei f eine auf einem Intervall I zweimal differenzierbare Funktion und a ein Punkt aus dem Inneren von I. Ist a eine Wendestelle von f, so gilt

$$f''(a) = 0.$$

Abb. 6.9 Funktion mit Wendepunkt

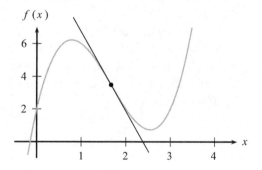

Man sucht also zunächst nach Nullstellen der zweiten Ableitung, um die Kandidaten für Wendestellen zu finden. Hat man diese identifiziert, so benutzt man zur Überprüfung das folgende hinreichende Kriterium:

Satz 6.21
Es sei $n \geq 3$ eine ungerade natürliche Zahl und f eine auf einem Intervall I n-mal differenzierbare Funktion. Weiter sei a ein Punkt aus dem Inneren von I mit

$$f''(a) = \cdots = f^{(n-1)}(a) = 0 \text{ und } f^{(n)}(a) \neq 0.$$

Dann ist a eine Wendestelle von f.

Bemerkung
Der am häufigsten auftretende Fall ist $n = 3$, also

$$f''(a) = 0 \text{ und } f'''(a) \neq 0.$$

Ich *weiß*, dass Sie auf Beispiele warten; die kommen auch, keine Sorge, aber zuvor will ich noch definieren, was ein Sattelpunkt ist, denn dann kann ich diesen Begriff in den Beispielen und Aufgaben gleich mit illustrieren (Abb. 6.10).

Definition 6.5
Hat die Funktion f in einem Wendepunkt zusätzlich noch eine waagrechte Tangente, gilt also $f'(a) = 0$, so nennt man diesen Wendepunkt einen **Sattelpunkt**.

Beispiel 6.22

a) In Beispiel 6.21 hatten wir schon gesehen, dass die für die Funktion $f(x) = x^3$ gilt: $f''(0) = 0$ und $f'''(0) = 6 \neq 0$. Aus Satz 6.21 folgt, dass 0 eine Wendestelle dieser Funktion ist, und da auch noch $f'(0) = 0$ gilt, handelt es sich sogar um einen Sattelpunkt.

Abb. 6.10 Sattelpunkt

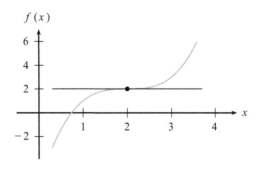

b) Auch für die Funktion $g(x) = x^3 + x$ gilt $g''(0) = 0$ und $g'''(0) = 6 \neq 0$. Da aber hier $g'(x) = 3x^2 + 1$, also $g'(0) = 1$ gilt, ist 0 zwar eine Wendestelle, aber kein Sattelpunkt.   ◄

Übungsaufgabe 6.19

Bestimmen Sie alle Wendestellen der folgenden auf ganz $\mathbb{R}$ definierten Funktionen und überprüfen Sie jeweils, ob es sich um einen Sattelpunkt handelt.

a) $g(x) = e^{-x^2}$

b) $h(x) = x^3 + 2x - 3$ ◄

6.3.4   Die l'hopitalsche Regel

Die l'hopitalsche Regel macht eine Aussage über das Verhalten einer Funktion der Form

$f(x) = \dfrac{g(x)}{h(x)}$, wenn Zähler und Nenner entweder gleichzeitig gegen 0 oder gleichzeitig

gegen unendlich gehen, man also den Funktionswert nicht direkt berechnen kann. Sie ist benannt nach dem Marquis Guillaume de l'Hopital, der von 1661 bis 1704 lebte. Ohne viel Umschweife gebe ich diese Regel nun erst einmal an, damit wir eine gemeinsame Basis für die weiteren Ausführungen haben.

Satz 6.22 (L'hopitalsche Regel)

Gegeben sei eine Menge D und ein Punkt $a \in D$. Die Funktion $f(x)$ sei auf $D \setminus \{a\}$ definiert als

$$f(x) = \frac{g(x)}{h(x)}.$$

Die Funktionen $g(x)$ und $h(x)$ seien in der Umgebung des Punktes a differenzierbar.

a) Es gelte $\lim_{x \to a} g(x) = \lim_{x \to a} h(x) = 0$. Existiert dann der Ausdruck

$$\lim_{x \to a} \frac{g'(x)}{h'(x)},$$

so gilt

$$\lim_{x \to a} \frac{g(x)}{h(x)} = \lim_{x \to a} \frac{g'(x)}{h'(x)}.$$

b) Es gelte $\lim_{x \to a} g(x) = \lim_{x \to a} h(x) = \pm\infty$. Existiert dann der Ausdruck

$$\lim_{x \to a} \frac{g'(x)}{h'(x)},$$

so gilt

$$\lim_{x \to a} \frac{g(x)}{h(x)} = \lim_{x \to a} \frac{g'(x)}{h'(x)}.$$

Die l'hopitalsche Regel ermöglicht also die Bestimmung des Grenzwertes der Funktion f an der Stelle a auch dann, wenn dieser nicht direkt berechenbar ist, etwa weil der Nenner gegen 0 geht oder weil Zähler und Nenner gleichzeitig gegen unendlich gehen.

Bemerkungen

a) Es kann natürlich vorkommen, dass auch der Quotient der ersten Ableitungen nicht definiert ist. In diesem Fall muss man die Regel mehrfach anwenden und – falls alle Voraussetzungen erfüllt sind – den Quotienten der zweiten, eventuell auch der dritten, vierten, … Ableitungen bestimmen.

b) Aus gegebenem Anlass – ich habe diese Regel bereits in vielen Vorlesungen angegeben und in ebenso vielen Klausuren abgeprüft – weise ich ausdrücklich darauf hin, dass man hier *keine* Quotientenregel anwenden darf. Vielmehr wird separat der Zähler $g(x)$ und der Nenner $h(x)$ „ganz normal" abgeleitet.

Beispiel 6.23

a) Es sei

$$f_1(x) = \frac{\sin(x)}{x}.$$

Die Funktion ist auf ganz $\mathbb{R} \setminus \{0\}$ definiert, und es gilt

$$\lim_{x \to 0} \sin(x) = \lim_{x \to 0} x = 0.$$

Aus dem ersten Teil des Satzes folgt nun

$$\lim_{x \to 0} \frac{\sin(x)}{x} = \lim_{x \to 0} \frac{\cos(x)}{1} = \cos(0) = 1.$$

Der Grenzwert von $f_1(x)$ an der Stelle $x = 0$ ist also 1.

b) Nun sei

$$f_2(x) = \frac{e^x - (x+1)}{x \cdot (e^x - 1)}.$$

Hier ergibt sich zunächst

$$\lim_{x \to 0} \frac{e^x - (x+1)}{x \cdot (e^x - 1)} = \lim_{x \to 0} \frac{e^x - 1}{e^x - 1 + x \cdot e^x}.$$

Dieser Ausdruck ist zwar nicht direkt auswertbar, erfüllt jedoch wiederum die Voraussetzungen des Satzes, so dass man diesen nochmal anwenden kann und erhält:

$$\lim_{x \to 0} \frac{e^x - 1}{e^x - 1 + x \cdot e^x} = \lim_{x \to 0} \frac{e^x}{e^x + x \cdot e^x + e^x} = \frac{1}{2}.$$

Also ist

$$\lim_{x \to 0} \frac{e^x - (x+1)}{x \cdot (e^x - 1)} = \frac{1}{2}.$$

c) Es sei $f_3(x) = x \cdot \ln(x)$. Diese Funktion ist für alle positiven Werte von x definiert, ich interessiere mich nun aber für das Verhalten der Funktion an der Stelle $x = 0$. Gut, Sie können jetzt sagen: „Der eine interessiert sich dafür, der andere nicht", aber da ich nun mal der Autor dieses Buches bin, geht es nach meiner Interessenlage weiter.

Das Problem ist: Von einem Quotienten, wie man ihn bei der Anwendung der l'hopitalschen Regel braucht, ist hier weit und breit nichts zu sehen. Man kann einen solchen aber erzeugen, indem man wie folgt umschreibt:

$$f_3(x) = x \cdot \ln(x) = \frac{\ln(x)}{\dfrac{1}{x}}.$$

Dieser Bruch erfüllt nun die Voraussetzungen des zweiten Teils von Satz 6.22,

denn es gilt $\lim\limits_{x \to 0} \ln(x) = -\infty$ und $\lim\limits_{x \to 0} \dfrac{1}{x} = \infty$. Der Satz liefert dann folgendes

Ergebnis:

$$\lim_{x \to 0} f_3(x) = \lim_{x \to 0} \frac{\ln(x)}{\dfrac{1}{x}} = \lim_{x \to 0} \frac{\dfrac{1}{x}}{-\dfrac{1}{x^2}} = \lim_{x \to 0}(-x) = 0.$$

◀

Übungsaufgabe 6.20

Berechnen Sie folgende Grenzwerte:

a) $\lim\limits_{x \to \pi} \dfrac{\sin(x)}{\pi - x}$

b) $\lim\limits_{x \to 0} \dfrac{x \cdot \sin(x)}{e^x - e^{-x}}$

c) $\lim\limits_{x \to 0} \dfrac{\ln(x^2)}{(\ln(x))^2}$

◀

Integralrechnung

7

Übersicht

Die Integralrechnung wird meist als Gegenstück der Differenzialrechnung angesehen und als solches eingeführt. Das hat auch durchaus seine Berechtigung, denn es wird sich herausstellen, dass die Integration einer Funktion f im Wesentlichen das Bilden einer anderen Funktion – der sogenannten Stammfunktion – erfordert, deren Ableitung gerade wieder f ist. Man kann also durchaus sagen, dass das Integrieren die Umkehrung des Differenzierens ist.

Ich möchte allerdings betonen, dass dies nicht die ursprüngliche Motivation für die Einführung des Integrals war, sondern dass es sich erst später als zunächst unerwartetes Ergebnis herausgestellt hat; ein Ergebnis, das so wichtig ist, dass es heute als Hauptsatz der Differenzial- und Integralrechnung bezeichnet wird. Die ursprüngliche Motivation der Integralrechnung, um das nun endlich einmal zu sagen, war aber schlicht und ergreifend die Berechnung der Fläche, die der Graph einer gegebenen Funktion mit der x-Achse einschließt. Und damit will ich nun endlich beginnen.

7.1   Integration von Funktionen

7.1.1   Definition des Integrals

Betrachten Sie bitte einmal in Ruhe Abb. 7.1. (Das sage ich immer zu meinen Studenten, wenn ich in Ruhe einen Schluck Kaffee nehmen will; nützt aber meistens nichts, da

© Springer-Verlag GmbH Deutschland, ein Teil von Springer Nature 2020   297
G. Walz, *Mathematik für Hochschule und duales Studium*,
https://doi.org/10.1007/978-3-662-60506-6_7

Abb. 7.1 Funktionsgraph mit
eingeschlossener Fläche

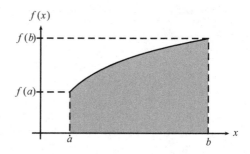

Studierende merkwürdigerweise lieber einen älteren Mathematikprofessor beim Kaffee-
trinken betrachten wollen als beispielsweise den Graphen einer schönen stetigen Funktion.)

Sie sehen in der Abbildung den Graphen einer über einem Intervall $[a, b]$ definierten
stetigen Funktion; eingefärbt ist die Fläche, die dieser Graph zusammen mit der x-Achse
über dem Intervall $[a, b]$ einschließt. Die Grundfrage der Integralrechnung ist nun: Wie
groß ist diese Fläche, die man auch als (bestimmtes) Integral von f über $[a, b]$ bezeichnet?

Um diese Frage zu beantworten, bedient man sich einer eigentlich recht einfachen
Konstruktion: Man zerlegt das Intervall in kleinere Teilintervalle, legt in jedem dieser Teil-
intervalle einen Punkt ξ_i fest und bestimmt den Funktionswert $f(\xi_i)$. Anschließend berech-
net man in jedem Teilintervall den Inhalt des Rechtecks, dessen Seitenlänge gerade die
Länge des Teilintervalls und dessen Höhe der Funktionswert $f(\xi_i)$ ist, addiert alle diese
Rechtecksflächen auf und nimmt diese Summe als Näherung an das gesuchte Integral.

Da man das Integral aber exakt (und nicht nur angenähert) berechnen will, lässt man
nun noch die Länge der einzelnen Teilintervalle gegen 0 gehen, das heißt, man führt die
obige Berechnung für immer mehr immer kleiner werdende Teilintervalle durch und
bestimmt den Grenzwert dieses Prozesses. Und als ob das nicht schon schlimm genug
wäre, fordert man auch noch, dass dieser Prozess für *jede* Wahl der Punkte ξ_i funktioniert und zum selben Ergebnis führt. Dies wird in der folgenden Definition präzise
formuliert:

Definition 7.1
Es seien $[a, b]$ ein Intervall, f eine auf $[a, b]$ definierte Funktion und

$$a = x_0 < x_1 < \cdots < x_{n-1} < x_n = b$$

eine beliebige Zerlegung des Intervalls.

Weiterhin wählt man in jedem hierdurch definierten Teilintervall $[x_{i-1}, x_i]$ einen
beliebigen Punkt ξ_i, also

$$\xi_i \in [x_{i-1}, x_i], \ i = 1, \ldots, n,$$

und berechnet die Summe der Rechtecksflächen

$$F_n(f) = \sum_{i=1}^{n} f(\xi_i)(x_i - x_{i-1}).$$ (7.1)

Die Funktion f heißt **integrierbar** über $[a, b]$, wenn für jede Folge von immer feiner werdenden Zerlegungen, deren Teilintervalllängen alle gegen 0 gehen, und für jede Auswahl von Punkten $\xi_i \in [x_{i-1}, x_i]$, $i = 1, \ldots, n$, der Grenzwert

$$\lim_{n \to \infty} F_n(f)$$

existiert und denselben Wert ergibt.

In diesem Fall nennt man diesen Grenzwert das **bestimmte Integral** von f über $[a, b]$ und bezeichnet ihn mit (Abb. 7.2)

$$\int_a^b f(x)\,dx.$$

Bemerkung

Der hier angegebene Integralbegriff geht auf den Mathematiker Bernhard Riemann (1826 bis 1866) zurück und wird deshalb auch **Riemann-Integral** genannt. Es ist nicht die einzige Möglichkeit, ein Integral zu definieren, aber die in der Analysis meistbenutzte. Die bekannteste Alternative zum Riemann-Integral ist das **Lebesgue-Integral**, das von Henry Lebesgue (1875 bis 1941) eingeführt wurde und vor allem in der Maß- und Wahrscheinlichkeitstheorie Anwendung findet. Man kann zeigen, dass für alle nicht zu verrückten Funktionen beide Ansätze zum selben Integralwert führen; es gibt jedoch auch Funktionen, die im Sinne von Lebesgue integrierbar sind, für die jedoch kein Riemann-Integral existiert.

Abb. 7.2 Zum Integralbegriff

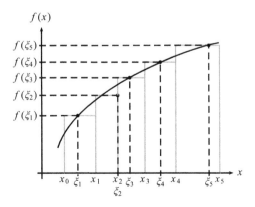

Beispiel 7.1

Es wird höchste Zeit, diese sehr unanschauliche Definition durch Beispiele zu illustrieren. Um nicht allzu viele Parameter mitschleppen zu müssen, setze ich hierfür zunächst $a = 0$, das heißt, ich betrachte Integrale über dem Intervall $[0, b]$ mit $b \in \mathbb{R}$, $b > 0$. Weiterhin nehme ich mir die in der Definition gegebene Freiheit, eine Zerlegung des Intervalls beliebig festzulegen, und wähle die bequemste, nämlich die gleichabständige Zerlegung. Es sei also

$$x_i = i \cdot \frac{b}{n} \text{ für } i = 0, \ldots, n.$$

Damit ist das Intervall $[0, b]$ in n Teilintervalle der Länge b/n unterteilt (Abb. 7.3).

Die nächste Freiheit, die mir die Definition lässt, ist die Wahl der Punkte ξ_i im Intervall $[x_{i-1}, x_i]$; auch hier mache ich es mir (bzw. uns) leicht und wähle jeweils den linken Intervallendpunkt, setze also

$$\xi_i = x_{i-1} = (i - 1) \cdot \frac{b}{n} \text{ für } i = 1, \ldots, n. \tag{7.2}$$

Damit hat sich der in (7.1) angegebene Ausdruck immerhin schon vereinfacht zu

$$F_n(f) = \sum_{i=1}^{n} f\left((i-1) \cdot \frac{b}{n}\right) \cdot \frac{b}{n}. \tag{7.3}$$

a) Nun wende ich dies an auf die Funktion $f(x) = x$, ich will also das Integral

$$\int_0^b x \, dx$$

berechnen. Mithilfe elementarer Geometrie kann man natürlich sofort feststellen, dass die Figur, die der Graph dieser Funktion – der Winkelhalbierenden – mit dem

Abb. 7.3 Zu Beispiel 7.1

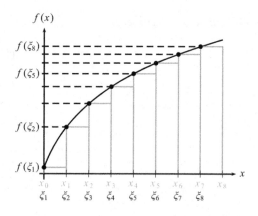

Intervall $[0, b]$ einschließt, ein rechtwinkliges Dreieck mit Kathetenlängen b ist, seine Fläche also gleich $\frac{1}{2} \cdot b^2$.

Genau das will ich jetzt aber noch nicht wissen, sondern mithilfe der in Definition 7.1 angegebenen Technik berechnen. Für $f(x) = x$ ist natürlich

$$f\left((i-1)\cdot\frac{b}{n}\right) = (i-1)\cdot\frac{b}{n},$$

und damit wird die Summe in (7.3) zu

$$F_n(f) = \sum_{i=1}^{n}(i-1)\cdot\frac{b}{n}\cdot\frac{b}{n} = \frac{b^2}{n^2}\cdot\sum_{i=1}^{n}(i-1). \tag{7.4}$$

Ganz rechts steht also die Summe der ersten natürlichen Zahlen von 1 (der erste Summand ist 0 und fällt somit weg) bis $(n-1)$, und wenn Sie den Abschnitt über vollständige Induktion im ersten Kapitel sorgfältig gelesen haben, wissen Sie, dass diese Summe gleich $n(n-1)/2$ ist. Kombiniert man dies nun mit (7.4), so folgt

$$F_n(f) = \frac{b^2}{n^2}\cdot\frac{n(n-1)}{2} = \frac{b^2n^2 - b^2n}{2n^2} = \frac{b^2}{2} - \frac{b^2}{2n} \tag{7.5}$$

und somit

$$\int_0^b x\,dx = \lim_{n\to\infty} F_n(f) = \frac{b^2}{2}.$$

Dies ist also immerhin schon mal in Übereinstimmung mit der Erwartung; nun müsste man streng genommen noch zeigen, dass sich auch für jede andere Zerlegung und für jede andere Auswahl von Punkten ξ_i derselbe Wert ergibt, aber ich wette fast darauf, Sie glauben mir das auch so. Und falls doch nicht, so können Sie immerhin noch eine Stichprobe machen, indem Sie Übungsaufgabe 7.1 bearbeiten.

b) Während Sie das tun, wage ich mich an die Integration der Funktion $g(x) = x^2$, ebenfalls über dem Intervall $[0, b]$. Ich benutze auch hier wieder die bewährten Punkte ξ_i aus (7.2) und erhalte damit

$$g(\xi_i) = g\left((i-1)\cdot\frac{b}{n}\right) = \left((i-1)\cdot\frac{b}{n}\right)^2.$$

An die Stelle von (7.4) tritt nun der Ausdruck

$$F_n(g) = \sum_{i=1}^{n}(i-1)^2\cdot\frac{b^2}{n^2}\cdot\frac{b}{n} = \frac{b^3}{n^3}\cdot\sum_{i=1}^{n}(i-1)^2. \tag{7.6}$$

Eine Formel für die Summe $\sum\limits_{i=1}^{n}(i-1)^2$ hatte ich noch nicht angegeben, aber Sie können mithilfe vollständiger Induktion sofort nachweisen, dass gilt:

$$\sum\limits_{i=1}^{n}(i-1)^2 = \frac{(n-1)n(2n-1)}{6} = \frac{2n^3 - 3n^2 + n}{6}.$$

Setzt man dies in (7.6) ein, so erhält man

$$F_n(g) = \frac{b^3}{n^3} \cdot \frac{2n^3 - 3n^2 + n}{6} = \frac{b^3}{3} - \frac{b^3}{2n} + \frac{b^3}{6n^2}$$

und somit

$$\int\limits_{0}^{b} x^2 dx = \lim\limits_{n \to \infty} F_n(g) = \frac{b^3}{3}. \qquad \blacktriangleleft$$

Wie schon angedroht. Jetzt sind Sie dran:

Übungsaufgabe 7.1

Führen Sie die in Beispiel 7.1 a) durchgeführte Berechnung nochmals durch, nehmen Sie diesmal aber als ξ_i den jeweils rechten Endpunkt des Teilintervalls. $\qquad \blacktriangleleft$

Führt man sich nochmals vor Augen, dass das bestimmte Integral über $[a, b]$ nichts anderes ist als die Fläche, die die Funktion f über diesem Intervall einschließt, so erklären sich die folgenden ersten Integrationsregeln eigentlich von selbst:

Satz 7.1

Es sei f eine über dem Intervall $[a, b]$ integrierbare Funktion und c eine Zahl mit $a \leq c \leq b$. Dann gelten folgende Aussagen:

a) $\int\limits_{a}^{b} f(x)\,dx = \int\limits_{a}^{c} f(x)\,dx + \int\limits_{c}^{b} f(x)\,dx$

b) $\int\limits_{a}^{a} f(x)\,dx = 0$

c) $\int\limits_{b}^{a} f(x)\,dx = -\int\limits_{a}^{b} f(x)\,dx$

Ein wenig gewöhnungs- und erläuterungsbedürftig ist vielleicht die letzte dieser Regeln; sie besagt, dass man die Fläche negativ „zählt", wenn man den Integrationsbereich in umgekehrter Reihenfolge durchläuft. Anschaulich ist das wenig zu machen, nehmen Sie es bitte an dieser Stelle als das, was es ist: eine formal korrekte Aussage.

7.1.2 Der Hauptsatz der Differenzial- und Integralrechnung

Sicherlich stimmen Sie spontan zu, wenn ich sage, dass das Integrieren nach der im vorigen Abschnitt angegebenen Summationsmethode auf Dauer zu mühsam ist. Da fügt es sich gut, dass es den Hauptsatz der Differenzial- und Integralrechnung gibt, der aussagt, dass man zur Berechnung des Integrals einer Funktion f im Wesentlichen nur eine sogenannte Stammfunktion $F(x)$ von $f(x)$ braucht, die man dann an den Grenzen des Integrationsintervalls auswerten muss. Dies ist Inhalt dieses Unterabschnitts, den ich nun mit der präzisen Definition des Begriffs Stammfunktion einleite.

> **Definition 7.2**
> Es sei f eine auf einer Menge $D \subset \mathbb{R}$ definierte Funktion. Existiert dann eine auf D definierte differenzierbare Funktion $F(x)$ mit der Eigenschaft
>
> $$F'(x) = f(x) \text{ für alle } x \in D,$$
>
> so nennt man F eine **Stammfunktion** von f.

Beispiel 7.2

a) Es sei $f(x) = 2x$. Dann ist $F(x) = x^2$ eine Stammfunktion von $f(x)$, denn nach den Ergebnissen von Kap. 6 ist $F'(x) = 2x$.

b) Ist $f(x) = \sin(x)$, so ist $F(x) = -\cos(x)$ eine Stammfunktion, denn $F'(x) = -(-\sin(x)) = \sin(x)$. ◄

Übungsaufgabe 7.2

Auf der Menge $D = \{x \in \mathbb{R}; x > 0\}$ sei die Funktion

$$f(x) = \frac{1}{x} + e^x - x^3$$

definiert. Geben Sie eine Stammfunktion $F(x)$ dieser Funktion an. ◄

Vielleicht ist Ihnen aufgefallen, dass ich hier immer nur von *einer* (und nicht *der*) Stammfunktion gesprochen habe. Nun, das liegt daran, dass eine Stammfunktion niemals eindeutig bestimmt ist. Nehmen wir zum Beispiel nochmals die Funktion $f(x) = 2x$. In Beispiel 7.2 hatte ich gesagt, dass $F(x) = x^2$ eine Stammfunktion hiervon ist, was auch richtig ist. Aber die Funktion $G(x) = x^2 + 1$ ist ebenfalls eine Stammfunktion, denn auch $G'(x)$ ist gleich $2x$; und wenn Sie es ganz verwickelt mögen, dann können Sie die Funktion $H(x) = x^2 + \sqrt{28^3}$ betrachten, auch diese ist eine Stammfunktion von $f(x)$.

Sie sehen also die schlechte Nachricht: Es gibt beliebig viele verschiedene Stammfunktionen einer gegebenen Funktion. Allerdings gibt es auch eine gute Nachricht: Diese verschiedenen Stammfunktionen unterscheiden sich nur durch Addition unterschiedlicher Konstanten. Das ist der Inhalt des folgenden Satzes:

Satz 7.2
Sind $F(x)$ und $G(x)$ Stammfunktionen derselben Funktion $f(x)$ auf einem Intervall $[a, b]$, so gilt

$$F(x) - G(x) = C$$

mit einem $C \in \mathbb{R}$.

Hat man also eine Stammfunktion F einer Funktion f gefunden, so kann man alle anderen Stammfunktionen von f erzeugen, indem man zu F reelle Konstanten C aufaddiert.

Übungsaufgabe 7.3

Es sei $f(x) = 2x + 1$. Bestimmen Sie diejenige Stammfunktion F von f, die in $x = 0$ den Wert $F(0) = 3$ annimmt.   ◄

Die Menge aller Stammfunktionen einer gegebenen Funktion bezeichnet man auch als ihr unbestimmtes Integral. Dies ist Inhalt der folgenden Definition.

Definition 7.3
Als **unbestimmtes Integral** einer Funktion f bezeichnet man die Menge aller Stammfunktionen von f, also

$$\int f(x)\,dx = \{F(x); F'(x) = f(x)\}.$$

Meist verzichtet man allerdings auf diese Mengenschreibweise und schreibt einfach

$$\int f(x)\,dx = F(x) + C, \ C \in \mathbb{R},$$

was nach Satz 7.2 gerechtfertigt ist.

Sicherlich scharren Sie schon ungeduldig mit den Füßen, weil Sie darauf warten, dass endlich der Zusammenhang dieser Ausführungen über Stammfunktionen mit dem eigentlichen Thema dieses Kapitels, nämlich der Integralrechnung, hergestellt und außerdem der im Titel genannte Hauptsatz formuliert wird. Das kommt nun, und das Schöne ist: Man kann beides in einem erledigen, denn der Hauptsatz stellt genau diesen Zusammenhang her.

Für den Beweis dieses Hauptsatzes benötige ich den bereits in Kap. 6 angedrohten **Mittelwertsatz der Integralrechnung**, den ich daher zuvor formulieren will:

Satz 7.3 (Mittelwertsatz der Integralrechnung)
Es sei f eine auf dem Intervall $[a, b]$ stetige Funktion. Dann gibt es eine Stelle $\xi \in [a, b]$, so dass gilt:

$$\frac{1}{b-a} \cdot \int_a^b f(x)\,dx = f(\xi). \tag{7.7}$$

Auf einen exakten Beweis dieses Satzes verzichte ich hier in unser aller Interesse, aber die Grundidee kann ich Ihnen vermitteln (vgl. Abb. 7.4): Multipliziert man nämlich die Gl. (7.7) mit $(b - a)$ durch, so lautet die Aussage:

$$\int_a^b f(x)\,dx = f(\xi) \cdot (b-a).$$

Das bedeutet aber gerade: Ich kann ein Rechteck mit Seitenlänge $(b - a)$ und Höhe $f(\xi)$ zurechtbasteln, dessen Flächeninhalt identisch ist mit demjenigen, den f über dem Intervall $[a, b]$ (dessen Länge gerade $(b - a)$ ist) einschließt.

Abb. 7.4 Zum Mittelwertsatz der Integralrechnung

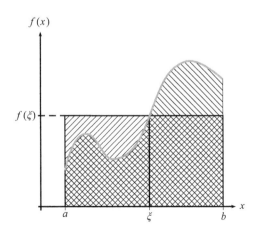

Mit diesem Satz gerüstet kann man nun den Hauptsatz beweisen:

Satz 7.4 (Hauptsatz der Differenzial- und Integralrechnung)
Es sei f eine auf einem Intervall $[a, b]$ stetige Funktion und F eine beliebige Stamm-funktion von f. Dann gilt

$$\int_a^b f(x)\,dx = F(b) - F(a). \tag{7.8}$$

Beweis Da es sich bei diesem Satz – wie der Name schon zart andeutet – um einen sehr wichtigen Satz handelt, will ich ihn hier auch vollständig beweisen. Dazu bastle ich mir zunächst eine spezielle Stammfunktion, ich setze nämlich für $x \in [a, b]$:

$$F_f(x) = \int_a^x f(t)\,dt. \tag{7.9}$$

Dass die Integrationsvariable nun plötzlich t heißt, sollte sie nicht allzu sehr stören, ich habe das nur gemacht, damit sie nicht mit der äußeren Variablen x verwechselt werden kann, und dass Variablennamen Schall und Rauch sind, habe ich ja ohnehin schon des Öfteren erwähnt.

Viel mehr irritieren sollte Sie da schon die kühne Behauptung, dass es sich bei dem in (7.9) definierten Ausdruck um eine Stammfunktion von f handelt. Auf den ersten Blick erkennbar ist das nicht, daher will (und muss) ich es beweisen.

Hierzu wähle ich einen beliebigen Punkt c aus $[a, b]$ und zeige, dass die Ableitung von F_f in c gleich $f(c)$ ist; diese Ableitung wiederum berechne ich durch Auswertung des Differenzialquotienten. Betrachten wir also mit einem beliebigen $c \in [a, b]$:

$$\lim_{x \to c} \frac{F_f(x) - F_f(c)}{x - c} = \lim_{x \to c} \frac{1}{x - c} \cdot \left(\int_a^x f(t)\,dt - \int_a^c f(t)\,dt \right). \tag{7.10}$$

Bisher ist nichts passiert, ich habe lediglich die Definition von F_f benutzt. Im nächsten Schritt mache ich Gebrauch von den in Satz 7.1 angegebenen Rechenregeln und forme den hinteren Ausdruck in (7.10) wie folgt um:

$$\int_a^x f(t)\,dt - \int_a^c f(t)\,dt = \int_a^x f(t)\,dt + \int_c^a f(t)\,dt = \int_c^x f(t)\,dt, \tag{7.11}$$

eingesetzt in (7.10) ist also

$$\lim_{x \to c} \frac{F_f(x) - F_f(c)}{x - c} = \lim_{x \to c} \frac{1}{x - c} \cdot \int_c^x f(t)\,dt. \tag{7.12}$$

Nach dem Mittelwertsatz der Integralrechnung gibt es nun ein ξ zwischen c und x, so dass

$$\frac{1}{x-c} \cdot \int_c^x f(t)\,dt = f(\xi) \tag{7.13}$$

ist. Nun will ich den Grenzwert dieses Ausdrucks für x gegen c berechnen, und da ist folgende Beobachtung wichtig: ξ liegt zwischen c und x, wird also quasi zwischen diesen beiden Werten eingeklemmt. Konvergiert nun x gegen c, so muss ξ da zwangsläufig mit und konvergiert ebenfalls gegen c. Und da f stetig ist, gilt dies auch für die Funktionswerte, also:

$$\lim_{x \to c} f(\xi) = f(c). \tag{7.14}$$

Packt man nun die in (7.12) bis (7.14) erhaltenen Ergebnisse zusammen, folgt:

$$\lim_{x \to c} \frac{F_f(x) - F_f(c)}{x-c} = \lim_{x \to c} \frac{1}{x-c} \cdot \int_c^x f(t)\,dt = \lim_{x \to c} f(\xi) = f(c), \tag{7.15}$$

was bedeutet, dass $f(c)$ die Ableitung von F_f an der Stelle c ist. Und da c beliebig war, heißt das nichts anderes, als dass f die Ableitungsfunktion von F_f ist.

Der Rest geht schnell: Setzt man in (7.9) $x = b$ ein, folgt

$$\int_a^b f(x)\,dx = F_f(b), \tag{7.16}$$

und da nach Satz 7.1

$$F_f(a) = \int_b^a f(t)\,dt = 0$$

ist, also ohne Schaden subtrahiert werden kann, ergibt sich schließlich

$$\int_a^b f(x)\,dx = F_f(b) - F_f(a). \tag{7.17}$$

Das wäre nun die Behauptung des Satzes, wenn nicht dieser unschöne Index f da wäre, der die Aussage auf die spezielle Stammfunktion F_f beschränkt. Behauptet war aber, dass die Aussage für eine beliebige Stammfunktion gilt.

Das zu zeigen, ist nun aber leicht: Ist $F(x)$ irgendeine Stammfunktion von f, so gibt es nach Satz 7.2 eine reelle Zahl C mit $F(x) = F_f(x) + C$. Damit ist aber

$$F(b) - F(a) = (F_f(b) + C) - (F_f(a) + C) = F_f(b) - F_f(a),$$

womit gezeigt wäre, dass es auf die spezielle Wahl der Stammfunktion in (7.9) nicht ankommt.

Satz 7.4 stellt einen engen Zusammenhang zwischen der Differenzial- und der Integralrechnung her. Er ermöglicht die effiziente Berechnung bestimmter Integrale mithilfe von Stammfunktionen. Ich möchte allerdings nochmals ausdrücklich darauf hinweisen, dass das eigentliche Grundproblem der Integralrechnung die Berechnung einer Fläche ist; dass man dieses Problem auf die simple Auswertung der Stammfunktion an zwei Stellen zurückführen kann, ist ein tiefliegender Satz, eben der Hauptsatz der Differenzial- und Integralrechnung.

Schreibweise: Da man sich beim praktischen Rechnen meist zunächst die Stammfunktion $F(x)$ notieren muss, bevor man die Grenzen a und b einsetzt, hat sich die folgende Schreibweise eingebürgert:

$$\int_a^b f(x)\,dx = F(x)\Big|_a^b = F(b) - F(a). \tag{7.18}$$

Beispiel 7.3

Es ist

$$\int_1^2 x^3\,dx = \frac{x^4}{4}\bigg|_1^2 = 4 - \frac{1}{4} = \frac{15}{4}.$$

◄

Übungsaufgabe 7.4

Berechnen Sie die folgenden bestimmten Integrale:

a) $\displaystyle\int_0^2 2x\,dx$

b) $\displaystyle\int_{-\pi}^{\pi} -\sin(x)\,dx$

c) $\displaystyle\int_1^e \frac{1}{x}\,dx$

◄

7.1.3 Stammfunktionen einiger wichtiger Funktionen

Genau wie in Kap. 6 möchte ich auch hier eine Tabelle anführen, die die Stammfunktionen der wichtigsten elementaren Funktionen in zitierfähiger Form angibt. Im Prinzip könnten Sie hierfür Tab. 6.1 einfach von hinten nach vorn lesen, da ja die Integration die Umkehrung der Differenziation darstellt. Der besseren Lesbarkeit wegen gebe ich aber wie gesagt

Tab. 7.1 Stammfunktionen einiger wichtiger Funktionen

Funktion $f(x)$	Stammfunktion $F(x)$	Bemerkung
x^q	$\dfrac{x^{q+1}}{q+1}$	$q \in \mathbb{R}, q \neq -1, x > 0$
$\dfrac{1}{x}$	$\ln(|x|)$	$x \in \mathbb{R}, x \neq 0$
$\sin(x)$	$-\cos(x)$	
$\cos(x)$	$\sin(x)$	
$\dfrac{1}{\cos^2(x)}$	$\tan(x)$	$-\dfrac{\pi}{2} < x < \dfrac{\pi}{2}$
$\dfrac{1}{\sin^2(x)}$	$-\cot(x)$	$0 < x < \pi$
$\dfrac{1}{\sqrt{1-x^2}}$	$\arcsin(x)$	$-1 < x < 1$
$-\dfrac{1}{\sqrt{1-x^2}}$	$\arccos(x)$	$-1 < x < 1$
$\dfrac{1}{1+x^2}$	$\arctan(x)$	
e^x	e^x	
a^x	$\dfrac{a^x}{\ln(a)}$	$a > 0, a \neq 1$

eine eigene Tabelle an. Und weil wir gerade beim Stichwort Lesbarkeit sind: Auf die Angabe der additiven Konstante „$+ C$" verzichte ich hier (Tab. 7.1).

Beispiel 7.4

Für $q = \dfrac{1}{2}$ kann man der ersten Zeile der Tabelle eine Stammfunktion der Wurzelfunktion $f(x) = \sqrt{x}$ entnehmen: Es ist

$$F(x) = \frac{x^{3/2}}{3/2} = \frac{2}{3} \cdot \sqrt{x^3}.$$

◄

7.2 Integrationsregeln

Mit den im vorhergehenden Abschnitt angegebenen Stammfunktionen allein kommt man nicht sehr weit, das ist genau wie beim Differenzieren. Vielmehr braucht man Regeln, die es erlauben, kompliziertere Integranden auf solche zurückzuführen, die man aus der Tabelle ablesen oder einfach ermitteln kann.

Und ebenso wie beim Ableiten ist die einfachste Regel eine, die man kaum als solche empfindet, da man sie quasi „automatisch" benutzt: die Linearität des Integrals. Damit will ich nun beginnen.

7.2.1 Linearität

> **Satz 7.5 (Linearität des Integrals)**
>
> Es seien $f(x)$ und $g(x)$ integrierbare Funktionen sowie c eine beliebige reelle Zahl. Dann sind auch die Funktionen $(c \cdot f)(x)$ und $(f + g)(x)$ integrierbar, und es gilt
>
> $$\int (c \cdot f)(x)\,dx = c \cdot \int f(x)\,dx$$
>
> sowie
>
> $$\int (f + g)(x)\,dx = \int f(x)\,dx + \int g(x)\,dx.$$

Diese Regeln gelten wie auch die folgenden sowohl für das bestimmte als auch für das unbestimmte Integral, daher habe ich bei der Formulierung mit Absicht das Adjektiv weggelassen.

Beispiel 7.5

Es ist

$$\int (4x^3 - \frac{2}{x})\,dx = \int 4x^3\,dx - \int \frac{2}{x}\,dx = x^4 - 2\ln\left(|x|\right) + C \qquad \blacktriangleleft$$

Übungsaufgabe 7.5

Berechnen Sie die folgenden Integrale:

a) $\int \dfrac{2 + x^2}{1 + x^2}\,dx$

b) $\displaystyle\int_1^2 \dfrac{x \cdot e^x - 1}{x}\,dx$ $\qquad\qquad\qquad\qquad\qquad$ $\blacktriangleleft$

Mehr gibt es über die Linearität des Integrals wohl nicht zu sagen, daher gehe ich gleich zur nächsten – der ersten „echten" – Integrationsregel über.

7.2.2 Partielle Integration

Ist der Integrand ein Produkt von zwei oder mehr Funktionen, so kann man häufig die partielle Integration anwenden. Diese Regel stellt die erste der sogenannten höheren Integrationsregeln dar, von denen Sie im Folgenden noch zwei weitere kennenlernen werden:

Satz 7.6 (Partielle Integration)
Es seien $u(x)$ und $v(x)$ auf einem Intervall $[a, b]$ stetig differenzierbare Funktionen. Dann gilt folgende Gleichung für das unbestimmte Integral:

$$\int u(x) \cdot v'(x) dx = u(x) \cdot v(x) - \int u'(x) \cdot v(x) dx.$$

Auf die additive Konstante C wurde hier verzichtet.
Für das bestimmte Integral gilt die entsprechende Gleichung

$$\int_a^b u(x) \cdot v'(x) dx = u(x) \cdot v(x)\Big|_a^b - \int_a^b u'(x) \cdot v(x) dx.$$

Beweis Der Beweis besteht im Wesentlichen darin, die Produktregel für das Ableiten von Funktionen zu integrieren. Wendet man nämlich diese Regel auf das Produkt $u(x) \cdot v(x)$ an, so folgt:

$$\big(u(x) \cdot v(x)\big)' = u(x) \cdot v'(x) + u'(x) \cdot v(x).$$

Also ist $u(x) \cdot v(x)$ eine Stammfunktion von $u(x) \cdot v'(x) + u'(x) \cdot v(x)$, in Formeln:

$$\int \big(u(x) \cdot v'(x) + u'(x) \cdot v(x)\big) dx = u(x) \cdot v(x).$$

Nun verwendet man die Linearität des Integrals und löst nach dem ersten Integral auf; dies ergibt genau die Aussage über unbestimmte Integrale. Diejenige über bestimmte Integrale erhält man sofort durch Einsetzen der Integrationsgrenzen.

Bemerkung
Die Bezeichnung partielle Integration kommt daher, dass man durch Anwendung dieser Regel das Integral im Allgemeinen nicht vollständig lösen kann, sondern auf der rechten Seite noch ein Restintegral übrig bleibt. Durch geschickte Wahl von u und v kann man jedoch oft erreichen, dass dieses Restintegral leichter zu behandeln ist als das ursprüngliche.

Beispiel 7.6

a) Ich berechne das unbestimmte Integral $\int x \cdot e^x dx$, wobei ich wie fast immer auf die Angabe der additiven Konstante C verzichte (bzw. diese gleich 0 setze). Ich setze $u(x) = x$ und $v'(x) = e^x$. Dann ist $u'(x) = 1$ und $v(x) = e^x$, und die partielle Integration ergibt

$$\int x \cdot e^x dx = x \cdot e^x - \int e^x dx.$$

Da e^x gleich seiner eigenen Stammfunktion, also $\int e^x dx = e^x$ ist, folgt sofort das Ergebnis

$$\int x \cdot e^x dx = x \cdot e^x - e^x.$$

b) Oft wird man mit einer einfachen partiellen Integration nicht auskommen, sondern muss diese mehrfach anwenden. Als erstes Beispiel hierzu bestimme ich das Integral

$$\int_0^\pi e^x \cdot \sin(x) dx.$$

Um Schreibarbeit zu sparen, berechne ich zunächst das unbestimmte Integral und setze erst am Ende die Grenzen ein. Ich setze $u(x) = \sin(x)$ und $v'(x) = e^x$, also $u'(x) = \cos(x)$ und $v(x) = e^x$, und erhalte durch Anwendung von Satz 7.6 zunächst

$$\int e^x \cdot \sin(x) dx = e^x \cdot \sin(x) - \int e^x \cdot \cos(x) dx. \qquad (7.19)$$

Auf das Restintegral wird wiederum der Satz angewendet, diesmal mit $u(x) = \cos(x)$ und $v'(x) = e^x$, also $u'(x) = -\sin(x)$ und $v(x) = e^x$. Das Ergebnis ist

$$\int e^x \cdot \cos(x) dx = e^x \cdot \cos(x) + \int e^x \cdot \sin(x) dx.$$

Einsetzen in (7.19) liefert

$$\int e^x \cdot \sin(x) dx = e^x \cdot (\sin(x) - \cos(x)) - \int e^x \cdot \sin(x) dx.$$

Diese Gleichung löse ich nun nach $\int e^x \cdot \sin(x) dx$ auf und erhalte dadurch

$$\int e^x \cdot \sin(x) dx = \frac{e^x}{2} \cdot (\sin(x) - \cos(x)).$$

Somit ist

$$\int_0^\pi e^x \cdot \sin(x) dx = \frac{e^x}{2} \cdot (\sin(x) - \cos(x)) \Big|_0^\pi = \frac{e^\pi + 1}{2}.$$

c) Schließlich teste ich die partielle Integration, indem ich das Integral

$$\int x^2 dx = \int x \cdot x\, dx$$

berechne. Hier ist $u(x) = x$ und $v'(x) = x$, also $u'(x) = 1$ und $v(x) = \dfrac{1}{2}x^2$. Partielle Integration ergibt

$$\int x^2 dx = x \cdot \frac{1}{2}x^2 - \int \frac{1}{2}x^2 dx = \frac{1}{2}x^3 - \frac{1}{2}\int x^2 dx.$$

Hier ist also zunächst nichts gewonnen, aber addiert man nun auf beiden Seiten $\dfrac{1}{2}\int x^2 dx$, erhält man

$$\frac{3}{2}\int x^2 dx = \frac{1}{2}x^3$$

und somit

$$\int x^2 dx = \frac{1}{3}x^3,$$

also die erwartete Stammfunktion von $f(x) = x^2$. ◀

Bemerkung

Es gibt leider keine feste Vorschrift, welchen der beiden Faktoren man als $u(x)$ und welchen man als $v'(x)$ nehmen muss, man kann allerdings die folgenden beiden Faustregeln nennen:

a) Ist einer der beiden Faktoren des Integranden x oder eine Potenz davon, sollte man immer diesen als $u(x)$ nehmen, denn ein solcher Faktor wird durch das dann folgende Ableiten „einfacher", da sich der Exponent verkleinert.

b) Kommt unter den Faktoren eine einfache trigonometrische Funktion wie Sinus oder Cosinus oder die Exponentialfunktion vor, sollte man immer diese als $v'(x)$ nehmen, da sie beim Integrieren nicht „schwieriger" wird.

Übungsaufgabe 7.6

Berechnen Sie die folgenden Integrale mithilfe partieller Integration:

a) $\quad \int x \cdot \cos(x)\, dx$

b) $\quad \int_0^1 (x^2 - x + 1) \cdot e^x\, dx$

c) $\quad \int \sin(x) \cdot \cos(x)\, dx$ ◀

7.2.3 Substitutionsregel

Sie haben sicherlich bemerkt – es wurde ja auch im Beweis benutzt –, dass die gerade behandelte partielle Integration nichts anderes ist als die „hochintegrierte" Produktregel der Differenziation. Gibt es so etwas auch für die Quotientenregel und die Kettenregel?

Die Antwort lautet: Nein und Ja. Zumindest nach meiner Kenntnis gibt es keine Integrationsregel, die aus der Quotientenregel entsteht, wohl aber eine, die der Kettenregel entspricht, und das ist die nun zu behandelnde Substitutionsregel. Diese Regel vereinfacht Integrale, deren Integrand die Form $f(g(x)) \cdot g'(x)$ hat, woran Sie sofort den Zusammenhang mit der Kettenregel erkennen.

Möglicherweise fragen Sie sich nun: „Kommt ein Integrand dieser Form in freier Wildbahn, also außerhalb der geschützten Biotope von Lehrbüchern und Hochschulvorlesungen, überhaupt vor?" Die Antwort ist ein klares Ja, allerdings wird er selten in der reinen Form $f(g(x)) \cdot g'(x)$ dastehen, vielmehr muss man ihn erst durch Umformungen in diese Form bringen; doch dazu später mehr, es wird höchste Zeit die Substitutionsregel zu formulieren, damit eine gemeinsame Grundlage für diese ganzen Ausführungen vorhanden ist:

Satz 7.7 (Substitutionsregel)

Es sei f eine stetige Funktion und g eine auf einem Intervall $[a, b]$ definierte stetig differenzierbare Funktion, deren Wertebereich Teilmenge der Definitionsmenge von f ist. Dann gilt folgende Gleichung für das unbestimmte Integral:

$$\int f\big(g(x)\big) \cdot g'(x)\,dx = \int f(g)\,dg. \tag{7.20}$$

Für das bestimmte Integral gilt

$$\int_a^b f\big(g(x)\big) \cdot g'(x)\,dx = \int_{g(a)}^{g(b)} f(g)\,dg. \tag{7.21}$$

Bemerkungen

1) Es gibt – gefühlt – etwa 100 Formulierungen der Substitutionsregel, und sie haben eines gemeinsam: Sie sind allesamt unverständlich. Die hier angegebene 101. Formulierung habe ich dem ausgezeichneten Lehrbuch Rießinger 2017 entnommen und verwende sie seither mit großem Erfolg in meinen Vorlesungen; damit meine ich nichts anderes, als dass die Studierenden die Regel in dieser Form verstehen und anwenden können. Ich bin sicher, dass sich dieser Erfolg auch bei Ihnen einstellen wird.

2) Die in Gl. (7.20) angegebene Regel für das unbestimmte Integral besagt nichts anderes, als dass man bei der Durchführung der Integration für einen kleinen Moment vergessen

muss, dass es sich bei g um eine Funktion handelt, und stattdessen einfach munter nach der „Variablen" g integriert. Danach – das wird gleich in den Beispielen deutlich – erinnert man sich wieder daran, dass eigentlich $g = g(x)$ eine Funktion ist, und setzt diese in die erhaltene Stammfunktion wieder ein.

3) Ich persönlich benutze selten die Regel (7.21), wenn ich ein bestimmtes Integral berechnen muss; vielmehr ignoriere ich zunächst die Integrationsgrenzen, berechne also das unbestimmte Integral und drücke es am Ende wieder durch die Variable x aus. Erst dann setze ich die Grenzen für x ein, und zwar die ursprünglichen Grenzen a und b. In Beispiel 7.7 werde ich Ihnen das gleich zeigen.

Beispiel 7.7

a) Als Erstes berechne ich das Integral

$$\int 2x \cdot e^{x^2}\, dx.$$

Da $2x$ freundlicherweise gerade die Ableitung von x^2 ist, setze ich natürlich $g(x) = x^2$. Als äußere Funktion f muss ich dann zwangsweise die e-Funktion nehmen, also $f(z) = e^z$; die Variable habe ich hier nur deshalb z genannt, damit ich nicht mit der inneren Variablen x durcheinander komme.

Damit hat das Integral genau die richtige Form, nämlich

$$\int 2x \cdot e^{x^2}\, dx = \int f\big(g(x)\big) \cdot g'(x)\, dx$$

mit den gerade definierten Funktionen f und g, und die Anwendung von (7.20) ergibt

$$\int 2x \cdot e^{x^2}\, dx = \int f\big(g(x)\big) \cdot g'(x)\, dx = \int e^g\, dg = e^g.$$

Nun „erinnert" man sich wieder daran, dass g in Wirklichkeit die Funktion $g(x) = x^2$ ist, und erhält als Ergebnis

$$\int 2x \cdot e^{x^2}\, dx = e^{x^2}, \tag{7.22}$$

wobei ich wie meist die additive Konstante gleich 0 gesetzt habe. Das in (7.22) angegebene Ergebnis können Sie übrigens ganz leicht durch Ableiten der rechten Seite verifizieren.

b) Nun will ich das Integral

$$\int 13x \cdot e^{x^2}\, dx$$

bestimmen. Leider ist $13x$ auch bei gutwilligster Betrachtung der Dinge nicht die Ableitung von x^2, sodass man die Substitutionsregel nicht direkt anwenden kann. Man kann jedoch eine der in der Einleitung dieses Unterabschnitts etwas nebulös angekündigten Manipulationen vornehmen: Da die Integration ein linearer Vorgang ist, kann ich einen beliebigen konstanten Faktor an das Integral multiplizieren und so beispielsweise die folgende Rechnung vornehmen:

$$\int 13x \cdot e^{x^2}\, dx = \int \frac{13}{2} \cdot 2x \cdot e^{x^2}\, dx = \frac{13}{2} \cdot \int 2x \cdot e^{x^2}\, dx.$$

Damit ist das Problem aber auf das unter a) behandelte zurückgeführt, und unter Verwendung von (7.22) folgt:

$$\int 13x \cdot e^{x^2}\, dx = \frac{13}{2} \cdot e^{x^2}.$$

c) Als Letztes betrachte ich ein etwas aufwendigeres Beispiel und berechne das bestimmte Integral

$$\int_0^\pi \sin(x) \cdot \cos^2(x)\, dx. \tag{7.23}$$

Die Integralgrenzen interessieren mich zunächst aber wenig, ich berechne zuerst einmal das unbestimmte Integral

$$\int \sin(x) \cdot \cos^2(x)\, dx \tag{7.24}$$

mithilfe der Substitutionsregel. Hierzu setze ich $f(z) = z^2$ und $g(x) = \cos(x)$. Damit ist $f(g(x)) = \cos^2(x)$ und $g'(x) = -\sin(x)$, also

$$\int \sin(x) \cdot \cos^2(x)\, dx = -\int -\sin(x) \cdot \cos^2(x)\, dx = -\int f(g(x)) \cdot g'(x)\, dx. \tag{7.25}$$

Anwendung von Satz 7.7 liefert

$$\int \sin(x) \cdot \cos^2(x)\, dx = -\int f(g)\, dg = -\frac{g^3}{3} = -\frac{\cos^3(x)}{3}. \tag{7.26}$$

Zum Schluss setze ich noch die Grenzen 0 und π ein und erhalte dadurch

$$\int_0^\pi \sin(x) \cdot \cos^2(x)\, dx = -\frac{\cos^3(\pi)}{3} + \frac{\cos^3(0)}{3} = \frac{2}{3}. \tag{7.27}$$

◄

Sehr häufig wird bei Anwendung der Substitutionsregel $g(x)$ eine lineare Funktion sein, also $g(x) = cx + d$ mit reellen Konstanten c und d; man spricht dann von **linearer Substitution**. Ich werde diesen Fall wegen seiner Häufigkeit im Folgenden als eigenen und somit zitierfähigen Satz angeben, auch wenn es sich dabei wie gesagt nur um einen Spezialfall von Satz 7.7 handelt.

Satz 7.8 (Lineare Substitution)

Es sei f eine stetige Funktion, F eine Stammfunktion von f, und c, d reelle Parameter, so dass $f(cx + d)$ auf dem gesamten Integrationsbereich definiert ist. Dann gilt:

$$\int f\left(cx+d\right)dx = \frac{1}{c}\cdot F\left(cx+d\right)+C. \tag{7.28}$$

Entsprechendes gilt für das bestimmte Integral.

Beispiel 7.8

a) Ich berechne

$$\int \left(2x+1\right)^3 dx.$$

In der Notation von Satz 7.8 ist hier $f(z) = z^3$, $c = 2$ und $d = 1$, und da die Stammfunktionen von f nun mal $F\left(z\right)=\frac{1}{4}z^4+C$ sind, folgt sofort

$$\int \left(2x+1\right)^3 dx = \frac{1}{2}\cdot\frac{1}{4}\cdot\left(2x+1\right)^4+C = \frac{1}{8}\cdot\left(2x+1\right)^4+C.$$

b) Auch das zunächst etwas unhandlich wirkende Integral

$$\int \frac{2}{3x-1}dx$$

lässt sich mit linearer Substitution leicht bestimmen: Es ist $f(z) = 2/z$ mit der Stammfunktion $F(z) = 2\ln(|z|) + C$, also

$$\int \frac{2}{3x-1}dx = \frac{1}{3}\cdot 2\ln\left(|3x-1|\right)+C = \frac{2\ln\left(|3x-1|\right)}{3}+C. \quad \blacktriangleleft$$

Die folgenden Aufgaben dienen dazu, die Substitutionsregel ein wenig einzuüben. Einige davon können Sie wahlweise mit der allgemeinen Substitutionsregel oder mithilfe linearer Substitution lösen.

Übungsaufgabe 7.7

Bestimmen Sie die folgenden Integrale:

a) $\displaystyle\int_{0}^{1}\left(3x-3\right)^3 dx$

b) $\displaystyle\int\left(ax+b\right)^n dx$

für beliebige reelle Zahlen a, b und n, $n \neq -1$.

c) $\int e^{2x-1} dx$

d) $\int \dfrac{\ln(x)}{x} dx$ ◀

7.2.4 Partialbruchzerlegung

Die Partialbruchzerlegung dient dazu, Integrale rationaler Funktionen zu bestimmen, die nicht direkt berechenbar sind. Als Beispiel betrachte ich das Integral

$$\int \frac{2x+5}{(x-2)(x+1)} dx,$$

das durch keine der bisher behandelten Integrationsregeln lösbar ist. Man kann nun aber den Integranden wie folgt umformen:

$$\frac{2x+5}{(x-2)(x+1)} = \frac{3}{x-2} - \frac{1}{x+1} \tag{7.29}$$

Dies ist die im Titel genannte Partialbruchzerlegung des Integranden; wie man diese ermittelt, ist hier natürlich noch ein Geheimnis, das zeige ich Ihnen auf den nächsten Seiten. Verifizieren können Sie Gl. (7.29) aber leicht, indem Sie die rechte Seite auf den Hauptnenner $(x - 2)(x + 1)$ bringen.

Mithilfe der Umformung (7.29) lässt sich das eingangs genannte Integral aber leicht berechnen. Es ist:

$$\int \frac{2x+5}{(x-2)(x+1)} dx = \int \left(\frac{3}{x-2} - \frac{1}{x+1} \right) dx = 3\ln\left(|x-2|\right) - \ln\left(|x+1|\right) + C. \tag{7.30}$$

Wie ermittelt man nun die Partialbruchzerlegung einer rationalen Funktion, wie sie in (7.29) beispielhaft angegeben wurde? Ich beginne mit der Angabe eines Spezialfalls, der sich später bei der Darstellung des allgemeinen Falls als nützlich erweisen wird.

Satz 7.9

Es sei a eine reelle Zahl, n eine natürliche Zahl und $p(x)$ ein Polynom, dessen Grad kleiner als n ist. Dann kann man die rationale Funktion

$$r(x) = \frac{p(x)}{(x-a)^n}$$

in der folgenden Form darstellen:

$$r(x) = \sum_{i=1}^{n} \frac{A_i}{(x-a)^i}.$$ (7.31)

Hierbei sind $A_1, A_2, \ldots, A_n$ eindeutig bestimmte reelle Koeffizienten.

Diesen Satz kann man beweisen, indem man die rechte Seite von (7.31) auf den Hauptnenner $(x-a)^n$ bringt und anschließend einen Koeffizientenvergleich durchführt. In unserem gemeinsamen Interesse verzichte ich auf die explizite Durchführung dieses Beweises und gehe direkt zu einem Beispiel über.

Beispiel 7.9

Es sei

$$r_1(x) = \frac{2x^2 - 5x + 6}{(x-1)^3}.$$ (7.32)

Nach Satz 7.9 gibt es nun eine Darstellung dieser Funktion in der Form

$$r_1(x) = \frac{A_1}{x-1} + \frac{A_2}{(x-1)^2} + \frac{A_3}{(x-1)^3}.$$ (7.33)

So weit, so ungut. Nun muss man noch die laut Aussage des Satzes „eindeutig bestimmten" Koeffizienten A_1, A_2, A_3 berechnen. Hierzu bringt man zunächst die rechte Seite von (7.33) auf den Hauptnenner $(x-1)^3$; man erhält

$$r_1(x) = \frac{A_1(x-1)^2 + A_2(x-1) + A_3}{(x-1)^3}.$$

Da dies gleich dem in (7.32) gegebenen Ausdruck sein muss, muss also gelten:

$$2x^2 - 5x + 6 = A_1(x-1)^2 + A_2(x-1) + A_3.$$ (7.34)

Viele Lehrbücher empfehlen an dieser Stelle, die rechte Seite auszumultiplizieren, nach x-Potenzen zu sortieren und dann einen Koeffizientenvergleich zu machen. Das ist völlig richtig und führt auch zum Ziel, ist aber meiner Meinung nach unnötig aufwendig.
Eine einfachere Lösungsmöglichkeit liefert folgende Beobachtung: Gl. (7.34) gilt für *alle* reellen Zahlen x; ich kann also nacheinander verschiedene Werte für x einsetzen und erhalte jedesmal eine lineare Gleichung, die die Koeffizienten enthält. Als Erstes setze ich $x = 1$, denn 1 ist Nullstelle von $(x-1)$, daher fallen auf der rechten Seite von (7.34) zwei Summanden weg und es verbleibt

$$3 = A_3.$$

Nun muss man noch zwei weitere x-Werte einsetzen. Wenn Sie es gern kompliziert mögen, können Sie beispielsweise $x = \sqrt{29}$ oder $x = -2.325.642$ einsetzen, das wäre durchaus zulässig. Ich für mein Teil mag es lieber einfach und wähle $x = 0$ und danach $x = 2$. Unter Benutzung von $A_3 = 3$ liefert dies die beiden Gleichungen

$$6 = A_1 - A_2 + 3$$

und

$$4 = A_1 + A_2 + 3$$

mit den eindeutigen Lösungen $A_1 = 2$ und $A_2 = -1$. Es ist also

$$\frac{2x^2 - 5x + 6}{(x-1)^3} = \frac{2}{x-1} - \frac{1}{(x-1)^2} + \frac{3}{(x-1)^3},$$

und das Integral hierüber auszurechnen, ist kein großes Problem: Es ist

$$\int \frac{2x^2 - 5x + 6}{(x-1)^3} dx = \int \frac{2}{x-1} dx - \int \frac{1}{(x-1)^2} dx + \int \frac{3}{(x-1)^3} dx$$

$$= 2\ln(|x-1|) + \frac{1}{x-1} - \frac{3}{2(x-1)^2}. \quad \blacktriangleleft$$

Selten wird man das Glück haben, dass die zu integrierende rationale Funktion von der in Satz 7.9 angenommenen einfachen Form ist; wie bereits angedeutet kann man aber den dort behandelten Fall leicht auf die Situation mehrerer Nullstellen des Nenners übertragen. Das ist der Inhalt des folgenden Satzes:

Satz 7.10 (Partialbruchzerlegung)
Es seien $a_1, a_2,\ldots, a_k$ reelle Zahlen und $n_1, n_2,\ldots, n_k$ natürliche Zahlen. Weiter sei $p(x)$ ein Polynom, dessen Grad kleiner als $n_1 + n_2 + \cdots + n_k$ ist. Dann kann man die rationale Funktion

$$r(x) = \frac{p(x)}{(x-a_1)^{n_1} \cdot (x-a_2)^{n_2} \cdots (x-a_k)^{n_k}}$$

in der folgenden Form darstellen:

$$r(x) = \sum_{i=1}^{n_1} \frac{A_{1,i}}{(x-a_1)^i} + \sum_{i=1}^{n_2} \frac{A_{2,i}}{(x-a_2)^i} + \cdots + \sum_{i=1}^{n_k} \frac{A_{k,i}}{(x-a_k)^i}. \qquad (7.35)$$

Hierbei sind die $A_{j,i}$ eindeutig bestimmte reelle Koeffizienten.

Lassen Sie sich von den vielen Indizes nicht abschrecken: Der Satz besagt lediglich, dass man jede einzelne Nullstelle a_i des Nenners separat so behandeln darf, wie es in Satz 7.9 angegeben wurde, wobei man am Ende die einzelnen Zerlegungen einfach aufaddieren muss.

Beispiel 7.10

a) Das erste Beispiel hierzu habe ich bereits in (7.29) durch die Zerlegung

$$\frac{2x+5}{(x-2)(x+1)} = \frac{3}{x-2} - \frac{1}{x+1}$$

gegeben, auch wenn es zugegebenermaßen kaum erkennbar ist: In der Notation des Satzes ist $k = 2$, $n_1 = n_2 = 1$, $a_1 = 2$ und $a_2 = -1$. Gemäß Satz 7.10 gibt es also eine Zerlegung der Form

$$\frac{2x+5}{(x-2)(x+1)} = \frac{A_{1,1}}{x-2} + \frac{A_{2,1}}{x+1}.$$

Multipliziert man dies mit dem Hauptnenner $(x - 2)(x + 1)$ durch und setzt anschließend $x = 2$ und $x = -1$ ein, so erhält man die Koeffizienten $A_{1,1} = 3$ und $A_{2,1} = -1$, also die eingangs angegebene Zerlegung.

b) Nun betrachte ich die rationale Funktion

$$\frac{3x^2 - 4x + 1}{(x-1)^2(x+1)}.$$

Die Identifikation der einzelnen in Satz 7.10 gebrauchten Parameter überlasse ich diesmal vertrauensvoll Ihnen. Der sich aus dem Satz ergebende Zerlegungsansatz lautet auf alle Fälle

$$\frac{3x^2 - 4x + 1}{(x-1)^2(x+1)} = \frac{A_{1,1}}{x-1} + \frac{A_{1,2}}{(x-1)^2} + \frac{A_{2,1}}{x+1}. \tag{7.36}$$

Durchmultiplizieren mit dem Hauptnenner $(x - 1)^2(x + 1)$ liefert die Gleichung

$$3x^2 - 4x + 1 = A_{1,1}(x-1)(x+1) + A_{1,2}(x+1) + A_{2,1}(x-1)^2$$

mit den Lösungen

$$A_{1,1} = 1, \; A_{1,2} = 0, \; A_{2,1} = 2.$$

Setzt man dies in (7.36) ein, erhält man das Ergebnis

$$\frac{3x^2 - 4x + 1}{(x-1)^2(x+1)} = \frac{1}{x-1} + \frac{2}{x+1}.$$

c) Es kommt natürlich vor, dass der Nenner unhöflicherweise noch nicht in der in Satz 7.10 angenommenen Form vorliegt, sondern noch in Linearfaktoren zerlegt werden muss. Ein Beispiel hierfür ist die Funktion

$$\frac{5x-19}{x^2-2x-3}. \tag{7.37}$$

Die erforderliche Zerlegung des Nenners ist aber kein Hexenwerk: Seine Nullstellen sind 3 und -1, somit ist

$$x^2-2x-3 = (x+1)(x-3),$$

also

$$\frac{5x-19}{x^2-2x-3} = \frac{5x-19}{(x+1)(x-3)}. \tag{7.38}$$

Nun läuft alles wie (hoffentlich) schon gewohnt, und der Ansatz

$$\frac{5x-19}{x^2-2x-3} = \frac{A_{1,1}}{x+1} + \frac{A_{2,1}}{x-3}$$

liefert die Darstellung

$$\frac{5x-19}{x^2-2x-3} = \frac{6}{x+1} - \frac{1}{x-3}.$$

Wir sollten die Tatsache nicht ganz aus dem Auge verlieren, dass wir uns gerade im Kapitel über Integralrechnung befinden, und daher möchte ich die gerade ermittelte Partialbruchzerlegung auch noch nutzen, um die Funktion zu integrieren: Es ergibt sich

$$\int \frac{5x-19}{x^2-2x-3}\,dx = \int \frac{6}{x+1}\,dx - \int \frac{1}{x-3}\,dx$$
$$= 6\ln(|x+1|) - \ln(|x-3|) + C.$$

d) Zum Abschluss noch ein etwas aufwendigeres Beispiel, man gönnt sich ja sonst nichts: Bestimmt werden soll das Integral

$$\int \frac{x-3}{x^3-4x^2+5x-2}\,dx. \tag{7.39}$$

Zunächst muss der Nenner zerlegt, also seine Nullstellen bestimmt werden. Mit bloßem Auge kann man erkennen, dass $x_1 = 1$ eine solche Nullstelle ist. Man kann also den Faktor $(x-1)$ abspalten, und – beispielsweise durch Polynomdivision – findet man die folgende Zerlegung:

$$x^3 - 4x^2 + 5x - 2 = (x-1)(x^2 - 3x + 2).$$

Das verbliebene quadratische Polynom hat die Nullstellen 1 und 2, so dass also insgesamt gilt: Der Nenner $x^3 - 4x^2 + 5x - 2$ hat die doppelte Nullstelle $x_1 = 1$ und die einfache Nullstelle $x_2 = 2$, somit besitzt er die Linearfaktorzerlegung

$$x^3 - 4x^2 + 5x - 2 = (x-1)^2 \cdot (x-2),$$

und der Ansatz für die Partialbruchzerlegung lautet

$$\frac{x-3}{x^3 - 4x^2 + 5x - 2} = \frac{A_{1,1}}{x-1} + \frac{A_{1,2}}{(x-1)^2} + \frac{A_{2,2}}{x-2}.$$

Wie üblich wird nun mit dem Hauptnenner durchmultipliziert, was hier auf die Gleichung

$$x - 3 = A_{1,1} \cdot (x-1) \cdot (x-2) + A_{1,2} \cdot (x-2) + A_{2,2} \cdot (x-1)^2$$

führt. Hieraus ermittelt man die Werte $A_{1,1} = 1$, $A_{1,2} = 2$ und $A_{2,2} = -1$.

Das gesuchte Integral lautet also

$$\int \frac{x-3}{x^3 - 4x^2 + 5x - 2} dx$$

$$= \int \frac{1}{x-1} + \frac{2}{(x-1)^2} - \frac{1}{x-2} dx$$

$$= \ln|x-1| - \frac{2}{x-1} - \ln|x-2| + C. \qquad \blacktriangleleft$$

Übungsaufgabe 7.8

Bestimmen Sie mithilfe der Partialbruchzerlegung die folgenden Integrale:

a) $\int \dfrac{18x}{(x-1)(x+2)^2} dx$

b) $\int \dfrac{6x^2 - x + 1}{x(x^2 - 1)} dx$

c) $\int \dfrac{x^2 + 2x + 3}{x^3 + 6x^2 + 12x + 8} dx$ $\qquad \blacktriangleleft$

Beim Durcharbeiten von Beispiel 7.10 und Übungsaufgabe 7.8 entstand vielleicht der – falsche – Eindruck, dass sich jedes Nennerpolynom in Linearfaktoren, also Faktoren der Form $(x - a)$, zerlegen lässt. Das ist wie gesagt falsch, schon die einfache Funktion $1 + x^2$

besitzt im Reellen keine Zerlegung der genannten Art. (Sollten Sie dennoch eine solche Zerlegung finden, teilen Sie es mir bitte mit, damit werden wir beide berühmt, aber im Vertrauen gesagt: Prüfen Sie Ihre Zerlegung vorher lieber noch einmal ganz genau nach.) Aus Satz 5.16 wissen Sie aber, dass neben linearen höchstens quadratische Faktoren, also solche der Form $(x^2 + ax + b)$, und deren Potenzen übrig bleiben können.

Der nächste Satz gibt an, wie man in diesem Fall den Ansatz zu wählen hat; er ist als Pendant zu Satz 7.9 zu sehen, die Übertragung auf den Fall mehrerer verschiedener Faktoren im Sinne von Satz 7.10 ist dann offensichtlich.

Satz 7.11

Es seien a und b reelle Zahlen, n eine natürliche Zahl und $p(x)$ ein Polynom, dessen Grad kleiner als $2n$ ist. Dann kann man die rationale Funktion

$$r(x) = \frac{p(x)}{\left(x^2 + ax + b\right)^n}$$

in der folgenden Form darstellen:

$$r(x) = \sum_{i=1}^{n} \frac{A_i x + B_i}{\left(x^2 + ax + b\right)^i}. \tag{7.40}$$

Hierbei wird angenommen, dass das Polynom $x^2 + ax + b$ keine reellen Nullstellen hat, also nicht in Linearfaktoren zerlegbar ist. Die $A_1, A_2, \ldots, A_n$ und $B_1, B_2, \ldots, B_n$ sind eindeutig bestimmte reelle Koeffizienten.

Schön ist das nicht, aber machbar schon. Ich zeige das in einem kurzen Beispiel.

Beispiel 7.11

Es soll die Zerlegung der Funktion

$$\frac{x^2 + 1}{\left(x^2 - 2x + 2\right)^2}$$

bestimmt werden. Da das Polynom $x^2 - 2x + 2$ keine reellen Nullstellen hat, ist die Voraussetzung von Satz 7.11 gegeben. Der Ansatz lautet also

$$\frac{x^2 + 1}{\left(x^2 - 2x + 2\right)^2} = \frac{A_1 x + B_1}{x^2 - 2x + 2} + \frac{A_2 x + B_2}{\left(x^2 - 2x + 2\right)^2}.$$

Nun bringt man das Ganze auf den Hauptnenner $(x^2 - 2x + 2)^2$ und bestimmt anschließend die Koeffizienten, indem man entweder einen Koeffizientenvergleich macht oder wie oben gezeigt geeignete x-Werte einsetzt. In jedem Fall erhält man die Werte $A_1 = 0$, $B_1 = 1$, $A_2 = 2$, und $B_2 = -1$, die Zerlegung lautet also

$$\frac{x^2 + 1}{\left(x^2 - 2x + 2\right)^2} = \frac{1}{x^2 - 2x + 2} + \frac{2x - 1}{\left(x^2 - 2x + 2\right)^2}.$$

◄

Übungsaufgabe 7.9

Bestimmen Sie die Zerlegung der Funktion

$$\frac{x^3 + x + 1}{\left(x^2 + 1\right)^2}.$$

◄

Offen gestanden hatte ich mit dem Gedanken gespielt, mich aus diesem Abschnitt zu schleichen, ohne die Frage anzusprechen, wie man eine nach Satz 7.11 zerlegte Funktion überhaupt integriert. Das ist nämlich gelinde gesagt äußerst unschön und im Einzelfall eine Menge Arbeit. Ich will mich daher auf den Fall beschränken, dass der quadratische Term im Nenner nur in der ersten Potenz auftritt, dass also in der Sprache des Satzes $n = 1$ ist. Wenn Sie das Folgende gelesen haben, werden Sie verstehen, warum ich Sie bezüglich der höheren Potenzen auf die Formelsammlungen verweise.

Satz 7.12
Das Polynom $x^2 + ax + b$ habe die komplexen Nullstellen $c + di$ und $c - di$ mit $d \neq 0$. Dann gilt:

$$\int \frac{Ax + B}{x^2 + ax + b}\, dx = \frac{A}{2} \ln\left(\left|x^2 + ax + b\right|\right) + \frac{Ac + B}{d} \arctan\left(\frac{x - c}{d}\right) + C.$$

Noch Fragen, mein lieber Watson? Vermutlich Tausende, aber die will ich jetzt gar nicht wissen, sondern gebe freiwillig ein kleines Beispiel an.

Beispiel 7.12

Ich bestimme die Stammfunktion von

$$\frac{x + 2}{x^2 - 2x + 2}.$$

Das Nennerpolynom hat die Nullstellen $1 + i$ und $1 - i$, also ist hier $c = d = 1$. Weiterhin ist offenbar $A = 1$ und $B = 2$, so dass gilt:

$$\int \frac{x+2}{x^2-2x+2}\,dx = \frac{1}{2}\ln\left(\left|x^2-2x+2\right|\right) + 3\arctan(x-1) + C. \qquad \blacktriangleleft$$

Bemerkung

Eine wesentliche Voraussetzung für die Anwendung der Partialbruchzerlegung ist, dass der Grad des Zählerpolynoms kleiner ist als derjenige des Nennerpolynoms. Nun gibt es aber zweifellos rationale Funktionen, die diese Voraussetzung nicht erfüllen, dennoch aber integriert werden sollen. In diesem Fall wendet man zunächst eine Polynomdivision an, mit deren Hilfe die gegebene rationale Funktion zerlegt werden kann in ein Polynom und eine rationale Funktion (der „Rest"), deren Zählergrad kleiner ist als der Nennergrad. Ein Beispiel hierfür ist das Integral

$$\int \frac{x^2+2x-1}{x-1}\,dx.$$

Die Polynomdivision führt auf die Zerlegung

$$\frac{x^2+2x-1}{x-1} = x + 3 + \frac{2}{x-1},$$

und man erhält direkt

$$\int \frac{x^2+2x-1}{x-1}\,dx = \int x + 3 + \frac{2}{x-1}\,dx = \frac{x^2}{2} + 3x + 2\ln\left(\left|x-1\right|\right) + C.$$

Übungsaufgabe 7.10

Bestimmen Sie das Integral

$$\int \frac{x^3-2x^2+2x}{(x-1)^2}\,dx. \qquad \blacktriangleleft$$

7.3 Anwendungen

7.3.1 Uneigentliche Integrale

Salopp gesagt: Ein uneigentliches Integral ist ein Integral, das eigentlich gar nicht existiert.

Hierfür kann es verschiedene Gründe geben, die häufigsten sind: Der Integrand hat eine Polstelle im Integrationsbereich, oder der Integrationsbereich geht bis ins Unendliche. Für beide Situationen gibt es Abhilfe, indem man die zunächst „eigentlich" nicht definierten Integrale geschickt definiert:

Definition 7.4

a) Es sei f eine auf einem Intervall $[a, c)$ stetige Funktion. Existiert dann der Grenzwert

$$\lim_{b \to c} \int_a^b f(x)\,dx,$$

so bezeichnet man ihn als das **uneigentliche Integral** von f über $[a, c)$ und schreibt dafür kurz

$$\int_a^c f(x)\,dx.$$

Das uneigentliche Integral über $(a, c]$ und über (a, c) ist analog definiert (Abb. 7.5).

b) Es sei f eine auf $[a, \infty)$ stetige Funktion. Existiert dann der Grenzwert

$$\lim_{b \to \infty} \int_a^b f(x)\,dx,$$

so bezeichnet man ihn als das **uneigentliche Integral** von f über $[a, \infty)$ und schreibt dafür kurz

$$\int_a^\infty f(x)\,dx.$$

Das uneigentliche Integral über $(-\infty, b]$ und über $(-\infty, \infty)$ ist analog definiert (Abb. 7.6).

Abb. 7.5 Uneigentliches Integral: Polstelle an der rechten Intervallgrenze

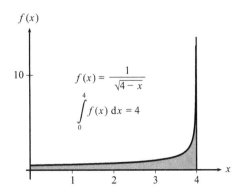

$$f(x) = \frac{1}{\sqrt{4 - x}}$$

$$\int_0^4 f(x)\,dx = 4$$

Abb. 7.6 Uneigentliches
Integral: unendlicher
Integrationsbereich

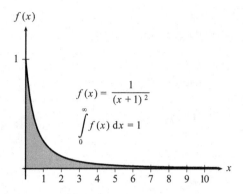

Bemerkungen

a) Hat die zu integrierende Funktion eine Polstelle an einem Punkt c im Innern des Integrationsbereichs, so kann man diesen Bereich an der Stelle c in zwei Teilbereiche aufspalten und dann Teil a) des Satzes anwenden.

b) Bei der praktischen Berechnung des uneigentlichen Integrals bestimmt man zunächst die Stammfunktion F und damit den Ausdruck $F(b) - F(a)$ und lässt anschließend b gegen c bzw. gegen unendlich gehen. Dies werde ich in den anschließenden Beispielen erläutern.

Beispiel 7.13

a) Als Erstes bestimme ich das Integral

$$\int_0^1 \frac{1}{\sqrt{1-x}}\,dx.$$

Lassen Sie sich nicht täuschen: Es handelt sich hier tatsächlich um ein uneigentliches Integral, denn der Integrand besitzt an der rechten Integrationsgrenze eine Polstelle.

Das hält mich aber nicht davon ab, seine Stammfunktion zu bestimmen; sie lautet $F(x) = -2\sqrt{1-x}$. Nun kann ich streng nach der Definition vorgehen und erhalte:

$$\int_0^1 \frac{1}{\sqrt{1-x}}\,dx = \lim_{b\to 1}\int_0^b \frac{1}{\sqrt{1-x}}\,dx = \lim_{b\to 1} -2\sqrt{1-x}\,\Big|_0^b$$

$$= \lim_{b\to 1} 2 - 2\sqrt{1-b} = 2.$$

Beim letzten Schritt habe ich die Tatsache verwendet, dass man in dem Ausdruck $\sqrt{1-b}$ natürlich problemlos $b = 1$ einsetzen kann; der Wert der Wurzel wird dadurch 0, aber es gibt Schlimmeres.

b) Nun ein Integral, bei dem der Integrationsbereich unendlich ist: Ich berechne

$$\int_0^\infty e^{-x}\,dx.$$

Die Stammfunktion ist hier $-e^{-x}$, daher ist für jedes $b > 0$

$$\int_0^b e^{-x}\,dx = -e^{-x}\Big|_0^b = -e^{-b} + 1.$$

Daher ist

$$\int_0^\infty e^{-x}\,dx = \lim_{b\to\infty}\left(-e^{-b} + 1\right) = 1.$$

c) Nun wage ich mich an einen beidseitig unendlichen Integrationsbereich und bestimme das Integral

$$\int_{-\infty}^\infty \frac{1}{1+x^2}\,dx.$$

Eine Stammfunktion von $1/(1+x^2)$ ist $\arctan(x)$, und wegen

$$\lim_{x\to\pm\infty}\arctan(x) = \pm\frac{\pi}{2}$$

ist

$$\int_{-\infty}^\infty \frac{1}{1+x^2}\,dx = \lim_{\substack{a\to-\infty\\b\to\infty}}\int_a^b \frac{1}{1+x^2}\,dx$$

$$= \lim_{\substack{a\to-\infty\\b\to\infty}}\left(\arctan(b) - \arctan(a)\right)$$

$$= \frac{\pi}{2} - \left(-\frac{\pi}{2}\right) = \pi.$$

d) Sie sollten auch einmal ein Beispiel sehen, bei dem das uneigentliche Integral nicht existiert: Ich versuche, das Integral

$$\int_1^\infty \frac{1}{x}\,dx \tag{7.41}$$

zu bestimmen. Eine Stammfunktion ist $\ln(x)$, also ist für jedes $b > 1$:

$$\int_1^b \frac{1}{x}\,dx = \ln(x)\Big|_1^b = \ln(b), \tag{7.42}$$

da $\ln(1) = 0$ ist. Sie ahnen nun, denke ich, was kommt: Geht b gegen unendlich, so geht auch $\ln(b)$ gegen unendlich, und daher existiert kein Grenzwert für das in (7.42) berechnete Integral. Mit anderen Worten: Das in (7.41) angegebene uneigentliche Integral existiert nicht. ◄

Berechnen Sie, falls möglich, die folgenden uneigentlichen Integrale:

a) $\displaystyle\int_{2}^{3}\frac{1}{\sqrt{x-2}}\,dx$

b) $\displaystyle\int_{1}^{\infty}\frac{1}{\sqrt{x^{3}}}\,dx$

c) $\displaystyle\int_{1}^{\infty}\frac{1}{\sqrt{x}}\,dx$

d) $\displaystyle\int_{0}^{\infty}x\cdot e^{-x}\,dx$ ◀

7.3.2 Bogenlänge

Manchmal möchte man wissen, welche Länge der Graph einer gegebenen Funktion über
einem gewissen Intervall hat. Ist die Funktion differenzierbar, so kann man diese Länge
mithilfe der im folgenden Satz angegebenen Formel explizit berechnen:

> **Satz 7.13**
> Es sei $f(x)$ eine auf einem Intervall $[a, b]$ differenzierbare Funktion. Die Länge L des
> Funktionsgraphen von $f(x)$ zwischen $x = a$ und $x = b$, die so genannte **Bogenlänge**
> dieses Kurvenstücks, berechnet man nach der Formel (Abb. 7.7)
>
> $$L = \int_{a}^{b}\sqrt{1+\big(f'(x)\big)^{2}}\,dx.$$

Abb. 7.7 Bogenlänge

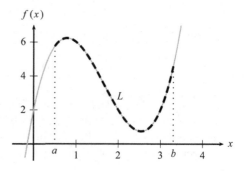

Beispiel 7.14

a) Ich berechne die Länge des Graphen von

$$f(x) = \frac{2}{3} \cdot \sqrt{x^3}$$

über dem Intervall [3, 8]. Hierzu bestimme ich zunächst die Ableitung von $f(x)$: Es ist

$$f'(x) = \frac{2}{3} \cdot \frac{3}{2} \cdot x^{\frac{1}{2}} = \sqrt{x},$$

also ist $(f'(x))^2 = x$. Nun wende ich ohne viel Umschweife die im Satz angegebene Formel an und erhalte:

$$\begin{aligned}
L &= \int_3^8 \sqrt{1 + \left(f'(x)\right)^2}\, dx = \int_3^8 \sqrt{1 + x}\, dx \\
&= \frac{2}{3} \cdot (1 + x)^{\frac{3}{2}} \Big|_3^8 = \frac{2}{3} \cdot \left(9^{\frac{3}{2}} - 4^{\frac{3}{2}}\right) \\
&= \frac{2}{3} \cdot \left(3^3 - 2^3\right) = \frac{38}{3}.
\end{aligned}$$

b) Den Graphen der Funktion

$$f(x) = \frac{1}{2}\left(e^x + e^{-x}\right)$$

bezeichnet man als **Kettenlinie**. Ich bestimme ihre Länge über dem Intervall [−2, 2].

Zunächst ist $f'(x) = \frac{1}{2}\left(e^x - e^{-x}\right)$ und somit

$$\begin{aligned}
\sqrt{1 + \left(f'(x)\right)^2} &= \sqrt{1 + \frac{1}{4}\left(e^x - e^{-x}\right)^2} \\
&= \sqrt{1 + \frac{1}{4}e^{2x} - \frac{1}{2} + \frac{1}{4}e^{-2x}} \\
&= \sqrt{1 + \frac{1}{4} \cdot \left(e^{2x} - 2 + e^{-2x}\right)} \\
&= \frac{1}{2} \cdot \sqrt{\left(e^x + e^{-x}\right)^2} \\
&= \frac{1}{2} \cdot \left(e^x + e^{-x}\right).
\end{aligned}$$

Aufgrund der Symmetrie genügt es, die doppelte Bogenlänge über dem Intervall [0, 2] zu berechnen. Diese ist

$$L = 2 \cdot \int_0^2 \frac{1}{2} \cdot \left(e^x + e^{-x} \right) dx$$

$$= e^x - e^{-x} \Big|_0^2 = e^2 - e^{-2}. \qquad \blacktriangleleft$$

Übungsaufgabe 7.12

a) Es sei $F(x)$ eine Stammfunktion von

$$f(x) = \sqrt{4x^4 - 1}.$$

Bestimmen Sie die Bogenlänge von $F(x)$ über dem Intervall [1, 2].

b) Bestimmen Sie die Bogenlänge der Funktion

$$f(x) = \frac{x^3}{6} + \frac{1}{2x}$$

über dem Intervall [1, 2]. $\qquad \blacktriangleleft$

Viel mehr gibt es aus meiner Sicht über die Berechnung von Bogenlängen nicht zu sagen; ich beende daher diesen Abschnitt schon wieder und gehe über zum letzten Teilthema der Integrationsrechnung: die Bestimmung der Volumina gewisser Körper.

7.3.3   Volumen von Rotationskörpern

Zunächst einmal muss ich definieren, was man unter einem Rotationskörper überhaupt versteht (Abb. 7.8):

Abb. 7.8 Rotationskörper

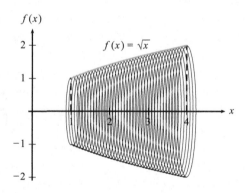

Definition 7.5

Es sei $f(x)$ eine auf einem Intervall $[a, b]$ stetige Funktion. Lässt man den Graphen dieser Funktion um die x-Achse rotieren, so entsteht dabei ein geometrischer Körper, den man **Rotationskörper** nennt.

Ein Rotationskörper ist also ein recht spezielles Gebilde, schon so etwas Einfaches wie ein Würfel ist *kein* Rotationskörper. Immerhin jedoch gelingt es, das Volumen eines solchen Körpers mithilfe eindimensionaler Integration – denn damit beschäftigen wir uns hier – zu berechnen. Das ist der Inhalt des folgenden Satzes:

Satz 7.14

Wird ein Rotationskörper in der in Definition 7.5 beschriebenen Weise über dem Intervall $[a, b]$ durch eine stetige Funktion $f(x)$ erzeugt, so hat er das Volumen

$$V = \pi \cdot \int_a^b \left(f(x) \right)^2 \, dx.$$

Was nun kommt, sind Sie ja schon gewohnt: Ich werde diese Aussage zunächst durch Beispiele illustrieren und Ihnen danach noch einige Übungsaufgaben zur Verfügung stellen. Danach ist dann – das sei zu Ihrer Motivation gesagt – das vorliegende Kapitel auch schon beendet.

Beispiel 7.15

a) Ich bestimme das Volumen des Körpers, der durch Rotation der Funktion $f(x) = \sin(x)$ über dem Intervall $[0, \pi]$ entsteht. Nach Satz 7.14 ist dieses gleich

$$\pi \cdot \int_0^\pi \sin^2(x) \, dx.$$

Die Stammfunktion von $\sin^2(x)$ findet man durch partielle Integration, es ist

$$\int \sin^2(x) = \frac{x}{2} - \frac{\cos(x) \cdot \sin(x)}{2}.$$

Somit ist

$$V = \pi \cdot \int_0^\pi \sin^2(x) \, dx = \pi \cdot \left(\frac{x}{2} - \frac{\cos(x) \cdot \sin(x)}{2} \bigg|_0^\pi \right)$$

$$= \pi \cdot \left(\frac{\pi}{2} - 0 \right) = \frac{\pi^2}{2}.$$

b) Nun lasse ich die konstante Funktion $f(x) = 1$ über dem Intervall $[0, 10]$ um die x-Achse rotieren. Der Körper, der hierbei entsteht, ist ein (liegender) Kreiszylinder mit Radius 1 und Höhe 10. Es wäre also nicht schlecht, wenn meine Berechnungen den Wert 10π ergeben würden, denn das ist nach der elementaren Geometrie das Volumen dieses Zylinders.

Versuchen wir es: Nach Satz 7.14 muss ich Folgendes berechnen:

$$V = \pi \cdot \int_0^{10} 1^2 \, dx = \pi \cdot x \Big|_0^{10} = 10\pi.$$

Glück gehabt.   ◄

Wie schon gesagt: Jetzt sind nochmal Sie dran.

Übungsaufgabe 7.13

a) Rotiert die Funktion $f(x) = \sqrt{x}$ über einem Intervall der Form $[0, a]$ (mit $a > 0$) um die x-Achse, so entsteht ein **Paraboloid**. Berechnen Sie das Volumen eines solchen Paraboloids.

b) Das Volumen eines Kreiskegels mit Bodenradius r und Höhe h ist

$$V = \frac{\pi}{3} \cdot h \cdot r^2.$$

Beweisen Sie diese Formel durch Berechnung des Volumens eines geeigneten Rotationskörpers.   ◄

Reihen

Übersicht

Vor einigen Jahren fragte mich meine Tochter, die sich damals gerade aufs Abitur vorbereitete und sich dabei mehr oder weniger notgedrungen mit mathematischen Dingen beschäftigen musste, was denn eine „Reihe" sei. Ich sagte ihr, dass es sich bei einer Reihe – manchmal sagt man auch „unendliche Reihe" – um eine Folge handelt, die dadurch entsteht, dass man die Glieder einer anderen Folge aufsummiert und die dabei entstehenden sukzessiven Partialsummen als neue Folge interpretiert.

Wahrscheinlich schauen Sie gerade so ähnlich wie meine Tochter damals: Dies ist eine typische Mathematiker-Antwort, denn sie ist ebenso korrekt (weshalb ich Sie bitte, sie nicht völlig zu vergessen) wie absolut nutzlos, zumindest als erste Information über das Thema, da kein Mensch beim ersten Hören versteht, was damit gemeint ist. Ich werde daher jetzt erst einmal eine etwas volkstümlichere Definition geben, die zwar gewissen mathematischen Exaktheitsansprüchen nicht ganz genügt, dafür aber sofort verständlich ist – und das ist hier ja wohl das Wichtigste:

Eine Reihe ist eine Summe mit „unendlich vielen Summanden", anders formuliert, das Ergebnis einer bis ins Unendliche fortgesetzten Summation.

Diese Summanden können ziemlich wild aussehen, sie können von allen möglichen Variablen abhängen, selbst wiederum Funktionen sein und, und, und … Die einfachsten Reihen sind solche, deren Summanden feste Zahlen sind, und damit beginne ich nun im ersten Abschnitt dieses Kapitels.

© Springer-Verlag GmbH Deutschland, ein Teil von Springer Nature 2020
G. Walz, *Mathematik für Hochschule und duales Studium*,
https://doi.org/10.1007/978-3-662-60506-6_8

8.1   Zahlenreihen

Zwei erste Beispiele für solche Zahlenreihen sind die Reihen

$$1+2+3+4+5+6+\cdots \tag{8.1}$$

und

$$\frac{1}{2}+\frac{1}{4}+\frac{1}{8}+\frac{1}{16}+\cdots . \tag{8.2}$$

Vielleicht stört es Sie ebenso wie mich, dass ich hier mal wieder mit der Pünktchen-Schreibweise gearbeitet habe, die einem zwar leicht von der Hand geht, aber oft etwas unpräzise ist. Ich werde deshalb von jetzt an vorwiegend das bei Studierenden manchmal etwas ungeliebte, aber präzise und eigentlich auch nicht schwer zu verstehende Summationszeichen Σ verwenden. Σ ist der Buchstabe „Sigma", also das „S" im griechischen Alphabet, und steht hier für „Summe". Unter das Zeichen schreibt man den Laufindex und dessen Startwert, oben dessen Endwert. Beispielsweise bezeichnet der Ausdruck

$$\sum_{i=3}^{10} i^2$$

die Summe aller Quadratzahlen von 9 (für $i = 3$) bis 100 (für $i = 10$).

Soll die Summation nicht bei irgendeinem Wert enden, also bis unendlich gehen, so schreibt man als obere Grenze keine Zahl oder Variable, sondern ∞, das Symbol für „unendlich".

Die beiden oben als erste Beispiele angegebenen Reihen lassen sich damit in der Form

$$\sum_{i=1}^{\infty} i \tag{8.3}$$

bzw.

$$\sum_{i=1}^{\infty} \frac{1}{2^i} \tag{8.4}$$

schreiben. Beachten Sie aber bitte, dass es sich hier um eine rein formale Notation handelt, denn kein Mensch kann und darf bis unendlich addieren! Insbesondere ist die Existenz der unendlichen Reihe nicht in jedem Fall gesichert, und ebenso sind die Grundgesetze der Addition für solche „unendlichen Summen" nicht ohne Weiteres anwendbar. Darauf werde ich weiter unten noch eingehen.

Nachdem wir nun die formalen Probleme so weit gelöst haben, geht es um die inhaltlichen. Die Hauptfrage, die Sie sich möglicherweise auch schon gestellt haben, ist: Ergibt die Summation bis ins Unendliche einen sinnvollen Wert, sprich, eine (endliche) Zahl, oder nicht? Die Antwort hierauf ist ein klares: „Kommt drauf an!" Tatsächlich muss man praktisch jede vorgelegte Reihe aufs Neue daraufhin untersuchen, ob sie einen sinnvollen Wert liefert oder nicht. Nun muss man das Rad nicht jedesmal neu erfinden, vielmehr werden Sie im Weiteren einige Standardtechniken dafür kennenlernen, wie man so etwas macht. Dafür brauche ich aber ein wenig Formalismus, und um Sie nicht gleich zu Beginn abzuschrecken, möchte ich zunächst die beiden oben genannten Beispiele zu Fuß besprechen:

Die in (8.1) bzw. (8.3) gegebene Reihe ergibt sicherlich keinen endlichen Zahlenwert, denn da mit jedem zusätzlichen Summanden eine natürliche Zahl >1 addiert wird, wird der Wert in jedem Schritt um mehr als 1 größer und geht somit gegen unendlich.

Die in (8.2) bzw. (8.4) formulierte Reihe ergibt dagegen tatsächlich einen endlichen Wert, und dieser ist schlicht und ergreifend gleich 1, also

$$\sum_{i=1}^{\infty} \frac{1}{2^i} = 1.$$

Für den exakten Beweis dieser Aussage muss ich Sie wie gesagt noch ein paar Zeilen vertrösten, aber anschaulich erklären kann ich das hier schon: Nehmen Sie an, Sie möchten sich zum Abbau des Studienstresses eine Tafel Schokolade gönnen, nur leider haben die Läden bereits geschlossen (Servicewüste Deutschland!), und auch der Vorratsschrank ist leer. Sie betteln daher Ihren kleinen Bruder an, Ihnen die Hälfte seiner Tafel abzugeben, und da der Bruder noch recht klein ist, tut er dies auch. Kaum haben Sie diese Hälfte verputzt, kommt in Ihnen der Stress wieder hoch, und Sie bitten Ihren Bruder, die Hälfte der ihm noch verbliebenen Hälfte, also ein Viertel der Originaltafel, herauszurücken, er tut dies auch, und somit haben sie alsbald insgesamt eine halbe plus eine viertel, also drei Viertel Tafeln intus.

Und so geht das weiter: Sie fordern wiederum von Ihrem Bruder die Hälfte des ihm verbliebenen Restes ein, das ist ein Achtel der Tafel, verspeisen dies, und haben somit

$$\frac{1}{2} + \frac{1}{4} + \frac{1}{8}$$

Teile gegessen. Sie sehen, glaube ich, jetzt schon, worauf das hinausläuft: Im nächsten Schritt erhalten Sie ein Sechzehntel, dann ein Zweiunddreißigstel, ein Vierundsechzigstel usw. der Tafel, bis Sie schließlich nach fortgesetzer Halbierung die ganze Tafel, also *1 Tafel*, intus haben. Auch wenn wir in der Praxis irgendwann im Molekularbereich sind und nicht mehr teilen können, so ist damit doch anschaulich gezeigt, dass

$$\frac{1}{2} + \frac{1}{4} + \frac{1}{8} + \frac{1}{16} + \frac{1}{32} + \frac{1}{64} + \cdots = 1$$

ist.

Definition 8.1

Es sei $\{a_i\}$ eine Folge von Zahlen und p eine natürliche Zahl. Dann betrachtet man die Summe

$$\sum_{i=1}^{p} a_i$$

der ersten p Zahlen der Folge. Gibt es eine Zahl S, so dass

$$\lim_{p \to \infty} \sum_{i=1}^{p} a_i = S$$

ist, konvergiert also die bis ins Unendliche fortgesetzte Summation der Folgeglieder a_i gegen einen festen Wert, so sagt man, die Reihe

$$\lim_{p \to \infty} \sum_{i=1}^{p} a_i$$

konvergiert gegen S, und schreibt das in der symbolischen Notation

$$\sum_{i=1}^{\infty} a_i = S. \tag{8.5}$$

Die Zahl S bezeichnet man als **Summenwert** der Reihe oder auch als **Reihenwert**. Liegt keine Konvergenz vor, so sagt man, die Reihe **divergiert**.

8.1.1   Definition und grundlegende Eigenschaften

Um nun endlich eine exakte Definition einer Reihe zu bekommen, muss man danach fragen, ob die Fortsetzung der Summation einer gegebenen Summe bis ins Unendliche einen sinnvollen Wert ergibt. Formal geht das so:

Es ist ganz wichtig festzuhalten, dass die in (8.5) eingeführte Notation nur eine Kurzschreibweise für die eigentlich korrekte Form

$$\lim_{p \to \infty} \sum_{i=1}^{p} a_i$$

ist, dass also per Definition

$$\sum_{i=1}^{\infty} a_i = \lim_{p \to \infty} \sum_{i=1}^{p} a_i$$

bedeutet.

Beispiel 8.1

1) Es sei q eine reelle Zahl mit $|q| < 1$. Ich untersuche die Konvergenz der Reihe

$$\sum_{i=0}^{\infty} q^i.$$

Hier zahlt es sich nun aus, dass Sie sich im ersten Kapitel im Zusammenhang mit der vollständigen Induktion mit Summationsformeln herumgeplagt haben, denn die Frage, ob ein solcher geschlossener Ausdruck konvergiert, ist sehr viel leichter zu beantworten als die Frage, ob eine Summe konvergiert.

Beispielsweise können Sie leicht nachprüfen, dass für jede von 1 verschiedene reelle Zahl q und für jede natürliche Zahl p gilt:

$$\sum_{i=0}^{p} q^i = \frac{q^{p+1}-1}{q-1}, \tag{8.6}$$

wobei wegen $q^0 = 1$ die linke Seite für

$$1 + q + q^2 + q^3 + \cdots$$

steht.

Ist nun q betragsmäßig kleiner als 1, also $-1 < q < 1$, so konvergiert der Term q^{p+1} für $p \to \infty$ gegen 0. Somit gilt

$$\lim_{p \to \infty} \frac{q^{p+1}-1}{q-1} = \frac{-1}{q-1} = \frac{1}{1-q},$$

und aus Gl. (8.6) folgt

$$\sum_{i=0}^{\infty} q^i = \lim_{p \to \infty} \sum_{i=0}^{p} q^i = \frac{1}{1-q} \tag{8.7}$$

für alle q mit $|q| < 1$.

Setzen Sie beispielsweise $q = \dfrac{3}{4}$, so ergibt diese Formel

$$\sum_{i=0}^{\infty} \left(\frac{3}{4}\right)^i = \frac{1}{1-3/4} = \frac{1}{1/4} = 4.$$

Die in (8.7) definierte Reihe trägt einen speziellen Namen, sie heißt **geometrische Reihe**.

2) Andererseits wissen Sie ebenfalls schon, dass die Summe der ersten p natürlichen Zahlen gleich $\dfrac{p(p+1)}{2}$ ist, also

$$\sum_{i=1}^{p} i = \frac{p(p+1)}{2}.$$

Da der Ausdruck $\dfrac{p(p+1)}{2}$ für $p \to \infty$ ganz offensichtlich gegen unendlich geht, ist damit die weiter oben bereits mehr intuitiv bewiesene Divergenz der Summe $\sum_{i=1}^{p} i$ exakt nachgewiesen. ◀

Mathematische Sachverhalte kann man nicht lernen, indem man immer nur liest, was andere Leute geschrieben haben, man muss sich auch immer wieder selbst versuchen; daher lege ich Ihnen auch in diesem Kapitel die Übungsaufgaben sehr ans Herz.

Übungsaufgabe 8.1

Mithilfe vollständiger Induktion kann man zeigen, dass

$$\sum_{i=1}^{p} \frac{1}{i(i+1)} = \frac{p}{(p+1)}.$$

Beweisen Sie hiermit, dass

$$\sum_{i=1}^{\infty} \frac{1}{i(i+1)}$$

konvergiert, und berechnen Sie den Reihenwert.   ◄

Übungsaufgabe 8.2

Beweisen Sie mithilfe der Formel (8.7), dass die eingangs formulierte „Schokoladenhalbierungsformel" richtig ist.   ◄

8.1.2   Konvergenzkriterien für Reihen

Man muss nicht bei jeder Reihe aufs Neue mühsam einen geschlossenen Ausdruck finden, um sie auf Konvergenz prüfen zu können. Vielmehr gibt es einige standardisierte Kriterien hierfür, die man direkt auf die Summanden der zu untersuchenden Reihe anwenden kann. Allerdings machen diese Kriterien nur eine Aussage darüber, ob die Reihe konvergiert oder nicht, wogegen Sie gegebenenfalls konvergiert, das muss man schon selbst herausfinden. Trotzdem sind sie sehr nützlich.

Satz 8.1 (Quotientenkriterium)
Es sei eine Reihe

$$\sum_{i=1}^{\infty} a_i$$

vorgelegt. Existiert der Grenzwert.

$$q = \lim_{i \to \infty} \left| \frac{a_{i+1}}{a_i} \right|$$

und ist $q < 1$, so konvergiert die Reihe, ist $q > 1$, so divergiert die Reihe.

„Und was ist, wenn $q = 1$ ist?", werden Sie fragen. Nun in diesem Fall kann man keine Aussage über Konvergenz oder Divergenz der Reihe machen, weshalb ich auch keine gemacht habe.

Das Standardbeispiel für diesen letztgenannten Fall, in dem man keine Aussage machen kann, ist die so genannte **harmonische Reihe**

$$\sum_{i=1}^{\infty} \frac{1}{i}, \tag{8.8}$$

die Ihnen im Zusammenhang mit Reihen sicherlich immer wieder begegnen wird. Die Summanden sind hier also gerade die Stammbrüche $\frac{1}{i}$, und somit ist

$$q = \lim_{i \to \infty} \left| \frac{\frac{1}{i+1}}{\frac{1}{i}} \right| = \lim_{i \to \infty} \left| \frac{i}{i+1} \right| = 1.$$

Das Quotientenkriterium liefert hier also keine Aussage. Man kann aber mit anderen Mitteln zeigen, dass die harmonische Reihe nicht konvergiert, also divergiert. Dazu schreibe ich sie ausnahmsweise noch einmal mit der Pünktchen-Schreibweise hin und verteile gleich noch ein paar mathematisch unnötige, aber für die weiteren Argumente hilfreiche Klammern:

$$\sum_{i=1}^{\infty} \frac{1}{i} = 1 + \frac{1}{2} + \left(\frac{1}{3} + \frac{1}{4} \right) + \left(\frac{1}{5} + \frac{1}{6} + \frac{1}{7} + \frac{1}{8} \right) +$$
$$+ \left(\frac{1}{9} + \frac{1}{10} + \frac{1}{11} + \frac{1}{12} + \frac{1}{13} + \frac{1}{14} + \frac{1}{15} + \frac{1}{16} \right) + \cdots$$

Offenbar ist der Inhalt der ersten Klammer größer als $2 \cdot (1/4) = 1/2$, der Inhalt der zweiten Klammer größer als $4 \cdot (1/8) = 1/2$, der Inhalt der dritten Klammer größer als $8 \cdot (1/16) = 1/2$, und so geht das natürlich weiter. Weil aber die Reihe

$$1 + \frac{1}{2} + \frac{1}{2} + \frac{1}{2} + \cdots,$$

deren Wert also kleiner ist als der der harmonische Reihe, nicht konvergiert, gilt dies auch für die harmonische Reihe. Halten wir das noch einmal zusammenfassend für die Nachwelt fest:

Satz 8.2
Die harmonische Reihe

$$\sum_{i=1}^{\infty} \frac{1}{i}$$

divergiert.

Nun aber zu Beispielen, bei denen man die Konvergenz der Reihe mithilfe des Quotientenkriteriums sehr wohl beweisen oder widerlegen kann:

Beispiel 8.2

a) Ich untersuche die Reihe

$$\sum_{i=1}^{\infty} \frac{i^{13}}{i!}.$$

Zur Erinnerung: Das Ausrufzeichen steht hier keineswegs, um etwas zu betonen, sondern bezeichnet die Rechenoperation „Fakultät". Mit dieser Wissensauffrischung gerüstet gehe ich nun daran, die Konvergenz der Reihe zu untersuchen. Dazu betrachte ich die Folge der Quotienten

$$\left| \frac{a_{i+1}}{a_i} \right| = \left| \frac{\dfrac{(i+1)^{13}}{(i+1)!}}{\dfrac{i^{13}}{i!}} \right|$$

Hier kann und muss man noch einiges tun: Zunächst einmal kann man sicherlich die Betragsstriche weglassen, da alle beteiligten Ausdrücke positiv sind. Dann benutze ich die Regel, dass man durch einen Bruch teilt, indem man mit seinem Kehrwert multipliziert; damit nimmt der oben genannte Ausdruck die schon wesentlich erfreulichere Form

$$\frac{(i+1)^{13} \cdot i!}{(i+1)! \cdot i^{13}}$$

an. Nutzt man nun noch aus, dass $(i + 1)! = i! \cdot (i + 1)$ ist, so wird dieses zu

$$\frac{(i+1)^{13}}{(i+1) \cdot i^{13}} = \frac{(i+1)^{12}}{i^{13}}.$$

Nun haben Sie vermutlich ebenso wenig Lust wie ich, $(i + 1)^{12}$ auszurechnen; das ist aber auch gar nicht nötig, denn es genügt, sich Folgendes zu überlegen: Multipliziert man den Ausdruck $(i + 1)^{12}$ tatsächlich aus, so ist die höchste auftretende Potenz von i die 12. Da aber im Nenner i in der 13.Potenz steht, geht der Gesamtausdruck für i gegen Unendlich gegen 0. In Formeln:

$$\lim_{i \to \infty} \left| \frac{a_{i+1}}{a_i} \right| = \left| \frac{\dfrac{(i+1)^{13}}{(i+1)^!}}{\dfrac{i^{13}}{i!}} \right| = \lim_{i \to \infty} \frac{(i+1)^{12}}{i^{13}} = 0.$$

Der nach dem Quotientenkriterium gewünschte Grenzwert existiert also, er ist gleich 0, und da das allemal kleiner ist als 1, konvergiert die Reihe.

b) Betrachten wir die Reihe

$$\sum_{i=1}^{\infty} 2^i.$$

Da hier die einzelnen Summanden immer größer werden hat die Reihe eigentlich nur geringe bis gar keine Chancen auf Konvergenz, aber ich will das doch einmal formal mit dem Quotientenkriterium nachweisen. Es ist

$$\lim_{i \to \infty} \frac{2^{i+1}}{2^i} = \lim_{i \to \infty} 2 = 2,$$

der Grenzwert q existiert also, ist aber größer als 1, und somit konvergiert die Reihe nach dem Quotientenkriterium tatsächlich nicht. ◄

Das Pendant zum Quotientenkriterium, das manchmal hilft, wenn das Quotientenkriterium nicht weiterhilft, ist das Wurzelkriterium:

Satz 8.3 (Wurzelkriterium)
Es sei eine Reihe

$$\sum_{i=1}^{\infty} a_i$$

vorgelegt. Existiert der Grenzwert

$$q = \lim_{i \to \infty} \sqrt[i]{|a_i|}$$

und ist $q < 1$, so konvergiert die Reihe, ist $q > 1$, so divergiert die Reihe, ist $q = 1$, so ist mit dem Wurzelkriterium keine Entscheidung möglich.

Stürzen wir uns hier ohne Umschweife in Beispiele:

Beispiel 8.3

a) Ich untersuche die Reihe

$$\sum_{i=1}^{\infty} \left(\frac{2i+1}{3i-5} \right)^i \tag{8.9}$$

auf Konvergenz. Das Quotientenkriterium würde hier wenig Freude bereiten, wegen des Exponenten i ist das Wurzelkriterium sehr viel geeigneter. Es liefert

$$\lim_{i \to \infty} \sqrt[i]{|a_i|} = \lim_{i \to \infty} \sqrt[i]{\left(\frac{2i+1}{3i-5} \right)^i} = \lim_{i \to \infty} \frac{2i+1}{3i-5}.$$

Wie Sie – notfalls unter Zuhilfenahme des Abschnitts über Folgen – sehen, existiert dieser Grenzwert und ist gleich 2/3. Die Reihe (8.9) konvergiert also nach dem Wurzelkriterium.

b) Ein Beispiel für Nichtkonvergenz bietet die Reihe

$$\sum_{i=1}^{\infty}\left(2-\frac{1}{i^2}\right)^i,$$

denn hier ist

$$\lim_{i\to\infty}\sqrt[i]{\left(2-\frac{1}{i^2}\right)^i}=\lim_{i\to\infty}2-\frac{1}{i^2}=2,$$

der Grenzwert ist also größer als 1, die Reihe konvergiert somit nicht.   ◀

Für sogenannte alternierende Reihen – das sind Reihen, bei denen die Summanden abwechselndes Vorzeichen haben –, gibt es noch ein spezielles Konvergenzkriterium, das nach dem berühmten Mathematiker Gottfried Wilhelm Leibniz (1646 bis 1716) benannt ist.

Satz 8.4 (Leibnizkriterium)
Es sei $\{u_i\}$ eine Folge von Zahlen, die *entweder* alle positiv *oder* alle negativ sind. Dann nennt man die Reihe

$$\sum_{i=1}^{\infty}(-1)^i u_i \qquad\qquad (8.10)$$

eine **alternierende Reihe**.
Für alternierende Reihen gilt das **Leibniz-Kriterium**: Konvergiert die Folge $\{u_i\}$ streng monoton gegen 0, so konvergiert die Reihe (8.10).

Beachten Sie, dass hier gleich zwei Dinge gefordert werden: Zum einen muss die Folge streng monoton sein, das heißt, es muss für alle i gelten $u_i > u_{i+1}$, falls die u_i positiv sind, bzw. $u_i < u_{i+1}$, falls sie negativ sind, *und* es muss gelten

$$\lim_{i\to\infty}u_i = 0.$$

Keine der beiden Forderungen folgt „automatisch" aus der anderen.

Ich gebe zu: Man kann das Leibniz-Kriterium vermutlich noch komplizierter formulieren, als ich das gerade getan habe, aber man muss sich mächtig Mühe geben dafür, ich habe es schon ganz schön kompliziert gemacht – allerdings exakt. Ein wenig anschaulicher kann ich es auch so sagen: Konvergieren die Summanden einer alternierenden Reihe betragsmäßig streng monoton gegen 0, dann konvergiert die Reihe.

Beispiel 8.4

a) Die Reihe

$$\sum_{i=1}^{\infty}(-1)^i\frac{1}{i}$$

nennt man auch **alternierende harmonische Reihe**. Sie erfüllt offensichtlich alle Voraussetzungen des Leibniz-Kriteriums und ist somit konvergent.

b) Die Reihe

$$\sum_{i=1}^{\infty}(-1)^i\frac{i}{i+1} \tag{8.11}$$

ist zweifellos ebenfalls alternierend. Damit sind allerdings die gegebenen Voraussetzungen für das Leibniz-Kriterium auch schon erschöpft, denn die Folge $\left(\dfrac{i}{i+1}\right)$ ist keineswegs streng monoton fallend (sondern steigend), und sie konvergiert auch nicht gegen 0. Eine Entscheidung über das Konvergenzverhalten der Reihe ist also mit dem Leibniz-Kriterium nicht möglich; es wird sich allerdings gleich herausstellen, dass sie *nicht* konvergiert. ◀

Es gibt ein sehr einfaches Kriterium dafür, dass eine Reihe *nicht* konvergiert. Man formuliert es meist wie folgt:

Satz 8.5
Wenn eine gegebene Reihe

$$\sum_{i=1}^{\infty}a_i$$

konvergiert, dann gilt

$$\lim_{i\to\infty}a_i=0,$$

das heißt, die Folge der Summanden konvergiert gegen 0.

Meist benutzt man wie gesagt die Umkehrung dieses Kriteriums: Wenn die Folge der Summanden nicht gegen 0 geht, dann kann die daraus gebildete Reihe nicht konvergieren.

Als Beispiel komme ich nochmals auf die Reihe (8.11) zurück: Die Folge der Summanden

$$(-1)^i\frac{i}{i+1}$$

konvergiert nicht, also insbesondere nicht gegen 0, und daher kann die Reihe

$$\sum_{i=1}^{\infty}(-1)^{i}\,\frac{i}{i+1}$$

nicht konvergieren.

Achtung! Man darf das Kriterium nicht „falsch umkehren": Es ist *nicht* richtig, dass eine Reihe schon allein deswegen konvergiert, weil ihre Summanden gegen 0 gehen. Ein Beispiel hierfür bietet die harmonische Reihe, da deren Summanden, die Stammbrüche $1/i$, zwar gegen 0 gehen, die Reihe selbst aber nicht konvergiert.

Übungsaufgabe 8.3

Entscheiden Sie, falls möglich, ob die folgenden Reihen konvergieren oder divergieren:

a) $\displaystyle\sum_{i=0}^{\infty}(-1)^{i}$

b) $\displaystyle\sum_{i=0}^{\infty}\frac{10^{i}}{i!}$

c) $\displaystyle\sum_{i=0}^{\infty}2^{-i}$

d) $\displaystyle\sum_{i=1}^{\infty}\frac{\cos(i\pi)}{i}$ (8.12)

◀

8.1.3 Absolute Konvergenz

Schon vom Namen her scheint absolute Konvergenz etwas Stärkeres zu sein als gewöhnliche Konvergenz, und das ist auch richtig so: Aus absoluter Konvergenz folgt Konvergenz, aber nicht umgekehrt.

Damit wäre also alles klar – bis auf die Kleinigkeit, dass ich noch nicht gesagt habe, was absolute Konvergenz eigentlich ist. Das hole ich jetzt aber schleunigst nach:

Definition 8.2
Eine Reihe

$$\sum_{i=1}^{\infty}a_{i}$$

heißt **absolut konvergent**, wenn die aus den Beträgen der Reihenglieder a_i gebildete Reihe

$$\sum_{i=1}^{\infty} |a_i|$$

(im üblichen Sinne) konvergiert.

Den Betrag $| \cdot |$ einer Zahl nennt man – vor allem in der älteren Literatur – auch Absolutbetrag, woraus sich die Bezeichnung „absolute Konvergenz" ableitet.

Die Frage ist nun offensichtlich, was die absolute Konvergenz einer Reihe mit der gewöhnlichen Konvergenz zu tun hat. Dies beantwortet der folgende Satz:

Satz 8.6
Jede absolut konvergente Reihe konvergiert.

Um absolute Konvergenz einer Reihe zu entscheiden, schaut man also auf die Reihe ihrer Beträge: Konvergiert diese, so nennt man die ursprüngliche Reihe absolut konvergent.

Beispielsweise konvergiert für jedes q mit $-1 < q < 1$ die Reihe

$$\sum_{i=0}^{\infty} (-1)^i q^i$$

absolut, denn die Reihe der Beträge

$$\sum_{i=0}^{\infty} |q|^i$$

ist eine geometrische Reihe mit $0 \leq |q| < 1$.

Übrigens kann man die oben formulierten Quotienten- und Wurzelkriterien nun noch erweitern: Ist eines von beiden erfüllt, so konvergiert die betreffende Reihe sogar absolut (und nicht nur im gewöhnlichen Sinne).

Auch im Falle absoluter Konvergenz gilt wieder einmal die Umkehrung der Aussage, in diesem Fall Satz 8.6, *nicht*. Das Standardbeispiel hierfür ist die alternierende harmonische Reihe

$$\sum_{i=1}^{\infty} (-1)^i \frac{1}{i},$$

von der wir oben mithilfe des Leibniz-Kriteriums gesehen haben, dass sie konvergiert. Geht man hier zu Beträgen über, so ergibt sich die harmonische Reihe, die nun wiederum das Standardbeispiel für eine nicht konvergente Reihe ist.

So langsam wird es Zeit für Kriterien, mit deren Hilfe man über die absolute Konvergenz einer Reihe entscheiden kann:

Satz 8.7 (Majorantenkriterium)
Es sei

$$\sum_{i=0}^{\infty} a_i$$

eine Reihe und

$$\sum_{i=0}^{\infty} b_i$$

eine konvergente Reihe mit $b_i \geq 0$ für alle i.
Gilt dann $|a_i| \leq b_i$ für alle i, so konvergiert die Reihe $\sum_{i=0}^{\infty} |a_i|$ absolut.

Wo Licht ist, ist auch Schatten; daher gibt es auch ein entsprechendes Kriterium für Nichtkonvergenz:

Satz 8.8 (Minorantenkriterium)
Es sei

$$\sum_{i=0}^{\infty} a_i$$

eine Reihe und

$$\sum_{i=0}^{\infty} b_i$$

eine divergente Reihe mit $b_i \geq 0$ für alle i.
Gilt dann $|a_i| \geq b_i$ für alle i, so konvergiert die Reihe $\sum_{i=0}^{\infty} |a_i|$ nicht.

Diese beiden Kriterien, so verquast sie auch daherkommen mögen, sagen eigentlich etwas aus, was intuitiv sofort klar ist: Kennt man eine Reihe, die konvergiert, und vergleicht man damit eine Reihe, bei der jeder einzelne Summand „darunter bleibt", so muss diese zweite Reihe auch konvergieren (Majorantenkriterium). Kennt man umgekehrt eine Reihe, die divergiert, und vergleicht man damit eine Reihe, bei der jeder einzelne Summand „darüber liegt", so muss diese zweite Reihe auch divergieren (Minorantenkriterium).
Zwei Beispiele sollen das erläutern:

Beispiel 8.5

a) In Übungsaufgabe 8.1 hatten Sie (hoffentlich) herausgefunden, dass die Reihe

$$\sum_{i=1} \frac{1}{i(i+1)}$$

konvergiert. Da aber für jedes i

$$\frac{1}{(i+1)^2} \leq \frac{1}{i(i+1)}$$

gilt, folgt aus dem Majorantenkriterium, dass auch die Reihe

$$\sum_{i=1} \frac{1}{(i+1)^2} = \frac{1}{4} + \frac{1}{9} + \frac{1}{16} + \cdots$$

konvergiert.

Dies ist also die Reihe über die Kehrwerte der Quadratzahlen, beginnend mit 1/4. An dieser Konvergenz ändert sich sicher nichts, wenn ich noch den Kehrwert der ersten Quadratzahl, also 1/1 = 1 hinzufüge. Damit habe ich das Ergebnis: Die Reihe

$$\sum_{i=1} \frac{1}{i^2} = 1 + \frac{1}{4} + \frac{1}{9} + \frac{1}{16} + \cdots$$

konvergiert.

b) Sicherlich gilt für jede natürliche Zahl i:

$$\sqrt{i} \leq i, \text{also} \frac{1}{\sqrt{i}} \geq \frac{1}{i}.$$

Da aber die harmonische Reihe $\sum_{i=1}^{\infty} \frac{1}{i}$ divergiert, gilt dies auch für die Reihe

$$\sum_{i=1}^{\infty} \frac{1}{\sqrt{i}},$$

die ja nur positive Glieder hat. ◀

Übungsaufgabe 8.4

Prüfen Sie die folgenden Reihen auf absolute Konvergenz:

a) $\quad \sum_{i=1}^{\infty} (-1)^i \frac{1}{i(i+1)}.$

b) $$\sum_{i=1}^{\infty} \frac{1}{i^n}$$

für beliebiges festes $n \geq 2$.   ◄

8.2   Potenzreihen

Bisher war hier nur von solchen Reihen die Rede, deren Summanden feste Zahlen sind. In diesem Abschnitt betrachten wir nun Reihen, deren Summanden – und damit die Reihe selbst – von einer Variablen abhängen. Die Reihe kann also als Funktion dieser Variablen aufgefasst werden.

Ein erstes Beispiel für so etwas trat im vorhergehenden Abschnitt bereits auf, nämlich die geometrische Reihe (8.7): Benenne ich die dort q genannte Variable in das gewohntere x um, so lautet die Reihe

$$\sum_{i=0}^{\infty} x^i \qquad (8.13)$$

und stellt nach den Ergebnissen aus Abschn. 8.1 die Funktion

$$\frac{1}{1-x}$$

dar.

Das ist die Hauptmotivation für die Beschäftigung mit Potenzreihen: Eine gegebene Funktion wird durch eine Reihe, deren Summanden Potenzen von x enthalten, dargestellt.

Bemerkung
Sicherlich fragen Sie sich, warum um alles in der Welt man die schön kompakte Funktion $1/(1 - x)$ durch eine so unhandliche Reihe ausdrücken sollte. Nun, um das ein wenig zu motivieren, müssen wir an die Anfänge der Computerei zurückdenken: Die ersten Rechner konnten ja mehr oder weniger nur Registerwerte hin und her schieben, also Additionen und Multiplikationen durchführen, und sollten dennoch in der Lage sein, auch eine Divsion ausführen zu können (übrigens genau die Situation, in der sich heute noch mancher Grundschüler befindet). Als willkürliches Beispiel betrachte ich das Problem, den Bruch 1/0,736 auszurechnen. Alte Computer konnten sich nun so behelfen: Setzt man $x = 0,264$, so gilt

$$\frac{1}{0,736} = \frac{1}{1-x}.$$

Dieser Ausdruck ist aber nach Obigem gleich

$$\sum_{i=0}^{\infty} x^i, \text{also gleich} \sum_{i=0}^{\infty} 0,264^i,$$

und bricht man hier die Summation beispielsweise nach dem siebten Summanden ab, so erhält man auf sechs Nachkommastellen genau:

$$1 + 0,264 + 0,069696 + 0,018399 + 0,004857 + 0,001282 + 0,000338 = 1,358572.$$

Dies ist schon eine ganz vernünftige Näherung an den mit dem Taschenrechner berechneten tatsächlichen Wert

$$\frac{1}{0,736} = 1,358695\ldots$$

Würde man ein paar weitere Summanden in Betracht ziehen, wäre die Näherung natürlich noch besser und würde irgendwann die Anzeigegenauigkeit übertreffen, also ein bis auf alle gezeigten Stellen genaues Ergebnis liefern.

Na ja, zugegeben, so richtig prickelnd war das trotz allem nicht, denn eine simple Division reißt heutzutage nun wirklich keinen mehr vom Hocker. Der wahre Nutzen von Potenzreihen kommt aber spätestens dann, wenn wir solche betrachten, die nicht so einfache Funktionen wie $1/(1 - x)$, sondern nicht algebraische Funktionen wie Sinus, Cosinus oder Logarithmus darstellen. Dazu komme ich gleich, zunächst aber wäre es vielleicht eine gute Idee, den Begriff Potenzreihe exakt zu definieren.

8.2.1 Definition und erste Beispiele

Definition 8.3

Es sei x_0 eine fest gewählte reelle Zahl. Man nennt eine Reihe der Form

$$P(x) = \sum_{i=0}^{\infty} c_i (x - x_0)^i \tag{8.14}$$

eine **Potenzreihe** mit dem **Entwicklungspunkt** x_0. Die Zahlen c_i, $i \in \mathbb{N}$, heißen **Koeffizienten** der Potenzreihe.

Beispiel 8.6

a) Während Sie sich vom Schock über diese Definition erholen, kann ich Ihnen ein „erstes" Beispiel geben: Die Reihe

$$\sum_{i=0}^{\infty} x^i,$$

die ich oben bereits genannt hatte (daher die Anführungszeichen bei „erstes"), ist eine Potenzreihe: Der Entwicklungspunkt x_0 ist hier 0, und die Koeffizienten c_i sind allesamt gleich 1.

b) Für das zweite Beispiel wähle ich mir den Entwicklungspunkt $x_0 = 1$ und die Koeffizienten

$$c_i = \frac{(-1)^i}{i},$$

die Reihe lautet also

$$\sum_{i=1}^{\infty} \frac{(-1)^i}{i} \cdot (x-1)^i. \tag{8.15}$$

Sie fragen, ob diese Reihe konvergiert, und wenn ja, welche Funktion sie darstellt? Gute Frage, bitte gleich die nächste Frage!   ◄

Sie haben schon Recht: So kann das nicht weitergehen, wir brauchen Kriterien für die Konvergenz einer Potenzreihe. Das erledige ich im nächsten Unterabschnitt.

8.2.2   Konvergenzradius und Konvergenzbereich

Natürlich werden uns bei der Klärung der Konvergenz einer Potenzreihe die vorne formulierten Konvergenzkriterien helfen, aber es tritt jetzt noch eine zusätzliche Schwierigkeit auf, denn die Konvergenz der Reihe hängt nicht nur von den Koeffizienten, sondern auch vom aktuellen x-Wert ab.

Um diese Abhängigkeit zu verdeutlichen, mache ich zunächst einmal ein – wie meine Kinder sagen würden – krasses Beispiel: Ich nehme die ganz allgemeine Potenzreihe (8.14) und werte sie am Entwicklungspunkt aus, setze also $x = x_0$. Der Reihenwert wird dann

$$\sum_{i=0}^{\infty} c_i 0^i = c_0 + c_1 \cdot 0 + c_2 \cdot 0^2 + \cdots = c_0.$$

Die Reihe ist also konstant gleich c_0 und damit so konvergent, wie sie nur sein kann. Halten wir also fest: Für $x = x_0$ konvergiert jede Potenzreihe, und zwar gegen c_0.

Bewegt man sich mit dem aktuellen x-Wert vom Entwicklungspunkt x_0 weg, so wird die Konvergenzfrage schon kniffliger. Ganz allgemein kann man das nicht mehr angehen, sondern muss konkrete Reihen betrachten. Ich bemühe hierzu nochmals die bereits gut bekannte geometrische Reihe

$$\sum_{i=0}^{\infty} x^i$$

mit dem Entwicklungspunkt $x_0 = 0$. Setzt man auch $x = x_0$, so reduziert sich die Reihe auf den ersten Summanden, und ihr Wert ist 1, das hatten wir ja gerade schon allgemein gesehen. Auch wenn man sich mit dem x-Wert ein wenig von der 0 wegbewegt, konvergiert die Reihe, und das tut sie für alle x, solange man nicht die Werte -1 oder $+1$ erreicht oder gar überschreitet: Für diese beiden Werte konvergiert die Reihe gerade nicht mehr, und wenn man größere Werte einsetzt, erst recht nicht; testen Sie doch mal die Reihe für, sagen wir, $x = 1000$, dann wissen Sie, was ich meine.

Es scheint also so zu sein, dass die Konvergenz immer schlechter wird, je weiter man sich von x_0 wegbewegt, und die Sache an einer bestimmten Stelle „umkippt", das heißt, keine Konvergenz mehr vorliegt und auch an keinem weiter von x_0 weg liegenden Punkt mehr erreicht wird.

Ob Sie es nun glauben oder nicht, aber manchmal schreibt das Leben auch schöne Geschichten, selbst in der Mathematik: Genau so, wie ich es gerade als Hoffnung beschrieben habe, ist es auch richtig und exakt beweisbar. Dies formuliere ich gleich in einem fundamentalen Satz, für den ich aber zuvor noch eine Begriffsbildung brauche:

Definition 8.4

Unter dem **Konvergenzbereich** K einer Potenzreihe $P(x)$ versteht man die Menge derjenigen x-Werte, für die die Reihe konvergiert, also

$$K = \left\{ x \in \mathbb{R}; \; P(x) \, \text{konvergiert} \right\}.$$

Jetzt aber:

Satz 8.9

Es sei $P(x)$ eine Potenzreihe mit Entwicklungspunkt x_0. Dann ist der Konvergenzbereich dieser Reihe entweder ganz $\mathbb{R}$, oder er ist ein endliches Intervall, das symmetrisch zu x_0 liegt, das also von der Form

$$\left\langle x_0 - r, x_0 + r \right\rangle$$

mit einer nicht negativen reellen Zahl r ist. Hierbei können die spitzen Klammern entweder eckige oder runde Klammern bedeuten, das Intervall ist also entweder abgeschlossen, halboffen oder offen. Dies muss man gesondert untersuchen. Im Innern des Intervalls konvergiert die Reihe sogar absolut (Abb. 8.1).

Abb. 8.1 Konvergenzintervall und Konvergenzradius

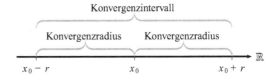

Die Zahl r, die im Satz auftrat und den maximalen Abstand von x_0 zu einem Konvergenzpunkt angibt, nennt man den **Konvergenzradius** der Reihe. Er kann auch 0 sein, was bedeutet, dass die entsprechende Reihe nur für den Punkt $x = x_0$ konvergiert.

Zur Berechnung von r gibt es eine einfache Methode, und die gebe ich Ihnen jetzt an:

Satz 8.10

Es sei

$$P(x) = \sum_{i=0}^{\infty} c_i \left(x - x_0\right)^i$$

eine Potenzreihe. Dann gilt:

a) Der Konvergenzradius r dieser Reihe ist der Grenzwert

$$r = \lim_{i \to \infty} \left| \frac{c_i}{c_{i+1}} \right|,$$

falls dies eine endliche Zahl ist. Andernfalls konvergiert die Reihe für alle reellen Zahlen x.

b) Der Konvergenzradius r dieser Reihe ist der Grenzwert

$$r = \frac{1}{\lim_{i \to \infty} \sqrt[i]{|c_i|}},$$

falls dies eine endliche Zahl ist. Andernfalls konvergiert die Reihe für alle reellen Zahlen x.

Mir ist klar, dass dringend Beispiele gebraucht werden, aber gestatten Sie mir vorher noch folgende Bemerkungen:

Bemerkungen

1) Wenn wir für den Moment einmal auch den Wert ∞ als Grenzwert einer Folge zulassen (was in der Analysis streng verboten ist, aber wir sind ja unter uns), so können wir die lästige Fallunterscheidung im Satz auch weglassen: „konvergiert" die Folge gegen unendlich, so ist eben der Konvergenzradius unendlich groß, der Konvergenzbereich also $\mathbb{R}$.

2) Die beiden Aussagen a) und b) des Satzes sind keineswegs als Alternativen zu verstehen, um unterschiedliche Konvergenzradien herauszubekommen. Vielmehr ist der Konvergenzradius einer Reihe eine eindeutig bestimmte Zahl, die beiden Punkte bieten also nur zwei alternative Berechnungsmethoden für dieselbe Zahl an. Manchmal funktionieren beide, manchmal aber auch nur eine der beiden Methoden. Sollten Sie diese

beiden Methoden übrigens an das Quotienten- bzw. Wurzelkriterium aus dem ersten Abschnitt erinnern, so darf ich Ihnen gratulieren: Genau daraus leiten sich diese beiden Methoden tatsächlich ab.

Jetzt aber endlich Beispiele. Beachten Sie hierfür Folgendes: Das Endziel ist natürlich die Bestimmung des genauen Konvergenzbereichs. Gemäß Satz 8.9 berechnet man hierfür zunächst den Konvergenzradius, der die Ausdehnung des Konvergenzbereichs angibt. Danach muss man noch separat die beiden Randpunkte dieses Bereichs, also die Zahlen $x_0 - r$ und $x_0 + r$, untersuchen, um festzustellen, ob der jeweilige Randpunkt dazugehört, ob das Intervall also offen oder abgeschlossen ist.

Beispiel 8.7

a) Betrachten wir zunächst noch einmal die bereits altbekannte geometrische Reihe

$$\sum_{i=0}^{\infty} x^i.$$

Hier ist $x_0 = 0$ und $c_i = 1$ für alle i, somit

$$r = \lim_{i \to \infty} \left| \frac{c_i}{c_{i+1}} \right| = \lim_{i \to \infty} \frac{1}{1} = 1.$$

Der Konvergenzradius ist also 1, und die Randpunkte des Konvergenzintervalls lauten 1 und -1. Diese muss ich separat untersuchen:

Für $x = 1$ ergibt sich die Reihe

$$\sum_{i=0}^{\infty} 1^i,$$

die sicherlich nicht konvergiert, da noch nicht einmal die Summanden gegen 0 gehen. $x = 1$ gehört also nicht zum Konvergenzbereich. Aber auch der linke Randpunkt $x = -1$ erweist sich als störrisch, denn die Reihe

$$\sum_{i=0}^{\infty} (-1)^i$$

konvergiert aus demselben Grund auch nicht. Somit gehören beide Randpunkte nicht zum Konvergenzbereich K der Reihe, und es ergibt sich als Konvergenzbereich das offene Intervall

$$K = (-1, 1).$$

b) Zweites Beispiel ist die Reihe

$$\sum_{i=0}^{\infty} \frac{x^i}{i!}.$$

Auch hier ist $x_0 = 0$, aber nun ist $c_i = 1/i!$ für alle i. Der nach Satz 8.10 zu untersuchende Quotient lautet also

$$\left| \frac{c_i}{c_{i+1}} \right| = \frac{1/i!}{1/(i+1)!} = \frac{(i+1)!}{i!} = i+1.$$

Für i gegen unendlich geht dieser Ausdruck ebenfalls gegen Unendlich, und daher ist der Konvergenzbereich dieser Reihe die ganze reelle Zahlenmenge $\mathbb{R}$.

c) Als drittes und – das sei zu Ihrer Motivation gesagt – letztes Beispiel untersuche ich die Reihe

$$\sum_{i=0}^{\infty} i^i \cdot (x-4)^i.$$

Hier ist

$$r = \lim_{i \to \infty} \left| \frac{c_i}{c_{i+1}} \right| = \lim_{i \to \infty} \frac{i^i}{(i+1)^{i+1}} = 0,$$

denn

$$\frac{i^i}{(i+1)^{i+1}}$$

ist sicherlich kleiner als

$$\frac{i^i}{i^{i+1}} = \frac{1}{i},$$

und das geht für $i \to \infty$ allemal gegen 0. Der Konvergenzradius dieser Reihe ist also 0, und das heißt, die Reihe konvergiert nur für den Entwicklungspunkt $x_0 = 4$. ◀

Die Bestimmung von Konvergenzradius und -bereich einer Potenzreihe ist ein zentraler Punkt dieses Abschnitts, und daher müssen diese Techniken auch unbedingt „sitzen". Und wie vertieft man eine mathematische Einsicht? Na ja, auch ich war mal Student und würde jetzt aufstöhnen, aber so ist es nun mal im Leben.

Übungsaufgabe 8.5

Bestimmen Sie die Konvergenzradien der folgenden Potenzreihen:

a) $\displaystyle\sum_{i=0}^{\infty} \frac{x^i}{2^i}$

b) $\displaystyle\sum_{i=0}^{\infty} \frac{(10x)^i}{i!}$ ◀

Übungsaufgabe 8.6

Bestimmen Sie die Konvergenzbereiche der folgenden Potenzreihen:

a) $\displaystyle\sum_{i=1}^{\infty} \frac{(x+2)^i}{i^4 \cdot 4i}$

b) $\displaystyle\sum_{i=1}^{\infty} \frac{i}{3^i} \cdot x^i$ ◄

8.2.3 Operationen mit Potenzreihen

Keine Angst, trotz des Wortes „Operation" in der Überschrift wird es in diesem Unterabschnitt ebenso wie im ersten Kapitel bei den Mengenoperationen nicht chirurgisch. Vielmehr geht es hier um Operationen wie Multiplikation, Ableitung oder Integration von Potenzeihen.

Ich beginne mit der Multiplikation, die – merkwürdigerweise – die schlimmste der drei gerade genannten Operationen ist, aber da müssen wir jetzt gemeinsam durch:

Satz 8.11

Es seien

$$P_1(x) = \sum_{i=0}^{\infty} c_i \left(x - x_0\right)^i$$

und

$$P_2(x) = \sum_{i=0}^{\infty} b_i \left(x - x_0\right)^i$$

zwei Potenzreihen mit demselben Entwicklungspunkt x_0 und den Konvergenzradien r_1 bzw. r_2. Ich setze $r = \min\{r_1, r_2\}$, also die kleinere der beiden Zahlen r_1 und r_2.

Dann ist auch das Produkt der beiden Reihen als Potenzreihe mit Entwicklungspunkt x_0 darstellbar; die Reihe

$$P_1(x) \cdot P_2(x) = \sum_{i=0}^{\infty} d_i \left(x - x_0\right)^i \tag{8.16}$$

konvergiert für alle x mit

$$x_0 - r < x < x_0 + r,$$

also auf dem kleineren der beiden Konvergenzbereiche der Ausgangsreihen, und ihre Koeffizienten d_i werden nach folgender Formel berechnet:

$$d_i = \sum_{j=0}^{i} c_j b_{i-j} = c_0 b_i + c_1 b_{i-1} + \cdots + c_{i-1} b_1 + c_i b_0.$$

Auch wenn der Satz, insbesondere die Formel zur Berechnung der Koeffizienten d_i, noch so beeindruckend daherkommen mag, ich halte ihn nicht für allzu bemerkenswert. Wenn Sie sich nämlich einmal die ersten Summanden der Reihen P_1 und P_2 hinschreiben und die Multiplikation ausführen, dann sehen Sie, wie diese Formel zustande kommt und dass sie in keiner Weise vom Himmel fällt. Bemerkenswerter ist da schon die Tatsache, dass die Produktreihe wieder konvergiert, und zwar für alle x, für die die beiden Ausgangsreihen konvergieren, nämlich dem kleineren der beiden Konvergenzbereiche.

Beispiel 8.8

Allzu viele Reihen habe ich ja noch nicht zur Verfügung, über die ich genau Bescheid weiß, aber beispielsweise kann ich ja einmal die geometrische Reihe mit sich selbst multiplizieren; kein Mensch hat gefordert, dass die beiden Reihen verschieden sein müssen. Sei also

$$P_1(x) = P_2(x) = \sum_{i=0}^{\infty} x^i.$$

Der Entwicklungspunkt ist hier 0, die Koeffizienten sind alle gleich 1, was die Sache recht überschaubar macht, denn damit ist der Koeffizient d_i der Produktreihe gleich

$$d_i = \sum_{i=0}^{i} 1 = 1 + 1 + \cdots + 1 = i + 1,$$

und auch der Konvergenzradius ist nach obigen Aussagen gleich 1. Somit gilt: Für alle x mit $|x| < 1$, also $-1 < x < 1$, konvergiert die Produktreihe

$$\left(P_1(x)\right)^2 = \sum_{i=0}^{\infty} (i+1) x^i$$

und stellt dort die Funktion

$$\left(\frac{1}{1-x}\right)^2 = \frac{1}{(1-x)^2}$$

dar.   ◄

Übungsaufgabe 8.7

Multiplizieren Sie die Reihe

$$\sum_{i=0}^{\infty} \frac{x^i}{i!}$$

mit sich selbst.

Wie lautet der Konvergenzradius der Produktreihe?   ◄

Die nächsten beiden „Operationen", die ich angekündigt hatte, nämlich das Differenzieren und Integrieren einer Potenzreihe, kann ich in einem Aufwasch erledigen, und ich mache das gleich im nächsten Satz. Es wird sich zeigen, dass man sowohl das Ableiten wie auch das Integrieren einer Potenzreihe genauso einfach durchführen kann, wie man es in seinen kühnsten (mathematischen) Träumen kaum zu hoffen wagte, nämlich summandenweise: Man differenziert bzw. integriert jeden einzelnen Summanden der Reihe und summiert das Ergebnis einfach auf, um damit die Ableitung bzw. das Integral der Ausgangsreihe zu erhalten. Wenn Sie jetzt sagen oder denken: „Na klar, was denn auch sonst?", so könnte ich Ihnen tausend Gründe dafür nennen, warum beim „Summieren bis unendlich" so einiges schiefgehen kann, was man intuitiv als richtig erachten würde. Aber ich lasse es lieber und formuliere den entsprechenden Satz:

Satz 8.12

Es sei

$$P(x) = \sum_{i=0}^{\infty} c_i (x - x_0)^i$$

eine Potenzreihe mit positivem Konvergenzradius r. Dann gilt:

1) Für alle x mit $x_0 - r < x < x_0 + r$ ist

$$P'(x) = \sum_{i=1}^{\infty} c_i \cdot i \cdot (x - x_0)^{i-1},$$

und der Konvergenzradius der Reihe $P'(x)$ ist gleich r.

2) Für alle a und b mit $x_0 - r < a < b < x_0 + r$ ist

$$\int_a^b P(x)\,dx = \sum_{i=0}^{\infty} c_i \frac{(x - x_0)^{i+1}}{i+1}\Big|_a^b$$

$$= \sum_{i=0}^{\infty} \frac{c_i}{i+1}\left((b - x_0)^{i+1} - (a - x_0)^{i+1}\right).$$

Als Beispiel leite ich die bereits mehrfach aufgetretene Reihe

$$P(x) = \sum_{i=0}^{\infty} \frac{x^i}{i!}$$

ab. Nach Punkt 1) des Satzes ergibt sich

$$P'(x) = \sum_{i=1}^{\infty} i \cdot \frac{x^{i-1}}{i!},$$

was wiederum gleich

$$P'(x) = \sum_{i=1}^{\infty} \frac{x^{i-1}}{(i-1)!} = \sum_{i=0}^{\infty} \frac{x^i}{i!}$$

ist. Die Reihe $P(x)$ ist also gleich ihrer eigenen Ableitung. Das deutet verdächtig darauf hin, dass es sich hierbei um eine Reihe handelt, die die Exponentialfunktion e^x darstellt, denn diese Funktion hat genau die Eigenschaft, dass sie gleich ihrer eigenen Ableitung ist; im Abschnitt über Taylor-Reihen werden Sie sehen, dass sich dieser Verdacht bestätigt.

Als Beispiel für die Integration nehme ich ausnahmsweise mal die geometrische Reihe. Ich berechne das Integral der Reihe

$$\sum_{i=0}^{\infty} x^i$$

von 0 bis zu einer beliebigen Zahl $z < 1$. Gemäß Satz 8.12 – mit $x_0 = 0$, $a = 0$ und $b = z$ – ergibt sich

$$\int_0^z \sum_{i=0}^{\infty} x^i dx = \sum_{i=0}^{\infty} \int_0^z x^i dx = \sum_{i=0}^{\infty} \frac{1}{i+1} z^{i+1}. \qquad (8.17)$$

Andererseits wissen wir aber auch, dass die geometrische Reihe die Funktion $\dfrac{1}{1-x}$ darstellt, und diese Funktion kann man natürlich auch direkt integrieren: Es ist

$$\int_0^z \frac{1}{1-x} = -\ln(1-x)\Big|_0^z = -\ln(1-z) + \ln(1) = -\ln(1-z), \qquad (8.18)$$

da $\ln(1) = 0$ ist. Weil nun aber das Integral über die Reihe in (8.17) gleich dem Integral über die Funktion in (8.18) sein muss, haben wir bewiesen, dass

$$-\ln(1-z) = \sum_{i=0}^{\infty} \frac{1}{i+1} z^{i+1}$$

ist, und somit eine Potenzreihendarstellung der Logarithmusfunktion hergeleitet.

Übungsaufgabe 8.8

Bestimmen Sie die Ableitung der geometrischen Reihe. Welche Funktion stellt diese abgeleitete Reihe dar?   ◄

Durch ähnliche Spielereien, also Ableiten, Integrieren oder Multiplizieren bekannter Reihen, kann man natürlich noch weitere Reihendarstellungen mehr oder weniger prominenter Funktionen produzieren. Allerdings lässt die ganze Vorgehensweise ein wenig an Systematik vermissen, und es wird somit Zeit, eine Methode zu präsentieren, die die Reihendarstellung einer beliebigen gegebenen Funktion quasi per Knopfdruck produziert. Dies leistet der Satz von Taylor, den ich im nächsten Abschnitt formulieren werde.

8.3   Taylor-Reihen und Taylor-Polynome

Bisher war die Vorgehensweise eigentlich immer dieselbe: Ich habe eine mehr oder weniger zufällig gegebene Reihe auf Konvergenz untersucht und danach versucht festzustellen, wogegen die Reihe denn eigentlich konvergiert, das heißt, welche Funktion sie darstellt.

Das kann doch aber eigentlich nicht ganz der Sinn der Sache sein, oder? Eigentlich müsste man doch von einer Funktion *ausgehen* und ein Rezept dafür haben, eine Reihe zu definieren, die diese Funktion darstellt.

Nun, genau das hat man auch, jedenfalls für Funktionen, die genügend oft differenzierbar sind, nur nennt man es nicht Rezept, sondern taylorsche Formel oder Satz von Taylor:

Definition 8.5
Es sei f eine unendlich oft differenzierbare Funktion und x_0 eine reelle Zahl. Dann heißt die Potenzreihe

$$T_f(x) = \sum_{i=0}^{\infty} \frac{f^{(i)}(x_0)}{i!} \cdot (x - x_0)^i$$

$$= f(x_0) + f'(x_0)(x - x_0) + \frac{f''(x_0)}{2}(x - x_0)^2 + \frac{f'''(x_0)}{6}(x - x_0)^3 + \cdots$$

die **Taylor-Reihe** von f.

Bricht man die Summation nach irgendeinem Summanden ab, so erhält man offenbar eine endliche Summe von Potenzen von x, also ein Polynom. Für beliebiges $n \in \mathbb{N}$ heißt das Polynom

$$T_{f,n}(x) = \sum_{i=0}^{n} \frac{f^{(i)}(x_0)}{i!} \cdot (x - x_0)^i$$

$$= f(x_0) + f'(x_0)(x - x_0) + \cdots + \frac{f^{(n)}(x_0)}{n!}(x - x_0)^n$$

das **Taylor-Polynom** n-ten Grades von f.

Benannt sind Taylor-Reihe und -polynom nach Brook Taylor, einem englischen Mathematiker, der von 1685 bis 1731 lebte.

Was hat nun die Taylor-Reihe einer Funktion mit der Funktion selbst zu tun? Nun, nicht mehr und nicht weniger als dass die Taylor-Reihe identisch mit der Funktion ist, diese also in anderer Form darstellt, sofern eine gewisse Bedingung erfüllt ist. Bevor ich mich über diese Bedingung näher auslasse aber zunächst zwei Beispiele.

Beispiel 8.9

1) Ich möchte zunächst die Taylor-Reihe der Funktion $f(x) = e^x$ mit Entwicklungspunkt $x_0 = 0$ bestimmen. Hierzu brauche ich alle Ableitungen der Funktion an der Stelle 0. Nun, nichts (oder besser: kaum etwas) leichter als das, denn wie Sie wissen, ist die erste und damit alle weiteren Ableitungen der Exponentialfunktion gleich der Funktion selbst, es gilt also für alle i: $f^{(i)}(x) = e^x$, und damit $f^{(i)}(0) = 1$. Damit ist die Taylor-Reihe der Funktion $f(x) = e^x$ mit Entwicklungspunkt 0 gleich

$$T_e(x) = \sum_{i=0}^{\infty} \frac{1}{i!} \cdot x^i = 1 + x + \frac{x^2}{2} + \frac{x^3}{6} + \cdots \tag{8.19}$$

2) Als zweites Beispiel bestimme ich die Taylor-Reihe einer anderen prominenten Funktion, nämlich $f(x) = \sin(x)$, ebenfalls mit dem Entwicklungspunkt $x_0 = 0$. Hierzu berechne ich zunächst die ersten Ableitungen der Funktion: es gilt

$$\sin'(x) = \cos(x), \; \sin''(x) = -\sin(x),$$
$$\sin'''(x) = -\cos(x), \; \sin''''(x) = \sin(x).$$

Die vierte Ableitung ist also gleich der Funktion selbst, und das bedeutet, dass sich von jetzt ab das Spielchen wiederholt: Die fünfte Ableitung ist gleich der ersten, die sechste gleich der zweiten usw. In Formeln kann man das so ausdrücken: Für alle $n \in \mathbb{N}_0$ gilt

$$\sin^{(4n)}(x) = \sin(x), \; \sin^{(4n+1)}(x) = \cos(x),$$
$$\sin^{(4n+2)}(x) = -\sin(x), \; \sin^{(4n+3)}(x) = -\cos(x).$$

Unschöne Sache, diese welche, wie Bugs Bunny sagen würde, aber ich bin ja auch nur an den Werten der Ableitungen an der Stelle 0 interessiert, und da $\sin(0) = 0$ und $\cos(0) = 1$ ist, vereinfacht sich das Ganze zu

$$\sin^{(4n)}(0) = 0, \sin^{(4n+1)}(0) = 1,$$
$$\sin^{(4n+2)}(0) = 0, \sin^{(4n+3)}(0) = -1.$$

Die geraden Ableitungen (inklusive der Funktion selbst, die man ja als nullte Ableitung interpretiert) sind also alle gleich 0, und die ungeraden sind abwechselnd gleich 1 und -1. Damit ergibt sich die Taylor-Reihe

$$T_{\sin}(x) = 0 + \frac{1}{1!} \cdot x + 0 - \frac{1}{3!} \cdot x^3 + 0 + \frac{1}{5!} \cdot x^5 - \frac{1}{7!} \cdot x^7 + \cdots \tag{8.20}$$

$$= \sum_{j=0}^{\infty} \frac{(-1)^j}{(2j+1)!} \cdot x^{2j+1}. \tag{8.21}$$

Abb. 8.2 Die Funktionen
$\sin(x)$ und $T_{\sin,5}(x)$ (*gestrichelt*)

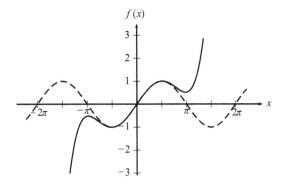

Hat man keine Lust oder keine Zeit, die unendliche Reihe komplett auszurechnen
(was meist der Fall sein wird), so begnügt man sich mit einem Taylor-Polynom;
beispielsweise lautet das Taylor-Polynom fünften Grades zur Sinusfunktion:

$$T_{\sin,5}(x) = x - \frac{x^3}{6} + \frac{x^5}{120}, \tag{8.22}$$

wobei ich die Fakultäten im Nenner freundlicherweise bereits ausmultipliziert
habe (Abb. 8.2).   ◀

Übungsaufgabe 8.9

a)   Bestimmen Sie die Taylor-Reihe der Funktion

$$f(x) = e^x$$

mit dem Entwicklungspunkt $x_0 = 1$.

b)   Bestimmen Sie das Taylor-Polynom vierten Grades der Funktion

$$f(x) = x \cdot \ln(x)$$

mit dem Entwicklungspunkt $x_0 = 1$. ◀

Nun wird es aber endlich Zeit zu klären, unter welchen Bedingungen eine Taylor-Reihe
auch die Funktion darstellt, aus der sie gebildet wurde. Hierfür gibt es ein klares Kriterium, welches ich in folgendem Satz formuliere:

Satz 8.13
Es sei $R_n(x)$ der Unterschied (in älterer Sprachregelung: „Rest", daher R_n) zwischen
dem Taylor-Polynom n-ten Grades und der Funktion f, also

$$R_n(x) = f(x) - T_{f,n}(x).$$

Gilt dann

$$\lim_{n \to \infty} R_n(x) = 0,$$

so stellt die Taylor-Reihe $T_f(x)$ die Funktion $f(x)$ exakt dar.

Per Konstruktion ist $R_n(x)$ der Unterschied zwischen f und dem Taylor-Polynom n-ten Grades, also

$$R_n(x) = \sum_{i=n+1}^{\infty} \frac{f^{(i)}(x_0)}{i!} \cdot (x - x_0)^i. \tag{8.23}$$

Nun gibt es wie meist im Leben eine gute und eine schlechte Nachricht: Die gute ist, dass damit das Verhalten der Taylor-Reihe vollständig geklärt, weil auf das Konvergenzverhalten des Restes R_n zurückgeführt ist. Und die schlechte ist: Im Allgemeinen kann kein Mensch anhand der Darstellung (8.23) entscheiden, ob der jeweilige Rest gegen 0 konvergiert oder nicht.

Aber zum Glück gab es unter unseren mathematischen Vorfahren ein paar schlaue Köpfe, die für diesen Rest Darstellungen fanden, mit denen man auch vernünftig arbeiten kann. Diese gebe ich Ihnen jetzt an:

Satz 8.14 (Restglieddarstellungen)
Es sei f eine beliebig oft differenzierbare Funktion. Dann gibt es für das **Restglied** $R_n(x)$ folgende Darstellungen:

$$R_n(x) = \frac{1}{n!} \cdot \int_{x_0}^{x} (x - t)^n \, f^{(n+1)}(t) \, dt \tag{8.24}$$

und

$$R_n(x) = \frac{f^{(n+1)}(\xi)}{(n+1)!} \cdot (x - x_0)^{n+1}, \tag{8.25}$$

wobei ξ eine Zahl zwischen x_0 und x ist.

Auch wenn diese beiden Darstellungen auf den ersten Blick vielleicht ebenso unhandlich aussehen wie die in (8.23) angegebene, so lässt sich mit ihnen doch ungleich vielmehr anfangen, insbesondere mit der zweiten, also (8.25), die auf den großen französischen Mathematiker Joseph Louis Lagrange (1736 bis 1813) zurückgeht. Ich gebe Ihnen erste Beispiele:

Beispiel 8.10

a) Bricht man die in (8.19) angegebene Reihe für die Exponentialfunktion nach dem n-ten Summanden ab, so bleibt ein Rest, der sich nach (8.25) in der Form

$$R_n(x) = e^\xi \cdot \frac{x^{n+1}}{(n+1)!} \qquad (8.26)$$

schreiben kann. Nun ist e^ξ unabhängig davon, welchen Wert ξ hat, eine feste Zahl, und außerdem wächst $(n+1)!$ allemal schneller als x^{n+1}. Daher geht der Rest $R_n(x)$ für $n \to \infty$ gegen 0, und die in (8.19) angegebene Reihe konvergiert tatsächlich gegen die Exponentialfunktion.

b) Als zweites Beispiel betrachte ich die in (8.20) angegebene Taylor-Reihe der Sinusfunktion. Bricht man diese nach dem n-ten Summanden ab, so ergibt sich nach Lagrange die Restgliedddarstellung

$$R_n(x) = \frac{\sin^{(n+1)}(\xi)}{(n+1)!} \cdot x^{n+1}. \qquad (8.27)$$

Nun ist die $(n+1)$-te Ableitung der Sinusfunktion entweder $\pm \sin$ oder $\pm \cos$, auf alle Fälle aber betragsmäßig kleiner oder gleich 1. Somit ergibt sich für $|R_n(x)|$ die Abschätzung

$$|R_n(x)| \le \frac{1}{(n+1)!} \cdot |x|^{n+1}$$

für jedes $x \in \mathbb{R}$, und der Ausdruck auf der rechten Seite der Ungleichung geht für $n \to \infty$ gegen 0, somit auch R_n, was bedeutet, dass die Sinusreihe für alle $x \in \mathbb{R}$ gegen die Sinusfunktion konvergiert, diese im Grenzwert also darstellt. ◀

Die beiden in Satz 8.14 angegebenen Darstellungen des Restes, also des Fehlers, den man bei Abbruch der Reihe nach dem n-ten Summanden begeht, dienen aber nicht nur dazu, die Konvergenz der jeweiligen Reihe gegen die Funktion, aus der sie hergeleitet wurde, zu beweisen. Vielmehr kann man damit auch ganz konkret abschätzen, welchen Fehler man begeht, wenn man das Taylor-Polynom n-ten Grades anstelle der Funktion selbst benutzt, diese also, wie man sagt, durch das Polynom nur „annähert". Das erkläre ich wohl am besten auch wieder durch ein Beispiel:

Beispiel 8.11

Ich greife nochmals das bereits mehrfach zitierte Beispiel der Exponentialfunktion auf. Es ist

$$T_e(x) = \sum_{i=0}^{\infty} \frac{1}{i!} \cdot x^i.$$

Bricht man die Reihe nach dem n-ten Summanden ab, so ergibt sich ein Fehler, den man nach (8.26) in der Form

$$e^\xi \cdot \frac{x^{n+1}}{(n+1)!}$$

darstellen kann, wobei ξ eine Zahl zwischen dem Entwicklungspunkt 0 und dem aktuellen Wert x ist. Werte ich also die Funktion an der Stelle $x = 1$ aus, so liegt ξ zwischen 0 und 1, und es folgt

$$e^\xi \le e^1 = e = 2,718281828\ldots$$

Somit ist der Fehler bei Auswertung an der Stelle $x = 1$, also $R_n(1)$, abschätzbar durch

$$R_n(1) \le e \cdot \frac{1}{(n+1)!}.$$

Bricht man also beispielsweise die Reihenentwicklung nach dem Term $n = 9$ ab, so hat man im schlechtesten Fall einen Fehler von

$$e \cdot \frac{1}{10!} = \frac{e}{3.628.800} \approx \frac{2,718281828}{3.628.800} \approx 0,000000749$$

zu erwarten. Es gibt Schlimmeres.   ◄

Übungsaufgabe 8.10

In Übungsaufgabe 8.9 haben Sie das Taylor-Polynom vierten Grades der Funktion

$$f(x) = x \cdot \ln(x)$$

bestimmt. Schätzen Sie nun den Fehler ab, den man maximal begeht, wenn man dieses Polynom zur Berechnung von $\ln(2)$ benutzt, also den Wert $|R_4(2)|$.   ◄

Damit verlassen wir die Welt der Potenzreihen (kleine Reminiszenz an Professor Grzimek, den Sie aber wohl leider nicht mehr kennen werden), und gehen über zu einer ganz anderen Art der Reihendarstellung von Funktionen.

8.4   Fourier-Reihen

Neben den Taylor-Reihen, die ja spezielle Potenzreihen sind, gibt es noch eine andere prominente Art der Reihenentwicklung von Funktionen, nämlich die Fourier-Reihen, benannt nach dem französischen Mathematiker Jean Baptiste Fourier, der von 1768 bis 1830 lebte. Fourier-Reihen sind insbesondere zur Darstellung von periodischen Funktionen geeignet, bei denen Taylor-Reihen so ihre Probleme haben. Denken Sie beispielsweise einmal an die Taylor-Reihendarstellung der Sinusfunktion mit dem Entwicklungspunkt 0: In der

Nähe dieses Punktes ist die Annäherung der Reihe an den Sinus recht gut, aber je weiter man sich wegbewegt, desto schlechter wird diese. Andererseits ist Sinus eine periodische Funktion, und so ist beispielsweise sin(20.000π + 1) identisch mit sin(1), während die Taylor-Reihe an der Stelle 20.000π + 1 mit derjenigen für 1 wenig bis gar nichts zu tun hat.

Man braucht also ein neues Konzept der Reihendarstellung von periodischen Funktionen, und dies leistet eben das der Fourier-Reihen. Zunächst muss ich aber exakt definieren, was eine periodische Funktion überhaupt ist.

8.4.1 Periodische Funktionen

Definition 8.6
Es sei f eine auf ganz R definierte Funktion. Gibt es eine Zahl $p > 0$ mit der Eigenschaft, dass

$$f(x) = f(x + p)$$

für alle $x \in \mathbb{R}$ gilt, so nennt man f eine **periodische Funktion** mit der **Periode** p oder kurz eine p-**periodische Funktion** (Abb. 8.3).

Beispiel 8.12

a) Das so ziemlich einfallsloseste Beispiel einer periodischen Funktion ist eine konstante Funktion, also eine Funktion der Form $f(x) = c$ für alle $x \in \mathbb{R}$. Für eine solche Funktion gilt für *jedes* $p > 0$, dass

$$f(x + p) = f(x)(= c)$$

ist, somit ist eine solche Funktion periodisch mit jeder beliebigen Periode.

Abb. 8.3 Periodische Funktion mit Periode p

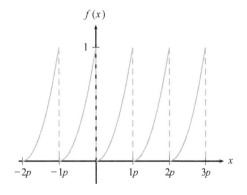

b) Ein ernsthafteres Beispiel kennen Sie auch schon, es ist die Sinusfunktion, die gewissermaßen den Prototyp einer periodischen Funktion darstellt: Es gilt

$$\sin(x) = \sin(x + 2\pi)$$

für alle $x \in \mathbb{R}$, somit ist die Sinusfunktion eine 2π-periodische Funktion. Dasselbe gilt natürlich für die Cosinusfunktion.

c) Um das dritte und letzte Beispiel anzugeben, muss ich zunächst ein wenig ausholen und eine Funktion definieren, die einen großen Namen trägt: die sogenannte **Gauß-Klammer** $\lfloor x \rfloor$. Diese Funktion ordnet jeder reellen Zahl x die größte ganze Zahl zu, die kleiner oder gleich x ist; formal definiert man das so:

$$\lfloor x \rfloor = \max \{ n \in \mathbb{Z};\ n \le x \}.$$

Ist x positiv, so ist das gerade der „ganzzahlige Anteil", so ist beispielsweise $\lfloor 3,2415 \rfloor = 3$. Ein Beispiel einer negativen Zahl ist $\lfloor -7,7777 \rfloor = -8$.

Die Gauß-Klammer selbst ist nicht periodisch, aber man kann mit ihrer Hilfe eine periodische Funktion wie folgt konstruieren: Die **Sägezahnfunktion**

$$s(x) = x - \lfloor x \rfloor$$

ist eine periodische Funktion mit der Periode 1 (vgl. Abb. 8.4).   ◀

Offenbar kennt man eine p-periodische Funktion bereits dann für alle $x \in \mathbb{R}$, wenn man sie auf einem Intervall der Länge p kennt. Wo dieses Intervall liegt, ist völlig unerheblich, aber meist sucht man sich hierfür das Intervall $[0, p]$ aus. Dieses Intervall nennt man das **Grundintervall** oder auch **Fundamentalintervall** der Funktion. Beispielsweise ist das Grundintervall der 2π-periodischen Funktion $\sin(x)$ das Intervall $[0, 2\pi]$, und wenn Sie einmal in ein beliebiges Lehrbuch über trigonometrische Funktionen schauen, werden Sie eigentlich immer feststellen, dass die Beschreibung der Sinus-Funktion nur auf diesem Intervall stattfindet. Und spätestens jetzt wissen Sie auch, warum.

Im Rest des Kapitels werde ich mich auf den Fall der 2π-periodischen Funktionen konzentrieren. Dies sind die am häufigsten auftretenden, und außerdem kann man jede beliebige periodische Funktion so umskalieren, dass daraus eine 2π-periodische wird:

Abb. 8.4 Sägezahnfunktion

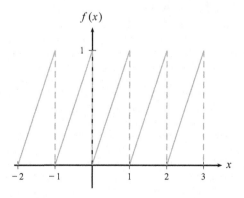

Ist f eine p-periodische Funktion, dann ist g, definiert durch

$$g(x) = f\left(x \cdot \frac{p}{2\pi}\right)$$

eine 2π-periodische Funktion, denn

$$g(x+2\pi) = f((x+2\pi) \cdot \frac{p}{2\pi}) = f(x \cdot \frac{p}{2\pi} + p) = f(x \cdot \frac{p}{2\pi}) = g(x),$$

wobei ich natürlich ausgenutzt habe, dass f eine p-periodische Funktion ist.

Übungsaufgabe 8.11

Geben Sie die kleinste Periode der folgenden Funktionen an:

a) $f(x) = \cos(2x)$

b) $g(x) = \cos\left(\frac{x}{2}\right) + \sin\left(\frac{x}{3}\right)$

c) $h(x) = \sin^2(x)$ ◄

Übungsaufgabe 8.12

Geben Sie eine Sägezahnfunktion mit der Periode 2π an.   ◄

8.4.2 Fourier-Reihendarstellung periodischer Funktionen

Ohne lange Vorrede – man wird älter – gebe ich Ihnen jetzt die Definition einer Fourier-Reihe an:

Definition 8.7

Es sei f eine 2π-periodische Funktion. Dann ist die Fourier-Reihe von f definiert als

$$F_f(x) = \frac{a_0}{2} + \sum_{n=1}^{\infty} \left(a_n \cos(nx) + b_n \sin(nx)\right). \qquad (8.28)$$

Die Koeffizienten a_n und b_n berechnet man nach der Vorschrift

$$a_n = \frac{1}{\pi} \int_0^{2\pi} f(x) \cos(nx)\, dx$$

für $n = 0, 1, 2, \ldots$ und

$$b_n = \frac{1}{\pi} \int\limits_0^{2\pi} f(x) \sin(nx) dx$$

für $n = 1, 2, \ldots$

Achtung! – Attention! – Attenzione! – Auch wenn der Verdacht naheliegt, ich habe noch mit keinem Wort behauptet, dass die Fourier-Reihe einer Funktion auch diese Funktion darstellt. Tatsächlich muss man hierfür noch Bedingungen an die Funktion stellen. Ich formuliere diese auch gleich im Anschluss, aber zunächst einmal hält uns ja niemand davon ab, die eine oder andere Fourier-Reihe zu bestimmen.

Beispiel 8.13

a) Eingangs hatte ich schon erwähnt, dass auch die Konstanten periodische Funktionen sind, wenn auch langweilige. Daher werde ich als erstes Beispiel die Fourier-Reihe der Funktion

$$f(x) = 1 \text{ für alle } x \in \mathbb{R}$$

berechnen.

Es ist meist eine gute Idee, den Koeffizienten a_0 gesondert zu betrachten, und das werde ich auch hier tun. Da $\cos(0x) = \cos(0) = 1$ ist, lautet die Berechnungsvorschrift

$$a_0 = \frac{1}{\pi} \int\limits_0^{2\pi} f(x) dx,$$

und da f konstant gleich 1 ist, erhalte ich hierfür sofort

$$a_0 = \frac{1}{\pi} \int\limits_0^{2\pi} 1 dx = \frac{x}{\pi} \Big|_0^{2\pi} = 2.$$

Für $n \geq 1$ muss ich die Funktion $\cos(nx)$ integrieren, brauche also deren Stammfunktion, und diese lautet

$$\frac{\sin(nx)}{n},$$

wie Sie in Kap. 7 lernen konnten. Damit ist für $n \geq 1$:

$$a_n = \frac{1}{\pi} \int\limits_0^{2\pi} \cos(nx) dx = \frac{1}{\pi} \frac{\sin(nx)}{n} \Big|_0^{2\pi} = 0,$$

da die Sinusfunktion an allen ganzzahligen Vielfachen von π den Wert 0 hat. Auf dieselbe Art und Weise erhält man, da $-\dfrac{\cos(nx)}{n}$ die Stammfunktion von $\sin(nx)$ ist, dass für $n \geq 1$ gilt:

$$b_n = \frac{1}{\pi} \int_0^{2\pi} \sin(nx)dx = \frac{-1}{\pi} \left. \frac{\cos(nx)}{n} \right|_0^{2\pi} = \frac{-1}{\pi} \left(\frac{1}{n} - \frac{1}{n} \right) = 0,$$

da die Cosinusfunktion an allen ganzzahligen Vielfachen von 2π den Wert 1 hat. Es bleibt also von der ganzen Herrlichkeit nur der Koeffizient a_0 übrig, dieser hat den Wert 2, und da ich ihn bei der Formulierung der Reihe noch durch 2 dividieren muss, lautet die Fourier-Reihe der konstanten Funktion $f(x) = 1$:

$$F_1(x) = 1.$$

Nun ja.

Typisch ist dieses Wegfallen fast aller Koeffizienten allerdings nicht, es war ja auch nur ein Beispiel zum Warmlaufen; ein ernsthafteres (und daher leider auch ein wenig aufwendigeres) Beispiel zeige ich Ihnen jetzt (Abb. 8.5):

b) Ich definiere die Funktion f auf dem Fundamentalintervall $[0, 2\pi]$ durch

$$f(x) = \begin{cases} x, & \text{falls } 0 \leq x \leq \pi, \\ 2\pi - x, & \text{falls } \pi \leq x \leq 2\pi, \end{cases} \tag{8.29}$$

und setze sie auf ganz $\mathbb{R}$ periodisch mit der Periode 2π fort. Damit ist sie natürlich automatisch eine 2π-periodische Funktion und besitzt eine Fourier-Reihe. Und nun werde ich mich daran machen (und Sie müssen da leider mit durch), deren Koeffizienten zu berechnen.

Beginnen wir wieder mit a_0. Da die Funktion auf den beiden Teilen des Intervalls $[0, 2\pi]$ unterschiedlich definiert ist, bietet es sich an, das Integral in zwei Teilintegrale aufzuspalten; es ergibt sich

Abb. 8.5 Die Funktion aus (8.29)

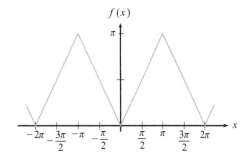

$$a_0 = \frac{1}{\pi} \cdot \int_0^{2\pi} f(x)\,dx = \frac{1}{\pi}\left(\int_0^{\pi} x\,dx + \int_{\pi}^{2\pi} (2\pi - x)\,dx \right)$$

$$= \frac{1}{\pi} \cdot \left(\frac{x^2}{2}\Big|_0^{\pi} + \left(2\pi x - \frac{x^2}{2}\right)\Big|_{\pi}^{2\pi} \right)$$

$$= \frac{1}{\pi} \cdot \left(\frac{\pi^2}{2} - 0 + 2\pi \cdot 2\pi - \frac{(2\pi)^2}{2} - (\pi \cdot 2\pi - \frac{\pi^2}{2}) \right)$$

$$= \frac{1}{\pi} \cdot \pi^2 = \pi.$$

Der ganze Aufwand also nur, um $a_0 = \pi$ herauszubekommen? Na ja, nicht ganz, denn dabei konnte ich Ihnen die grundsätzliche Vorgehensweise bei der Berechnung auch der allgemeinen Koeffizienten näherbringen. Um diese vollständig durchführen zu können, müssen Sie nur noch wissen, dass

$$\int x \cos(nx)\,dx = \frac{x \sin(nx)}{n} + \frac{\cos(nx)}{n^2}$$

ist, wie Sie mithilfe partieller Integration schnell nachprüfen können (und sollten, ich warte hier so lange). Damit erhält man für alle $n \in \mathbb{N}$:

$$a_n = \frac{1}{\pi}\left(\int_0^{\pi} x \cos(nx)\,dx + \int_{\pi}^{2\pi} (2\pi - x)\cos(nx)\,dx \right)$$

$$= \frac{1}{\pi}\left(\left(\frac{x \sin(nx)}{n} + \frac{\cos(nx)}{n^2} \right)\Big|_0^{\pi} \right.$$

$$\left. + \left(\frac{2\pi \sin(nx)}{n} - \frac{x \sin(nx)}{n} - \frac{\cos(nx)}{n^2} \right)\Big|_{\pi}^{2\pi} \right)$$

$$= \frac{1}{\pi}\left(0 + \frac{(-1)^n}{n^2} - 0 - \frac{1}{n^2} + 0 - 0 - \frac{1}{n^2} - 0 + 0 + \frac{(-1)^n}{n^2} \right)$$

$$= \frac{2 \cdot \left((-1)^n - 1\right)}{n^2 \pi}.$$

Das sind also die Koeffizienten a_n. Sie sehen, dass $a_n = 0$ ist, wenn n gerade ist, und

$$a_n = \frac{-4}{n^2 \pi},$$

wenn n ungerade ist.

Die Koeffizienten b_n berechnet man auf genau dieselbe Weise, weshalb ich mich hier kurz fassen werde: Man berechnet in Analogie zu oben mittels partieller Integration, dass

$$\int x \sin(nx)\,dx = \frac{\sin(nx)}{n^2} - \frac{x\cos(nx)}{n}$$

ist, und führt danach die gleichen Schritte durch wie gerade eben bei der Berechnung der a_n. Das Ergebnis ist hier

$$b_n = 0$$

für alle n.

Packt man das nun alles zusammen, erhält man die Fourier-Reihe der in (8.29) definierten Funktion (beachten Sie, dass man a_0 noch halbieren muss) als

$$F_f(x) = \frac{\pi}{2} - \frac{4}{\pi} \cdot \left(\sum_{i=0}^{\infty} \frac{\cos((2i+1)x)}{(2i+1)^2} \right)$$

$$= \frac{\pi}{2} - \frac{4}{\pi} \cdot \left(\cos(x) + \frac{\cos(3x)}{3^2} + \frac{\cos(5x)}{5^2} + \cdots \right).$$

Ein Wort der Erläuterung hierzu: Wir haben ermittelt, dass die einzigen von 0 verschiedenen Koeffizienten die

$$a_n = \frac{-4}{n^2\pi}$$

für ungerade n sind. In der Angabe der Reihe habe ich den gemeinsamen Faktor $-\dfrac{4}{\pi}$ vor das Summenzeichen gezogen, und außerdem benutzt, dass man jede ungerade Zahl n in der Form $2i + 1$ mit $i \in \mathbb{N}_0$ schreiben kann. ◄

Aber auch nach diesen nervenaufreibenden Beispielen wissen wir immer noch nicht, ob bzw. unter welchen Bedingungen die Fourier-Reihe einer Funktion auch diese Funktion darstellt, also mit ihr identisch ist. Diese Bedingungen formuliere ich jetzt:

Satz 8.15

Es sei f eine auf $\mathbb{R}$ definierte 2π-periodische Funktion mit folgenden Eigenschaften:

1) Es gibt eine Zerlegung des Intervalls $[0, 2\pi]$ in endlich viele Teilintervalle so, dass f auf jedem dieser Teilintervalle stetig und monoton ist.

2) An jeder Unstetigkeitsstelle $\bar{x}$ existieren die links- und rechtsseitigen Grenzwerte

$$f_-(\bar{x}) = \lim_{\substack{x \to \bar{x} \\ x < \bar{x}}} f(x) \text{ und } f_+(\bar{x}) = \lim_{\substack{x \to \bar{x} \\ x > \bar{x}}} f(x).$$

Dann ist die Fourier-Reihe F_f von f überall dort, wo f stetig ist, mit f identisch.

An jeder Unstetigkeitsstelle stellt die Fourier-Reihe das arithmetische Mittel von links- und rechtsseitigem Grenzwert dar, also

$$F_f(\overline{x}) = \frac{f_-(\overline{x}) + f_+(\overline{x})}{2}.$$

Der Satz sagt also aus, dass überall dort, wo f stetig ist, die Fourier-Reihe genau das tut, was man von ihr erwartet: Sie ist identisch mit f. Insbesondere brauchen wir uns über die im Beispiel genannten beiden Funktionen und ihre Reihen keine Sorgen zu machen, da beide Funktionen stetig sind.

Aber offenbar gilt bei Fourier-Reihen noch weit mehr als beispielsweise bei Taylor-Reihen: Die Funktion muss noch nicht einmal auf dem ganzen Intervall stetig sein, damit die Reihe vernünftige Resultate liefert.

Hierzu natürlich gleich noch ein Beispiel:

Beispiel 8.14

Ich definiere eine Funktion f auf dem Grundintervall $[0, 2\pi)$ durch

$$f(x) = \begin{cases} 1, & \text{falls } 0 \le x < \pi, \\ -1, & \text{falls } \pi \le x < 2\pi, \end{cases}$$

und setze sie wiederum auf ganz $\mathbb{R}$ periodisch mit der Periode 2π fort. Damit ist sie natürlich automatisch eine 2π-periodische Funktion und besitzt eine Fourier-Reihe.

Jetzt müssen wir „nur noch" die Koeffizienten dieser Reihe ausrechnen. Ich beginne mit a_0, hier ist

$$\begin{aligned} a_0 &= \frac{1}{\pi} \int_0^{2\pi} f(x) dx = \frac{1}{\pi} \left(\int_0^{\pi} 1 dx + \int_{\pi}^{2\pi} -1 dx \right) \\ &= \frac{1}{\pi} \left(x \big|_0^{\pi} + -x \big|_{\pi}^{2\pi} \right) \\ &= \frac{1}{\pi} (\pi - 0 - (2\pi - \pi)) = 0. \end{aligned}$$

Für die Berechnung der Koeffizienten a_n und b_n mit $n \ge 1$ brauche ich wieder die Stammfunktionen von $\cos(nx)$ und $\sin(nx)$, die ich bereits im letzten Beispiel angegeben hatte. Es folgt ohne viel Umschweife

$$a_n = \frac{1}{\pi} \int_0^{2\pi} f(x) \cos(nx) dx$$

$$= \frac{1}{\pi} \left(\int_0^{\pi} \cos(nx) dx + \int_{\pi}^{2\pi} -\cos(nx) dx \right)$$

$$= \frac{1}{\pi} \left(\frac{\sin(nx)}{n} \bigg|_0^{\pi} - \frac{\sin(nx)}{n} \bigg|_{\pi}^{2\pi} \right) = 0$$

und

$$b_n = \frac{1}{\pi} \int_0^{2\pi} f(x) \sin(nx) dx$$

$$= \frac{1}{\pi} \left(\int_0^{\pi} \sin(nx) dx + \int_{\pi}^{2\pi} -\sin(nx) dx \right)$$

$$= -\frac{1}{\pi} \left(\frac{\cos(nx)}{n} \bigg|_0^{\pi} - \frac{\cos(nx)}{n} \bigg|_{\pi}^{2\pi} \right)$$

$$= \frac{1}{n\pi} \left(1 - 2\cos(n\pi) + \cos(2n\pi) \right)$$

$$= \frac{2}{n\pi} \left(1 - \cos(n\pi) \right)$$

$$= \frac{2}{n\pi} \left(1 - (-1)^n \right).$$

So etwas kennen Sie ja schon aus dem vorangegangenen Beispiel: b_n ist also 0, wenn n gerade ist, und $\frac{4}{n\neq}$, falls n ungerade ist. Die Fourier-Reihe lautet somit

$$F_f(x) = \frac{4}{\pi} \cdot \sum_{i=0}^{\infty} \frac{\sin\big((2i+1)x\big)}{(2i+1)}$$

$$= \frac{4}{\pi} \left(\sin(x) + \frac{\sin(3x)}{3} + \frac{\sin(5x)}{5} + \cdots \right).$$

An allen Stetigkeitsstellen von f konvergiert diese Reihe gegen die Funktion, das ist klar. Das Neue an diesem Beispiel ist, dass es hier auch eine Unstetigkeitsstelle gibt, nämlich $x = \pi$. Setze ich diesen Wert in die Reihe ein, so ergibt sich

$$F_f(\pi) = 0,$$

da die Sinusfunktion an allen ganzzahligen Vielfachen von π gleich 0 ist. Das deckt sich aber auch durchaus mit dem gerade formulierten Satz, denn 0 ist das arithmetische Mittel des linksseitigen Grenzwerts $+1$ und des rechtsseitigen Grenzwerts -1.   ◄

Abb. 8.6 Die Funktion in
Beispiel 8.14 (*gestrichelt*) und
Teilsummen ihrer
Fourier-Reihe

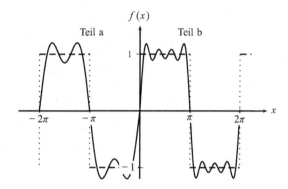

Abb. 8.6 zeigt die Funktion f (gestrichelt) sowie die ersten Teilsummen ihrer Fourier-Reihe: In Teil a) läuft i von 0 bis 1 (also zwei Summanden), in Teil b) von 0 bis 4 (fünf Summanden).

In den obigen Beispielen kam es nun mehrfach vor, dass eine Gruppe der Koeffizienten, die a_n oder die b_n, komplett gleich 0 war, und vielleicht haben Sie an der einen oder anderen Stelle schon mal gedacht: „Na, das hätte man sich vielleicht auch schon vorher denken könnnen!" Hätte man ehrlich gesagt auch, wenn man den Zusammenhang von geraden und ungeraden periodischen Funktionen und ihren Fourier-Reihen bereits gehabt hätte. Die Definition des Begriffs gerade und ungerade Funktion habe ich in Kap. 5 gegeben, dort finden Sie auch – falls Sie sich nicht mehr so gut erinnern können, ist ja schon ein paar Seiten her – noch weitere Erläuterungen und Beispiele dazu.

Der nächste Satz sagt aus, dass sich die Arbeit bei der Berechnung der Fourier-Koeffizienten im Falle einer geraden oder ungeraden Funktion erheblich reduziert:

Satz 8.16
Es sei f eine 2π-periodische Funktion und

$$F_f(x) = \frac{a_0}{2} + \sum_{n=1}^{\infty} \left(a_n \cos(nx) + b_n \sin(nx) \right)$$

ihre Fourier-Reihe. Dann gilt:
 Ist f eine gerade Funktion, so ist $b_n = 0$ für alle $n \in \mathbb{N}$.
 Ist f eine ungerade Funktion, so ist $a_n = 0$ für alle $n \in \mathbb{N}_0$.

Erste Beispiele hatten wir oben schon gesehen, wenngleich ich dort – da ich diesen Satz noch nicht hatte – unnötigerweise auch die Null-Koeffizienten noch ausgerechnet hatte:

Die konstante Funktion $f(x) = 1$ ist eine gerade Funktion, und daher sind hier alle b_n gleich 0.

Die Funktion f, auf dem Fundamentalintervall definiert durch

$$f(x) = \begin{cases} x, & \text{falls } 0 \le x \le \pi, \\ 2\pi - x, & \text{falls } \pi \le x \le 2\pi, \end{cases}$$

ist ebenfalls eine gerade Funktion, und wie wir gesehen haben, verschwinden auch hier alle Koeffizienten b_n.

Ein Beispiel einer ungeraden Funktion stricke ich Ihnen jetzt.

Beispiel 8.15

Es sei f auf dem Fundamentalintervall $[0, 2\pi)$ definiert durch

$$f(x) = \begin{cases} \pi - x, & 0 < x < 2\pi, \\ 0 & x = 0 \end{cases} \tag{8.30}$$

und auf ganz $\mathbb{R}$ periodisch fortgesetzt.

Ich habe bereits behauptet, dass dies eine ungerade Funktion ist, und das will ich jetzt auch beweisen: Es sei also x eine Zahl aus dem Intervall $[0, 2\pi)$. Dann ist wegen der Periodizität von f:

$$f(-x) = f(2\pi - x).$$

Letzteres ist aber nach Definition der Funktion gleich

$$\pi - (2\pi - x) = x - \pi = -f(x).$$

Somit ist zusammenfassend $f(-x) = -f(x)$, also f eine ungerade Funktion. Daher weiß ich jetzt schon, dass für alle $n \in \mathbb{N}_0$ $a_n = 0$ ist.

Die b_n müssen wir leider wieder berechnen, aber das geht nun schnell, denn die Sache mit der partiellen Integration, die hier gebraucht wird, kennen Sie ja nun schon, insbesondere wissen Sie, dass

$$\int_0^{2\pi} \frac{\cos(nx)}{n} dx = \frac{\sin(nx)}{n^2} \Big|_0^{2\pi} = 0$$

ist. Somit wird

$$\begin{aligned} b_n &= \frac{1}{\pi} \int_0^{2\pi} (\pi - x)\sin(nx) dx \\ &= \frac{1}{\pi} \left(-\frac{\pi - x}{n}\cos(nx) \Big|_0^{2\pi} - \int_0^{2\pi} \frac{\cos(nx)}{n} dx \right) \\ &= \frac{1}{\pi} \left(-\frac{\pi - 2\pi}{n} - \frac{-\pi}{n} - 0 \right) \\ &= \frac{1}{\pi} \left(\frac{2\pi}{n} \right) = \frac{2}{n}. \end{aligned}$$

Abb. 8.7 Die Funktion in
Beispiel 8.15 (*gestrichelt*) und
die Partialsumme ihrer
Fourier-Reihe für $N = 4$

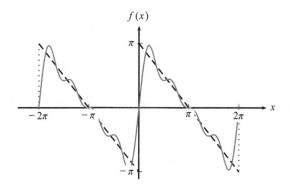

Die Fourier-Reihe der in (8.30) definierten Funktion lautet also

$$F_f(x) = \sum_{n=1}^{\infty} \frac{2}{n} \cdot \sin(nx). \tag{8.31}$$

Abb. 8.7 zeigt diese Funktion (gestrichelt) und die Partialsumme der Fourier-Reihe
(8.31) mit 4 Summanden, also die Funktion

$$\sum_{n=1}^{4} \frac{2}{n} \cdot \sin(nx). \qquad \blacktriangleleft$$

Übungsaufgabe 8.13

a)   Die Funktion f sei auf dem Fundamentalintervall $[0, 2\pi)$ definiert durch

$$f(x) = x, \text{ falls } 0 \leq x < 2\pi,$$

und auf ganz $\mathbb{R}$ periodisch mit der Periode 2π fortgesetzt.

b)   Die Funktion g sei auf dem Fundamentalintervall $[0, 2\pi)$ definiert durch

$$g(x) = \left| \sin(x/2) \right|$$

und auf ganz $\mathbb{R}$ periodisch mit der Periode 2π fortgesetzt.
Bestimmen Sie die Fourier-Reihen dieser Funktionen.
Hinweis: Sie sollten bei Teil b) die Beziehung

$$\sin(a)\cos(b) = \frac{1}{2}\big(\sin(a+b) + \sin(a-b)\big)$$

benutzen. $\blacktriangleleft$

8.4.3   Komplexe Darstellung der Fourier-Reihe

Zum Abschluss dieses Kapitels gebe ich noch eine andere Darstellung der Fourier-Reihe
bzw. der Fourier-Koeffizienten an, die sich der komplexen Zahlen bedient. Um diese kom-

plexe Darstellung herzuleiten, muss man zunächst ein wenig mit der eulerschen Identität herumwirbeln; diese besagt, dass für jede reelle Zahl φ die Gleichung

$$e^{i\varphi} = \cos(\varphi) + i\sin(\varphi)$$

gilt. Setzt man hier $\varphi = nx$, so folgt

$$e^{inx} = \cos(nx) + i\sin(nx) \tag{8.32}$$

und, da Cosinus eine gerade und Sinus eine ungerade Funktion ist,

$$e^{-inx} = \cos(nx) - i\sin(nx). \tag{8.33}$$

Addiert man nun Gleichungen (8.32) und (8.33) und dividiert durch 2, ergibt sich die Darstellung für den Cosinus:

$$\cos(nx) = \frac{e^{inx} + e^{-inx}}{2}.$$

Subtrahiert man dagegen (8.33) von (8.32) und dividiert durch $2i$, erhält man die Darstellung für den Sinus:

$$\sin(nx) = \frac{e^{inx} - e^{-inx}}{2i}.$$

Diese beiden Darstellungen setzt man nun in die durch (8.28) definierte Fourier-Reihendarstellung ein und erhält:

$$\begin{aligned}
F_f(x) &= \frac{a_0}{2} + \sum_{n=1}^{\infty} a_n \cos(nx) + b_n \sin(nx) \\
&= \frac{a_0}{2} + \sum_{n=1}^{\infty} \frac{a_n}{2}\left(e^{inx} + e^{-inx}\right) + \frac{b_n}{2i}\left(e^{inx} - e^{-inx}\right) \\
&= \frac{a_0}{2} + \sum_{n=1}^{\infty} \left(\frac{a_n}{2} + \frac{b_n}{2i}\right) e^{inx} + \sum_{n=1}^{\infty} \left(\frac{a_n}{2} - \frac{b_n}{2i}\right) e^{-inx}.
\end{aligned}$$

Erweitert man den Bruch $\dfrac{b_n}{2i}$ mit i und benutzt, dass $i^2 = -1$ ist, so ergibt sich

$$\frac{b_n}{2i} = -\frac{ib_n}{2}.$$

Damit nimmt die obige Reihe die folgende Form an:

$$\frac{a_0}{2} + \sum_{n=1}^{\infty} \left(\frac{a_n - ib_n}{2}\right) e^{inx} + \sum_{n=1}^{\infty} \left(\frac{a_n + ib_n}{2}\right) e^{-inx}.$$

Setzt man nun noch abkürzend

$$c_n = \frac{a_n - ib_n}{2} \text{ für } n = 1, 2, 3, \ldots,$$

$$c_{-n} = \frac{a_n + ib_n}{2} \text{ für } n = 1, 2, 3, \ldots,$$

$$c_0 = \frac{a_0}{2},$$

so kann man $F_f(x)$ in der sehr kompakten komplexen Form schreiben:

$$F_f(x) = \sum_{n=-\infty}^{\infty} c_n e^{inx}.$$

Beachten Sie, dass die Koeffizienten c_n und c_{-n} für alle $n \in \mathbb{N}$ gerade konjugiert-komplex zueinander sind.

Zum Schluss möchte ich noch bemerken, dass man die Koeffizienten c_n auch direkt berechnen kann. Es gilt:

Satz 8.17
Für alle $n \in \mathbb{Z}$ ist

$$c_n = \frac{1}{2\pi} \int_0^{2\pi} f(x) \cdot e^{-inx} dx.$$

Die Herleitung dieser Formel, also der Beweis des Satzes, erfolgt ganz genauso wie oben durch Benutzung der eulerschen Identität. Beachten Sie übrigens das Minuszeichen im Exponenten.

Übungsaufgabe 8.14

Stellen Sie die in (8.31) angegebene Fourier-Reihe in komplexer Form dar. ◄

Und schon wieder ist ein Kapitel beendet. Sie wissen nun über verschiedene Arten von Reihen, insbesondere der Reihendarstellung von Funktionen, Bescheid und können somit hochmotiviert zum nächsten Kapitel weitergehen, in dem es um die Lösung von Differenzialgleichungen geht.

Differenzialgleichungen

9

Übersicht

In Kap. 6 hatten wir uns damit befasst, die Ableitungen einer gegebenen Funktion zu bestimmen. In diesem Kapitel wird nun gewissermaßen die umgekehrte Fragestellung behandelt: Gegeben ist ein funktionaler Zusammenhang zwischen den Ableitungen einer Funktion, der Funktion selbst und der unabhängigen Variablen. Wie lautet die Funktion?

Diese Fragestellung ist durchaus nicht nur von akademischem Interesse, vielmehr ist die Theorie der Differenzialgleichungen – denn darum geht es hier – eine der mathematischen Disziplinen mit den meisten Anwendungsbezügen; in der Physik, in den Ingenieurwissenschaften, aber auch beispielsweise in der Volkswirtschaftslehre wimmelt es nur so von Differenzialgleichungen, die ihrer Lösung harren.

9.1   Vorbemerkungen und einleitende Beispiele

Ich gebe Ihnen ein erstes Beispiel einer Differenzialgleichung:

Beispiel 9.1

Gesucht ist eine zweimal differenzierbare Funktion $y = y(x)$, die die folgende Differenzialgleichung erfüllt:

© Springer-Verlag GmbH Deutschland, ein Teil von Springer Nature 2020   381
G. Walz, *Mathematik für Hochschule und duales Studium*,
https://doi.org/10.1007/978-3-662-60506-6_9

$$\sin\left((y'')^2\right) - \sqrt[4]{\frac{y' + x^2}{y' + y}} = \tan^2\left(\sqrt{y}\right). \tag{9.1}$$

Hierbei muss ich natürlich voraussetzen, dass nur Mengen als Definitionsbereiche betrachtet werden, auf denen die beteiligten Funktionen definiert sind.   ◄

Auch wenn dieses Beispiel zunächst sicherlich ein wenig unübersichtlich daherkommt, so habe ich Ihnen damit doch eine fundamentale Notationskonvention für Differenzialgleichungen untergeschoben: Während man in der modernen Mathematik durchweg dazu übergegangen ist, Funktionen mit f oder mit im Alphabet benachbarten Buchstaben zu bezeichnen, verwendet man in der Theorie der Differenzialgleichungen nach wie vor durchgehend die Bezeichnung y für die gesuchte Funktion. Das ist eine kleine Reminiszenz an die gute alte Zeit, in der man standardmäßig Funktionen der Variablen x mit y (statt f) bezeichnete; daher auch das Schüler-Zitat: „Meine Mathematik-Hausaufgaben stehen unter dem Motto 'x, y ungelöst.'"

Sie würden gerne noch wissen, wie die Lösung der Differenzialgleichung (9.1) lautet? Ich auch.

Ehrlich gesagt habe ich keine Ahnung, und ich würde mich sogar so weit aus dem Fenster lehnen zu sagen, dass niemand die Lösung dieser Gleichung in geschlossener Form ermitteln kann. Das Beispiel diente hier lediglich dazu, Sie durch ein kleines Schockerlebnis aus einer sich möglicherweise inzwischen einstellenden Lethargie zu wecken und für das Kommende zu sensibilisieren.

Das nächste Beispiel ist schon etwas ernsthafterer Natur und vor allem vollständig lösbar.

Beispiel 9.2

Gesucht ist eine differenzierbare Funktion $y = y(x)$, die auf $\mathbb{R}$ die Differenzialgleichung

$$y' = y \tag{9.2}$$

erfüllt.

Man sucht hier also eine Funktion, die gleich ihrer eigenen Ableitung ist. So etwas ist uns aber im bisherigen Verlauf dieses Buches bereits begegnet, nämlich die e-Funktion $\exp(x) = e^x$. Eine Lösung der Differenzialgleichung (9.2) ist also

$$y(x) = e^x.$$

Es drängt sich nun die Frage auf (jedenfalls mir): Gibt es eventuell noch andere Lösungen? Ja, die gibt es: Multipliziert man die e-Funktion mit einer beliebigen reellen Konstanten a, so bleibt diese Konstante bei der Ableitung erhalten, mit anderen Worten:

$$\left(a \cdot e^x\right)' = a \cdot e^x,$$

und das heißt, jede Funktion der Form $y(x) = a \cdot e^x$ ist Lösung der Differenzialgleichung (9.2).   ◄

Halten wir also fest: Die Lösung der Differenzialgleichung (9.2) ist nicht eindeutig, vielmehr gibt es unendlich viele Lösungen (eben alle reellen Vielfachen der e-Funktion). Andererseits – und das ist die gute Nachricht – gibt es keine weiteren als diese. Diese Aussage ist nicht ganz offensichtlich, muss also formal bewiesen werden und ist mir daher einen Satz samt Beweis wert:

Satz 9.1

Jede Lösung y der Differenzialgleichung (9.2) ist von der Form $y(x) = a \cdot e^x$ mit einem $a \in \mathbb{R}$.

Beweis Es sei $y = y(x)$ eine beliebige Lösung der Differenzialgleichung (9.2). Da die e-Funktion niemals 0 wird, kann ich die Funktion

$$v(x) = \frac{y(x)}{e^x}$$

definieren. Es ist also

$$y(x) = v(x) \cdot e^x \tag{9.3}$$

und – nach der Produktregel –

$$y'(x) = v(x) \cdot e^x + v'(x) \cdot e^x. \tag{9.4}$$

Setzt man nun (9.3) und (9.4) in die Differenzialgleichung (9.2) ein, folgt

$$v(x) \cdot e^x + v'(x) \cdot e^x = v(x) \cdot e^x,$$

also $v'(x) \cdot e^x = 0$. Da e^x immer ungleich 0 ist, gilt $v'(x) = 0$. Die Ableitung der Funktion $v(x)$ ist also konstant gleich 0, somit ist $v(x)$ eine Konstante, sagen wir $v(x) = a$; setzt man dies nun in (9.3) ein, folgt $y(x) = a \cdot e^x$, also die Behauptung.

Ich weiß nicht, ob Sie es bemerkt haben, aber ich gebe es ohnehin freiwillig zu. Am Ende des Beweises habe ich ein wenig geschummelt, denn im gesamten Verlauf des Textes wurde noch nicht bewiesen, dass aus der Tatsache $v'(x) = 0$ folgt, dass $v(x)$ eine Konstante ist (sondern immer nur die umgekehrte, offensichtliche Folgerung). Das sollten wir schleunigst ändern, und mit einem kleinen Hinweis, den ich im folgenden Aufgabentext geben werde, bekommen Sie das sicherlich selbst hin und komplettieren dadurch den Beweis.

Übungsaufgabe 9.1

Beweisen Sie mithilfe des Mittelwertsatzes der Differenzialrechnung folgende Aussage: Ist I ein Intervall und v eine auf I definierte differenzierbare Funktion mit $v'(x) = 0$ für alle $x \in I$, so ist $v(x)$ auf I eine konstante Funktion.   ◄

Ich hatte zu Beginn dieses Kapitels damit Werbung gemacht, dass die Theorie der Differenzialgleichungen viele Anwendungsbezüge hat, das heißt, dass man viele Vorgänge in den Anwendungsgebieten durch Differenzialgleichungen modellieren kann. Ein erstes einfaches Beispiel gebe ich jetzt.

Beispiel 9.3

Nehmen Sie an, $y(x)$ bezeichnet die Größe der Population einer gewissen Spezies in einem isolierten Lebensraum zum Zeitpunkt x. Das können beispielsweise Fische in einem Fischteich oder Aquarium sein, die keine natürlichen Feinde oder Angler in ihrer Nähe befürchten müssen, eine Gruppe von Kaninchen in einem abgegrenzten Gartenbereich oder Bakterien in einer Petri-Schale.

Die Population wird dann im Laufe der Zeit anwachsen (Besitzer von Aquarien, in denen sich Guppys tummeln, oder kaninchengeplagte Schrebergärtner wissen, wovon ich rede), und dieses Anwachsen geschieht proportional zum Bestand y. Mit einem Proportionalitätsfaktor c, der die Fortpflanzungsrate darstellt, gilt also für jeden festen Zeitpunkt $\bar{x}$ und einen „benachbarten" Zeitpunkt x:

$$\frac{y(\bar{x}) - y(x)}{\bar{x} - x} = c \cdot y(\bar{x}). \tag{9.5}$$

Lässt man in dieser Gleichung x gegen $\bar{x}$ gehen (betrachtet man also „unendlich kleine" Zeitsprünge), wird sie zu

$$y'(\bar{x}) = c \cdot y(\bar{x}), \tag{9.6}$$

also bis auf den Faktor c gerade die Differenzialgleichung, deren Lösung ich oben ermittelt habe. Die allgemeine Lösung von (9.6) lautet $y(x) = ae^{cx}$.   ◀

Übungsaufgabe 9.2

Es sei T eine positive reelle Zahl, ln bezeichne den natürlichen Logarithmus.
a)   Bestimmen Sie die allgemeine Lösung $y = y(x)$ der Differenzialgleichung

$$y' = \frac{\ln\left(\frac{1}{2}\right)}{T} y.$$

b)   Zeigen Sie, dass für alle $n \in \mathbb{N}_0$ gilt:

$$y\big((n+1)T\big) = \frac{y(nT)}{2}.$$

Man nennt T die **Halbwertszeit** des durch die Differenzialgleichung beschriebenen Prozesses, da sich der Wert von y offenbar nach einer (Zeit-)Einheit T stets halbiert.   ◀

Bevor ich nun diese eher lockeren Vorbemerkungen abschließe und zu den harten Fakten übergehe (keine Sorge, so hart wird es auch wieder nicht) noch eine Bemerkung zu der Bezeichnungsweise. Differenzialgleichungen, wie wir sie in diesem Kapitel betrachten –

Beispiele haben Sie bereits gesehen –, nennt man auch „gewöhnliche" Differenzialglei-chungen. Diese Bezeichnung ist in der Literatur so verbreitet, dass ich sie hier überneh-men muss, auch wenn ich sie persönlich nicht so gut finde, denn es klingt doch sehr nach „ordinär", und das sind diese Differenzialgleichungen nun ganz bestimmt nicht. Außer-dem: Wogegen soll der Begriff „gewöhnlich" abgrenzen? Sind die anderen Differenzial-gleichungen ungewöhnlich? Nein, die Abgrenzung erfolgt vielmehr gegen die sogenann-ten partiellen Differenzialgleichungen, die ich in diesem Buch aber nicht behandeln werde. Partielle Differenzialgleichungen treten im Zusammenhang mit Funktionen auf, die von mehreren Variablen abhängen; solche Funktionen werden wir im nächsten Kapitel behan-deln und dabei auch sehen, dass deren Ableitungen partielle Ableitungen genannt werden. Daher die Bezeichnung partielle Differenzialgleichung.

Wir konzentrieren uns aber auf Differenzialgleichungen für Funktionen $y(x)$ *einer* Va-riablen, also die gewöhnlichen Differenzialgleichungen, auch wenn ich dieses Adjektiv meist nicht dazuschreiben werde.

9.2   Definitionen; Existenz und Eindeutigkeit der Lösung

Ich sollte endlich einmal sagen, was eine Differenzialgleichung eigentlich genau ist:

Definition 9.1

Es sei n eine natürliche Zahl. Eine **Differenzialgleichung** (oder genauer: **gewöhn-liche Differenzialgleichung**) ist eine Gleichung, die die Ableitungen y', y'',..., $y^{(n)}$ einer gesuchten Funktion $y(x)$, die Funktion y selbst sowie die unabhängige Variable x kombiniert. Hierbei muss mindestens eine der Ableitungen explizit auftreten. Eine Funktion $y(x)$, die die Differenzialgleichung erfüllt, nennt man **Lösung** der Diffe-renzialgleichung.

Die Ordnung n der höchsten auftretenden Ableitung nennt man die **Ordnung der Differenzialgleichung**. Kann man die Gleichung nach $y^{(n)}$ auflösen, nennt man die Differenzialgleichung **explizit**, ansonsten **implizit**.

Eine explizite Differenzialgleichung n-ter Ordnung kann man also in der Form

$$y^{(n)} = f\left(x, y, y', y'', \dots, y^{(n-1)}\right) \tag{9.7}$$

schreiben, wobei f eine vorgegebene Funktion von $n + 1$ Variablen ist.

Bemerkung
Auch wenn wir wie gesagt offiziell erst im nächsten Kapitel über Funktionen mehrerer Variabler sprechen werden, kann ich Ihnen wohl die Gl. (9.7) hier schon zumuten: Sie be-sagt einfach nur, dass man die höchste vorgegebene Ableitung auf die linke und alles an-dere auf die rechte Seite des Gleichheitszeichens schreiben kann.

Beispiel 9.4

a) Die Gleichung

$$y'' + y = 0$$

ist eine Differenzialgleichung zweiter Ordnung, denn die höchste auftretende Ableitung ist die zweite. Die Gleichung ist explizit, denn natürlich kann man sie mühelos nach y'' auflösen: Es ist $y'' = -y$, also

$$y'' = f(x,y) \text{ mit } f(x,y) = -y. \tag{9.8}$$

Lösungen dieser Gleichung sind übrigens die Funktionen $y_1(x) = \sin(x)$ und $y_2(x) = \cos(x)$ sowie alle Linearkombinationen dieser beiden Funktionen. Das können Sie zwar bisher noch nicht konstruktiv herleiten, aber Sie können es mühelos verifizieren, indem Sie diese Funktionen in die Differenzialgleichung einsetzen. Ich warte hier mal wieder solange.

b) Die Gleichung

$$y' + \sin\left((y'')^{17} \right) = 1$$

ist ebenfalls eine Differenzialgleichung zweiter Ordnung, aber sie ist nicht explizit, denn sie kann nicht eindeutig nach y'' aufgelöst werden.

c) Auch die Gleichung

$$y' = e^x$$

ist eine Differenzialgleichung, und zwar eine explizite Gleichung erster Ordnung. Dass die rechte Seite gar nicht von y abhängt, ist ihr Problem, steht aber nicht im Widerspruch zur Definition. Hier ist also $f(x, y) = e^x$. Die Lösungen dieser Gleichung erhält man durch einfache Integration, es ist

$$y(x) = e^x + C. \qquad \blacktriangleleft$$

Übungsaufgabe 9.3

Prüfen Sie, ob es sich bei den folgenden Ausdrücken um Differenzialgleichungen handelt. Geben Sie gegebenenfalls die Ordnung der Differenzialgleichung an, und stellen Sie fest, ob es sich um eine explizite oder um eine implizite Differenzialgleichung handelt:

a) $y = x^2$
b) $y' = x^2$
c) $xy'' = -y'' + x$ $\qquad\qquad\qquad\qquad\qquad\qquad\qquad\qquad$ $\blacktriangleleft$

Mathematiker und fast noch mehr Anwender der Mathematik hassen kaum etwas so sehr wie die Tatsache, dass ein Problem keine eindeutige Lösung hat. Nun haben wir leider in dem einfachen Beispiel 9.2 bereits feststellen müssen, dass die Lösung nicht eindeutig ist, und dieses Phänomen ist typisch für Differenzialgleichungen jeder Art und Ordnung: Die Lösung ist niemals eindeutig. Wenn Sie sich die Interpretation der Differenzialgleichung in Beispiel 9.3 nochmals vor Augen führen, ist das auch klar: Die Differenzialgleichung beschreibt ja nur, wie schnell die Population anwächst, sie kann ohne weitere Angabe zu keinem Zeitpunkt sagen, wie groß diese gerade ist. Hierfür bräuchte man noch eine Information über die Größe der Population zu Beginn des Beobachtungszeitraums, den Anfangszustand also; es ist beispielsweise sicherlich ein Unterschied, ob zu Beginn nur ein Kaninchenpärchen da ist oder 100 davon.

Dieses Phänomen ist für alle Differenzialgleichungen gleich und führt dazu, dass man sogenannte Anfangswertprobleme stellt; das sind Kombinationen aus einer Differenzialgleichung und der Angabe eines oder mehrerer Werte der Lösung y; die genaue Definition ist wie folgt:

Definition 9.2

Mit einer natürlichen Zahl n seien reelle Zahlen x_0 sowie $y_0, y_1, \ldots, y_{n-1}$ vorgegeben. Unter einem **Anfangswertproblem** n-ter Ordnung versteht man die Suche nach einer Lösung einer Differenzialgleichung n-ter Ordnung

$$y^{(n)} = f\left(x, y, y', y'', \ldots, y^{(n-1)}\right), \qquad (9.9)$$

die die **Anfangsbedingungen**

$$y^{(k)}\left(x_0\right) = y_k \text{ für } k = 0, 1, \ldots, n-1$$

erfüllt.

Beispiel 9.5

Von besonderem Interesse sind Anfangswertprobleme erster Ordnung, die gemäß Definition die Form

$$y' = f\left(y, x\right), \quad y\left(x_0\right) = y_0 \qquad (9.10)$$

haben. ◀

Beispiel 9.6

1) Das Anfangswertproblem erster Ordnung

$$y' = y, \quad y\left(0\right) = 1$$

hat die eindeutige Lösung $y(x) = e^x$. Sie fragen, warum? Nun, nach Satz 9.1 ist jede Lösung der Differenzialgleichung von der Form $y(x) = a \cdot e^x$ mit einem $a \in \mathbb{R}$. Setzt man hier die Anfangsbedingung ein, ergibt sich $1 = y(0) = a$, denn $e^0 = 1$.

2) Das Anfangswertproblem zweiter Ordnung

$$y'' = -y, \quad y(0) = 0, \quad y'(0) = 1$$

hat die Lösung $y(x) = \sin(x)$.

Um das zu zeigen, muss ich ein wenig ausholen; ich hatte in Beispiel 9.4 schon erwähnt, dass jede Linearkombination der Funktionen Sinus und Cosinus, also jede Funktion der Form

$$y(x) = a\sin(x) + b\cos(x) \tag{9.11}$$

mit $a, b \in \mathbb{R}$ eine Lösung der Differenzialgleichung $y'' = -y$ ist. Man kann sogar beweisen – Mittel und Wege dazu zeige ich Ihnen weiter unten –, dass dies die einzigen Lösungen der Differenzialgleichung sind, dass also jede Lösung die in (9.11) angegebene Form hat. Nun muss man die Anfangsbedingungen einsetzen; wegen $y(0) = 0$ folgt zunächst

$$a\sin(0) + b\cos(0) = 0, \text{also } b = 0.$$

Die Lösung muss also die Form $y(x) = a\,\sin(x)$ haben. Leitet man dies ab, ergibt sich $y'(x) = a\cos(x)$. Nun muss man die zweite Anfangsbedingung einsetzen und erhält damit:

$$a\cos(0) = 1, \text{also } a = 1.$$

3) Sie sollten nicht denken, dass man Anfangsbedingungen nur an der Stelle $x = 0$ stellen kann, das macht man in Beispielen oft nur aus Bequemlichkeit. Sicherheitshalber gebe ich noch ein Beispiel an, bei dem das nicht so ist:

Man bestimme die Lösung des Anfangswertproblems

$$y'' = 0, \quad y(1) = 1, \quad y'(1) = -1. \tag{9.12}$$

Zunächst ermittle ich die allgemeine Lösung der Differenzialgleichung $y'' = 0$. Hierzu kann ich – da die rechte Seite nicht von y abhängt – beide Seiten nach x integrieren. Die erste Integration liefert $y' = c$, nochmalige Integration schließlich

$$y = y(x) = cx + d \tag{9.13}$$

mit freien Konstanten c und d. Setzt man hier nun die Anfangsbedingungen ein, folgt

$$y(1) = c + d = 1 \text{ und } y'(1) = c = -1.$$

Also ist $c = -1$ und $d = 2$, und die eindeutig bestimmte Lösung des Anfangswertproblems (9.12) lautet $y(x) = -x + 2$.   ◀

Übungsaufgabe 9.4

Bestimmen Sie die Lösungen der folgenden Anfangswertprobleme:

a) $y'' + y = 0$, $y(\pi) = -1$, $y'(\pi) = -1$.

b) $y' = 2y$, $y(1) = e$. ◀

Zugegebenermaßen habe ich bisher ein wenig herumgeeiert, wenn es darum ging, Aussagen darüber zu machen, ob ein gegebenes Anfangswertproblem überhaupt eine Lösung besitzt, und falls ja, ob diese eindeutig ist.

Hierzu fallen mir zwei völlig verschiedene Rechtfertigungen ein; zum einen ist die Theorie der Differenzialgleichungen sehr anwendungsorientiert, und gerade Anwender sind meist wenig interessiert an Sätzen über die Existenz der Lösung: Man versucht einfach, eine Lösung zu ermitteln, beispielsweise mithilfe einer der in den folgenden Abschnitten zu findenden Methoden. Klappt das, braucht man sich gar keine weiteren Gedanken über die Existenz der Lösung zu machen.

Die zweite Rechtfertigung ist: Es gibt sehr exakte Sätze über die (eindeutige) Lösbarkeit, und die beiden prominentesten gebe ich jetzt an, allerdings kommen diese Sätze notwendigerweise so abstrakt daher, dass man sie in der Praxis selten zur Lösung eines konkreten Problems einsetzen wird. Dennoch kann man meiner Meinung nach kein Kapitel über Differenzialgleichungen in einem Mathematikbuch schreiben, ohne diese Sätze zumindest formuliert zu haben; und das mache ich jetzt.

Der erste dieser Sätze ist ein reiner Existenzsatz, also ohne Eindeutigkeitsaussage. Er wurde gefunden von Guiseppe Peano (1858 bis 1932):

Satz 9.2 (Existenzsatz von Peano)
Es sei $f = f(x, y)$ eine Funktion von zwei Variablen und (x_0, y_0) ein Punkt im Definitionsbereich von f. Ist f in einer Umgebung U dieses Punktes stetig, so besitzt das Anfangswertproblem

$$y' = f(x, y), \ y(x_0) = y_0$$

mindestens eine stetig differenzierbare Lösung in U.

Der Ausdruck „Umgebung" ist übrigens ein in der Mathematik durchaus gebräuchlicher Begriff und wird in der Topologie, einer Teildisziplin der Mathematik, ausführlich untersucht. Für unsere Zwecke reicht es aber, sich unter einer Umgebung genau das vorzustellen, was man landläufig darunter versteht: einen Teil des Definitionsbereichs von f, der den Punkt (x_0, y_0) enthält.

Verschärft man die Voraussetzungen ein wenig, so kann man auch die Eindeutigkeit der Lösung in einer gewissen Umgebung des Anfangspunktes beweisen; das ist der Inhalt des nächsten Satzes, der auf Charles Picard (1856 bis 1941) und Ernst Lindelöf (1870 bis 1946) zurückgeht:

Satz 9.3 (Existenz- und Eindeutigkeitssatz von Picard und Lindelöf)

Es sei $f = f(x, y)$ eine Funktion von zwei Variablen und (x_0, y_0) ein Punkt im Definitionsbereich von f. Ist f in einer Umgebung U dieses Punktes stetig und nach der zweiten Variablen y stetig differenzierbar, so gibt es eine Teilmenge von U, in der das Anfangswertproblem

$$y' = f(x, y), \quad y(x_0) = y_0$$

genau eine stetig differenzierbare Lösung besitzt.

Sie sehen, was sich gegenüber dem Satz von Peano geändert hat: Die Funktion f muss zusätzlich nach der zweiten Variablen stetig differenzierbar sein (so etwas nennt man eine partielle Ableitung und wird in Kap. 10 ausführlich untersucht), als Gegenleistung gibt es dann garantiert nur eine Lösung des Anfangswertproblems, allerdings möglicherweise nur auf einem Teil von U. Übrigens kann man die Voraussetzung der stetigen Differenzierbarkeit noch ein wenig abschwächen zur sogenannten Lipschitz-Stetigkeit, aber damit will ich Sie hier nun wirklich nicht auch noch quälen.

Auch wenn die besprochenen Existenz- und Eindeutigkeitsaussagen noch so berühmt sind, bisher sind wir immer noch in dem Stadium „Schön, dass wir darüber gesprochen haben!". Mit anderen Worten: Wir wissen zwar, dass bzw. wann eine Lösung existiert, können diese aber nicht konstruktiv ermitteln. Diesen Zustand will ich nun schleunigst ändern.

9.3 Lösungsverfahren für spezielle Typen von Differenzialgleichungen

Meine feste Überzeugung ist: In fast allen Lebenssituationen gibt es eine gute und eine schlechte Nachricht. (Wenn beispielsweise Ihr Arzt seine Diagnosemitteilung mit den Worten beginnt: „Von jetzt ab hat alles, was Sie kaufen, lebenslange Garantie", dann ist das die gute Nachricht, die schlechte wollen Sie dann lieber gar nicht erst wissen.)

So ist es auch hier. Die schlechte Nachricht ist: Es gibt keine einheitliche Lösungsmethode für Differenzialgleichungen, also kein Black-Box-Verfahren zur Lösung jeder beliebigen gewöhnlichen Differenzialgleichung.

Die gute Nachricht ist: Für Klassen häufig vorkommender und daher sehr interessanter Differenzialgleichungen gibt es durchaus konstruktive Lösungsverfahren, und die werde ich Ihnen auf den nächsten Seiten näherbringen.

Ich beginne mit der Methode der Trennung der Variablen.

9.3.1 Trennung der Variablen

Vorgelegt sei eine Differenzialgleichung erster Ordnung der Form

$$y' = g(x) \cdot h(y). \tag{9.14}$$

Man nennt eine Differenzialgleichung der Form (9.14) eine Differenzialgleichung mit **getrennten Variablen**.

Eine solche Gleichung kann man mithilfe folgender Vorgehensweise lösen: Man ersetzt zunächst den Ausdruck y' durch dy/dx, schreibt also

$$\frac{dy}{dx} = g(x) \cdot h(y). \tag{9.15}$$

Zwar ist dy/dx nur ein formaler Ausdruck, aber für einen kurzen Moment interpretiere ich ihn einmal als Bruch, dessen Zähler eine von y und dessen Nenner eine von x abhängige Größe ist – was Leibniz konnte, können wir schon lange.

Nun sortiere ich in (9.15) nach x und y und erhalte:

$$\frac{dy}{h(y)} = g(x) dx. \tag{9.16}$$

Spätestens hier muss ich natürlich voraussetzen, dass $h(y)$ auf dem betrachteten Bereich ungleich 0 ist.

Die Ausdrücke dy und dx riechen förmlich nach Integration, also tue ich ihnen den Gefallen und integriere beide Seiten:

$$\int \frac{dy}{h(y)} = \int g(x) dx. \tag{9.17}$$

Ist also $H(y)$ eine Stammfunktion von $1/h(y)$ (Achtung, Falle! *Nicht* von $h(y)$) und $G(x)$ eine Stammfunktion von $g(x)$, so gilt

$$H(y) = G(x) + C. \tag{9.18}$$

Und hat man nun noch das Glück, dass die Funktion $H(y)$ umkehrbar ist, so kann man diese Umkehrfunktion H^{-1} auf beide Seiten der Gl. (9.18) anwenden und erhält damit die folgende Formel für die Lösung der Differenzialgleichung (9.14):

$$y = H^{-1}(G(x) + C).$$

Geben Sie es ruhig zu, Sie denken gerade: „Das klappt doch nie!" Könnte ich verstehen, aber ich hoffe, Sie mithilfe der folgenden Beispiele vom Gegenteil zu überzeugen.

Beispiel 9.7

a) Als erstes Beispiel untersuche ich die Differenzialgleichung

$$y' = x \cdot y \text{ für } y > 0.$$

Diese hat die in (9.14) geforderte Form mit $g(x) = x$ und $h(y) = y$. Eine Stammfunktion von $1/h(y)$ ist

$$H(y) = \ln(y) + C_1,$$

eine Stammfunktion von $g(x) = x$ ist

$$G(x) = \frac{x^2}{2} + C_2$$

mit reellen Konstanten C_1 und C_2. Setzt man nun abkürzend $C = C_2 - C_1$, so ist zur Bestimmung von y die Gleichung

$$\ln(y) = \frac{x^2}{2} + C \tag{9.19}$$

zu lösen. Die Umkehrfunktion des ln, die hier benötigt wird, ist aber wohlbekannt, es handelt sich um die e-Funktion, die ich nun auf beiden Seiten von (9.19) anwende. Das ergibt:

$$y = y(x) = e^{\frac{x^2}{2} + C} = \tilde{C} \cdot e^{\frac{x^2}{2}}$$

mit $\tilde{C} = e^C$.

Sollten Sie diesem Ergebnis nicht vertrauen, können Sie es mit relativ geringem Aufwand überprüfen, indem Sie die Ableitung der Funktion $y(x)$ bestimmen und beides in die Differenzialgleichung einsetzen – übrigens ein Tipp, der für alle Lösungen von Differenzialgleichungen anwendbar ist.

Hier ist nach der Kettenregel

$$y'(x) = \tilde{C} \cdot x \cdot e^{\frac{x^2}{2}}$$

und somit tatsächlich $y' = x \cdot y$.

b) Nun will ich eine Differenzialgleichung mit einer Anfangsbedingung kombinieren, also ein Anfangswertproblem lösen. Dieses lautet

$$y' = \frac{x^2}{y^2}, \quad x \geq 0, \quad y(0) = 1.$$

Hier ist $h(y) = 1/y^2$, also $1/h(y) = y^2$ und somit

$$H(y) = \frac{y^3}{3} + C_1.$$

Ebenso ist $g(x) = x^2$ und somit

$$G(x) = \frac{x^3}{3} + C_2.$$

Setzt man nun $C_2 - C_1 = C/3$, so ist die Lösung der Differenzialgleichung gegeben durch

$$y^3 = x^3 + C.$$

Die Anfangsbedingung $y(0) = 1$ liefert nun

$$1^3 = 0 + C, \text{ also } C = 1,$$

die Lösung des Anfangswertproblems lautet somit

$$y(x) = \sqrt[3]{1 + x^3}.$$

Hier erkennt man auch, dass y nicht 0 werden kann. ◄

Übungsaufgabe 9.5

Prüfen Sie, ob die folgenden Differenzialgleichungen durch Trennung der Variablen lösbar sind, und bestimmen Sie gegebenenfalls diese Lösung:

a) $y' = \dfrac{\cos(x)}{2y}$

b) $y' = \sin(x \cdot y)$

c) $y' = xy^2 + x, \quad y(0) = 1.$ ◄

9.3.2 Variation der Konstanten

Die Technik der Variation der Konstanten geht auf den französischen Mathematiker Joseph Louis Lagrange (1736 bis 1813) zurück; allein schon die Bezeichnungsweise hätte man auch kaum jemand anderem als diesem bedeutenden Mathematiker verziehen, denn Konstanten kann man ja eigentlich gar nicht variieren (weil sie eben konstant sind).

Und auch die Vorgehensweise selbst mutet zunächst ein wenig abenteuerlich an, aber dazu komme ich gleich. Zunächst möchte ich festlegen, welche Typen von Differenzialgleichungen mit dieser Methode gelöst werden können:

Definition 9.3

Es seien $g_1(x)$ und $g_2(x)$ reelle Funktionen. Eine Differenzialgleichung erster Ordnung der Form

$$y' = y \cdot g_1(x) + g_2(x) \qquad (9.20)$$

soll **variierbare Differenzialgleichung** genannt werden.

Beachten Sie, das man hier gegenüber der Differenzialgleichung mit getrennten Variablen einerseits etwas spezialisiert hat – anstelle von $h(y)$ heißt es nur noch y – und andererseits etwas freigegeben hat – es darf jetzt ein additiver Term $g_2(x)$ hinzukommen, der bei der Trennung der Variablen nicht erlaubt war.

Um das nachfolgend angegebene Lösungsverfahren für Differenzialgleichungen der Form (9.20) formulieren zu können, untersuche ich zunächst noch ein Beispiel, das man mithilfe der Methode der Trennung der Variablen lösen kann:

Beispiel 9.8

Gegeben sei eine Differenzialgleichung der Form

$$y' = y \cdot g_1(x). \qquad (9.21)$$

Wendet man hier Trennung der Variablen an, folgt zunächst

$$\frac{dy}{y} = g_1(x)\,dx.$$

Hier ist also $1/h(y) = 1/y$ mit der Stammfunktion $H(y) = \ln(y)$. Ist somit $G_1(x)$ eine Stammfunktion von $g_1(x)$, so lautet die Lösung y der Differenzialgleichung (9.21):

$$y = y(x) = C \cdot e^{G_1(x)}. \qquad (9.22)$$

◄

Mit dieser Aussage gewappnet kann ich nun die Methode der Variation der Konstanten schildern:

Variation der Konstanten

Zur Lösung der variierbaren Differenzialgleichung

$$y' = y \cdot g_1(x) + g_2(x) \qquad (9.23)$$

führt man folgende Schritte durch:

- Man erstellt gemäß Beispiel 9.8 die Lösung des homogenen Problems $y_h' = y_h \cdot g_1(x)$:

$$y_h(x) = C \cdot e^{G_1(x)}. \qquad (9.24)$$

- Man ersetzt („variiert") die Konstante C durch eine Funktion $C(x)$.
- Man bestimmt die Ableitung $y'(x)$ der so entstandenen Funktion $y(x)$, setzt beides in die Differenzialgleichung (9.23) ein und bestimmt hieraus $C'(x)$.
- Durch Integration ermittelt man $C(x)$.
- Einsetzen von $C(x)$ in die Gl. (9.24) und Auflösen liefert die Lösung der Ausgangsgleichung (9.23).

Bemerkung

Im dritten Schritt habe ich mehr so nebenbei geschrieben, dass man „hieraus" $C'(x)$ ermittelt. Das ist auch richtig so, aber ich möchte betonen, dass es keineswegs von vornherein klar ist, dass dies möglich ist. Vielmehr liegt es an der durchaus nicht selbstverständlichen Tatsache, dass nach dem Einsetzen von $y_h'(x)$ und $y_h(x)$ in die Ausgangsgleichung der Term $C(x)$ verschwindet. Dass dies so ist, hat kein Geringerer als Lagrange gezeigt.

Beispiel 9.9

a) Als Erstes untersuche ich die Differenzialgleichung

$$y' = -2xy + x \cdot e^{-x^2}. \qquad (9.25)$$

Dies ist eine variierbare Differenzialgleichung, wobei $g_1(x) = -2x$ und $g_2(x) = x \cdot e^{-x^2}$ ist. Die Lösung der homogenen Gleichung $y_h' = -2xy_h$ lautet

$$y_h(x) = C \cdot e^{-x^2},$$

somit ist

$$y(x) = C(x) \cdot e^{-x^2}. \qquad (9.26)$$

Mithilfe der Produktregel findet man die Ableitung hiervon:

$$y'(x) = C(x)(-2x)e^{-x^2} + C'(x)e^{-x^2}.$$

Diese setzt man nun zusammen mit der in (9.26) gegebenen Darstellung in die Differenzialgleichung (9.25) ein; es folgt

$$C(x)(-2x)e^{-x^2} + C'(x)e^{-x^2} = (-2x)C(x) \cdot e^{-x^2} + x \cdot e^{-x^2}.$$

Wie versprochen fallen hier die mit $C(x)$ behafteten Terme weg, und es verbleibt

$$C'(x)e^{-x^2} = x \cdot e^{-x^2},$$

also $C'(x) = x$ und somit

$$C(x) = \frac{x^2}{2} + K$$

mit einer freien Konstanten K. Dies setzt man nun wiederum in (9.26) ein und erhält somit die Lösung der Differenzialgleichung (9.25):

$$y(x) = \left(\frac{x^2}{2} + K\right) \cdot e^{-x^2}.$$

b) Im zweiten Beispiel löse ich ein Anfangswertproblem, nämlich

$$y' + x^2 y = 2x^2, \quad y(0) = 2. \tag{9.27}$$

Die Anfangsbedingung interessiert mich hierbei zunächst gar nicht, ich konzentriere mich allein auf die Differenzialgleichung. Bringt man den Term $x^2 y$ auf die rechte Seite, hat sie genau die richtige Form, wobei $g_1(x) = -x^2$ und $g_2(x) = 2x^2$ ist.

Die homogene Gleichung $y_h' = -x^2 y_h$ hat die Lösung

$$y_h(x) = C \cdot e^{-\frac{x^3}{3}},$$

somit ist

$$y(x) = C(x) \cdot e^{-\frac{x^3}{3}}. \tag{9.28}$$

Ebenso wie im ersten Beispiel leitet man dies wieder mit der Produktregel ab und setzt es in die Ausgangsdifferenzialgleichung ein. Auch hier fällt wieder der mit $C(x)$ behaftete Term weg – die Ausführung dieses Zwischenschritts lege ich diesmal Ihnen ans Herz –, und es verbleibt die Gleichung

$$C'(x) \cdot e^{-\frac{x^3}{3}} = 2x^2,$$

also

$$C'(x) = 2x^2 \cdot e^{\frac{x^3}{3}}.$$

Mithilfe der Substitutionsregel findet man die Stammfunktion hiervon:

$$C(x) = 2e^{\frac{x^3}{3}} + K.$$

Jetzt setzt man diesen Ausdruck in die Gl. (9.28) ein und erhält somit die allgemeine Lösung der in (9.27) gegebenen Differenzialgleichung:

$$y(x) = \left(2e^{\frac{x^3}{3}} + K\right) \cdot e^{-\frac{x^3}{3}} = 2 + K \cdot e^{-\frac{x^3}{3}}.$$

Nun setzt man noch die Anfangsbedingung $y(0) = 2$ ein und erhält dadurch: $K = 0$. Somit lautet die endgültige Lösung des Anfangswertproblems (9.27):

$$y(x) = 2.$$

Das angegebene Anfangswertproblem ist also nichts Anderes als eine aufwendige Charakterisierung der konstanten Funktion $y(x) = 2$. Nun ja. ◀

Übungsaufgabe 9.6

a) Bestimmen Sie die Lösung der Differenzialgleichung

$$y' = -\frac{1}{x} \cdot y + \sin(x).$$

b) Lösen Sie das Anfangswertproblem

$$y' + 3x^2 y = x^3 \cdot e^{-x^3}, \quad y(0) = 1. \quad \blacktriangleleft$$

9.3.3 Substitution

Manche Differenzialgleichungen kann man in den Griff bekommen, indem man eine geeignete Variablensubstitution durchführt und die Differenzialgleichung dadurch in eine andere überführt, die man beispielsweise durch Trennung der Variablen oder Variation der Konstanten lösen kann. Das Problem (des Autors) bei der Darstellung dieser Methode ist, dass es eine so große Fülle von „geeigneten Substitutionen" gibt, dass selbst Spezialbücher über Differenzialgleichungen keinen Überblick über dieses Gebiet geben können, ganz zu schweigen von einem allgemeinen Mathematikbuch wie dem vorliegenden.

Man muss also eine Auswahl treffen, und ich habe mich dafür entschieden, Ihnen die Methode der linearen Substitution vorzustellen, die eine schon recht ansehnliche Anwendungsbreite hat.

Vorgegeben sei eine Differenzialgleichung der Form

$$y' = g(ax + by + c) \quad \text{mit } b \neq 0. \tag{9.29}$$

Die Voraussetzung $b \neq 0$ werde ich gleich noch brauchen, sie ist auch nicht weiter einschränkend, denn wenn $b = 0$ wäre, würde die rechte Seite gar nicht von y abhängen, und man könnte die Differenzialgleichung durch direkte Integration lösen.

Nun führe ich die **lineare Substitution** durch, indem ich setze:

$$u = u(x) = ax + by + c = ax + by(x) + c. \tag{9.30}$$

Der letzte Term soll Sie nur daran erinnern, dass y eine Variable ist, die ihrerseits von der Variablen x abhängt. Das ist wichtig, denn jetzt leite ich beide Seiten der Gl. (9.30) nach x ab; dies führt auf

$$u'(x) = a + by'(x), \tag{9.31}$$

oder, aufgelöst nach $y'(x)$:

$$y'(x) = \frac{1}{b}(u'(x) - a). \tag{9.32}$$

Dies setze ich nun in die Ausgangsgleichung (9.29) ein und erhalte unter Berücksichtigung der Substitution (9.30):

$$\frac{1}{b}(u'(x) - a) = g(u). \tag{9.33}$$

Nun muss ich diese Gleichung nach $u'(x)$ auflösen und gleichzeitig diesen Ausdruck durch das gute alte leibnizsche du/dx ersetzen. Das Ergebnis ist

$$\frac{du}{dx} = b \cdot g(u) + a. \tag{9.34}$$

Jetzt ist die Situation genau wie oben bei der Trennung der Variablen beschrieben: Ich bringe das dx durch Multiplikation auf die rechte und alles andere auf die linke Seite und erhalte dadurch

$$\frac{du}{b \cdot g(u) + a} = dx. \tag{9.35}$$

Zum Abschluss werden nun noch beide Seiten der Gl. (9.35) integriert, was auf folgendes Ergebnis führt:

$$\int \frac{du}{b \cdot g(u) + a} = \int 1 \, dx = x + C. \tag{9.36}$$

Die Integration der rechten Seite habe ich gleich ausgeführt, das war ja auch leicht. Die linke Seite lasse ich so stehen: Die Integration muss man abhängig vom jeweiligen Fall durchführen und anschließend noch die Substitution rückgängig machen, also u durch $ax + by + c$ ersetzen und nach y auflösen.

Das ist also die Methode der linearen Substitution, die Quintessenz ist Gl. (9.36). Ich will gar nicht erst versuchen zu behaupten, dass die Integration der linken Seite dieser Gleichung (und damit die Durchführbarkeit der Methode) immer möglich ist, und schon gar nicht, dass dies immer leicht ist. Immerhin, die Methode ist anerkannt und führt in vielen Fällen zum Erfolg. Zwei Beispiele sollen das belegen.

Beispiel 9.10

a) Ich will die Differenzialgleichung

$$y' = (x + y - 1)^2 \tag{9.37}$$

lösen. Hier ist $u = x + y - 1$, also $a = b = 1$, und $g(u) = u^2$. Gl. (9.36) nimmt hier die Gestalt

$$\int \frac{du}{1 + u^2} = x + C$$

an, die Lösung hiervon lautet

$$\arctan(u) = x + K, \tag{9.38}$$

wobei ich die auf der linken Seite auftretende Integrationskonstante gleich von C abgezogen und das Ergebnis K genannt habe. Nun löst man (9.38) durch Anwendung der Tangensfunktion nach u auf, erhält so $u = \tan(x + K)$ und ersetzt schließlich wieder u durch $x + y - 1$. Das ergibt nun endlich das Ergebnis: Die allgemeine Lösung der Differenzialgleichung (9.37) ist

$$y(x) = \tan(x + K) + 1 - x.$$

b) Als zweites Beispiel dient die Differenzialgleichung

$$y' = 2x - y. \tag{9.39}$$

Hier will ich mich etwas kürzer fassen und nur die wichtigsten Schritte angeben. Mit $g(u) = u$ und $u = 2x - y$ ist die folgende Gleichung zu lösen:

$$\int \frac{du}{-u + 2} = x + C. \tag{9.40}$$

Es folgt mithilfe der Substitutionsregel

$$-\ln|-u + 2| = x + K, \quad \text{für } u \neq 2,$$

also

$$-u + 2 = \pm e^{-(x+K)} = K_1 \cdot e^{-x} \tag{9.41}$$

mit $K_1 \in \mathbb{R} \setminus \{0\}$. Ist aber $u = 2$, so ist $-u + 2 = 0$, somit gilt auch hier (9.41), diesmal mit $K_1 = 0$.

Also ergibt sich nach der Rücksubstitution das Gesamtergebnis:

$$y = y(x) = 2(x - 1) + K_1 \cdot e^{-x} \text{ mit } K_1 \in \mathbb{R}. \qquad \blacktriangleleft$$

Ich will diesen Unterabschnitt nicht allzu umfangreich gestalten, aber eine kleine Aufgabe zum Abschluss muss schon noch sein:

Übungsaufgabe 9.7

Bestimmen Sie die Lösung der Differenzialgleichung

$$y' = (4x + y + 1)^2$$

durch lineare Substitution. $\qquad \blacktriangleleft$

9.4 Lineare Differenzialgleichungen

In diesem Abschnitt befassen wir uns mit Differenzialgleichungen beliebiger Ordnung, die eine spezielle Eigenschaft haben: Die gesuchte Funktion y sowie alle ihre Ableitungen treten nur linear auf, es kommen also beispielsweise keine Potenzen dieser Funktionen vor, und schon gar nicht treten sie als Argument einer Funktion wie Sinus oder Logarithmus auf. Der Vorteil dieser Spezialisierung ist, dass für Differenzialgleichungen dieses Typs, zumindest wenn die Koeffizienten konstant sind, eine konstruktive Lösungstheorie zur Verfügung steht. Zunächst muss jedoch definiert werden, was genau unter einer linearen Differenzialgleichung zu verstehen ist.

Definition 9.4

Eine **lineare Differenzialgleichung** n-ter Ordnung ist eine Differenzialgleichung der Form

$$y^{(n)} + a_{n-1}(x)y^{(n-1)} + \cdots + a_1(x)y' + a_0(x)y = b(x), \qquad (9.42)$$

wobei $a_0(x), \ldots, a_{n-1}(x)$ und $b(x)$ fest vorgegebene stetige Funktionen der unabhängigen Variablen x sind. Die Differenzialgleichung heißt **homogen**, falls $b(x) = 0$ ist, ansonsten **inhomogen**.

Lassen Sie sich von dem verharmlosenden Adjektiv „linear" nicht täuschen: So etwas kann sehr unangenehm sein, denn linear ist nur die Aneinanderreihung der Ableitungen von y, die Koeffizientenfunktionen $a_i(x)$ können äußerst nicht linear sein (was dieselbe semantische Qualität hat wie „ziemlich schwanger", aber ich denke, Sie wissen, was ich meine). Beispielsweise ist

$$y'' + \frac{\ln(1+x)}{\sin^2(x) + 2} \cdot y' - \frac{e^{2x} + x^3}{\sqrt{x^2 + 1}} \cdot y = \arctan(x)$$

eine lineare Differenzialgleichung zweiter Ordnung, aber dennoch sind die Koeffizientenfunktionen äußerst unangenehm. Die Angabe einer allgemeinen Lösungsmethode für solche linearen Differenzialgleichungen wäre – gelinde gesagt – äußerst aufwendig. Das untermauert auch die folgende Beobachtung: Die beiden einfachsten Fälle der Gl. (9.42) haben wir bereits behandelt, nämlich den homogenen Fall erster Ordnung, der mit Trennung der Variablen gelöst wurde, und den inhomogenen Fall erster Ordnung, der durch Variation der Konstanten behandelt wurde. Der dort betriebene Aufwand zur Lösung dieser einfachsten Fälle mag Ihnen schon einen Hinweis darauf geben, wie kompliziert eine allgemeine Lösungsformel für die Gleichung n-ter Ordnung aussehen dürfte.

Nachdem ich Sie mit diesen Bemerkungen vermutlich ziemlich heruntergezogen habe, kommt nun die wie gesagt in solchen Situationen meist zu erwartende gute Nachricht: Die *Struktur* der Lösungsmenge einer linearen Differenzialgleichung kennt man sehr genau. Und genau die will ich im Folgenden angeben.

9.4.1 Struktur der Lösungsmenge einer linearen Differenzialgleichung

Ich untersuche zunächst den homogenen Fall, also die Gleichung

$$y^{(n)} + a_{n-1}(x)y^{(n-1)} + \cdots + a_1(x)y' + a_0(x)y = 0, \qquad (9.43)$$

und beginne mit folgender Bemerkung:

Bemerkung

Sind $y_1(x)$ und $y_2(x)$ Lösungen der Differenzialgleichung (9.43), so ist auch jede Linearkombination dieser beiden Funktionen, also jede Funktion der Form

$$y(x) = a_1 y_1(x) + a_2 y_2(x)$$

mit $a_1, a_2 \in \mathbb{R}$ eine Lösung der Differenzialgleichung. Sie können dies ganz leicht nachprüfen, indem Sie die Funktion y und ihre Ableitungen in die Differenzialgleichung (9.43) einsetzen und dabei zwei Dinge benutzen: Diese Ableitungen sind von der Form

$$y^{(k)}(x) = a_1 y_1^{(k)}(x) + a_2 y_2^{(k)}(x) \quad \text{für} \quad k = 1, 2, \ldots n,$$

und die beiden Funktionen y_1 und y_2 sind ihrerseits Lösungen der Differenzialgleichung.

Versuchen Sie es einmal, ich illustriere im Gegenzug die Aussage durch ein Beispiel:

Beispiel 9.11

Vorgelegt sei die Differenzialgleichung

$$y'' + y' = 0.$$

Wie Sie leicht nachprüfen können, sind die beiden Funktionen $y_1(x) = 1$ und $y_2(x) = e^{-x}$ Lösungen dieser Differenzialgleichung. Nach obiger Bemerkung muss das auch für jede Linearkombination dieser Funktionen gelten, also zum Beispiel für

$$y(x) = -3 y_1(x) + 2 y_2(x) = -3 + 2e^{-x}.$$

Und das stimmt auch, denn es ist $y'(x) = -2e^{-x}$ und $y''(x) = 2e^{-x}$, also $y'' + y' = 0$. ◀

Hat man also zwei – oder natürlich auch mehrere – Lösungen einer Differenzialgleichung der Form (9.43) gefunden, so kann man beliebig viele Lösungen der Gleichung „produzieren", indem man Linearkombinationen der gefundenen Lösungen bildet.

So weit wäre das schon ganz nett, aber eigentlich noch nicht richtig befriedigend, denn es könnte ja sein, dass es noch ganz andere Lösungen der Differenzialgleichung gibt, die man durch dieses lineare Kombinieren nicht erzeugen kann. Das Schöne ist nun: Das ist nicht der Fall, denn der nachfolgende Satz 9.4 sagt aus, dass man *alle* Lösungen einer Differenzialgleichung der Form (9.43) durch Linearkombination bilden kann, wenn man nur genügend viele echt verschiedene Lösungen bereits efunden hat.

Der Knackpunkt ist nun offensichtlich: Was sind „genügend viele" Lösungen, und was soll „echt verschieden" genau bedeuten? Um letztere Frage zu klären, muss ich Sie nochmals mit dem Begriff der linearen Unabhängigkeit konfrontieren, der uns bereits in Kap. 2 beschäftigt hat. Möglicherweise hatten Sie ja gehofft, diesem hier nicht mehr zu begegnen, aber da muss ich Sie enttäuschen: Auch Funktionen können linear abhängig bzw. unabhängig sein, die Definition ist auch identisch mit derjenigen in Kap. 2, ich wiederhole sie hier nur noch einmal in der „Sprache" der Funktionen:

Definition 9.5

Es sei $\{f_1(x), f_2(x), \ldots, f_n(x)\}$ eine Menge von Funktionen, die eine gemeinsame Definitionsmenge haben. Diese Menge heißt **linear abhängig**, wenn eine der Funktionen f_i aus dieser Menge als Linearkombination der anderen dargestellt werden kann:

$$f_i(x) = a_1 f_1(x) + \cdots + a_{i-1} f_{i-1}(x) + a_{i+1} f_{i+1}(x) + \cdots + a_n f_n(x). \quad (9.44)$$

Ist dies nicht möglich, kann also keine der Funktionen durch die anderen linear kombiniert werden, heißt die Menge **linear unabhängig**.

Beispiel 9.12

a) Die beiden auf ganz $\mathbb{R}$ definierten Funktionen $f_1(x) = x$ und $f_2(x) = e^x$ sind linear unabhängig, denn man kann weder x als konstantes Vielfaches von e^x ausdrücken noch umgekehrt.

b) Die Menge der Funktionen $\{x, x^2, x + x^2\}$ ist dagegen linear abhängig, denn offensichtlich kann die dritte Funktion als Summe der ersten beiden geschrieben werden. ◄

Mit dieser Begrifflichkeit bewaffnet kann man nun den folgenden Satz formulieren, der die Struktur der Lösungsmenge der Differenzialgleichung (9.43) vollständig klärt.

Satz 9.4

Gegeben sei die lineare homogene Differenzialgleichung n-ter Ordnung

$$y^{(n)} + a_{n-1}(x) y^{(n-1)} + \cdots + a_1(x) y' + a_0(x) y = 0. \quad (9.45)$$

Dann gelten folgende Aussagen:

1) Die Differenzialgleichung besitzt genau n linear unabhängige Lösungen $y_1(x)$, $y_2(x), \ldots, y_n(x)$.

2) Jede Lösung $y(x)$ der Differenzialgleichung kann als Linearkombination dieser linear unabhängigen Lösungen geschrieben werden, also in der Form

$$y(x) = c_1 y_1(x) + c_2 y_2(x) + \cdots + c_n y_n(x) \quad (9.46)$$

mit reellen Koeffizienten $c_1, \ldots, c_n$.

Bevor ich ein Beispiel hierzu angebe, möchte ich Ihnen noch die in der Literatur üblichen Bezeichnungen für die im Satz formulierten Ausdrücke angeben:

Definition 9.6

Eine Menge von n linear unabhängigen Lösungen

$$\{y_1(x), y_2(x), \ldots, y_n(x)\}$$

einer homogenen linearen Differenzialgleichung nennt man ein **Fundamentalsystem** dieser Gleichung, jedes Element dieser Menge heißt **Fundamentallösung** oder **Grundlösung** der Gleichung.

Eine Linearkombination aller Fundamentallösungen wie in (9.46) nennt man eine **allgemeine Lösung** der Differenzialgleichung.

Nun das versprochene Beispiel:

Beispiel 9.13

Gegeben sei die lineare homogene Differenzialgleichung dritter Ordnung

$$y''' - 2y'' + y' = 0. \tag{9.47}$$

Da beim gegenwärtigen Stand der Dinge noch keine Methoden zur Lösung einer solchen Differenzialgleichung zur Verfügung stehen, nutze ich jetzt einmal den Heimvorteil des Autors, der den Inhalt der kommenden Seiten bereits kennt, und präsentiere Ihnen drei linear unabhängige Lösungen dieser Gleichung:

$$y_1(x) = 1, \quad y_2(x) = e^x, \quad y_3(x) = x \cdot e^x. \tag{9.48}$$

Hierzu ist zunächst einiges zu bemerken: Dass diese drei Funktionen wie behauptet linear unabhängig sind, ist sicherlich sofort einzusehen, denn offenbar kann man keine davon als einfache Linearkombination der anderen beiden hinschreiben. Es gibt also mindestens drei linear unabhängige Lösungen der Differenzialgleichung (9.47).

Dass es nicht mehr als diese drei gibt, kann man natürlich nicht mit bloßem Auge erkennen, vielmehr ist das eine ganz wichtige Aussage, die in Teil 1) von Satz 9.4 formuliert wurde, woran Sie den Nutzen dieses Satzes bereits erahnen können.

Und dass es sich bei den in (9.48) angegebenen Funktionen überhaupt um Lösungen der Differenzialgleichung (9.47) handelt, kann man durch Ableiten und Einsetzen verifizieren. Ich führe das einmal für die sicherlich aufwendigste der drei, nämlich $y_3(x)$, vor, die anderen beiden überlasse ich Ihnen: Mithilfe der Produktregel ermittelt man zunächst die folgenden Ableitungen:

$$y_3'(x) = (x+1) \cdot e^x, \quad y_3''(x) = (x+2) \cdot e^x, \quad y_3'''(x) = (x+3) \cdot e^x.$$

Nun setzt man diese in die linke Seite der Differenzialgleichung (9.47) ein und erhält:

$$(x+3) \cdot e^x - 2 \cdot (x+2) \cdot e^x + (x+1) \cdot e^x = 0.$$

Also ist y_3 eine Lösung der Differenzialgleichung (9.47).

Das alles war – falls Sie es vergessen haben sollten, was ich wiederum verstehen könnte – lediglich die Vorrede zum eigentlichen Inhalt des Beispiels. Dieses soll nämlich auch Teil 2) von Satz 9.4 illustrieren, der besagt, dass jede beliebige Linearkombination der Fundamentallösungen ebenfalls Lösung der Differenzialgleichung ist. Hierzu definiere ich nun die folgende – wie gesagt beliebige – Linearkombination

$$y(x) = 3y_1(x) - y_2(x) + 2y_3(x) = 3 - e^x + 2x \cdot e^x.$$

Ich bestimme zunächst die Ableitungen: Es ist

$$y'(x) = -e^x + 2(x+1) \cdot e^x = (2x+1) \cdot e^x,$$
$$y''(x) = (2x+3) \cdot e^x \text{ und } y'''(x) = (2x+5) \cdot e^x.$$

Nun muss ich diese Terme in die linke Seite der Differenzialgleichung (9.47) einsetzen; ich erhalte:

$$(2x+5) \cdot e^x - 2 \cdot (2x+3) \cdot e^x + (2x+1) \cdot e^x = 0,$$

also ist die Linearkombination $y(x) = 3y_1(x) - y_2(x) + 2y_3(x) = 3 - e^x + 2x \cdot e^x$ tatsächlich eine Lösung der Differenzialgleichung (9.47).   ◄

Die Struktur der Lösungsmenge einer homogenen linearen Differenzialgleichung ist durch Satz 9.4 geklärt; wie sieht es nun mit dem inhomogenen Fall aus, also mit der Lösungsmenge der Differenzialgleichung

$$y^{(n)} + a_{n-1}(x) y^{(n-1)} + \cdots + a_1(x) y' + a_0(x) y = b(x), \qquad (9.49)$$

wobei $b(x)$ eine vorgegebene Funktion ist? Den entscheidenden Hinweis auf die Antwort hierauf liefert folgende recht einfache Beobachtung:

Bemerkung
Sind $y_1(x)$ und $y_2(x)$ zwei Lösungen der inhomogenen Differenzialgleichung (9.49), so ist ihre Differenzfunktion $y_D(x) = (y_1 - y_2)(x)$ Lösung der sogenannten **zugehörigen homogenen Differenzialgleichung**

$$y^{(n)} + a_{n-1}(x) y^{(n-1)} + \cdots + a_1(x) y' + a_0(x) y = 0,$$

die aus (9.49) entsteht, indem man auf der rechten Seite $b(x)$ durch 0 ersetzt.

Der Beweis dieser Aussage erfolgt durch einfaches Nachrechnen: Da $y_1(x)$ und $y_2(x)$ Lösungen der inhomogenen Differenzialgleichung sind, gilt

$$y_1^{(n)} + a_{n-1}(x) y_1^{(n-1)} + \cdots + a_1(x) y_1' + a_0(x) y_1 = b(x)$$

und

$$y_2^{(n)} + a_{n-1}(x) y_2^{(n-1)} + \cdots + a_1(x) y_2' + a_0(x) y_2 = b(x).$$

Bildet man nun die Differenz dieser beiden Gleichungen, ergibt sich

$$y_D^{(n)} + a_{n-1}(x)y_D^{(n-1)} + \cdots + a_1(x)y_D' + a_0(x)y_D = b(x) - b(x) = 0.$$

Zwei Lösungen einer inhomogenen linearen Differenzialgleichung unterscheiden sich also lediglich um eine Lösung der zugehörigen homogenen Gleichung. Dies ist der Schlüssel zur Aussage des folgenden Satzes, der die Struktur der Lösungsmenge einer inhomogenen linearen Differenzialgleichung angibt:

Satz 9.5

Es sei $y_p(x)$ eine Lösung der inhomogenen linearen Differenzialgleichung

$$y^{(n)} + a_{n-1}(x)y^{(n-1)} + \cdots + a_1(x)y' + a_0(x)y = b(x). \tag{9.50}$$

Weiterhin sei $\{y_1, y_2, \ldots, y_n\}$ ein Fundamentalsystem der zugehörigen homogenen Gleichung

$$y^{(n)} + a_{n-1}(x)y^{(n-1)} + \cdots + a_1(x)y' + a_0(x)y = 0.$$

Dann lautet die allgemeine Lösung der inhomogenen Gl. (9.50):

$$y(x) = c_1 y_1(x) + c_2 y_2(x) + \cdots + c_n y_n(x) + y_p(x).$$

Man erhält also alle Lösungen der inhomogenen Gleichung, indem man zu einer speziellen Lösung y_p dieser inhomogenen Gleichung alle Lösungen der homogenen Gleichung addiert. Eine solche spezielle Lösung nennt man auch **partikuläre Lösung**, daher der Index p an y_p.

Weiter vertiefen will ich diese strukturellen Aussagen hier nicht, sondern lieber zu Methoden zur Berechnung von Lösungen übergehen. Zuvor allerdings noch ein kleines Beispiel; ich kleide es in Form einer Übungsaufgabe, denn einige Zwischenschritte bitte ich Sie selbst auszuführen.

Übungsaufgabe 9.8

Gegeben ist die lineare inhomogene Differenzialgleichung zweiter Ordnung

$$y'' - 5y' + 6y = e^{-x}. \tag{9.51}$$

a) Zeigen Sie, dass die Funktionen $y_1(x) = e^{2x}$ und $y_2(x) = e^{3x}$ ein Fundamentalsystem der zugehörigen homogenen Differenzialgleichung bilden.

b) Durch einen Insidertipp erfahren Sie, dass eine Lösung der Gl. (9.51) der Form $y(x) = a \cdot e^{-x}$ mit einem $a \in \mathbb{R}$ existiert. Bestimmen Sie a.

c) Wie lautet die allgemeine Lösung der Differenzialgleichung (9.51)? ◄

Wie schon gesagt komme ich jetzt zur Schilderung von Lösungsmethoden. Hierfür muss ich mich allerdings beschränken auf lineare Differenzialgleichungen, deren Koeffizienten nicht von x abhängen, sondern Konstanten sind. Die zitierfähige Definition einer solchen Differenzialgleichung folgt sofort:

Definition 9.7

Eine **lineare Differenzialgleichung** n-ter Ordnung **mit konstanten Koeffizienten** ist von der Form

$$y^{(n)} + a_{n-1}y^{(n-1)} + \cdots + a_1 y' + a_0 y = b(x), \tag{9.52}$$

wobei $a_0, \ldots, a_{n-1}$ fest vorgegebene Zahlen sind, und $b(x)$ eine reelle Funktion ist. Die Differenzialgleichung heißt **homogen**, falls $b(x) = 0$ ist, ansonsten **inhomogen**.

Ich befasse mich im folgenden Unterabschnitt zunächst mit dem homogenen Fall und verwende diese Ergebnisse im daran anschließenden Unterabschnitt, um den inhomogenen Fall zu lösen.

9.4.2 Lineare Differenzialgleichungen mit konstanten Koeffizienten: homogener Fall

Es geht jetzt also um die Differenzialgleichung

$$y^{(n)} + a_{n-1}y^{(n-1)} + \cdots + a_1 y' + a_0 y = 0. \tag{9.53}$$

Im Zusammenhang mit der Lösung solcher Differenzialgleichungen ist das charakteristische Polynom dieser Gleichung von großer Wichtigkeit; dieses wird wie folgt definiert:

Definition 9.8

Gegeben sei eine lineare Differenzialgleichung n-ter Ordnung der Form (9.53) mit konstanten Koeffizienten.

Dann nennt man das Polynom n-ten Grades

$$p(\lambda) = \lambda^n + a_{n-1}\lambda^{n-1} + \cdots + a_1\lambda + a_0 \tag{9.54}$$

charakteristisches Polynom der Differenzialgleichung.

Bemerkung

Falls Sie wie viele meiner Studierenden an dem Buchstaben „λ" verzweifeln: Das ist ein „lambda", also das „l" des griechischen Alphabets. In meiner leider schon weit zurückliegenden Gymnasialzeit habe ich auch fünf Jahre lang Griechisch gelernt, davon ist zwar kaum noch etwas übrig geblieben, aber immerhin kenne ich die griechischen Buchstaben noch und nutze das gelegentlich auch schamlos aus.

Einen ersten Eindruck davon, was das charakteristische Polynom mit der zugrunde liegenden Differenzialgleichung zu tun hat, vermittelt der folgende Satz:

Satz 9.6

Gegeben sei eine homogene lineare Differenzialgleichung n-ter Ordnung mit konstanten Koeffizienten, $p(\lambda)$ sei ihr charakteristisches Polynom gemäß Definition 9.8.

Ist die reelle Zahl λ_1 eine Nullstelle dieses charakteristischen Polynoms $p(\lambda)$, so ist die Funktion

$$y(x) = e^{\lambda_1 x} \tag{9.55}$$

eine Lösung der Differenzialgleichung.

Beweis Die Funktion $y(x) = e^{\lambda_1 x}$ ist beliebig oft differenzierbar und ihre i-te Ableitung lautet nach der Kettenregel

$$y^{(i)}(x) = \lambda_1^i \cdot e^{\lambda_1 x}.$$

Sind nun $a_{n-1}, a_{n-2}, \ldots, a_1, a_0$ die Koeffizienten der Differenzialgleichung, so folgt

$$
\begin{aligned}
y^{(n)}(x) + a_{n-1}y^{(n-1)}(x) + \cdots + a_1 y'(x) + a_0 y(x) \\
= \lambda_1^n \cdot e^{\lambda_1 x} + a_{n-1}\lambda_1^{n-1} \cdot e^{\lambda_1 x} + \cdots + a_1 \lambda_1 \cdot e^{\lambda_1 x} + a_0 e^{\lambda_1 x} \\
= \left(\lambda_1^n + a_{n-1}\lambda_1^{n-1} + \cdots + a_1 \lambda_1 + a_0 \right) \cdot e^{\lambda_1 x} \\
= p(\lambda_1) \cdot e^{\lambda_1 x} = 0,
\end{aligned}
$$

denn λ_1 ist eine Nullstelle von p. Somit löst $y(x) = e^{\lambda_1 x}$ die homogene Differenzialgleichung.

Beispiel 9.14

a) Ich untersuche die Differenzialgleichung

$$y'' - y = 0. \tag{9.56}$$

Ihr charakteristisches Polynom lautet $p(\lambda) = \lambda^2 - 1$ und hat offenbar die beiden Nullstellen $\lambda_1 = -1$ und $\lambda_2 = 1$. Nach Satz 9.6 sind also die beiden Funktionen

$$y_1(x) = e^{-x} \quad \text{und} \quad y_2(x) = e^x$$

Lösungen der Differenzialgleichung (9.56), was man durch Einsetzen in die Gleichung auch leicht verifizieren kann. Aus Satz 9.4 folgt, dass es bis auf Linearkombinationen dieser beiden Funktionen keine weiteren Lösungen gibt.

b) Nun sei die Differenzialgleichung

$$y^{(n)} + a_{n-1}y^{(n-1)} + \cdots + a_1 y' = 0 \tag{9.57}$$

gegeben. Es handelt sich also um den allgemeinen homogenen Fall wie in (9.53) definiert, allerdings fehlt der Summand y (bzw. es ist $a_0 = 0$). Das charakteristische Polynom dieser Gleichung lautet

$$p(\lambda) = \lambda^n + a_{n-1}\lambda^{n-1} + \cdots + a_1\lambda$$

und hat – da kein konstanter Term vorhanden ist – die Nullstelle $\lambda_1 = 0$. Somit ist die Funktion $y(x) = e^{0x} = 1$ Lösung der Differenzialgleichung, und damit auch alle Vielfachen davon, also die Konstanten.

Das ist ja auch klar, denn alle Ableitungen einer konstanten Funktion sind gleich 0, und somit erfüllt eine konstante Funktion natürlich die Differenzialgleichung (9.57)   ◀

Übungsaufgabe 9.9

Bestimmen Sie je eine Lösung der folgenden Differenzialgleichungen:

a) $y''' + y'' + y' + y = 0$

b) $y''' + y'' + y' = 0$ ◀

Jede Nullstelle des charakteristischen Polynoms liefert also eine Lösung der zugehörigen Differenzialgleichung, und aus Kap. 5 (Satz 5.15) wissen Sie, dass dieses Polynom bis zu n Nullstellen haben kann. Eine Kombination der Sätze 9.4 und 9.6 liefert nun das folgende fundamentale Ergebnis:

Satz 9.7

Hat das charakteristische Polynom einer homogenen linearen Differenzialgleichung n-ter Ordnung mit konstanten Koeffizienten n verschiedene reelle Nullstellen λ_1, $\lambda_2, \ldots, \lambda_n$, so bildet die Funktionenmenge

$$\left\{ e^{\lambda_1 x}, e^{\lambda_2 x}, \ldots, e^{\lambda_n x} \right\}$$

ein Fundamentalsystem dieser Differenzialgleichung.

Zum Beweis dieses Satzes ist nur noch zu zeigen, dass die genannten Funktionen linear unabhängig sind. Hierfür müsste man die sogenannte Wronski-Matrix dieser Funktionen untersuchen, was ich hier aber nicht tun will. Vielmehr mache ich die Aussage plausibel, indem ich sie für den Fall zweier Funktionen zeige.

Sei also $y_1(x) = e^{\lambda_1 x}$ und $y_2(x) = e^{\lambda_2 x}$ mit $\lambda_1 \neq \lambda_2$. Dann ist nach den Regeln der Potenzrechnung

$$y_1(x) = e^{\lambda_1 x} = e^{(\lambda_1 - \lambda_2)x} \cdot e^{\lambda_2 x} = e^{(\lambda_1 - \lambda_2)x} \cdot y_2(x).$$

$y_1(x)$ unterscheidet sich also von $y_2(x)$ um den Faktor $e^{(\lambda_1 - \lambda_2)x}$, und da $\lambda_1 \neq \lambda_2$ ist, ist dieser Faktor nicht konstant. Somit sind die beiden Funktionen nicht linear abhängig.

Es folgen nun in gewohnter Form Beispiele zu Satz 9.7.

Beispiel 9.15

a) Zu lösen ist die Differenzialgleichung

$$y'' - y' - 6y = 0. \tag{9.58}$$

Ihr charakteristisches Polynom lautet

$$p(\lambda) = \lambda^2 - \lambda - 6$$

und hat – wie Sie mit einer Lösungsformel Ihres Vertrauens, beispielsweise der p-q-Formel, ermitteln können – die beiden Nullstellen $\lambda_1 = -2$ und $\lambda_2 = 3$. Gemäß Satz 9.7 bilden daher die beiden Funktionen $y_1(x) = e^{-2x}$ und $y_2(x) = e^{3x}$ ein Fundamentalsystem der Differenzialgleichung (9.58). Mit anderen Worten: Die allgemeine Lösung dieser Differenzialgleichung lautet

$$y(x) = c_1 e^{-2x} + c_2 e^{3x} \text{ mit } c_1, c_2 \in \mathbb{R}.$$

Dieses Ergebnis können Sie wie immer verifizieren, indem Sie die Funktion y und ihre Ableitungen in die Differenzialgleichung (9.58) einsetzen.

b) Als zweites Beispiel dient die Differenzialgleichung

$$y''' - y' = 0, \tag{9.59}$$

die das charakteristische Polynom $p(\lambda) = \lambda^3 - \lambda$ hat. Offensichtlich kann man hier den Faktor λ abspalten und erhält so die folgende Darstellung:

$$p(\lambda) = \lambda \cdot (\lambda^2 - 1).$$

Hieran kann man die drei Nullstellen sofort ablesen: $\lambda_1 = 0$, $\lambda_2 = -1$ und $\lambda_3 = 1$. Die allgemeine Lösung der Differenzialgleichung (9.59) lautet also

$$y(x) = c_1 + c_2 e^{-x} + c_3 e^x \text{ mit } c_1, c_2, c_3 \in \mathbb{R}.$$

c) Ich fürchte, wir haben (was natürlich heißen soll: ich habe) auf den letzten Seiten die Betrachtung von Anfangswertproblemen sträflich vernachlässigt. Das soll sich nun ändern: Gesucht ist die Lösung des Anfangswertproblems

$$y'' - \frac{9}{2}y' + 5y = 0, \quad y(0) = 2, \quad y'(0) = \frac{9}{2}. \tag{9.60}$$

Die Anfangsbedingung interessiert mich zunächst wenig, ich löse zuerst die Differenzialgleichung. Das charakteristische Polynom lautet hier

$$p(\lambda) = \lambda^2 - \frac{9}{2}\lambda + 5,$$

seine Nullstellen sind $\lambda_1 = 5/2$ und $\lambda_2 = 2$. Die allgemeine Lösung der Differenzialgleichung in (9.60) lautet somit

$$y(x) = c_1 e^{\frac{5}{2}x} + c_2 e^{2x},$$

ihre Ableitung ist

$$y'(x) = \frac{5}{2} c_1 e^{\frac{5}{2}x} + 2 c_2 e^{2x}.$$

Nun kommen die Anfangsbedingungen zum Einsatz, indem ich sie in die beiden
gerade formulierten Ausdrücke einsetze. Es ergeben sich die beiden Gleichungen

$$2 = c_1 + c_2 \text{ und } \frac{9}{2} = \frac{5}{2} c_1 + 2 c_2.$$

Dies ist ein kleines lineares Gleichungssystem, das man beispielsweise mithilfe
des Gauß-Algorithmus lösen kann; man erhält $c_1 = c_2 = 1$. Somit lautet die eindeutige Lösung des Anfangswertproblems (9.60):

$$y(x) = e^{\frac{5}{2}x} + e^{2x}. \qquad \blacktriangleleft$$

Übungsaufgaben zu diesem Thema gebe ich Ihnen im Anschluss an den nachfolgenden
Satz 9.8 und den zugehörigen Beispielen an die Hand, denn dieser Satz stellt eine Verallgemeinerung von Satz 9.7 dar, und daher können Aufgaben zu diesen beiden Sätzen in
einem Aufwasch erledigt werden.

Um den Satz formulieren zu können, brauche ich zunächst noch den Begriff der Vielfachheit einer Nullstelle eines Polynoms. Hierzu zunächst eine Vorbetrachtung: Wenn man
beispielsweise mithilfe der p-q-Formel die Nullstellen des Polynoms $p(\lambda) = \lambda^2 - 2\lambda + 1$
bestimmt, so findet man:

$$\lambda_{1/2} = 1 \pm \sqrt{1-1} = 1 \pm 0.$$

Dieses Polynom hat also nur die Nullstelle 1, die aber sozusagen zweimal auftritt. Daher sagt man: Die Nullstelle $\lambda_1 = 1$ hat die Vielfachheit 2.

Da es für Gleichungen höheren Grades keine p-q-Formel mehr gibt, man aber gerne
eine Definition für Vielfachheiten von Nullstellen eines Polynoms beliebigen Grades
hätte, hat man sich das Folgende ausgedacht:

Definition 9.9

Es sei $p(\lambda)$ ein Polynom und λ_1 eine Nullstelle von p. Die natürliche Zahl μ heißt
(genaue) **Vielfachheit** der Nullstelle λ_1, wenn man p in der Form

$$p(\lambda) = (\lambda - \lambda_1)^\mu \cdot q(\lambda)$$

zerlegen kann, wobei q ein Polynom mit $q(\lambda_1) \neq 0$ ist.

Natürlich kann q auch vom Grad 0, also eine Konstante, sein. Das ist beispielsweise bei obiger Vorbetrachtung der Fall, denn man kann schreiben:

$$p(\lambda) = \lambda^2 - 2\lambda + 1 = (\lambda - 1)^2 \cdot 1.$$

Hatte ich Sie eigentlich schon mit meinen Griechischkenntnissen gelangweilt? Hatte ich wohl. Nun, dann nur noch ganz kurz die Bemerkung: Der Buchstabe μ wird „mü" ausgesprochen und ist das kleine „m" des griechischen Alphabets.

Bewaffnet mit der Begrifflichkeit der Vielfachheit einer Nullstelle kann ich nun den folgenden Satz formulieren, der eine Verallgemeinerung von Satz 9.7 darstellt:

Satz 9.8

Das charakteristische Polynom einer homogenen linearen Differenzialgleichung n-ter Ordnung mit konstanten Koeffizienten habe die k verschiedenen reellen Nullstellen λ_1, λ_2,..., λ_k mit der jeweiligen Vielfachheit μ_1, μ_2,..., μ_k, wobei $\mu_1 + \mu_2 + \cdots + \mu_k = n$ gilt.

Dann bildet die Funktionenmenge

$$\{ e^{\lambda_1 x}, x e^{\lambda_1 x}, \ldots, x^{\mu_1 - 1} e^{\lambda_1 x},$$
$$e^{\lambda_2 x}, x e^{\lambda_2 x}, \ldots, x^{\mu_2 - 1} e^{\lambda_2 x},$$
$$\ldots\ldots\ldots$$
$$e^{\lambda_k x}, x e^{\lambda_k x}, \ldots, x^{\mu_k - 1} e^{\lambda_k x} \}$$

ein Fundamentalsystem dieser Differenzialgleichung.

Zugegeben, die Aussage des Satzes ist nicht gerade ein Muster an Übersichtlichkeit, aber anders lässt sich das kaum formulieren. Ich denke, ein paar Beispiele bringen hier Klarheit. Zuvor allerdings möchte ich noch kurz herausstellen, warum dieser Satz wie behauptet eine Verallgemeinerung von Satz 9.7 ist: Wenn das Polynom n verschiedene Nullstellen hat, so bedeutet das, dass $k = n$ ist und alle Vielfachheiten $\mu_i = 1$ sind. Ist aber $\mu_i = 1$, so ist $\mu_i - 1 = 0$, und das bedeutet, dass von der Funktionengruppe $e^{\lambda_i x}, x e^{\lambda_i x}, \ldots, x^{\mu_i - 1} e^{\lambda_i x}$ nur die Funktion $e^{\lambda_i x}$ übrig bleibt; damit ergibt sich aber genau die Aussage von Satz 9.7.

Beispiel 9.16

a) Zu lösen ist die Differenzialgleichung vierter Ordnung
$$y'''' - 4y''' + 4y'' = 0. \tag{9.61}$$

Das charakteristische Polynom lautet $p(\lambda) = \lambda^4 - 4\lambda^3 + 4\lambda^2$. Offenbar kann man hier λ^2 ausklammern − das Polynom hat also die doppelte Nullstelle $\lambda_1 = 0$ − und der verbleibende Rest $\lambda^2 - 4\lambda + 4$ hat die doppelte Nullstelle $\lambda_2 = 2$. Somit gilt

$$p(\lambda) = \lambda^4 - 4\lambda^3 + 4\lambda^2 = \lambda^2 (\lambda - 2)^2.$$

Die zu $\lambda_1 = 0$ gehörenden Fundamentallösungen lauten $e^{0x} = 1$ und $xe^{0x} = x$, die zu $\lambda_2 = 2$ gehörenden sind e^{2x} und xe^{2x}. Das Fundamentalsystem der Differenzialgleichung (9.61) lautet gemäß Satz 9.8 also:

$$\{1, x, e^{2x}, xe^{2x}\}.$$

b) Nun will ich die Differenzialgleichung dritter Ordnung

$$y''' - 3y'' + 3y' - y = 0 \tag{9.62}$$

lösen. Sie hat das charakteristische Polynom $p(\lambda) = \lambda^3 - 3\lambda^2 + 3\lambda - 1$. Nun gibt es zwar Formeln zur Bestimmung der Nullstellen eines Polynoms dritten Grades, die sogenannten cardanischen Lösungsformeln, aber die sind so aufwendig, dass sie niemand von Ihnen ernsthaft verlangen kann. Sie können also in Vorlesungen, Übungen, Prüfungen, aber natürlich auch in Lehrbüchern wie diesem davon ausgehen, dass man zumindest eine der Nullstellen mit ein wenig Probieren erraten kann. So ist es auch hier, denn offenbar ist $\lambda_1 = 1$ eine Nullstelle des charakteristischen Polynoms. Hat man diese gefunden, so kann man den Faktor $(\lambda - 1)$ ausdividieren und erhält:

$$(\lambda^3 - 3\lambda^2 + 3\lambda - 1) : (\lambda - 1) = \lambda^2 - 2\lambda + 1.$$

Der verbliebene Rest hat nun wiederum die Nullstelle 1, und zwar gleich doppelt, es gilt also $\lambda^2 - 2\lambda + 1 = (\lambda - 1)^2$, was man natürlich auch mithilfe der binomischen Formel sehen kann.

Insgesamt haben wir also herausgefunden, dass das charakteristische Polynom $p(\lambda)$ die dreifache Nullstelle $\lambda_1 = 1$ besitzt. Das Fundamentalsystem der Differenzialgleichung (9.62) lautet also:

$$\{e^x, xe^x, x^2 e^x\}.$$

c) Auch hier sollte ein Anfangswertproblem nicht fehlen: Zu bestimmen sei die Lösung von

$$y'' - 8y' + 16y = 0, \quad y(0) = 1, \quad y'(0) = 0. \tag{9.63}$$

Die Differenzialgleichung ist schnell gelöst, das charakteristische Polynom $p(\lambda) = \lambda^2 - 8\lambda + 16$ hat die doppelte Nullstelle $\lambda_1 = 4$, und somit lautet das Fundamentalsystem: $\{e^{4x}, xe^{4x}\}$. Da hier noch Anfangswerte eingesetzt werden sollen, ist es eine gute Idee, nochmals die allgemeine Lösung aufzuschreiben, sie lautet:

$$y(x) = c_1 e^{4x} + c_2 xe^{4x}.$$

Einsetzen der Bedingung $y(0) = 1$ liefert hier sofort $1 = c_1$. Zur Bestimmung der Ableitung, die ja benötigt wird, weil eine Bedingung an y' gestellt wurde, muss ich die Produktregel bemühen und erhalte

$$y'(x) = 4e^{4x} + c_2\left(4xe^{4x} + e^{4x}\right),$$

wobei ich bereits verwendet habe, dass $c_1 = 1$ ist. Aus $y'(0) = 0$ folgt nun aber sofort: $0 = 4 + c_2$, also $c_2 = -4$. Die Lösung des Anfangswertproblems (9.63) lautet also:

$$y(x) = e^{4x} - 4xe^{4x}.$$
◀

Übungsaufgabe 9.10

Bestimmen Sie jeweils ein Fundamentalsystem der folgenden Differenzialgleichungen:

a) $y''' + y'' - y' - y = 0$

b) $y'''' = 0$

c) $y'''' - 5y''' + 9y'' - 7y' + 2y = 0$

Hinweis: Das charakteristische Polynom in c) besitzt die Nullstelle $\lambda_1 = 2$. ◀

Übungsaufgabe 9.11

Lösen Sie die folgenden Anfangswertprobleme:

a) $y'' - 4y' + 4y = 0$, $\quad y(0) = 1$, $\quad y'(0) = 2$.

b) $y''' - \dfrac{1}{10}y'' - \dfrac{1}{5}y' = 0$, $\quad y(0) = 0$, $\quad y'(0) = \dfrac{1}{2}$, $\quad y''(0) = \dfrac{1}{4}$. ◀

Bisher wurde davon ausgegangen, dass das charakteristische Polynom lauter reelle Nullstellen besitzt. Nun gibt es aber leider Polynome, die einem diesen Gefallen nicht tun, das einfachste Beispiel ist vermutlich $p(\lambda) = \lambda^2 + 1$, und Differenzialgleichungen, deren charakteristisches Polynom nicht nur reelle Nullstellen hat, werden durch die obigen Sätze nicht abgedeckt.

In solchen Fällen muss man die komplexen Nullstellen berechnen und aus Real- und Imaginärteil dieser Nullstellen die Fundamentallösungen basteln. So etwas kann sehr aufwendig sein, ich beschränke mich daher, wie die meisten Autoren, auf den in der Praxis sehr wichtigen Fall der Differenzialgleichungen zweiter Ordnung. In diesem Fall ist also das charakteristische Polynom vom Grad 2, und seine Nullstellen können berechnet werden, beispielsweise mithilfe der p-q-Formel: Ist $p(\lambda) = \lambda^2 + a_1\lambda + a_0$, so sind die beiden Nullstellen:

$$\lambda_{1,2} = -\frac{a_1}{2} \pm \sqrt{\frac{a_1^2}{4} - a_0}. \tag{9.64}$$

Ist nun

$$\frac{a_1^2}{4} - a_0 < 0,$$

so existieren keine reellen Nullstellen, und Satz 9.8 ist nicht anwendbar. Er ist dann durch folgende Aussage zu ersetzen:

Satz 9.9

Für die homogene lineare Differenzialgleichung zweiter Ordnung

$$y'' + a_1 y' + a_0 y = 0$$

gelte

$$D = \frac{a_1^2}{4} - a_0 < 0.$$

Verwendet man die Abkürzungen

$$\alpha = -\frac{a_1}{2} \text{ und } \beta = \sqrt{-\left(\frac{a_1^2}{4} - a_0\right)},$$

so lautet die allgemeine Lösung der Differenzialgleichung:

$$y(x) = c_1 e^{\alpha x} \cos(\beta x) + c_2 e^{\alpha x} \sin(\beta x).$$

Beachten Sie, dass der Wurzelausdruck, durch den β definiert ist, unter den genannten Voraussetzungen stets existiert, da der Radikand das Negative des negativen Ausdrucks D, also positiv, ist.

Beispiel 9.17

a) Die Differenzialgleichung

$$y'' + y = 0$$

habe ich in der Einleitung dieses Kapitels schon verwendet, aber nun habe ich endlich die Mittel, sie vollständig zu lösen.

Hier ist $a_1 = 0$ und $a_0 = 1$, also $D = -1$. Man berechnet nun sofort

$$\alpha = 0 \text{ und } \beta = \sqrt{-(-1)} = 1.$$

Somit lautet die allgemeine Lösung der Differenzialgleichung

$$y(x) = c_1 \cos(x) + c_2 \sin(x),$$

wie in der Einleitung behauptet.

b) Auch hier kann man natürlich Anfangswertprobleme untersuchen, beispielsweise das folgende: Man bestimme die Lösung des Problems

$$y'' - 2y' + 10y = 0, \quad y(0) = 0, \quad y'(0) = 3. \tag{9.65}$$

Wie (hoffentlich schon) gewohnt bestimme ich zunächst die allgemeine Lösung der Differenzialgleichung; wegen

$$\alpha = 1 \text{ und } \beta = \sqrt{-(1-10)} = 3$$

erhalte ich

$$y(x) = c_1 e^x \cos(3x) + c_2 e^x \sin(3x).$$

Nun setze ich die Bedingung $y(0) = 0$ ein, das ergibt sofort $c_1 = 0$, denn $e^0 = \cos(0) = 1$ und $\sin(0) = 0$. Die Lösung ist also von der Form $y(x) = c_2\, e^x \sin(3x)$. Diesen Ansatz leitet man nun mithilfe der Produktregel ab und erhält so

$$y'(x) = c_2 \left(e^x 3\cos(3x) + e^x \sin(3x) \right),$$

und Einsetzen von $y'(0) = 3$ ergibt $3 = c_2 \cdot 3$, also $c_2 = 1$. Die gesuchte Lösung des Anfangswertproblems (9.65) ist also

$$y(x) = e^x \sin(3x). \qquad \blacktriangleleft$$

Ich denke, mehr Beispiele sind hier nicht nötig, zur Abrundung (das meine ich ernst) des Ganzen nun noch eine kleine Aufgabe.

Übungsaufgabe 9.12

a) Bestimmen Sie die allgemeine Lösung der Differenzialgleichung

$$y'' + 4y' + 5y = 0.$$

b) Bestimmen Sie die Lösung des Anfangswertproblems

$$y'' - 8y' + 41y = 0, \quad y(0) = 1, \quad y'(0) = -1. \qquad \blacktriangleleft$$

Mit homogenen Problemen haben wir uns meiner Meinung nach nun genug herumgeschlagen, es wird Zeit, ein paar Worte zum inhomogenen Fall zu verlieren. Das mache ich im nächsten Unterabschnitt.

9.4.3 Lineare Differenzialgleichungen mit konstanten Koeffizienten: inhomogener Fall

Jetzt geht es also um die Lösungen einer Differenzialgleichung der Form

$$y^{(n)} + a_{n-1} y^{(n-1)} + \cdots + a_1 y' + a_0 y = b(x), \tag{9.66}$$

wobei $b(x)$ eine vorgegebene stetige Funktion ist.

Aus Satz 9.5 wissen Sie bereits, wie man die allgemeine Lösung dieser Gleichung erhalten kann: Man verschafft sich – beispielsweise mithilfe einer der im vorigen Unterabschnitt geschilderten Methoden – die allgemeine Lösung der zugehörigen homogenen Gleichung

$$y^{(n)} + a_{n-1} y^{(n-1)} + \cdots + a_1 y' + a_0 y = 0$$

und addiert eine spezielle Lösung $y_p(x)$ – die sogenannte partikuläre Lösung – der Gl. (9.66) dazu.

Um die Gesamtheit aller Lösungen einer inhomogenen Differenzialgleichung zu erhalten, genügt es also, das homogene Problem zu lösen und dann noch eine einzige Lösung der inhomogenen Gleichung zu finden. Das ist schon mal nicht schlecht, aber selbst das Finden einer einzigen Lösung ist nicht gerade ein Pappenstiel. Man benutzt hier meist die Methode der **Ansatzfunktion**, das heißt, man setzt eine noch von Parametern abhängige Funktion, deren Struktur man an der rechten Seite $b(x)$ ablesen kann, in die Differenzialgleichung ein, löst diese und bestimmt dadurch die noch freien Parameter.

Zugegeben: Das war dermaßen allgemein, um nicht zu sagen schwammig, dass ich das selbst beim ersten Lesen nicht verstehen würde. Ich zeige Ihnen ein Beispiel.

Beispiel 9.18

Zu bestimmen ist eine partikuläre Lösung der Differenzialgleichung erster Ordnung

$$y' + y = x. \tag{9.67}$$

Durch göttliche Eingebung (oder, für die Atheisten unter Ihnen, aufgrund der allgemeinen Informationen, die ich Ihnen gleich im Anschluss geben werde) wissen Sie, dass es eine Lösung der Form $y_p(x) = b_1 x + b_0$ gibt. Das ist die Ansatzfunktion, von der ich gerade sprach, in diesem Fall also ein lineares Polynom.

Um die noch freien Parameter zu bestimmen, setze ich dieses und seine Ableitung $y_p'(x) = b_1$ in die Differenzialgleichung ein; ich erhalte

$$b_1 + (b_1 x + b_0) = x.$$

Nun sortiere ich die linke Seite nach x-Potenzen, das führt auf die Gleichung

$$b_1 x + (b_0 + b_1) = x,$$

und mache einen Koeffizientenvergleich. Dieser ergibt die beiden Gleichungen

$$b_1 = 1 \quad \text{und} \quad b_0 + b_1 = 0, \tag{9.68}$$

wobei die zweite dadurch entsteht, dass die rechte Seite der Differenzialgleichung keinen konstanten Term enthält.

Die eindeutige Lösung des kleinen Gleichungssystems (9.68) ist $b_1 = 1$ und $b_0 = -1$, und damit ist

$$y_p(x) = x - 1$$

die gesuchte partikuläre Lösung der Differenzialgleichung (9.67). ◄

So geht das im Prinzip immer: Sobald Sie wissen, von welchem Typ die gesuchte partikuläre Lösung ist, machen Sie einen Ansatz, setzen diesen in die Differenzialgleichung ein und bestimmen dadurch die noch freien Koeffizienten Ihres Ansatzes.

Leider ist das mit der göttlichen Eingebung, die bei obigem Beispiel half, so eine Sache, nach meiner Erfahrung wird sie leider nur wenigen zuteil. Daher ist es denke ich besser, einen Satz wie den folgenden zur Hand zu haben, der Auskunft über die Form der zu wählenden Ansatzfunktion gibt; ist die rechte Seite $b(x)$ der Differenzialgleichung ein Polynom, eine Exponentialfunktion oder ein Produkt dieser beiden Funktionstypen, so klärt der Satz die Situation vollständig. Ähnliche Aussagen gibt es für den Fall, dass die rechte Seite noch eine trigonometrische Funktion enthält:

Satz 9.10
Gegeben sei eine inhomogene lineare Differenzialgleichung, deren rechte Seite von der Form

$$f(x) \cdot e^{ax}$$

ist, wobei $f(x)$ ein Polynom m-ten Grades und a eine reelle Zahl ist.

Dann gilt: Ist a eine k-fache Nullstelle des charakteristischen Polynoms der Differenzialgleichung, so gibt es eine partikuläre Lösung der Form

$$y_p(x) = x^k \cdot q(x) \cdot e^{ax}$$

mit einem Polynom $q(x)$ vom Grad m. Ist a keine Nullstelle des charakteristischen Polynoms, so ist $k = 0$ zu setzen.

Die erste Illustration dieses Satzes haben Sie bereits in Beispiel 9.18 gesehen. Die rechte Seite lautet dort einfach $b(x) = x$. Dies ist sicherlich ein Polynom ersten Grades, also ist $m = 1$. Wenn Sie nun verzweifelt den Exponentialterm suchen: Der ist schon da, allerdings versteckt, denn hier ist $a = 0$ zu setzen, dadurch wird $e^{ax} = e^0 = 1$. Schließlich ist $a = 0$ sicherlich keine Nullstelle des charakteristischen Polynoms $p(\lambda) = \lambda + 1$, also ist $k = 0$. Damit besagt der Satz, dass der richtige Ansatz für $y_p(x)$ ein Polynom vom Grad 1 ist, und genau das habe ich in Beispiel 9.18 getan.

Nun noch weitere Beispiele:

Beispiel 9.19

a)   Es soll eine partikuläre Lösung der Differenzialgleichung

$$y'' - 3y' + 2y = e^{2x}$$

bestimmt werden. Hier ist $m = 0$ (da der polynomiale Anteil konstant ist) und $a = 2$. Das charakteristische Polynom ist $p(\lambda) = \lambda^2 - 3\lambda + 2$, und tatsächlich ist $a = 2$ einfache Nullstelle dieses Polynoms (die andere Nullstelle ist $\lambda_2 = 1$). Daher lautet der

Ansatz für die partikuläre Lösung: $y_p(x) = x \cdot be^{2x}$. Die Ableitungen hiervon sind gemäß Produktregel:

$$y_p'(x) = be^{2x} \cdot (1 + 2x) \quad \text{und} \quad y_p''(x) = be^{2x} \cdot (4 + 4x).$$

Nun muss man diese drei Terme in die linke Seite der Differenzialgleichung einsetzen und nach x-Potenzen sortieren; das ergibt:

$$be^{2x} \cdot (4 + 4x) - 3\left(be^{2x} \cdot (1 + 2x)\right) + 2\left(x \cdot be^{2x}\right) = b \cdot e^{2x}.$$

Der Koeffizientenvergleich ist nun ziemlich übersichtlich, er lautet

$$b \cdot e^{2x} = e^{2x}$$

und ergibt $b = 1$. Die partikuläre Lösung ist also

$$y_p(x) = x \cdot e^{2x}.$$

b) Im zweiten Beispiel soll die allgemeine Lösung der Differenzialgleichung

$$y'' + 6y' + 5y = (8x + 10) \cdot e^{-x} \tag{9.69}$$

bestimmt werden.

Kümmern wir uns zunächst um das homogene Problem. Das charakteristische Polynom lautet hier $p(\lambda) = \lambda^2 + 6\lambda + 5 = 0$ und hat die beiden Nullstellen $\lambda_1 = -5$ und $\lambda_2 = -1$. Damit haben wir das homogene Problem bereits gelöst, seine allgemeine Lösung lautet

$$y_h(x) = c_1 e^{-5x} + c_2 e^{-x}.$$

Um den richtigen Ansatz für die partikuläre Lösung zu finden, muss ich wieder die in Satz 9.10 verwendeten Größen identifizieren. Sicherlich hat das Polynom $8x + 10$ den Grad 1, somit ist $m = 1$. Außerdem ist $a = -1$, und da dies eine einfache Nullstelle des gerade ermittelten charakteristischen Polynoms ist, ist $k = 1$ zu setzen. Daher lautet der Ansatz:

$$y_p(x) = x \cdot (b_1 x + b_0) \cdot e^{-x} = (b_1 x^2 + b_0 x) \cdot e^{-x}$$

Die beiden Ableitungen dieser Ansatzfunktion lauten

$$y_p'(x) = \left(-b_1 x^2 + (2b_1 - b_0)x + b_0\right) \cdot e^{-x}$$

und

$$y_p''(x) = \left(b_1 x^2 - (4b_1 - b_0)x + 2(b_1 - b_0)\right) \cdot e^{-x}.$$

Diese Terme setzt man nun in die linke Seite der Differenzialgleichung (9.69) ein und sortiert wie üblich nach x-Potenzen. Durch anschließendes Gleichsetzen mit der rechten Seite ergeben sich folgende Bedingungen: Für die Koeffizienten von x^2 gilt

$$b_1 - 6b_1 + 5b_1 = 0;$$

diese Gleichung liefert also keine Information. Die Koeffizienten von x ergeben:

$$-4b_1 + b_0 + 12b_1 - 6b_0 + 5b_0 = 8b_1 = 8,$$

also $b_1 = 1$, und schließlich liefert der Koeffizientenvergleich der Konstanten:

$$2b_1 + 4b_0 = 2 + 4b_0 = 10,$$

also $b_0 = 2$. Die partikuläre Lösung der Differenzialgleichung (9.69) lautet somit $y_p(x) = (x^2 + 2x) \cdot e^{-x}$, und die gesuchte allgemeine Lösung ist

$$y(x) = y_h(x) + y_p(x) = c_1 e^{-5x} + c_2 e^{-x} + (x^2 + 2x) \cdot e^{-x}$$

mit $c_1, c_2 \in \mathbb{R}$. ◀

Übungsaufgabe 9.13

Ermitteln Sie jeweils die allgemeine Lösung der folgenden Differenzialgleichungen:

a) $y'' + 4y' + 29y = -29x^2 + 21x + 60$

b) $y'' - 4y' = 3e^{4x}$

c) $y'' + 6y' + 9y = 3e^{-3x}$ ◀

Weitere Sätze oder Beispiele zum Thema Ansatzfunktionen für inhomogene lineare Differenzialgleichungen will ich hier nicht angeben. Im nächsten Abschnitt lernen Sie nämlich eine Methode kennen, die auf völlig anderem Wege Anfangswertprobleme für lineare Differenzialgleichungen löst: die Laplace-Transformation.

9.5 Laplace-Transformation

Die Laplace-Transformation ist in ihrer ursprünglichen Intention keine Methode zur Lösung von Differenzialgleichungen, sondern eine Integraltransformation, also eine Möglichkeit, eine gegebene Funktion y durch Bildung eines speziellen Integrals in eine andere Funktion Y zu transformieren. Daher taucht bei ihrer Definition auch zunächst einmal weit und breit keine Differenzialgleichung auf:

Definition 9.10

Es sei y eine auf $[0, \infty)$ definierte reelle Funktion und s eine positive reelle Variable. Dann nennt man die durch das Integral

$$Y(s) = \int_0^\infty y(t) e^{-st} dt \qquad (9.70)$$

vermittelte Abbildung die **Laplace-Transformation** von y. Hierbei ist natürlich vorauszusetzen, dass das uneigentliche Integral (9.70) existiert.

Man nennt dann Y die **Laplace-Transformierte** von y und drückt dies durch die Notation $Y(s) = L\{y(t)\}$ aus.

Häufig bezeichnet man y als die **Originalfunktion** oder **Zeitfunktion**, und Y als die **Bildfunktion** der Transformation.

Benannt ist diese Transformation nach dem französischen Mathematiker Pierre Simon Laplace, der von 1749 bis 1827 lebte. Um auszudrücken, dass y üblicherweise eine Funktion der Zeit ist, benennt man die Variable hier eigentlich immer mit t, und auch ich werde das in diesem Abschnitt tun; das sollte Sie nicht weiter irritieren, Variablennamen sind ohnehin wie schon mehrfach bemerkt nur Schall und Rauch. Die Variable t verschwindet bei der Ausführung der Integration ohnehin, und der ganze Ausdruck hängt nur noch von s ab, das demzufolge als einzige Variable der transformierten Funktion Y auftritt.

Ich denke, es ist höchste Zeit für Beispiele.

Beispiel 9.20

a) Ich beginne mit etwas ganz einfachem, nämlich der konstanten Funktion $y(t) = 1$, zu berechnen ist also

$$\int_0^\infty e^{-st} dt.$$

Da es sich auch hierbei um ein uneigentliches Integral handelt, berechne ich zunächst dieses Integral mit fester oberer Grenze b und lasse anschließend b gegen unendlich gehen. Es ist

$$\int_0^b e^{-st} dt = \frac{-1}{s} \cdot e^{-st} \Big|_0^b = \frac{-1}{s} \cdot e^{-sb} + \frac{1}{s}.$$

Hieraus erhalte ich durch Grenzübergang die Laplace-Transformierte

$$Y(s) = \lim_{b \to \infty} \frac{-1}{s} \cdot e^{-sb} + \frac{1}{s} = \frac{1}{s}.$$

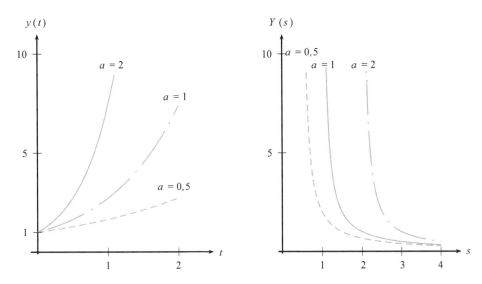

Abb. 9.1 $y(t) = e^{at}$ und Transformierte für verschiedene Werte von a

b) Als nächstes berechne ich die Transformierte von $y(t) = e^{at}$, wobei a eine reelle
    Konstante ist. Um mir ein wenig Schreib- und Ihnen ein wenig Lesearbeit zu er-
    sparen, verzichte ich von jetzt ab auf den Zwischenschritt, eine feste obere Grenze
    einzusetzen, und trage kurzerhand ∞ als obere Grenze ein. Es muss jedoch klar
    sein, dass das rein symbolisch gemeint ist. Ich erhalte

$$Y(s) = \int_0^\infty e^{at} \cdot e^{-st} dt = \int_0^\infty e^{(a-s)t} dt = \frac{1}{a-s} \cdot e^{(a-s)t} \Big|_0^\infty = \frac{1}{s-a},$$

allerdings nur unter der Bedingung, dass $s > a$ ist, denn ansonsten existiert das Integral nicht (Abb. 9.1).   ◄

Übungsaufgabe 9.14

Bestimmen Sie die Laplace-Transformierte der linearen Funktion $y(t) = t$. ◄

Die folgende Tabelle 9.1 ergänzt die gerade berechneten Laplace-Transformierten.

Tab. 9.1 Wichtige Laplace-Transformationen

Zeitfunktion $y(t)$	Bildfunktion $Y(s)$
1	$\dfrac{1}{s}$
t^n $(n \in \mathbb{N})$	a. $\dfrac{n!}{s^{n+1}}$
$\sin (at)$	$\dfrac{a}{s^2 + a^2}$
$\cos (at)$	$\dfrac{s}{s^2 + a^2}$
e^{at}	$\dfrac{1}{s - a}$
$t^n \cdot e^{at}$	$\dfrac{n!}{(s-a)^{n+1}}$

Es gibt eine große Anzahl von Sätzen über Eigenschaften der Laplace-Transformation, die Sie bei Interesse oder Bedarf in der Fachliteratur finden können. Ich werde mich hier in unser aller Interesse auf das Allernotwendigste beschränken, das für das angestrebte Ziel der Lösung von Anfangswertproblemen notwendig ist. Wichtig ist in diesem Zusammenhang zum Beispiel, dass die Laplace-Transformation linear ist; das wird niemanden überraschen, aber einmal hinschreiben muss ich es doch.

Satz 9.11

Es seien y_1 und y_2 reelle Funktionen und a_1 und a_2 beliebige reelle Zahlen. Dann gilt

$$\mathcal{L}\{a_1 y_1 (t) + a_2 y_2 (t)\} = a_1 \mathcal{L}\{y_1\} + a_2 \mathcal{L}\{y_2\},$$

falls alle diese Transformationen existieren.

Das bedeutet also beispielsweise, dass man die Funktion $3 + t$ summandenweise transformieren darf und mithilfe obiger Tabelle erhält:

$$\mathcal{L}\{3 + t\} = 3\mathcal{L}\{1\} + \mathcal{L}\{t\} = \frac{3}{s} + \frac{1}{s^2}.$$

Nicht sehr überraschend, wie gesagt.

Ich steuere jetzt schon direkt auf die Lösung von Anfangswertproblemen zu. Um dafür die Laplace-Transformation einsetzen zu können, wäre es nicht schlecht, darüber Bescheid zu wissen, wie sie sich bei der Anwendung auf Ableitungen verhält. Auskunft hierüber gibt der folgende Satz:

Satz 9.12

Es sei y eine auf $[0, \infty)$ n-mal differenzierbare Funktion und $Y(s)$ ihre Laplace-Transformierte. Dann hat die n-te Ableitung von y folgende Laplace-Transformierte:

$$\mathcal{L}\left\{y^{(n)}(t)\right\} = s^n \cdot Y(s) - s^{n-1} \cdot y(0) - s^{n-2} \cdot y'(0) - \cdots - s \cdot y^{(n-2)}(0) - y^{(n-1)}(0) \quad (9.71)$$

Hübsches Förmelchen, nicht wahr? Allerdings vielleicht nicht sofort verständlich, daher zwei Beispiele:

Beispiel 9.21

Für $n = 3$ lautet Formel (9.71):

$$\mathcal{L}\left\{y'''(t)\right\} = s^3 \cdot Y(s) - s^2 \cdot y(0) - s \cdot y'(0) - y''(0),$$

und für die erste Ableitung (also $n = 1$) verkürzt sich das Ganze zu

$$\mathcal{L}\left\{y'(t)\right\} = s \cdot Y(s) - y(0). \tag{9.72}$$ ◄

Übungsaufgabe 9.15

Beweisen Sie die Formel (9.72) für die Laplace-Transformation der ersten Ableitung. ◄

Mit Formel (9.71) bewaffnet können wir nun endlich die Lösung von Anfangswertproblemen in Angriff nehmen. Ich beginne mit einem Beispiel.

Beispiel 9.22

Gesucht sei die Lösung des Anfangswertproblems

$$y' + 2y = t, \quad y(0) = 1. \tag{9.73}$$

Ich unterwerfe nun diese Differenzialgleichung der Laplace-Transformation; wegen der Linearität der Transformation darf ich das separat für die einzelnen Teile machen. Die Transformation der rechten Seite kennen Sie schon aus der Tabelle, es ist

$$\mathcal{L}\{t\} = \frac{1}{s^2}.$$

Die Transformierte der Funktion y kenne ich noch nicht, ich nenne sie $Y(s)$. Über die Transformierte von y' brauchen ich mir keine separaten Gedanken zu machen, denn es gilt nach Satz 9.12 bzw. hier speziell Formel (9.72):

$$\mathcal{L}\left\{y'(t)\right\} = s \cdot Y(s) - y(0) = s \cdot Y(s) - 1.$$

Letzteres wegen der Anfangsbedingung $y(0) = 1$.

Zusammengefasst erhalte ich durch Anwendung der Laplace-Transformation auf das Anfangswertproblem (9.73) die algebraische Gleichung

$$s \cdot Y(s) - 1 + 2Y(s) = \frac{1}{s^2}. \qquad (9.74)$$

Beachten Sie, dass hier die Anfangsbedingung bereits eingearbeitet ist.
Diese Gleichung kann ich nun nach $Y(s)$ auflösen und erhalte:

$$Y(s) = \frac{1}{s+2} + \frac{1}{s^2(s+2)}. \qquad (9.75)$$

Damit haben wir also eine explizite Darstellung der Laplace-Transformierten der gesuchten Lösung $y(t)$. Es verbleibt das Problem der Rücktransformation, also der Ermittlung der eigentlich gesuchten Funktion $y(t)$. Hierfür benutze ich nun Tab. 9.1. Wenn Sie sich nämlich einmal den ersten Summanden der rechten Seite ansehen, so werden Sie feststellen, dass dieser (mit $a = -2$) explizit in dieser Tabelle auftaucht, und so erfahren Sie, dass die zugehörige Zeitfunktion $y_1(t) = e^{-2t}$ lautet.

Bleibt der zweite Summand; dieser lässt sich leider nicht in Tab. 9.1 finden, aber es gibt einen Weg, ihn in Summanden zu zerlegen, die in der Tabelle auffindbar sind. Die Methode heißt Partialbruchzerlegung, und Sie haben sie in Kap. 7 bereits geübt. Sollten Sie dort gerade unpässlich gewesen und Ihnen die Partialbruchzerlegung daher entgangen sein, so schauen Sie das bitte jetzt noch einmal nach.

Sie wissen dann, dass man einen Ansatz der Form

$$\frac{1}{s^2(s+2)} = \frac{A_1}{s} + \frac{A_2}{s^2} + \frac{B}{s+2}$$

machen muss. Multiplikation mit dem Hauptnenner führt auf die Gleichung

$$1 = A_1 \cdot s(s+2) + A_2 \cdot (s+2) + B \cdot s^2$$

mit den Lösungen

$$A_1 = -\frac{1}{4}, \quad A_2 = \frac{1}{2}, \quad B = \frac{1}{4}.$$

Es gilt also für den zweiten Summanden der rechten Seite in (9.75):

$$\frac{1}{s^2(s+2)} = \frac{-1}{4s} + \frac{1}{2s^2} + \frac{1}{4(s+2)}. \qquad (9.76)$$

Die drei Terme auf der rechten Seite von (9.76) tauchen aber alle in der Tabelle auf, und es ergibt sich als Zeitfunktion:

$$y_2(t) = -\frac{1}{4} + \frac{1}{2} \cdot t + \frac{1}{4} \cdot e^{-2t}.$$

Insgesamt habe ich also als Lösung des Problems (9.73) ermittelt:

$$y(t) = y_1(t) + y_2(t) = e^{-2t} - \frac{1}{4} + \frac{1}{2} \cdot t + \frac{1}{4} \cdot e^{-2t} = -\frac{1}{4} + \frac{1}{2} \cdot t + \frac{5}{4} \cdot e^{-2t}. \qquad \blacktriangleleft$$

Was hier vielleicht wie Zufall aussehen mag, ist in Wirklichkeit ein allgemeines Prinzip: Die Transformierte $Y(s)$ ist meist eine rationale Funktion, die man mithilfe von Partialbruchzerlegung in einzelne Summanden aufteilen kann, die alle in Tab. 9.1 auffindbar sind.

Das schreibe ich jetzt gleich einmal als Kochrezept auf:

Lösung eines linearen Anfangswertproblems mithilfe der Laplace-Transformation
Gegeben sei ein lineares Anfangswertproblem n-ter Ordnung.

- Man wendet auf beide Seiten der Differenzialgleichung die Laplace-Transformation an und verwendet dabei Satz 9.12 sowie die Anfangsbedingung.
- Man löst die entstehende algebraische Gleichung nach der Bildfunktion $Y(s)$ auf.
- Man zerlegt nötigenfalls die rechte Seite dieser Gleichung mithilfe der Partialbruchzerlegung in einfache rationale Funktionen, deren Zeitfunktionen man in Tab. 9.1 findet.

Um die Vorgehensweise zu üben nun noch zwei ausführliche Beispiele.

Beispiel 9.23

a) Gesucht ist die Lösung der linearen Differenzialgleichung zweiter Ordnung

$$y''(t) + 5y'(t) + 4y(t) = 0$$

mit den Anfangsbedingungen

$$y(0) = 2 \quad \text{und} \quad y'(0) = 1.$$

Anwendung der Laplace-Transformation unter Verwendung von Satz 9.12 liefert

$$s^2 Y(s) - 2s - 1 + 5s Y(s) - 10 + 4Y(s) = 0.$$

Auflösen nach $Y(s)$ ergibt

$$Y(s) = \frac{2s + 11}{s^2 + 5s + 4}. \tag{9.77}$$

Die Nennerfunktion hat die Nullstellen $s_1 = -1$ und $s_2 = -4$, daher macht man den Ansatz

$$\frac{2s + 11}{s^2 + 5s + 4} = \frac{A}{s + 1} + \frac{B}{s + 4}.$$

Dieser hat die Lösungen $A = 3$ und $B = -1$.

Somit kann ich die Gl. (9.77) umschreiben zu

$$Y(s) = \frac{3}{s+1} - \frac{1}{s+4}.$$

Die Zeitfunktion hiervon zu ermitteln ist mithilfe von Tab. 9.1 (fast) ein Kinderspiel:

Es ist

$$y(t) = 3 \cdot e^{-t} - e^{-4t}.$$

b) Nun suche ich nach Lösungen des Anfangswertproblems

$$y''(t) - 3y'(t) + 2y(t) = t \cdot e^t, \quad y(0) = 1, \quad y'(0) = 1. \tag{9.78}$$

Die Laplace-Transformierte der rechten Seite dieser Differenzialgleichung findet man mithilfe der Tabelle recht schnell, es ist

$$\mathcal{L}\{t \cdot e^t\} = \frac{1}{(s-1)^2}.$$

Die Transformierte von $y(t)$ nenne ich natürlich wieder $Y(s)$. Mithilfe der beiden aus Satz 9.12 und der Anfangsbedingung in (9.78) folgenden Beziehungen

$$\mathcal{L}\{y'(t)\} = s \cdot Y(s) - y(0) = s \cdot Y(s) - 1$$

und

$$\mathcal{L}\{y''(t)\} = s^2 \cdot Y(s) - s \cdot y(0) - y'(0) = s^2 \cdot Y(s) - s - 1$$

bestimme ich die Laplace-Transformierte der linken Seite wie folgt

$$\mathcal{L}\{y''(t) - 3y'(t) + 2y(t)\} = Y(s) \cdot (s^2 - 3s + 2) - s + 2. \tag{9.79}$$

(Ein wenig Umrechnung auf einem Konzeptblatt war hier nötig, und ich würde Ihnen raten, sich auch ein solches zu besorgen und das nachzurechnen). Die in (9.79) ermittelte Transformierte setze ich nun mit der Transformierten der rechten Seite gleich und erhalte die Gleichung

$$Y(s) \cdot (s^2 - 3s + 2) - s + 2 = \frac{1}{(s-1)^2}.$$

Auflösen nach $Y(s)$ ergibt zunächst

$$Y(s) = \frac{1}{(s-1)^2 \cdot (s^2 - 3s + 2)} + \frac{s-2}{s^2 - 3s + 2}. \tag{9.80}$$

Die Funktion $s^2 - 3s + 2$ hat die Nullstellen $s_1 = 1$ und $s_2 = 2$, kann also zerlegt werden in

$$s^2 - 3s + 2 = (s-1)(s-2).$$

Damit kann ich (9.80) weiter umformen zu

$$Y(s) = \frac{1}{(s-1)^2 \cdot (s-1)(s-2)} + \frac{s-2}{(s-1)(s-2)} \qquad (9.81)$$

$$= \frac{1}{(s-1)^3 \cdot (s-2)} + \frac{1}{s-1}. \qquad (9.82)$$

Während der zweite Bruch hier schon ganz gut aussieht, muss der erste zweifellos einer Partialbruchzerlegung unterzogen werden. Der Ansatz

$$\frac{1}{(s-1)^3 \cdot (s-2)} = \frac{A_1}{s-1} + \frac{A_2}{(s-1)^2} + \frac{A_3}{(s-1)^3} + \frac{B}{s-2}$$

führt – wiederum nach ein paar Nebenrechnungen – auf die Lösungen

$$A_1 = -1, A_2 = -1, A_3 = -1, B = 1.$$

Damit kann also der erste der beiden Brüche in (9.82) zerlegt werden in

$$-\frac{1}{s-1} - \frac{1}{(s-1)^2} - \frac{1}{(s-1)^3} + \frac{1}{s-2},$$

und da ich hierauf noch den zweiten Bruch addieren muss, erhalte ich folgende Darstellung für $Y(s)$:

$$Y(s) = -\frac{1}{(s-1)^2} - \frac{1}{(s-1)^3} + \frac{1}{s-2}. \qquad (9.83)$$

Dieser Ausdruck kann aber mithilfe der Tabelle leicht rücktransformiert werden, und ich erhalte als Endergebnis die folgende Lösung der Anfangswertaufgabe (9.78):

$$y(t) = -t \cdot e^t - \frac{t^2}{2} \cdot e^t + e^{2t}. \qquad \blacktriangleleft$$

Wie fast immer gibt es nun eine gute und eine schlechte Nachricht. Die gute ist: Damit sind wir endgültig am Ende dieses Kapitels angelangt. Und die schlechte ist: Am Ende eines Kapitels gibt es meist noch ein paar Übungsaufgaben zu lösen. Nun denn …

Übungsaufgabe 9.16

Bestimmen Sie die Zeitfunktionen $y(t)$ der folgenden Bildfunktionen:

a) $Y(s) = \dfrac{1}{s^2 + 4}$

b) $Y(s) = \dfrac{s+3}{(s+1)(s+2)}$ ◀

Übungsaufgabe 9.17

Lösen Sie das Anfangswertproblem

$$y'(t) + 4y(t) = 3t \cdot e^{-t}, \quad y(0) = 2$$

mithilfe der Laplace-Transformation.   ◀

Differenzialrechnung für Funktionen von mehreren Variablen

Übersicht

In den letzten Kapiteln war viel von Funktionen die Rede, es wurde munter differenziert, integriert, auf Stetigkeit untersucht und vieles mehr. Allen diesen Funktionen war gemeinsam, dass sie von *einer* Variablen abhingen. Dies entspricht der Tatsache, dass viele Prozesse und Verläufe, die durch solche Funktionen beschrieben werden, von einem Parameter abhängen. Beispielsweise ist der Gesamtgewinn g, den ein Unternehmen durch eine bestimmte Produktgruppe erwirtschaftet, sicherlich abhängig von der Anzahl x der verkauften Produkte, also kann man ihn durch eine Funktion $g(x)$ ausdrücken.

Wenn man allerdings die Situation genauer analysiert, wird man feststellen, dass der Gewinn noch von anderen Variablen abhängt, beispielsweise vom Einkaufspreis y der Rohmaterialien und von den Löhnen z, die für die Herstellung der Produkte bezahlt werden müssen. Die Funktion g hängt also nicht nur von x ab, sondern auch von y und z, und man kann das durch die Notation $g(x, y, z)$ ausdrücken.

Solche Funktionen, die von mehreren Variablen abhängen, sind Gegenstand des nun beginnenden Kapitels.

10.1 Grundlegende Begriffe

Es wird sicherlich eine gute Idee sein, den Grundbegriff dieses ganzen Kapitels, nämlich den der Funktion von mehreren Variablen, zunächst einmal sauber zu definieren:

© Springer-Verlag GmbH Deutschland, ein Teil von Springer Nature 2020
G. Walz, *Mathematik für Hochschule und duales Studium*,
https://doi.org/10.1007/978-3-662-60506-6_10

Definition 10.1

Es sei n eine natürliche Zahl und D eine nicht leere Teilmenge des $\mathbb{R}^n$. Eine Vorschrift, die jedem Element $\mathbf{x} = (x_1, \ldots, x_n)$ von D eine eindeutig bestimmte reelle Zahl η zuordnet, heißt **Funktion von n Variablen** oder **multivariate Funktion**. Die Menge D bezeichnet man als **Definitionsbereich** der Funktion. Man schreibt:

$$f : D \rightarrow \mathbb{R},$$
$$f : \left(x_1, \ldots, x_n \right) \mapsto \eta \text{ oder } f\left(x_1, \ldots, x_n \right) = \eta.$$

Schreibweise Um Indizes zu sparen, schreibt man meist im Falle zweier oder dreier Variabler (x, y) statt (x_1, x_2) und (x, y, z) statt (x_1, x_2, x_3). Die Elemente $\mathbf{x} = (x_1, \ldots, x_n)$ des $\mathbb{R}^n$ werde ich als Punkte im $\mathbb{R}^n$ oder auch als Vektoren bezeichnen.

Vor den ersten Beispielen hierzu noch eine Bemerkung: Oft höre ich nach dieser Definition die Frage, ob ich im Wort „multivariat" nicht ein „n" vergessen hätte, ob es also nicht „multivariant" heißen müsse. Die Frage ist verständlich, aber die Antwort lautet „Nein". Übrigens bezeichnet man eine Funktion einer Variablen gelegentlich auch als **univariate Funktion**.

Beispiel 10.1

a) Mit $D = \mathbb{R}^n$ ist die Vorschrift

$$f_1 \left(x_1, \ldots, x_n \right) = x_1 + x_2 + \cdots + x_n$$

eine multivariate Funktion, an der es nichts auszusetzen gibt – außer vielleicht, dass sie recht langweilig wirkt.

b) Auf $D = \mathbb{R}^2$ betrachte ich die Funktion

$$f_2 \left(x, y \right) = x \cdot y.$$

Der Definitionsbereich ist hier zweidimensional, nämlich die x-y-Ebene. Den Graphen einer solchen Funktion kann man noch sehr schön visualisieren, indem man jeden Funktionswert $f(x, y)$ als Punkt im dreidimensionalen Raum interpretiert, der in der Höhe $\eta = f(x, y)$ senkrecht über dem Ebenenpunkt (x, y) schwebt bzw. darunterliegt, falls $f(x, y)$ negativ ist. An dieser Argumentation können Sie auch erkennen, dass ein zweidimensionaler Definitionsbereich, also eine Funktion von zwei Variablen, das höchste der Gefühle ist, was man noch grafisch darstellen kann, denn schon für drei Variablen bräuchte man zur Darstellung des Graphen einen vierdimensionalen Raum, und das bekommt unser Gehirn einfach nicht hin, jedenfalls meines nicht. Sehr oft werde ich daher in diesem Kapitel einen zweidimensionalen Variablenraum betrachten, die Aussagen gelten aber bis auf wenige Ausnahmen für beliebiges n.

Bevor Sie nun gleich auf die Visualisierung der Funktion f_2 in Abb. 10.1 spechten, will ich Sie auffordern, sich gemeinsam mit mir zu überlegen, wie die Funk-

Abb. 10.1 Die Funktion $f_2(x,$ $y) = x \cdot y$

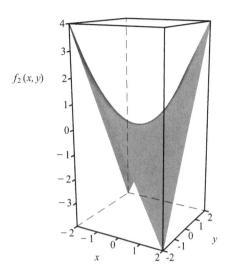

tion qualitativ aussieht. Ich beschränke mich hierbei auf den Quadranten $x \geq 0$, $y \geq 0$ des Definitionsbereichs, denn für die anderen Quadranten gelten aus Symmetrie-gründen ganz ähnliche Argumente. Zunächst stellt man fest, dass die Funktion auf den beiden Koordinatenachsen, also den Geraden $x = 0$ bzw. $y = 0$, den Wert 0 hat, der Funktionsgraph also auf der Ebene „aufliegt". Im Inneren des Quadranten, also für $x > 0$ und $y > 0$, ist die Funktion positiv. Man kann aber noch mehr sagen: Läuft man ausgehend vom Nullpunkt auf der Geraden $y = ax$ mit einem $a > 0$ in den Quadranten hinein, so ergeben sich die Funktionswerte $f_2(x, ax) = a \cdot x^2$. Die Funktion verhält sich also hier wie eine Parabel; für $a = 1$, also auf der Winkelhalbieren-den, erhält man gerade die Normalparabel.

Der nun endlich erlaubte Blick auf Abb. 10.1 bestätigt dies. (Geben Sie es zu: Sie haben schon vorher gespickt. Ich hätte das jedenfalls getan.)

c) Als letztes Beispiel will ich kurz auf die auf ganz $\mathbb{R}$ definierte Funktion

$$f_3(x) = \sin(x)$$

eingehen. Das ist kein Druckfehler: Auch wenn Definition 10.1 bewusst sugge-riert, dass es um mehr als eine Variable geht, so geht es doch rein formal um n Va-riablen, und n kann als natürliche Zahl eben auch 1 sein. Diese Tatsache hat eine ganz gute Kontrollfunktion für die Aussagen, die in diesem Kapitel gemacht wer-den, denn als Spezialfall müssen sich dabei natürlich die in Kap. 5 und 6 formulier-ten entsprechenden Aussagen über Funktionen einer Variablen ergeben. Tun sie das nicht, hat der Autor einen Fehler gemacht.   ◄

Ein ganz zentraler Begriff war bei Funktionen einer Variablen derjenige der Stetigkeit. Stetigkeit einer Funktion f in einem Punkt $\bar{x}$ war dort dadurch definiert, dass jede Folge von x-Werten, die gegen $\bar{x}$ konvergiert, eine Folge von Funktionswerten nach sich zieht, die alle gegen denselben Grenzwert konvergieren, und dieser musste auch noch mit dem Funktionswert $f(\bar{x})$ übereinstimmen.

Das würde man gerne für $n > 1$ nachbilden, aber dazu muss zunächst klar sein, wann eine Folge von Punkten im $\mathbb{R}^n$– also von Vektoren – überhaupt konvergent genannt wird. Hierzu wiederum braucht man den folgenden Abstandsbegriff:

Definition 10.2

Es seien $\mathbf{x} = (x_1, \ldots, x_n)$ und $\mathbf{y} = (y_1, \ldots, y_n)$ zwei Punkte in $\mathbb{R}^n$. Der Abstand oder genauer **euklidische Abstand** dieser Punkte ist die reelle Zahl

$$d = d(\mathbf{x},\mathbf{y}) = \sqrt{\left(y_1 - x_1\right)^2 + \left(y_2 - x_2\right)^2 + \cdots + \left(y_n - x_n\right)^2}. \qquad (10.1)$$

Der Abstand ist also gerade der Betrag des Differenzvektors von $\mathbf{x}$ und $\mathbf{y}$.

Falls Ihnen diese Definition etwas suspekt vorkommt, werfen Sie einmal einen Blick auf Abb. 10.2, die die Situation für $n = 2$ illustriert. Sie sehen, dass der in Definition 10.2 definierte Abstand nichts anderes ist als die Anwendung des guten alten Pythagoras auf das Dreieck mit den Kathetenlängen $(y_1 - x_1)$ und $(y_2 - x_2)$.

Beispiel 10.2

a) Der Abstand der beiden Punkte $\mathbf{x} = (-1, 2)$ und $\mathbf{y} = (3, 5)$ beträgt $d = 5$, denn

$$d = \sqrt{\left(3-(-1)\right)^2 + \left(5-2\right)^2} = \sqrt{16+9} = 5.$$

b) Ich definiere die Punktmenge

$$K = \left\{\mathbf{x} \in \mathbb{R}^2;\ d(\mathbf{x},(1,1)) = 2\right\}.$$

Es handelt sich hierbei also um die Menge aller Punkte, die vom Punkt $(1, 1)$ den Abstand 2 haben. Dies ist gerade die Kreislinie mit Mittelpunkt $(1, 1)$ und Radius 2. ◄

Abb. 10.2 Abstand der
Punkte (x_1, x_2) und (y_1, y_2) als
Länge der Hypotenuse im
rechtwinkligen Dreieck

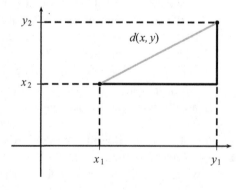

Übungsaufgabe 10.1

a)   Gegeben seien die drei Raumpunkte $P_1 = (0, 1, 2)$, $P_2 = (-1, -1, 0)$ und $P_3 = (1, 0, -1)$. Bestimmen Sie die drei Abstände von je zwei dieser drei Punkte.

b)   Welche geometrische Figur stellt die Punktmenge

$$M = \left\{ \mathbf{x} \in \mathbb{R}^3; \ d(\mathbf{x}, (1, 0, 1)) \le 1 \right\}$$

dar? Liegt der Punkt $(0, 0, 0)$ in M ?   ◄

Mithilfe dieses Abstandsbegriffs kann man nun sauber definieren, wann eine Folge von Vektoren konvergiert.

Definition 10.3

Es sei $\{\mathbf{x}_m\}_{m \in \mathbb{N}}$ eine Folge von Vektoren im $\mathbb{R}^n$ und $\overline{\mathbf{x}} \in \mathbb{R}^n$. Man sagt, die Folge **konvergiert** gegen $\overline{\mathbf{x}}$, wenn für jede beliebige reelle Zahl $\varepsilon > 0$ ein Index m_0 existiert, so dass gilt:

$$d\left(\mathbf{x}_m, \overline{\mathbf{x}}\right) < \varepsilon \text{ für alle } m \ge m_0. \tag{10.2}$$

Man schreibt dann

$$\overline{\mathbf{x}} = \lim_{m \to \infty} \mathbf{x}_m$$

oder auch

$$\mathbf{x}_m \to \overline{\mathbf{x}} \text{ für } m \to \infty.$$

Beachten Sie die Analogie zu Definition 5.4, die man wie oben gesagt als Spezialfall für $n = 1$ zurückerhält. Ich habe lediglich den dortigen Folgenindex n durch m ersetzt, weil ich n in diesem Kapitel wie in der Literatur üblich als Bezeichnung der Raumdimension verwende, und diese hat nun einmal nicht das Geringste mit dem Folgenindex zu tun.

Beispiel 10.3

Es sei $n = 3$. Ich behaupte, dass die Folge $\{\mathbf{x}_m\}$, definiert durch

$$\mathbf{x}_m = \left(\frac{2}{m}, 1 - \frac{1}{m}, 3 + \frac{2}{m} \right),$$

für $m \to \infty$ gegen $\overline{\mathbf{x}} = (0, 1, 3)$ konvergiert.

Um dies zu beweisen, bestimme ich zunächst den Abstand von $\overline{\mathbf{x}}$ zum m-ten Folgenelement $\mathbf{x}_m$: Es ist

$$d\left(\mathbf{x}_m, \bar{\mathbf{x}}\right) = \sqrt{\left(\frac{2}{m} - 0\right)^2 + \left(1 - \frac{1}{m} - 1\right)^2 + \left(3 + \frac{2}{m} - 3\right)^2}$$

$$= \sqrt{\frac{4}{m^2} + \frac{1}{m^2} + \frac{4}{m^2}} = \sqrt{\frac{9}{m^2}} = \frac{3}{m}.$$

Ist nun ein $\varepsilon > 0$ vorgegeben, so wähle ich die natürliche Zahl m_0 so, dass

$$m_0 > \frac{3}{\varepsilon}$$

ist. Dann ist

$$\frac{3}{m_0} < \varepsilon,$$

und dasselbe gilt für alle $m \geq m_0$. Somit ist also

$$d\left(\mathbf{x}_m, \bar{\mathbf{x}}\right) < \varepsilon \text{ für alle } m \geq m_0,$$

und das war zu beweisen.   ◀

Übungsaufgabe 10.2

Zeigen Sie, dass die Folge $\{\mathbf{x}_m\}$, definiert durch

$$\mathbf{x}_m = \left(\frac{m-3}{m}, \frac{3m+4}{m}\right),$$

für $m \to \infty$ gegen $\bar{\mathbf{x}} = (1, 3)$ konvergiert.   ◀

Genau wie im eindimensionalen Fall kann man nun den Begriff des Grenzwerts einer Funktion definieren:

Definition 10.4
Es sei D eine nicht leere Teilmenge von $\mathbb{R}^n$, $f : D \to \mathbb{R}$ eine Funktion und $\bar{x}$ ein Element oder ein Randpunkt von D. Gibt es dann eine Zahl η, so dass für *jede* Folge $\{\mathbf{x}_m\}$, die ganz in D liegt und gegen $\bar{x}$ konvergiert, der Grenzwert

$$\lim_{m \to \infty} f\left(\mathbf{x}_m\right) \qquad (10.3)$$

existiert und gleich η ist, so bezeichnet man η als den **Grenzwert der Funktion** f an der Stelle $\bar{x}$.
    In diesem Fall schreibt man meist

$$\lim_{\mathbf{x} \to \bar{\mathbf{x}}} f\left(\mathbf{x}\right) = \eta. \qquad (10.4)$$

Bemerkung

Ich fürchte, ich hatte noch nicht geruht, Ihnen zu sagen, was ein Randpunkt bzw. der Rand einer Menge im $\mathbb{R}^n$ ist. Die exakte Definition des Begriffs ist gelinde gesagt ein wenig unanschaulich, weil man auch pathologische Mengen wie beispielsweise die Menge aller Punkte mit irrationalen Koordinaten berücksichtigen muss. Schließt man so etwas aus, das heißt, betrachtet man nur „vernünftige" Definitionsmengen wie Rechtecke, Kreisscheiben oder Ringgebiete, so ist der Rand im mathematischen Sinne aber genau das, was man sich landläufig unter einem Rand vorstellt: die Menge der Begrenzungslinien des Gebietes.

Beachten Sie, dass der Rand nicht unbedingt zur Menge gehören muss. Beispielsweise hat die Menge

$$M = \left\{ \mathbf{x} \in \mathbb{R}^2 ; d\left(\mathbf{x}, \mathbf{0}\right) < 1 \right\},$$

also die sogenannte offene Kreisscheibe mit Radius 1 und Mittelpunkt $\mathbf{0} = (0, 0)$, den Rand $\{\mathbf{x} \in \mathbb{R}^2; d(\mathbf{x}, \mathbf{0}) = 1\}$, also die Kreislinie mit Radius 1, aber diese gehört nicht zur Menge selbst. Dagegen hat die sogenannte abgeschlossene Kreisscheibe

$$\tilde{M} = \left\{ \mathbf{x} \in \mathbb{R}^2 ; d\left(\mathbf{x}, \mathbf{0}\right) \leq 1 \right\}$$

denselben Rand, der aber diesmal zur Menge gehört.

Und noch auf eine weitere Besonderheit will ich Sie gleich hinweisen: Hat eine Menge „Löcher", so hat sie auch innere Ränder. Stellen Sie sich beispielsweise einen Kreisring vor oder eine (plattgedrückte) Brezel, die hat gleich drei Löcher. Besteht ein solches Loch nur aus einem einzigen Punkt, so ist dieser Punkt ein Randpunkt des Gebietes. Diese Situation wird uns im Folgenden des Öfteren begegnen.

Noch wichtiger als im Fall einer Variablen ist hier das Wörtchen „jede". Denn während man im ersten Fall·nur zwei Annäherungsrichtungen zur Verfügung hatte – von links oder von rechts –, hat man im vorliegenden Fall mehrere Variablen, also mehrdimensionale Definitionsbereiche, unendlich viele Annäherungsrichtungen zur Auswahl. Welche Probleme das verursachen kann, zeigt folgendes Beispiel.

Beispiel 10.4

a) Es sei

$$f : \mathbb{R}^2 \setminus \left\{(0,0)\right\} \to \mathbb{R}, \quad f\left(x,y\right) = \frac{xy}{x^2 + y^2}.$$

Wie oben gesagt ist $(0, 0)$ ein Randpunkt des Definitionsbereichs von f. Ich behaupte, dass die Funktion an dieser Stelle keinen Grenzwert besitzt.

Um dies zu zeigen, betrachte ich zunächst das Verhalten von f entlang der Punktfolge

$$\mathbf{x}_m = \left(\frac{1}{m}, 0\right).$$

Da die zweite Variable konstant gleich 0 ist, gilt dies auch für die Funktionswerte, und damit folgt

$$\lim_{m \to \infty} f\left(\mathbf{x}_m\right) = \lim_{m \to \infty} 0 = 0. \tag{10.5}$$

Nun untersuche ich f entlang der Folge

$$\mathbf{y}_m = \left(\frac{1}{m}, \frac{1}{m}\right).$$

Für die Elemente dieser Folge ergibt sich

$$f\left(\frac{1}{m}, \frac{1}{m}\right) = \frac{\left(\frac{1}{m}\right)^2}{\left(\frac{1}{m}\right)^2 + \left(\frac{1}{m}\right)^2} = \frac{\left(\frac{1}{m}\right)^2}{2\left(\frac{1}{m}\right)^2} = \frac{1}{2}.$$

Die Funktionswerte sind also unabhängig von m gleich 1/2, und damit gilt auch

$$\lim_{m \to \infty} f\left(\mathbf{y}_m\right) = \lim_{m \to \infty} \frac{1}{2} = \frac{1}{2}. \tag{10.6}$$

Ein Vergleich von (10.5) mit (10.6) zeigt, dass schon diese beiden Folgen unterschiedliche Grenzwerte haben, und somit hat die Funktion f keinen Grenzwert in (0, 0).

b) Nun betrachte ich die Funktion

$$g : \mathbb{R}^2 \to \mathbb{R}, \quad g(x,y) = \begin{cases} \sin(xy) & \text{für } (x,y) \neq (0,0), \\ 11 & \text{für } (x,y) = (0,0). \end{cases}$$

Ich behaupte, dass diese Funktion in (0, 0) einen Grenzwert besitzt. (Ich *weiß*, dass diese ominöse 11 Sie irritiert, das ist Absicht, aber versuchen Sie es für den Moment zu verdrängen.)

Ist nämlich $\{\mathbf{x}_m\} = \{(x_m, y_m)\}$ irgendeine Folge, die gegen (0, 0) konvergiert, so konvergieren insbesondere die Zahlenfolgen $\{x_m\}$ und $\{y_m\}$ gegen 0, und ebenso die Produktfolge $\{x_m\, y_m\}$. Da aber Sinus eine stetige Funktion ist, folgt

$$\lim_{m \to \infty} g\left(\mathbf{x}_m\right) = \lim_{m \to \infty} \sin(x_m\, y_m) = \sin\left(\lim_{m \to \infty} x_m\, y_m\right) = \sin(0) = 0.$$

Der Grenzwert existiert also und ist gleich 0. Warum ich den Funktionswert an dieser Stelle gleich 11 gesetzt habe, sehen Sie in Beispiel 10.5.   ◀

Ich hoffe, Sie haben noch nicht vergessen (ich war ehrlich gesagt kurz davor), dass die Betrachtung von Abstand, Konvergenz von Vektorfolgen und Grenzwerten, die uns nun schon eine Weile lang beschäftigt hat, dem Zweck dient, die Stetigkeit einer Funktion von n Variablen zu definieren. Nachdem nun alle notwendigen Begriffe zur Verfügung stehen, will ich diese Definition endlich angeben:

Definition 10.5

Es sei D eine nicht leere Teilmenge des $\mathbb{R}^n$, $f : D \rightarrow \mathbb{R}$ eine Funktion und $\overline{\mathbf{x}}$ ein Punkt aus D. Den Funktionswert von f an der Stelle $\overline{\mathbf{x}}$ bezeichne ich mit $\overline{\eta}$, also $f(\overline{\mathbf{x}}) = \overline{\eta}$.

Die Funktion f heißt **stetig in $\overline{\mathbf{x}}$**, wenn der Grenzwert von f an der Stelle $\overline{\mathbf{x}}$ existiert und mit $\overline{\eta}$ übereinstimmt, wenn also gilt:

$$\lim_{\mathbf{x} \to \overline{\mathbf{x}}} f(\mathbf{x}) = \overline{\eta}.$$

Ist f in jedem Punkt eines Teilbereichs T von D stetig, so sagt man, f sei stetig auf T.

Beispiel 10.5

a)   Die Funktion

$$f : \mathbb{R}^2 \setminus \{(0,0)\} \rightarrow \mathbb{R}, \quad f(x,y) = \frac{xy}{x^2 + y^2}$$

aus Beispiel 10.4 a) ist nicht stetig in (0,0), denn wie dort gezeigt wurde, besitzt sie an dieser Stelle keinen Grenzwert.

b)   Die Funktion

$$g : \mathbb{R}^2 \rightarrow \mathbb{R}, \quad g(x,y) = \begin{cases} \sin(xy) & \text{für } (x,y) \neq (0,0), \\ 11 & \text{für } (x,y) = (0,0). \end{cases}$$

aus Beispiel 10.4 b) ist ebenfalls nicht stetig in (0, 0): Zwar besitzt sie dort einen Grenzwert, nämlich 0, aber da irgendein Trottel den Funktionswert an dieser Stelle gleich 11 gesetzt hat, stimmen diese beiden Werte leider nicht überein.

c)   Auf $D = \mathbb{R}^2$ definiere ich die Funktion

$$h(x,y) = 1 - x^2 - y^2.$$

Ich behaupte, dass diese Funktion in jedem Punkt $\overline{\mathbf{x}} = (\overline{x}, \overline{y})$ stetig ist. Um dies zu zeigen, nehme ich eine beliebige Folge $\{\mathbf{x}_m\}_{m \in \mathbb{N}} = \{(x_m, y_m)\}_{m \in \mathbb{N}}$ von Punkten aus $\mathbb{R}^2$ her, die gegen $\overline{\mathbf{x}}$ konvergiert. Insbesondere konvergiert dann aber die Folge $\{x_m\}$

gegen $\bar{x}$ und die Folge $\{y_m\}$ gegen $\bar{y}$. Mithilfe der Rechenregeln für konvergente Zahlenfolgen, mit denen wir uns in Kap. 5 herumgeschlagen haben, kann man nun schließen:

$$\lim_{x \to \bar{x}} f(\mathbf{x}) = \lim_{m \to \infty} f(\mathbf{x}_m) = \lim_{m \to \infty} \left(1 - x_m^2 - y_m^2\right) = 1 - \bar{x}^2 - \bar{y}^2 = f(\bar{\mathbf{x}}).$$

Daher ist die Funktion im beliebig gewählten Punkt $\bar{\mathbf{x}}$ stetig.   ◄

Bemerkung

Ebenso wie in Teil c) dieses Beispiels kann man zeigen, dass eine multivariate Funktion, die durch Verknüpfung stetiger Funktionen einer Variablen gebildet wird, ebenfalls stetig ist.

Übungsaufgabe 10.3

a) Zeigen Sie, dass die Funktion

$$f : \mathbb{R}^2 \setminus \{(x,y); y = 0\} \to \mathbb{R}, \quad f(x,y) = \frac{xy}{e^{y^2} - 1}$$

in (0,0) keinen Grenzwert besitzt.

Hinweis: Untersuchen Sie das Verhalten der Funktion entlang der y-Achse und entlang der Winkelhalbierenden.

b) Zeigen Sie, dass die Funktion

$$g : \mathbb{R}^2 \to \mathbb{R}, \quad g(x,y) = \begin{cases} 1 - x^2 - y^2 & \text{für } x^2 + y^2 \leq 1 \\ 0 & \text{für } x^2 + y^2 > 1 \end{cases}$$

auf ganz $\mathbb{R}^2$ stetig ist.   ◄

10.2 Partielle und totale Ableitung

Ebenso wie die Stetigkeit, die ich im vorhergehenden Abschnitt behandelt habe, kann man auch das Konzept der Differenzierbarkeit und damit der Ableitung von einer auf mehrere Variablen übertragen; das werde ich in diesem Abschnitt tun. Im multivariaten Fall gibt es verschiedene Ableitungsbegriffe, von denen ich Ihnen nun die beiden wichtigsten vorstellen werde, nämlich den der partiellen Ableitung, der meiner Meinung nach in der Praxis wichtigere, und am Ende den der totalen Ableitung.

10.2.1 Partielle Ableitung

Bei der partiellen Ableitung differenziert man die Funktion immer nach nur einer der Variablen. Man spricht hier von den partiellen Ableitungen, da in gewissem Sinn keine dieser Ableitungen allein das Ableitungsverhalten der Funktion vollständig beschreibt.

Definition 10.6

Es sei D eine Teilmenge des $\mathbb{R}^n$, $f\!:\!D \to \mathbb{R}$ eine Funktion von n Variablen $x_1, x_2, \dots \dots,$ x_n, und $i \in \{1, 2, \dots, n\}$.

Existiert die Ableitung von f nach der Variablen x_i, wobei man die anderen Variablen bei der Bestimmung dieser Ableitung als Konstanten ansieht, so nennt man diese Ableitung die **partielle Ableitung** von f nach x_i und bezeichnet sie mit

$$\frac{\partial}{\partial x_i} f\left(x_1, \dots, x_n\right) \quad \text{oder} \quad f_{x_i}\left(x_1, \dots, x_n\right).$$

Die Funktion selbst wird dann **partiell differenzierbar** nach x_i genannt. Ist die partielle Ableitung ihrerseits eine stetige Funktion, so nennt man f selbst **stetig partiell differenzierbar**.

Das Symbol „∂" soll übrigens das kursiv gedruckte kleine „d" des kyrillischen Alphabets darstellen; Sie brauchen deswegen jetzt aber nicht Russisch zu lernen, man spricht es im Zusammenhang mit partiellen Ableitungen einfach als „d" aus.

Beispiel 10.6

a)   Die Funktion

$$f\left(x,y,z\right) = x^2 \cdot \sin\left(y\right) \cdot e^z$$

hat die folgenden partiellen Ableitungen:

$$f_x\left(x,y,z\right) = 2x \cdot \sin\left(y\right) \cdot e^z,$$
$$f_y\left(x,y,z\right) = x^2 \cdot \cos\left(y\right) \cdot e^z,$$
$$f_z\left(x,y,z\right) = x^2 \cdot \sin\left(y\right) \cdot e^z.$$

b)   Die Funktion $g(x, y) = \sin(x)$ ist formal eine Funktion von zwei Variablen, auch wenn sie gar nicht explizit von y abhängt. Ihre partiellen Ableitungen lauten

$$g_x\left(x,y\right) = \cos\left(x\right) \text{ und } g_y\left(x,y\right) = 0.$$

c) Ein wieder anspruchsvolleres Beispiel liefert die Funktion

$$h(x,y) = (x^2 + y^2) \cdot e^{-y}.$$

Ihre partiellen Ableitungen lauten

$$h_x(x,y) = 2x \cdot e^{-y} \text{ und}$$
$$h_y(x,y) = (2y - y^2 - x^2) \cdot e^{-y}. \qquad \blacktriangleleft$$

Übungsaufgabe 10.4

Bestimmen Sie alle partiellen Ableitungen der folgenden Funktionen; die Definitionsbereiche seien dabei so gewählt, dass alle diese partiellen Ableitungen existieren.

a) $f(x,y) = xy \cdot e^{-(x+y)}$

b) $g(x,y,z) = \sin(3xz) \cdot \left(x^2 + y + \dfrac{1}{z} \right)$

c) $h(x,y,z) = x^y \cdot z$ $\qquad\qquad\qquad\qquad\qquad\qquad\qquad\blacktriangleleft$

Ich hoffe, Sie erinnern sich zumindest noch vage an die eindimensionale Differenzialrechnung in Kap. 6. Dort hatte ich im Zusammenhang mit der Ableitung einer Funktion die Tangente an die Funktion definiert; dies war die eindeutig bestimmte Gerade, die eine differenzierbare Funktion f an einer Stelle a berührt. Ihre Geradengleichung lautet

$$t(x) = f(a) + f'(a) \cdot (x - a). \qquad (10.7)$$

Dies kann man nun auf Funktionen von zwei Variablen übertragen: Eine solche Funktion kann wie oben beschrieben als Fläche über der Grundebene (dem Definitionsbereich) interpretiert werden, und in jedem Flächenpunkt gibt es nun eine eindeutig bestimmte Ebene, die die Funktion dort berührt. Diese Ebene nennt man Tangentialebene; unter welchen Bedingungen sie existiert und wie ihre Gleichung lautet wird im folgenden Satz angegeben (Abb. 10.3):

Satz 10.1

Es sei $D \subset \mathbb{R}^2$ und (x_a, y_a) ein Punkt in D. Die Funktion $f : D \to \mathbb{R}$ sei in einer Umgebung von (x_a, y_a) nach beiden Variablen stetig partiell differenzierbar.

Dann existiert eine eindeutig bestimmte Ebene, die die Funktion f in (x_a, y_a) berührt. Die Gleichung dieser **Tangentialebene** lautet:

$$t(x,y) = f(x_a,y_a) + f_x(x_a,y_a) \cdot (x - x_a) + f_y(x_a,y_a) \cdot (y - y_a). \quad (10.8)$$

Abb. 10.3 Tangentialebene

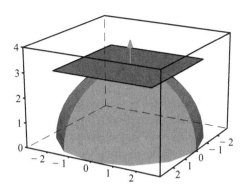

Beispiel 10.7

a) Es soll die Tangentialebene an die Funktion $f(x,y) = \sqrt{x + y^3}$ im Punkt $(x_a, y_a) = (1, 2)$ bestimmt werden. Die partiellen Ableitungen lauten hier

$$f_x(x,y) = \frac{1}{2\sqrt{x + y^3}} \quad \text{und} \quad f_y(x,y) = \frac{3y^2}{2\sqrt{x + y^3}}.$$

Also ist $f_x(1, 2) = 1/6$ und $f_y(1, 2) = 2$, außerdem ist $f(1, 2) = 3$. Damit lautet die gesuchte Tangentialebene:

$$t(x,y) = 3 + \frac{1}{6}(x - 1) + 2(y - 2).$$

b) Nun sei $g(x, y) = \sin(x + x^2 y + y^3)$ und $(x_a, y_a) = (0, 0)$. Die partiellen Ableitungen werden mithilfe der Kettenregel berechnet und lauten

$$g_x(x,y) = (1 + 2x\, y)\cos(x + x^2 y + y^3)$$

und

$$g_y(x,y) = (x^2 + 3y^2)\cos(x + x^2 y + y^3).$$

Somit ist

$$g(0,0) = 0, \quad g_x(0,0) = 1 \quad \text{und} \quad g_y(0,0) = 0.$$

Die Tangentialebene lautet hier also einfach

$$t(x, y) = x. \qquad \blacktriangleleft$$

Übungsaufgabe 10.5

Bestimmen Sie die Tangentialebene an die Funktion $f(x, y) = (x + 1) \cdot e^{x+2y}$ im Punkt $(x_a,$ $y_a) = (1, 0)$. ◄

Bemerkung

Man kann das Konzept der Tangentialebene in offensichtlicher Weise nun auf Funktionen von mehr als zwei Variablen übertragen; für drei Variablen (x, y, z) lautet die Gleichung in direkter Verallgemeinerung von (10.7) und (10.8):

$$t(x,y,z) = f\left(x_a,y_a,z_a\right) + f_x\left(x_a,y_a,z_a\right) \cdot \left(x - x_a\right)$$
$$+ f_y\left(x_a,y_a,z_a\right) \cdot \left(y - y_a\right) + f_z\left(x_a,y_a,z_a\right) \cdot \left(z - z_a\right),$$

und für n Variablen schließlich

$$t\left(x_1,\ldots,x_n\right) = f\left(x_{a,1},x_{a,2},\ldots,x_{a,n}\right) + \sum_{i=1}^{n} f_{x_i}\left(x_{a,1},x_{a,2},\ldots,x_{a,n}\right) \cdot \left(x_i - x_{a,i}\right).$$

Man spricht dann von einem **Tangentialraum** oder einer **Tangentialhyperebene**. Eine anschauliche Vorstellung hiervon hat man allerdings nicht mehr.

Im Zusammenhang mit Funktionen von mehreren Variablen wird Ihnen möglicherweise der Begriff Gradient des Öfteren begegnen. Es handelt sich hierbei um einen Vektor, dessen Komponenten gerade die partiellen Ableitungen einer gegebenen Funktion sind. Ich persönlich halte den Begriff für ein wenig überbewertet – warum, das schreibe ich im Anschluss an die Definition auf –, aber da ich mir nicht den Vorwurf gefallen lassen will, ich hätte einen Begriff nicht definiert, der für Ihr Studium unerlässlich ist, gebe ich natürlich hier zumindest die Definition an:

Definition 10.7

Es sei f eine Funktion von n Variablen. Existieren die partiellen Ableitungen von f nach jeder der Variablen, so nennt man den n-dimensionalen Vektor

$$\left(\frac{\partial}{\partial x_1} f, \frac{\partial}{\partial x_2} f, \ldots, \frac{\partial}{\partial x_n} f\right)$$

den **Gradienten** von f und bezeichnet ihn mit $\mathrm{grad}(f)$.

Bemerkungen

1) Beachten Sie, dass der Gradient ein Vektor ist, dessen Komponenten Funktionen von $(x_1, \ldots, x_n)$ sind. $\mathrm{grad}(f)$ hängt also selbst von $(x_1, \ldots, x_n)$ ab, und in voller Ausführlichkeit schreibt man

$$\text{grad}(f)(x_1,\ldots,x_n) = \left(\frac{\partial}{\partial x_1} f(x_1,\ldots,x_n), \ldots, \frac{\partial}{\partial x_n} f(x_1,\ldots,x_n) \right).$$

2) Sie werden sicherlich zustimmen, wenn ich sage, dass die Bildung des Gradienten, hat man erst einmal die partiellen Ableitungen berechnet, ein ganz simpler Prozess ist – man schreibt einfach die partiellen Ableitungen nebeneinander –, die Bezeichnung „Gradient" aber dennoch sehr tiefschürfend anmutet. Das können Sie nach meiner Erfahrung sehr gewinnbringend einsetzen: Wenn Sie beispielsweise auf einer Party oder auch abends an der Bar sagen: „Ich beschäftige mich beruflich mit Gradienten", werden Sie bewundernd angeschaut. Dagegen sind Äußerungen wie „Ich berechne jeden Tag partielle Ableitungen" echte Stimmungskiller, auch wenn es inhaltlich dasselbe ist.

Auf Übungsaufgaben zum Thema Gradient möchte ich daher auch verzichten: Dass Sie partielle Ableitungen berechnen können, haben Sie in Aufgaben 10.4 und 10.5 schon gezeigt, und dass Sie in der Lage sind, diese nebeneinander hinzuschreiben, traue ich Ihnen durchaus auch noch zu.

Kommen wir lieber gleich zum nächsten Thema: Ebenso wie bei Funktionen einer Variablen kann man natürlich auch bei mehreren Variablen die (partielle) Ableitung wiederum als Funktion auffassen und unter gewissen Bedingungen wiederum ableiten. Das führt zu partiellen Ableitungen zweiter, dritter, oder noch höherer Ordnung, die ich nun definieren will (oder besser gesagt: muss, denn ein reines Vergnügen ist das nicht).

Definition 10.8

Es sei $D \subset \mathbb{R}^n$ und $f: D \to \mathbb{R}$ eine partiell differenzierbare Funktion. Für ein $i \in \{1, 2, \ldots, n\}$ bezeichne $\frac{\partial}{\partial x_i} f$ die partielle Ableitung von f nach x_i. Existiert dann für ein $j \in \{1, 2, \ldots, n\}$ die partielle Ableitung von $\frac{\partial}{\partial x_i} f$ nach der Variablen x_j, so bezeichnet man sie als **partielle Ableitung zweiter Ordnung** von f oder kurz **zweite partielle Ableitung** und schreibt dafür $\frac{\partial^2}{\partial x_j \partial x_i} f(x_1,\ldots,x_n)$. Es ist also

$$\frac{\partial^2}{\partial x_j \partial x_i} f(x_1,\ldots,x_n) = \frac{\partial}{\partial x_j} \left(\frac{\partial}{\partial x_i} f(x_1,\ldots,x_n) \right). \tag{10.9}$$

So fortfahrend definiert man im Falle der Existenz auch die partiellen Ableitungen höherer (k-ter) Ordnung durch

$$\frac{\partial^k}{\partial x_{i_k} \partial x_{i_{k-1}} \cdots \partial x_{i_1}} f(x_1,\ldots,x_n) = \frac{\partial}{\partial x_{i_k}} \left(\frac{\partial^{k-1}}{\partial x_{i_{k-1}} \cdots \partial x_{i_1}} f(x_1,\ldots,x_n) \right). \tag{10.10}$$

Schreibweise

1) Es kann natürlich vorkommen, dass man mehrfach nach derselben Variablen ableitet, beispielsweise nach x_i. In diesem Fall benutzt man die abkürzende Bezeichnung

$$\frac{\partial^k}{\partial x_i^k} f(x_1,\ldots,x_n).$$

2) Ebenso wie schon bei partiellen Ableitungen erster Ordnung benutzt man auch bei denen höherer Ordnung oft die abkürzende Indexschreibweise anstelle der etwas aufwendigen ∂-Notation: Man schreibt

$$f_{x_{i_k} x_{i_{k-1}} \cdots x_{i_1}}(x_1,\ldots,x_n) \text{ anstelle von } \frac{\partial^k}{\partial x_{i_k} \partial x_{i_{k-1}} \cdots \partial x_{i_1}} f(x_1,\ldots,x_n).$$

Beispielsweise ist f_{xy} die Kurzform von $\dfrac{\partial^2}{\partial x \partial y} f$ und f_{xzz} diejenige von $\dfrac{\partial^3}{\partial x \partial z \partial z} f$.

Leider muss man sagen, dass die Reihenfolge, in der die Indizes notiert werden, in der Literatur nicht einheitlich geregelt ist. Manche Autoren machen das so, wie ich es gerade definiert habe, andere wählen die genau umgekehrte Reihenfolge. Für beide Notationen gibt es gute Gründe, man muss eben nur einmal festlegen, wie man es machen will, und dann dabei bleiben; und die Leser müssen da wohl oder übel mit.

Um dieser Problematik aber auch gleich wieder die Schärfe zu nehmen, will ich darauf hinweisen, dass ich nach dem folgenden kurzen Beispiel einen wichtigen Satz formulieren werde, der besagt, dass es in den allermeisten Fällen auf die Reihenfolge der Ableitung, also auf die Reihenfolge der Indizierung, gar nicht ankommt.

Zunächst aber wie gesagt noch ein Beispiel.

Beispiel 10.8

a)   Gegeben sei die Funktion

$$f(x,y) = x \cdot e^{x+2y}.$$

Ich berechne zunächst die partiellen Ableitungen erster Ordnung:

$$f_x(x,y) = (1+x) \cdot e^{x+2y} \quad \text{und} \quad f_y(x,y) = 2x \cdot e^{x+2y}.$$

Nun möchte ich alle partiellen Ableitungen zweiter Ordnung berechnen. Zu beachten ist, dass es hier mehrere Möglichkeiten gibt: Ich kann die gerade gebildete erste Ableitung nach x nochmals nach x, aber auch nach y ableiten, und ebenso kann ich die erste Ableitung nach y nach jeder der beiden Variablen nochmals ableiten. Das ergibt also vier Möglichkeiten, die ich nun angeben will:

$$f_{xx}(x,y) = (2+x) \cdot e^{x+2y}, \quad f_{yx}(x,y) = 2(1+x) \cdot e^{x+2y},$$
$$f_{xy}(x,y) = (2+2x) \cdot e^{x+2y}, \quad f_{yy}(x,y) = 4x \cdot e^{x+2y}.$$

b) Für ein $n \in \mathbb{N}$ sei

$$g(x_1,\ldots,x_n) = x_1 + x_2 + \cdots + x_n.$$

Dann gilt für jedes $i \in \{1,2,\ldots,n\}$, wobei ich hier noch einmal die ausführlichere ∂-Schreibweise benutzen will:

$$\frac{\partial}{\partial x_i} g(x_1,\ldots,x_n) = 1,$$

denn alle Variablen außer x_i selbst sind bei der Ableitung nach x_i als Konstante anzusehen und fallen daher weg. Damit gilt aber für jedes $k \in \{1,2,\ldots,n\}$:

$$\frac{\partial^2}{\partial x_k \partial x_i} g(x_1,\ldots,x_n) = 0,$$

das heißt, alle zweiten (und damit auch alle höheren) partiellen Ableitungen von g sind 0. Das ist auch kein Wunder, denn g ist in jeder Variablen eine lineare Funktion, und von zweiten Ableitungen einer linearen Funktion erwartet man nun einmal, dass sie 0 werden, aber nun haben wir das auch exakt nachgerechnet. ◀

Nun zu dem bereits versprochenen Satz, der von Hermann Amandus Schwarz (1843 bis 1921) im Jahr 1873 bewiesen wurde:

Satz 10.2 (Satz von Schwarz)
Es sei $D \subset \mathbb{R}^n$, $f : D \to \mathbb{R}$ eine Funktion und k eine natürliche Zahl. Existieren alle partiellen Ableitungen von f bis einschließlich der Ordnung k und sind die partiellen Ableitungen k-ter Ordnung stetig, so hängen die partiellen Ableitungen bis zur Ordnung k nicht von der Reihenfolge der Durchführung der einzelnen Ableitungen ab.

Beispielsweise gilt also unter der genannten Voraussetzung $f_{xy} = f_{yx}$ und

$$f_{xxz} = f_{xzx} = f_{zxx}.$$

Das ist in zweierlei Hinsicht sehr praktisch: Zum einen kann man eine berechnete höhere Ableitung leicht überprüfen, indem man sie nochmals in anderer Reihenfolge berechnet, vor allem aber kann man sehr viel Arbeit sparen, indem man höhere Ableitungen auf einem geschickten Weg berechnet. Hierzu wie gewohnt ein paar Beispiele.

Beispiel 10.9

a) Die ersten beiden wurden in Beispiel 10.8 bereits gegeben, zumindest wenn man
    mit nunmehr geschärftem Auge nochmals darauf schaut: In Teil a) galt $f_{xy}(x, y) = f_{yx}(x, y)$, und in Teil b) waren ohnehin alle zweiten (und höheren) partiellen
    Ableitungen identisch, nämlich gleich 0.

b) Es sei

$$f(x,y) = 3xy^2 + \sin(xy).$$

Ich berechne zunächst die partielle Ableitung nach x und erhalte

$$f_x(x,y) = 3y^2 + y\cos(xy).$$

Hieraus kann ich nun – durch Ableitung nach x oder nach y – zwei partielle Ableitungen zweiter Ordnung gewinnen, nämlich

$$f_{xx}(x,y) = -y^2 \sin(xy)$$

und

$$f_{yx}(x,y) = 6y + \cos(xy) - xy\sin(xy). \tag{10.11}$$

Die partielle Ableitung nach y lautet

$$f_y(x,y) = 6xy + x\cos(xy),$$

und auch hieraus kann man natürlich zwei Ableitungen zweiter Ordnung gewinnen, nämlich

$$f_{yy}(x,y) = 6x - x^2 \sin(xy)$$

und

$$f_{xy}(x,y) = 6y + \cos(xy) - xy\sin(xy). \tag{10.12}$$

Der Vergleich von (10.11) und (10.12) bestätigt den Satz von Schwarz.

c) Nun betrachte ich eine Funktion von drei Variablen, nämlich

$$g(x,y,z) = xy^2 z + \sin(xz) + e^{-xy}.$$

Mein Ziel ist es, die vollständig gemischte Ableitung dritter Ordnung g_{xyz} auf
verschiedene Arten zu berechnen. Hierzu bestimme ich zunächst die drei Ableitungen erster Ordnung:

$$g_x(x,y,z) = y^2z + z\cos(xz) - ye^{-xy},$$
$$g_y(x,y,z) = 2xyz - xe^{-xy},$$
$$g_z(x,y,z) = xy^2 + x\cos(xz).$$

Partielle Ableitungen zweiter Ordnung gibt es hier bereits neun Stück, und wenn auch einige davon nach dem Satz von Schwarz identisch sind, so ist mir das Berechnen aller dieser Ableitungen doch zu viel Arbeit; ich begnüge mich mit den folgenden gemischten:

$$g_{yx}(x,y,z) = 2yz - e^{-xy} + xye^{-xy},$$
$$g_{zy}(x,y,z) = 2xy,$$
$$g_{xz}(x,y,z) = y^2 + \cos(xz) - xz\sin(xz).$$

Nun leite ich noch jede dieser drei Funktionen nach der Variablen ab, nach der sie noch nicht abgeleitet wurde; das ergibt

$$g_{zyx}(x,y,z) = 2y,$$
$$g_{xzy}(x,y,z) = 2y,$$
$$g_{yxz}(x,y,z) = 2y.$$

Eine überzeugendere Illustration des Satzes von Schwarz kann man wohl kaum geben. ◀

Übrigens muss man sich schon ziemlich anstrengen, um ein Beispiel einer Funktion zu finden, die die Voraussetzungen des Satzes nicht erfüllt und bei der die Ableitungsreihenfolge dann auch nicht vertauschbar ist. Ich möchte darauf hier auch verzichten; wenn Sie sehr daran interessiert sind, finden Sie beispielsweise im Buch Rießinger 2017 ein Beispiel einer zweimal differenzierbaren Funktion, deren zweite Ableitungen nicht stetig sind.

Übungsaufgabe 10.6

Berechnen Sie jeweils alle partiellen Ableitungen zweiter Ordnung der folgenden Funktionen:

a) $f(x,y) = x^2 + y^3 + 2xy$
b) $g(x,y) = xye^{-(x+y)}$ ◀

Übungsaufgabe 10.7

Berechnen Sie auf zwei verschiedene Arten die partielle Ableitung dritter Ordnung $h_{xxy}(x,y)$ der Funktion

$$h(x,y) = \left(x + y^2\right)e^{2x^2}.$$ ◀

10.2.2 Totale Ableitung

Bevor wir im nächsten Abschnitt zur Hauptanwendung der Differenzialrechnung kommen, nämlich der Bestimmung von Extremwerten, will ich zumindest noch ein paar Worte über die sogenannte totale Ableitung einer Funktion verlieren, damit Sie auch wissen, was sich hinter diesem oft zu hörenden Begriff verbirgt.

Hierzu betrachte ich Funktionen, deren Werte nicht mehr reelle Zahlen, sondern Vektoren sind, also Funktionen der folgenden Art:

$$f : \mathbb{R}^n \to \mathbb{R}^m, \quad f(x_1,\dots,x_n) = \begin{pmatrix} f_1(x_1,\dots,x_n) \\ f_2(x_1,\dots,x_n) \\ \vdots \\ \vdots \\ f_m(x_1,\dots,x_n) \end{pmatrix}. \tag{10.13}$$

Den Bildvektor auf der rechten Seite habe ich nur der Übersichtlichkeit halber als Spaltenvektor geschrieben, dieser Tatsache sollten Sie keine weitere Bedeutung zuschreiben.

Die sogenannten **Komponentenfunktionen** $f_1, f_2, \dots, f_m$ sind also ihrerseits Funktionen, die von $\mathbb{R}^n$ nach $\mathbb{R}$ abbilden, also genau von der Art, die wir bisher betrachtet und anfangs in Definition 10.1 festgelegt hatten. Man kann daher insbesondere – falls Differenzierbarkeit gegeben ist – ihre partiellen Ableitungen bilden, und diese Tatsache werden wir gleich noch brauchen. Zuvor will ich aber ein kleines Beispiel angeben.

Beispiel 10.10

Ein Beispiel einer Funktion wie sie in (10.13) definiert wurde, ist

$$f : \mathbb{R}^3 \to \mathbb{R}^2, \quad f(x,y,z) = \begin{pmatrix} xe^y + \sin(z) \\ x^2 + y^3 z \end{pmatrix}.$$

Hier ist also $n = 3$ und $m = 2$, und die beiden Komponentenfunktionen sind

$$f_1(x,y,z) = xe^y + \sin(z), \quad f_2(x,y,z) = x^2 + y^3 z.$$

Da es sich um zwei Funktionen von je drei Variablen handelt, kann man sechs partielle Ableitungen erster Ordnung bilden; diese lauten:

$$\frac{\partial}{\partial x} f_1(x,y,z) = e^y, \quad \frac{\partial}{\partial y} f_1(x,y,z) = xe^y, \quad \frac{\partial}{\partial z} f_1(x,y,z) = \cos(z),$$

$$\frac{\partial}{\partial x} f_2(x,y,z) = 2x, \quad \frac{\partial}{\partial y} f_2(x,y,z) = 3y^2 z, \quad \frac{\partial}{\partial z} f_2(x,y,z) = y^3. \qquad \blacktriangleleft$$

Dieses Beispiel werde ich nachher nochmal aufgreifen, vergessen Sie es also nicht ganz. Nun will ich den Begriff der totalen Ableitung selbst definieren:

Definition 10.9

Es sei $D \subset \mathbb{R}^n$, $\mathbf{a}$ ein Punkt im Inneren von D und $f : D \to \mathbb{R}^m$ eine Funktion. Die Funktion f ist im Punkt $\mathbf{a}$ **total differenzierbar**, wenn es eine Matrix $A_f(\mathbf{x})$ mit m Zeilen und n Spalten gibt, sodass man f wie folgt schreiben kann:

$$f(\mathbf{x}) = f(\mathbf{a}) + A_f(\mathbf{a}) \cdot (\mathbf{x} - \mathbf{a}) + d(\mathbf{x}, \mathbf{a}) \cdot R(\mathbf{x}, \mathbf{a}). \qquad (10.14)$$

Hierbei ist $d(\mathbf{x}, \mathbf{a})$ der Abstand von $\mathbf{x}$ und $\mathbf{a}$ wie in Definition 10.2 definiert, und R ist eine Funktion (der „Rest"), die für $\mathbf{x} \to \mathbf{a}$ gegen 0 geht.

Die Matrix $A_f(\mathbf{a})$ nennt man die **totale Ableitung** von f an der Stelle $\mathbf{a}$.

Das ist natürlich starker Tobak. Wichtig ist hier vor allem folgende Beobachtung bzw. Interpretation: Wenn $\mathbf{x}$ gegen $\mathbf{a}$ geht, konvergiert nach Voraussetzung der Rest gegen 0. Ebenso konvergiert aber auch der Abstand $d(\mathbf{x}, \mathbf{a})$ gegen 0, das heißt, der letzte Term in (10.14) geht sehr schnell gegen 0 und kann für kleine Abstände zwischen $\mathbf{x}$ und $\mathbf{a}$ vernachlässigt werden.

Ist $\mathbf{x}$ also in der Nähe von $\mathbf{a}$, so kann man anstelle von (10.14) auch schreiben:

$$f(\mathbf{x}) \approx f(\mathbf{a}) + A_f(\mathbf{a}) \cdot (\mathbf{x} - \mathbf{a}). \qquad (10.15)$$

Das sieht doch schon etwas freundlicher aus. Man nennt das auch die **Linearisierung** von f; für $m = n = 1$ ist das gerade die Gleichung der Tangente an f in a.

Wieder einmal sind wir in dem Stadium „Schön, dass wir davon gesprochen haben!", aber auch nicht mehr, denn bisher wurde noch kein Wort darüber verloren, wie man diese ominöse Matrix A_f bestimmt. Zum Glück aber gibt es hervorragende Mathematiker wie Carl Gustav Jacobi (1804 bis 1851), der sich hierüber erfolgreich Gedanken gemacht hat. Nach ihm ist die nachfolgend definierte wichtige Matrix benannt:

Definition 10.10

Es sei $D \subset \mathbb{R}^n$ und $f : D \to \mathbb{R}^m$ eine Funktion mit der Eigenschaft, dass alle ihre m Komponentenfunktionen in D nach jeder der Variablen partiell differenzierbar sind. Dann heißt die Matrix

$$
J_f(\mathbf{x}) = \begin{pmatrix}
\dfrac{\partial}{\partial x_1} f_1(\mathbf{x}) & \dfrac{\partial}{\partial x_2} f_1(\mathbf{x}) & \cdots & \cdots & \dfrac{\partial}{\partial x_n} f_1(\mathbf{x}) \\[2ex]
\dfrac{\partial}{\partial x_1} f_2(\mathbf{x}) & \dfrac{\partial}{\partial x_2} f_2(\mathbf{x}) & \cdots & \cdots & \dfrac{\partial}{\partial x_n} f_2(\mathbf{x}) \\[2ex]
\vdots & \vdots & \vdots & \vdots & \vdots \\
\vdots & \vdots & \vdots & \vdots & \vdots \\
\dfrac{\partial}{\partial x_1} f_m(\mathbf{x}) & \dfrac{\partial}{\partial x_2} f_m(\mathbf{x}) & \cdots & \cdots & \dfrac{\partial}{\partial x_n} f_m(\mathbf{x})
\end{pmatrix}
$$

Jacobi-Matrix oder auch **Funktionalmatrix** von f.

Der Zusammenhang der Jacobi-Matrix mit der totalen Ableitung ist so eng, wie man ihn sich kaum enger vorstellen kann: Unter leichten Zusatzvoraussetzungen an f stellt die Jacobi-Matrix gerade die totale Ableitung dar. Dies formuliert der folgende Satz:

Satz 10.3
Es sei $D \subset \mathbb{R}^n$, $\mathbf{a}$ ein Punkt im Inneren von D und $f: D \to \mathbb{R}^m$ eine Funktion. Dann gelten folgende Aussagen:

1) Ist f in $\mathbf{a}$ total differenzierbar, so sind alle Komponentenfunktionen in $\mathbf{a}$ nach jeder der Variablen partiell differenzierbar und es gilt $A_f(\mathbf{a}) = J_f(\mathbf{a})$.
2) Sind alle Komponentenfunktionen von f in einer Umgebung von $\mathbf{a}$ nach jeder der Variablen partiell differenzierbar und ist jede dieser partiellen Ableitungen in $\mathbf{a}$ stetig, so ist f in $\mathbf{a}$ total differenzierbar mit der totalen Ableitung $A_f(\mathbf{a}) = J_f(\mathbf{a})$.

Beispiel 10.11

Wie schon angedroht greife ich nun Beispiel 10.10, das sich mit der Funktion

$$
f(x,y,z) = \begin{pmatrix} xe^y + \sin(z) \\ x^2 + y^3 z \end{pmatrix}
$$

befasste, nochmals auf; die partiellen Ableitungen hatte ich dort bereits alle berechnet, sodass ich sofort die Jacobi-Matrix bilden kann. Sie lautet

$$J_f\left(x,y,z\right) = \begin{pmatrix} e^y & xe^y & \cos(z) \\ 2x & 3y^2z & y^3 \end{pmatrix}.$$

Sicherlich sind die partiellen Ableitungen alle stetig, und somit folgt aus Satz 10.3, dass die Jacobi-Matrix die totale Ableitung der Funktion f darstellt. Ich wähle nun ziemlich willkürlich den Punkt $\mathbf{a} = (0, 0, 0)$. Die Matrix $A_f = J_f$ an dieser Stelle lautet dann

$$A_f\left(0,0,0\right) = \begin{pmatrix} 1 & 0 & 1 \\ 0 & 0 & 0 \end{pmatrix},$$

und (10.15) besagt, dass $f(x, y, z)$ in der Nähe des Punktes $\mathbf{a} = (0, 0, 0)$ wie folgt näherungsweise dargestellt werden kann:

$$f\left(x,y,z\right) = f\left(0,0,0\right) + \begin{pmatrix} 1 & 0 & 1 \\ 0 & 0 & 0 \end{pmatrix} \cdot \left(\begin{pmatrix} x \\ y \\ z \end{pmatrix} - \begin{pmatrix} 0 \\ 0 \\ 0 \end{pmatrix} \right)$$

$$= \begin{pmatrix} 0 \\ 0 \end{pmatrix} + \begin{pmatrix} x+z \\ 0 \end{pmatrix} = \begin{pmatrix} x+z \\ 0 \end{pmatrix}. \qquad \blacktriangleleft$$

10.3 Extremwertberechnung

Nun betrachten wir wieder Funktionen, die nach $\mathbb{R}$ abbilden, deren Funktionswerte also reelle Zahlen (und keine Vektoren) sind. In diesem Fall ist es sinnvoll, nach Extremwerten, also Maximal- oder Minimalwerten, zu suchen. Im ersten Unterabschnitt zeige ich Ihnen, wie man solche Werte sucht, die ohne weitere Nebenbedingungen extrem sind, im zweiten bestimmen wir dann Extremwerte mit Nebenbedingungen, bei denen also der Definitionsbereich eingeschränkt ist.

10.3.1 Extrema ohne Nebenbedingungen

Zunächst sollten natürlich die notwendigen Begriffe definiert werden.

Definition 10.11
Es sei $D \subset \mathbb{R}^n$, $f : D \to \mathbb{R}$ eine Funktion und $\mathbf{a}$ ein Punkt in D.

a) Gilt $f(\mathbf{x}) \le f(\mathbf{a})$ für alle $\mathbf{x} \in D$ in der Nähe von $\mathbf{a}$, so nennt man $\mathbf{a}$ eine **lokale Maximalstelle** oder – etwas nachlässig, aber verbreitet – eine **Maximalstelle** von f. Den Funktionswert $f(\mathbf{a})$ bezeichnet man als **lokales Maximum** von f.

b) Gilt $f(\mathbf{x}) \geq f(\mathbf{a})$ für alle $\mathbf{x} \in D$ in der Nähe von $\mathbf{a}$, so nennt man $\mathbf{a}$ eine **lokale Minimalstelle** oder eine **Minimalstelle** von f. Den Funktionswert $f(\mathbf{a})$ bezeichnet man als **lokales Minimum** von f.

c) Gilt $f(\mathbf{x}) \leq f(\mathbf{a})$ für alle $\mathbf{x} \in D$, so nennt man $\mathbf{a}$ **globale Maximalstelle** und $f(\mathbf{a})$ entsprechend ein **globales Maximum**, gilt $f(\mathbf{x}) \geq f(\mathbf{a})$ für alle $\mathbf{x} \in D$, so nennt man $\mathbf{a}$ **globale Minimalstelle** und $f(\mathbf{a})$ entsprechend ein **globales Minimum**.

d) Als **Extremum** bezeichnet man ein Maximum oder Minimum, als **Extremstelle** eine Maximal- oder Minimalstelle.

Zugegeben, das habe ich mittels Copy-and-Paste aus Kap. 6 (Definition 6.2) herübergezogen. Daran sehen Sie aber auch, dass die Situation derjenigen im univariaten Fall weitgehend gleicht, lediglich der Definitionsbereich der Funktionen hat sich geändert.

Beispiel 10.12

Auf $D = \mathbb{R}^2$ betrachte ich die Funktion $f(x, y) = x^2 + y^2$. Ich behaupte, dass $\mathbf{a} = (0\ 0)$ eine globale Minimalstelle dieser Funktion ist. Hierzu bestimme ich zunächst den Funktionswert an dieser Stelle und finde heraus, dass $f(0, 0) = 0$ ist. Nun argumentiert man wie folgt: Ist $\mathbf{x} = (x, y)$ irgendein von $(0\ 0)$ verschiedener Punkt, so ist mindestens eine der beiden Koordinaten x und y ungleich 0 und somit $x^2 + y^2$ positiv, also größer als $f(0, 0)$. Daher ist $(0, 0)$ globale Minimalstelle. ◄

So einfach wird die Bestimmung der Extremstellen selten sein, wir brauchen also Kriterien zum systematischen Aufsuchen solcher Stellen. Und wieder einmal orientiert man sich am univariaten Fall. Dort wurde – in Satz 6.17 – zunächst als notwendiges Kriterium formuliert, dass die erste Ableitung in einer Extremstelle gleich 0 ist. Genau dasselbe gilt nun auch im multivariaten Fall, wobei hier gleich mehrere erste (partielle) Ableitungen existieren und diese alle gleichzeitig 0 werden müssen:

Satz 10.4

Die Funktion $f(x_1, \ldots, x_n)$ sei auf einer Menge $D \subset \mathbb{R}^n$ definiert und im Inneren von D differenzierbar. Ist ein Punkt $\mathbf{a}$ aus dem Inneren von D eine lokale Extremstelle von f, so gilt

$$f_{x_1}(\mathbf{a}) = f_{x_2}(\mathbf{a}) = \cdots = f_{x_n}(\mathbf{a}) = 0. \tag{10.16}$$

Bemerkung

Eine äquivalente Formulierung der Bedingung (10.16) lautet:

$$\operatorname{grad}(f)(\mathbf{a}) = (0, 0, \ldots, 0).$$

Beispiel 10.13

a) In Beispiel 10.12 hatten wir gesehen, dass die Funktion

$$f(x,y) = x^2 + y^2$$

an der Stelle (0, 0) ein globales und damit natürlich insbesondere ein lokales Extremum hat. Wenn der Satz richtig ist (und davon können Sie ausgehen, denn er ist nicht von mir), müssen also an dieser Stelle die beiden partiellen Ableitungen erster Ordnung 0 werden. Diese lauten

$$f_x(x,y) = 2x \quad \text{und} \quad f_y(x,y) = 2y,$$

also gilt tatsächlich $f_x(0, 0) = f_y(0, 0) = 0$. Sie können hieran übrigens nochmals erkennen, dass es keine anderen lokalen Extremstellen geben kann, denn für keinen anderen Punkt $(x, y) \in \mathbb{R}^2$ sind beide partiellen Ableitungen gleichzeitig 0.

b) Nun untersuche ich die Funktion

$$g(x,y) = 2x^2 - xy + y^2 + 9x - 4y + 3$$

in derselben Weise. Ihre partiellen Ableitungen erster Ordnung lauten

$$g_x(x,y) = 4x - y + 9 \quad \text{und} \quad g_y(x,y) = -x + 2y - 4. \qquad (10.17)$$

Diese sollen gleichzeitig 0 werden, und diese Forderung führt auf das kleine Gleichungssystem

$$4x - y + 9 = 0$$
$$-x + 2y - 4 = 0$$

mit der eindeutigen Lösung $x = -2$ und $y = 1$. Wenn die Funktion $g(x, y)$ also überhaupt ein lokales Extremum besitzt, dann nur im Punkt $(-2, 1)$; ob es sich hierbei aber wirklich um eine Extremstelle handelt, können wir jetzt noch nicht entscheiden, und auch mit bloßem Auge kann man das – denke ich – nicht erkennen.

c) Zuletzt betrachte ich

$$h(x,y) = xy.$$

Diese Funktion hat recht überschaubare partielle Ableitungen, sie lauten

$$h_x(x,y) = y \quad \text{und} \quad h_y(x,y) = x.$$

Der einzige Kandidat für ein lokales Extremum ist also der Nullpunkt (0, 0). Bekanntlich können Kandidaten bei einer Prüfung aber auch durchfallen, und hier ist es so: Bewegt man sich nämlich vom Nullpunkt auf der Geraden $y = x$ ein kleines Stück weg, so gilt für die Funktionswerte:

$$h(x,y) = h(x,x) = x^2 > 0.$$

Es gibt also in jeder noch so kleinen Umgebung von (0 0) positive Funktionswerte, und daher kann in diesem Punkt kein lokales Maximum vorliegen. Macht man dasselbe auf der Geraden $y = -x$, folgt

$$h(x,y) = h(x,-x) = -x^2 < 0,$$

und daher kann in (0, 0) auch kein lokales Minimum vorliegen. Dieser Punkt ist also *keine* lokale Extremstelle, wenngleich die notwendige Bedingung erfüllt ist. ◀

„Unschöne Sache, diese welche!" würde Bugs Bunny, der Begleiter meiner Kindheitsvorabende, sagen. Es wird höchste Zeit, das notwendige durch ein hinreichendes Kriterium zu ergänzen. Im univariaten Fall betrachtete man hierzu das Vorzeichen der zweiten Ableitung. Genau dieses Vorgehen bildet man nun im Fall von n Variablen nach, allerdings gibt es hier nun n^2 Ableitungen zweiter Ordnung, und um die alle unter einen Hut zu bekommen, packt man sie zunächst in eine Matrix.

Definition 10.12

Es sei $D \subset \mathbb{R}^n$ und $\mathbf{x}$ ein Punkt im Inneren von D. Die Funktion $f : D \to \mathbb{R}$ sei in $\mathbf{x}$ nach jeder Variablen zweimal partiell differenzierbar. Dann nennt man die Matrix

$$H_f(\mathbf{x}) = \begin{pmatrix} f_{x_1 x_1}(\mathbf{x}) & f_{x_1 x_2}(\mathbf{x}) & \cdots & f_{x_1 x_n}(\mathbf{x}) \\ f_{x_2 x_1}(\mathbf{x}) & f_{x_2 x_2}(\mathbf{x}) & \cdots & f_{x_2 x_n}(\mathbf{x}) \\ \vdots & \vdots & \cdots & \vdots \\ f_{x_n x_1}(\mathbf{x}) & f_{x_n x_2}(\mathbf{x}) & \cdots & f_{x_n x_n}(\mathbf{x}) \end{pmatrix}$$

die **Hesse-Matrix** von f (an der Stelle $\mathbf{x}$).

Auch hier herrscht in der Literatur leider keine Einigkeit darüber, in welcher Reihenfolge man die Ableitungen zu notieren hat, es kann Ihnen also passieren, dass Sie in einem anderen Buch oder in einer Vorlesung gerade die Transponierte der hier definierten Matrix als Hesse-Matrix genannt bekommen. In der Praxis ist das aber nicht so schlimm, denn für nicht allzu pathologische Funktionen ist die Hesse-Matrix aufgrund des Satzes von Schwarz ohnehin symmetrisch. Benannt ist sie übrigens nach Ludwig Otto Hesse (1811 bis 1874), dem wir auch so schöne Dinge wie die hessesche Normalform in der Geometrie verdanken.

Beispiele für Hesse-Matrizen gebe ich Ihnen im Anschluss an die nächsten beiden Sätze; diese Sätze geben nämlich Auskunft darüber, wozu man die Hesse-Matrix im Zusammenhang mit der Extremwertsuche braucht. Im ersten Satz kommt übrigens der Begriff der Definitheit einer Matrix vor, den ich in Kap. 2 definiert hatte, vielleicht schauen Sie sich diese Definition vorher nochmal an:

Satz 10.5

Die Funktion $f(x_1, \ldots, x_n)$ sei auf einer Menge $D \subset \mathbb{R}^n$ definiert und im Inneren von D zweimal stetig partiell differenzierbar. Weiter sei $\mathbf{a}$ aus dem Inneren von D mit grad (f) $(\mathbf{a}) = (0, 0, \ldots, 0)$, und $H_f(\mathbf{a})$ bezeichne die Hesse-Matrix von f an der Stelle $\mathbf{a}$.

Dann gilt:

1) Ist $H_f(\mathbf{a})$ negativ definit, so ist $\mathbf{a}$ lokale Maximalstelle von f.
2) Ist $H_f(\mathbf{a})$ positiv definit, so ist $\mathbf{a}$ lokale Minimalstelle von f.
3) Ist $\det(H_f(\mathbf{a})) = 0$, so ist keine Entscheidung möglich.

Für den in der Praxis sicherlich häufigsten Fall $n = 2$ kann man diese Aussagen noch etwas anwendungsfreundlicher formulieren sowie um eine vierte ergänzen:

Satz 10.6

Die Funktion $f(x, y)$ sei auf einer Menge $D \subset \mathbb{R}^2$ definiert und im Inneren von D zweimal stetig partiell differenzierbar. Weiter sei $\mathbf{a}$ aus dem Inneren von D mit grad $(f)(\mathbf{a}) = (0, 0)$, und

$$D(\mathbf{a}) = \det\left(H_f(\mathbf{a})\right) = f_{xx}(\mathbf{a}) f_{yy}(\mathbf{a}) - \left(f_{xy}(\mathbf{a})\right)^2.$$

Dann gilt:

1) Ist $D(\mathbf{a}) > 0$ und $f_{xx}(\mathbf{a}) < 0$, so ist $\mathbf{a}$ lokale Maximalstelle von f.
2) Ist $D(\mathbf{a}) > 0$ und $f_{xx}(\mathbf{a}) > 0$, so ist $\mathbf{a}$ lokale Minimalstelle von f.
3) Ist $D(\mathbf{a}) = 0$, so ist keine Entscheidung möglich.
4) Ist $D(\mathbf{a}) < 0$, so ist a keine Extremstelle von f.

Ich weiß, dass es höchste Zeit für Beispiele ist, und die kommen jetzt auch. Ich beginne damit, die in Beispiel 10.13 offen gelassenen Baustellen zu schließen.

Beispiel 10.14

a) Im Fall der Funktion $f(x, y) = x^2 + y^2$ hatten wir bereits zu Fuß geklärt, dass sie in $\mathbf{a} = (0, 0)$ eine Minimalstelle hat. Nun können wir das mithilfe Satz 10.6 nochmals untermauern: Die partiellen Ableitungen zweiter Ordnung lauten

$$f_{xx}(x,y) = f_{yy}(x,y) = 2, \quad f_{xy}(x,y) = 0.$$

Diese sind also konstant, und dasselbe gilt natürlich auch für die daraus gebildete Größe

$$D(x,y) = 2 \cdot 2 - 0 = 4.$$

Somit gilt $f_{xx}(0, 0) > 0$ und $D(0, 0) > 0$, und nach Ziffer 2) des Satzes handelt es sich um eine Minimalstelle.

b) Bei der Funktion

$$g(x,y) = 2x^2 - xy + y^2 + 9x - 4y + 3$$

hatten wir durch die Untersuchung der ersten partiellen Ableitungen bereits den Punkt $\mathbf{a} = (-2, 1)$ als einzigen Kandidaten für eine Extremstelle ausgemacht, konnten aber noch nicht klären, ob es sich wirklich um eine solche handelt, und wenn ja um welchen Typ. Das ist jetzt möglich: Die benötigten zweiten partiellen Ableitungen lauten

$$g_{xx}(x,y) = 4, \quad g_{yy}(x,y) = 2 \quad \text{und} \quad g_{xy}(x,y) = -1.$$

Auch diese sind also konstant. Wegen $g_{xx}(-2, 1) = 4 > 0$ und

$$D(-2,1) = 2 \cdot 4 - (-1)^2 = 7 > 0$$

ist $(-2, 1)$ eine Minimalstelle.

c) Schließlich will ich noch die dritte in Beispiel 10.13 untersuchte Funktion, also $h(x, y) = xy$, zu Ende betrachten. Es war bereits klar, dass der einzige Kandidat für eine Extremstelle auch hier der Nullpunkt ist, aber ebenfalls „zu Fuß" hatten wir geklärt, dass es sich hierbei nicht um eine Extremstelle handelt. Dies kann man nun mithilfe des Satzes untermauern: Es ist

$$h_{xx}(x,y) = h_{yy}(x,y) = 0 \quad \text{und} \quad h_{xy}(x,y) = 1,$$

also $D(x, y) = -1$. Insbesondere ist also $D(0, 0)$ negativ, und somit handelt es sich tatsächlich nicht um ein Extremum.

d) Sie sollten auch einmal ein Beispiel mit drei Variablen sehen, bei dem also der allgemeine Satz 10.5 zum Einsatz kommt. Es sei

$$k(x,y,z) = 2x^2 - \cos(y) + e^{z^2}.$$

auf ganz $\mathbb{R}^3$ definiert.

Um die Kandidaten für die Extremstellen zu finden, bestimme ich zunächst die partiellen Ableitungen erster Ordnung. Da die Variablen hier so schön getrennt sind, geht das recht schnell und liefert:

$$k_x(x,y,z) = 4x, \quad k_y(x,y,z) = \sin(y), \quad k_z(x,y,z) = 2z \cdot e^{z^2}.$$

Diese drei Funktionen sind offenbar genau dann gleichzeitig 0, wenn $x = z = 0$ ist und y ein ganzzahliges Vielfaches von π, also an den Stellen

$$\mathbf{a}_m = (0, m\pi, 0) \text{ mit } m \in \mathbb{Z}.$$

Um die Hesse-Matrix aufzustellen, muss ich nun die partiellen Ableitungen zweiter Ordnung bestimmen. Es ergeben sich folgende Werte:

$$k_{xx}(x,y,z) = 4, \quad k_{yy}(x,y,z) = \cos(y), \quad k_{zz}(x,y,z) = (2 + 4z^2) \cdot e^{z^2}.$$

Die gemischten Ableitungen zweiter Ordnung sind alle gleich 0, sodass ich die Hesse-Matrix schon hinschreiben kann:

$$H_k(x,y,z) = \begin{pmatrix} 4 & 0 & 0 \\ 0 & \cos(y) & 0 \\ 0 & 0 & (2 + 4z^2) \cdot e^{z^2} \end{pmatrix} \tag{10.18}$$

Setzt man hier die Kandidatenpunkte $\mathbf{a}_m$ ein, ergibt sich

$$H_k(0, m\pi, 0) = \begin{pmatrix} 4 & 0 & 0 \\ 0 & (-1)^m & 0 \\ 0 & 0 & 2 \end{pmatrix} \text{ für } m \in \mathbb{Z}, \tag{10.19}$$

da $\cos(m\pi) = (-1)^m$ ist. Nun muss ich die Definitheit dieser Matrix überprüfen. Da das Element links oben positiv ist, kann sie – wenn überhaupt – nur positiv definit sein.

Der Hauptminor H_2 lautet $4 \cdot (-1)^m$, er ist genau dann positiv, wenn m gerade ist. Und da die Determinante der vollen Matrix gerade das Doppelte dieses Wertes ist, gilt für sie dasselbe. Die Hesse-Matrix ist also genau dann positiv definit, wenn m eine gerade Zahl ist.

Insgesamt haben wir also herausgefunden: Die Funktion $k(x, y, z)$ hat lokale Minimalstellen in den Punkten

$$\mathbf{a}_m = \left(0, m\pi, 0\right) \text{ mit } m \in \mathbb{Z}, m \text{ gerade.}$$ ◄

Nachdem wir nun eine längere Durststrecke ohne Übungsaufgaben hinter uns haben, folgt nun eine etwas ausführlichere, die das Themengebiet „Extrema ohne Nebenbedingungen" abschließt.

Übungsaufgabe 10.8

Bestimmen Sie alle lokalen Extremstellen der folgenden Funktionen:

a) $f(x, y) = xye^{-(x+y)}$
b) $g(x, y) = x^3 - 3x + y^3 - 12y$
c) $h(x, y) = (x^2 + y^2) \cdot e^{-y}$
d) $k(x, y) = x^2 - xy + y^2 + 9x - 6y$ ◄

10.3.2 Extrema mit Nebenbedingungen

Die Problemstellung ist in diesem Unterabschnitt prinzipiell dieselbe wie im vorigen – es sollen Extrema einer Funktion von mehreren Variablen bestimmt werden –, allerdings sind die Variablen nun durch eine oder mehrere Nebenbedingungen gebunden, was in der Praxis bedeutet, dass man eine oder mehrere der Variablen durch die anderen ausdrücken kann und dadurch die Anzahl der zu betrachtenden Variablen reduziert.

Ich denke, ich zeige das zunächst einmal an einem Beispiel:

Beispiel 10.15

Auf dem Bereich $D = \{(x, y, z) \in \mathbb{R}^3; x, y, z > 0\}$ sollen die Extrema der **Zielfunktion**

$$f\left(x, y, z\right) = 2xyz \tag{10.20}$$

unter der **Nebenbedingung**

$$2x + y + 3z = 1$$

bestimmt werden.

Hierzu löse ich die Nebenbedingung zunächst nach der Variablen y auf, erhalte dadurch

$$y = 1 - 2x - 3z \tag{10.21}$$

und setze dies in die Zielfunktion ein; das ergibt

$$f(x,z) = 2x(1-2x-3z)z = 2xz - 4x^2z - 6xz^2.\tag{10.22}$$

An dieser Stelle drängen sich Ihnen möglicherweise bereits Fragen auf, die ich auf Verdacht einmal beantworten will: Dass ich gerade nach y aufgelöst habe ist reine Willkür, ich hätte ebenso gut nach x oder z auflösen können; ich habe mich nur deshalb für y entschieden, weil es den Vorfaktor 1 hat und somit keine Brüche entstehen.

Ein schwaches Argument, ich weiß, aber besser als gar keines. Vielleicht fragen Sie sich auch, warum in (10.22) im Argument von f kein y mehr auftaucht. Nun, y wurde eben auf der rechten Seite eliminiert, und daher ist es keine Variable von f mehr. Übrigens ist es ein wenig schlampig von mir, hier dieselbe Funktionsbezeichung „f“ wie in (10.20) zu benutzen (weil es sich ja streng genommen um eine neue Funktion handelt), aber ich denke, damit können wir leben.

Nun aber weiter im Beispiel: Die beiden partiellen Ableitungen der Funktion $f(x, z)$ lauten

$$f_x(x,z) = 2z - 8xz - 6z^2, \quad f_z(x,z) = 2x - 4x^2 - 12xz.\tag{10.23}$$

Um die Kandidaten für Extremstellen zu finden, müssen diese beiden gleichzeitig 0 werden, es ist also folgendes Gleichungssystem zu lösen:

$$2z - 8xz - 6z^2 = 0$$
$$2x - 4x^2 - 12xz = 0.$$

Bevor Sie nun in Panik geraten, weil es sich hier um zwei quadratische Gleichungen handelt, weise ich Sie auf das Folgende hin: Der Definitionsbereich D ist so gewählt, dass alle Variablen, insbesondere also x und z, positiv und somit nicht 0 sind. Daher darf ich durch x und z dividieren, und natürlich dividiere ich die erste Gleichung durch z, die zweite durch x. Das ergibt:

$$2 - 8x - 6z = 0$$
$$2 - 4x - 12z = 0,$$

also ein lineares Gleichungssystem, das man ohne große Mühe lösen kann. Man findet

$$x = \frac{1}{6} \text{ und } z = \frac{1}{9}.$$

Damit hätten wir also einen Kandidaten für das Amt des Extremums gefunden; die zur Überprüfung notwendigen Ableitungen zweiter Ordnung gewinnt man durch nochmaliges Ableiten der in (10.23) angegebenen Ableitungen erster Ordnung, man findet

$$f_{xx}(x,z) = -8z, \; f_{zz}(x,z) = -12x, \; f_{xz}(x,z) = 2 - 8x - 12z,$$

also

$$f_{xx}\left(\frac{1}{6},\frac{1}{9}\right) = -\frac{8}{9}, \, f_{zz}\left(\frac{1}{6},\frac{1}{9}\right) = -2, \, f_{xz}\left(\frac{1}{6},\frac{1}{9}\right) = -\frac{2}{3},$$

und hiermit wiederum

$$D\left(\frac{1}{6},\frac{1}{9}\right) = \frac{16}{9} - \frac{4}{9} = \frac{4}{3}.$$

Also ist $f_{xx}\left(\frac{1}{6},\frac{1}{9}\right)$ negativ und $D\left(\frac{1}{6},\frac{1}{9}\right)$ positiv, daher ist $\left(\frac{1}{6},\frac{1}{9}\right)$ Maximalstelle von f.
Nun berechnet man zum guten Schluss noch mithilfe von (10.21) den Wert

$$y = 1 - \frac{2}{6} - \frac{3}{9} = \frac{1}{3}$$

sowie – entweder mit (10.20) oder (10.22) – den Maximalwert

$$f\left(\frac{1}{6},\frac{1}{9}\right) = \frac{1}{81}. \qquad \blacktriangleleft$$

Zugegeben, das Beispiel war vielleicht ein wenig länglich, aber es ist auch alles drin, was man zum Lösen einer Extremwertaufgabe mit Nebenbedingungen brauchen kann. Das Ganze schreibe ich jetzt noch einmal als Kochrezept auf.

Lösen einer Extremwertaufgabe mit Nebenbedingungen
Gegeben sei eine Funktion von n Variablen, die Zielfunktion, deren Extremum (Optimum) man bestimmen soll, sowie eine oder mehrere Nebenbedingungen.

- Man löst die Nebenbedingung(en) jeweils nach einer der Variablen auf und setzt sie in die Zielfunktion ein; dadurch reduziert sich die Zahl der Variablen.
- Man bestimmt mit der im vorigen Unterabschnitt geschilderten Methode die Extremstelle der reduzierten Zielfunktion.
- Man berechnet mithilfe der Nebenbedingungen die optimalen Werte der zuvor eliminierten Variablen.
- Man bestimmt, falls gefordert, das Optimum der Zielfunktion durch Einsetzen der optimalen Variablenwerte.

Beispiel 10.16

Zu bestimmen ist das Maximum der Funktion

$$f : \mathbb{R}^2 \to \mathbb{R}, \quad f(x,y) = -2x^2 - 3y^2 + 24x + 18y - 7$$

unter der Nebenbedingung

$$2x + 3y = 11. \tag{10.24}$$

Auflösen der Nebenbedingung nach y und Einsetzen in die Zielfunktion liefert

$$f(x) = -2x^2 - 3\left(\frac{11-2x}{3}\right)^2 + 24x + 18\frac{11-2x}{3} - 7 = -\frac{10}{3}x^2 + \frac{80}{3}x + \frac{56}{3}.$$

Das ist also eine Funktion einer Variablen, die mit den Methoden aus Kap. 6 behandelt werden kann.

Ihre Ableitung lautet

$$f'(x) = -\frac{20}{3}x + \frac{80}{3}$$

mit der einzigen Nullstelle $x_0 = 4$. Da $f''(4) = -20/3$ negativ ist, handelt es sich um ein Maximum. Den zugehörigen y-Wert berechnet man mithilfe der Nebenbedingung (10.24) zu $y_0 = 1$.

Das gesuchte Maximum lautet schließlich

$$f(4,1) = -32 - 3 + 96 + 18 - 7 = 72. \qquad \blacktriangleleft$$

Extremwertaufgaben mit Nebenbedingungen treten oft in Form von Textaufgaben auf, auch hierzu gebe ich ein kleines Beispiel an.

Beispiel 10.17

Es soll eine quaderförmige Getränkeverpackung hergestellt werden, deren Volumen genau 1 Liter ist. Welche Abmessungen muss dieser Quader haben, damit die Oberfläche, also der Materialverbrauch, minimal ist? (Abb. 10.4)

Die Oberfläche dieses Quaders setzt sich aus sechs Rechtecken zusammen, von denen jeweils zwei gleich sind. Die zugehörige Formel, also die Zielfunktion, lautet

$$O = O(a,b,c) = 2(ab + bc + ac), \tag{10.25}$$

Abb. 10.4 Quader mit Seiten
längen a, b und c

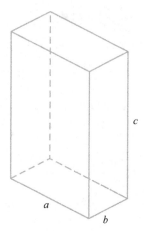

wobei ich die Seitenlängen mit a, b und c bezeichnet habe. Das Volumen eines Quaders ist gerade das Produkt der Seitenlängen, die Nebenbedingung lautet also

$$abc = 1. \tag{10.26}$$

(Die Einheiten, hier Liter, lasse ich in bester Mathematikertradition von jetzt ab
weg. Irgendetwas müssen die Physiker ja auch noch zu tun haben.) Da Quader im Allgemeinen keine negativen Seitenlängen haben, folgt aus (10.26), dass a, b und c positiv
sind. Daher darf ich in (10.26) nach c auflösen und erhalte

$$c = \frac{1}{ab}.$$

Dies muss ich nun in die Zielfunktion (10.25) einsetzen und erhalte dadurch

$$O(a,b) = 2\left(ab + \frac{1}{a} + \frac{1}{b} \right).$$

Die partiellen Ableitungen sind

$$O_a(a,b) = 2\left(b - \frac{1}{a^2} \right) \quad \text{und} \quad O_b(a,b) = 2\left(a - \frac{1}{b^2} \right).$$

Da beide als notwendige Bedingung 0 sein müssen, ist $b = 1/a^2$ und schließlich
$a = a^4$, also, da $a \neq 0$,

$$a^3 = 1.$$

Weil komplexe Seitenlängen eines Quaders noch bizarrer sind als negative, ergibt
sich hieraus die eindeutige Lösung $a = 1$ und hieraus wiederum $b = c = 1$.
Die Hesse-Matrix lautet

$$H_O(a,b) = \begin{pmatrix} \dfrac{4}{a^3} & 2 \\ 2 & \dfrac{4}{b^3} \end{pmatrix}, \quad \text{also } H_O(1,1) = \begin{pmatrix} 4 & 2 \\ 2 & 4 \end{pmatrix}.$$

Diese Matrix ist positiv definit, und somit handelt es sich bei dem gefundenen Kandidaten tatsächlich um die gewünschte Minimalstelle. Die optimale Verpackungsform ist also ein Würfel mit Kantenlänge 1. Handelsübliche Getränkeverpackungen sind in dieser Hinsicht nicht optimal, ich kann nur vermuten, dass irgendwelche EU-Normen dahinterstecken. ◄

Damit habe ich wohl genug über multivariate Differenzialrechnung gesagt und schließe dieses Kapitel ab, natürlich nicht ohne Ihnen vorher noch Gelegenheit zum Üben zu geben.

Übungsaufgabe 10.9

Bestimmen Sie alle lokalen Minimalstellen der Funktion

$$f(x,y,z) = zx^2 - z + y^2$$

unter der Nebenbedingung

$$z = x^2 - 1. \qquad ◄$$

Übungsaufgabe 10.10

Aus einer Viertelkreisscheibe mit Radius 1 soll ein rechteckiges Stück möglichst großen Flächeninhalts herausgeschnitten werden. Dabei kann man davon ausgehen, dass zwei Rechteckseiten auf den Schenkeln des Viertelkreises liegen (Abb. 10.5). Wie sind die Koordinaten des Eckpunkts P zu wählen? ◄

Abb. 10.5 Viertelkreisscheibe mit eingezeichnetem Rechteck

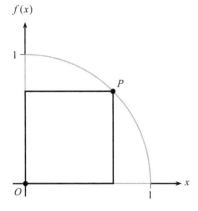

Stochastik

11

Übersicht

Ich hoffe, der vielleicht ungewohnt klingende Begriff Stochastik hat Sie, als Sie das Inhaltsverzeichnis gelesen haben, nicht allzu sehr erschreckt. Das ist lediglich die zusammenfassende Bezeichnung für die Disziplinen Wahrscheinlichkeitsrechnung und (mathematische) Statistik. Und genau diese beiden Gebiete werde ich Ihnen in diesem Kapitel in ihren Grundzügen vorstellen.

11.1 Elementare Wahrscheinlichkeitsrechnung und Kombinatorik

11.1.1 Grundlagen

Zu Beginn dieses Abschnitts streife ich die elementare Wahrscheinlichkeitsrechnung. „Elementar" deswegen, weil man hier Ereignisse behandelt, die nur endlich viele mögliche Ausgänge haben, und „streifen" deswegen, weil die folgenden Inhalte meist schon in der Schule, spätestens aber in Vor- und Brückenkursen wie zum Beispiel Walz et al. 2019 behandelt werden und deswegen hier vermutlich nur aufgefrischt werden müssen.

© Springer-Verlag GmbH Deutschland, ein Teil von Springer Nature 2020
G. Walz, *Mathematik für Hochschule und duales Studium*,
https://doi.org/10.1007/978-3-662-60506-6_11

Man befasst sich in der Wahrscheinlichkeitsrechnung mit der Wahrscheinlichkeit aller möglichen Ausgänge eines Zufallsversuchs; und damit wird es höchste Zeit, diesen Begriff zu definieren:

Definition 11.1

Ein **Zufallsversuch** ist ein (zumindest theoretisch) beliebig oft wiederholbarer Versuch, dessen Ausgang nicht vorhersagbar ist. Das Ergebnis eines Zufallsversuchs nennt man **zufälliges Ereignis** oder kurz **Ereignis**. Die Menge aller möglichen Ausgänge eines Zufallsversuchs bezeichnet man mit Ω (omega).

Das vermutlich einfachste Beispiel eines Zufallsversuchs ist der klassische Wurf einer Münze, der zwei mögliche Ausgänge hat. Ein wenig komplexer (weil es mehr Möglichkeiten gibt) ist das Würfeln mit einem Standardwürfel.

Aber auch der Einlauf der ersten fünf Pferde beim Galopprennen ist in diesem Sinne ein Zufallsversuch; den billigen Gag, dass demnach die Rennpferde als Versuchstiere anzusehen sind, verkneife ich mir. Wenn wir einmal (theoretisch) davon ausgehen, dass alle Pferde dieselben Siegchancen haben, ist den drei genannten Situationen eines gemeinsam: Jeder mögliche Ausgang ist gleich wahrscheinlich.

Satz 11.1

Hat ein Versuch n verschiedene Ausgänge, die alle gleich wahrscheinlich sind, so tritt jeder Ausgang mit der Wahrscheinlichkeit $1/n$ ein.

Ein Ereignis, das genau k verschiedene Ausgänge umfasst, hat die Wahrscheinlichkeit k/n.

Beispiel 11.1

a)   Der Wurf einer Münze, die auf einer Seite „Kopf" und auf der anderen Seite „Wappen" trägt, hat zwei verschiedene Ausgänge, und somit hat jeder der beiden, wenn sie gleich wahrscheinlich sind, die Wahrscheinlichkeit 1/2.

b)   Der Wurf mit einem Standardwürfel hat bekanntlich sechs verschiedene Ausgänge, und somit hat jeder einzelne die Wahrscheinlichkeit 1/6 (obwohl man das nicht glauben will, wenn man bei „Mensch ärgere dich nicht" wieder mal Runde um Runde nicht aus dem Haus kommt, weil man keine 6 gewürfelt hat). Das Ereignis „Wurf einer ungeraden Zahl" umfasst dann offenbar genau drei verschiedene Ausgänge und hat somit die Wahrscheinlichkeit 3/6 = 1/2.   ◄

Jetzt kommt eine wichtige Überlegung: Auch beim zufälligen Herausgreifen von sechs Kugeln aus einer Trommel mit 49 Kugeln, also beim Zahlenlotto, ist jede einzelne Auswahl von sechs Kugeln gleich wahrscheinlich. Sie können also die Wahrscheinlichkeit eines bestimmten Ergebnisses ganz leicht als Kehrwert der Gesamtzahl aller Möglichkeiten berechnen, wenn Sie wissen, wie viele Möglichkeiten es insgesamt gibt, 6 aus 49 Kugeln auszuwählen.

Genau darum geht es in der Kombinatorik, also der Lehre von der Anzahl der Kombinationen: Man will herausfinden, wie viele Möglichkeiten es gibt, aus einer gewissen Anzahl von Dingen eine kleinere Anzahl nach gewissen Regeln auszuwählen; der Kehrwert dieser Möglichkeitenzahl gibt dann gerade die Wahrscheinlichkeit dafür an, eine bestimmte Möglichkeit anzutreffen. Und das zeige ich Ihnen im nächsten Abschnitt.

11.1.2 Kombinatorik

Man kann fast alle kombinatorischen Probleme mit einem sogenannten Urnenmodell veranschaulichen. Wie der Name schon sagt, handelt es sich hierbei um ein (Gedanken-) Modell, und der Begriff „Urne" ist hier nichts Morbides, sondern einfach nur eine etwas angestaubte Bezeichnung für ein Gefäß, dem etwas entnommen wird. Höchste Zeit für die exakte Definition:

Definition 11.2

Unter einem **Urnenmodell** versteht man folgendes Gedankenexperiment: In einem Gefäß (der Urne) seien n unterscheidbare Kugeln enthalten, von denen nach und nach k Stück zufällig ausgewählt werden. Man fragt nun nach der Anzahl der Möglichkeiten, die diese Auswahl hervorbringen kann, wobei man noch folgende Auswahlregeln unterscheidet: Wird jede Kugel nach ihrer Entnahme wieder in die Urne zurückgelegt, so spricht man von **Auswahl mit Zurücklegen**, wird sie nicht zurückgelegt, so nennt man das **Auswahl ohne Zurücklegen**.

In jedem der beiden Fälle wird außerdem noch unterschieden, ob es auf die Reihenfolge der Entnahme ankommt (**Auswahl mit Beachtung der Reihenfolge**) oder nicht (**Auswahl ohne Beachtung der Reihenfolge**).

Insgesamt sind also die folgenden vier Urnenmodelle zu unterscheiden:

- **Auswahl mit Zurücklegen mit Beachtung der Reihenfolge**
- **Auswahl mit Zurücklegen ohne Beachtung der Reihenfolge**
- **Auswahl ohne Zurücklegen mit Beachtung der Reihenfolge**
- **Auswahl ohne Zurücklegen ohne Beachtung der Reihenfolge**

In jedem der vier Fälle kann man die Anzahl der Möglichkeiten und somit die Wahrscheinlichkeit für eine bestimmte Auswahl als Kehrwert dieser Zahl angeben. Ich werde Ihnen im Folgenden den jeweiligen Formelausdruck angeben.

Ich beginne mit dem meiner Meinung nach einfachsten Fall, nämlich der Auswahl mit Zurücklegen mit Beachtung der Reihenfolge: Für die Auswahl der ersten Kugel habe ich offenbar genau n Möglichkeiten. Ich notiere die Nummer dieser Kugel und lege sie anschließend in die Urne zurück. Daher habe ich beim Ziehen der zweiten Kugel wiederum alle n Möglichkeiten. Und jetzt kommt's: Zu jeder einzelnen der n Möglichkeiten für die Wahl der ersten Kugel gibt es n Möglichkeiten für die zweite, insgesamt somit n mal n, also n^2 verschiedene Möglichkeiten für die Wahl der beiden ersten Kugeln. Und so geht das natürlich weiter, wenn ich eine dritte Kugel ziehe, habe ich erneut n Möglichkeiten; insgesamt können dann also n^3 verschiedene Situationen auftreten, und da es keinen Grund gibt, nach drei Kugeln zu stoppen, haben wir bereits für den ersten Fall eine allgemeine Formel:

Satz 11.2 (Auswahl mit Zurücklegen mit Beachtung der Reihenfolge)
Zur Auswahl von k Kugeln aus einer Menge von n Kugeln mit Zurücklegen und mit Beachtung der Reihenfolge gibt es

$$n^k$$

Möglichkeiten. Die Wahrscheinlichkeit dafür, eine bestimmte Auswahl zu treffen, ist also

$$\frac{1}{n^k}.$$

Beispielsweise berechnet man, dass es für die Auswahl von vier Kugeln aus einer Urne mit 15 Kugeln insgesamt $15^4 = 50.625$ verschiedene Möglichkeiten gibt. Natürlich sind diese Ergebnisse nicht auf die pure Kugelrechnerei beschränkt, das ist ja nur ein Gedankenmodell. Mit ein wenig Abstraktionsvermögen kann man damit auch ganz andere Situationen lösen. Hierzu ein Beispiel.

Beispiel 11.2

An einem Tresor befinden sich fünf Zahlenräder, die jeweils auf eine der Ziffern von 0 bis 9 eingestellt werden können. Wie viele Möglichkeiten gibt es, hieraus eine Zahlenkombination zu bilden?

Das richtige Urnenmodell ist hier die Auswahl mit Zurücklegen (da man ja beispielsweise das zweite Rädchen auf die gleiche Zahl wie das erste einstellen kann, diese also wieder zur Verfügung steht) und mit Beachtung der Reihenfolge. Somit gibt es $10^5 = 100.000$ Möglichkeiten, was unmittelbar klar ist, da dies die ganzen Zahlen von 0 bis 99.999 sind.   ◄

Übungsaufgabe 11.1

Aus einem Kartenspiel mit 32 verschiedenen Karten wird dreimal nacheinander eine Karte gezogen und anschließend wieder in den Stapel zurückgelegt. Wie wahrscheinlich ist es, dreimal Herz-Dame zu ziehen?   ◄

Als Nächstes wende ich mich der Auswahl mit Zurücklegen ohne Beachtung der Reihenfolge zu. Auch hier wird also eine einmal gezogene Kugel wieder in die Urne zurückgelegt, jetzt aber kommt es bei der Betrachtung des Endergebnisses nicht mehr auf die Reihenfolge an, in der die einzelnen Kugeln gezogen wurden; beispielsweise würden also die Züge 3-6-2 und 6-3-2 als dasselbe Ergebnis gewertet, da sie beide je einmal die Kugeln 2, 3 und 6 hervorgebracht haben.

Wenn es Ihnen schwerfällt, sich das vorzustellen, weil Sie lieber Würfelspiele machen, als Kugeln zu ziehen, dann hilft vielleicht das Folgende. Das Problem, aus einer Menge von sechs Zahlen (Kugeln) zwei Stück mit Wiederholung ohne Beachtung der Reihenfolge auszuwählen, entspricht genau dem Problem, mit zwei nicht unterscheidbaren Würfeln ein bestimmtes Wurfergebnis zu erzielen: Das Werfen eines Würfels entspricht dabei der Auswahl einer Zahl zwischen 1 und 6, und da die Würfel nicht unterscheidbar sein sollen, werden auch beispielsweise die Ergebnisse, mit dem „ersten" Würfel eine Zwei und mit dem „zweiten" eine Fünf sowie mit dem „ersten" Würfel eine Fünf und mit dem „zweiten" eine Zwei zu würfeln, als dasselbe Ereignis gewertet.

Bevor ich ernsthaft daran gehen kann zu berechnen, wie viele Möglichkeiten es in dieser Situation gibt, muss ich leider noch einen neuen Begriff einführen, nämlich den des Binomialkoeffizienten. Dieser kombiniert die Fakultäten zweier natürlicher Zahlen, sagen wir m und l, und ist wie folgt definiert:

Definition 11.3

Sind m und l natürliche Zahlen mit $l \leq m$, so ist der **Binomialkoeffizient**

$$\binom{m}{l},$$

gesprochen „m über l", definiert als

$$\binom{m}{l} = \frac{m!}{l! \cdot (m-l)!}.$$

Sie sollten jetzt weder sich noch mich fragen, warum man das so definiert hat; es stellt sich eben heraus, dass genau diese Kombination zweier Zahlen in sehr vielen Formeln gebraucht wird, und daher hat man diese abkürzende Notation eingeführt. Beispielsweise werde ich den Binomialkoeffizienten nun benutzen, um die Anzahl der Auswahlen im gerade betrachteten Kontext zu berechnen.

Vielleicht haben Sie sich gewundert, dass ich zur Definition des Binomialkoeffizienten die beteiligten natürlichen Zahlen nicht wie meist mit n und k bezeichnet habe. Das liegt einfach daran, dass im Kontext Urnenmodelle, in dem wir uns ja gerade befinden, n und k anderweitig belegt sind, nämlich als Anzahlen von Kugeln. Der Zusammenhang wird jetzt hergestellt:

Satz 11.3 (Auswahl mit Zurücklegen ohne Beachtung der Reihenfolge)
Zur Auswahl von k Kugeln aus einer Menge von n Kugeln mit Zurücklegen, aber ohne Beachtung der Reihenfolge gibt es

$$\binom{n+k-1}{k}$$

Möglichkeiten. Diese sind aber nicht gleich wahrscheinlich.

Beispiel 11.3

Es soll geklärt werden, wie viele verschiedene Würfe es mit zwei nicht unterscheidbaren Würfeln gibt. Wir hatten uns bereits darauf geeinigt, dass das richtige Urnenmodell hierfür die Auswahl mit Zurücklegen und ohne Beachtung der Reihenfolge ist. Folglich gibt es

$$\binom{7}{2} = \frac{6 \cdot 7}{2} = 21$$

verschiedene Würfe.   ◀

Übungsaufgabe 11.2

Wie viele verschiedene Ereignisse sind beim Wurf mit drei nicht unterscheidbaren Würfeln möglich?   ◀

Nun behandle ich die Auswahl von k aus n Kugeln ohne Zurücklegen; das bedeutet auch, dass ich jetzt stets $k \leq n$ voraussetzen muss, denn da ich eine bereits gezogene Kugel nicht mehr zurücklege, kann ich eben insgesamt nicht mehr als n Kugeln ziehen.

Schauen wir uns die Auswahl ohne Zurücklegen mit Beachtung der Reihenfolge an: Für die Auswahl der ersten Kugel habe ich offenbar genau n Möglichkeiten. Da diese nun aber nicht zurückgelegt wird, gibt es für die zweite Kugel noch $n - 1$ Möglichkeiten, für die dritte noch $n - 2$ usw. Wenn Sie das nun konsequent weiterdenken, stellen Sie fest, das es für die k-te Kugel noch $n - k + 1$ Möglichkeiten gibt, und da man diese Einzelwerte nun multiplizieren muss, erhält man als Anzahl der Möglichkeiten, k Kugeln aus n auszuwählen:

$$n \cdot (n-1) \cdot (n-2) \cdots (n-k+2) \cdot (n-k+1).$$

Das kann man mithilfe der Fakultät-Schreibweise noch etwas eleganter schreiben, und dieses mache ich im folgenden Satz:

Satz 11.4 (Auswahl ohne Zurücklegen mit Beachtung der Reihenfolge)

Zur Auswahl von k Kugeln aus einer Menge von n Kugeln ohne Zurücklegen, aber mit Beachtung der Reihenfolge gibt es

$$\frac{n!}{(n-k)!} = n \cdot (n-1) \cdot (n-2) \cdots (n-k+1) \qquad (11.1)$$

Möglichkeiten. Die Wahrscheinlichkeit dafür, eine bestimmte Auswahl zu treffen, ist der Kehrwert hiervon, also

$$\frac{(n-k)!}{n!}.$$

Beispiel 11.4

Bei einem Pferderennen mit 12 teilnehmenden Pferden wettet jemand zufällig auf die 5 Erstplatzierten. Um die Wahrscheinlichkeit zu ermitteln, dass dieser Tipp richtig ist, kann man das gerade besprochene Urnenmodell anwenden, denn es handelt sich um Auswahl ohne Zurücklegen, da ein bereits durch das Ziel gelaufenes Pferd nicht nochmals einlaufen kann, und die Reihenfolge ist beim Pferdewetten natürlich wie kaum sonst zu beachten. Die gesuchte Wahrscheinlichkeit berechnet man also nach obiger Formel mit $n = 12$ und $k = 5$ zu

$$\frac{(12-5)!}{12!} = \frac{1}{8 \cdot 9 \cdot 10 \cdot 11 \cdot 12} = \frac{1}{95.040} \approx 0,0000105. \qquad \blacktriangleleft$$

Übungsaufgabe 11.3

In einer Trommel liegen sieben Kugeln, die mit den Buchstaben A, B, E, H, M, N, T beschriftet sind. Man zieht nun nacheinander fünf Kugeln und legt sie in dieser Reihenfolge ab. Wie groß ist die Wahrscheinlichkeit dafür, dass hierbei das Wort MATHE entsteht? $\blacktriangleleft$

Bevor ich zum letzten der vier Urnenmodelle übergehe, möchte ich noch auf einen Spezialfall der Auswahl ohne Zurücklegen mit Beachtung der Reihenfolge hinweisen. Sicherlich erinnern Sie sich, dass man per Definition gesetzt hat: $0! = 1$. Der Grund hierfür war und ist, dass dadurch viele Formeln auch für 0 richtig bleiben, und das trifft auch für (11.1) bzw. die daraus als Kehrwert abgeleitete Wahrscheinlichkeit zu. Setzt man nämlich $k = n$, was bedeutet, dass man *alle* Kugeln aus der Urne herausholt, so wird (11.1) zu

$$\frac{n!}{(n-n)!} = \frac{n!}{0!} = n!.$$

Es gibt also n! Möglichkeiten, n Kugeln zu entnehmen und dabei die Reihenfolge zu beachten, mit anderen Worten: diese Kugeln anzuordnen.

Satz 11.5 (Anordnungen einer Menge)

Es gibt n! Möglichkeiten, um n unterscheidbare Elemente einer Menge anzuordnen.

Beispiel 11.5

Der Schachklub „Schachmatt 07" möchte ein Gruppenbild seiner aktuellen Mitglieder machen; dabei sollen sich die 5 Damen in der vorderen Reihe und die 9 Herren in der hinteren Reihe aufstellen. Wie viele Möglichkeiten gibt es, die Personen auf dem Bild anzuordnen?

Der kleine Trick ist hierbei, dass man die Anordnung der Damen und die der Herren zunächst als separate Probleme behandelt. Das ist aber leicht, denn da die 5 Damen vermutlich unterscheidbar sind, gibt es für ihre Anordnung 5! = 120 Möglichkeiten und aus demselben Grund kann man für die Herren 9! = 362.880 Anordnungen finden. Da nun aber für jede Anordnung der Damen sämtliche Anordnungen der Herren durchgespielt werden können, muss ich zur Ermittlung der insgesamt möglichen Fälle die beiden gerade ermittelten Werte multiplizieren. Die gefragte Anzahl der Möglichkeiten ist also

$$5! \cdot 9! = 120 \cdot 362.880 = 43.545.600. \quad \blacktriangleleft$$

Nun komme ich zum letzten der vier Urnenmodelle, der Auswahl ohne Zurücklegen und ohne Beachtung der Reihenfolge. Man wählt also im Modell aus einer Menge von n Kugeln k Stück aus, wobei man eine einmal ausgewählte Kugel nicht mehr zurücklegt und auch am Ende nicht mehr beachtet, in welcher Reihenfolge man die Kugeln gezogen hat. Auch hierfür benötige ich den oben eingeführten Binomialkoeffizienten, es gilt nämlich Folgendes:

Satz 11.6 (Auswahl ohne Zurücklegen ohne Beachtung der Reihenfolge)

Zur Auswahl von k Kugeln aus einer Menge von n Kugeln ohne Zurücklegen und ohne Beachtung der Reihenfolge gibt es

$$\binom{n}{k} = \frac{n!}{k!(n-k)!}$$

Möglichkeiten. Die Wahrscheinlichkeit dafür, eine bestimmte Auswahl zu treffen, ist also

$$\frac{1}{\binom{n}{k}} = \frac{k!(n-k)!}{n!}.$$

Vermutlich warten Sie ja schon die ganze Zeit über darauf, dass endlich die Lottozahlen kommen; nun gut, hier sind sie:

Beispiel 11.6

Das Zahlenlotto, beispielsweise also „6 aus 49", ist gerade das Standardbeispiel für die Auswahl ohne Zurücklegen ohne Beachtung der Reihenfolge: Eine einmal gezogene Kugel wird beim Lotto nicht wieder zurückgelegt, und auf die Reihenfolge, in der die Kugeln gezogen werden, kommt es nicht an. Somit gibt es für die Auswahl von 6 aus 49 Kugeln genau

$$\binom{49}{6} = \frac{49!}{6!43!} = 13.983.816$$

Möglichkeiten; die Wahrscheinlichkeit, eine bestimmte davon zu treffen, ist also

$$\frac{1}{13.983.816} \approx 0,0000000715.$$

Spätestens jetzt wissen Sie, warum sehr wenige Mathematiker Lotto spielen. ◀

Wenn man schon nicht Lotto spielen will, so kann man ja wenigstens Karten spielen; auch hierbei kann die Formel für die Anzahl der Auswahlen hilfreich sein:

Beispiel 11.7

Wie viele verschiedene Möglichkeiten gibt es, die 32 Karten eines Skatspiels auf die drei Spieler A, B, C (und den Skat) zu verteilen? Dazu nehme ich einmal (im Gegensatz zu den internationalen Skatregeln, aber im Einklang mit dem Modell) an, dass zunächst 10 Karten an den ersten Spieler ausgeteilt werden. Ist der Stapel gut gemischt, so gibt es hierfür $\binom{32}{10}$ Möglichkeiten. Auch der zweite Spieler erhält 10 Karten, wofür jetzt aber nur noch 22 zur Auswahl stehen; folglich gibt es für das Blatt des zweiten Spielers $\binom{22}{10}$ Möglichkeiten, und ebenso für das des dritten Spielers $\binom{12}{10}$ Möglichkeiten. Haben aber alle drei Spieler ihre Karten, so ist der Skat (also die restlichen zwei Karten) eindeutig festgelegt. Die anfangs gefragte Anzahl der Möglichkeiten für die Kartenverteilung erhalte ich nun also durch Multiplikation der gerade ermittelten Einzelmöglichkeiten; es ergibt sich

$$\binom{32}{10} \cdot \binom{22}{10} \cdot \binom{12}{10} = \frac{32! \cdot 22! \cdot 12!}{10! \cdot 22! \cdot 10! \cdot 12! \cdot 10! \cdot 2!} \approx 2,753 \cdot 10^{15}. \qquad \blacktriangleleft$$

Wem Skat zu langweilig ist, der kann ja Fußball spielen:

Übungsaufgabe 11.4

Ein Fußballverein hat 15 aktive Spieler, und zwar 7 Verteidiger, 6 Stürmer und 2 Torleute (das Mittelfeld hat man aufgegeben). Wie viele Möglichkeiten hat der Trainer, hieraus eine Mannschaft zu formen, die aus 5 Verteidigern, 5 Stürmern und einem Torwart besteht? $\qquad \blacktriangleleft$

Nun ein paar Übungsaufgaben, bei denen Sie selbst entscheiden müssen, welches der oben formulierten Urnenmodelle angewandt werden kann:

Übungsaufgabe 11.5

a) Beim klassischen Fußballtoto muss man bei insgesamt 11 Spielen auf Unentschieden (0), Heimsieg (1) oder Auswärtssieg (2) tippen. Wie viele verschiedene Tipps sind hier möglich?

b) Sie haben die Wahl, entweder beim Lotto „5 aus 25" oder beim Lotto „4 aus 20" mitzuspielen. Wobei ist die Chance auf einen Hauptgewinn höher?

c) An einer Bushaltestelle besteigen vier Fahrgäste den Bus und finden sieben freie Sitzplätze vor. Wie viele Möglichkeiten haben sie, sich auf vier dieser Plätze zu verteilen?

d) Bei einem Sportturnier müssen die zwölf teilnehmenden Mannschaften auf drei Gruppen mit je vier Mannschaften verteilt werden. Wie viele Möglichkeiten hat der Veranstalter hierfür? $\qquad \blacktriangleleft$

11.1.3 Verknüpfungen von Ereignissen

Ereignisse, also Ergebnisse von Zufallsversuchen, kann man miteinander verknüpfen und dadurch neue Ereignisse erzeugen. Sind beispielsweise A und B gegebene Ereignisse, dann kann man ein neues Ereignis C definieren, das genau dann eingetreten sein soll, wenn sowohl A als auch B eingetreten ist. Sinn und Zweck dieser Vorgehensweise ist es, die Wahrscheinlichkeiten von verknüpften Ereignissen aus denen der ursprünglich gegebenen zu berechnen; dies werde ich Ihnen dann im nächsten Unterabschnitt zeigen, zunächst geht es um die Definition der Verknüpfungen:

Definition 11.4

Als **Gegenereignis** eines Ereignisses A bezeichnet man das Ereignis $\bar{A}$, das genau dann eintritt, wenn A *nicht* eintritt.

Beispiel 11.8

Beim Würfeln mit einem Standardwürfel sei A das Ereignis „Wurf einer ungeraden Zahl". Dann ist $\overline{A} = $ „Wurf einer geraden Zahl".   ◀

Nun ja, so richtig „verknüpft" war das noch nicht, aber das kommt jetzt: Aus zwei (oder mehr) Ereignissen kann man ein neues basteln, indem man das Eintreten von mindestens einem der beiden bereits als neues Ereignis feiert; formal nennt man dieses neue Ereignis die Summe der beiden Ausgangsereignisse und symbolisiert es durch das Zeichen $\bigcup$; wenn Ihnen hierbei unangenehme Assoziationen zur Mengenlehre kommen, so hat das durchaus seine Berechtigung (die Assoziationen, nicht unbedingt die Tatsache, dass diese unangenehm sind): Tatsächlich kann man die ganze moderne Wahrscheinlichkeitsrechnung axiomatisch mithilfe der Mengenlehre aufbauen, indem man Ereignisse als Mengen auffasst und ihre Wahrscheinlichkeit als das „Maß" dieser Menge, gewissermaßen also ihre Größe, definiert. Im weiteren Verlauf dieses Kapitels werden wir auch noch einen Schritt in Richtung dieser axiomatischen Sichtweise tun, aber ich werde mich dabei auf das wahrscheinlichkeitsrechnerisch Nötigste beschränken. Das hat dann leider den kleinen Nachteil, dass ein paar Begriffe (wie hier die Summe von Ereignissen) eingeführt werden, deren voller Hintergrund im Verborgenen bleibt, aber ich denke, damit können Sie an dieser Stelle leben:

Definition 11.5 (Summe von Ereignissen)
Sind A und B Ereignisse, so kann man ein neues Ereignis $A \bigcup B$ definieren, das man als **Summe von A und B** bezeichnet. Dieses Ereignis tritt ein, wenn mindestens eines der beiden Ereignisse A oder B eintritt.

Beispiel 11.9

Die Summe der beiden Würfel-Ereignisse $A = $ „Wurf einer 1 oder 2 " und $B = $ „Wurf einer geraden Zahl" ist also das Ereignis

$$A \bigcup B = \text{Wurf einer 1, 2, 4 oder 6.}$$ ◀

Genau wie bei der Mengenlehre, wo man Schnitte und Vereinigungen betrachtet, gibt es auch hier ein Pendant zur Summe von Ereignissen, nämlich das Produkt von Ereignissen:

Definition 11.6 (Produkt von Ereignissen)
Sind A und B zwei Ereignisse, so kann man ein neues Ereignis $A \bigcap B$ definieren, das man als **Produkt von A und B** bezeichnet. Dieses Ereignis tritt ein, wenn sowohl A als auch B eintreten.

Beispiel 11.10

Das Produkt der beiden Würfel-Ereignisse A = „Wurf einer 1 oder 2" und B = „Wurf einer geraden Zahl" ist also das Ereignis

$$A \cap B = \text{Wurf einer } 2,$$

denn nur in diesem Fall sind sowohl A als auch B eingetreten.   ◄

Übungsaufgabe 11.6

Beim Würfeln mit einem Standardwürfel betrachten wir die drei Ereignisse

A = Wurf einer ungeraden Zahl,
B = Wurf einer durch 3 teilbaren Zahl,
C = Wurf der Zahl 4.

Geben Sie die folgenden Ereignisse in Worten an:

a) $\overline{A}$,
b) $A \cap (B \cup C)$,
c) $B \cap C$.   ◄

Wenn Sie Übungsaufgabe 11.6, insbesondere Teil c), bearbeitet haben, werden Sie festgestellt haben, dass es Ereignisse gibt, die niemals gleichzeitig eintreten können und deren Produkt somit leer ist. Solche Ereignisse nennt man unvereinbar, und das ist der Inhalt der folgenden Definition:

Definition 11.7 (Unvereinbare Ereignisse)
Zwei Ereignisse A und B heißen **unvereinbar**, wenn sie niemals gleichzeitig eintreten, wenn also das Eintreten von B unmöglich ist, falls A eintritt, und umgekehrt.

Beispiel 11.11

Beispielsweise sind beim Würfeln mit einem Standardwürfel die Ereignisse „Wurf einer 1" und „Wurf einer geraden Zahl" unvereinbar.

Ebenso unvereinbar – im übertragenen Sinne – sind die Ereignisse des täglichen Lebens „Betrachten eines spannenden Fußballspiels im Fernsehen" und „Diskussion mit der Ehefrau über die nächste Urlaubsreise"; aber das nur am Rande.   ◄

Mehr Beispiele zur Verknüpfung von Ereignissen folgen im nächsten Unterabschnitt, wo dann auch deren Wahrscheinlichkeit berechnet werden soll. Zuvor noch eine Definition, die eigentlich selbsterklärend ist, aber wir befinden uns hier schließlich in einem Mathematikbuch, da sollte man alles definieren:

Definition 11.8

Ein Ereignis heißt **unmöglich**, wenn es niemals eintreten kann; das unmögliche Ereignis bezeichnet man mit ∅.

Ein Ereignis heißt **sicher**, wenn es immer eintritt; das sichere Ereignis bezeichnet man mit Ω.

Beispielsweise ist beim Würfeln mit einem Standardwürfel das Ereignis „Wurf einer 7" unmöglich, und das Ereignis „Wurf einer Zahl aus der Menge $\{1, 2, 3, 4, 5, 6\}$" sicher.

11.1.4 Axiomatische Definition der Wahrscheinlichkeit

Vielleicht ist Ihnen aufgefallen, dass ich den Begriff Wahrscheinlichkeit bisher noch gar nicht präzise definiert habe; was im vorigen Unterabschnitt geschildert wurde, war eigentlich mehr intuitiv (wenn es sich auch später als exakt erweist), und vor allem galt es nur für Zufallsversuche mit endlich vielen möglichen Ausgängen. Es gibt aber durchaus auch solche, bei denen unendlich viele Ausgänge möglich sind, beispielsweise die Lebensdauer eines Gerätes ab Produktion oder das Ziehen einer beliebigen reellen Zahl beim mathematischen Lotto.

Es wird also höchste Zeit für eine exakte Definition. Diese bereite ich vor, indem ich zunächst sage, was ein Ereignisfeld ist:

Definition 11.9

Eine Menge F von zufälligen Ereignissen heißt **Ereignisfeld**, wenn sie folgende Eigenschaften hat:

1. Das sichere Ereignis gehört zu F: $\Omega \in F$.
2. Sind A und B Ereignisse in F, so ist auch ihre Summe $A \bigcup B$ in F.
3. Ist A ein Ereignis in F, so ist auch das Gegenereignis $\overline{A}$ in F.
4. Enthält F unendlich viele Ereignisse, so gilt: Ist eine Folge $A_1, A_2, A_3, \ldots$ in F, so auch deren Summe:

$$\bigcup_{i=1}^{\infty} A_i \in F.$$

Übrigens kann man die vierte Eigenschaft nicht aus der zweiten folgern (und sie somit aus der Definition entfernen), auch wenn es den Anschein hat – mit der Unendlichkeit ist es eben so eine Sache.

Mit dieser Begrifflichkeit bewaffnet kann ich nun endlich den fundamentalen Begriff Wahrscheinlichkeit definieren:

Definition 11.10

Es sei F ein Ereignisfeld. Eine Abbildung $p : F \to \mathbb{R}$ heißt **Wahrscheinlichkeit**, wenn sie folgende Eigenschaften hat:

1. Für alle $A \in F$ gilt:

$$0 \le p(A) \le 1.$$

2. Es ist $p(\Omega) = 1$.
3. Sind A und B in F und ist $A \cap B = \emptyset$, so gilt

$$p(A \cup B) = p(A) + p(B). \tag{11.2}$$

4. Ist eine Folge $A_1, A_2, A_3, \ldots$ in F und ist $A_i \cap A_j = \emptyset$ für alle i und j, so gilt

$$p\left(\bigcup_{i=1}^{\infty} A_i\right) = \sum_{i=1}^{\infty} p(A_i).$$

Die Wahrscheinlichkeit ordnet also jedem Ereignis aus F einen Zahlenwert zwischen 0 und 1 zu. Anders formuliert: Jedes Ereignis „hat" eine Wahrscheinlichkeit zwischen 0 und 1 – anders als im täglichen Leben, wo man Wahrscheinlichkeiten meist in Prozentwerten ausdrückt, aber das ist ja letztendlich nur eine Umskalierung. Ich erinnere an dieser Stelle noch einmal daran, dass die in Punkt 3 benötigte Voraussetzung $A \cap B = \emptyset$ gerade bedeutet, dass A und B unvereinbar sind.

Nun noch eine Definition aus der Abteilung „Sorry, aber das muss sein":

Definition 11.11

Ist F ein Ereignisfeld und p eine Wahrscheinlichkeit auf F, so nennt man das Tupel (F, p) ein **Wahrscheinlichkeitsfeld**. Ist weiterhin Ω der Ergebnisraum von F (also die Menge aller möglichen Ausgänge), so nennt man das Tripel (Ω, F, p) einen **Wahrscheinlichkeitsraum**.

Aus Definition 11.10 ergeben sich folgende Rechenregeln für Wahrscheinlichkeiten, die, wie so oft, häufiger gebraucht werden als die Definition selbst:

Satz 11.7

Es sei (F, p) ein Wahrscheinlichkeitsfeld. Dann gelten folgende Regeln:

1. Es ist $p(\emptyset) = 0$.
2. Ist A ein Ereignis und $\overline{A}$ sein Gegenereignis, so gilt

$$p(\overline{A}) = 1 - p(A). \tag{11.3}$$

3. Für beliebige Ereignisse A und B gilt

$$p(A \cup B) = p(A) + p(B) - p(A \cap B). \tag{11.4}$$

Bemerkung

Achtung! – Attenzione! – Attention! – Uffbasse! Aus der Tatsache, dass für ein Ereignis A $p(A) = 0$ gilt, kann man *nicht* schließen, dass $A = \emptyset$ ist; ebenso wenig folgt aus $p(A) = 1$, dass $A = \Omega$ ist. Betrachtet man beispielsweise den Zufallsversuch „Ausfallzeitpunkt eines Bauteils", so ist die Wahrscheinlichkeit dafür, dass das Bauteil zu einem bestimmten Zeitpunkt t ausfällt, gleich 0, denn es gibt eben unendlich viele Zeitpunkte t, zu denen dies passieren kann.

Andererseits ist sicherlich jedes Ereignis, dessen Wahrscheinlichkeit 1 ist, fast sicher, und entsprechend fast unmöglich, falls seine Wahrscheinlichkeit 0 ist. Nun sind auch Mathematiker – entgegen gängiger Volksmeinung – durchaus realitätsorientierte Menschen, und daher haben sie genau diese Beobachtung als Definition festgelegt:

Definition 11.12

Gilt für ein Ereignis $p(A) = 1$, so nennt man A ein **fast sicheres Ereignis**. Gilt für ein Ereignis $p(A) = 0$, so nennt man A ein **fast unmögliches Ereignis**.

Nun einige Beispiele und Übungsaufgaben zum Umgang mit den Rechenregeln für Wahrscheinlichkeiten.

Beispiel 11.12

Hat ein Versuch endlich viele, sagen wir n Ausgänge, wovon in genau k Fällen das Ereignis A eintritt, so bedeutet dies, dass das Gegenereignis $\overline{A}$ in genau $n - k$ der n Fälle eintritt. Es hat also die Wahrscheinlichkeit

$$p(\overline{A}) = \frac{n-k}{n} = 1 - \frac{k}{n} = 1 - p(A).$$

Dies illustriert Rechenregel (11.3).   ◀

Beispiel 11.13

Bei einem Zufallsversuch sind insgesamt vier Ereignisse A, B, C, D möglich, die alle paarweise unvereinbar sein sollen. Bekannt sind folgende Daten:

$$p(A \cup B) = \frac{13}{21}, \quad p(A \cup C) = \frac{8}{15}, \quad p(B \cup C) = \frac{17}{35}.$$

Man berechne nun die Einzelwahrscheinlichkeiten der vier Ereignisse.

Da die Ereignisse unvereinbar sind, kann ich die spezielle Formel (11.2) verwenden; ich schreibe zunächst einmal auf, was ich weiß: Es ist

$$p(A) + p(B) = p(A \cup B) = \frac{13}{21},$$

$$p(A) + p(C) = p(A \cup C) = \frac{8}{15},$$

$$p(B) + p(C) = p(B \cup C) = \frac{17}{35},$$

und das ist ein wunderschönes lineares Gleichungssystem mit drei Zeilen zur Berechnung der drei unbekannten Einzelwahrscheinlichkeiten. Mit den Methoden, die Sie in Kap. 2 kennengelernt haben, finden Sie leicht die Lösungen

$$p(A) = \frac{1}{3}, \, p(B) = \frac{2}{7}, \, p(C) = \frac{1}{5}$$

heraus. Da es insgesamt nur noch *ein* weiteres Ereignis, nämlich D, geben soll, ist dieses gerade das Gegenereignis dieser drei. Es folgt

$$p(D) = 1 - \left(p(A) + p(B) + p(C) \right) = 1 - \left(\frac{1}{3} + \frac{2}{7} + \frac{1}{5} \right) = 1 - \frac{86}{105} = \frac{19}{105}. \quad \blacktriangleleft$$

Übungsaufgabe 11.7

Die sechs Seiten eines Würfels seien mit den Zahlen $1 - 1 - 3 - 3 - 4 - 5$ bedruckt.

Wir betrachten die drei Ereignisse

A = Wurf einer geraden Zahl,

B = Wurf einer durch 3 teilbaren Zahl,

C = Wurf der Zahl 5.

Zeigen Sie, dass diese drei Ereignisse paarweise unvereinbar sind, dass also jedes mögliche Zweierpärchen, das man aus diesen Ereignissen bilden kann, unvereinbar ist, und berechnen Sie auf zwei verschiedene Arten die Wahrscheinlichkeit der Summe von je zweien dieser Ereignisse. $\quad \blacktriangleleft$

Und weil es gerade so schön ist, gleich noch ein weiteres Beispiel:

Beispiel 11.14

In einem kunststoffverarbeitenden Betrieb wird festgestellt, dass 5 % der produzierten Teile Verformungen und 8 % Farbunechtheiten aufweisen; 3 % aller Teile haben sogar beide Fehler. Wie groß ist die Wahrscheinlichkeit dafür, dass ein zufällig ausgewähltes Teil

a) mindestens einen der beiden Fehler,
b) höchstens einen der beiden Fehler,
c) gar keinen Fehler

aufweist?

Ich bezeichne das Ereignis, dass ein zufällig ausgewähltes Teil eine Verformung aufweist, mit V, entsprechend mit F die Farbunechtheit. Dann gilt

$$p(V) = \frac{5}{100} = 0,05, \quad p(F) = \frac{8}{100} = 0,08 \text{ sowie } p(V \cap F) = \frac{3}{100} = 0,03.$$

Nun muss man nur noch die genannten Rechenregeln geeignet einsetzen:

a) Dies ist das Ereignis $V \cup F$ und nach (11.4) ist

$$p(V \cup F) = p(V) + p(F) - p(V \cap F) = 0,05 + 0,08 - 0,03 = 0,1.$$

b) Dies ist das Gegenereignis zu „beide Fehler gleichzeitig haben", also zu $V \cap F$. Somit ist

$$p \text{ (höchstens ein Fehler)} = 1 - p(V \cap F) = 0,97.$$

c) Auch hier kommt man mit dem Gegenereignis-Argument am schnellsten ans Ziel; dieses ist nun $V \cup F$, somit ist

$$p(\text{kein Fehler}) = 1 - p(V \cup F) = 0,9. \qquad \blacktriangleleft$$

Übungsaufgabe 11.8

In der Unterstufe eines Gymnasiums werden die Fremdsprachen Englisch und Latein angeboten, jeder Schüler muss mindestens eine Sprache erlernen. Von den insgesamt 50 Schülern erlernen 35 Englisch und 25 Latein. Wie groß ist die Wahrscheinlichkeit dafür, dass ein zufällig ausgewählter Schüler

a) beide Sprachen erlernt,
b) nur Englisch erlernt,
c) nur eine Sprache erlernt? $\qquad \blacktriangleleft$

11.1.5 Bedingte Wahrscheinlichkeit und unabhängige Ereignisse

Den Begriff der bedingten Wahrscheinlichkeit will ich Ihnen zunächst mit einem Beispiel näherbringen: Die Wahrscheinlichkeit, beim Standardwürfeln eine 6 zu würfeln, ist, wie Sie nun schon längst wissen, gleich 1/6. Nehmen wir nun einmal an, jemand würde Ihnen garantieren, dass auf jeden Fall eine gerade Zahl fällt (das wäre also die „Bedingung"), so sollte man doch annehmen, dass dies die Wahrscheinlichkeit für eine 6 auf 1/3 erhöht, da dann ja nur noch drei Zahlen zur Auswahl stehen. Dies ist auch tatsächlich der Fall, und um dies allgemein berechnen zu können, benutzt man die Formel für die bedingte Wahrscheinlichkeit:

Definition 11.13

A und B seien zwei Elemente desselben Ereignisfeldes, das Ereignis B habe nicht die Wahrscheinlichkeit 0: $p(B) > 0$. Dann nennt man $p(A|B)$, definiert durch

$$p\left(A|B\right) = \frac{p\left(A \cap B\right)}{p\left(B\right)} \tag{11.5}$$

die **Wahrscheinlichkeit des Ereignisses A unter der Bedingung B** oder kurz die **bedingte Wahrscheinlichkeit von A bzgl. B**.

Beispiel 11.15

Ich greife das Eingangsbeispiel wieder auf: A sei das Ereignis „Wurf einer 6" mit $p(A) = 1/6$ und B sei das Ereignis „Wurf einer geraden Zahl" mit $p(B) = 1/2$. Um Formel (11.5) anwenden zu können, brauche ich noch die Wahrscheinlichkeit des Produkts $A \cap B$ von A und B. Dieses besteht gerade aus dem Wurf einer 6 und somit ist $p(A \cap B) = 1/6$. Insgesamt erhalten wir als Wahrscheinlichkeit für den Wurf einer 6 unter der Bedingung, dass eine gerade Zahl gewürfelt wird:

$$p\left(A|B\right) = \frac{\dfrac{1}{6}}{\dfrac{1}{2}} = \frac{1}{3}$$

in Übereinstimmung mit der „Intuition".   ◀

Generell ist das Würfeln sehr gut dazu geeignet, die Formel für die bedingte Wahrscheinlichkeit zu illustrieren, da man die Ergebnisse recht gut interpretieren kann; das macht fast jedes mir bekannte Lehrbuch so und warum sollte ich mich dagegen sträuben?

Beispiel 11.16

Ich würfle mit einem Standardwürfel und nehme als Bedingung B das „Würfeln einer ungeraden Zahl". Es ist also $p(B) = 1/2$. Nun betrachte ich drei verschiedene Würfel-ereignisse A_1, A_2, A_3 und berechne deren Wahrscheinlichkeit sowie die Wahrscheinlichkeit dieser Ereignisse unter der Bedingung B.

a) A_1 sei das Ereignis „Wurf von 1, 2 oder 3". Dann ist $A_1 \cap B = $ „Wurf einer 1 oder 3" und damit

$$p(A_1) = \frac{1}{2} \quad \text{und} \quad p(A_1|B) = \frac{\frac{1}{3}}{\frac{1}{2}} = \frac{2}{3}.$$

Weiß man also, dass eine ungerade Zahl geworfen wird (Ereignis B), so steigt die Wahrscheinlichkeit des Ereignisses A_1 an.

b) A_2 sei das Ereignis „Wurf von 2, 3 oder 4". Dann ist $A_2 \cap B = $ „Wurf einer 3" und damit

$$p(A_2) = \frac{1}{2} \quad \text{und} \quad p(A_2|B) = \frac{\frac{1}{6}}{\frac{1}{2}} = \frac{1}{3}.$$

Weiß man also, dass eine ungerade Zahl geworfen wird, so sinkt die Wahrscheinlichkeit des Ereignisses A_2 ab.

c) A_3 sei das Ereignis „Wurf von 5 oder 6". Dann ist $A_3 \cap B = $ „Wurf einer 5" und damit

$$p(A_3) = \frac{1}{3} \quad \text{und} \quad p(A_3|B) = \frac{\frac{1}{6}}{\frac{1}{2}} = \frac{1}{3}.$$

Weiß man also, dass eine ungerade Zahl geworfen wird, so beeinflusst dies die Wahrscheinlichkeit des Ereignisses A_2 nicht. ◄

Bemerkung

Um die Richtigkeit oder Plausibilität einer Formel – in diesem Falle (11.5) – zu testen, sollte man immer spezielle Fälle ansehen; das will ich nun tun.

a) Sind A und B unvereinbare Ereignisse, so ist $A \cap B$ unmöglich und somit $p(A \cap B) = 0$. Damit ist aber auch $p(A|B) = 0$, und das ist auch gut so, denn dies ist ja die Wahrscheinlichkeit dafür, dass A eintritt unter der Bedingung, dass B bereits eingetreten ist; sind aber wie angenommen A und B unvereinbar, dann kann A nicht mehr eintreten, falls B bereits eingetreten ist.

b) Ist $A = B$, so ist auch $A \cap B = B$ und somit $p(A|B) = 1$. Auch das ist gut so, denn wenn ich die Bedingung stelle, dass B eintritt und $A = B$ ist, so muss natürlich auch A eintreten.

Auch im Zusammenhang mit der bedingten Wahrscheinlichkeit treten Beispiele und Übungsaufgaben oft in textlicher Form verkleidet auf; hierzu ein Beispiel:

Beispiel 11.17

Ein Betrieb erhält seine Zulieferteile von zwei verschiedenen Firmen, und zwar 75 % von Firma A und 25 % von Firma B. Eine Stichprobe hat ergeben, dass die Wahrscheinlichkeit dafür, dass ein zufällig entnommenes Teil intakt ist und von Firma B stammt, $p = 0{,}23$ beträgt. Wie viel Prozent der von Firma B gelieferten Teile sind intakt?

Bezeichnet man mit B das Ereignis „Teil stammt von Firma B" und mit OK das Ereignis „Teil ist intakt", dann ist nach Angabe $p(OK \cap B) = 0{,}23$, und es folgt

$$p\left(OK|B\right) = \frac{p\left(OK \cap B\right)}{p\left(B\right)} = \frac{0{,}23}{0{,}25} = 0{,}92.$$

Es sind also 92 % der von B gelieferten Teile intakt.   ◀

Weitere Beispiele und Aufgaben folgen, zunächst eine eigentlich recht einfache Folgerung aus der Formel (11.5) für die bedingte Wahrscheinlichkeit, die aber so viele Anwendungen hat, dass sie einen eigenen Namen erhalten hat; man nennt den folgenden Satz den **Multiplikationssatz der Wahrscheinlichkeitsrechnung:**

Satz 11.8

A und B seien zwei Elemente desselben Ereignisfeldes. Dann gilt

$$p\left(A \cap B\right) = p\left(A|B\right) \cdot p\left(B\right) = p\left(B|A\right) \cdot p\left(A\right). \tag{11.6}$$

Man erhält die Aussage dieses Satzes, indem man in (11.5) nach $p(A \cap B)$ auflöst und die Rollen von A und B vertauscht. Übrigens können hier $p(A)$ und $p(B)$ auch null sein.

Ein kleines Beispiel soll zeigen, wie man die Aussage dieses Satzes gewinnbringend einsetzen kann.

Beispiel 11.18

In einem Karton befinden sich zehn Pralinen, vier davon enthalten Likör. Tante Erna, die nichts auf der Welt mehr liebt als likörgefüllte Pralinen, entnimmt dem Karton zwei Pralinen. Wie groß ist die Wahrscheinlichkeit dafür, dass sie Pech hat und keine der beiden Pralinen Likör enthält?

Es sei A_1 das Ereignis „Die erste Praline enthält keinen Likör", entsprechend A_2 „Die zweite Praline enthält keinen Likör". Gefragt ist also nach $p(A_1 \cap A_2)$.

Da ich Formel (11.6) zum Einsatz bringen will, muss ich zunächst $p(A_1)$ und $p(A_2|A_1)$ bestimmen. Sicherlich ist $p(A_1) = 6/10$, denn es sind zu Beginn 10 Pralinen in der Schachtel, und bei 6 davon hat die Tante Pech. Ist nun aber das Ereignis A_1 eingetreten, so sind noch 9 Pralinen in der Schachtel, und 5 davon enthalten keinen Likör. Also ist $p(A_2|A_1) = 5/9$.

Packt man das zusammen und benutzt Formel (11.6), so findet man:

$$p\left(A_1 \cap A_2\right) = p\left(A_2 \,\middle|\, A_1\right) \cdot p\left(A_1\right) = \frac{5}{9} \cdot \frac{6}{10} = \frac{1}{3}.$$

Die Tante hat also recht gute Chancen, den ersehnten Kick zu bekommen.   ◀

Übungsaufgabe 11.9

Der Chef einer kleinen Firma fährt an 60 % aller Arbeitstage mit der S-Bahn zur Arbeit. In 80 % dieser Fälle ist er vor 9 Uhr in seinem Büro, insgesamt ist er durchschnittlich an 70 % aller Tage vor 9 Uhr im Büro.

Gestern war er vor 9 Uhr im Büro. Mit welcher Wahrscheinlichkeit hat er gestern die S-Bahn benutzt?   ◀

Zum Ende dieses Abschnitts will ich nun noch den sehr wichtigen Begriff der Unabhängigkeit von Ereignissen definieren. Um diese Definition zu motivieren, komme ich noch einmal auf die zentrale Formel des Multiplikationssatzes zurück; diese lautete:

$$p\left(A \cap B\right) = p\left(A\,\middle|\,B\right) \cdot p\left(B\right) = p\left(B\,\middle|\,A\right) \cdot p\left(A\right). \tag{11.7}$$

Wie Sie sich erinnern (es ist ja erst wenige Seiten her), ist beispielsweise $p(A|B)$ die Wahrscheinlichkeit dafür, dass A eintritt, falls bereits B eingetreten ist. Nun kann es natürlich sein, dass $p(A|B) = p(A)$ ist, dass also die Information, B sei eingetreten, keinen Einfluss auf die Wahrscheinlichkeit für A hat. A ist also sozusagen unabhängig von B. Einsetzen der Beziehung $p(A|B) = p(A)$ in (11.7) ergibt nun

$$p\left(A \cap B\right) = p\left(A\right) \cdot p\left(B\right) = p\left(B\,\middle|\,A\right) \cdot p\left(A\right),$$

und hieraus wiederum folgt $p(B\,|A) = p(B)$.

Dies führt zu folgender Definition:

Definition 11.14

Zwei Ereignisse A und B heißen **bezüglich p unabhängig** (auch: **stochastisch unabhängig**), wenn gilt:

$$p\left(A \cap B\right) = p\left(A\right) \cdot p\left(B\right). \tag{11.8}$$

Beispiel 11.19

Verkehrspolizist Meier kontrolliert 300 Fahrzeuge. Bei genau 100 davon sitzt eine Frau am Steuer. 90 Fahrzeuge weisen Beulen an der Stoßstange auf, die von schlechtem Einparken zeugen. 30 Fahrzeuge mit verbeulter Stoßstange werden von Frauen gefahren. Gibt es einen Zusammenhang?

Bevor mich alle Gleichstellungsbeauftragten der Republik jagen: Es wird sich herausstellen, dass es keinen Zusammenhang zwischen den beiden Merkmalen gibt. Und das sieht man so: Es sei F das Ereignis „Frau am Steuer", und B das Ereignis „Beule an der Stoßstange". Dann gilt

$$p(F) = \frac{100}{300} = \frac{1}{3} \text{ und } \frac{90}{300} = \frac{3}{10}.$$

Es ist also

$$p(F) \cdot p(B) = \frac{1}{3} \cdot \frac{3}{10} = \frac{1}{10}.$$

Andererseits gilt laut Aufgabentext

$$p(F \cap B) = \frac{30}{300} = \frac{1}{10}.$$

Somit gilt $p(F) \cdot p(B) = p(F \cap B)$, also sind die beiden Ereignisse unabhängig. ◀

Übungsaufgabe 11.10

Ein Rechner älterer Bauart (also so etwas wie ich, nur elektronisch), der noch dazu weitgehend defekt ist, kann nur noch die folgenden vier Binärzahlen als Ergebnis ausgeben:

$$111, 100, 001, 010,$$

das Auftreten jedes dieser Ergebnisse sei gleich wahrscheinlich. Nun sei für $i = 1, 2, 3$ A_i das Ereignis „Das ausgegebene Ergebnis hat an der i-ten Stelle eine 0".

a) Zeigen Sie, dass diese Ereignisse paarweise unabhängig sind, dass also gilt:

$$p(A_i \cap A_j) = p(A_i) \cdot p(A_j) \text{ für } i, j \in \{1, 2, 3\}, i \neq j.$$

b) Ist dies auch richtig, wenn der Rechner weiter kaputtgeht und auch das Ergebnis 111 nicht mehr anzeigen kann? ◀

Damit verlassen wir nun endgültig die (mehr oder weniger) elementare Wahrscheinlichkeitsrechnung und kommen zu den wichtigen Begriffen Zufallsgröße und Verteilungsfunktion.

11.2   Zufallsgrößen und Verteilungen

Stochastiker fühlen sich am wohlsten, wenn die zu beschreibenden Dinge zahlenmäßig beschreibbar sind. Das mag Ihnen befremdlich vorkommen, aber es gibt eben merkwürdige Menschen, manche hören gerne Musik von Dieter Bohlen, andere schubsen gerne alte Damen vom Nachttopf, und wieder andere mögen eben gerne Zahlen.

Wie dem auch sei, das Ziel ist es nun, das Verhalten von Zufallsversuchen und -ereignissen zahlenmäßig fassbar zu machen. Hierzu führt man den Begriff der Zufallsgröße ein. Eine Zufallsgröße ist grob gesprochen eine Funktion, die jedem möglichen Ausgang ω (Omega) eines Zufallsversuchs eine reelle Zahl zuordnet; man bezeichnet Zufallsgrößen üblicherweise mit Großbuchstaben X, Y, … Die exakte Definition ist leider ziemlich erschreckend, wenn nicht sogar abschreckend, daher zunächst drei einfache Beispiele.

Beispiel 11.20

a) Beim Münzwurf gibt es nur die beiden Ausgänge „Zahl" oder „Kopf". Eine geeignete Zufallsgröße wäre hier

$$X(\omega) = \begin{cases} 1, & \text{falls } \omega = \text{Zahl}, \\ 0, & \text{falls } \omega = \text{Kopf}. \end{cases}$$

Die Zufallsgröße X kann also nur die Werte 0 und 1 annehmen.

b) Ganz ähnlich ist es beim Würfeln mit einem Standardwürfel. Hier gibt es die sechs Ausgänge „Wurf einer 1" bis „Wurf einer 6"; eine geeignete Zufallsgröße wäre hier $X(\omega) = i$, falls die Zahl i geworfen wurde. Die Zufallsgröße X kann also die Werte 1, 2, …, 6 annehmen.

c) Der Zufallsversuch bestehe darin, die Lebensdauer t eines Bauteils ab Produktion zu bestimmen. Als Ausgang ω dieses Versuchs sind also (theoretisch) alle nicht negativen reellen Werte t möglich. In diesem Fall setzt man beispielsweise

$$X(\omega) = t.$$

Die Zufallsgröße kann hier also jede nicht negative reelle Zahl als Wert annehmen. ◄

Um eine Zufallsgröße vollständig charakterisieren zu können, benötigt man noch die Wahrscheinlichkeiten, mit denen die Werte der Zufallsgröße auftreten. Bei den in Beispiel 11.20 geschilderten Fällen geht das wie folgt:

Beispiel 11.21

a) Beim Münzwurf gilt $p(X = 1) = 1/2$ und ebenso $p(X = 0) = 1/2$, denn $X = 1$ bedeutet ja einfach, dass Zahl geworfen wurde, und dafür ist die Wahrscheinlichkeit nun mal gleich 1/2; analog für $X = 0$.

b) Mit derselben Überlegung folgt für die Zufallsgröße, die das Würfeln charakterisiert: $p(X = i) = 1/6$ für $i = 1, 2, \ldots, 6$.

c) Im dritten Beispielfall kann man nicht mehr so einfach argumentieren, denn hier ist die Wahrscheinlichkeit für jeden einzelnen Zeitpunkt gleich 0. Das macht aber eigentlich nichts, denn weder den Hersteller noch den Kunden interessiert der exakte Zeitpunkt, zu dem das Bauteil ausfallen wird, sondern vielmehr der Zeitraum, in dem das passiert (beispielsweise weil man die Garantiezeit vernünftig festlegen will). Möglicherweise will man wissen, wie wahrscheinlich es ist, dass das Bauteil innerhalb der ersten 360 Tage ausfällt, wie groß also

$$p\left(\left\{\omega \in \Omega ; X\left(\omega\right) \le 360\right\}\right) \tag{11.9}$$

ist. Hierzu ist es aber nötig, dass man der Menge $\{\omega \in \Omega ; X(\omega) \le 360\}$ überhaupt eine Wahrscheinlichkeit zuordnen kann. Und genau diese Erfordernis führt zu folgender Definition: ◄

Definition 11.15

Es sei (Ω, F, p) ein Wahrscheinlichkeitsraum. Eine auf Ω definierte reelle Funktion X heißt **Zufallsgröße**, wenn für jede reelle Zahl x gilt:

$$\left\{\omega \in \Omega ; X\left(\omega\right) \le x\right\} \in F.$$

Abkürzend schreibt man hierfür auch

$$\left(X \le x\right) \in F.$$

Finden Sie das schön? Nun ja, ich nicht, aber die Menschen sind eben verschieden, und nötig ist es leider. Zum Glück wird diese Definition selbst eigentlich weniger häufig gebraucht – es ist mehr eine Hilfsdefinition –, sondern dient der Vorbereitung der folgenden sehr wichtigen Definition:

Definition 11.16

Es sei (Ω, F, p) ein Wahrscheinlichkeitsraum und X eine auf Ω definierte Zufallsgröße. Dann heißt die für alle $x \in \mathbb{R}$ durch

$$F_X\left(x\right) = p\left(X \le x\right) \tag{11.10}$$

definierte Funktion $F_X(x)$ **Verteilungsfunktion** oder kurz **Verteilung** von X.

Der Wert der Verteilungsfunktion an der Stelle x ist also definiert als die Wahrscheinlichkeit dafür, dass die Zufallsgröße X einen Wert annimmt, der kleiner oder gleich dem Wert der Variablen x ist. Beachten Sie übrigens die feinsinnige Unterscheidung zwischen X und x. Ich fand diese sehr verwechslungsanfällige Bezeichnung noch nie gut, aber ich muss mich hier eben dem in der Literatur üblichen Standard beugen; es nützt ja nichts, wenn ich hier eine innovative Bezeichnungsweise einführe, die Sie aber weder in Ihren Vorlesungen noch in anderen Fachbüchern wiederfinden.

Beispiel 11.22

Betrachten wir nochmals die durch den Münzwurf definierte Zufallsgröße in Beispiel 11.21 a). Ist $x < 0$, so hat die zugehörige Verteilungsfunktion $F_x(x)$ den Wert 0, denn der Wert der Zufallsgröße X wird niemals negativ. Ist $x \geq 0$, aber kleiner als 1, so ist $F_X(x) = 1/2$, denn das ist die Wahrscheinlichkeit dafür, dass X einen Wert kleiner als 1 annimmt. Schließlich ist $F_X(x) = 1$ für alle $x \geq 1$. Abb. 11.1 zeigt den Graphen dieser Funktion. ◀

Dieses einfache Beispiel zeigt bereits einige typische Eigenschaften von Verteilungsfunktionen auf – was Sie allerdings erst erkennen können, wenn ich Ihnen diese Eigenschaften auch aufgelistet habe. Und genau das werde ich jetzt tun.

Satz 11.9
Es sei $F_X(x)$ eine gemäß Definition 11.16 definierte Verteilungsfunktion. Dann gelten folgende Aussagen:

a) Es ist $0 \leq F_X(x) \leq 1$ für alle $x \in \mathbb{R}$.

b) Die Funktion $F_X(x)$ ist auf ganz $\mathbb{R}$ monoton steigend.

c) Es ist

$$\lim_{x \to -\infty} F_X(x) = 0 \text{ und } \lim_{x \to +\infty} F_X(x) = 1.$$

d) Die Funktion $F_X(x)$ ist auf ganz $\mathbb{R}$ rechtsseitig stetig, das heißt, in allen $x \in \mathbb{R}$ stimmt der rechtsseitige Grenzwert mit dem Funktionswert überein.

e) Für alle $a < b \in \mathbb{R}$ ist

$$p(a < X \leq b) = p(X \leq b) - p(X \leq a) = F_X(b) - F_X(a). \qquad (11.11)$$

f) Für alle $a < b \in \mathbb{R}$ ist

$$p(a < X < b) = p(X < b) - p(X \leq a) = \lim_{\substack{x \to b \\ x < b}} F_X(x) - F_X(a). \qquad (11.12)$$

Abb. 11.1 Die Verteilungsfunktion in Beispiel 11.22

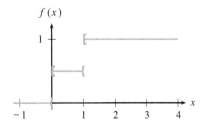

Falls Sie es vergessen haben sollten: Der Ausdruck

$$\lim_{\substack{x \to b \\ x < b}} F_X(x)$$

bezeichnet den linksseitigen Grenzwert der Funktion $F_X(x)$ an der Stelle b. Und falls Sie auch vergessen haben sollten, was das ist, kann ich Sie nur noch auf Kap. 5 verweisen.

Übungsaufgabe 11.11

Geben Sie in Anlehnung an (11.11) und (11.12) Darstellungen für $p(a \le x \le b)$ und $p(a \le x < b)$ an.   ◀

Bei der Behandlung von Zufallsgrößen muss man prinzipiell unterscheiden zwischen diskreten und stetigen Zufallsgrößen. Hierbei bedeutet „diskret" keineswegs, dass etwas im Hintergrund und vor den Augen der Öffentlichkeit verborgen stattfindet, sondern dass die Zufallsgröße nur endlich viele oder zumindest überschaubar viele Werte annehmen kann. Was „überschaubar viele" bedeuten soll und wie genau diskrete und stetige Verteilungen definiert sind, zeige ich Ihnen in den nächsten beiden Unterabschnitten.

11.2.1 Diskrete Verteilungen

Definition 11.17
Eine Zufallsgröße X heißt **diskrete Zufallsgröße**, wenn sie nur endlich viele oder abzählbar unendlich viele Werte annehmen kann. Man sagt dann auch, dass X eine **diskrete Verteilung** besitzt.

Um den Begriff des abzählbar Unendlichen habe ich mich bisher erfolgreich herumgedrückt, und auch jetzt will ich Sie mit der exakten Definition nicht schockieren. Vereinfacht gesagt ist eine Menge mit unendlich vielen Elementen abzählbar, wenn man ihre Elemente durchnummerieren kann. So ist beispielsweise die Menge $\mathbb{N}$ der natürlichen Zahlen abzählbar, aber auch, wie man zeigen kann, die Menge $\mathbb{Q}$ der rationalen Zahlen. Dagegen ist beispielsweise die Menge $\mathbb{R}$ nicht abzählbar – man sagt auch überabzählbar –, denn kein Mensch kann sagen, wie man die reellen Zahlen durchnummerieren sollte.

Eine diskrete Zufallsgröße kann man vollständig charakterisieren, indem man alle Werte x_k, die sie annehmen kann, und die zugehörigen Wahrscheinlichkeiten

$$p_k = p(X = x_k)$$

angibt.

Beispiel 11.23

Die sechs Seiten eines Würfels seien mit den Zahlen $1 - 1 - 3 - 3 - 4 - 5$ bedruckt, die Werte der Zufallsgröße X seien die gewürfelten Augenzahlen. Dann ist

$$x_1 = 1, x_2 = 3, x_3 = 4 \text{ und } x_4 = 5$$

mit den Wahrscheinlichkeiten

$$p_1 = \frac{1}{3}, p_2 = \frac{1}{3}, p_3 = \frac{1}{6} \text{ und } p_4 = \frac{1}{6}.$$

Die zugehörige Verteilungsfunktion gebe ich im nächsten Beispiel an. ◄

Die Verteilungsfunktion einer diskreten Zufallsgröße kann man recht leicht berechnen; das ist der Inhalt des folgendens Satzes:

Satz 11.10

Es sei X eine diskrete Zufallsgröße mit Werten $\{x_k\}$ und zugehörigen Wahrscheinlichkeiten $\{p_k\}$. Dann ist für jedes $x \in \mathbb{R}$ die Verteilungsfunktion von X wie folgt zu berechnen:

$$F_X(x) = \sum_{k \text{ mit } x_k \leq x} p_k.$$

In Worten: Man summiert alle Wahrscheinlichkeiten p_k auf, deren zugehörige Werte x_k kleiner oder gleich x sind.

Da sich die Einzelwahrscheinlichkeiten zu 1 summieren – falls es unendlich viele sind, wird aus dieser Summe eine Reihe –, sieht man sofort, dass gilt:

$$\lim_{x \to \infty} F_X(x) = 1$$

sowie $0 \leq F_X(x) \leq 1$ für alle x, in Übereinstimmung mit Satz 11.9.

Beispiel 11.24

Ich greife Beispiel 11.23 nochmals auf. Für die dort beschriebene Zufallsgröße ergibt sich folgende Verteilungsfunktion (Abb. 11.2):

$$F_X(x) = \begin{cases} 0, & \text{falls } x < 1, \\ \dfrac{1}{3}, & \text{falls } 1 \leq x < 3, \\ \dfrac{2}{3}, & \text{falls } 3 \leq x < 4, \\ \dfrac{5}{6}, & \text{falls } 4 \leq x < 5, \\ 1, & \text{falls } 5 \leq x. \end{cases}$$ ◄

Abb. 11.2 Die
Verteilungsfunktion in
Beispiel 11.24

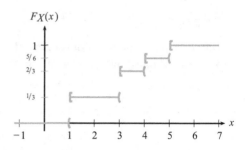

Übungsaufgabe 11.12

Ein mittelmäßig begabter Jäger geht auf Hasenjagd. Bei jedem Schuss auf einen Hasen hat er eine Trefferwahrscheinlichkeit von 0,2. Da er um seine Mittelmäßigkeit weiß, hat er eine Flinte dabei, mit der er nacheinander drei Schüsse abgeben kann. Hat er den Hasen mit einem der ersten Schüsse getroffen, schießt er natürlich nicht nochmals.

Die Zufallsgröße X soll die Anzahl der abgegebenen Schüsse angeben, sie hat also die möglichen Werte 1, 2 oder 3. Geben Sie die Verteilungsfunktion dieser Zufallsgröße an.   ◄

Eine wichtige Kenngröße einer Zufallsvariablen ist ihr Erwartungswert:

Definition 11.18
Es sei X eine diskrete Zufallsvariable. Dann nennt man die Zahl

$$E(X) = \sum_k x_k \cdot p_k \qquad (11.13)$$

den **Erwartungswert** von X. Hierbei wird vorausgesetzt, dass dieser Wert existiert, dass also die Reihe in (11.13) einen endlichen Wert hat.

Beispiel 11.25

Wieder einmal dient das klassische Würfelspiel als Standardbeispiel. Hier hat jeder der sechs möglichen Ausgänge $x_1 = 1$ bis $x_6 = 6$ dieselbe Wahrscheinlichkeit 1/6, daher gilt hier:

$$E(X) = \sum_{k=1}^{6} k \cdot \frac{1}{6} = \frac{1}{6} \cdot \sum_{k=1}^{6} k = \frac{7}{2}. \qquad ◄$$

Beachten Sie, dass der Erwartungswert also eine Zahl sein kann, die niemals als Ausgang des Versuchs selbst auftreten kann. Insofern ist die Bezeichnung Erwartungswert vielleicht etwas irreführend, denn man kann diesen Wert nicht unbedingt als Ergebnis des Versuchs erwarten.

Beispiel 11.26

Als zweites Beispiel zum Thema Erwartungswert betrachte ich das Würfeln mit einem merkwürdigen Würfel: Alle sechs Seiten sind hier mit der Zahl 7/2 bedruckt. Es ist zu erwarten (sic!), dass sich hier als Erwartungswert ebenfalls 7/2 ergibt, und tatsächlich ist

$$E(X) = \sum_{k=1}^{6} \frac{7}{2} \cdot \frac{1}{6} = 6 \cdot \frac{7}{2} \cdot \frac{1}{6} = \frac{7}{2}.$$

Der Erwartungswert ist also derselbe wie beim klassischen Würfeln in Beispiel 11.25, obwohl die Werte dort viel mehr „gestreut" sind. Der Erwartungswert allein hat also nicht genügend Aussagekraft, man braucht zur Charakterisierung einer Verteilung noch eine weitere Größe, nämlich die Streuung oder Varianz. ◄

Definition 11.19

Es sei X eine diskrete Zufallsvariable mit Erwartungswert $E(X)$. Dann nennt man im Falle der Existenz die Zahl

$$V(X) = E\left(\left(X - E(X)\right)^2\right) = \sum_k \left(x_k - E(X)\right)^2 \cdot p_k \qquad (11.14)$$

die **Varianz** von X. Die Quadratwurzel hieraus, also

$$\sigma(X) = \sqrt{V(X)},$$

nennt man die **Standardabweichung** der Zufallsgröße X.

Die Varianz gibt also grob gesprochen an, wie breit die einzelnen Werte von X um ihren Erwartungswert herum gestreut sind; man bezeichnet die Varianz daher auch als **Streuung** von X.

Beispiel 11.27

Für das klassische Würfeln hatten wir in Beispiel 11.25 den Erwartungswert $E(X) = 7/2$ berechnet. Damit ergibt sich folgende Varianz:

$$V(X) = \sum_{k=1}^{6} (k - \frac{7}{2})^2 \cdot \frac{1}{6} \approx 2,92.$$

Die Standardabweichung beträgt

$$\sigma(X) \approx 1,71. \qquad ◄$$

Übungsaufgabe 11.13

Bestimmen Sie Varianz und Standardabweichung des in Beispiel 11.26 beschriebenen Würfelexperiments. ◀

Im Folgenden gebe ich Ihnen die meiner Meinung nach wichtigsten diskreten Verteilungen und ihre Kenngrößen – Erwartungswert und Varianz – an. Selbstverständlich erhebt diese kleine Auswahl in keiner Weise Anspruch auf Vollständigkeit, gegebenenfalls müssen Sie noch ein wenig Spezialliteratur hinzuziehen.

Definition 11.20 (Diskrete Gleichverteilung)
Eine diskrete Zufallsgröße x heißt **gleichverteilt**, wenn Sie endlich viele Werte x_1, $x_2, \ldots, x_n$ mit den Wahrscheinlichkeiten

$$p_k = p\left(X = x_k\right) = \frac{1}{n} \text{ für } k = 1, 2, \ldots, n$$

annehmen kann.

Muss ich sagen, dass der Münzwurf (mit $n = 2$) und das Würfeln (mit $n = 6$) hier Standardbeispiele sind? Muss ich wohl nicht. Stattdessen gebe ich gleich Formeln zur Berechnung von Erwartungswert und Varianz an:

Satz 11.11
Es sei X eine diskrete gleichverteilte Zufallsgröße mit Werten $x_1, x_2, \ldots, x_n$. Dann besitzt X den Erwartungswert

$$E\left(X\right) = \frac{1}{n} \sum_{k=1}^{n} x_k$$

und die Varianz

$$V\left(X\right) = \frac{1}{n} \sum_{k=1}^{n} x_k^2 - \left(\frac{1}{n} \sum_{k=1}^{n} x_k\right)^2 .$$

Bemerkung
Die Darstellung des Erwartungswertes folgt direkt aus der Definition. Diejenige der Varianz dagegen nicht, das heißt, Sie müssen sich nicht unbedingt die Kugel geben, wenn Sie sie nicht direkt aus der Definition herleiten können.

Übungsaufgabe 11.14

In einem fernen Universum, das bisher nur die Enterprise erforscht hat (natürlich die alte unter Captain Kirk, alles andere sind billige Imitationen), gibt es Münzen, die drei Seiten haben; diese sind mit den Zahlen 1, 4 und 13 bedruckt. Das Auftreten jeder Seite beim Wurf einer solchen Münze sei gleich wahrscheinlich. Berechnen Sie Erwartungs-wert und Varianz des durch den Wurf einer solchen Münze definierten Zufalls-versuchs. ◀

Eine wichtige diskrete Verteilung ist die **Binomialverteilung**, die ich Ihnen jetzt näher-bringen werde:

Definition 11.21 (Binomialverteilung)
Es sei n eine natürliche Zahl und p eine reelle Zahl mit $0 \leq p \leq 1$. Eine Zufallsgröße X heißt **binomialverteilt** mit Parametern n und p, wenn sie die Werte $k = 0, 1, 2, \ldots, n$ mit den Wahrscheinlichkeiten

$$p_k = p(X = k) = \binom{n}{k} p^k (1-p)^{n-k} \quad \text{für } k = 0, 1, 2, \ldots, n \quad (11.15)$$

annehmen kann.

Die Binomialverteilung geht auf ein Mitglied der berühmten Mathematikerfamilie Ber-noulli zurück, nämlich auf Jakob I Bernoulli, der von 1654 bis 1705 lebte. (Die Familie Bernoulli brachte sehr viele berühmte Mathematiker hervor, darunter auch mehrere mit dem Vornamen Jakob, so dass man dazu überging, sie mit römischen Ziffern durchzunum-merieren.) Man bezeichnet sie daher auch als **Bernoulli-Verteilung**.

Bemerkung
Zur Herleitung der Binomialverteilung stellt man sich ein zufälliges Ereignis A vor, das mit der Wahrscheinlichkeit p eintritt. Dann stellt die Zufallsvariable X die Anzahl des Ein-tretens von A in n unabhängig voneinander durchgeführten Wiederholungen des zugrunde liegenden Versuchs dar. X kann also die Werte $0, 1, 2, \ldots, n$ annehmen. Die Wahrschein-lichkeit dafür, dass in einer solchen Wiederholungsserie genau k-mal A eintritt (und somit $(n - k)$-mal $\bar{A}$), ist $p_k \cdot (1 - p)^{n-k}$, und da es $\binom{n}{k}$ solcher Versuchsreihen gibt, hat $p(X = k)$ den in (11.15) angegebenen Wert.

Noch Fragen? Nun, vermutlich ja, aber die sich an den folgenden Satz, der Erwartungs-wert und Varianz der Binomialverteilung angibt, anschließenden Beispiele werden diese sicherlich beantworten.

Satz 11.12

Es sei X eine binomialverteilte Zufallsgröße mit Parametern n und p. Dann besitzt X den Erwartungswert

$$E(X) = n \cdot p$$

und die Varianz

$$V(X) = n \cdot p \cdot (1 - p).$$

Beispiel 11.28

Bei einer – ziemlich einfach gehaltenen – Lotterie gibt es nur Nieten und Hauptgewinne. Die Wahrscheinlichkeit dafür, beim Kauf eines Loses einen Hauptgewinn zu ziehen, ist $p = 0,1$. Ein Mann kauft 15 Lose.

Da der Kauf der einzelnen Lose natürlich unabhängig voneinander geschieht, kann man hier eine Binomialverteilung mit $n = 15$ und $p = 0,1$ unterstellen. Der Erwartungswert ist somit

$$E(X) = 15 \cdot 0,1 = 1,5.$$

Der Mann kann also erwarten, 1,5 Hauptgewinne gezogen zu haben – wie auch immer das gehen soll. Die Varianz dieses Experiments ist

$$V(X) = 15 \cdot 0,1 \cdot 0,9 = 1,35.$$

Nun kann man natürlich weitergehende Fragen stellen, z. B.:

a) Wie groß ist die Wahrscheinlichkeit dafür, beim Kauf von 15 Losen genau zwei Hauptgewinne zu erhalten? Dies kann man mithilfe von (11.15) unmittelbar beantworten, es ist

$$p(X = 2) = \binom{15}{2} 0,1^2 \cdot 0,9^{13} = \frac{15 \cdot 14}{2} \cdot 0,1^2 \cdot 0,9^{13} \approx 0,267.$$

b) Mit welcher Wahrscheinlichkeit hat der Mann gar keinen Gewinn gezogen? Dies ist

$$p(X = 0) = \binom{15}{0} 0,1^0 \cdot 0,9^{15} = 0,9^{15} \approx 0,205.$$

c) Schließlich möchte man wissen, wie groß die Wahrscheinlichkeit dafür ist, dass er mindestens einen Gewinn gezogen hat. Diese ist $p(X \geq 1)$, und hierfür müsste man zunächst eigentlich die Einzelwahrscheinlichkeiten $p(X = k)$ für $k = 1, 2, 3, \ldots, 15$ berechnen und aufsummieren, was natürlich einigen Rechenaufwand erfordert.

Zum Glück aber haben wir ja die allgemeine Aussage zur Verfügung, dass sich die gesuchte Wahrscheinlichkeit und diejenige des Gegenereignisses gerade zu 1 summieren; und da dieses Gegenereignis gerade darin besteht, gar keinen Gewinn zu haben, folgt unmittelbar:

$$p(X \geq 1) = 1 - p(X < 1) = 1 - p(X = 0) = 1 - 0,205 = 0,795. \quad \blacktriangleleft$$

Es wird Sie nicht sehr überraschen, dass Sie bei der nachfolgenden Übungsaufgabe eine Binomialverteilung unterstellen dürfen; allerdings müssen Sie die richtigen Parameter finden, sonst wäre es ja keine Aufgabe.

Übungsaufgabe 11.15

In einer Westernshow schießt ein Cowboy nacheinander auf eine Reihe von 20 Blechdosen, auf jede Dose gibt er genau einen Schuss ab. Da er ein recht guter Schütze ist, trifft er jede Dose mit einer Wahrscheinlichkeit von 0,95.

a)   Wie groß ist die Wahrscheinlichkeit dafür, dass er alle Dosen trifft?
b)   Mit welcher Wahrscheinlichkeit trifft er genau 16 Dosen?
c)   Trifft er weniger als 18 Dosen, wird er laut Vertrag sofort entlassen. Wie groß ist die Wahrscheinlichkeit hierfür? $\quad \blacktriangleleft$

Ich mache jetzt einen großen Sprung und nehme Sie dabei ungefragt mit, indem ich einige zweifellos wichtige diskrete Verteilungen wie die geometrische und die hypergeometrische Verteilung überspringe und Sie hierfür auf die Fachliteratur verweise. Am Ende dieses Sprunges – um im Bild zu bleiben – landen wir gemeinsam bei einer der wichtigsten diskreten Verteilungen überhaupt, die man beispielsweise braucht, wenn man die Kapazität des Kassenbereichs eines Supermarkts berechnen will, aber auch, wenn man die Anzahl der zu erwartenden Unfälle pro Monat an einer bestimmten Kreuzung abschätzen möchte. Diese Verteilung ist benannt nach dem französischen Mathematiker Simeon Poisson (1781 bis 1840) und heißt daher Poisson-Verteilung. Man kann sie als Grenzverteilung der gerade untersuchten Binomialverteilung für $n \to \infty$ einführen oder aber wie folgt explizit definieren:

Definition 11.22 (Poisson-Verteilung)
Es sei λ eine positive reelle Zahl. Eine Zufallsgröße X heißt **Poisson-verteilt**, wenn sie die Werte $k = 0, 1, 2, 3, \ldots$ mit den Wahrscheinlichkeiten

$$p_k = p(X = k) = \frac{\lambda^k}{k!} \cdot e^{-\lambda} \text{ für } k = 0, 1, 2, 3, \ldots$$

annehmen kann.

So weit die Definition; wie lässt sich das nun praktisch einsetzen, und vor allem: Wie bestimmt man den Parameter λ im konkreten Fall? Nun, die Poisson-Verteilung ist immer dann geeignet, wenn die Zufallsgröße X die Anzahl des Eintretens eines Ereignisses A, das selbst eine kleine Wahrscheinlichkeit p hat, innerhalb einer großen Anzahl n von unabhängigen Versuchen angibt. In diesem Fall ist $\lambda = n \cdot p$ zu setzen.

Ein paar Beispiele sollen dies illustrieren.

Beispiel 11.29

Ein Elektronikmarkt bestellt bei einem renommierten Hersteller 1000 Computer desselben Typs. Erfahrungsgemäß weiß man, dass 0, 5 % der Geräte dieses Herstellers defekt sind (wie mag es da erst bei dem nicht renommierten Hersteller aussehen?). Da die Anzahl 1000 gegenüber der Wahrscheinlichkeit $p = 0,005$ sehr groß ist, kann man hier eine Poisson-Verteilung unterstellen. Der Parameter λ ergibt sich aus den Vorgaben zu

$$\lambda = 0,005 \cdot 1000 = 5.$$

a) Wie groß ist die Wahrscheinlichkeit dafür, dass unter den gelieferten 1000 Geräten genau zwei defekt sind? Das ist mithilfe der Poisson-Verteilung einfach zu berechnen, es gilt

$$p\left(X = 2\right) = \frac{5^2}{2!} \cdot e^{-5} \approx 0,0842.$$

b) Sicherlich ist die Fragestellung in Teil a) nicht sehr realistisch, denn der Elektronikmarkt möchte vermutlich nicht wissen, wie wahrscheinlich es ist, dass genau zwei Geräte defekt sind, sondern er möchte die Wahrscheinlichkeit dafür kennen, dass höchstens zwei Geräte defekt sind. Bezeichnen wir das Ereignis „Höchstens zwei Geräte sind defekt" mit A, so gilt aber

$$p\left(A\right) = p\left(X = 0\right) + p\left(X = 1\right) + p\left(X = 2\right),$$

denn „höchstens zwei" bedeutet eben, dass keines, eines oder zwei Geräte defekt sind. Mithilfe der Poisson-Verteilung berechnet man nun:

$$p\left(A\right) = \frac{5^0}{0!} \cdot e^{-5} + \frac{5^1}{1!} \cdot e^{-5} + \frac{5^2}{2!} \cdot e^{-5} \approx 0,0067 + 0,0337 + 0,0842 = 0,1246.$$

c) Der Elektronikmarkt hat einen neuen Chef, und den interessiert einzig und allein die Wahrscheinlichkeit dafür, dass mehr als fünf der gelieferten Computer defekt sind, denn in diesem Fall kann er den Liefervertrag mit günstigen Konditionen kündigen. Um die gesuchte Wahrscheinlichkeit dieses Ereignisses – nennen wir es B –, also $p(X > 5)$ zu berechnen, müsste man eine unendliche Reihe auswerten, nämlich

$$p\left(X > 5\right) = \sum_{k=6}^{\infty} p\left(X = k\right) = \sum_{k=6}^{\infty} \frac{5^k}{k!} \cdot e^{-5}.$$

Äußerst unschön. Aber zum Glück haben wir ja – genau wie in Beispiel 11.28 zur Binomialverteilung – die Aussage zur Verfügung, dass die Wahrscheinlichkeit von B gerade gleich $1 - p(\bar{B})$ ist, wobei $\bar{B}$ das Gegenereignis von B ist, also das Ereignis, dass höchstens fünf Computer defekt sind. Und damit wird die Berechnung recht einfach:

$$p(X > 5)$$
$$= 1 - p(X \leq 5)$$
$$= 1 - (p(X = 0) + p(X = 1) + p(X = 2) + p(X = 3) + p(X = 4)$$
$$+ p(X = 5))$$
$$= 1 - (0,0067 + 0,0337 + 0,0842 + 0,1404 + 0,1755 + 0,1755) = 0,3840.$$

Die Wahrscheinlichkeit dafür, dass mehr als fünf Geräte defekt sind, beträgt also mehr als 38 %, und ich finde, der neue Chef sollte sich tatsächlich nach einem anderen Lieferanten umsehen. ◄

Beispiel 11.30

Ein Telefoncomputer kann maximal 20 Verbindungen pro Sekunde herstellen, im Mittel treffen 900 Anrufe pro Minute ein. Die tatsächliche Anzahl der eintreffenden Anrufe pro Sekunde kann als Poisson-verteilt angenommen werden. Der Parameter λ ist hierbei – da eine Minute bekanntlich 60 Sekunden hat – gegeben durch

$$\lambda = \frac{900}{60} = 15.$$

Man will nun wissen, mit welcher Wahrscheinlichkeit die Kapazität des Computers überschritten wird, mit welcher Wahrscheinlichkeit also mehr als 20 Anrufe pro Sekunde eintreffen. Hierzu muss man $P(X > 20)$ bestimmen, und analog Teil c) des vorigen Beispiels gilt

$$p(X > 20) = 1 - p(X \leq 20) = \sum_{k=1}^{20} \frac{15^k}{k!} \cdot e^{-15} \approx 0,083. \quad ◄$$

Die Bedeutung des Parameters λ für die Beschreibung einer Poisson-verteilten Zufallsgröße kann man kaum besser beschreiben als durch folgenden Satz:

Satz 11.13

Es sei X eine Poisson-verteilte Zufallsgröße mit Parameter λ. Dann besitzt X den Erwartungswert

$$E(X) = \lambda$$

und die Varianz

$$V(X) = \lambda.$$

Übungsaufgabe 11.16

An einem schönen Sommerabend kann man am Himmel über Mannheim im Mittel alle zehn Minuten eine Sternschnuppe beobachten. Wie groß ist die Wahrscheinlichkeit dafür, dass man in 15 Minuten mindestens zwei Sternschnuppen beobachtet, wenn man annimmt, dass die Zufallsgröße X, die die Anzahl der Sternschnuppen während der Beobachtungszeit von 15 Minuten angibt, eine Poisson-Verteilung besitzt?   ◄

Übungsaufgabe 11.17

Die Hochschulverwaltung hat festgestellt, dass jeder Student im Schnitt zweimal pro Monat ein Buch in der Hochschulbibliothek ausleiht. Die Anzahl der Ausleihen pro Student und Monat kann als Poisson-verteilte Zufallsgröße angesehen werden.

Wie groß ist die Wahrscheinlichkeit dafür, dass ein beliebig ausgewählter Student in einem Monat

a) kein Buch,
b) zwei Bücher,
c) mehr als fünf Bücher

ausleiht?   ◄

11.2.2 Stetige Verteilungen

Eine Zufallsgröße heißt stetig verteilt, wenn sie mehr als abzählbar viele, also überabzählbar viele Werte annehmen kann. Diese Definition wäre zwar mathematisch völlig korrekt, aber wenig aussagekräftig. Daher gibt man die Definition meist in der folgenden Form an, die allerdings im Nachgang einiger Erläuterung bedarf:

Definition 11.23
Eine Zufallsgröße X heißt **stetige Zufallsgröße**, wenn es eine auf $\mathbb{R}$ definierte nicht negative Funktion $f_X(x)$ gibt, so dass für alle $a \leq b$ gilt:

$$p(a \leq X \leq b) = \int_a^b f_X(x)\,dx. \qquad (11.16)$$

Man sagt dann auch, dass X eine **stetige Verteilung** besitzt. Die Funktion $f_X(x)$ nennt man **Dichtefunktion** oder auch **Wahrscheinlichkeitsdichte** der Verteilung.

Bemerkung
Da es sich bei p – wie der Name ja schon sagt – um eine stetige Funktion handelt, gilt hier im Gegensatz zu diskreten Verteilungen:

$$p(a \leq X \leq b) = p(a < X < b).$$

Ich bin eigentlich ziemlich sicher, dass Sie jetzt einige Erläuterungen erwarten. Nun, bitte schön:

Stetige Zufallsgrößen treten typischerweise dann auf, wenn man Messungen physikalischer Größen – beispielsweise die erwartete Lebensdauer eines Geräts oder die Länge eines produzierten Werkstücks – als Ergebnisse eines Zufallsversuchs interpretiert. Da hier theoretisch alle reellen Zahlen oder zumindest alle Elemente eines reellen Intervalls als Ergebnisse auftreten können, ist die Wahrscheinlichkeit jedes einzelnen dieser Ergebnisse gleich 0. Man kann hier also nicht wie bei diskreten Verteilungen die Wahrscheinlichkeit der einzelnen Ergebnisse als Kenngröße der Verteilung angeben.

Vielmehr gibt man – wie in Definition 11.23 geschehen – die Wahrscheinlichkeit für das Hineinfallen des Versuchsergebnisses in ein beliebiges Intervall [a, b] an, und zwar als bestimmtes Integral der Dichtefunktion über diesem Intervall.

Auch hier, denke ich, werden die nachfolgenden Beispiele der wichtigsten stetigen Verteilungen für mehr Klarheit sorgen. Zuvor aber noch einige wichtige Aussagen über stetige Zufallsgrößen und ihre Dichtefunktionen:

Satz 11.14

Es sei X eine stetige Zufallsgröße mit Dichtefunktion $f_X(x)$. Dann gelten folgende Aussagen:

a) Für alle $x \in \mathbb{R}$ ist $f_X(x) \geq 0$.

b) Es ist

$$\int_{-\infty}^{\infty} f_X(x)\, dx = 1.$$

c) Für alle $x \in \mathbb{R}$ kann man die Verteilungsfunktion von X wie folgt berechnen:

$$F_X(x) = \int_{-\infty}^{x} f_X(t)\, dt.$$

d) Für alle $a, b \in \mathbb{R}$ mit $a \leq b$ ist

$$p(a \leq X \leq b) = p(a < x < b) = F_X(b) - F_X(a).$$

Umgekehrt kann man auch sagen, dass eine stückweise stetige Funktion, die die in a) und b) angegebenen Eigenschaften hat, durch den in c) angegebenen Prozess eine Verteilungsfunktion definiert.

Beispiel 11.31

Für $x \in \mathbb{R}$ sei (Abb. 11.3)

$$f_X(x) = \begin{cases} x & \text{für } 0 \le x \le 1, \\ 2 - x & \text{für } 1 \le x \le 2, \\ 0 & \text{sonst.} \end{cases}$$

Sicherlich ist diese Funktion überall nicht negativ, und wie Sie durch Integration oder simple Berechnung der Dreiecksfläche nachprüfen können, gilt auch

$$\int_{-\infty}^{\infty} f_X(x)\,dx = \int_{0}^{2} f_X(x)\,dx = 1.$$

$f_X(x)$ ist also eine Dichtefunktion, und die hierdurch definierte Verteilungsfunktion erhält man durch Integration von $f_X(x)$ (Abb. 11.4):

$$F_X(x) = \begin{cases} 0 & \text{für } x \le 0, \\ \dfrac{x^2}{2} & \text{für } 0 \le x \le 1, \\ -\dfrac{x^2}{2} + 2x - 1 & \text{für } 1 \le x \le 2, \\ 1 & \text{für } 2 \le x. \end{cases} \quad \blacktriangleleft$$

In ähnlicher Weise wie bei diskreten Verteilungen definiert man auch bei stetigen Erwartungswert und Varianz. Grob gesprochen ersetzt man dabei die Summation durch eine Integration; und fein gesprochen geht das so:

Abb. 11.3 Dichtefunktion in Beispiel 11.31

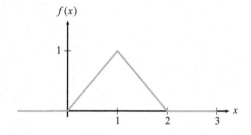

Abb. 11.4 Verteilungsfunktion in Beispiel 11.31

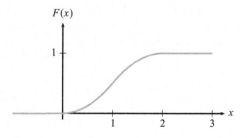

Definition 11.24

Es sei X eine stetige Zufallsvariable mit Dichtefunktion $f_X(x)$. Dann nennt man die Zahl

$$E(X) = \int_{-\infty}^{\infty} x \cdot f_X(x)\,dx \qquad (11.17)$$

den **Erwartungswert** von X. Hierbei wird vorausgesetzt, dass dieser Wert existiert, dass also das uneigentliche Integral in (11.17) einen endlichen Wert hat.

Weiterhin nennt man im Falle der Existenz die Zahl

$$V(X) = E\left((X - E(X))^2\right) = \int_{-\infty}^{\infty} (x - E(X))^2 \cdot f_X(x)\,dx \qquad (11.18)$$

die **Varianz** von X. Die Quadratwurzel hieraus, also

$$\sigma(X) = \sqrt{V(X)},$$

nennt man die **Standardabweichung** der Zufallsgröße X.

Mögliche Beispiele hierzu waren für mich einfach zu schwierig. Daher dachte ich, ich überlasse das einfach einmal Ihnen und formuliere direkt eine Übungsaufgabe.

Keine Sorge, diese Bemerkung war nicht ernst gemeint, die folgende Aufgabe ist machbar.

Übungsaufgabe 11.18

Berechnen Sie Erwartungswert und Varianz der in Beispiel 11.31 definierten Verteilung. ◀

Genau wie im diskreten Fall gebe ich Ihnen nun die meiner Meinung nach wichtigsten stetigen Verteilungen und ihre Kenngrößen – Erwartungswert und Varianz – an. Auch hier wird keinerlei Anspruch auf Vollständigkeit erhoben.

Definition 11.25 (Stetige Gleichverteilung)

Eine stetige Zufallsgröße heißt **gleichverteilt** (über dem Intervall $[a, b]$), wenn ihre Dichtefunktion die Form

$$f_X(x) = \begin{cases} \dfrac{1}{b-a} & \text{für } a \le x \le b, \\ 0 & \text{sonst} \end{cases} \qquad (11.19)$$

hat.

Abb. 11.5 Verteilungsfunktion
einer gleichverteilten stetigen
Zufallsvariablen

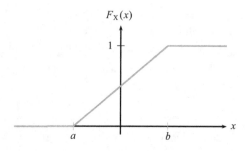

Die Verteilungsfunktion einer solchen Zufallsvariablen erhält man durch elementare Integration, sie lautet (vgl. Abb. 11.5):

$$F_X(x) = \begin{cases} 0 & \text{für } x \leq a, \\ \dfrac{x-a}{b-a} & \text{für } a \leq x \leq b, \\ 1 & \text{für } b \leq x. \end{cases} \tag{11.20}$$

Auch Erwartungswert und Varianz einer gleichverteilten stetigen Zufallsvariablen sind durch direkte Integration zu berechnen. Ich gebe die Ergebnisse der Zitierfähigkeit wegen in Form eines Satzes an und empfehle Ihnen, die hierfür notwendigen Integrationen in einer stillen Stunde einmal explizit durchzuführen.

Satz 11.15
Eine über dem Intervall $[a, b]$ gleichverteilte stetige Zufallsvariable X hat den Erwartungswert

$$E(X) = \int_{-\infty}^{\infty} x \cdot f_X(x)\,dx = \int_{a}^{b} \frac{x}{b-a}\,dx = \frac{a+b}{2}$$

und die Varianz

$$V(X) = \int_{a}^{b} \left(x - \frac{a+b}{2} \right)^2 \cdot \frac{1}{b-a}\,dx = \frac{(a-b)^2}{12}.$$

Beispiele oder Übungsaufgaben hierzu würden uns nur unnötig aufhalten, denn machen wir uns nichts vor: Sie warten mit Sicherheit schon, seit das erste Mal hier der Begriff Verteilung auftrat, auf *die* Verteilung schlechthin, die Normalverteilung oder genauer gaußsche Normalverteilung mit ihrer charakteristischen Glockenkurve, die beispielsweise noch bis zur Abschaffung der D-Mark den Zehnmarkschein zierte.

Tatsächlich ist diese Verteilung ohne Frage die am meisten benutzte stetige Verteilung überhaupt, und daher befasst sich auch der gesamte Rest dieses Abschnitts mit ihr. Sicherlich ist es eine gute Idee, diese Verteilung zunächst einmal zu definieren:

Definition 11.26 (Normalverteilung)
Es sei μ eine beliebige und σ eine positive reelle Zahl. Eine stetige Zufallsgröße X heißt **normalverteilt** (mit Parametern μ und σ^2), wenn ihre Dichtefunktion die Form

$$f_X(x) = \frac{1}{\sqrt{2\pi}\cdot\sigma} \cdot e^{-\frac{(x-\mu)^2}{2\sigma^2}} \qquad (11.21)$$

hat. Man sagt dann auch kurz: X ist $N(\mu, \sigma^2)$-verteilt.

Schreibweise: Die gerade angegebene Dichtefunktion der Normalverteilung bezeichnet man üblicherweise mit $\varphi(x, \mu, \sigma^2)$, also

$$\varphi(x,\mu,\sigma^2) = \frac{1}{\sqrt{2\pi}\cdot\sigma} \cdot e^{-\frac{(x-\mu)^2}{2\sigma^2}},$$

ihre Verteilungsfunktion mit $\Phi(x, \mu, \sigma^2)$, also (Abb. 11.6)

$$\Phi(x,\mu,\sigma^2) = \frac{1}{\sqrt{2\pi}\cdot\sigma} \int_{-\infty}^{x} e^{-\frac{(t-\mu)^2}{2\sigma^2}} \, dt.$$

Im folgenden Satz liste ich einige wichtige Eigenschaften der Normalverteilung auf; insbesondere wird die Bedeutung der Parameter μ und σ^2 deutlich werden.

Abb. 11.6 Die „Glockenkurve" der gaußschen Normalverteilung

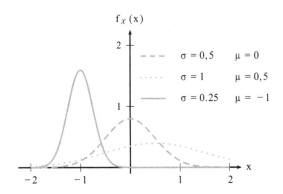

Satz 11.16

Es sei X eine $N(\mu, \sigma^2)$-verteilte Zufallsgröße mit Dichtefunktion $f_X(x)$. Dann gilt:

a) Die Funktion $f_X(x)$ nimmt ihr einziges Maximum an der Stelle $x = \mu$ an, der zugehörige Funktionswert ist $f_X(\mu) = 1/\left(\sqrt{2\pi} \cdot \sigma\right)$.
b) Der Graph der Funktion $f_X(x)$ ist symmetrisch zur Geraden $x = \mu$ und besitzt Wendestellen in $x = \mu - \sigma$ und $x = \mu + \sigma$.
c) Die Zufallsgröße X hat den Erwartungswert

$$E(X) = \mu,$$

die Varianz

$$V(X) = \sigma^2$$

und somit die Standardabweichung

$$\sigma(X) = \sigma.$$

Leider lässt sich die in (11.21) angegebene Dichtefunktion, also $\varphi(x, \mu, \sigma^2)$, nicht explizit integrieren, was schlicht und einfach bedeutet, dass man die Verteilungsfunktion $\Phi(x, \mu, \sigma^2)$ nicht explizit angeben kann. Man behalf sich früher dadurch, dass man die Werte dieser Verteilungsfunktion in Tabellenwerken angab, heutzutage gibt es dafür natürlich Computerprogramme und – gefühlt – etwa 1000 Internetseiten, wo man dies nachlesen kann.

Allerdings wäre es ziemlich aufwendig, wenn man für alle möglichen Werte von μ und σ eigene Tabellen aufstellen müsste; zum Glück jedoch kann man jede normalverteilte Zufallsgröße durch eine einfache Transformation standardisieren und muss somit nur noch diese standardisierte Normalverteilung tabellarisch erfassen. Und bevor ich noch weiter um den heißen Brei herumrede, gebe ich diese Standardisierung nun einfach einmal an:

Satz 11.17

Ist X eine $N(\mu, \sigma^2)$-verteilte Zufallsgröße, so ist die durch

$$Y = \frac{X - \mu}{\sigma}$$

definierte Zufallsgröße Y $N(0, 1)$-verteilt.

Mit anderen Worten: Zieht man von den Werten einer gegebenen Zufallsgröße X den Erwartungswert μ ab und dividiert das Ergebnis durch σ (beachten Sie, dass σ positiv, also insbesondere ungleich 0 ist), so erhält man eine normalverteilte Zufallsgröße, deren Erwartungswert 0 und deren Varianz 1 ist. Eine solche Zufallsgröße nennt man standardnormalverteilt, und weil dieser Begriff so wichtig ist, möchte ich dafür eine eigene Definition angeben:

Definition 11.27
Eine $N(0, 1)$-verteilte Zufallsgröße nennt man auch **standardnormalverteilte** Zufallsgröße. Ihre Dichtefunktion, also $\varphi(x, 0, 1)$, bezeichnet man kurz mit $\varphi(x)$, ihre Verteilungsfunktion mit $\Phi(x)$.

Nach Satz 11.17 kann man jede Normalverteilung auf die Standardnormalverteilung zurückführen, es genügt also, die Funktionswerte dieser Verteilung zur Verfügung zu haben. In traditionell geschriebenen Lehrbüchern würden Sie nun eine seitenfüllende Tabelle mit Werten der Standardnormalverteilung vorfinden; im Internet- und Computerzeitalter halte ich das für Papierverschwendung; ich gebe Ihnen als Schnellreferenz hier nur die wichtigsten an (warum diese Werte die wichtigsten sind, wird in den anschließenden Beispielen und Übungsaufgaben klar werden), und verweise Sie für verbleibende Problemfälle auf die genannten Medien:

Satz 11.18
Einige wichtige Werte der Standardnormalverteilung:

$$\Phi(0) = 0,5, \qquad \Phi(1) = 0,8413, \qquad \Phi(1,5) = 0,9332,$$
$$\Phi(2) = 0,9772, \quad \Phi(2,5) = 0,9938, \quad \Phi(3) = 0,9987.$$

Vielleicht haben Sie sich gewundert, dass hier nur Werte für nicht negative x aufgelistet wurden. Nun, das liegt daran, dass man mithilfe der im folgenden Satz angegebenen Symmetrieeigenschaft der Standardnormalverteilung ihre Werte für negative x sofort aus denen der positiven x-Werte bestimmen kann:

Satz 11.19
Für alle $x \in \mathbb{R}$ gilt:

$$\Phi(-x) = 1 - \Phi(x).$$

Mithilfe dieser Aussage sowie ein wenig Herumrechnerei mit der Aussage von Satz 11.17, die ich uns hier ersparen will, findet man die folgende sehr wichtige Abschätzung heraus:

Satz 11.20

Es sei X eine $N(\mu, \sigma^2)$-verteilte Zufallsgröße. Dann gilt für jede natürliche Zahl n:

$$p\big(|X-\mu| < n\sigma\big) = \Phi(n) - \Phi(-n) = 2\Phi(n) - 1.$$

Beispielsweise ist also

$$p\big(|X-\mu| < \sigma\big) = 2\Phi(1) - 1 = 0{,}6826$$

und

$$p\big(|X-\mu| < 3\sigma\big) = 2\Phi(3) - 1 = 0{,}9974.$$

Die Wahrscheinlichkeit dafür, dass der Wert einer Zufallsgröße X vom Erwartungswert einen Abstand hat, der kleiner ist als die Varianz, ist also immerhin 0,6826; und die Wahrscheinlichkeit dafür, dass der Abstand vom Erwartungswert kleiner als das Dreifache der Varianz ist, ist sogar 0,9974; dies ist also sehr wahrscheinlich.

Nun wird es aber höchste Zeit für Beispiele.

Beispiel 11.32

Ein Zulieferbetrieb der Automobilindustrie fertigt Lenkgestänge mit dem Sollmaß 1000 mm. Die tatsächliche Länge eines gefertigten Gestänges kann als normalverteilte Zufallsgröße (mit dem Erwartungswert 1000 mm) angesehen werden, aus Erfahrung weiß man, dass die Standardabweichung σ 2 mm beträgt. Man möchte nun wissen, wie groß die Wahrscheinlichkeit dafür ist, dass ein zufällig ausgewähltes Gestänge um mehr als 5 mm vom Sollmaß abweicht.

Das bedeutet also, dass die Wahrscheinlichkeit $p(|X - 1000| > 5)$ berechnet werden soll. Und das wiederum geht straight forward wie folgt:

$$
\begin{aligned}
p\big(|X-1000| > 5\big) &= 1 - p\big(|X-1000| \le 5\big) \\
&= 1 - p\big(995 \le X \le 1005\big) \\
&= 1 - \left(\Phi\left(\frac{1005-1000}{2}\right) - \Phi\left(\frac{995-1000}{2}\right) \right) \\
&= 1 - \Phi(2{,}5) + \Phi(-2{,}5) \\
&= 2 \cdot \big(1 - \Phi(2{,}5)\big) = 0{,}0124.
\end{aligned}
$$

Die gesuchte Wahrscheinlichkeit beträgt also nur etwas mehr als 1 %. ◀

Beispiel 11.33

Eine Hobelmaschine fertigt Platten mit der Solldicke 5 mm. Die tatsächliche Dicke ist eine normalverteilte Zufallsgröße mit dem Sollwert $\mu = 5$ mm und $\sigma = 0{,}02$ mm. Wieviel Prozent Ausschuss ist zu erwarten, wenn die Platten mindestens 4,98 mm dick sein müssen?

Gemäß Satz 11.17 definiere ich die neue Zufallsgröße

$$Y = \frac{X - 5}{0{,}02};$$

diese ist standardnormalverteilt, und es folgt

$$p(X < 4{,}98) = p(Y < -1) = \Phi(-1) = 1 - \Phi(1) = 0{,}1587.$$

Es ist also mit etwa 15,9 % Ausschuss zu rechnen.

Falls Sie bei der ersten Gleichung – verständlicherweise – ins Grübeln gekommen sind, so sollten Sie beachten, dass X genau dann kleiner ist als 4,98, wenn $(X - 5)/0{,}02$ kleiner ist als -1; rechnen Sie das ruhig einmal nach. ◄

Übungsaufgabe 11.19

Berechnen Sie, wie viel Ausschuss die Hobelmaschine aus Beispiel 11.33 produziert, wenn die Dicke der Platten

a)   höchstens 5,03 mm betragen darf,

b)   um höchstens ±0,03 mm vom Sollwert abweichen darf. ◄

Übungsaufgabe 11.20

Eine Metallbearbeitungsmaschine kann Werkstücke von 60 bis 120 cm Durchmesser bearbeiten. Übersteigt der Durchmesser eines Werkstücks 125 cm, schaltet die Maschine automatisch ab. Der Durchmesser der Werkstücke ist eine normalverteilte Zufallsgröße, die Werkstücke eines bestimmten Lieferanten haben die Daten $\mu = 120$ cm und $\sigma = 5$ cm.

Wie groß ist die Wahrscheinlichkeit dafür, dass die Maschine bei einem zufällig ausgewählten Werkstück dieses Lieferanten abschaltet? ◄

11.3   Einblicke in die mathematische Statistik

Wie der Titel schon andeutet, will ich Ihnen in diesem Abschnitt lediglich einen Einblick in die Methoden der mathematischen Statistik vermitteln, ohne hier aus den oft zitierten Platzgründen ins Detail gehen zu können. Dieser Abschnitt wird daher auch in nach dem bisherigen Verlauf des Buches eher ungewohnt erzählerischer Form daherkommen.

Fundamental ist die Unterteilung der mathematischen Statistik in die sogenannte deskriptive und die induktive Statistik. Und genau diese Unterteilung werde ich auch in diesem Abschnitt vornehmen.

11.3.1 Deskriptive Statistik

Die deskriptive (oder, wenn man Latein nicht so mag: beschreibende) Statistik ist das, was man auch umgangssprachlich mit dem Begriff Statistik verbindet: Man „stellt eine Statistik auf", um eine große Datenmenge in übersichtlicher Weise anzuordnen und zu gruppieren und durch geeignete Skalen und Kenngrößen zahlenmäßig beschreibbar zu machen.

Beispiel 11.34

Der Bürgermeister einer Stadt hat seine Big-Brother-Phase ausgelebt und die Körpergrößen aller 50.000 erwachsenen Einwohner der Stadt ermitteln und speichern lassen. Da er mit diesen 50.000 Datensätzen wenig anfangen kann, fasst er gewisse Größen in Klassen zusammen. Da eine Größe von 160 cm oder weniger bei einem Erwachsenen selten ist, packt er alle Einwohner, deren Größe im Intervall $(0, 160]$ liegt, in eine Klasse, dasselbe gilt für Personen, die größer als 200 cm sind. Alle anderen werden in Klassen der Breite 10 cm aufgeteilt. Das Ergebnis dieser Klasseneinteilung zeigt die folgende Tabelle:

Größe	$(0, 160]$	$(160, 170]$	$(170, 180]$	$(180, 190]$	$(190, 200]$	$(200, \infty)$
Anzahl	3220	5240	13.800	18.540	8800	400

   Durch diese Gruppierung hat der Bürgermeister bereits einen viel besseren Überblick über die Größenverteilung seiner Bevölkerung; er sieht beispielsweise, dass 5240 Einwohner größer als 160, aber höchstens 170 cm groß sind – was auch immer er mit diesem Wissen anfangen will, aber so sind manche Politiker eben.   ◄

Die in Beispiel 11.34 verwendete Skalierung nennt man eine metrische Skala, da die Körpergrößen zahlenmäßig beschreibbar sind und der Größe nach angeordnet werden können. Es gibt aber auch noch andere Skalen, die ich jetzt angebe:

Definition 11.28

In der deskriptiven Statistik verwendete Skalen sind:

- **Nominalskala:** Die Merkmalsausprägungen sind unterscheidbar, aber nur qualitativer Natur; eine Anordnung ist aufgrund der Skala nicht möglich. Beispiele hierfür sind: Geschlecht, Hautfarbe, Familienstand.
- **Ordinalskala:** Die Merkmalsausprägungen sind unterscheidbar, und eine Anordnung der Elemente ist aufgrund der Skala möglich. Allerdings lassen sich keine sinnvollen Abstände zwischen den einzelnen Merkmalsausprägungen festlegen. Häufig liegen hier subjektive Einschätzungen vor. Beispiele sind: Beliebtheit einer Popgruppe, Güteklassen bei Obst und Gemüse.

- **Metrische Skala:** Die Merkmalsausprägungen sind reelle Zahlen, sie lassen sich somit sinnvoll anordnen, und der Unterschied zwischen zwei Ausprägungen kann durch ihre Differenz ausgedrückt werden. Beispiele sind: Körpergröße, Gewicht, Einkommen.

Die Skalierung und Gruppierung der Datenmenge sind bereits wichtige Schritte, um die Informationen, die aus den gesammelten Daten hervorgehen, überschaubar und damit handhabbar zu machen. Bei ordinalskalierten und insbesondere bei metrisch skalierten Daten geht man aber noch einen Schritt weiter und definiert gewisse Kennzahlen, die die untersuchte Datenmenge charakterisieren sollen. Die meiner Meinung nach wichtigsten hiervon gebe ich Ihnen in den nächsten Definitionen gesammelt an:

Definition 11.29

Es liege eine Ordinalskala oder eine metrische Skala vor. Dann nennt man eine Merkmalsausprägung Q_p ein **Quantil** der Ordnung p, wenn mindestens $p \cdot 100 \, \%$ aller Ausprägungen kleiner oder gleich Q_p, und mindestens $(1 - p) \cdot 100 \, \%$ aller Ausprägungen größer oder gleich Q_p sind.

Ein Quantil der Ordnung $p = 1/2$ nennt man **Median**, ein Quantil der Ordnung $p = 1/4$ heißt **unteres Quartil**, ein Quantil für $p = 3/4$ **oberes Quartil**.

Quantile gehören zur Gruppe der sogenannten Lageparameter einer Statistik; ein weiterer Lageparameter ist im Falle einer metrischen Skala mit n Ausprägungen $x_1, \ldots, x_n$ übrigens der (arithmetische) Mittelwert

$$\overline{x} = \frac{1}{n} \sum_{i=1}^{n} x_i, \qquad (11.22)$$

aber mit dem will ich Sie hier gegen Ende des Buches nun wirklich nicht mehr langweilen. Stattdessen weise ich darauf hin, dass man in Ergänzung dieser Lageparameter auch sogenannte Streuungsparameter kennt, die ich im Anschluss an das folgende Beispiel definieren werde.

Beispiel 11.35

Nehmen wir an, die Körpergrößenmessung einer elfköpfigen Rentnerband hätte folgende Werte ergeben:

Größe (cm)	160	162	167	170	171	174	175
Anzahl	1	2	1	3	1	2	1

(Haben Sie bemerkt, dass diese Größenwerte im Vergleich zu den Daten in Beispiel 11.34 recht klein sind? Nun ja, das Alter ...)

Der Median ist hier $Q_{1/2} = 170$, denn 7 Ausprägungen sind kleiner oder gleich diesem Wert, und ebensoviele sind größer oder gleich. Das untere Quartil ist $Q_{1/4} = 162$, denn 3 von 11, also etwa 27 % aller Ausprägungen sind kleiner oder gleich 162, und 10 von 11 sind größer oder gleich diesem Wert. Und mit der analogen Überlegung findet man heraus, dass das obere Quartil $Q_{3/4} = 174$ ist. Der Mittelwert lautet

$$\bar{x} = \frac{1}{11}\left(160 + 2 \cdot 162 + 167 + 3 \cdot 170 + 171 + 2 \cdot 174 + 175\right) \approx 168,64. \quad \blacktriangleleft$$

Nun zur Definition der bereits erwähnten Streuungsparameter, die – wie die Bezeichnung bereits andeutet – angeben, wie breit die Merkmalsausprägungen gestreut sind:

Definition 11.30
Es liege eine Statistik mit metrischer Skala vor, die die n Beobachtungen (Merkmalsausprägungen) $x_1, \ldots, x_n$ habe; mit $Q_{1/2}$ bezeichne ich deren Median. Dann nennt man die Zahl

$$d_n = \frac{1}{n} \sum_{i=1}^{n} \left| x_i - Q_{1/2} \right|$$

die **mittlere absolute Abweichung** dieser Beobachtungen.

Ist $\bar{x}$ der arithmetische Mittelwert der n Beobachtungen gemäß (11.22), so heißt die Zahl

$$v_n = \frac{1}{n-1} \sum_{i=1}^{n} \left(x_i - \bar{x} \right)^2 \qquad (11.23)$$

empirische Streuung oder **empirische Varianz** der Statistik, ihre positive Quadratwurzel

$$s_n = \sqrt{v_n}$$

nennt man **empirische Standardabweichung**.

Bemerkung
Möglicherweise hatten Sie im Vorfaktor in Formel (11.23) den Nenner n anstelle von $n - 1$ erwartet. Der wäre aber nicht richtig, mit Methoden der induktiven Statistik kann man zeigen, dass hier tatsächlich die Division durch $n - 1$ die richtige Vorgehensweise ist, auch wenn sie merkwürdig anmuten mag.

Beispiel 11.36

In Fortführung von Beispiel 11.35 berechne ich für die dort angegebenen Daten die folgenden Werte:

$$d_{11} = \frac{1}{11}\left(|160-170| + 2 \cdot |162-170| + |167-170| + 3 \cdot |170-170|\right.$$
$$\left. + |171-170| + 2 \cdot |174-170| + |175-170|\right)$$
$$= \frac{1}{11}\left(10 + 16 + 3 + 1 + 8 + 5\right) \approx 3{,}91$$

sowie

$$v_{11} = \frac{1}{10}\left((160-168{,}64)^2 + 2 \cdot (162-168{,}64)^2 + (167-168{,}64)^2\right.$$
$$+ 3 \cdot (170-168{,}64)^2 + (171-168{,}64)^2 + 2 \cdot (174-168{,}64)^2$$
$$\left. + (175-168{,}64)^2\right)$$
$$= \frac{1}{10}\left(74{,}65 + 88{,}18 + 2{,}69 + 5{,}55 + 5{,}57 + 57{,}46 + 40{,}45\right) = 27{,}45. \quad \blacktriangleleft$$

Übungsaufgabe 11.21

Sieben ehemalige Profifußballer werden nach der Anzahl der Tore befragt, die sie im Laufe ihrer Karierre geschossen haben; sie machen folgende Angaben:

Spieler	1	2	3	4	5	6	7
Anzahl Tore	1500	2300	1560	3000	1950	1560	2150

Berechnen Sie für diese Werte den Median, das untere und das obere Quartil, den Mittelwert, die mittlere absolute Abweichung und die empirische Varianz. ◀

So viel zur deskriptiven Statistik, deren Aufgabe es also ist, die Stichprobendaten zu beschreiben. Ein Rückschluss von den Stichprobendaten auf die Grundgesamtheit findet nicht statt, dies ist Aufgabe der induktiven Statistik, über die ich nun noch einige Worte verlieren werde.

11.3.2 Induktive Statistik

Die induktive oder auch schließende Statistik baut auf der deskriptiven Statistik auf und versucht, aus den mithilfe der deskriptiven Statistik aufbereiteten Ergebnissen einer Stichprobe auf die Grundgesamtheit zu schließen. Dabei muss man höllisch aufpassen, dass man keine falschen Schlüsse zieht.

Ein Beispiel: In einer Tageszeitung, deren Namen ich hier verschweigen will, las ich vor einiger Zeit folgende Meldung: Motorradfahren ist gar nicht so gefährlich, wie man allgemein annimmt, denn eine Statistik(!) der Polizei hat ergeben, dass nur etwa 10 % aller Verkehrsunfallbeteiligten Motorradfahrer sind. Na prima. Könnte bitte jemand dem Redakteur mitteilen, dass natürlich weit weniger als 10 % aller Verkehrsteilnehmer Motorradfahrer sind, und daher eine Unfallbeteiligung von 10 % durchaus darauf hindeutet, dass Motorradfahren gefährlich ist? (Wenn auch schön, zugegeben.)

Wichtige Teilgebiete der induktiven Statistik sind die Schätztheorie, in der man versucht, unbekannte Parameter wie zum Beispiel den Erwartungswert der Grundgesamtheit zu ermitteln (zu „schätzen"), und die Testtheorie, mit deren Hilfe man die aufgestellten Hypothesen auf ihre Richtigkeit überprüft. Im Folgenden einige Bemerkungen zu diesen beiden Gebieten:

Die **Schätztheorie** befasst sich damit, gewisse Parameter der Grundgesamtheit zu ermitteln (Parameterschätzung), sowie Bereiche, beispielsweise reelle Intervalle, anzugeben, in denen diese Parameter mit hoher Wahrscheinlichkeit liegen (Bereichsschätzung). Die meistgesuchten Parameter sind der Erwartungswert μ und die Varianz σ^2 der Grundgesamtheit.

Die einfachsten Schätzfunktionen haben Sie – in anderer Sprachregelung – bereits im Unterabschnitt über deskriptive Statistik kennengelernt:

Definition 11.31

Es sei $X_1, \ldots, X_n$ eine n-elementige Stichprobe. Dann ist

$$\hat{X}_n = \frac{1}{n} \sum_{i=1}^{n} X_i \qquad (11.24)$$

eine Schätzfunktion für den Erwartungswert und

$$V_n = \frac{1}{n-1} \sum_{i=1}^{n} \left(X_i - \hat{X}_n \right)^2$$

eine Schätzfunktion für die Varianz der Grundgesamtheit.

Natürlich gibt es noch weit raffiniertere Schätzfunktionen, aber für unsere Belange reichen diese beiden aus. Ach ja, hatte ich eigentlich schon definiert, wie eine Schätzfunktion genau aussehen sollte? Wohl nicht, aber dann wird es jetzt höchste Zeit dafür:

Definition 11.32

Es sei $(X_1, \ldots, X_n)$ eine n-elementige Stichprobe aus einer Grundgesamtheit, deren Parameter γ geschätzt werden soll. Eine **Schätzfunktion** ist eine Funktion

$$g : \mathbb{R}^n \to \mathbb{R}, g\left(X_1, \ldots, X_n\right) = y.$$

Bis zu dieser Stelle ist also so ziemlich alles unter Gottes Sonne eine Schätzfunktion – wobei man natürlich unterstellt, dass der Funktionswert y „in der Nähe" von γ liegt. Daher fordert man üblicherweise weitere Eigenschaften. Grundanforderungen an eine Schätzfunktion sind die Konsistenz und die Erwartungstreue. Diese Eigenschaften sind wie folgt definiert:

Definition 11.33

Eine Schätzfunktion g für den Parameter γ heißt **konsistent**, wenn für jedes $\varepsilon > 0$ gilt:

$$\lim_{n \to \infty} p\left(\left| g\left(X_1, \ldots, X_n \right) - \gamma \right| > \varepsilon \right) = 0.$$

In Worten bedeutet das, dass die Wahrscheinlichkeit dafür, dass sich der Funktionswert von g von γ um mehr als ε unterscheidet, mit wachsendem n gegen 0 geht.

Eine Schätzfunktion g für den Parameter γ heißt **erwartungstreu**, wenn gilt:

$$E\left(g\left(X_1, \ldots, X_n \right) \right) = \gamma.$$

Die Forderung nach Erwartungstreue ist übrigens der Grund dafür, dass bei der empirischen Varianz im Nenner $n - 1$ und nicht n steht.

Beispiel 11.37

Liegt eine normalverteilte Grundgesamtheit vor (was man in der Praxis meist mit Fug und Recht annehmen kann), so ist die durch (11.24) definierte Schätzfunktion für den Erwartungswert sowohl erwartungstreu als auch konsistent.   ◀

So viel nur zur Schätztheorie, die ich hier ja nur anreißen will. Die **Testtheorie** befasst sich damit, die Richtigkeit einer Hypothese – beispielsweise die Korrektheit eines geschätzten Erwartungswerts – mit einer vorgegebenen Irrtumswahrscheinlichkeit zu überprüfen. Grundlegend ist hierfür die folgende Definition:

Definition 11.34

Die durch einen Test zu überprüfende Hypothese nennt man **Nullhypothese** und bezeichnet sie mit H_0, die Negation der Nullhypothese nennt man **Alternativhypothese** oder **Gegenhypothese** und bezeichnet sie mit H_1.

Für den Anfänger (oft genug auch für den Fortgeschrittenen) verwirrend ist die Tatsache, dass man das, was man eigentlich zeigen will, meist als Alternativhypothese formuliert, der Test versucht also, die Nullhypothese zu widerlegen! Der Grund hierfür ist, dass man nur dann von der Nullhypothese abweicht, wenn man genügend starke Indikatoren hat.

Beispiel 11.38

a) Vom Erwartungswert μ einer normalverteilten Grundgesamtheit soll gezeigt wer-
    den, dass er größer ist als eine – beispielsweise durch rechtliche Normen – vorge-
    gebene Schranke μ_0. Dann lautet die Nullhypothese:

$$H_0 : \mu \le \mu_0,$$

die Alternativhypothese ist

$$H_1 : \mu > \mu_0.$$

b) In einem anderen Fall möchte man genau wissen, ob der Erwartungswert einen ge-
    schätzten Wert μ_1 annimmt oder nicht. Die Nullhypothese lautet nun:

$$H_0 : \mu = \mu_1,$$

die Alternativhypothese ist

$$H_1 : \mu \ne \mu_1. \qquad \blacktriangleleft$$

Einen Test von der in Beispiel 11.38 angegebenen Form nennt man **Parametertest**,
weil hier – Sie werden es kaum glauben – ein Parameter überprüft wird. Die beiden im
Beispiel angegebenen Fälle geben bereits die beiden fundamentalen Ausprägungen eines
Parametertests an; in der folgenden Definition schreibe ich diese fest:

Definition 11.35

Ein Test für den Parameter ϑ heißt **einseitig**, wenn Nullhypothese und Alternativhypothese von der Form

$$H_0 : \vartheta \le \vartheta_0 \text{ und } H_1 : \vartheta > \vartheta_0$$

oder

$$H_0 : \vartheta \ge \vartheta_0 \text{ und } H_1 : \vartheta < \vartheta_0$$

sind.

Ein Test für den Parameter ϑ heißt **zweiseitig**, wenn Nullhypothese und Alternativhypothese von der Form

$$H_0 : \vartheta = \vartheta_0 \text{ und } H_1 : \vartheta \ne \vartheta_0$$

sind.

Offensichtlich kann man bei solchen Tests – wie überall im Leben – eine Reihe von
Fehlern machen. Im Unterschied zum täglichen Leben tragen die Fehler, die man bei statistischen Tests machen kann, aber feste Bezeichnungen, und die gebe ich jetzt an:

Definition 11.36

Verwirft man die Nullhypothese H_0, obwohl sie in Wirklichkeit richtig ist, macht man einen **Fehler 1. Art**.

Entscheidet man sich für die Annahme der Nullhypothese H_0, obwohl sie in Wirklichkeit falsch ist, macht man einen **Fehler 2. Art**.

Die Wahrscheinlichkeit dafür, einen Fehler 1. Art zu machen, nennt man **Irrtumswahrscheinlichkeit** oder auch **Signifikanzniveau** und bezeichnet sie mit α. Gebräuchliche Werte sind $\alpha = 0{,}05$ und $\alpha = 0{,}01$.

Die Menge aller Werte der Zufallsgröße X, für die H_0 angenommen wird, heißt **Annahmebereich** des Tests, die Menge aller anderen Werte heißt **Ablehnungsbereich** des Tests.

Zugegeben, es ist höchste Zeit für Beispiele.

Beispiel 11.39

Der Betreiber einer Spielbank steht im Verdacht, mit gezinkten Würfeln zu spielen, bei denen die Wahrscheinlichkeit für eine 6 größer ist als 1/6. Um diesen Verdacht zu überprüfen, nimmt ein gewissenhafter Beamter der Aufsichtsbehörde 6000 Würfe mit einem dieser Würfel vor und wirft dabei 1045-mal eine 6. Kann man daraus – mit einer Irrtumswahrscheinlichkeit von 5 % – schließen, dass der Verdacht gerechtfertigt ist?

Es sei p die Wahrscheinlichkeit dafür, mit diesem Würfel eine 6 zu würfeln. Da wir den Verdacht bestätigen wollen, lautet die Nullhypothese (die wir nach Möglichkeit verwerfen wollen):

$$H_0 : p \le \frac{1}{6},$$

die Alternativhypothese demnach

$$H_1 : p > \frac{1}{6}.$$

Bei einem solchen Würfelexperiment muss man eigentlich eine Binomialverteilung unterstellen, bei einer Zahl von 6000 Würfen kann man die Binomialverteilung aber mit gutem Gewissen durch die Normalverteilung ersetzen, und das mache ich im Folgenden auch.

Der Erwartungswert ist gemäß Satz 11.12

$$\mu = E(p) = 6000 \cdot \frac{1}{6} = 1000,$$

die Standardabweichung berechnet man durch

$$\sigma = \sqrt{6000 \cdot \frac{1}{6} \cdot \frac{5}{6}} = 28{,}87.$$

Da ich eine Irrtumswahrscheinlichkeit von 5 % vorgegeben hatte, muss ich wissen, in welcher Umgebung des Erwartungswerts $\mu = 1000$ 90 % der Ergebnisse zu erwarten sind. (Wenn Sie hier 95 % erwartet hätten, lägen Sie falsch, denn die Normalverteilung ist ja symmetrisch zum Erwartungswert, und wenn 90 % der Ergebnisse in einem Intervall mit Mittelpunkt μ liegen, dann liegen 5 % rechts davon; die „restlichen" 5 % liegen links vom 90 %-Bereich und gehören nach Formulierung der Nullhypothese zum Annahmebereich.)

Man kann nun berechnen – Details erspare ich uns hier –, dass die gesuchte 90 %-Umgebung ein Intervall mit Mittelpunkt μ und Radius $r = 1{,}64 \cdot \sigma$ ist. Die obere (rechte) Grenze dieses Intervalls ist also

$$\mu + 1{,}64 \cdot \sigma = 1000 + 1{,}64 \cdot 28{,}87 = 1047{,}34.$$

Da bei diesem Würfelexperiment natürlich nur ganzzahlige Werte vorkommen, ist die obere Grenze des Annahmebereichs somit 1048. Der Annahmebereich der Nullhypothese ist somit $A = \{1, 2, \ldots, 1047, 1048\}$. Da die gewürfelte Anzahl von 1045 hier enthalten ist, kann die Nullhypothese nicht verworfen werden und der Spielbankbetreiber ist nochmal davongekommen.   ◀

Beispiel 11.40

Der Prüfer aus Beispiel 11.39 wurde strafversetzt, denn seine Formulierung der Nullhypothese scheint ungeeignet: Bei einem gerechten Würfel sollte die Wahrscheinlichkeit für eine 6 genau 1/6 sein, und nicht kleiner oder gleich dieser Zahl. Der neue Prüfer formuliert daher die Hypothesen:

$$H_0 : p = \frac{1}{6} \text{ und } H_1 : p \neq \frac{1}{6}.$$

Auch er würfelt 6000-mal und erhält dabei 941-mal eine 6. Ist der Würfel mit einer Irrtumswahrscheinlichkeit von 5 % gezinkt?

Die Daten für μ und σ können aus Beispiel 11.39 übernommen werden. Der Annahmebereich ist nun das symmetrisch zu μ liegende Intervall, in das 95 % aller Ergebnisse fallen (da zum Ablehnungsbereich ja nun alles gehört, was nicht in diesem Intervall liegt). Die obere Grenze ist nun

$$\mu + 1{,}96 \cdot \sigma = 1000 + 1{,}96 \cdot 28{,}87 = 1056{,}58,$$

die untere

$$\mu - 1{,}96 \cdot \sigma = 1000 - 1{,}96 \cdot 28{,}87 = 943{,}41.$$

Der Annahmebereich ist also die Menge $\{943, 944, \ldots, 1056, 1057\}$. Da die gewürfelte Zahl von 941 nicht hierin enthalten ist, ist die Nullhypothese zu verwerfen. Mit anderen Worten: Der Würfel ist vermutlich gezinkt.   ◄

Es wird Sie nicht wundern, dass ich Ihnen nun noch einmal das Feld überlasse.

Übungsaufgabe 11.22

In einer anderen Spielbank gewinnt jeder Gast, der eine 6 würfelt. Die Gäste haben den Verdacht, dass die Würfel gezinkt sind und die Wahrscheinlichkeit dafür, eine 6 zu würfeln, kleiner als 1/6 ist. Dies soll durch einen statistischen Test überprüft werden.

a) Formulieren Sie Null- und Alternativhypothese eines solchen Tests.
b) Der arme Prüfer aus Beispiel 11.40 muss schon wieder ran und 6000-mal würfeln. Er erzielt dabei 966-mal eine 6. Ist der Würfel (mit einer Irrtumswahrscheinlichkeit von 5 %) gezinkt?   ◄

Damit ist unser kleiner gemeinsamer Ausflug in die Stochastik auch schon wieder zu Ende und es folgt das letzte Textkapitel dieses Buches, in dem ich Ihnen einige Grundzüge der numerischen Mathematik näherbringen will.

Numerische Mathematik 12

Übersicht

Die numerische Mathematik (kurz: Numerik) ist weniger, wie etwa Algebra, Analysis oder Zahlentheorie, ein eigenes Teilgebiet der Mathematik, vielmehr versteht man darunter eine fachübergreifende Disziplin, die Berechnungsverfahren, also Algorithmen, zur Verfügung stellt, um in verschiedensten Teilgebieten der Mathematik und ihrer Anwendungen konkrete zahlenmäßige Lösungen zu berechnen. Sie verhindert quasi, dass Sie nach dem Ende Ihres Studiums und mehreren Semestern Mathematik zwar genau darüber Bescheid wissen, wie man die Stetigkeit einer Funktion definiert und nachweist oder wie man die partielle Ableitung einer multivariaten Funktion nach allen möglichen Variablen berechnet, aber dass Sie zur numerischen (also zahlenmäßigen) Berechnung beispielsweise von $\sqrt{2}$ immer noch Ihren kleinen Bruder mit seinem Taschenrechner bemühen müssen – ganz zu schweigen etwa von der Interpolation einer Reihe durch Messfehler verfälschter Daten oder dem Berechnen eines komplizierten Integrals.

Elemente der Numerik gibt es in allen Teilbereichen der Mathematik, und mit diesen interessanten Themen könnte – und kann – man eigene Bücher füllen. Da ich „von Haus aus" Numeriker bin, blutet mir gewissermaßen das Herz, weil ich in diesem abschließenden Kapitel aus Platzgründen nur wenige Teilbereiche der Numerik anreißen kann. Sie finden auf den folgenden Seiten beispielsweise Methoden zur Interpolation von Funktionen und zur numerischen Lösung von linearen Gleichungssystemen, aber auch Algorithmen

© Springer-Verlag GmbH Deutschland, ein Teil von Springer Nature 2020
G. Walz, *Mathematik für Hochschule und duales Studium*,
https://doi.org/10.1007/978-3-662-60506-6_12

zur numerischen Berechnung von Integralen, die Sie mit den Methoden aus Kap. 7 nie und nimmer berechnen könnten.

12.1   Fixpunkte und Nullstellen

12.1.1 Definitionen und erste Beispiele

Wir befassen uns in diesem Abschnitt mit der numerischen Berechnung von Fixpunkten und Nullstellen stetiger reellwertiger Funktionen. Den Begriff der Nullstelle einer solchen Funktion kennen Sie schon lange: x ist Nullstelle der Funktion g, wenn $g(x) = 0$ ist. Etwas anders sieht es vielleicht aus mit dem Pendant dieses Begriffs, dem des Fixpunktes:

Definition 12.1

Es sei $I \subseteq \mathbb{R}$ und $f : I \to \mathbb{R}$ eine Funktion. Ein Punkt $x \in I$ heißt **Fixpunkt** von f, wenn gilt:

$$f(x) = x. \tag{12.1}$$

Der Wortanteil „fix" ist hier derselbe wie in „fixe Idee" und „Fixstern": Irgendetwas bleibt fest, auch wenn sich drumherum alles verändert und dreht.

Beispiel 12.1

a) Die Funktion $f(x) = x^2$ besitzt genau zwei reelle Fixpunkte, nämlich $x = 0$ und $x = 1$. Für diese Werte ist (12.1) erfüllt, während für alle anderen reellen Zahlen y gilt: $f(y) \neq y$.

b) Die Funktion $f(x) = 1$ hat lediglich $x = 1$ als Fixpunkt.

c) Schließlich betrachte ich die Funktion

$$f(x) = \frac{1}{2}\left(x + \frac{2}{x}\right).$$

Wie Sie durch Auflösen der Fixpunktgleichung

$$x = \frac{1}{2}\left(x + \frac{2}{x}\right), \text{ also } x^2 = \frac{1}{2}x^2 + 1$$

nach x sofort erkennen, gibt es hier nur die Fixpunkte

$$x = \pm\sqrt{2}.$$

Dieses Beispiel wird uns auf den nächsten Seiten noch des Öfteren begegnen   ◄

Fixpunkte und Nullstellen hängen engstens zusammen, wie die folgende einfache Aussage zeigt:

Satz 12.1

Es seien f und g auf einem Intervall I definierte reelle Funktionen. Dann gelten folgende Aussagen.

1. Ist $\overline{x} \in I$ eine Nullstelle der Funktion g, so ist $\overline{x}$ Fixpunkt der Funktion

$$f(x) = x + g(x).$$

2. Ist $\overline{x} \in I$ ein Fixpunkt der Funktion f, so ist $\overline{x}$ Nullstelle der Funktion

$$g(x) = x - f(x).$$

Beweis

1. Ist $\overline{x}$ Nullstelle von g, so ist

$$f(\overline{x}) = \overline{x} + g(\overline{x}) = \overline{x},$$

somit ist $\overline{x}$ Fixpunkt von f.

2. Ist $\overline{x}$ Fixpunkt von f, so ist

$$g(\overline{x}) = \overline{x} - f(\overline{x}) = \overline{x} - \overline{x} = 0,$$

somit ist $\overline{x}$ Nullstelle von g.

Das Problem der (numerischen) Bestimmung von Fixpunkten ist also im Wesentlichen äquivalent zu dem der Nullstellenbestimmung, so dass man die Methoden zur Lösung dieser Probleme weitestgehend synchron behandeln kann; und genau das werden wir in diesem Kapitel tun.

12.1.2 Berechnung von Fixpunkten: Der Fixpunktsatz von Banach

Der Prototyp aller Fixpunktsätze ist der Fixpunktsatz von Banach, benannt nach dem polnischen Mathematiker Stefan Banach (1892 bis 1945). Dieser hat, unter uns gesagt, in seinem Leben sicherlich noch tiefliegendere Ergebnisse erzielt als diesen Satz, aber der ist sicherlich am bekanntesten.

Um den Satz formulieren zu können, brauchen wir den Begriff der kontrahierenden Funktion:

Definition 12.2

Eine Funktion $f : I \to \mathbb{R}$ heißt **kontrahierend**, wenn $f(I) \subset I$ ist und wenn eine Konstante ϱ (rho), $0 \le \varrho < 1$, existiert mit der Eigenschaft:

Für alle $x, y \in I$ ist

$$|f(x) - f(y)| \le \varrho \cdot |x - y|.$$

Bei einer kontrahierenden Funktion liegen also die Bildpunkte „näher beieinander" als die Urbilder, woraus sich die Bezeichnung „kontrahierend" (zusammenziehend) erklärt.

Beispiel 12.2

Die Funktion

$$f(x) = x^2$$

ist auf dem Intervall $\left[-\dfrac{1}{4}, \dfrac{1}{4}\right]$ kontrahierend (mit $\varrho = 1/2$), denn für alle x, y aus diesem Intervall gilt

$$\left|x^2 - y^2\right| = \left|(x+y)(x-y)\right| = \left|(x+y)\right| \cdot \left|(x-y)\right| \le \frac{1}{2}\left|x-y\right|,$$

außerdem liegt sicherlich das Quadrat jeder Zahl aus dem Intervall $\left[-\dfrac{1}{4}, \dfrac{1}{4}\right]$ wiederum in diesem Intervall.   ◄

Eine einfache Anwendung des Mittelwertsatzes der Differenzialrechnung (Satz 6.14) ermöglicht es, das folgende Kontraktionskriterium (ein fürchterliches Wort; wenn Sie ein besseres wissen, schreiben Sie mir bitte) zu formulieren:

Satz 12.2

Ist f auf $[a, b]$ stetig differenzierbar, gilt $f([a, b]) \subset [a, b]$, und ist weiterhin

$$\max_{\xi \in [a,b]} \left|f'(\xi)\right| < 1, \tag{12.2}$$

so ist f auf $[a, b]$ kontrahierend.

Beweis Sind x und y zwei beliebige verschiedene Punkte aus $[a, b]$ mit, sagen wir, $x < y$, so existiert nach dem Mittelwertsatz der Differenzialrechnung ein $\xi \in (x, y) \subset [a, b]$ mit

$$\frac{f(x) - f(y)}{x - y} = f'(\xi).$$

Geht man hier zu Beträgen über, so ergibt sich

$$\frac{\left|f(x) - f(y)\right|}{\left|x - y\right|} = \left|f'(\xi)\right| \le \varrho$$

mit $\varrho = \max_{\xi \in [a,b]} |f(\xi)|$, also die Behauptung des Satzes.

Beispiel 12.3

Auf dem Intervall $I = [0, 1]$ ist die Funktion $f(x) = \cos x$ kontrahierend: Die Ableitung von f ist $f'(x) = -\sin x$; diese Funktion ist negativ auf $(0,1]$, somit ist f hier streng monoton fallend. Da außerdem $f(0)$ und $f(1)$ in I liegen, gilt $f(I) \subset I$. Die Kontraktionsbedingung folgt direkt aus Satz 12.2, da für alle $x \in [0, 1]$ gilt:

$$\left| f'(x) \right| = \left| -\sin(x) \right| \leq \left| -\sin(1) \right| \approx 0{,}84147 < 1. \quad \blacktriangleleft$$

Nun aber endlich der erwähnte Satz:

Satz 12.3 (Fixpunktsatz von Banach)

Es sei I ein abgeschlossenes Intervall und T eine auf I definierte kontrahierende Funktion. Dann gelten folgende Aussagen:

1. Es existiert genau ein Fixpunkt ξ von T in I.
2. Definiert man, mit beliebigem $x_0 \in I$, eine Folge $\{x_i\}$ durch

$$x_{i+1} = T(x_i), \text{ für } i = 0,1,2,\ldots, \quad (12.3)$$

so gilt

$$\lim_{i \to \infty} x_i = \xi.$$

Das unter den Voraussetzungen des Satzes konvergente Verfahren (12.3) nennt man das **Banach-Verfahren**.

Bevor ich Ihnen ein kurzes Beispiel für diesen Satz zeige, formuliere und beweise ich noch zwei **Fehlerabschätzungen** für die nach Banach berechneten Folgen $\{x_i\}$, also Abschätzungen für die Größe $|x_i - \xi|$. Die Wichtigkeit von Fehlerabschätzungen in der Numerik kann gar nicht hoch genug angesetzt werden, denn man muss natürlich stets die Kontrolle darüber haben, wie gut die durch den Prozess berechnete Näherung ist. Im Fall des Satzes von Banach hat man die folgenden Abschätzungen zur Verfügung:

Satz 12.4

Für jeden positiven Index i gelten die folgenden Fehlerabschätzungen:

a) $\left| \xi - x_i \right| \leq \dfrac{\varrho^i}{1-\varrho} \cdot \left| x_1 - x_0 \right|$,

b) $\left| \xi - x_i \right| \leq \dfrac{\varrho}{1-\varrho} \cdot \left| x_i - x_{i-1} \right|$.

Abschätzungen des unter a) formulierten Typs bezeichnet man als **A-priori-Abschätzungen**, da man diese gleich zu Beginn der Iteration (genauer gesagt nach Berechnung von x_1) durchführen kann. Demgegenüber ist die Aussage in b) eine **A-posteriori-Abschätzung**, da diese erst nach Berechnung des aktuellen Wertes x_i bestimmt werden kann. Im Allgemeinen wird die A-posteriori-Abschätzung schärfer sein, da hier die aktuellste Information verwendet wird.

Ich denke, es wird höchste Zeit für ein instruktives Beispiel:

Beispiel 12.4

Auf dem Intervall $I = [1, 2]$ betrachte ich die Funktion

$$T(x) = 1 + \frac{1}{1+x}.$$

Um zu zeigen, dass diese Funktion das Intervall I in sich selbst abbildet, untersuche ich zunächst die Bilder der Randpunkte: Es ist $T(1) = \dfrac{3}{2}$ und $T(2) = \dfrac{4}{3}$. Da außerdem T auf I streng monoton ist, folgt

$$T([1,2]) \subset \left[\frac{4}{3}, \frac{3}{2}\right] \subset [1,2].$$

Um die Kontraktionseigenschaft nachzuweisen, könnte man die Ableitung von T berechnen und Satz 12.2 bemühen, es geht aber hier eigentlich schneller direkt: Sind x, $y \in I$, also $1 \leq x, y \leq 2$, so ist

$$|T(x) - T(y)| = \left| \frac{1}{1+x} - \frac{1}{1+y} \right|$$

$$= \frac{|x-y|}{(1+x)(1+y)} \leq \frac{1}{4} \cdot |x-y|.$$

T ist also kontrahierend mit der Konstanten $\varrho = \dfrac{1}{4}$.

Um den nach Satz 12.3 somit existierenden Fixpunkt ξ zu berechnen, löse ich die Fixpunktgleichung

$$\xi = 1 + \frac{1}{1+\xi}$$

nach ξ auf und erhalte $\xi^2 = 2$, also $\xi = \sqrt{2}$, da $-\sqrt{2}$ nicht in I liegt.

Nach Satz 12.3 konvergiert also die durch $x_{i+1} = T(x_i)$ definierte Folge gegen $\sqrt{2}$. Die ersten Werte dieser Folge, beginnend mit $x_0 = 1$, sind

$$x_1 = 1,5,$$

$$x_2 = 1,4,$$

$$x_3 = 1,41666,$$

$$x_4 = 1,41379,$$

$$x_5 = 1,41428.$$

Für $i = 5$ liefern die in Satz 12.4 formulierten Abschätzungen folgende Werte:

a) $\left|\sqrt{2} - x_5\right| \leq \dfrac{1}{4^5} \cdot \dfrac{4}{3} \cdot \dfrac{1}{2} = 0,65 \cdot 10^{-3}$

b) $\left|\sqrt{2} - x_5\right| \leq \dfrac{1}{3} \cdot \left|x_5 - x_4\right| = 0,16 \cdot 10^{-3}$

Der tatsächliche Fehler ist übrigens ungefähr gleich $0,72 \cdot 10^{-4}$. Er wird also durch die A-posteriori-Abschätzung noch um den Faktor 2 überschätzt.   ◄

Übungsaufgabe 12.1

Nach Beispiel 12.3 erfüllt die Funktion $f(x) = \cos(x)$ auf dem Intervall $[0, 1]$ die Voraussetzungen des Fixpunktsatzes von Banach.

a)   Geben Sie mithilfe der A-priori-Abschätzung an, wie viele Iterationsschritte maximal nötig sind, um den Fixpunkt der Funktion mithilfe des Banach-Verfahrens auf 10^{-2} genau zu berechnen, wenn man die Iteration mit $x_0 = 1$ beginnt (Rechnung mit fünf Nachkommastellen).

b)   Berechnen Sie x_{20} und geben Sie den Wert der zugehörigen A-posteriori-Abschätzung an.   ◄

12.1.3 Das Newton-Verfahren

Die Konvergenzgeschwindigkeit des Banach-Verfahrens ist recht zufriedenstellend, aber auch nicht gerade berauschend. Ein im Allgemeinen sehr viel schneller konvergentes Verfahren stellt das Newton-Verfahren dar, das natürlich benannt ist nach Sir Isaac Newton (1643 bis 1727) und das ich Ihnen in diesem Unterabschnitt vorstellen will. Es handelt sich dabei um ein Verfahren zur Nullstellenberechnung; wie in Satz 12.1 formuliert wurde, ist das äquivalent zur Bestimmung von Fixpunkten, somit ist das Newton-Verfahren ein echter Konkurrent des Banach-Verfahrens. Der Preis, den man zahlen muss, ist die Tatsache, dass die Funktion nun differenzierbar sein muss.

Abb. 12.1 Funktion mit
Tangenten in x_0 und x_1

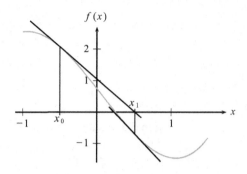

Das Newton-Verfahren ist zwar ein rein rechnerisch durchführbares Iterationsverfahren, lässt sich jedoch sehr schön anschaulich-geometrisch motivieren: Gegeben sei eine auf einem Intervall $[a, b]$ differenzierbare Funktion f, von der man weiß, dass sie in diesem Intervall eine Nullstelle $\bar{x}$ besitzt (beispielsweise, weil $f(a)$ und $f(b)$ verschiedene Vorzeichen haben). Außerdem kennt man einen Wert x_0, der in der Nähe der gesuchten Nullstelle liegt; man nennt x_0 dann auch eine **Startnäherung**. Nun kommt die Grundidee des Verfahrens: Man legt im Punkt x_0 die Tangente $t(x)$ an $f(x)$ und berechnet die Nullstelle x_1 dieser Tangente, in der (meist berechtigten) Hoffnung, dass diese eine bessere Näherung an die eigentlich gesuchte Nullstelle $\bar{x}$ darstellt als die Startnäherung x_0. Werfen Sie hierzu auch einen Blick auf Abb. 12.1. In Formeln lautet das so: Die Tangente an f in x_0 hat nach Satz 6.6 die Gleichung

$$t(x) = f'(x_0) \cdot x + f(x_0) - f'(x_0) \cdot x_0. \tag{12.4}$$

Die Nullstelle x_1 dieser Tangente auszurechnen, ist kein Problem, man muss dazu nur die Gleichung

$$f'(x_0) \cdot x_1 + f(x_0) - f'(x_0) \cdot x_0 = 0$$

nach x_1 auflösen; da Sie sich inzwischen erfolgreich durch über 500 Seiten dieses Buches gekämpft haben, traue ich Ihnen diese Umrechnung durchaus zu und gebe direkt das Ergebnis an; es lautet:

$$x_1 = x_0 - \frac{f(x_0)}{f'(x_0)}, \tag{12.5}$$

wobei ich natürlich voraussetzen muss, dass $f'(x_0) \neq 0$ ist.

Nun beginnt das Spiel von vorn, man legt die Tangente an f in x_1 und berechnet deren Nullstelle, nennen wir sie x_2. Die entsprechende Formel lautet in Analogie zu (12.5):

$$x_2 = x_1 - \frac{f(x_1)}{f'(x_1)}. \tag{12.6}$$

Ich vermute stark, Sie ahnen schon, wie es weitergeht: Man legt nun die Tangente an f in x_2 und berechnet deren Nullstelle x_3, danach legt man die Tangente an f in x_3 usw.

Das ist der Hintergrund des Newton-Verfahrens, das ich nun formal aufschreiben werde. Beachten Sie, dass das Aufstellen der Tangentengleichung in (12.4) nur ein Zwischenschritt war, den man nicht explizit durchführen muss; die Berechnung der Nullstelle gemäß (12.5) kommt ohne diesen Zwischenschritt aus.

Das Newton-Verfahren

Gegeben sei eine auf einem Intervall $[a, b]$ differenzierbare Funktion f, deren Nullstelle $\bar{x}$ man bestimmen will.

- Man wählt eine Startnäherung x_0.
- Man berechnet für $i = 0, 1, 2, \ldots$:

$$x_{i+1} = x_i - \frac{f(x_i)}{f'(x_i)}. \tag{12.7}$$

- Konvergiert die Folge der x_i gegen einen Grenzwert $\bar{x}$, so ist $\bar{x}$ eine Nullstelle von f.

Dass der Grenzwert der Folge $\{x_i\}$ eine Nullstelle von f ist, ist übrigens nicht schwer zu sehen: In einem Grenzwert ändern sich die durch (12.7) berechneten Werte ja nicht mehr, es gilt also

$$\bar{x} = \bar{x} - \frac{f(\bar{x})}{f'(\bar{x})},$$

also ist $f(\bar{x}) = 0$.

Bevor ich mich in weitere mehr oder weniger tiefliegende theoretische Aussagen versteige, wird es wohl höchste Zeit für Beispiele.

Beispiel 12.5

a) Ich möchte das Newton-Verfahren auf die Funktion $f(x) = x^3 + x^2 - 1$ anwenden. Da $f(0) = -1$ negativ ist, $f(1) = 1$ jedoch positiv, muss im Intervall $[0, 1]$ eine Nullstelle der Funktion liegen. Ich starte daher das Verfahren mit $x_0 = 0, 5$. Die Iterationsvorschrift lautet hier

$$x_{i+1} = x_i - \frac{x_i^3 + x_i^2 - 1}{3x_i^2 + 2x_i} \text{ für } i = 0, 1, 2, \ldots \tag{12.8}$$

und liefert folgende Werte:

$$x_1 = 0,85714286,$$
$$x_2 = 0,76413691,$$
$$x_3 = 0,75496349,$$
$$x_4 = 0,75487768,$$
$$x_5 = 0,75487767.$$

Man erkennt, dass bei x_4 bereits sieben Nachkommastellen korrekt sind.

b) Vielleicht haben Sie sich ja schon einmal gefragt, wie Ihr Taschenrechner, aber auch Ihr (möglicherweise vorhandener) Höchstleistungscomputer die Zahl $\sqrt{2}$ berechnet. Nun, ich sage es Ihnen, und Sie müssen jetzt einen Moment lang sehr stark sein: Das tut er gar nicht, das Ding betrügt Sie! Allerdings auf eine sehr elegante Art und Weise, so dass Sie diesen Betrug gar nicht bemerken und letztendlich auch keinen Nachteil dadurch haben.

Was der Rechner Ihnen nämlich anzeigt, ist nicht der exakte Wert $\sqrt{2}$ – denn diese irrationale Zahl kann er gar nicht berechnen –, sondern ein Näherungswert. Dieser Näherungswert ist aber wiederum so genau, dass alle angezeigten Ziffern korrekt sind, und somit stimmt die Zahl, die Sie im Display Ihres Rechners sehen, mit der exakten Zahl in allen angezeigten Nachkommastellen überein.

Wie wird nun der angesprochene Näherungswert berechnet? Nun, hier kommen wir wieder zurück zum Newton-Verfahren: Berechnet wird nämlich mithilfe dieses Verfahrens die (positive) Nullstelle der Funktion $f(x) = x^2 - 2$, also $\sqrt{2}$. Die Iterationsvorschrift des Verfahrens lautet in diesem Fall

$$x_{i+1} = x_i - \frac{x_i^2 - 2}{2x_i},$$

oder, ein wenig zusammengefasst,

$$x_{i+1} = \frac{1}{2}\left(x_i + \frac{2}{x_i} \right) \text{für } i = 0,\ 1,\ 2,\ldots$$

(12.9)

Man kann zeigen, dass die durch (12.9) definierte Folge für jede positive Startnäherung gegen $\sqrt{2}$ konvergiert; theoretisch könnte man also mit $x_0 = 10.000$ beginnen, aber da man ja weiß, dass $\sqrt{2}$ zwischen 1 und 2 liegen muss, wird es eine gute Idee sein, mit $x_0 = 1,5$ zu beginnen. Die Vorschrift (12.9) liefert dann, gerundet auf sieben Nachkommastellen, folgende Werte:

$$x_1 = 1,4166667,$$
$$x_2 = 1,4142156,$$
$$x_3 = 1,4142135.$$

Bereits bei x_3 sind alle gezeigten Nachkommastellen korrekt; ein Rechner, der nur sieben Nachkommastellen anzeigt, könnte diesen Wert also getrost als $\sqrt{2}$ verkaufen. ◄

Bemerkung

Das Iterationsverfahren (12.9) nennt man auch **babylonische Methode**, denn es war – selbstverständlich ohne die Herleitung über das Newton-Verfahren – bereits im Altertum bekannt. Man kann es nämlich auch direkt plausibel machen: Ist x_i eine Näherung an $\sqrt{2}$, die – beispielsweise – ein wenig kleiner ist als diese Zahl, so ist $\dfrac{2}{x_i}$ eine Näherung, die ein wenig größer ist als $\sqrt{2}$. Dann wird aber das arithmetische Mittel dieser beiden Werte eine bessere Näherung sein als x_i, und genau dieses arithmetische Mittel berechnet das Verfahren (12.9).

Übungsaufgabe 12.2

a) Formulieren Sie das Newton-Verfahren für die Funktion

$$f(x) = x^m - a.$$

Hierbei ist m eine natürliche Zahl und a eine positive reelle Zahl.

b) Verwenden Sie das Verfahren aus Teil a), um die dritte Wurzel aus 7 zu berechnen. Wählen Sie hierfür eine geeignete Startnäherung und führen Sie drei Iterationsschritte durch.

c) Wie viele Schritte benötigt das Verfahren aus Teil a) im Fall $m = 1$, um das exakte Ergebnis zu berechnen? ◀

Ich hatte eingangs dieses Unterabschnitts mit der hohen Konvergenzgeschwindigkeit des Newton-Verfahrens Werbung gemacht, und will das im folgenden Satz 12.5 präzisieren. Die Konvergenzgeschwindigkeit ist ein Maß dafür, wie schnell eine Folge (von Näherungswerten) gegen den gesuchten Grenzwert konvergiert. Dies ist ein Begriff, der typischerweise in der Numerik auftritt, während er in der klassischen Mathematik nicht von Interesse ist: In der Analysis ist es völlig egal, wie schnell eine gegebene Folge konvergiert, Hauptsache, sie tut es überhaupt. In der Numerik dagegen ist man an Folgen interessiert, die möglichst schnell konvergieren, denn je schneller eine Folge konvergiert, desto weniger Schritte muss man durchführen, um eine vernünftige Näherung an den Grenzwert zu bekommen. Und genau hierin ist das Newton-Verfahren fast unschlagbar.

Satz 12.5

Es sei f eine differenzierbare Funktion, $\bar{x}$ eine Nullstelle von f, und $\{x_i\}$ die durch das Newton-Verfahren (12.7) definierte Folge mit einem geeigneten Startwert x_0. Dann gilt:

1. Ist $\bar{x}$ eine einfache Nullstelle von f, gilt also $f'(\bar{x}) \neq 0$, so gilt für alle i

$$|x_{i+1} - \bar{x}| \leq C \cdot |x_i - \bar{x}|^2 \tag{12.10}$$

mit einer von i unabhängigen Konstanten C. Dieses Verhalten nennt man **quadratische Konvergenz**.

2. Ist $\bar{x}$ eine mehrfache Nullstelle von f, gilt also $f'(\bar{x}) = 0$, so gilt für alle i

$$\left| x_{i+1} - \bar{x} \right| \le C \cdot \left| x_i - \bar{x} \right| \qquad (12.11)$$

mit einer von i unabhängigen Konstanten $C < 1$. Dieses Verhalten nennt man **lineare Konvergenz**.

Starker Tobak, ich weiß, ich werde daher nun diese für Sie sicherlich ungewohnte Aussage interpretieren. Über die Konstante C sollten Sie sich nicht allzu viele Sorgen machen, um die erste Aussage des Satzes zu verstehen, können Sie sie in Gedanken einmal gleich 1 setzen. Dann besagt der Satz, dass der Fehler $\left| x_{i+1} - \bar{x} \right|$, den das Verfahren im $(i + 1)$-ten Schritt macht, höchstens so groß ist wie das Quadrat des Fehlers im i-ten Schritt.

Ich weiß nicht, was Sie gerade denken, aber als ich das zum ersten Mal gehört habe, dachte ich: „Na super, da macht man im i-ten Schritt schon einen Fehler, und dann wird der im nächsten Schritt auch noch quadriert, also vergrößert." Aber genau dieser letzte Halbsatz ist falsch, denn üblicherweise sind diese Abweichungen sehr klein, auf jeden Fall kleiner als 1, und bei solch kleinen Werten bedeutet Quadrierung eben nochmalige Verkleinerung; ist beispielsweise der Fehler im, i-ten Schritt ein Zehntel, so ist er im nächsten Schritt höchstens ein Hundertstel, im übernächsten höchstens ein Zehntausendstel usw. Quadratische Konvergenz bedeutet also, dass sich grob gesprochen in jedem Schritt die Anzahl der korrekten Nachkommastellen verdoppelt.

In der zweiten Aussage des Satzes darf man die Konstante nicht gleich 1 setzen, hier ist es gerade wichtig, dass sie kleiner als 1 ist, denn sonst würde überhaupt keine Konvergenz stattfinden. Diese lineare Konvergenz bedeutet, dass sich der Fehler stets verkleinert, aber bei Weitem nicht so schnell wie im ersten Fall. Das ist auch anschaulich klar, denn wenn $\bar{x}$ eine mehrfache Nullstelle ist, so hat die Funktion in $\bar{x}$ eine waagerechte Tangente, und das bedeutet, dass die Tangenten, die das Newton-Verfahren sukzessive an die Funktion legt, immer flacher werden und daher die Konvergenz sehr langsam wird. Damit ist das Newton-Verfahren in diesem Worst Case aber immer noch so gut wie das Banach-Verfahren, denn aus Satz 12.4 folgt, dass dieses stets linear konvergiert.

Beispiel 12.6

Die Funktion $f(x) = (x - 1)^2 e^x$ hat in $\bar{x} = 1$ eine doppelte Nullstelle. Das zugehörige Newton-Verfahren lautet

$$x_{i+1} = x_i - \frac{x_i - 1}{x_i + 1}.$$

Startet man hier mit $x_0 = 2$, so erhält man folgende Werte:

$$x_1 = 1,6667,$$
$$x_2 = 1,4167,$$
$$x_3 = 1,2443,$$
$$x_4 = 1,1354.$$

Wie Sie sehen, quält sich die Folge vergleichsweise langsam dem Grenzwert 1 entgegen.   ◄

Übungsaufgabe 12.3

Berechnen Sie mithilfe des Newton-Verfahrens den Fixpunkt der Funktion $g(x) = \cos(x)$. Stoppen Sie das Verfahren, wenn sich die dritte Nachkommastelle nicht mehr ändert.   ◄

Übungsaufgabe 12.4

a) Begründen Sie, warum die Funktion $f(x) = 2x^3 + x - 2$ genau eine reelle Nullstelle hat.
    Hinweis: Betrachten Sie die erste Ableitung der Funktion.
b) Berechnen Sie diese Nullstelle näherungsweise mit dem Newton-Verfahren; starten Sie dabei mit $x_0 = 1$ und führen Sie drei Iterationsschritte durch.   ◄

12.2   Lineare Gleichungssysteme

Wenn sie dieses Buch von Anfang an durchgearbeitet haben, kennen Sie bereits mindestens eine Methode zur Lösung linearer Gleichungssysteme, nämlich das Gauß-Verfahren. Dieses ist für kleine Systeme, insbesondere bei Handrechnung, recht praktisch, kann aber bei großen Systemen zu numerischen Problemen durch Instabilitäten infolge von Rundungsfehlern und von Datenfehlern führen. (Toll, nicht wahr, da quält man sich mühevoll durch Kap. 2, nur um jetzt zu erfahren, dass das dort bearbeitete Verfahren doch nicht immer hilft; nun ja, so ist das eben manchmal.)

In solchen Fällen bietet sich als möglicher Ausweg ein Iterationsverfahren an. Man beginnt mit einer Startnäherung $x^{(0)}$ an den Lösungsvektor $x(= (x_1, \ldots, x_n))$, benutzt dann eine geeignete Modifikation des Gleichungssystems, um einen besser annähernden Vektor $x^{(1)}$ zu ermitteln, und gewinnt auf diese Weise fortfahrend eine Folge von Näherungen $x^{(1)}, x^{(2)}, \ldots$, die unter gewissen Voraussetzungen gegen die eigentliche Lösung konvergiert.

Ich weiß, das war noch nicht allzu präzise, was ist „geeignet", und was sind „gewisse Voraussetzungen"? Nun, das werden wir auf den nächsten Seiten klären.

12.2.1 Allgemeines

In diesem Kapitel werde ich mich ausschließlich mit quadratischen Systemen befassen, bei denen also die Anzahl der Gleichungen mit derjenigen der Variablen übereinstimmt. Das System hat dann also die Form

$$a_{11}x_1 + a_{12}x_2 + \cdots\cdots + a_{1n}x_n = b_1$$
$$a_{21}x_1 + a_{22}x_2 + \cdots\cdots + a_{2n}x_n = b_2$$
$$\cdots \qquad \cdots \quad \cdots \quad \cdots\cdots\cdots \qquad (12.12)$$
$$\cdots \qquad \cdots \quad \cdots \quad \cdots \quad \cdots \quad \cdots$$
$$a_{n1}x_1 + a_{n2}x_2 + \cdots\cdots + a_{nn}x_n = b_n$$

Manchmal ist es günstig, das Gleichungssystem kompakt in Matrixform zu notieren: Definiert man die quadratische Matrix A und die Vektoren x und b wie folgt:

$$A = \begin{pmatrix} a_{11} & a_{12} & \cdots & \cdots & a_{1n} \\ a_{21} & a_{22} & \cdots & \cdots & a_{2n} \\ \vdots & \vdots & \cdots & \cdots & \vdots \\ \vdots & \vdots & \cdots & \cdots & \vdots \\ a_{n1} & a_{n2} & \cdots & \cdots & a_{nn} \end{pmatrix}, \quad x = \begin{pmatrix} x_1 \\ x_2 \\ \vdots \\ \vdots \\ x_n \end{pmatrix}, \quad b = \begin{pmatrix} b_1 \\ b_2 \\ \vdots \\ \vdots \\ b_n \end{pmatrix}, \qquad (12.13)$$

so kann man das quadratische System (12.12) in der Form

$$A \cdot x = b \qquad (12.14)$$

hinschreiben.

Um es noch einmal deutlich zu sagen: Dies ist lediglich eine kompaktere Schreibweise für das lineare Gleichungssystem (12.12), d. h.: Die Aufgabe, die Lösung von (12.12) zu bestimmen, ist identisch mit der Aufgabe, den Vektor x in (12.14) zu bestimmen.

Beispiel 12.7

Das lineare Gleichungssystem

$$x_1 - x_2 = 2$$
$$2x_1 + x_2 = 0$$

lautet in Matrixform:

$$\begin{pmatrix} 1 & -1 \\ 2 & 1 \end{pmatrix} \cdot \begin{pmatrix} x_1 \\ x_2 \end{pmatrix} = \begin{pmatrix} 2 \\ 0 \end{pmatrix} \qquad \blacktriangleleft$$

Die erste wichtige Voraussetzung, die im gesamten Kapitel erfüllt sein soll, ist: Die Matrix A soll **invertierbar** (regulär) sein. Das hat den Charme, dass das System (12.14) eine eindeutige Lösung besitzt.

Bemerkung

Was ist, wenn die Matrix A nicht invertierbar ist? Nun, aus Kap. 2 wissen Sie, dass dann zwei Situationen vorliegen können, abhängig von der rechten Seite des Systems:

a) Das System ist unlösbar. In diesem Fall brauchen wir uns keine weiteren Gedanken zu machen: Unlösbar ist unlösbar, und daran kann kein numerisches Verfahren der Welt etwas ändern.

b) Das System hat unendlich viele Lösungen. In diesem Fall gibt es kein Patentrezept. Man kann aber beispielsweise versuchen, die redundanten Gleichungen zu eliminieren und durch zusätzliche Bedingungen zu ersetzen, so dass ein eindeutig lösbares System entsteht.

Die Grundidee bei der Herleitung aller Iterationsverfahren zur Lösung linearer Gleichungssysteme ist dieselbe: Man schreibt zunächst das System (12.14) um in ein äquivalentes System

$$x = Bx + d \tag{12.15}$$

mit einer quadratischen Matrix B und einem Vektor d, die noch zu definieren sind.

Dann lautet die Iterationsvorschrift ganz einfach

$$x^{(k+1)} = Bx^{(k)} + d \text{ für } k = 0, 1, \ldots. \tag{12.16}$$

Abhängig davon, wie man die Matrix B und den Vektor d definiert entstehen unterschiedliche Verfahren; die beiden am weitesten verbreiteten, das Gesamtschrittverfahren, das man auch Jacobi-Verfahren nennt, und das Einzelschrittverfahren, das man auch Gauß-Seidel-Verfahren nennt, stelle ich Ihnen auf den kommenden Seiten vor.

12.2.2 Das Gesamtschrittverfahren

Um das System $Ax = b$ in die Form $x = Bx + d$ zu überführen (um also die Matrix B und den Vektor d zu definieren), nimmt man zunächst eine **additive Zerlegung** der Matrix

$$A = \begin{pmatrix} a_{11} & a_{12} & \cdots & \cdots & a_{1n} \\ a_{21} & a_{22} & \cdots & \cdots & a_{2n} \\ \vdots & \vdots & \cdots & \cdots & \vdots \\ \vdots & \vdots & \cdots & \cdots & \vdots \\ a_{n1} & a_{n2} & \cdots & \cdots & a_{nn} \end{pmatrix}$$

vor. Hierfür definiert man die Hilfsmatrizen

$$L = \begin{pmatrix} 0 & 0 & \cdots & \cdots & 0 \\ a_{21} & 0 & \cdots & \cdots & 0 \\ a_{31} & a_{32} & 0 & \cdots & 0 \\ \vdots & \vdots & \ddots & \ddots & \vdots \\ a_{n1} & a_{n2} & \cdots & a_{n,n-1} & 0 \end{pmatrix}, \; D = \begin{pmatrix} a_{11} & 0 & \cdots & \cdots & 0 \\ 0 & a_{22} & 0 & \cdots & 0 \\ 0 & 0 & a_{33} & \ddots & \vdots \\ \vdots & \vdots & \cdots & \ddots & \vdots \\ 0 & 0 & \cdots & 0 & a_{nn} \end{pmatrix}$$

und

$$R = \begin{pmatrix} 0 & a_{12} & \cdots & \cdots & a_{1n} \\ 0 & 0 & a_{23} & \cdots & a_{2n} \\ 0 & 0 & \ddots & \ddots & \vdots \\ \vdots & \vdots & \cdots & \cdots & a_{n-1,n} \\ 0 & 0 & \cdots & \cdots & 0 \end{pmatrix}$$

Beachten Sie, dass das bereits eine additive Zerlegung der Matrix A ist, dass also gilt:

$$A = L + D + R.$$

Beispiel 12.8

Für die Matrix

$$A = \begin{pmatrix} 1 & 0 & -3 & 0 \\ 0 & 1 & 1 & 2 \\ 2 & 1 & -1 & -2 \\ -1 & 2 & 2 & 3 \end{pmatrix}$$

ist

$$L = \begin{pmatrix} 0 & 0 & 0 & 0 \\ 0 & 0 & 0 & 0 \\ 2 & 1 & 0 & 0 \\ -1 & 2 & 2 & 0 \end{pmatrix}, D = \begin{pmatrix} 1 & 0 & 0 & 0 \\ 0 & 1 & 0 & 0 \\ 0 & 0 & -1 & 0 \\ 0 & 0 & 0 & 3 \end{pmatrix} \text{ und } R = \begin{pmatrix} 0 & 0 & -3 & 0 \\ 0 & 0 & 1 & 2 \\ 0 & 0 & 0 & -2 \\ 0 & 0 & 0 & 0 \end{pmatrix}.$$

◀

Ich setze im Folgenden noch voraus, dass die Matrix D auf der Diagonalen keine Nullen enthält, also invertierbar ist. Das ist keine echte Einschränkung, denn da A als invertierbar vorausgesetzt ist, kann man das notfalls durch Zeilentausch immer erreichen.

Mithilfe der additiven Zerlegung von A kann man nun das System $Ax = b$ wie in (12.15) gefordert umschreiben:

Satz 12.6

Mit

$$G = -D^{-1}(L + R) \text{ und } d = D^{-1}b \qquad (12.17)$$

ist das System $Ax = b$ äquivalent zum System $x = Gx + d$.

Ich habe hier nur die oben mit B bezeichnete Matrix in G umgetauft, da sie zum Gesamtschrittverfahren führen wird.

Aber nun will ich die im Satz behauptete Äquivalenz beweisen: Ich gehe aus von

$$x = Gx + d, \tag{12.18}$$

also

$$x = -D^{-1}(L + R)x + D^{-1}b,$$

und multipliziere beide Seiten der Gleichung mit D; das ergibt

$$Dx = -(L + R)x + b.$$

Nun addiere ich auf beiden Seiten $(L + R)x$ und erhalte

$$Dx + (L + R)x = b,$$

also

$$(D + L + R)x = b.$$

Wegen $D + L + R = A$ ist damit die Äquivalenz von (12.18) zu $Ax = b$ gezeigt, und man kann das folgende Verfahren definieren:

Gesamtschrittverfahren oder Jacobi-Verfahren
Zur Lösung des linearen Gleichungssystems $Ax = b$ berechnet man eine Folge $\{x^{(k)}\}$ von Vektoren durch das Iterationsverfahren

$$x^{(k+1)} = Gx^{(k)} + d, \ k = 0, \ 1, \ 2, \ldots. \tag{12.19}$$

mit einem geeigneten Startvektor $x^{(0)}$ und G und d wie in (12.17) definiert.
Konvergiert die Folge gegen einen Vektor x, so ist dieser Lösung von $Ax = b$.

Bemerkungen
1) Die für das Verfahren benötigte Matrix D^{-1} kann ganz einfach berechnet werden, denn die Inverse einer Diagonalmatrix ist ebenfalls eine solche, und in ihrer Diagonalen stehen gerade die Kehrwerte der Ausgangsmatrix, d. h., es gilt

$$D^{-1} = \begin{pmatrix} \dfrac{1}{a_{11}} & 0 & \cdots & \cdots & 0 \\ 0 & \dfrac{1}{a_{22}} & 0 & \cdots & 0 \\ 0 & 0 & \dfrac{1}{a_{33}} & \ddots & \vdots \\ \vdots & \vdots & \cdots & \ddots & \vdots \\ 0 & 0 & \cdots & 0 & \dfrac{1}{a_{nn}} \end{pmatrix}$$

Sie sehen nun auch, dass es eine gute Idee war, die Diagonalelemente von D als von null verschieden vorauszusetzen.

2) Als Abbruchbedingung für das Verfahren benutzt man meist das recht bodenständige Kriterium, dass sich die Komponenten der berechneten Vektoren nicht mehr allzu sehr ändern, dass also mit einer vorgegebenen Genauigkeitsschranke ε gilt:

$$\left| x_i^{(k-1)} - x_i^{(k)} \right| < \varepsilon \text{ für } i = 1, 2, \ldots, n. \tag{12.20}$$

Völlig äquivalent dazu kann man auch fordern:

$$\max_i \left| x_i^{(k-1)} - x_i^{(k)} \right| < \varepsilon, \tag{12.21}$$

denn wenn die größte der Differenzen kleiner ist als ε, sind es die anderen auch.

Jetzt wird es aber höchste Zeit für Beispiele.

Beispiel 12.9

Fangen wir klein an mit einem (3×3)-System. Zu lösen sei das lineare Gleichungssystem

$$\begin{aligned} 3x_1 + x_2 \quad\quad &= -2 \\ 2x_1 + 4x_2 + x_3 &= 4 \\ 2x_1 + x_2 + 4x_3 &= 7 \end{aligned}$$

mit einer vorgegebenen Schranke $\varepsilon = 0{,}05$.

Bei einem so kleinen System rentiert sich offen gestanden das Iterationsverfahren kaum, da der Gauß-Algorithmus sicherlich schneller und exakter wäre, aber es soll ja nur als Beispiel zur Handrechnung dienen.

In Matrizenschreibweise ist hier

$$A = \begin{pmatrix} 3 & 1 & 0 \\ 2 & 4 & 1 \\ 2 & 1 & 4 \end{pmatrix} \text{ und } b = \begin{pmatrix} -2 \\ 4 \\ 7 \end{pmatrix}$$

Damit erhält man der Reihe nach folgende Matrizen:

$$D^{-1} = \begin{pmatrix} \dfrac{1}{3} & 0 & 0 \\ 0 & \dfrac{1}{4} & 0 \\ 0 & 0 & \dfrac{1}{4} \end{pmatrix}, \; L + R = \begin{pmatrix} 0 & 1 & 0 \\ 2 & 0 & 1 \\ 2 & 1 & 0 \end{pmatrix}$$

$$D^{-1}(L+R) = \begin{pmatrix} 0 & \frac{1}{3} & 0 \\ \frac{1}{2} & 0 & \frac{1}{4} \\ \frac{1}{2} & \frac{1}{4} & 0 \end{pmatrix}, \quad d = D^{-1}b = \begin{pmatrix} -\frac{2}{3} \\ 1 \\ \frac{7}{4} \end{pmatrix}$$

Das Verfahren lautet also

$$x^{(k+1)} = \begin{pmatrix} 0 & -\frac{1}{3} & 0 \\ -\frac{1}{2} & 0 & -\frac{1}{4} \\ -\frac{1}{2} & -\frac{1}{4} & 0 \end{pmatrix} x^{(k)} + \begin{pmatrix} -\frac{2}{3} \\ 1 \\ \frac{7}{4} \end{pmatrix}, \quad k = 0, 1, 2, \ldots$$

Verwendet man als Startvektor

$$x^{(0)} = \begin{pmatrix} x_1^{(0)} \\ x_2^{(0)} \\ x_3^{(0)} \end{pmatrix}$$

den Nullvektor, erhält man die folgenden Werte:

k	$x_1^{(k)}$	$x_2^{(k)}$	$x_3^{(k)}$	$\max_i \left| x_i^{(k-1)} - x_i^{(k)} \right|$
0	0,0000	0,0000	0,0000	
1	−0,6667	1,0000	1,7500	1,7500
2	−1,0000	0,8954	1,8333	0,3333
3	−0,9653	1,0417	2,0260	0,1927
4	−1,0139	0,9761	1,9722	0,0656
5	−0,9920	1,0139	2,0129	0,0407

Damit ist die gewünschte Genauigkeit erreicht und

$$x^{(5)} = \begin{pmatrix} -0,9920 \\ 1,0139 \\ 2,0129 \end{pmatrix}$$

dient als Näherung an die exakte Lösung; diese ist hier übrigens

$$x = \begin{pmatrix} -1 \\ 1 \\ 2 \end{pmatrix}$$

wie Sie durch Einsetzen sofort nachprüfen können. ◄

Beispiel 12.10

Im zweiten Beispiel wage ich mich einmal an das (4×4)-System

$$6x_1 - x_2 + 2x_4 = 8$$
$$2x_2 - x_3 = 1$$
$$x_1 + x_2 + 3x_3 = -1,5$$
$$3x_2 - 4x_4 = 2$$

Die notwendigen Zwischenrechnungen möchte ich bei diesem zweiten Beispiel gerne Ihnen überlassen und gleich die Verfahrensvorschrift angeben; sie lautet

$$x^{(k+1)} = \begin{pmatrix} 0 & \frac{1}{6} & 0 & -\frac{1}{3} \\ 0 & 0 & \frac{1}{2} & 0 \\ -\frac{1}{3} & -\frac{1}{3} & 0 & 0 \\ 0 & \frac{3}{4} & 0 & 0 \end{pmatrix} x^{(k)} + \begin{pmatrix} \frac{4}{3} \\ \frac{1}{2} \\ -\frac{1}{2} \\ -\frac{1}{2} \end{pmatrix}, k = 0,1,2,\ldots.$$

Startet man auch hier wieder mit dem Nullvektor und wählt die Genauigkeit $\varepsilon = 0,05$, erhält man folgende Werte:

k	$x_1^{(k)}$	$x_2^{(k)}$	$x_3^{(k)}$	$x_4^{(k)}$	$\max_i \left| x_i^{(k-1)} - x_i^{(k)} \right|$
0	0,0000	0,0000	0,0000	0,0000	
1	1,3333	0,5000	−0,5000	−0,5000	1,3333
2	1,5833	0,2500	−1,1111	−0,1250	0,6111
3	1,4166	−0,0555	−1,1111	−0,3125	0,3055
4	1,4282	−0,0555	−0,9537	−0,5416	0,2291
5	1,5046	0,0231	−0,9575	−0,5416	0,0786
6	1,5177	0,0212	−1,0092	−0,4827	0,0589
7	1,4978	−0,0046	−1,0129	−0,4841	0,0258

Damit hat der Vektor

$$x^{(7)} = \begin{pmatrix} 1,4978 \\ -0,0046 \\ -1,0129 \\ -0,4841 \end{pmatrix}$$

die gewünschte Genauigkeit. Die exakte Lösung des Systems ist

$$x = \begin{pmatrix} 1,5 \\ 0,0 \\ -1,0 \\ -0,5 \end{pmatrix}$$

◀

Übungsaufgabe 12.5

Bestimmen Sie mithilfe des Gesamtschrittverfahrens eine Näherung an die Lösung des Systems

$$6x_1 + x_1 - x_2 = 7$$
$$5x_2 - 2x_3 = -4$$
$$x_1 + 4x_3 = -11$$

mit einer Genauigkeit von $\varepsilon = 0,05$. Starten Sie dabei mit dem Nullvektor. ◀

Möglicherweise haben Sie sich schon gefragt, ob das Gesamtschrittverfahren in jedem Fall, also für alle quadratischen Systeme und jeden Startvektor $x^{(0)}$, konvergiert. Offen gestanden wäre das in Anbetracht der Einfachheit des Verfahrens fast schon ein Wunder. Nun gibt es zwar, einem alten Liedtext zufolge, immer wieder mal Wunder, aber hier leider nicht. Ich zeige Ihnen zum Einstieg mal ein Beispiel.

Beispiel 12.11

Warum nicht mal ein Beispiel mit „krummen" Zahlen? Betrachten wir das folgende lineare Gleichungssystem:

$$3,16x_1 - 4,07x_2 + 1,99x_3 = 5,76$$
$$2,08x_1 + 2,61x_2 + 3,53x_3 = -4,27$$
$$-1,54x_1 + 2,31x_2 + 2,11x_3 = 3,73$$

Wendet man hierauf das Gesamtschrittverfahren an und beginnt wiederum mit dem Nullvektor, erhält man die in folgender Tabelle angegeben Werte:

k	$x_1^{(k)}$	$x_2^{(k)}$	$x_3^{(k)}$
0	0,0000	0,0000	0,0000
1	1,8228	−1,6360	1,7678
2	−1,3976	−5,4795	4,8894
3	−8,3137	−7,1352	6,7466
4	−11,6157	−4,1356	3,5112

Wie Sie sehen, kann hier von Konvergenz keine Rede sein. ◀

Man benötigt also Kriterien, die die Konvergenz des Verfahrens sichern. Um Ihnen diese im Folgenden angeben zu können, benötige ich noch eine Notation:

Definition 12.3

Es sei A eine quadratische $(n \times n)$-Matrix, deren Hauptdiagonalelemente a_{ii} alle von null verschieden sind.

Die Matrix A erfüllt das **Zeilensummenkriterium**, wenn gilt:

$$\max_{i \in \{1,\dots,n\}} \sum_{\substack{j=1 \\ j \neq i}}^{n} \left| \frac{a_{ij}}{a_{ii}} \right| < 1. \tag{12.22}$$

Sie erfüllt das **Spaltensummenkriterium**, wenn gilt:

$$\max_{j \in \{1,\dots,n\}} \sum_{\substack{i=1 \\ i \neq j}}^{n} \left| \frac{a_{ij}}{a_{jj}} \right| < 1. \tag{12.23}$$

Sicherlich ist das nicht gerade ein Musterbeispiel einer selbsterklärenden Definition, aber natürlich erläutere ich Ihnen jetzt gerne, was da passiert. Schauen wir uns (12.22) an, und wählen ein beliebiges, aber festes i, also eine feste Zeile (beachten Sie, dass der erste Index gerade die Zeile bezeichnet). Man dividiert nun alle Elemente in dieser Zeile - außer dem Element a_{ii} auf der Hauptdiagonalen – durch a_{ii}, bildet die Beträge dieser Quotienten und summiert diese auf. Das macht man für jede der n Zeilen, also $i = 1, 2, \dots, n$, und erhält dadurch n Zeilensummen. Am Ende bestimmt man die größte, also das Maximum dieser Zeilensummen, und prüft, ob dieses Maximum kleiner als 1 ist. Ist das der Fall, ist das Zeilensummenkriterium erfüllt, ansonsten nicht.

Das Spaltensummenkriterium, also (12.23), ist völlig analog aufgebaut, nur dass man hier für $j = 1, 2, \dots, n$ die n Spaltensummen bildet und deren Maximum betrachtet.

Höchste Zeit für ein Beispiel.

Beispiel 12.12

Es sei

$$A = \begin{pmatrix} 5 & -1 & 3 \\ 0 & 4 & -2 \\ 2 & 1 & -4 \end{pmatrix}$$

Man erhält folgende Zeilensummen:

$$\text{Für } i = 1, \text{ also die erste Zeile}: \frac{1}{5} + \frac{3}{5} = \frac{4}{5},$$

$$\text{für } i = 2 : 0 + \frac{2}{4} = \frac{1}{2},$$

$$\text{für } i = 3 : \frac{2}{4} + \frac{1}{4} = \frac{3}{4}.$$

Also ist

$$\max_{i \in \{1,2,3\}} \sum_{\substack{j=1 \\ j \neq i}}^{3} \left| \frac{a_{ij}}{a_{ii}} \right| = \max \left\{ \frac{4}{5}, \frac{1}{2}, \frac{3}{4} \right\} = \frac{4}{5} < 1,$$

das Zeilensummenkriterium ist also erfüllt.

Ich denke, das Bilden der Spaltensummen kann ich jetzt vertrauensvoll Ihnen überlassen, Sie sollten herausbekommen:

$$\max_{j \in \{1,2,3\}} \sum_{\substack{i=1 \\ i \neq j}}^{3} \left| \frac{a_{ij}}{a_{jj}} \right| = \max \left\{ \frac{2}{5}, \frac{1}{2}, \frac{5}{4} \right\} = \frac{5}{4} > 1.$$

Das Spaltensummenkriterium ist also nicht erfüllt. ◀

Und wozu das Ganze? Nun, es wird Sie im Kontext dieses Kapitels nicht überraschen, dass diese Kriterien etwas mit der Konvergenz des Gesamtschrittverfahrens zu tun haben; die genaue Formulierung ist wie folgt.

Satz 12.7
Es sei A eine quadratische Matrix, die (mindestens) eines der beiden Kriterien (12.22) oder (12.23) erfüllt. Dann konvergiert das aus dieser Matrix gebildete Gesamtschrittverfahren für beliebige rechte Seite b und beliebigen Startvektor $x^{(0)}$ gegen die Lösung des zugehörigen linearen Gleichungssystems.

Bemerkungen
1) Ich möchte nochmals betonen, dass es für den Konvergenznachweis des Verfahrens bereits ausreicht, dass eines der beiden Kriterien erfüllt ist; so wäre etwa in Beispiel 12.12 Konvergenz garantiert.
2) Die Kriterien sind außerdem nur hinreichend, aber nicht notwendig. Das bedeutet: Wenn eines der Kriterien erfüllt ist, ist Konvergenz des Verfahrens garantiert. Es kann aber sein, dass das Verfahren konvergiert, auch wenn keines der beiden Kriterien erfüllt ist.

Beispiel 12.13

Ich überprüfe die Matrix

$$A = \begin{pmatrix} 3 & 1 & 0 \\ 2 & 4 & 1 \\ 2 & 1 & 4 \end{pmatrix}$$

aus Beispiel 12.9.

Die drei Zeilensummen sind hier

$$\frac{1}{3}, \frac{3}{4} \text{ und } \frac{3}{4},$$

deren Maximum ist $\frac{3}{4}$ und somit kleiner als 1. Das Zeilensummenkriterium ist also erfüllt.

Die Spaltensummen sind

$$\frac{4}{3}, \frac{1}{2} \text{ und } \frac{1}{4},$$

deren Maximum ist $\frac{4}{3}$, also größer als 1. Das Spaltensummenkriterium ist also nicht erfüllt.

Das macht aber nichts, denn das Erfülltsein des Zeilensummenkriteriums impliziert nach Satz 12.7 bereits, dass das aus der Matrix A gebildete Gesamtschrittverfahren konvergiert, und wie wir in Beispiel 12.9 gesehen haben, tut es das ja auch. ◄

Beispiel 12.14

Nun noch ein Blick auf das Gleichungssystem in Beispiel 12.11. Die hierzu gehörige Matrix lautet

$$\begin{pmatrix} 3{,}16 & -4{,}07 & 1{,}99 \\ 2{,}08 & 2{,}61 & 3{,}53 \\ -1{,}54 & 2{,}31 & 2{,}11 \end{pmatrix}$$

Bereits die erste Zeile liefert hier die Summe

$$\frac{4{,}07}{3{,}16} + \frac{1{,}99}{3{,}16} \approx 1{,}92 > 1,$$

das Zeilensummenkriterium kann also nicht erfüllt sein, da brauche ich gar nicht weiter zu rechnen.

Auch die erste Spalte liefert einen Wert, der größer ist als 1, nämlich

$$\frac{2{,}08}{3{,}16} + \frac{1{,}54}{3{,}16} \approx 1{,}15,$$

und daher ist auch das Spaltensummenkriterium nicht erfüllt.

Und das ist auch gut so, denn in Beispiel 12.11 haben wir gesehen, dass das aus dieser Matrix gebildete Verfahren nicht konvergiert. ◄

Übungsaufgabe 12.6

Prüfen Sie, ob die zum Gleichungssystem in Beispiel 12.10 gehörende Matrix

a) das Zeilensummenkriterium
b) das Spaltensummenkriterium
   erfüllt. ◀

12.2.3 Das Einzelschrittverfahren

In diesem Abschnitt stelle ich Ihnen ein weiteres Iterationsverfahren zur Lösung linearer Gleichungssysteme vor, das Einzelschrittverfahren. Es stellt eine gewisse Verbesserung des Gesamtschrittverfahrens dar, in dem Sinne, dass es in manchen Fällen konvergiert, in denen das Gesamtschrittverfahren dies nicht tut, und dass es generell schneller konvergiert als das Gesamtschrittverfahren. Der kleine Preis, den man dafür zahlt, ist – wen wundert's –, dass die Durchführung ein wenig aufwendiger ist. Aber keine Sorge, ich bin bei Ihnen; falls es nicht gerade das ist, was Ihnen Sorge bereitet.

Zur Formulierung des Verfahrens benutze ich die oben definierte additive Zerlegung der Matrix A in $A = L + D + R$. Dann gilt folgender Satz:

Satz 12.8
Mit

$$S = -\left(L+D\right)^{-1} R \text{ und } d = \left(L+D\right)^{-1} b \qquad (12.24)$$

ist das System $Ax = b$ äquivalent zum System $x = Sx + d$.

Beweis Ich gehe aus von

$$x = Sx + d,$$

also

$$x = -\left(L+D\right)^{-1} Rx + \left(L+D\right)^{-1} b,$$

und multipliziere beide Seiten der Gleichung mit $(L + D)$; das ergibt

$$\left(L+D\right)x = -Rx + b.$$

Nun addiere ich auf beiden Seiten Rx und erhalte

$$(D + L + R)x = b,$$

also $Ax = b$.

Aus dem Satz folgt direkt, dass man das Iterationsverfahren

$$x^{(k+1)} = Sx^{(k)} + d = -(L + D)^{-1} Rx^{(k)} + (L + D)^{-1} b$$

benutzen kann. Das ist auch richtig, aber für die praktische Durchführung stellt man das noch ein klein wenig um: Multiplikation von links mit $(L + D)$ liefert zunächst

$$(L + D)x^{(k+1)} = -Rx^{(k)} + b,$$

und Subtraktion von $Lx^{(k+1)}$ macht hieraus

$$Dx^{(k+1)} = -Rx^{(k)} - Lx^{(k+1)} + b.$$

Multipliziert man das nun wiederum mit D^{-1}, erhält man das Einzelschrittverfahren in der am meisten verbreiteten Form:

Einzelschrittverfahren oder Gauß-Seidel-Verfahren

Zur Lösung des linearen Gleichungssystems $Ax = b$ berechnet man eine Folge $\{x^{(k)}\}$ von Vektoren durch das Iterationsverfahren

$$x^{(k+1)} = D^{-1}\left(-Rx^{(k)} - Lx^{(k+1)} + b\right), \quad k = 0,\ 1,\ 2,\dots. \qquad (12.25)$$

mit einem geeigneten Startvektor $x^{(0)}$.

Konvergiert die Folge gegen einen Vektor x, so ist dieser Lösung von $Ax = b$.

Falls Sie übrigens verzweifelt den Unterschied zum Gesamtschrittverfahren suchen, schauen Sie mal unauffällig auf die oberen Indizes auf der rechten Seite. Sie erkennen dort, dass im Gegensatz zum Gesamtschrittverfahren auch der obere Index $(k + 1)$ vorkommt.

Zunächst denkt man vielleicht, dass das Verfahren nicht funktionieren kann, da man hier zur Berechnung des Vektors $x^{(k+1)}$ auf diesen selbst auf der rechten Seite zurückgreift.

Aber keine Angst, es ist alles gut: Berechnet man nämlich die einzelnen Komponenten des Vektors $x^{(k+1)}$ zeilenweise von oben nach unten (in „einzelnen Schritten", daher der Name des Verfahrens), so sieht man, dass rechts nur auf solche Komponenten zurückgegriffen wird, die zuvor bereits berechnet wurden. Die folgenden Beispiele werden das verdeutlichen.

Beispiel 12.15

Aus Gründen der Vergleichbarkeit greife ich das System

$$\begin{aligned}
3x_1 + x_2 \quad\ \ &= -2 \\
2x_1 + 4x_2 + x_3 &= 4 \\
2x_1 + x_2 + 4x_3 &= 7
\end{aligned}$$

aus Beispiel 12.9 nochmals auf.

Die Hilfsmatrizen D^{-1}, L und R hatte ich dort schon bestimmt, sodass ich direkt die Vorschrift des Einzelschrittverfahrens angeben kann; diese lautet:

$$x^{(k+1)} = \begin{pmatrix} \dfrac{1}{3} & 0 & 0 \\ 0 & \dfrac{1}{4} & 0 \\ 0 & 0 & \dfrac{1}{4} \end{pmatrix} \left(-\begin{pmatrix} 0 & 1 & 0 \\ 0 & 0 & 1 \\ 0 & 0 & 0 \end{pmatrix} x^{(k)} - \begin{pmatrix} 0 & 0 & 0 \\ 2 & 0 & 0 \\ 2 & 1 & 0 \end{pmatrix} x^{(k+1)} + \begin{pmatrix} -2 \\ 4 \\ 7 \end{pmatrix} \right),$$

$$= \begin{pmatrix} 0 & -\dfrac{1}{3} & 0 \\ 0 & 0 & -\dfrac{1}{4} \\ 0 & 0 & 0 \end{pmatrix} x^{(k)} + \begin{pmatrix} 0 & 0 & 0 \\ -\dfrac{1}{2} & 0 & 0 \\ -\dfrac{1}{2} & -\dfrac{1}{4} & 0 \end{pmatrix} x^{(k+1)} + \begin{pmatrix} -\dfrac{2}{3} \\ 1 \\ \dfrac{7}{4} \end{pmatrix}, k = 0, 1, 2, \ldots.$$

Verwendet man auch hier wieder als Startvektor $x^{(0)}$ den Nullvektor, erhält man die folgenden Werte:

k	$x_1^{(k)}$	$x_2^{(k)}$	$x_3^{(k)}$	$\max_i \left| x_i^{(k-1)} - x_i^{(k)} \right|$
0	0,0000	0,0000	0,0000	
1	−0,6667	1,3333	1,7500	1,7500
2	−1,1111	1,1181	2,0261	0,4444
3	−1,0394	1,0132	2,0164	0,1049
4	−1,0044	0,9981	2,0027	0,0350
5	−0,9994	0,9990	1,9999	0,0050

Sie sehen, dass die Schranke $\varepsilon = 0{,}05$ hier bereits einen Iterationsschritt früher als in Beispiel 12.9 unterschritten wurde.

Wenn Sie diese Rechnung nachvollziehen, was ich sehr empfehlen möchte, verstehen Sie auch die etwas kryptische Bemerkung vor diesem Beispiel besser: Wenn man die erste Komponente des Vektors $x^{(k+1)}$ bestimmen will, wird diese auf der rechten Seite gar nicht benötigt, weil sie mit einer Nullzeile der Matrix multipliziert wird. Wenn man anschließend die zweite Komponente bestimmt, benötigt man auf der rechten Seite nur die (gerade berechnete) erste Komponente, und für die dritte schließlich nur die ersten beiden, die man zu diesem Zeitpunkt bereits berechnet hat. ◄

Übungsaufgabe 12.7

Bestimmen Sie mithilfe des Einzelschrittverfahrens eine Näherung an die Lösung des linearen Gleichungssystems aus Übungsaufgabe 12.5 mit einer Genauigkeit von $\varepsilon = 0{,}05$. Starten Sie dabei mit dem Nullvektor. ◄

Die im Raum stehende Frage nach Konvergenzkriterien für das Einzelschrittverfahren ist hier überraschend schnell und kompakt zu beantworten. Die beiden Kriterien, die bereits die Konvergenz des Gesamtschrittverfahrens implizierten, sind auch für die Konvergenz des Einzelschrittverfahrens hinreichend, d. h., es gilt:

> **Satz 12.9**
> Es sei A eine quadratische Matrix, die (mindestens) eines der beiden Kriterien (12.22) oder (12.23) erfüllt. Dann konvergiert das aus dieser Matrix gebildete Einzelschrittverfahren für beliebige rechte Seite b und beliebigen Startvektor $x^{(0)}$ gegen die Lösung des zugehörigen linearen Gleichungssystems.

Mit einem Beispiel will ich mich hier gar nicht erst aufhalten, sondern gleich Ihnen das Feld überlassen.

Übungsaufgabe 12.8

Prüfen Sie, ob die Matrix

$$A = \begin{pmatrix} 4 & 2 & 1 \\ -1 & 4 & 3 \\ 0 & 1 & -6 \end{pmatrix}$$

a) das Zeilensummenkriterium
b) das Spaltensummenkriterium
    erfüllt.   ◀

Übungsaufgabe 12.9

Formulieren Sie das Einzelschrittverfahren für die Matrix A aus Übung 12.8 und die rechte Seite

$$b = \begin{pmatrix} 1 \\ -1 \\ 0 \end{pmatrix}$$

Führen Sie anschließend das Verfahren mit einer Genauigkeit von $\varepsilon = 0{,}05$ durch. Starten Sie dabei mit dem Nullvektor. ◀

12.3   Interpolation

12.3.1 Problemstellung und Lösung durch Lagrange-Polynome

Das Grundproblem der Interpolation kann man sehr schön an Abb. 12.2 erkennen: In einem kartesischen Koordinatensystem sind gewisse Punkte vorgegeben – das können beispielsweise die Ergebnisse einer Messreihe sein – und es soll eine Funktion gefunden werden, deren Graph durch diese Punkte verläuft. Handelt es sich also beispielsweise um die Ergebnisse einer Messung, so kann man diese Funktion anschließend benutzen, um Werte zwischen den Messpunkten abzugreifen.

Eine andere Motivation für die Interpolation ist beispielsweise der computergestützte Entwurf einer Kontur, deren grober Verlauf vom Anwender durch die Angabe einiger Kurvenpunkte vorgegeben wird.

Eine ziemlich einfache Lösung dieses Problems kann bereits jedes Kind im Vorschulalter angeben, jedenfalls solange man es nicht mit so gefährlichen Worten wie „Interpolation" oder „Funktionen" erschreckt: Man verbindet einfach je zwei benachbarte Punkte durch eine Strecke. Hierdurch ergibt sich ein **Streckenzug** oder auch **Polygonzug**, also eine stückweise lineare Funktion, die die Interpolationsvorgabe erfüllt (Abb. 12.3).

Allerdings ist diese Funktion nicht differenzierbar, ihr Graph also nicht „glatt", und das ist häufig unerwünscht. Daher präzisiert man das Problem meist dahingehend, dass man als interpolierende Funktionen nur differenzierbare Funktionen zulässt, und hierbei wiederum sind sehr oft Polynome die geeignetsten Kandidaten, da sie einerseits sehr gut beherrschbar sind – man kann sie sehr leicht auswerten, aber auch differenzieren und integrieren – und andererseits sehr gut geeignet sind, das Interpolationsproblem zu lösen (Abb. 12.4).

Abb. 12.2 Punkte im kartesischen Koordinatensystem

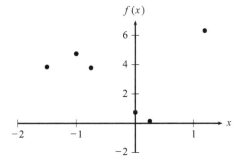

Abb. 12.3 Durch einen Streckenzug verbundene Punkte

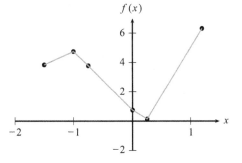

Abb. 12.4 Interpolierende
glatte Funktion

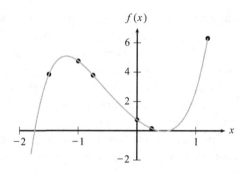

Wie das geht, zeige ich Ihnen gleich, zuvor jedoch muss ich das Problem präzisieren und analytisch formulieren:

Definition 12.4 (Interpolationsproblem)
Es sei n eine natürliche Zahl. Gegeben seien $(n + 1)$ Punkte

$$x_0 < x_1 < \cdots < x_{n-1} < x_n \qquad (12.26)$$

sowie ebenso viele beliebige Zahlen $y_0, y_1, \ldots, y_n$.

Das **Interpolationsproblem** besteht darin, ein Polynom $p(x)$ höchstens n-ten Grades zu finden, das die Bedingungen

$$p(x_i) = y_i \text{ für } i = 0,1,\ldots,n \qquad (12.27)$$

erfüllt. Dieses Polynom nennt man **Interpolationspolynom**.

Bemerkung
Der Tatsache, dass die Punkte x_i durch die Bedingung (12.26) der Größe nach sortiert sein müssen, sollten Sie keine allzu tiefe Bedeutung beimessen; wichtig ist hier nur, dass die Punkte alle verschieden voneinander sind, und dann ist es einfach nur bequem, sie durch die Indizes gleich der Größe nach zu sortieren.

Für kleine Grade kann man die Lösung des Interpolationsproblems zu Fuß ermitteln: Im Fall $n = 1$ bedeutet das, dass man eine Gerade angeben muss, die an zwei verschiedenen Stellen x_0 und x_1 vorgegebene Werte annimmt; es ist schon anschaulich klar, dass es eine solche Gerade gibt, und es ist ebenso klar, dass sie eindeutig bestimmt ist.

Ist $n = 2$, so lautet das Interpolationsproblem: Man bestimme ein Polynom zweiten Grades, also eine Parabel, deren Graph durch drei vorgegebene Punkte geht. Auch hier ist es noch anschaulich klar, dass es eine solche Parabel geben wird, aber dass diese auch eindeutig bestimmt ist, ist schon nicht mehr ganz so klar; es könnte ja sein, dass man an dieser Parabel ein wenig „wackeln" kann, ohne ihre Interpolationseigenschaft zu zerstören (Abb. 12.5).

Abb. 12.5 Interpolierende
Parabel

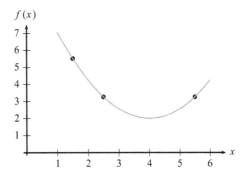

So wird das also nix, wir brauchen einen allgemeinen Satz samt Beweis, der die eindeutige Lösbarkeit des Interpolationsproblems sicherstellt. Und genau dieser folgt jetzt.

Satz 12.10 (Hauptsatz der Interpolationstheorie)
Das in Definition 12.4 definierte Interpolationsproblem besitzt stets eine eindeutig bestimmte Lösung.

Das heißt: Es gibt für jedes n und für jede Vorgabe von $(n + 1)$ Punkt-Wertepaaren genau ein Polynom aus der Menge Π_n, das die Bedingungen (12.27) erfüllt.

Schöner kann es eigentlich nicht kommen: Das Problem besitzt stets eine Lösung, und diese ist auch noch eindeutig. Letzteres ist übrigens keineswegs eine nebensächliche Eigenschaft: Stellen Sie sich vor, das Problem hätte mehrere Lösungen, und Sie müssten eine Reihe von wissenschaftlichen Messdaten interpolieren, dann könnte es Ihnen passieren, dass Sie, abhängig von Tagesform, Luftdruck, Schuhgröße oder was auch immer unterschiedliche Lösungen desselben Problems erhalten würden – keine sehr schöne Aussicht für ein wissenschaftliches Untersuchungsprogramm.

Ich werde den Hauptsatz im Rest dieses Unterabschnitts nun vollständig beweisen, da der Beweis im zweiten Teil eine Möglichkeit angibt, das Interpolationspolynom konstruktiv zu berechnen. Zuvor jedoch bereits die erste Übungsaufgabe zur Interpolation, bei der Sie natürlich noch keinen Algorithmus brauchen, sondern einfach nur nachdenken sollten.

Übungsaufgabe 12.10

Geben Sie ein Polynom $p \in \Pi_{100}$ an, das die Interpolationsaufgabe

$$p(0) = p(1) = p(2) = \cdots = p(99) = p(100) = 1$$

löst.   ◀

Nun wie bereits angedroht zum Beweis des Hauptsatzes. Ich beginne damit, zu zeigen, dass es *höchstens* eine Lösung des Interpolationsproblems gibt. Im zweiten Teil werde ich dann zeigen, dass es tatsächlich eine gibt, und diese beiden Aussagen zusammen beweisen dann den Hauptsatz.

Nehmen wir also einmal an, es gäbe zwei verschiedene Lösungen des Interpolationsproblems, nennen wir sie $p_1(x)$ und $p_2(x)$. Da beide das Problem lösen, gilt also

$$p_1\left(x_i\right) = p_2\left(x_i\right) = y_i \text{ für } i = 0,1,\dots,n.$$

Dass beide Polynome an den Stellen x_i jeweils gerade den Wert y_i annehmen, ist offen gestanden hier ziemlich uninteressant; wichtig ist allein, dass sie an all diesen Stellen jeweils *denselben* Wert annehmen. Daraus folgt nämlich sofort für die Differenz der beiden Polynome:

$$p_1\left(x_i\right) - p_2\left(x_i\right) = \left(p_1 - p_2\right)\left(x_i\right) = 0 \text{ für } i = 0,1,\dots,n. \tag{12.28}$$

Nun ist $(p_1 - p_2)(x)$ als Differenz zweier Polynome n-ten Grades selbst ein Polynom n-ten Grades, und da $p_1(x)$ und $p_2(x)$ nach Annahme verschieden sind, ist $(p_1 - p_2)(x)$ nicht konstant 0. Damit sagt aber Gl. (12.28), dass ein Polynom n-ten Grades, das nicht konstant 0 ist, $(n + 1)$ Nullstellen hat, was nicht möglich ist (ein Polynom ersten Grades, also eine Gerade, kann nicht zwei Nullstellen haben, ein Polynom zweiten Grades, also eine Parabel, kann nicht drei Nullstellen haben usw.).

Damit war die Annahme falsch, und es kann nicht zwei verschiedene Lösungen des Interpolationsproblems geben.

Nun muss ich „nur noch" zeigen, dass es überhaupt eine Lösung gibt. Hierfür werden sich die Lagrange-Polynome als nützlich erweisen, die ich jetzt definieren werde:

Definition 12.5

Für ein $n \in \mathbb{N}$ seien Punkte

$$x_0 < x_1 < \cdots < x_{n-1} < x_n$$

festgelegt. Dann heißt für beliebiges $j \in \{0, 1, \dots, n\}$ die Funktion

$$L_j^n\left(x\right) = \frac{\left(x - x_0\right)\left(x - x_1\right)\cdots\left(x - x_{j-1}\right)\left(x - x_{j+1}\right)\cdots\left(x - x_n\right)}{\left(x_j - x_0\right)\left(x_j - x_1\right)\cdots\left(x_j - x_{j-1}\right)\left(x_j - x_{j+1}\right)\cdots\left(x_j - x_n\right)} \tag{12.29}$$

Lagrange-Polynom n-ten Grades zum Index j (bzw. zum Punkt x_j).

Beispiel 12.16

Ich setze – ziemlich willkürlich – $n = 3$, sowie

$$x_0 = -1, \quad x_1 = 1, \quad x_2 = 3, \quad x_3 = 4.$$

Dann ist beispielsweise

$$L_1^3(x) = \frac{(x+1)(x-3)(x-4)}{2 \cdot (-2)(-3)} = \frac{1}{12}(x+1)(x-3)(x-4)$$

und

$$L_3^3(x) = \frac{(x+1)(x-1)(x-3)}{5 \cdot 3 \cdot 1} = \frac{1}{15}(x+1)(x-1)(x-3). \qquad \blacktriangleleft$$

Es wird Sie nicht wundern, dass diese Funktionen benannt sind nach Joseph Louis Lagrange (1736 bis 1813), den Sie bereits aus Kap. 9 kennen, aber erwähnen wollte ich es doch. Wundern wird Sie allerdings möglicherweise die Bezeichnung „Polynom", denn dass es sich bei den durch (12.29) definierten Funktionen um Polynome handelt, ist nicht ganz offensichtlich.

Dass dies tatsächlich der Fall ist sowie eine wichtige Interpolationseigenschaft der Lagrange-Polynome, ist der Inhalt des folgenden zentralen Satzes:

Satz 12.11

Für ein $n \in \mathbb{N}$ und $j \in \{0, 1, \ldots, n\}$ sei $L_j^n(x)$ das Lagrange-Polynom wie in (12.29) definiert. Dann gelten folgende Aussagen:

a) $L_j^n(x)$ ist ein Polynom vom Grad n.

b) Es ist $L_j^n(x_j) = 1$.

c) Es ist $L_j^n(x_i) = 0$ für alle $i \neq j$.

$L_j^n(x)$ nimmt also an der Stelle x_j den Wert 1 und an allen anderen Stellen x_i den Wert 0 an.

Beweis Multipliziert man den Zähler von $L_j^n(x)$ aus, so erhält man eine Linearkombination aller möglicher Potenzen von x. Die höchste Potenz, die dabei auftreten kann, ist x^n, denn der Zähler von $L_j^n(x)$ besteht aus genau n Linearfaktoren. Der Nenner von $L_j^n(x)$ ist eine Konstante. Das beweist Aussage a).

Setzt man $x = x_j$, so ist der Zähler in (12.29) identisch mit dem Nenner, somit ist der Wert des Bruchs und damit $L_j^n(x_j)$ gleich 1. Das beweist Aussage b).

Setzt man schließlich einen Wert x_i mit $i \neq j$ ein, so wird einer der Faktoren im Zähler gleich 0 und somit auch der gesamte Zähler. Das beweist Aussage c).

Beispiel 12.17

Um dieses vielleicht ominöse Ausmultiplizieren des Zählers zu illustrieren, greife ich die beiden Funktionen aus Beispiel 12.16 nochmals auf und führe diese Multiplikation explizit durch; ich erhalte

$$L_1^3(x) = \frac{1}{12}(x+1)(x-3)(x-4) = \frac{1}{12}x^3 - \frac{1}{2}x^2 + \frac{5}{12}x + 1$$

und

$$L_3^3(x) = \frac{1}{15}(x+1)(x-1)(x-3) = \frac{1}{15}x^3 - \frac{1}{5}x^2 - \frac{1}{15}x + \frac{1}{5}. \quad \blacktriangleleft$$

Übungsaufgabe 12.11

Bestimmen Sie die Lagrange-Polynome $L_0^3(x)$ und $L_2^3(x)$ zu den Daten aus Beispiel 12.16 und stellen Sie sie in der ausmultiplizierten Polynomform dar. $\quad \blacktriangleleft$

Die Definition der Lagrange-Polynome, insbesondere die in Satz 12.11 gezeigte Interpolationseigenschaft, ist der Schlüssel zum Beweis des folgenden Satzes:

Satz 12.12

Die Lösung des oben formulierten Interpolationsproblems wird gegeben durch das Polynom

$$p(x) = y_0 L_0^n(x) + y_1 L_1^n(x) + \cdots + y_n L_n^n(x). \tag{12.30}$$

Beweis Der Beweis dieses Satzes, der gleichzeitig den des Hauptsatzes komplettiert, da er ja die Existenz des Interpolationspolynoms zeigt, beruht direkt auf Satz 12.11. Zunächst stellt man fest, dass die durch (12.30) definierte Funktion ein Polynom n-ten Grades ist, da sie eine Linearkombination der Lagrange-Polynome ist, die selbst Polynome dieses Grades sind.

Setzt man nun einen der Punkte x_j in $p(x)$ ein, so folgt:

$$p(x_j) = y_0 L_0^n(x_j) + y_1 L_1^n(x_j) + \cdots + y_n L_n^n(x_j) = y_j L_j^n(x_j) = y_j,$$

denn alle anderen Lagrange-Polynome haben an der Stelle x_j den Wert 0.

Beispiel 12.18

Ich berechne das Interpolationspolynom zweiten Grades zu folgenden Vorgaben:

$$x_0 = -2, \quad y_0 = 11, \quad x_1 = 0, \quad y_1 = 1, \quad x_2 = 1, \quad y_2 = -1.$$

Dazu bestimme ich zunächst die Lagrange-Polynome; diese lauten

$$L_0^2(x) = \frac{1}{6}x(x-1), \quad L_1^2(x) = -\frac{1}{2}(x+2)(x-1), \quad L_2^2(x) = \frac{1}{3}x(x+2).$$

Bildet man nun die in (12.30) angegebene Kombination mit den hier vorgegebenen y-Werten, erhält man folgende Lösung:

$$p(x) = \frac{11}{6}x(x-1) - \frac{1}{2}(x+2)(x-1) - \frac{1}{3}x(x+2) = x^2 - 3x + 1.$$

Die Richtigkeit dieser Lösung können Sie übrigens leicht überprüfen, indem Sie die drei vorgegebenen x-Werte einsetzen und schauen, ob dabei die ebenfalls vorgegebenen y-Werte herauskommen.   ◄

Damit überlasse ich Sie nun – nein, nicht Ihrem Schicksal, aber Ihren eigenen Rechenkünsten.

Übungsaufgabe 12.12

Bestimmen Sie das Polynom dritten Grades, das die Interpolationsbedingungen

$$p(-2) = -11, p(-1) = -1, p(0) = 1, p(1) = 1$$

erfüllt.   ◄

Übungsaufgabe 12.13

a) Bestimmen Sie die drei Lagrange-Polynome $L_0^2(x)$, $L_1^2(x)$ und $L_0^2(x)$ zweiten Grades zu den Punkten -1, 0 und 2.

b) Bestimmen Sie die Summenfunktion $L_0^2(x) + L_1^2(x) + L_0^2(x)$.   ◄

Übungsaufgabe 12.14

Wie lautet die Parabel, die die Sinusfunktion an den Stellen $x_0 = 0$, $x_1 = \frac{\pi}{2}$ und $x_2 = \pi$ schneidet?   ◄

12.3.2 Dividierte Differenzen und die newtonsche Form des Interpolationspolynoms

Mit den Ergebnissen des vorangegangenen Unterabschnitts ist das Interpolationsproblem vollständig gelöst, und damit könnte man eigentlich zufrieden sein. Allerdings haben die Lagrange-Polynome einen kleinen Nachteil, auf den ich Sie jetzt hinweisen will. (Das ist in einem Lehrbuch nicht anders als in der Werbung: Zuerst jubelt man eine Sache hoch, und kaum hat sich der Leser bzw. Kunde damit angefreundet, macht man sie auch schon wieder schlecht, weil man angeblich etwas noch Besseres hat.)

Nehmen Sie an, Sie hätten in mühevoller Rechenarbeit ein Interpolationsproblem gelöst, indem Sie – sagen wir mal – 20 Lagrange-Polynome berechnet und damit dem in (12.30) angegebenen Ansatz folgend ein Polynom 19. Grades aufgestellt haben. Während Sie sich noch den Schweiß von der Stirn wischen, kommt Ihr Chef herein und verkündet freudestrahlend, dass er noch einen weiteren Messwert, also ein weiteres Punkt-Wertepaar gefunden hat, das Sie bei Ihrer Interpolationsaufgabe berücksichtigen sollten.

Zwar bin ich ein Mensch, der Gewalt in jeder Form ablehnt, aber das wäre tatsächlich ein Grund, Ihren Chef zu erschlagen, denn da *jedes* Lagrange-Polynom von *allen* Interpolationspunkten abhängt, könnten Sie in diesem Fall Ihre gesamte Arbeit wegwerfen und müssten von vorn beginnen.

In diesem Unterabschnitt gebe ich daher eine andere Methode an, das Interpolationspolynom zu berechnen, die diesen Nachteil nicht hat. Es handelt sich dabei um die sogenannte newtonsche Form des Interpolationspolynoms, und um diese zu bestimmen, benötigt man die ebenfalls nach Sir Isaac Newton benannten dividierten Differenzen. Und genau diese definiere ich jetzt:

Definition 12.6

Gegeben seien $(n + 1)$ paarweise verschiedene Punkte $x_0, x_1, \ldots, x_n$ und $(n + 1)$ Werte $y_0, y_1, \ldots, y_n$. Dann definiert man iterativ die (**newtonschen**) **dividierten Differenzen** Δ wie folgt:

1. Für $i = 0, 1, \ldots, n$ setzt man die dividierten Differenzen 0-ter Stufe:

$$\Delta(x_i) = y_i.$$

2. Für $i = 0, 1, \ldots, n - 1$ definiert man die dividierten Differenzen 1-ter Stufe:

$$\Delta(x_i, x_{i+1}) = \frac{\Delta(x_i) - \Delta(x_{i+1})}{x_i - x_{i+1}}.$$

3. Falls $n \geq 2$ ist, definiert man für $k = 2, 3 \ldots, n$ und $i = 0, 1, \ldots, n - k$ die dividierten Differenzen k-ter Stufe:

$$\Delta(x_i, x_{i+1}, \ldots, x_{i+k}) = \frac{\Delta(x_i, x_{i+1}, \ldots, x_{i+k-1}) - \Delta(x_{i+1}, x_{i+2} \ldots, x_{i+k})}{x_i - x_{i+k}}.$$

Keine Panik! Nach ein paar erläuternden Bemerkungen gebe ich Ihnen Beispiele, die diese zunächst sicherlich undurchdringbar erscheinende Definition leicht verständlich machen.

Bemerkungen

1. Im ersten Schritt der Definition passiert eigentlich gar nichts, hier werden nur die Anfangswerte gesetzt, indem man die vorgegebenen y-Werte umbenennt.

2. Der zweite Schritt ist nichts anderes als ein Spezialfall des dritten, wenn man nämlich dort $k = 1$ setzen würden. Meist wird dieser zweite Schritt daher auch nicht extra angegeben; ich habe es hier dennoch getan, um Ihnen den Einstieg in den dritten, den allgemeinen Schritt, zu erleichtern.

3. Beachten Sie, dass die Anzahl der zu berechnenden dividierten Differenzen in jeder Stufe um 1 abnimmt, so dass man in der letzten Stufe n nur noch eine einzige zu berechnen hat.

4. Das Symbol Δ ist übrigens ein „Delta", also das „D" des griechischen Alphabets.

Beispiel 12.19

a) Ich recycle zunächst einmal die Werte aus Beispiel 12.18; dort war $n = 2$ und

$$x_0 = -2, \quad y_0 = 11, \quad x_1 = 0, y_1 = 1, \quad x_2 = 1, \quad y_2 = -1.$$

Im ersten Schritt wird ja nur umbenannt, ich setze also

$$\Delta(x_0) = \Delta(-2) = 11, \quad \Delta(x_1) = \Delta(0) = 1, \quad \Delta(x_2) = \Delta(1) = -1.$$

Im zweiten Schritt berechne ich die dividierten Differenzen erster Stufe. Da $n = 2$ ist, gibt es hiervon zwei Stück, und diese lauten:

$$\Delta(-2,0) = \frac{11-1}{-2-0} = -5 \text{ und } \Delta(0,1) = \frac{1-(-1)}{0-1} = -2.$$

Im dritten Schritt gibt es nur noch einen einzigen Wert zu berechnen, und zwar:

$$\Delta(-2,0,1) = \frac{-5-(-2)}{-2-1} = 1.$$

Das war es auch schon für dieses Beispiel.

b) Nun wage ich mich an den Fall $n = 3$ und setze

$$x_0 = -1, \quad x_1 = 1, \quad x_2 = 2, \quad x_3 = 4.$$

Als y-Werte definiere ich

$$y_0 = -1, \quad y_1 = 1, \quad y_2 = 0, \quad y_3 = 0.$$

Nun kann es losgehen: Im ersten Schritt erhalte ich

$$\Delta(-1) = -1, \quad \Delta(1) = 1, \quad \Delta(2) = 0, \quad \Delta(4) = 0.$$

Der zweite Schritt liefert die folgenden Werte:

$$\Delta(-1,1) = \frac{1-(-1)}{1-(-1)} = 1, \quad \Delta(1,2) = \frac{1-0}{1-2} = -1, \quad \Delta(2,4) = \frac{0-0}{2-4} = 0.$$

Für $k = 2$, also im dritten Schritt, erhält man

$$\Delta(-1,1,2) = \frac{1-(-1)}{-1-2} = -\frac{2}{3} \text{ und } \Delta(1,2,4) = \frac{-1-0}{1-4} = \frac{1}{3}.$$

Schließlich liefert der vierte und letzte Schritt

$$\Delta(-1, \ 1, \ 2, \ 4) = \frac{-\frac{2}{3} - \frac{1}{3}}{-1-4} = \frac{1}{5}. \qquad \blacktriangleleft$$

Mir ist durchaus klar, dass die Definition dieser dividierten Differenzen noch ziemlich in der Luft hängt, und der Zusammenhang mit dem Thema dieses Abschnitts, nämlich der Interpolation, gelinde gesagt noch sehr vage ist – genau genommen ist wohl noch keiner erkennbar. Ich möchte Sie dennoch bitten, die Berechnung der dividierten Differenzen anhand der nächsten Übungsaufgabe zunächst zu verinnerlichen, bevor ich dann den Zusammenhang mit der Interpolationsaufgabe herstelle.

Übungsaufgabe 12.15

Berechnen Sie die dividierten Differenzen zu folgenden Vorgaben:

a) $x_0 = -1, \quad x_1 = 1, \quad x_2 = 2, \quad x_3 = 5,$
$y_0 = 1, \quad y_1 = -1, \quad y_2 = 4, \quad y_3 = 1.$

b) $x_0 = 0, \quad x_1 = 1, \quad x_2 = 2, \quad x_3 = 3, \quad x_4 = 4,$
$y_0 = 1, \quad y_1 = 2, \quad y_2 = 0, \quad y_3 = 1, \quad y_4 = -1. \qquad \blacktriangleleft$

Der folgende Satz gibt nun an, wie man das Interpolationspolynom mithilfe dividierter Differenzen effizient berechnen kann:

Satz 12.13
Vorgelegt sei das in Definition 12.4 formulierte Interpolationsproblem. Mit den dort angegebenen Zahlen $x_0, x_1, \ldots x_n$ und $y_0, y_1, \ldots, y_n$ berechnet man die dividierten Differenzen nach Definition 12.6. Setzt man zur Abkürzung

$$b_i = \Delta(x_0, x_1, \ldots, x_i) \text{ für } i = 0, 1, \ldots, n, \qquad (12.31)$$

so löst das folgende Polynom n-ten Grades das Interpolationsproblem:

$$p(x) = b_0 + b_1(x - x_0) + b_2(x - x_0)(x - x_1) + \cdots +$$
$$+ b_{n-1}(x - x_0)(x - x_1) \cdots (x - x_{n-2})$$
$$+ b_n(x - x_0)(x - x_1) \cdots (x - x_{n-1})$$

Bemerkung

Vergessen Sie nicht, dass die Lösung des Interpolationsproblems nach Satz 12.10 eindeutig bestimmt ist. Das in Satz 12.13 angegebene Polynom ist also nicht verschieden von
dem in Satz 12.12 angegebenen, es ist lediglich eine andere Darstellung – eine andere
Form – desselben Polynoms, die man auch die **newtonsche Form** des Interpolationspolynoms nennt.

Übungsaufgabe 12.16

In der in Satz 12.13 angegebenen newtonschen Darstellung des Interpolationspolynoms taucht der letzte Interpolationspunkt x_n überhaupt nicht auf, das Polynom scheint
also von diesem Punkt gar nicht abzuhängen (was natürlich nicht sein kann). Begründen Sie, warum dies ein Trugschluss ist.   ◀

Beispiel 12.20

a) Nicht umsonst habe ich mir in Beispiel 12.19 a) die dividierten Differenzen zu
    den Daten

$$x_0 = -2, \quad y_0 = 11, \quad x_1 = 0, \quad y_1 = 1, \quad x_2 = 1, \quad y_2 = -1$$

aus Beispiel 12.18 verschafft. Ich kann nun nämlich die nach Satz 12.13 nötigen
Koeffizienten b_i sofort hinschreiben, sie lauten:

$$b_0 = \Delta(-2) = 11, \quad b_1 = \Delta(-2,\ 0) = -5 \text{ und } b_2 = \Delta(-2,\ 0,\ 1) = 1.$$

Somit lautet das Interpolationspolynom in newtonscher Form:

$$p(x) = 11 - 5 \cdot \left(x - (-2)\right) + 1 \cdot \left(x - (-2)\right)(x - 0)$$
$$= 11 - 5(x + 2) + x(x + 2).$$

Normalerweise wird man das Polynom in dieser Form belassen, um jedoch den
Vergleich mit der in Beispiel 12.18 angegebenen Lösung zu ermöglichen, multipliziere ich es jetzt noch aus und sortiere nach x-Potenzen; dies ergibt:

$$p(x) = 11 - 5(x + 2) + x(x + 2) = 11 - 5x - 10 + x^2 + 2x = x^2 - 3x + 1,$$

in Übereinstimmung mit dem Ergebnis in Beispiel 12.18.

b) Wenn wir schon beim Recyceln sind, sollten wir auch die in Beispiel 12.19 b) mü-
    hevoll berechneten dividierten Differenzen nicht ungenutzt lassen; vorgelegt sei
    also das Problem, das Polynom $p(x)$ dritten Grades zu finden, das die Interpolati-
    onsbedingungen

$$p(-1) = -1, \quad p(1) = 1, \quad p(2) = 0 \text{ und } p(4) = 0 \qquad (12.32)$$

erfüllt.

In Beispiel 12.19 b) kann man die Koeffizienten ablesen:

$$b_0 = -1, \quad b_1 = 1, \quad b_2 = -\frac{2}{3} \text{ und } b_3 = \frac{1}{5}.$$

Das gesuchte Interpolationspolynom lautet also:

$$p(x) = -1 + (x+1) - \frac{2}{3}(x+1)(x-1) + \frac{1}{5}(x+1)(x-1)(x-2).$$

Auf das Ausmultiplizieren verzichte ich dieses Mal, es ist wie gesagt auch nicht üblich. Durch Einsetzen der Bedingungen (12.32) können Sie überprüfen, dass das Polynom korrekt ist.   ◄

Zum Abschluss dieses Unterabschnitts wie üblich ein paar Aufgaben zum Vertiefen des Ganzen.

Übungsaufgabe 12.17

Lösen sie das Interpolationsproblem aus Übungsaufgabe 12.10, also die Bestimmung des Polynoms $p \in \Pi_{100}$, das die Interpolationsaufgabe

$$p(0) = p(1) = p(2) = \cdots = p(99) = p(100) = 1$$

löst, mithilfe dividierter Differenzen.   ◄

Übungsaufgabe 12.18

a) Berechnen Sie das Interpolationspolynom dritten Grades zu folgenden Daten:

$$x_0 = -1, \quad x_1 = 1, \quad x_2 = 2, \quad x_3 = 5,$$
$$y_0 = 1, \quad y_1 = -1, \quad y_2 = 4, \quad y_3 = 1.$$

b) Berechnen Sie das Interpolationspolynom vierten Grades zu folgenden Daten:

$$x_0 = 0, \quad x_1 = 1, \quad x_2 = 2, \quad x_3 = 3,, \quad x_4 = 4,$$
$$y_0 = 1, \quad y_1 = 2, \quad y_2 = 0, \quad y_3 = 1, \quad y_4 = -1.$$

Hinweis: Die hierfür nötigen dividierten Differenzen haben Sie (hoffentlich) bereits in Übungsaufgabe 12.15 berechnet.   ◄

Übungsaufgabe 12.19

Es sei $f(x) = ax^2 + bx + c$ ein Polynom zweiten Grades; weiterhin seien $x_0 < x_1 < x_2$ beliebige reelle Zahlen und $y_i = f(x_i)$ für $i = 0, 1, 2$.

a) Berechnen Sie die dividierte Differenz $\Delta(x_0, x_1, x_2)$.
b) Berechnen Sie mithilfe dividierter Differenzen das Interpolationspolynom zweiten Grades zu diesen Daten.   ◄

12.4 Numerische Integration

Auf den folgenden Seiten geht es um die numerische Berechnung von bestimmten Integralen reeller Funktionen, also Ausdrücken der Form

$$I = \int_a^b f(x)\,dx, \tag{12.33}$$

wobei f eine stetige und daher integrierbare Funktion sein soll. I ist also die Fläche, die der Funktionsgraph von f über dem Intervall $[a, b]$ mit der x-Achse einschließt.

In Kap. 7 haben Sie sich bereits mit solchen Integralen befasst, ich habe Ihnen Integrationsregeln wie die Substitutionsregel, partielle Integration oder auch Partialbruchzerlegung gezeigt, und vermutlich habe ich dabei den Eindruck vermittelt, dass man mithilfe der genannten Regeln so ziemlich jedes Integral durch Ermittlung der Stammfunktion berechnen kann.

Sie müssen jetzt – zum wiederholten Mal in diesem Buch – sehr stark sein: Das stimmt nicht, es gibt eine Vielzahl von Integranden, die keine Stammfunktion besitzen und daher nicht auf klassischem Wege integrierbar sind. Schon das recht einfach wirkende Integral

$$\int_a^b e^{x^2}\,dx$$

ist nicht lösbar, da die Funktion $f(x) = e^{x^2}$ keine reelle Stammfunktion besitzt.

Man benötigt daher numerische Verfahren, um bestimmte Integrale mit beliebiger Genauigkeit berechnen zu können. Und damit sollte ich jetzt endlich einmal beginnen.

12.4.1 Die Trapezregel

Zur Herleitung der Trapezregel zerlegt man das Intervall $[a, b]$ in eine gewisse Anzahl n von gleich großen Teilintervallen $[x_i, x_{i+1}]$. Hierzu benutzt man die **Schrittweite**

$$h = \frac{b-a}{n}$$

und setzt

$$x_i = a + i \cdot h \tag{12.34}$$

für $i = 0, 1, \ldots, n$.

Beachten Sie, dass hierbei die Randpunkte a und b des Intervalls umbenannt wurden, um die Vorgehensweise im Folgenden einheitlicher darstellen zu können: Es ist $x_0 = a$ und, wegen

$$a + n \cdot h = a + n \cdot \frac{b-a}{n} = b,$$

ist $x_n = b$. Die Punkte x_i nennt man **Stützstellen**, die Funktionswerte $f(x_i)$ entsprechend **Stützwerte**.

Setzt man, für $i = 0, 1, \ldots n - 1$,

$$I_i = \int_{x_i}^{x_{i+1}} f(x) dx,$$

so folgt aus der Flächenadditivität des Integrals (einer ziemlich übertriebenen Formulierung für die einfache Tatsache, dass man eine Fläche in Teilflächen zerlegen kann), dass

$$I = I_0 + I_1 + \cdots + I_{n-1}$$

ist.

Die Grundidee der Trapezregel ist nun, die Funktion f in jedem Teilintervall $[x_i, x_{i+1}]$ zu ersetzen durch das Geradenstück, das die Punkte $(x_i, f(x_i))$ und $(x_{i+1}, f(x_{i+1}))$ verbindet. Zusammen mit den beiden senkrechten Randgeraden und dem Intervall $[x_i, x_{i+1}]$ ergibt sich dadurch ein Trapez, dessen Flächeninhalt T_i man berechnen kann: Nach den Regeln der elementaren Geometrie ist

$$T_i = \frac{f(x_i) + f(x_{i+1})}{2} \cdot h \quad \left(\text{vgl. Abb. 12.6}\right).$$

Da im Folgenden Formeln auftauchen, die recht viele Funktionswerte beinhalten, setze ich von jetzt ab zur Abkürzung $f_i = f(x_i)$ bzw. $f_{i+1} = f(x_{i+1})$; damit ist

$$T_i = \frac{f_i + f_{i+1}}{2} \cdot h.$$

Diesen Wert nimmt man nun, für $i = 0, 1, \ldots, n - 1$, anstelle des eigentlich gesuchten Integrals I_i, und summiert diese Werte anschließend auf. Es ergibt sich die **Trapezsumme** mit Schrittweite h:

$$\begin{aligned}
T^h &= \frac{f_0 + f_1}{2} \cdot h + \frac{f_1 + f_2}{2} \cdot h + \cdots + \frac{f_{n-1} + f_n}{2} \cdot h \\
&= \frac{h}{2} \cdot \left((f_0 + f_1) + (f_1 + f_2) + \cdots + (f_{n-1} + f_n)\right) \\
&= \frac{h}{2} \cdot (f_0 + 2f_1 + 2f_2 + \cdots + 2f_{n-1} + f_n).
\end{aligned}$$

Abb. 12.6 Ein Trapez

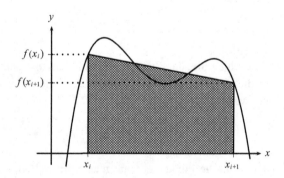

Dieses Resultat möchte ich nun noch einmal als zitierfähigen Satz formulieren:

Satz 12.14
Die **Trapezregel** besteht darin, das Integral

$$I = \int_a^b f(x)\, dx.$$

anzunähern durch den Ausdruck

$$T^h = \frac{h}{2} \cdot \left(f_0 + 2f_1 + 2f_2 + \cdots + 2f_{n-1} + f_n \right),$$

wobei $f_i = f(x_i)$ ist und die Stützstellen x_i nach (12.34) definiert sind.

Beispiel 12.21

Zu berechnen sei das Integral

$$I = \int_0^2 \frac{3x^2}{1 + x^3}\; dx.$$

Der exakte Wert des Integrals – den man bei numerischen Anwendungen natürlich normalerweise nicht kennt – ist hier

$$I = 2 \cdot \ln(3) = 2{,}19722$$

Ich setze – ziemlich willkürlich – $n = 5$, also

$$h = \frac{2 - 0}{5} = 0{,}4.$$

Die benötigten Funktionswerte finden Sie in folgender Tabelle.

i	x_i.	f_i	f_i
0	0,0	0,0000	
1	0,4		0,4511
2	0,8		1,2698
3	1,2		1,5836
4	1,6		1,5071
5	2,0	1,3333	
Σ		1,3333	4,8116

Die inneren Stützwerte habe ich in eine eigene Spalte geschrieben, weil diese bzw. deren Summe bei der anschließenden Addition mit 2 multipliziert werden; es ist

$$T^{0,4} = \frac{0{,}4}{2} \cdot \left(1{,}3333 + 2 \cdot 4{,}8116\right) = 2{,}1913.$$

Es ist zu erwarten, dass man eine bessere Annäherung erhält, wenn man die Anzahl der Teilintervalle erhöht. Setzen wir also $n = 10$ und beginnen munter von vorn:

i	x_i	f_i	f_i
0	0,0	0,0000	
1	0,2		0,1190
2	0,4		0,4511
3	0,6		0,8882
4	0,8		1,2698
5	1,0		1,5000
6	1,2		1,5836
7	1,4		1,5705
8	1,6		1,5071
9	1,8		1,4227
10	2,0	1,3333	
Σ		1,3333	10,3120

Somit ist

$$T(0,2) = \frac{0,2}{2} \cdot (1,3333 + 2 \cdot 10,3120) = 2,1957.$$

Der Vergleich mit dem eingangs angegebenen exakten Wert zeigt, dass das gar nicht so schlecht ist.   ◀

Übungsaufgabe 12.20

Berechnen Sie eine Näherung an das Integral

$$I = \int\limits_0^1 \frac{1}{1+x^2}\, dx$$

durch Verwendung der Trapezregel mit $n = 8$.   ◀

Wie bei vielen numerischen Verfahren benötigt man auch bei der Trapezregel eine **Abbruchbedingung**, ein Kriterium also, das darauf hinweist, dass das Integral I mit einer vorgegebenen Genauigkeit ε angenähert wurde. Man geht hier üblicherweise ziemlich pragmatisch vor: Hat man die Berechnung mit einer gewissen Schrittweite h durchgeführt, also T^h berechnet, so halbiert man diese Schrittweite, setzt also $h_1 = \dfrac{h}{2}$, und berechnet T^{h_1}.

Gilt dann

$$\left| T^h - T^{h_1} \right| < \varepsilon,$$

so stoppt man das Verfahren und verwendet T^{h_1} als ausreichenden Näherungswert.

Andernfalls halbiert man die Schrittweite nochmal, setzt also $h_2 = \dfrac{h_1}{2}$, berechnet T^{h_2}, usw.

Bemerkungen

a) Man stoppt also das Verfahren mit einer Schrittweite h_i, wenn sich durch Verfeinerung dieser Schrittweite nicht mehr „viel ändert". Es ist aber deutlich darauf hinzuweisen, dass hierbei **nicht** garantiert werden kann, dass auch $\left| I - T^{h_i} \right| < \varepsilon$ gilt.

b) Man könnte sich natürlich auch eine andere Art der Verfeinerung vorstellen, beispielsweise die Drittelung von h; die Halbierung hat jedoch den Vorteil, dass man die zuvor berechneten Funktionswerte wieder verwenden kann, also grob gesprochen nur die Hälfte der Werte neu berechnen muss.

Beispiel 12.22

Es soll das Integral

$$I = \int\limits_{0,5}^{2,5} \frac{1}{x}\, dx$$

näherungsweise mit $\varepsilon = 10^{-2}$ berechnet werden (ja, ich weiß, dass hier die Stammfunktion $\ln(x)$ bekannt ist und das Integral somit explizit berechnet werden kann, aber das will ich jetzt einfach nicht wissen).

Ich starte mit $n = 4$, also $h = h_0 = 0,5$. Es ergibt sich folgende Tabelle:

i	x_i	f_i	f_i
0	0,5	2,00000	
1	1,0		1,00000
2	1,5		0,66667
3	2,0		0,50000
4	2,5	0,40000	
Σ		2,40000	2,16667

Somit ist

$$T^{0,5} = \frac{0,5}{2} \cdot \left(2,40000 + 2 \cdot 2,16667\right) = 1,68334.$$

Nun setze ich $h_1 = \dfrac{h_0}{2} = 0,25$ und beginne von vorn, wobei ich aber – wie oben bemerkt – die gerade berechneten Funktionswerte recyceln kann.

i	x_i	f_i	f_i
0	0,50	2,00000	
1	0,75		1,33333
2	1,00		1,00000
3	1,25		0,80000
4	1,50		0,66667
5	1,75		0,57143
6	2,0		0,50000
7	2,25		0,44444
8	2,50	0,40000	
Σ		2,40000	5,31587

Ich erhalte

$$T^{0,25} = \frac{0,25}{2} \cdot (2,40000 + 2 \cdot 5,31587) = 1,62897.$$

Die Differenz der beiden Näherungswerte ist

$$\left| T^{0,5} - T^{0,25} \right| = 0,05464$$

und somit größer als $\varepsilon = 10^{-2}$. Es geht also munter weiter; damit dieses Buch nicht aus dem Leim geht, erspare ich uns im Folgenden die immer länger werdenden Tabellen und gebe gleich die Näherungswerte an. Es ist der Reihe nach

$$T^{0,125} = \frac{0,125}{2} \cdot (2,40000 + 2 \cdot 11,71524) = 1,61441,$$

also

$$\left| T^{0,25} - T^{0,125} \right| = 0,01456 > \varepsilon,$$

und

$$T^{0,0625} = \frac{0,0625}{2} \cdot (2,40000 + 2 \cdot 24,57097) = 1,61069,$$

also

$$\left| T^{0,125} - T^{0,0625} \right| = 0,00372 < \varepsilon.$$

Somit ist $T^{0,0625} = 1,61069$ eine ausreichende Näherung an das gesuchte Integral. ◄

Übungsaufgabe 12.21

Berechnen Sie mithilfe der Trapezregel eine Näherung an das Integral

$$I = \int_0^1 \frac{x \cdot e^x}{(x+1)^2} \, dx.$$

Starten Sie dabei mit $n = 4$ und verwenden Sie die Genauigkeitsschranke $\varepsilon = 0,001$. ◄

12.4.2 Die Simpson-Regel

Ich hoffe, Sie erinnern sich nach all diesen Zahlenkolonnen noch an die Herleitung der Trapezregel (notfalls können Sie natürlich auch nochmal ein paar Seiten zurückblättern): Man ersetzt in jedem Teilintervall $[x_i, x_{i+1}]$ die Funktion f durch das Geradenstück, das an den Intervallrändern dieselben Werte hat wie die Funktion f, diese also dort interpoliert.

Nun habe ich zwar einen ganzen Abschnitt lang Werbung gemacht für die Trapezregel, aber es muss doch auch gesagt werden, dass diese von der Genauigkeit her an ihre Grenzen stößt, wenn die Funktion beispielsweise starke Krümmungen aufweist. Eine Verbesserung ist zu erwarten, wenn die Annäherung der Funktionsstücke durch Parabelbögen gemacht wird. Genau das ist die Grundidee der Simpson-Regel.

Wie Sie aus Abschn. 12.3 wissen, benötigt man, um einen Parabelbogen eindeutig festzulegen, drei Funktionswerte, also bspw. $f(x_i)$, $f(x_{i+1})$ und $f(x_{i+2})$. Man fasst also je zwei benachbarte Teilintervalle zusammen, woraus folgt, dass die Gesamtzahl der Intervalle nun gerade sein muss, aber das ist sicherlich eine Bedingung, mir der man leben kann.

Die Simpson-Regel wird ganz ähnlich wie die Trapezregel hergeleitet. Um zu verdeutlichen, dass die Anzahl der Teilintervalle gerade sein muss, benenne ich diese mit $2n$. Mit der Schrittweite

$$h = \frac{b-a}{2n}$$

definiert man nun die Stützstellen

$$x_i = a + i \cdot h \tag{12.35}$$

für $i = 0, 1, \ldots, 2n$.

Nun wird versucht, die Teilintegrale über jeweils zwei Teilintervalle

$$I_i = \int_{x_{2i}}^{x_{2i+2}} f(x)\,dx, \tag{12.36}$$

$i = 0, 1, \ldots n-1$, näherungsweise zu berechnen. Beachten Sie, dass hierdurch tatsächlich das gesamte Intervall $[a, b]$ bzw. $[x_0, x_{2n}]$ erfasst wird, den setzt man in (12.36) den letzten Index $i = n-1$ ein, lautet die obere Integrationsgrenze: $x_{2(n-1)+2} = x_{2n}$. Es gilt also hier ebenso wie bei der Trapezregel

$$\int_a^b f(x)\,dx = I_0 + I_1 + \cdots + I_{n-1}.$$

Die Annäherung der Teilintervalle I_i geschieht nun, indem man die Funktion f auf dem Doppelintervall $[x_{2i}, x_{2i+2}]$ ersetzt durch ein Parabelstück (welches man natürlich exakt integrieren kann), das der Funktion „möglichst nahe kommt", nämlich sie interpoliert; die genaue Vorgehensweise ist wie folgt:

Man bestimmt, für jeden Index i, diejenige (eindeutig bestimmte) Parabel $p_{2i}(x)$, die mit $f(x)$ an den drei Stellen x_{2i}, x_{2i+1} und x_{2i+2} übereinstimmt. In newtonscher Form, also mithilfe dividierter Differenzen, lautet diese

$$p_{2i}(x) = f_{2i} + \frac{f_{2i+1} - f_{2i}}{h}(x - x_{2i}) + \frac{f_{2i+2} - 2f_{2i+1} + f_{2i}}{2h^2}(x - x_{2i})(x - x_{2i+1}), \tag{12.37}$$

wie Sie mithilfe der Ausführungen in Abschn. 12.3 nachprüfen können. Hier habe ich wieder zur Abkürzung $f_{2i} = f(x_{2i})$, $f_{2i+1} = f(x_{2i+1})$ und $f_{2i+2} = f(x_{2i+2})$ gesetzt.

Nun ersetzt man das eigentlich zu berechnende Integral I_i aus (12.36) durch das Integral (Abb. 12.7)

$$S_i = \int_{x_{2i}}^{x_{2i+2}} p_{2i}(x) \, dx \tag{12.38}$$

Hierzu muss man also das in (12.37) angegebene Polynom integrieren. Das ist zwar eine elementare, aber doch recht aufwendige Rechnerei, die ich Ihnen und ehrlich gesagt auch mir ersparen will. Das Ergebnis ist jedenfalls

$$S_i = \frac{h}{3} \cdot \left(f_{2i} + 4 f_{2i+1} + f_{2i+2} \right), \tag{12.39}$$

und das natürlich für $i = 0, 1, \ldots, n-1$.

Nun werden, genau wie bei der Trapezregel, die einzelnen S_i aufsummiert; dies ergibt

$$
\begin{aligned}
S^h &= S_0 + S_1 + \cdots + S_{n+1} \\
&= \frac{h}{3}\left(\left(f_0 + 4 f_1 + f_2 \right) + \left(f_2 + 4 f_3 + f_4 \right) + \cdots \cdots \right. \\
&\quad \left. \cdots + \left(f_{2n-4} + 4 f_{2n-3} + f_{2n-2} \right) + \left(f_{2n-2} + 4 f_{2n-1} + f_{2n} \right) \right) \\
&= \frac{h}{3}\left(f_0 + 4 f_1 + 2 f_2 + 4 f_3 + 2 f_4 + \cdots \cdots \right. \\
&\quad \left. \cdots + 2 f_{2n-4} + 4 f_{2n-3} + 2 f_{2n-2} + 4 f_{2n-1} + f_{2n} \right)
\end{aligned}
$$

Es gibt hier also Werte mit dem Vorfaktor 1, mit dem Vorfaktor 2 und dem Vorfaktor 4. Fasst man diese jeweils zusammen, erhält man die Simpson-Regel, die ich wiederum als Satz aufschreiben will.

Satz 12.15

Die **Simpson-Regel** besteht darin, das Integral

$$I = \int_a^b f(x)\, dx$$

anzunähern durch den Ausdruck

$$
\begin{aligned}
S^h = \frac{h}{3} \cdot \Big(&\left(f_0 + f_{2n} \right) + 4\left(f_1 + f_3 + \cdots + f_{2n-1} \right) \\
&+ 2\left(f_2 + f_4 + \cdots + f_{2n-2} \right) \Big)
\end{aligned}
$$

wobei $f_i = f(x_i)$ ist und die Stützstellen x_i nach (12.35) definiert sind.

Abb. 12.7 Interpolierender
Parabelbogen mit eingeschlossener Fläche

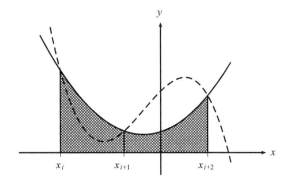

Bemerkungen

a) Sie sollten sich übrigens keine Mühe geben und nach einer geometrischen Figur namens „Simpson" suchen, nach der die Simpson-Regel, analog zur Trapezregel, benannt ist. Ebensowenig geht der Name auf eine gewisse gelbhäutige Familie aus Springfield zurück. Vielmehr ehrt diese Bezeichnung den englischen Mathematiker Thomas Simpson (1710 bis 1761), der sich u. a. mit numerischer Integration befasst hat.

b) Die Simpson-Regel ist auch unter dem Namen **keplersche Fassregel** bekannt. Das hat einen ganz konkreten historischen Hintergrund: Johannes Kepler hatte den Verdacht, dass sein Weinhändler den Inhalt der gelieferten Weinfässer nicht richtig berechnete und suchte daher nach neuen, nachvollziehbaren Berechnungsmethoden. In seiner Schrift „Nova Stereometria doliorum vinariorum (Neue Inhaltsberechnung von Weinfässern)", erschienen 1615, berechnete er das Fassvolumen näherungsweise dadurch, dass er die Fasskrümmung durch einen Parabelbogen annäherte. Die Grundidee der oben beschriebenen Näherungsmethode war geboren.

Beispiel 12.23

Ebenso wie bei der Trapezregel möchte ich als erstes Beispiel das Integral

$$I = \int_0^2 \frac{3x^2}{1+x^3}\, dx$$

bestimmen. Ich setze $2n = 10$, also

$$h = \frac{2-0}{10} = 0,2.$$

Die benötigten Funktionswerte finden Sie in folgender Tabelle.

i	x_i	f_i	f_i	f_i
0	0,0	0,0000		
1	0,2		0,1190	
2	0,4			0,4511
3	0,6		0,8882	
4	0,8			1,2698
5	1,0		1,5000	
6	1,2			1,5836
7	1,4		1,5705	
8	1,6			1,5071
9	1,8		1,4227	
10	2,0	1,3333		
Σ		1,3333	5,5004	4,8107

Es ergibt sich die Näherung

$$S^{0,2} = \frac{0,2}{3} \cdot (1,3333 + 4 \cdot 5,5004 + 2 \cdot 4,8107) = 2,1971.$$

Zur Erinnerung: Der exakte Wert des Integrals ist $I = 2,1972$, die Annäherung ist also schon sehr gut. ◄

Wenn ich schon, wie gerade eben, Beispiele recycle, kann ich das eigentlich auch mit Übungsaufgaben tun:

Übungsaufgabe 12.22

Berechnen Sie eine Näherung an das Integral

$$I = \int_0^1 \frac{1}{1+x^2}\, dx$$

durch Verwendung der Simpson-Regel mit $2n = 8$.

Hinweis: Beachten Sie, dass Sie die benötigten Funktionswerte (hoffentlich) bereits in Aufgabe 12.20 berechnet haben. ◄

Die Frage nach einer Abbruchbedingung für die Simpson-Regel kann kurz und knapp beantwortet werden: Die Abbruchbedingung der Simpson-Regel ist dieselbe wie diejenige der Trapezregel. Das heißt also, man berechnet nacheinander Näherungswerte für eine Schrittweite h_0 und Schrittweite $h_1 = \dfrac{h_0}{2}$ und berechnet deren Differenz.

Gilt

$$\left| S^{h_0} - S^{h_1} \right| < \varepsilon,$$

so ist man bereits zufrieden und benutzt S^{h_1} als genügend genaue Näherung an das Integral, ansonsten halbiert man h_1 nochmals und beginnt von vorn.

Beispiel 12.24

Wie in Beispiel 12.22 soll das Integral

$$I = \int_{0,5}^{2,5} \frac{1}{x}\, dx$$

näherungsweise mit $\varepsilon = 10^{-2}$ berechnet werden.

Ich beginne mal ganz vorsichtig mit $n = 2$, also $2n = 4$ und $h_0 = 0,5$. Es ergibt sich die Tabelle

i	x_i	f_i	f_i	f_i
0	0,5	2,00000		
1	1,0		1,00000	
2	1,5			0,66667
3	2,0		0,50000	
4	2,5	0,40000		
Σ		2,40000	1,50000	0,66667

und hiermit die Näherung

$$S^{0,5} = \frac{0,5}{3} \cdot \left(2,40000 + 4 \cdot 1,50000 + 2 \cdot 0,66667\right) = 1,62222.$$

Nun setze ich $h_1 = \dfrac{h_0}{2} = 0,25$ und erhalte folgende Werte:

i	x_i	f_i	f_i	f_i
0	0,50	2,00000		
1	0,75		1,33333	
2	1,00			1,00000
3	1,25		0,80000	
4	1,50			0,66667
5	1,75		0,57143	
6	2,00			0,50000
7	2,25		0,44444	
8	2,50	0,40000		
Σ		2,40000	3,14920	2,16667

Damit ergibt sich

$$S^{0,25} = \frac{0,25}{3} \cdot \left(2,40000 + 4 \cdot 3,14920 + 2 \cdot 2,16667\right) = 1,61085.$$

Die Differenz der beiden Näherungen ist dann

$$\left|S^{0,25} - S^{0,5}\right| = 0,01137 = 1,137 \cdot 10^{-2}.$$

Nun ja, knapp daneben ist auch vorbei, das ist leider noch ein klein wenig größer als das vorgegebene $\varepsilon = 10^{-2}$, daher müssen wir die Schrittweite nochmal halbieren und eine neue Näherung berechnen.

Mit $h_2 = 0,125$ ergibt sich

i	x_i	f_i	f_i	f_i
0	0,500	2,00000		
1	0,625		1,60000	
2	0,750			1,33333
3	0,875		1,14286	
4	1,000			1,00000
5	1,125		0,88889	
6	1,250			0,00000
7	1,375		0,72727	
8	1,500			0,66667
9	1,625		0,61538	
10	1,750			0,57143
11	1,875		0,53333	
12	2,000			0,50000
13	1,125		0,47059	
14	2,250			0,44444
15	2,375		0,42105	
16	2,500	0,40000		
Σ		2,40000	6,39937	5,31587

Damit erhält man

$$S^{0,125} = \frac{0,125}{3} \cdot (2,40000 + 4 \cdot 6,39937 + 2 \cdot 5,31587) = 1,60955.$$

und

$$\left| S^{0,125} - S^{0,25} \right| = 0,00130 = 1,3 \cdot 10^{-3} < \varepsilon.$$

Die gewünschte Genauigkeit wurde also erreicht, und eine gute Näherung an das Integral

$$I = \int_{0,5}^{2,5} \frac{1}{x} dx$$

ist

$$S^{0,125} = 1,60955. \qquad \blacktriangleleft$$

Ich finde, ganz am Ende dieses Kapitels sollten Sie nochmal 'ran:

Übungsaufgabe 12.23

Berechnen Sie näherungsweise das Integral

$$I = \int_{-1}^{2} x^3 \sin(\pi x)\, dx$$

mithilfe der Simpson-Regel. Starten Sie dabei mit $2n = 4$ und verwenden Sie die Genauigkeitsschranke $\varepsilon = 0{,}005$. ◄

Wie beendet man ein solches Buch? Diese Frage beschäftigte mich eigentlich während der gesamten Entstehungszeit des Manuskripts, zeitweise vielleicht mehr als die Arbeit an den jeweiligen Inhalten – ich hoffe, man merkt das nicht.

Ich habe mich schließlich dafür entschieden, Ihnen ganz einfach zu versichern, dass mir das Schreiben dieses Buches großen Spaß gemacht hat, und ich hoffe, dass das zumindest zum Teil herübergekommen ist und ich bei Ihnen ein wenig Spaß an der Mathematik hervorgerufen habe – für viele Leute ja ein Widerspruch in sich.

Auf jeden Fall freue ich mich sehr darüber, dass Sie dieses Buch immerhin bis zur letzten Seite gelesen haben (Skeptiker würden jetzt anmerken, dass Sie ja vielleicht erst auf der vorletzten Seite begonnen haben, aber das klammere ich jetzt einfach einmal aus), und wünsche Ihnen viel Erfolg bei allem, was Sie in Studium, Beruf oder sonstiger Lebensplanung erreichen wollen und wofür Sie dieses Buch gelesen haben.

Lösungen der Übungsaufgaben

13

Übersicht

In diesem Kapitel finden Sie kurze Lösungshinweise zu den Übungsaufgaben in diesem Buch, damit Sie kontrollieren können, ob Ihre eigenen Überlegungen richtig sind. Ausführlichere Lösungen mit Angabe möglicher Lösungswege finden Sie auf den Internetseiten des Verlages.

13.1 Kapitel 1

Aufgabe 1.1

a) Es ist $A = \{4, 5, 6, 7, 8, 9, 10\}$.

b) Das ist natürlich ein wenig zeitabhängig, zum Zeitpunkt der Drucklegung dieser Auflage ist $B = \{\text{Berlin, Hamburg, Köln, München}\}$.

c) Da es keine ungerade Zahl gibt, die durch 10 teilbar ist, ist $C = \emptyset$.

© Springer-Verlag GmbH Deutschland, ein Teil von Springer Nature 2020
G. Walz, *Mathematik für Hochschule und duales Studium*,
https://doi.org/10.1007/978-3-662-60506-6_13

Aufgabe 1.2

a1. Das ist die Menge aller männlichen Menschen, die bereits ein Verbrechen begangen haben, sowie aller weiblichen Wesen, die höchstens 30 Jahre alt sind.

a2. Menge aller männlichen Verbrecher, die höchstens 30 Jahre alt sind.

a3. Menge aller Menschen, die höchstens 30 Jahre alt sind.

b1. Getreu einem alten Liedtext heißt das zunächst, dass alle Männer Verbrecher sind; es heißt aber *außerdem*, dass alle Verbrecher Männer sind, dass es also keine weiblichen Verbrecher gibt.

b2. Das würde bedeuten, dass alle weiblichen Menschen höchstens 30 Jahre alt sind; hätten manche wohl gern, ist aber falsch.

Aufgabe 1.3 Es gilt

$$A \cap (B \cup C) = \{2,4\} = (A \cap B) \cup (A \cap C)$$

und

$$A \cup (B \cap C) = \{1,2,3,4\} = (A \cup B) \cap (A \cup C).$$

Aufgabe 1.4 Wichtig ist hier, dass man ebenso wie im Beweis von Teil a) beide Richtungen beweist. Ich zeige hier exemplarisch eine der beiden: Es sei x ein beliebiges Element von $\overline{A \cap B}$. Dann ist x nicht Element von $A \cap B$, kann also nicht gleichzeitig in A und in B liegen. Somit gilt $x \in \overline{A}$ oder $x \in \overline{B}$ (oder beides), also $x \in \overline{A} \cup \overline{B}$. Somit ist

$$\overline{A \cap B} \subset \overline{A} \cup \overline{B}.$$

Aufgabe 1.5 Die weitestmöglichen Vereinfachungen sind:

a) $A \cup B$.

b) $A \cap (B \cup C)$, auch $(A \cap B) \cup (A \cap C)$ wäre korrekt.

Aufgabe 1.6

a) Es ist

$$P(A) = \{\emptyset, \{1\}, \{2\}, \{3\}, \{1,2\}, \{1,3\}, \{2,3\}, \{1,2,3\}\}.$$

Wegen $A \cap B = \{1, 3\}$ ist

$$P(A \cap B) = \{\emptyset, \{1\}, \{3\}, \{1,3\}\}, \tag{13.1}$$

und wegen $(A \cup C) \cap B = A \cap B$ ist die in (13.1) angegebene Menge auch die Potenzmenge von $(A \cup C) \cap B$.

b) Es ist $A \cap B = \{1, 3\}$ und somit

$$(A \cap B) \times C = \{(1,2), (1,4), (1,6), (3,2), (3,4), (3,6)\}.$$

Aufgabe 1.7 Eine einfache Rechnung zeigt, dass

$$\sqrt{8} = \sqrt{4 \cdot 2} = \sqrt{4} \cdot \sqrt{2} = 2 \cdot \sqrt{2}.$$

Also ist $\sqrt{2}$ die Hälfte von $\sqrt{8}$, und wäre $\sqrt{8}$ eine rationale Zahl, so wäre es auch $\sqrt{2}$, was aber nach Satz 1.4 nicht der Fall ist.

Aufgabe 1.8

a) Das ist richtig, denn wenn $a = \dfrac{p}{q}$ ist, dann ist $a^2 = \dfrac{p^2}{q^2}$, also eine rationale Zahl.

b) Das stimmt nicht, denn $a = \sqrt{2}$ ist irrational, aber $a^2 = 2$ ist rational.

Aufgabe 1.9 Alle drei Ausdrücke sind komplexe Zahlen.

Aufgabe 1.10

a) $z_1 \cdot z_2 = 8 - 9i$

b) $\dfrac{z_1}{z_2 \cdot z_3} = -\dfrac{9}{50} - \dfrac{37}{50}i$

c) $\dfrac{z_1 + z_2}{z_2 - z_3} = \dfrac{1 + 3i}{-2 + i} = \dfrac{1}{5} - \dfrac{7}{5}i$

Aufgabe 1.11

a) $1 - i = 1{,}4142 \cdot (0{,}7071 - 0{,}7071\,i)$,

b) $-5 - 3i = 5.8309 \cdot (-0{,}8575 - 0{,}5145\,i)$.

Aufgabe 1.12

a) $(-1 + 2i)^5 = -41 - 38i$,

b) $\left(\dfrac{1}{\sqrt{2}} + \dfrac{i}{\sqrt{2}} \right)^8 = 1$.

Aufgabe 1.13

a) Die beiden zweiten Wurzeln aus $-2 + 3i$ sind

$$0{,}8960 + 1{,}6741\,i \quad \text{und} -{,}8960 - 1{,}6741\,i.$$

b) Die drei dritten Wurzeln aus 8 lauten 2, $-1 + i\sqrt{3}$ und $-1 - i\sqrt{3}$.

Aufgabe 1.14

a) $R_1 = \{(3, 4), (3, 5)\}, R_2 = \{(5, 5)\}$.

b) Es gilt: $(2, 4) \in R$ $(n = 2)$, $\left(\sqrt{2}, 2\sqrt{2}\right) \in R$ $(n = 3)$, $(3, 3) \in R$ $(n = 1)$. $(3, 6)$ liegt nicht in R.

Aufgabe 1.15

a) R_5 ist reflexiv, denn $x \le x$ für alle $x \in \mathbb{R}$. R_5 ist nicht symmetrisch, jedoch transitiv; diese beiden Aussagen zeigt man wie in Beispiel 1.12 b).

b) R_6 ist reflexiv, denn für jedes $x \in \mathbb{Z}$ gilt: $x - x = 0$, und 0 ist gerade. Zur Symmetrie: Ist $x - y$ gerade, so ist auch $-(x - y) = y - x$ gerade, also ist R_6 symmetrisch. Auch Transitivität gilt, denn sind $x - y$ und $y - z$ gerade, so ist auch $(x - y) + (y - z) = x - z$ gerade.

c) Die kleine Vorsilbe „un", die im Vergleich zu Teil b) hinzugekommen ist, ändert hier einiges. R_7 ist nicht reflexiv, denn $x - x = 0$ ist keine ungerade Zahl. Symmetrie ist noch gegeben, denn wenn $x - y$ ungerade ist, so ist auch $-(x - y) = y - x$ ungerade. Transitivität gilt hier nicht mehr, denn die Summe zweier ungerader Zahlen ist eine gerade Zahl; sind also $x - y$ und $y - z$ ungerade, so ist $(x - y) + (y - z) = x - z$ gerade.

d) Sicherlich liegt jede Stadt im selben Bundesland wie sie selbst; das klingt zwar sprachlich ein wenig daneben, ist aber richtig. Liegt weiterhin s_1 im selben Bundesland wie s_2, so liegt natürlich auch s_2 im selben Bundesland wie s_1, also ist R_7 symmetrisch. Liegt schließlich s_1 im selben Bundesland wie s_2 und s_2 im selben Bundesland wie s_3, so liegt natürlich auch s_1 im selben Bundesland wie s_3; also ist R_8 auch transitiv.

e) Die Relation R_9 ist nicht reflexiv, nicht symmetrisch, aber transitiv.

Aufgabe 1.16

a) Die Äquivalenzklasse $[1]$ ist gerade die Menge der ungeraden Zahlen, die Klasse $[2]$ ist die Menge der geraden Zahlen.

Da es keine Zahl gibt, die gleichzeitig gerade und ungerade ist, gilt

$$[1] \cap [2] = \emptyset.$$

Die Äquivalenzklasse $[-12]$ ist ebenfalls die Menge der geraden Zahlen, also identisch mit $[2]$. Somit ist

$$[-12] \cap [2] = [2].$$

b) R ist reflexiv, denn (m, m), (a, a), (t, t) und (h, h) sind Elemente von R. R ist symmetrisch, denn mit (a, m) liegt auch (m, a) in R, und mit (h, t) liegt auch (t, h) in R. Für den Beweis der Transitivität muss man folgende Dinge überprüfen: (a, m) und $(m, a) \in R$, also muss $(a, a) \in R$ sein; (m, a) und $(a, m) \in R$, also muss $(m, m) \in R$ sein; (h, t) und $(t, h) \in R$, also muss $(h, h) \in R$ sein; (t, h) und $(h, t) \in R$, also muss $(t, t) \in R$ sein. All dies ist erfüllt, also ist R transitiv. Weiterhin ist

$$[m] = \{m, a\} \text{ und } [t] = \{t, h\}.$$

Aufgabe 1.17

a) Induktionsanfang: Für $n = 1$ ist $2 = 1 \cdot 2 = 2$.

Induktionsschluss: Zu zeigen ist, dass

$$n(n + 1) + 2(n + 1) = (n + 1)(n + 2)$$

ist. Das geht aber durch simples Zusammenfassen der linken Seite:

$$n(n + 1) + 2(n + 1) = (n + 2)(n + 1).$$

b) Induktionsanfang: Für $n = 1$ ist $1^2 = \dfrac{1 \cdot (4-1)}{3} = 1$.

Induktionsschluss: Zu zeigen ist, dass

$$\frac{n(4n^2 - 1)}{3} + (2n+1)^2 = \frac{(n+1)\left(4(n+1)^2 - 1\right)}{3}$$

gilt. Bringt man beide Seiten auf den Nenner 3, so lautet die Gleichung der Zähler:

$$n(4n^2 - 1) + 3(2n+1)^2 = (n+1)\left(4(n+1)^2 - 1\right).$$

Multipliziert man diese Terme aus, erhält man auf beiden Seiten:

$$4n^3 + 12n^2 + 11n + 3.$$

Damit ist der Induktionsschluss vollzogen.

c) Induktionsanfang: Für $n = 2$ ist $8 + 1 = 3 \cdot 5 - 6 = 9$.

Induktionsschluss: Zu zeigen ist, dass

$$(n+1)(2n+1) - 6 + (4n+5) = (n+2)(2n+3) - 6.$$

Auch hier empfiehlt es sich, beide Seiten auszumultiplizieren. Man erhält jeweils:

$$2n^2 + 7n.$$

Aufgabe 1.18 Induktionsanfang: Für $n = 1$ ist $a_1 = 8 \cdot 1 + 3 = 11$.

Induktionsschluss: Zu zeigen ist nun, dass gilt:

$$a_{n+1} = 8 \cdot 3^n + 3.$$

Dies zeigt man wie folgt:

$$a_{n+1} = 3a_n - 6 = 3 \cdot \left(8 \cdot 3^{n-1} + 3\right) - 6 = 8 \cdot 3^n + 3.$$

Aufgabe 1.19

a) Es ist

$$\begin{aligned}
g_1 &= 1 \\
g_n &= g_{n-1} + n \text{ für } n = 2, 3, 4, \ldots
\end{aligned} \tag{13.2}$$

b) Im Induktionsschluss ist zu zeigen:

$$g_{n+1} = \frac{(n+1)(n+2)}{2}.$$

Das geht so:

$$g_{n+1} = g_n + (n+1) = \frac{n(n+1)}{2} + \frac{2(n+1)}{2} = \frac{(n+1)(n+2)}{2}.$$

Aufgabe 1.20

a) Induktionsanfang: Für $n = 3$ ergibt sich $8 > 7$.

   Induktionsschluss: Zu zeigen ist: $2^{n+1} > 2n + 3$.

   Das geht beispielsweise so:

$$2^{n+1} = 2^n + 2^n > (2n+1) + (2n+1) > 2n + 3.$$

b) Induktionsanfang: Es ist $3 \cdot \sqrt{3} = 5{,}196 > 4{,}732 = 3 + \sqrt{3}$.

   Induktionsschluss: Zu zeigen ist: $(n+1) \cdot \sqrt{n+1} > (n+1) + \sqrt{n+1}$.

   Das geht beispielsweise so:

$$
\begin{aligned}
(n+1) \cdot \sqrt{n+1} &= n \cdot \sqrt{n+1} + 1 \cdot \sqrt{n+1} \\
&> n \cdot \sqrt{n} + \sqrt{n+1} \\
&> n + \sqrt{n} + \sqrt{n+1} \\
&> n + 1 + \sqrt{n+1}.
\end{aligned}
$$

13.2   Kapitel 2

Aufgabe 2.1

a) Dies ist ein lineares Gleichungssystem.

b) Wegen des Terms $\sin(x)$ ist dies kein lineares Gleichungssystem.

c) Auch dies ist keines, da y^2 auftritt.

Aufgabe 2.2 Jeweils eine Lösungsmöglichkeit lautet wie folgt; wenn Ihre Lösung Zeilen enthält, die Vielfache der hier genannten sind, ist das auch richtig.

a) $\begin{aligned} x - y &= 23 \\ y + z &= -1 \\ -5z &= -10 \end{aligned}$

b) $\begin{aligned} 2x - y &= 2 \\ 0 &= 2 \end{aligned}$

c) $\begin{aligned} -x + 2y - 5z &= 0 \\ 3y - 6z &= 0 \\ 0 &= 0 \end{aligned}$

d) $\begin{aligned} x_1 - 2x_2 + x_3 - x_4 &= -2 \\ 2x_2 \phantom{{}+ x_3} + 3x_4 &= 7 \\ x_3 + x_4 &= 4 \\ 3x_4 &= 9 \end{aligned}$

Aufgabe 2.3

a) Die Lösung ist eindeutig, sie lautet $x = 1$, $y = -1$, $z = 2$.

b) Dieses System ist unlösbar.

c) Es gibt unendlich viele Lösungen, mit $z = t$ ergibt sich $x = -t$ und $y = 2t$.

d) Die Lösung ist eindeutig, sie lautet $x_1 = -2$, $x_2 = -1$, $x_3 = 1$, $x_4 = 3$.

Aufgabe 2.4 Der Verdienst für eine Herzoperation war 20.000 DM, der für ein künstliches Kniegelenk 4000 DM, und der für eine Gallenblasenentfernung 3000 DM.

Aufgabe 2.5

a) Das System

$$s + v + a = 200$$
$$2s - 3v = 0$$
$$5v + 2a = 400$$

hat keine eindeutige Lösung.

b) V besitzt 60 Millionen, A besitzt 50 Millionen.

Aufgabe 2.6 Der Ansatz

$$a_1 \mathbf{x}_1 + a_2 \mathbf{x}_2 + a_3 \mathbf{x}_3 = \mathbf{0}$$

liefert die eindeutige Lösung $a_1 = a_2 = a_3 = 0$.

Aufgabe 2.7 Sind die Vektoren $\mathbf{x}_1$, $\mathbf{x}_2$, … $\mathbf{x}_k$ gemäß Definition 2.6 linear abhängig, so gibt es eine Linearkombination

$$a_1 \mathbf{x}_1 + a_2 \mathbf{x}_2 + \cdots + a_k \mathbf{x}_k = \mathbf{0}, \tag{13.3}$$

in der mindestens ein Koeffizient a_i ungleich 0 ist. Dann kann man durch diesen dividieren und die Darstellung (13.3) wie folgt nach $\mathbf{x}_i$ auflösen:

$$\mathbf{x}_i = b_1 \mathbf{x}_1 + \cdots + b_{i-1} \mathbf{x}_{i-1} + b_{i+1} \mathbf{x}_{i+1} + \cdots + b_k \mathbf{x}_k \tag{13.4}$$

mit $b_j = -a_j/a_i$ für alle j.

Gibt es umgekehrt eine Darstellung der Form (13.4), so kann man diese wie folgt umformen:

$$b_1 \mathbf{x}_1 + \cdots + b_{i-1} \mathbf{x}_{i-1} - \mathbf{x}_i + b_{i+1} \mathbf{x}_{i+1} + \cdots + b_k \mathbf{x}_k = \mathbf{0}.$$

Da hier der Koeffizient von $\mathbf{x}_i$ nicht 0 ist, ist dies eine Darstellung wie in Definition 2.6 gefordert.

Aufgabe 2.8

a) Für kein $b \in \mathbb{R}$.

b) Für $b = 0$.

c) Für alle $b \in \mathbb{R}$.

Aufgabe 2.9

a) Das ist richtig.

b) Das ist nicht richtig, beispielsweise kann man als dritten Vektor einen der beiden vorhandenen hinzunehmen.

c) Das ist nicht richtig, denn wenn $n = 2$ ist, sind mehr als zwei Vektoren immer linear abhängig.

Aufgabe 2.10

$$A \cdot B = \begin{pmatrix} 12 & -3 \\ -4 & 5 \\ 4 & 1 \end{pmatrix}, B \cdot C = \begin{pmatrix} 1 & 15 & 3 \\ 6 & 2 & 10 \end{pmatrix}, A \cdot C = \begin{pmatrix} 3 & 12 & 6 \\ 5 & -2 & 8 \\ 4 & 5 & 7 \end{pmatrix}.$$

Das Produkt $B \cdot A$ ist nicht definiert.

Aufgabe 2.11 Das Ergebnis ist beide Male

$$\begin{pmatrix} 3 & 1 & -1 \\ 0 & -2 & 2 \\ 1 & -1 & 0 \end{pmatrix}$$

Aufgabe 2.12 Mit derselben Vorgehensweise wie in Beispiel 2.18 berechnet man:

$$B^{-1} = \begin{pmatrix} 1 & -1 \\ 0 & 1 \end{pmatrix}.$$

Aufgabe 2.13 Es ist

$$A^{-1} = \begin{pmatrix} -2 & 0 & 1 \\ -1 & 0 & 1 \\ 4 & 1 & -2 \end{pmatrix} \text{ und } B^{-1} = \begin{pmatrix} \dfrac{3}{5} & -\dfrac{1}{5} & \dfrac{2}{5} \\ -\dfrac{1}{5} & \dfrac{2}{5} & \dfrac{1}{5} \\ -\dfrac{1}{5} & \dfrac{2}{5} & -\dfrac{4}{5} \end{pmatrix}.$$

Die Matrix C ist nicht invertierbar.

Aufgabe 2.14 Das Produkt der beiden oben bestimmten Inversen lautet:

$$B^{-1} \cdot A^{-1} = \begin{pmatrix} \dfrac{3}{5} & \dfrac{2}{5} & -\dfrac{2}{5} \\ \dfrac{4}{5} & \dfrac{1}{5} & -\dfrac{1}{5} \\ -\dfrac{16}{5} & -\dfrac{4}{5} & \dfrac{9}{5} \end{pmatrix}.$$

Dasselbe Resultat ergibt sich, wenn man die Matrix

$$A \cdot B = \begin{pmatrix} -1 & 2 & 0 \\ 4 & 1 & 1 \\ 0 & 4 & 1 \end{pmatrix}$$

invertiert.

Aufgabe 2.15 Es ist

$$\det(A) = -689, \det(B) = 0 \text{ und } \det(C) = 2417.$$

Aufgabe 2.16 Es ergibt sich jedesmal der Wert 4.

Aufgabe 2.17 Man sollte nach der dritten Spalte entwickeln, da hier drei Nullen enthalten sind; die Determinante der Matrix lautet -15.

Aufgabe 2.18 Es ist $\det(A) = \det(B) = -1$, also $\det(A) \cdot \det(B) = 1$. Andererseits ist $A \cdot B = I_3$, also auch $\det(A \cdot B) = 1$.

Aufgabe 2.19
a) Da hier $H_2 = 0$ ist, ist die Matrix weder positiv noch negativ definit.
b) Für die Matrix $-B$ gilt: $H_1 = 3$, $H_2 = 3$ und $H_3 = 3$. Somit ist B negativ definit.

Aufgabe 2.20 Es ist

$$\det\left(B \cdot A \cdot B^{-1}\right) = \det(B) \cdot \det(A) \cdot \det\left(B^{-1}\right) = \det(B) \cdot \det(A) \cdot \frac{1}{\det(B)} = \det(A).$$

Aufgabe 2.21 Die Determinante der aus den drei Vektoren gebildeten Matrix A lautet $\det(A) = b^2 - 1$, die Vektoren sind also genau dann linear unabhängig, wenn b ungleich ± 1 ist.

Aufgabe 2.22
a) Die Determinante der Koeffizientenmatrix ist 5, das System ist also eindeutig lösbar. Die Lösung lautet $x = 29$, $y = 38$, $z = 33$.
b) Die Determinante der Koeffizientenmatrix ist 0, das System hat keine eindeutige Lösung.

13.3 Kapitel 3

Aufgabe 3.1 Es ist

$$\langle \mathbf{a}, \mathbf{b} \rangle = 2, \ \langle \mathbf{a}, \mathbf{c} \rangle = 1, \ \langle \mathbf{b}, \mathbf{c} \rangle = 0.$$

Somit stehen $\mathbf{b}$ und $\mathbf{c}$ senkrecht aufeinander.

Aufgabe 3.2 Hier ist $\langle \mathbf{a}, \mathbf{b} \rangle = 3$, $|\mathbf{a}| = 1$ und $|\mathbf{b}| = \sqrt{9+16} = 5$. Somit ist

$$\cos(\alpha) = \frac{3}{5}, \text{also } \alpha = 53,13°.$$

Aufgabe 3.3 Man erhält:

$$\mathbf{a} \times \mathbf{b} = \begin{pmatrix} 0 \\ 5 \\ 10 \end{pmatrix}, \mathbf{b} \times \mathbf{c} = \begin{pmatrix} 0 \\ 15 \\ 30 \end{pmatrix} \text{ und } \mathbf{a} \times \mathbf{c} = \begin{pmatrix} 0 \\ 0 \\ 0 \end{pmatrix}.$$

Aufgabe 3.4

a) Die Geradengleichung lautet

$$g : \mathbf{x} = \begin{pmatrix} 0 \\ -1 \\ 2 \end{pmatrix} + t \cdot \begin{pmatrix} 3 \\ 5 \\ -3 \end{pmatrix}.$$

b) Der Punkt Q_1 liegt auf der Geraden (für den Parameterwert $t = -2$), der Punkt Q_2 nicht.

Aufgabe 3.5

a) Die Ebenengleichung lautet

$$E : \mathbf{x} = \begin{pmatrix} 1 \\ 0 \\ 0 \end{pmatrix} + t \cdot \begin{pmatrix} -1 \\ 1 \\ 0 \end{pmatrix} + s \cdot \begin{pmatrix} -1 \\ 0 \\ 1 \end{pmatrix}.$$

b) Da der Punkt Q_1 auf der Geraden durch P_1 und P_2 liegt, liegt er auch in jeder Ebene, die diese beiden Punkte enthält. Er muss also bei der Aufstellung der Ebenengleichung nicht berücksichtigt werden. Diese lautet:

$$E : \mathbf{x} = \begin{pmatrix} 0 \\ -1 \\ 2 \end{pmatrix} + t \cdot \begin{pmatrix} 3 \\ 5 \\ -3 \end{pmatrix} + s \cdot \begin{pmatrix} 3 \\ 5 \\ -1 \end{pmatrix}.$$

Aufgabe 3.6 Die Ebenengleichung lautet

$$E : 2x - y + z = 3.$$

Aufgabe 3.7

a) Der Schnittpunkt ist $S = \begin{pmatrix} 4 \\ -1 \\ 2 \end{pmatrix}$.

b) Es ist

$$\cos(\alpha) = \frac{7}{\sqrt{11} \cdot \sqrt{5}} = 0,9439,$$

also $\alpha \approx 19{,}3°$.

c) Die Ebenengleichung lautet E: $x - y - 2z = 1$.

Aufgabe 3.8 Der Schnittpunkt lautet

$$S = \begin{pmatrix} 1 \\ 0 \\ 2 \end{pmatrix}.$$

Aufgabe 3.9 Der Schnittpunkt lautet

$$S = \begin{pmatrix} 1 - \dfrac{1}{a} \\ -1 \\ -1 - \dfrac{1}{a} \end{pmatrix}.$$

Aufgabe 3.10

a) Für $\lambda = -2$ existiert kein Schnittpunkt, die Gerade ist also parallel zur Ebene.

b) Es ergibt sich $t = -\dfrac{1}{2}$, der Schnittpunkt ist also $S = \begin{pmatrix} \dfrac{1}{2} \\ 1 \\ 1 \end{pmatrix}.$

Aufgabe 3.11

a) Die Geradengleichung lautet

$$g : \mathbf{x} = \begin{pmatrix} 5 \\ 3 \\ -1 \end{pmatrix} + t \cdot \begin{pmatrix} 1 \\ 2 \\ -3 \end{pmatrix}.$$

b) Der Parameterwert des Schnittpunktes lautet $t = -1$, der Schnittpunkt ist also $S = \begin{pmatrix} 4 \\ 1 \\ 2 \end{pmatrix}.$

Aufgabe 3.12 Die Schnittgerade hat die Gleichung

$$g : \mathbf{x} = \begin{pmatrix} 3 \\ 0 \\ -3 \end{pmatrix} + s \cdot \begin{pmatrix} 2 \\ 1 \\ -3 \end{pmatrix}.$$

Die für Teil b) und c) benötigten parameterfreien Darstellungen der Ebenen lauten

$$E_1 : x + y + z = 0$$

und

$$E_2 : 2x - y + z = 3.$$

13.4   Kapitel 4

Aufgabe 4.1 Der zulässige Bereich dieses Problems ist in Abb. 13.1 gezeichnet. Man zeichnet die Zielfunktion $x + y = c$ für verschiedene Werte von c ein. Sie verlässt den zulässigen Bereich im Schnittpunkt der beiden Randgeraden $x = 2$ und $x + 2y = 4$, also $x = 2$ und $y = 1$.

Aufgabe 4.2 Zunächst gibt es drei Variablen, nämlich die Anzahl der Schwarzbunten (x), die der Rotkarierten (y) und die der lila Kühe (z). Da der Landwirt genau 200 Kühe anschaffen will, kann man aber eine der Variablen eliminieren, beispielsweise z: Es gilt $z = 200 - x - y$. Die Zielfunktion lautet zunächst $Z = 20x + 20y + 10z$, ersetzt man hier z durch $200 - x - y$, so erhält man die Zielfunktion in den beiden Variablen x und y:

$$Z(x,y) = 10x + 10y + 2000.$$

Die Nebenbedingungen lauten:

$$x \leq 120,$$
$$y \leq 120,$$
$$x + y \geq 80,$$
$$x + y \leq 200.$$

Außerdem gilt

$$100x + 1500y + 500z \leq 180.000,$$

Abb. 13.1 Der zulässige Bereich in Aufgabe 4.1

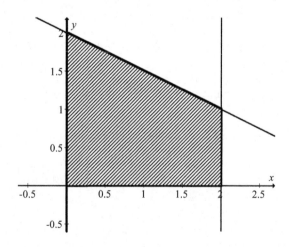

Abb. 13.2 Zu Aufgabe 4.2

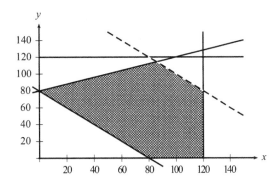

Hier kann man durch 100 dividieren und wiederum z durch $200 - x - y$ ersetzen, was auf die endgültige Restriktion

$$-4x + 10y \leq 800$$

führt. In Abb. 13.2 sehen Sie den zulässigen Bereich und die optimale Lage der Zielfunktion (gestrichelt). Diese ist offenbar parallel zur Randgeraden $x + y = 200$. Der Landwirt hat also eine ganze Fülle von Möglichkeiten. Beispielsweise kann er den Schnittpunkt der Geraden $x + y = 200$ mit der Geraden $x = 120$, also den Punkt $(x, y) = (120, 80)$ wählen. Der Landwirt wird also in diesem Fall 120 Schwarzbunte und 80 Rotkarierte anschaffen, der optimale Erlös ist dann $Z(120, 80) = 4000$.

Aufgabe 4.3 In Abb. 13.3 ist der zulässige Bereich mit den drei Eckpunkten E_1, E_2 und E_3 eingezeichnet.

Die aktiven Randgeraden lauten:

$$g_1 : \quad x = 10$$
$$g_2 : \quad y = 10$$
$$g_3 : \quad x + 2y = 100$$

Der zulässige Bereich hat hier nur drei Eckpunkte. Die folgende Tabelle zeigt die Koordinaten dieser Eckpunkte und die resultierenden Werte der Zielfunktion.

Abb. 13.3 Der zulässige Bereich in Aufgabe 4.3

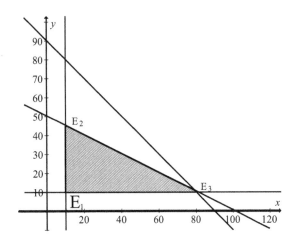

Eckpunkt	Schnittgeraden	Koordinaten	Wert der Zielfunktion
E_1	$g_1 \cap g_2$	(10, 10)	130
E_2	$g_1 \cap g_3$	(10, 45)	165
E_3	$g_2 \cap g_3$	(80, 10)	270

Das Optimum wird im Punkt (80, 10) angenommen, der optimale Wert der Zielfunktion ist $Z(80, 10) = 270$.

Aufgabe 4.4 Die erste Simplex-Tabelle lautet:

x	y	u_1	u_2	
3	6	1	0	42
5	4	0	1	58
−40	**−60**	**0**	**0**	**0**

Anwendung des Simplex-Algorithmus führt auf folgende Endtabelle:

x	y	u_1	u_2	
0	1	$\dfrac{5}{18}$	$-\dfrac{1}{6}$	2
1	0	$-\dfrac{2}{9}$	$\dfrac{1}{3}$	10
0	**0**	$\dfrac{70}{9}$	$\dfrac{10}{3}$	**520**

Der gesuchte maximale Wert der Zielfunktion lautet 520, die zugehörigen optimalen Werte der Variablen x und y sind $x = 10$ und $y = 2$.

Aufgabe 4.5 Nach Einführung von Schlupfvariablen lautet das Problem: Man maximiere die Zielfunktion

$$Z(x,y) = 3x + 2y$$

unter den Nebenbedingungen

$$2x + y + u_1 = 22,$$
$$x + 2y + u_2 = 23.$$

Die zugehörige Simplex-Tabelle ist:

x	y	u_1	u_2	
2	1	1	0	22
1	2	0	1	23
−3	**−2**	**0**	**0**	**0**

Nach Anwendung des Simplex-Algorithmus erhält man folgende Tabelle:

x	y	u_1	u_2	
1	0	$\dfrac{2}{3}$	$-\dfrac{1}{3}$	7
0	1	$-\dfrac{1}{3}$	$\dfrac{2}{3}$	8
0	**0**	$\dfrac{\mathbf{4}}{\mathbf{3}}$	$\dfrac{\mathbf{1}}{\mathbf{3}}$	**37**

Der maximale Gewinn ist rechts unten abzulesen, er beträgt 37 Euro pro Tag, die zugehörige Wahl der Produktionskapazitäten ist $x = 7$ und $y = 8$. Der Betrieb sollte also pro Tag sieben Einheiten von Produkt 1 und acht Einheiten von Produkt 2 produzieren, um seinen Gewinn zu maximieren.

Aufgabe 4.6 Die erste Simplex-Tabelle sieht hier wie folgt aus:

x	y	u_1	u_2	
−1	1	1	0	0
1	1	0	1	150
−15	**−25**	**0**	**0**	**0**

Anwendung des Simplex-Algorithmus ergibt die folgende Tabelle:

x	y	u_1	u_2	
0	1	$\dfrac{1}{2}$	$\dfrac{1}{2}$	75
1	0	$-\dfrac{1}{2}$	$\dfrac{1}{2}$	75
0	**0**	**5**	**20**	**3000**

Somit haben wir das grafisch ermittelte Ergebnis bestätigt, dass die Wahl $x = y = 75$ optimal ist und den maximalen Gewinn $Z = 3000$ liefert.

Aufgabe 4.7 Nach Einführung von zwei Schlupfvariablen lauten die Nebenbedingungen wie folgt:

$$\frac{1}{2}x_1 + \frac{3}{2}x_2 + x_3 + u_1 = 4$$
$$4x_1 + 2x_2 + 2x_3 + u_2 = 14$$

Anwendung des Simplex-Algorithmus liefert die folgende Endtabelle:

x_1	x_2	x_3	u_1	u_2	
1	$-\dfrac{1}{3}$	0	$-\dfrac{2}{3}$	$\dfrac{1}{3}$	2
0	$\dfrac{5}{3}$	1	$\dfrac{4}{3}$	$-\dfrac{1}{6}$	3
0	$\dfrac{2}{3}$	0	$\dfrac{10}{3}$	$\dfrac{1}{3}$	18

Da der Koeffizient von x_2 in der Zielfunktionszeile positiv ist, ist diese Variable gleich 0 zu setzen. Für die anderen beiden Variablen liest man die folgenden optimalen Werte ab: $x_1 = 2$, $x_3 = 3$. Der optimale Wert der Zielfunktion ist $Z(2, 0, 3) = 18$.

13.5   Kapitel 5

Aufgabe 5.1

a) Die Folge $\{a_n\}$ ist weder nach oben noch nach unten beschränkt, die Folge $\{b_n\}$ ist nach oben beschränkt (z. B. durch 0), nach unten unbeschränkt, die Folge $\{c_n\}$ ist nach oben durch 1 und nach unten durch 0 beschränkt, also insgesamt beschränkt.

b) Eine Umformung ergibt

$$a_n = \frac{n-1}{2n^2 + 2n}.$$

Es ist $a_1 = 0$ und $a_n > 0$ für $n \geq 2$, die Folge ist somit durch 0 nach unten beschränkt. Da der Zähler immer kleiner ist als der Nenner, ist sie nach oben durch 1 beschränkt, also insgesamt beschränkt.

c) Man kann die Folgeglieder umformen zu

$$a_n = \left(\frac{32}{25} \right)^n.$$

Die Folge ist nach unten durch 0 beschränkt, nach oben unbeschränkt.

Aufgabe 5.2

a) $\{a_n\}$ ist nicht monoton, $\{b_n\}$ ist streng monoton fallend, $\{c_n\}$ ist streng monoton fallend.

b) Die Folge ist nicht monoton.

c) Die in der Lösung von 5.1 c) angegebene Umschreibung zeigt, dass diese Folge streng monoton steigend ist.

Aufgabe 5.3 Falls $k > m$ ist konvergiert die Folge nicht. Ansonsten gilt

$$\lim_{n \to \infty} a_n = \begin{cases} \dfrac{c}{d}, & \text{falls } k = m, \\ 0, & \text{falls } k < m. \end{cases}$$

Aufgabe 5.4

a) Die Folge ist die Differenz zweier Nullfolgen und konvergiert daher gegen 0.

b) Die Folge konvergiert gegen 3.

c) Die Folge konvergiert nicht, die Folgenelemente werden beliebig groß.

d) Die Folge konvergiert gegen 0.

Aufgabe 5.5 Ein Beispiel ist die durch

$$a_n = \frac{(-1)^n}{n}$$

definierte Folge $\{a_n\}$. Sie konvergiert (gegen 0), ist aber weder monoton steigend noch monoton fallend.

Aufgabe 5.6

a) f_1 ist eine Funktion, die Bildmenge ist $\mathbb{R}$.

b) f_2 ist keine Funktion, da negativen Zahlen kein Funktionswert zugeordnet warden kann.

c) f_3 ist keine Funktion, denn die Zuordnungsvorschrift ist nicht eindeutig.

d) f_4 ist eine Funktion, die Bildmenge ist $\mathbb{R} \backslash \{0\}$.

Aufgabe 5.7 Da der Radikand nicht negativ sein darf, ist der maximale Definitionsbereich

$$D = [0,1).$$

Aufgabe 5.8

a) f_1 ist weder surjektiv noch injektiv.

b) f_2 ist surjektiv, aber nicht injektiv.

c) f_3 ist surjektiv und injektiv.

Aufgabe 5.9 Eine ungerade Zahl m hat die Form $2k + 1$ mit einem $k \in \mathbb{N}_0$. Somit ist

$$x^m = x^{2k+1} = \left(x^2\right)^k \cdot x.$$

Der Rest des Beweises verläuft analog Beispiel 5.9 c).

Aufgabe 5.10

a) Diese Aussage ist wahr. Sind f und g ungerade Funktionen, so gilt für ihre Summe:

$$(f+g)(-x) = f(-x) + g(-x) = -f(x) + (-g(x)) = -(f+g)(x).$$

b) Diese Aussage ist falsch, ein einfaches Gegenbeispiel ist $f(x) = g(x) = x$. Dies sind ungerade Funktionen, aber ihr Produkt $f(x) \cdot g(x) = x^2$ ist eine gerade Funktion.

c) Das ist falsch, zahlreiche Beispiele von Funktionen, die weder gerade noch ungerade sind, finden Sie in diesem Buch.

d) Das ist falsch: Die Funktion $f(x) = 0$ ist sowohl gerade, denn $f(x) = 0 = f(-x)$, sie ist aber auch ungerade, denn $f(-x) = 0 = -f(x)$ für alle $x \in \mathbb{R}$.

Aufgabe 5.11

a) Hier ist $f(-x) = -2x - 2x^2$, also

$$f_u(x) = 2x \text{ und } f_g(x) = -2x^2.$$

b) Hier ist

$$f_u(x) = 4x^3 + 2\sin(x) \text{ und } f_g(x) = 0.$$

Aufgabe 5.12 Es ist

$$(f \circ g)(x) = (x+1)^2 + (x+1) - 2 = x^2 + 3x.$$

Aufgabe 5.13 Die beiden Funktionenpaare in Beispiel 5.10 sind umkehrbar; in Teil a) ergibt sich

$$(g \circ f)(y) = y^2 + 2\sqrt{y} + 1,$$

in Teil b)

$$(g \circ f)(y) = \sqrt{\frac{2y^2}{1+y^2}}.$$

Bei den Funktionen in Übungsaufgabe 5.12 ist keine Umkehrung möglich, da g beispielsweise für $f(0) = -2$ nicht definiert ist.

Aufgabe 5.14 Der größtmögliche Definitionsbereich ist $D = [1, \infty)$, der maximale Wertevorrat ist dann die Bildmenge $W = \mathbb{R}^+$. Die Umkehrfunktion lautet $f^{-1}(x) = x^2 + 1$.

Aufgabe 5.15

a) Die Funktion f ist nicht streng monoton, denn beispielsweise ist

$$f(-1) = 2 > f(0) = 1 < f(1) = 2.$$

Daher ist sie auch nicht umkehrbar.

b) Die Funktion g ist streng monoton steigend, denn aus $x_1 < x_2$ folgt immer $x_1^3 < x_2^3$. Die Umkehrfunktion lautet

$$g^{-1} : \mathbb{R} \to \mathbb{R}, \ g^{-1}(x) = \sqrt[3]{x}.$$

Aufgabe 5.16

a) Der linksseitige und der rechtsseitige Grenzwert an der Stelle $\bar{x} = 2$ sind gleich 7. Daher muss $a^2 - 2 = 7$ sein, also $a = 3$ oder $a = -3$.

b) Der linksseitige Funktionsterm kann umgeformt werden wie folgt:

$$\frac{2x^2 + 2x - 4}{x^3 - x^2} = \frac{2(x-1)(x+2)}{x^2(x-1)} = \frac{2(x+2)}{x^2}.$$

Daher ist der linksseitige Grenzwert an der Stelle $\bar{x} = 1$ gleich 6. Dies ist auch der rechtsseitige Grenzwert und der Funktionswert, daher ist die Funktion stetig an der Stelle $\bar{x} = 1$.

c) Der linksseitige Grenzwert ist hier

$$\lim_{\substack{x \to 3 \\ x < 3}} \frac{(1-x)(x^2 - 9)}{6(x-3)} = \lim_{\substack{x \to 3 \\ x < 3}} \frac{(1-x)(x+3)}{6} = -2.$$

Damit der Funktionswert $2 - a^2$ gleich diesem Wert ist, muss $a = \pm 2$ sein. Nun ist noch zu prüfen, ob mit diesen Werten auch der rechtsseitige Grenzwert gleich -2 ist. Der entsprechende Funktionsterm lautet $16 + 9 - x^3$ und hat an der Stelle $\bar{x} = 3$ tatsächlich den Wert -2. Also ist die Funktion stetig.

Aufgabe 5.17

a) Für $x = 0$ und $x = 1$.

b) Für $x = -1$, $x = 0$ und $x = 1$.

Aufgabe 5.18 Siehe Abb. 13.4.

Abb. 13.4 Die Funktionen $w_2(x)$ und $w_3(x)$ (*gestrichelt*)

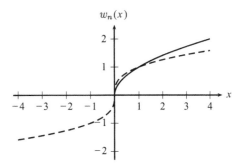

Aufgabe 5.19

a) Da $\sin^2(x) + \cos^2(x) = 1$ für alle $x \in \mathbb{R}$ gilt und $\cos^2(x)$ nicht negativ sein kann, kann $\sin^2(x)$ nicht größer als 1 sein, also $\sin^2(x) \leq 1$. Wegen $|\sin(x)| = \sqrt{\sin^2(x)}$ gilt dies auch für den Betrag. Die Aussage über den Cosinus beweist man analog.

b) Für alle $x \in \mathbb{R}$ gilt $\sin\left(x + \dfrac{\pi}{2}\right) = \cos(x)$. Setzt man hier $x = -\dfrac{\pi}{4}$ ergibt sich

$\sin\left(\dfrac{\pi}{4}\right) = \cos\left(\dfrac{\pi}{4}\right)$. Setzt man dies in die Gleichung $\sin^2(x) + \cos^2(x) = 1$ ein, folgt

$$2\sin^2\left(\frac{\pi}{4}\right) = 1.$$

Division durch 2 und Ziehen der Wurzel auf beiden Seiten ergibt die Behauptung.

Aufgabe 5.20 Setzt man im ersten Additionstheorem $x = y$, ergibt sich

$$\sin(2x) = \sin(x)\cos(x) + \cos(x)\sin(x) = 2\sin(x)\cos(x).$$

Die Formel für $\cos(2x)$ ergibt sich analog aus dem zweiten Additionstheorem.

Aufgabe 5.21

a	$x = -2$	$x = 0$	$x = 1$	$x = 2$	$x = 10$
0,5	4	1	0,5	0,25	$\approx 0{,}00097$
1	1	1	1	1	1
2	0,25	1	4	4	1024
4	0,0625	1	4	16	1048576

Aufgabe 5.22 Es ist $e_1 = 2$, $e_{12} = 2{,}61303$, $e_{52} = 2{,}69259$, $e_{365} = 2{,}71456$, $e_{8760} = 2{,}71812$.

Aufgabe 5.23 Es ist $\log_{10}(0{,}001) = -3$ und $\log_7\left(\sqrt[4]{7^3}\right) = \dfrac{3}{4}$.

Aufgabe 5.24 Es ist

$$\log_3(7{,}5) = \frac{\ln(7{,}5)}{\ln(3)} = 1{,}83406.$$

13.6   Kapitel 6

Aufgabe 6.1 Der Differenzialquotient und seine Zerlegung lauten hier

$$\lim_{x \to a}\frac{x^3 - a^3}{x - a} = \lim_{x \to a}\frac{(x-a)\left(x^2 + ax + a^2\right)}{x - a} = \lim_{x \to a} x^2 + ax + a^2 = 3a^2.$$

Die gesuchte Ableitung ist also $f'(a) = 3a^2$.

Aufgabe 6.2

a) Der linksseitige Grenzwert des Differenzialquotienten ist

$$\lim_{x\to 0, x<0} \frac{2x^2-0}{x-0} = \lim_{x\to 0, x<0} 2x = 0,$$

der rechtsseitige lautet

$$\lim_{x\to 0, x>0} \frac{x^2-0}{x-0} = \lim_{x\to 0, x<0} x = 0.$$

Die Funktion ist differenzierbar, und es ist $f'(0) = 0$.

b) Der linksseitige Grenzwert des Differenzialquotienten ist

$$\lim_{x\to 0, x<0} \frac{x\sin(x)+1-1}{x-0} = \lim_{x\to 0, x<0} \sin(x) = 0,$$

der rechtsseitige lautet

$$\lim_{x\to 0, x>0} \frac{x^2+1-1}{x-0} = \lim_{x\to 0, x<0} x = 0.$$

Die Funktion ist differenzierbar, und es ist $g'(0) = 0$.

c) Die Funktion ist an der Stelle $a = 0$ nicht stetig und somit nach Satz 6.5 dort auch nicht differenzierbar.

d) Der linksseitige Grenzwert des Differenzialquotienten ist

$$\lim_{x\to 0, x<0} \frac{|x|-0}{x-0} = \lim_{x\to 0, x<0} \frac{-x-0}{x-0} = -1,$$

der rechtsseitige lautet

$$\lim_{x\to 0, x>0} \frac{|x|-0}{x-0} = \lim_{x\to 0, x>0} \frac{x-0}{x-0} = +1.$$

Die Funktion ist nicht differenzierbar in $x = 0$.

Aufgabe 6.3 Es ist $f'(x) = \cos(x)$, also $f(0) = 0$ und $f'(0) = 1$. Damit ergibt sich:

$$t(x) = 1\cdot x + (0 - 1\cdot 0) = x.$$

Aufgabe 6.4

a) Es ist $f'(x) = 2x$, also $f(1) = 1$ und $f'(0) = 2$. Damit ergibt sich:

$$t(x) = 2x + (1 - 2\cdot 1) = 2x - 1.$$

b) Eine Schnittstelle x_S genügt der Gleichung

$$x_S^2 = 2x_S - 1.$$

Diese hat nur die Lösung $x_S = 1$, somit gibt es keine weitere Schnittstelle.

Aufgabe 6.5

a) Es ist

$$h_1'(x) = \cos^2(x) - \sin^2(x).$$

b) Um die Produktregel anzuwenden, schreibt man die Funktion zunächst um in die Form $h_2(x) = e^x \cdot x^{-2}$. Dann ergibt sich:

$$h_2'(x) = e^x \cdot \left(x^{-2} - 2x^{-3} \right).$$

c) Wegen $h_3(x) = e^{2x} = (e^x)^2 = e^x \cdot e^x$ gilt

$$h_3'(x) = 2e^x \cdot e^x = 2e^{2x}.$$

Aufgabe 6.6 Gemäß dem Hinweis wendet man zunächst die Produktregel auf $(f(x)g(x)) \cdot h(x)$ an; das ergibt

$$(f \cdot g \cdot h)'(x) = (f \cdot g)'(x) \cdot h(x) + (f \cdot g)(x) \cdot h'(x),$$

und nochmalige Anwendung der Produktregel, diesmal auf $(f \cdot g)'(x)$, liefert die zu beweisende Behauptung.

Aufgabe 6.7

a) $h_1'(x) = \dfrac{4x \cdot \sqrt{x} - \left(2x^2 + 3\right) \cdot \dfrac{1}{2\sqrt{x}}}{x} = \dfrac{4x^2 - x^2 - \dfrac{3}{2}}{x\sqrt{x}} = \dfrac{3x^2 - \dfrac{3}{2}}{x\sqrt{x}}$

b) $h_2'(x) = \dfrac{\cos(x) \cdot \left(\cos(x)e^x + \sin(x)e^x\right) + \sin^2(x)e^x}{\cos^2(x)}$

$\quad\quad = \dfrac{\left(\cos^2(x) + \sin(x)\cos(x) + \sin^2(x)\right)e^x}{\cos^2(x)}$

Aufgabe 6.8 Es ist

a) $h_1'(x) = -\dfrac{\sin\left(\sqrt{x}\right)}{2\sqrt{x}}$

b) $h_2'(x) = \dfrac{\sin\left(x^2\right) \cdot 2\sin(x)\cos(x) - \sin^2(x) \cdot 2x\cos\left(x^2\right)}{\sin^2\left(x^2\right)}$

c) Hier sind drei Funktionen verkettet; die Ableitung des inneren Funktionenpaares $e^{\sin(x)}$ lautet $\cos(x)e^{\sin(x)}$, damit ist

$$h_3'(x) = \dfrac{\cos(x)e^{\sin(x)}}{2\sqrt{e^{\sin(x)}}}.$$

Aufgabe 6.9 Diese Aufgabe bearbeitet man in völliger Analogie zu Beispiel 6.13, Teil a) Es ergibt sich

$$\left(f^{-1}\right)'(y) = \frac{1}{f'(x)} = \frac{1}{m}.$$

Aufgabe 6.10 Es ist

$$\lg'(x) = \frac{1}{x \cdot \ln(10)}.$$

Aufgabe 6.11 Die Ableitungen lauten wie folgt:

a) $h_1'(x) = \left(1 + x \cdot \cos(x)\right)e^{\sin(x)}$

b) $h_2'(x) = \dfrac{2e^{2x}\left(x^2 - x + 1\right)}{\left(1 + x^2\right)^2}$

c) $h_3'(x) = \dfrac{e^x}{\sqrt{1 - e^{2x}}} - \dfrac{e^x}{\sqrt{1 - e^{2x}}} = 0$

Aufgabe 6.12 Es ist $f\left(\sqrt{\pi}\right) = 1$ und $f'\left(\sqrt{\pi}\right) = -2\sqrt{\pi}$. Damit lautet die gesuchte Tangentengleichung

$$t(x) = -2\sqrt{\pi}x + \left(1 + 2\pi\right).$$

Aufgabe 6.13 Die Funktion ist streng monoton fallend für $x < -1$ und $x > 1$ sowie streng monoton steigend für $-1 < x < 1$.

Aufgabe 6.14

a) Die Ableitung lautet $p'(x) = 2ax$. Ist a ungleich 0, hat diese eine Nullstelle, die Funktion also höchstens ein Extremum. Ist $a = 0$, ist die Funktion konstant und hat unendlich viele Extremstellen.

b) Der einzige Kandidat ist $x = 0$, hier ist $p(0) = b$. Ist x verschieden von 0, so ist $ax^2 > 0$ und somit $p(x) > p(0)$. Daher ist 0 Minimalstelle.

Aufgabe 6.15 Die gesuchten Ableitungen lauten wie folgt:

a) $f_1'(x) = \left(3x^2 - x^3\right) \cdot e^{-x}$,

also

$$f_1''(x) = \left(x^3 - 6x^2 + 6x\right) \cdot e^{-x}.$$

b) $f_2'(x) = 2x\sin\left(\dfrac{x}{3}\right) + \dfrac{x^2}{3} \cdot \cos\left(\dfrac{x}{3}\right)$,

also

$$f_2''(x) = \left(2 - \frac{x^2}{9}\right) \cdot \sin\left(\frac{x}{3}\right) + \frac{4x}{3} \cdot \cos\left(\frac{x}{3}\right).$$

c) $f_3'(x) = \ln(x) + 1$,

also

$$f_3''(x) = \frac{1}{x}.$$

Aufgabe 6.16 Es ist $f'(x) = \cos(x)$, $f''(x) = -\sin(x)$, $f'''(x) = -\cos(x)$ und $f^{(4)}(x) = \sin(x)$. Daher ist auch $f^{(40)}(x) = \sin(x)$ und $f^{(49)}(x) = (f^{(48)})'(x) = \cos(x)$.

Aufgabe 6.17

a) Nach der Kettenregel ist $f_1'(x) = 2x \cdot e^{x^2}$, die einzige Nullstelle hiervon ist $x_0 = 0$. Die

zweite Ableitung lautet $f_1''(x) = (2 + 4x^2) \cdot e^{x^2}$, also ist $f_1''(0) = 2 > 0$. Somit hat die

Funktion $f_1(x) = e^{x^2}$ bei $x_0 = 0$ eine Minimalstelle.

b) Es ist $f_2'(x) = e^x$, und da die Exponentialfunktion niemals 0 wird, hat die Funktion $f_2(x)$ keine Extremalstellen.

c) Hier ist $f_3'(x) = 3x^2 - 4x + 1$ und $f'(x) = 6x - 4$. Die quadratische Gleichung

$3x^2 - 4x + 1 = 0$ hat die beiden Lösungen $x_1 = 1$ und $x_2 = \frac{1}{3}$, dies sind also die Nullstellen

von $f'(x)$. Einsetzen in $f''(x)$ liefert $f''(1) = 2 > 0$ und $f''\left(\frac{1}{3}\right) = -2 < 0$. Die Funktion

nimmt also in x_1 ein Minimum und in x_2 ein Maximum an.

d) Die erste Ableitung lautet $f'(x) = 2\sin(x)\cos(x)$, ihre einzige Nullstelle im Intervall

$(0, \pi)$ ist $x_0 = \frac{\pi}{2}$. Die zweite Ableitung ist $f''(x) = 2(\cos^2(x) - \sin^2(x))$, also ist

$f''\left(\frac{\pi}{2}\right) = -2 < 0$. Die Funktion $f(x)$ nimmt in $x_0 = \frac{\pi}{2}$ ein Maximum an.

Aufgabe 6.18 Die ersten Ableitungen der Funktion $f(x)$ lauten

$$f^{(n)}(x) = m \cdot (m-1) \cdots (m-n+1) \cdot (1+x)^{m-n},$$

für $n = 1; 2; \ldots, m - 1$, und $f^{(m)}(x) = m!$.

Insbesondere ist also

$$f'(-1) = f''(-1) = \cdots = f^{(m-1)}(-1) = 0$$

und $f^{(m)}(-1) > 0$. Andere Nullstellen gibt es nicht. Damit hat man folgendes Ergebnis:Ist m ungerade, so hat die Funktion keine Extremalstelle, ist m gerade, so hat sie in $x_0 = -1$ ihre einzige Extremalstelle, und diese ist eine Minimalstelle.

Aufgabe 6.19

a) Die ersten Ableitungen dieser Funktion sind $g'(x) = -2x \cdot e^{-x^2}$ und $g''(x) = (-2 + 4x^2) \cdot$
e^{-x^2}. Die Nullstellen dieser zweiten Ableitung sind

$$x_{01} = \frac{-1}{\sqrt{2}} \text{ und } x_{02} = \frac{1}{\sqrt{2}}.$$

Als dritte Ableitung findet man

$$g'''(x) = \left(-2 + 4x^2\right) \cdot (-2x) \cdot e^{-x^2} + 8x \cdot e^{-x^2}.$$

Einsetzen von x_{01} und x_{02} liefert jeweils einen von 0 verschiedenen Wert, es handelt sich also in beiden Fällen um eine Wendestelle. Da die erste Ableitung an beiden Stellen nicht verschwindet, liegt kein Sattelpunkt vor.

b) Es ist $h'(x) = 3x^2 + 2$, $h''(x) = 6x$ und $h'''(x) = 6$. Wegen $h''(0) = 0$ und $h'''(0) \neq 0$ ist $x = 0$ eine Wendestelle. Da $h'(0) = 2 \neq 0$ ist, ist dies kein Sattelpunkt.

Aufgabe 6.20 Anwendung der Regel von l'Hopital liefert folgende Ergebnisse:

a) $\displaystyle\lim_{x \to \pi} \frac{\sin(x)}{\pi - x} = \lim_{x \to \pi} \frac{\cos(x)}{-1} = \frac{-1}{-1} = 1.$

b) $\displaystyle\lim_{x \to 0} \frac{x \cdot \sin(x)}{e^x - e^{-x}} = \lim_{x \to 0} \frac{x \cdot \cos(x) + \sin(x)}{e^x + e^{-x}} = \frac{0}{2} = 0.$

c) $\displaystyle\lim_{x \to 0} \frac{\ln(x^2)}{(\ln(x))^2} = \lim_{x \to 0} \frac{\frac{1}{x^2} \cdot 2x}{2\ln(x) \cdot \frac{1}{x}} = \lim_{x \to 0} \frac{1}{\ln(x)} = 0.$

13.7   Kapitel 7

Aufgabe 7.1 Die Punkte ξ_i lauten hier

$$\xi_i = x_i = i \cdot \frac{b}{n} \text{ für } i = 1, \ldots, n.$$

An die Stelle von (7.4) tritt nun

$$F_n(f) = \sum_{i=1}^{n} i \cdot \frac{b}{n} \cdot \frac{b}{n} = \frac{b^2}{n^2} \cdot \sum_{i=1}^{n} i.$$

Wegen

$$\sum_{i=1}^{n} i = \frac{n(n+1)}{2}$$

ist

$$F_n(f) = \frac{b^2}{n^2} \cdot \frac{n(n+1)}{2} = \frac{b^2}{2} + \frac{b^2}{2n},$$

also

$$\int_0^b x\, dx = \lim_{n\to\infty} F_n(f) = \frac{b^2}{2}.$$

Aufgabe 7.2 Eine Stammfunktion ist

$$F(x) = \ln(|x|) + e^x - \frac{x^4}{4}.$$

Aufgabe 7.3 Jede Stammfunktion hat die Form $F(x) = x^2 + x + C$, die Bedingung $F(0) = 3$ liefert $C = 3$, also $F(x) = x^2 + x + 3$.

Aufgabe 7.4

a) $\displaystyle\int_0^2 2x\, dx = x^2 \Big|_0^2 = 4.$

b) $\displaystyle\int_{-\pi}^{\pi} -\sin(x)\, dx = \cos(x) \Big|_{-\pi}^{\pi} = -1 - (-1) = 0.$

c) $\displaystyle\int_1^e \frac{1}{x}\, dx = \ln(x) \Big|_1^e = 1.$

Aufgabe 7.5

a) $\displaystyle\int \frac{2 + x^2}{1 + x^2}\, dx = \int \frac{1 + (1 + x^2)}{1 + x^2}\, dx = \arctan(x) + x + C.$

b) $\displaystyle\int_1^2 \frac{x \cdot e^x - 1}{x}\, dx = \int_1^2 e^x - \frac{1}{x}\, dx = e^x - \ln(x) \Big|_1^2 = e^2 - e - \ln(2).$

Aufgabe 7.6
a) Es ist

$$\int x \cdot \cos(x)\, dx = x \cdot \sin(x) + \cos(x).$$

b) Zweifache partielle Integration liefert hier

$$\int_0^1 \left(x^2 - x + 1\right) \cdot e^x dx = \left(x^2 - 3x + 4\right) \cdot e^x \Big|_0^1 = 2e - 4.$$

c) Ein Zwischenergebnis ist

$$\int \sin(x) \cdot \cos(x) dx = \sin^2(x) - \int \sin(x) \cdot \cos(x) dx.$$

Löst man dies nach $\int \sin(x) \cdot \cos(x) dx$ auf, erhält man

$$\int \sin(x) \cdot \cos(x) dx = \frac{1}{2}\sin^2(x).$$

Aufgabe 7.7

a) $\int_0^1 (3x - 3)^3 \, dx = \dfrac{(3x-3)^4}{12} \Bigg|_0^1 = -\dfrac{27}{4}.$

b) $\int (ax + b)^n \, dx = \dfrac{1}{a} \cdot \dfrac{(ax+b)^{n+1}}{n+1}.$

c) $\int e^{2x-1} dx = \dfrac{1}{2} e^{2x-1}.$

d) $\int \dfrac{\ln(x)}{x} dx = \dfrac{(\ln(x))^2}{2}.$

Aufgabe 7.8

a) $\int \dfrac{18x}{(x-1)(x+2)^2} \, dx = \int \dfrac{2}{x-1} dx - \int \dfrac{2}{x+2} dx + \int \dfrac{12}{(x+2)^2} dx$

$$= 2\ln\left(|x-1|\right) - 2\ln\left(|x+2|\right) - \dfrac{12}{x+2} + C.$$

b) Die Zerlegung lautet

$$\dfrac{6x^2 - x + 1}{x \cdot (x-1) \cdot (x+1)} = -\dfrac{1}{x} + \dfrac{3}{x-1} + \dfrac{4}{x+1},$$

das gesuchte Integral somit

$$\int \dfrac{6x^2 - x + 1}{x \cdot (x-1) \cdot (x+1)} dx = -\ln|x| + 3\ln|x-1| + 4\ln|x+1| + C.$$

c) Der Nenner hat die dreifache Nullstelle $x_1 = -2$; die Zerlegung lautet

$$\frac{x^2 + 2x + 3}{x^3 + 6x^2 + 12x + 8} = \frac{1}{x+2} - \frac{2}{(x+2)^2} + \frac{3}{(x+2)^3},$$

das gesuchte Integral ist daher

$$\int \frac{x^2 + 2x + 3}{x^3 + 6x^2 + 12x + 8} dx$$

$$= \ln|x+2| + \frac{2}{x+2} - \frac{3}{2} \cdot \frac{1}{(x+2)^2} + C.$$

Aufgabe 7.9 Es ist

$$\frac{x^3 + x + 1}{(x^2 + 1)^2} = \frac{x}{x^2 + 1} + \frac{1}{(x^2 + 1)^2}.$$

Aufgabe 7.10 Eine Polynomdivision liefert die Zerlegung

$$\frac{x^3 - 2x^2 + 2x}{(x-1)^2} = x + \frac{x}{x^2 - 2x + 1}.$$

Partialbruchzerlegung des zweiten Summanden ergibt

$$\frac{x}{x^2 - 2x + 1} = \frac{1}{x-1} + \frac{1}{(x-1)^2},$$

somit ist

$$\int \frac{x^3 - 2x^2 + 2x}{(x-1)^2} dx = \frac{x^2}{2} + \ln(|x-1|) - \frac{1}{x-1} + C.$$

Aufgabe 7.11

a) Eine Stammfunktion ist $2\sqrt{x-2}$, daher lautet das gesuchte Integral

$$\int_2^3 \frac{1}{\sqrt{x-2}} dx = \lim_{a \to 2} \int_a^3 \frac{1}{\sqrt{x-2}} dx = \lim_{a \to 2} \left(2 - 2\sqrt{2-a} \right) = 2.$$

b) Hier ist $-2 \cdot x^{-\frac{1}{2}}$ eine Stammfunktion. Das gesuchte uneigentliche Integral ist somit

$$\int_1^\infty \frac{1}{\sqrt{x^3}} dx = \lim_{b \to \infty} \int_1^b \frac{1}{\sqrt{x^3}} dx = \lim_{b \to \infty} \left(-2 \cdot b^{-\frac{1}{2}} + 2 \right) = 2.$$

c) Stammfunktion ist hier $2\sqrt{x}$, da dieser Ausdruck für x gegen unendlich ebenfalls gegenunendlich geht, existiert kein uneigentliches Integral.

d) Mithilfe partieller Integration ermittelt man die Stammfunktion $-x \cdot e^{-x} - e^{-x}$. Damit erhält man:

$$\int_0^\infty x \cdot e^{-x} dx = \lim_{b \to \infty} \int_0^b x \cdot e^{-x} dx$$

$$= \lim_{b \to \infty} -x \cdot e^{-x} - e^{-x} \Big|_0^b$$

$$= \lim_{b \to \infty} -b \cdot e^{-b} - e^{-b} + 1 = 1.$$

Aufgabe 7.12

a) Hier ist $F'(x) = f(x)$, also

$$\sqrt{1 + \left(F'(x)\right)^2} = \sqrt{1 + \left(4x^4 - 1\right)} = 2x^2.$$

Damit ist die gesuchte Länge L gleich

$$L = \int_1^2 2x^2 \, dx = \frac{2}{3} x^3 \Big|_1^2 = \frac{14}{3}.$$

b) Zunächst berechnet man

$$f'(x) = \frac{x^2}{2} - \frac{1}{2x^2}.$$

Also ist

$$\sqrt{1 + \left(f'(x)\right)^2} = \sqrt{1 + \left(\frac{x^2}{2} - \frac{1}{2x^2}\right)^2}$$

$$= \sqrt{\left(\frac{x^2}{2} + \frac{1}{2x^2}\right)^2} = \frac{x^2}{2} + \frac{1}{2x^2},$$

und die gesuchte Länge ist

$$L = \int_1^2 \frac{x^2}{2} + \frac{1}{2x^2} \, dx = \frac{17}{12}.$$

Aufgabe 7.13

a) Das gesuchte Volumen ist

$$V = \pi \cdot \int_0^a \left(\sqrt{x}\right)^2 dx = \pi \cdot \int_0^a x \, dx$$

$$= \pi \cdot \frac{a^2}{2}.$$

b) Man benutzt die Funktion $f(x) = \dfrac{r}{h} \cdot x$ über dem Intervall $[0, h]$. Das Volumen des entstehenden Rotationskörpers ist

$$V = \pi \cdot \int_{o}^{h} \frac{r^2}{h^2} \cdot x^2 dx = \pi \cdot \frac{r^2}{h^2} \cdot \left. \frac{x^3}{3} \right|_{0}^{h} = \pi \cdot r^2 \cdot \frac{h}{3}.$$

13.8   Kapitel 8

Aufgabe 8.1 Es ist

$$\lim_{p \to \infty} \frac{p}{(p+1)} = 1,$$

also konvergiert die Reihe, und der Reihenwert ist 1.

Aufgabe 8.2 Man setzt $q = \dfrac{1}{2}$ und wertet die geometrische Reihe aus. Dies ergibt zunächst

$$\sum_{i=0}^{\infty} \left(\frac{1}{2} \right)^i = \frac{1}{1 - \dfrac{1}{2}} = 2.$$

Nun muss man beachten, dass die Schokoladenhalbierung mit dem Summanden $\dfrac{1}{2}$ (und nicht 1) beginnt, man muss also die Summation mit $i = 1$ beginnen, das heißt, vom Ergebnis noch 1 abziehen. Dies liefert

$$\sum_{i=1}^{\infty} \left(\frac{1}{2} \right)^i = 2 - 1 = 1.$$

Aufgabe 8.3
a) Die Folge der Summanden geht nicht gegen 0, damit kann die Reihe nicht konvergieren.
b) Das Quotientenkriterium liefert:

$$\lim_{i \to \infty} \left| \frac{10^{i+1} \cdot i!}{(i+1)! \cdot 10^i} \right| = \lim_{i \to \infty} \left| \frac{10}{i+1} \right| = 0.$$

Die Reihe konvergiert also.
c) Den Summanden 2^{-i} kann man umschreiben in

$$2^{-i} = \frac{1}{2^i} = \left(\frac{1}{2} \right)^i.$$

Die vorgelegte Reihe ist also eine geometrische Reihe (mit $q = \dfrac{1}{2}$) und somit konvergent.

d) Es gilt $\cos(i\pi) = (-1)^i$, somit ist diese Reihe gerade die alternierende harmonische Reihe, und diese konvergiert.

Aufgabe 8.4

a) Die Reihe der Beträge dieser Reihe lautet

$$\sum_{i=1}^{\infty} \frac{1}{i(i+1)},$$

und diese konvergiert, wie in Aufgabe 8.1 gezeigt wurde. Somit ist die Reihe

$$\sum_{i=1}^{\infty} (-1)^i \, \frac{1}{i(i+1)}$$

absolut konvergent.

b) Nach Beispiel 8.5 konvergiert die Reihe

$$\sum_{i=1}^{\infty} \frac{1}{i^2}.$$

Da aber für alle $n \geq 2$ gilt:

$$\frac{1}{i^n} \leq \frac{1}{i^2},$$

konvergiert die Reihe

$$\sum_{i=1}^{\infty} \frac{1}{i^n}$$

nach dem Majorantenkriterium absolut.

Aufgabe 8.5

a) Hier ist $c_i = \dfrac{1}{2^i}$, der Konvergenzradius r ist damit

$$r = \lim_{i \to \infty} \left| \frac{2^{i+1}}{2^i} \right| = 2.$$

b) Hier ist

$$r = \lim_{i \to \infty} \left| \frac{10^i \cdot (i+1)!}{i! \cdot 10^{i+1}} \right| = \lim_{i \to \infty} \frac{i+1}{10} = \infty.$$

Die Reihe konvergiert also für alle reellen Zahlen x.

Aufgabe 8.6 In beiden Teilaufgaben bestimmt man zunächst den Konvergenzradius r und untersucht danach die Randpunkte.

a) Hier ist

$$r = \lim_{i \to \infty} \left| \frac{(i+1)^4 \cdot 4(i+1)}{i^4 \cdot 4i} \right| = \lim_{i \to \infty} \frac{(i+1)^5}{i^5} = 1.$$

Die Reihe konvergiert also für $-1 < x + 2 < 1$, d. h. $-3 < x < -1$.
Für $x = -3$ erhält man die Reihe

$$\sum_{i=1}^{\infty} \frac{(-1)^i}{i^4 \cdot 4i},$$

die nach dem Leibniz-Kriterium konvergiert, für $x = -1$ erhält man

$$\sum_{i=1}^{\infty} \frac{1}{i^4 \cdot 4i},$$

die nach dem Majorantenkriterium konvergiert. Der Konvergenzbereich der Reihe ist also das Intervall $[-3, -1]$.

b) Der Konvergenzradius ist hier

$$r = \lim_{i \to \infty} \left| \frac{i \cdot 3^{i+1}}{(i+1) \cdot 3^i} \right| = \lim_{i \to \infty} \frac{3i}{i+1} = 3.$$

Die Reihe konvergiert also für $-3 < x < 3$: Für $x = -3$ erhält man die Reihe

$$\sum_{i=1}^{\infty} \frac{i}{3^i} \cdot (-3)^i = \sum_{i=1}^{\infty} (-1)^i \cdot i,$$

für $x = 3$

$$\sum_{i=1}^{\infty} \frac{i}{3^i} \cdot 3^i = \sum_{i=1}^{\infty} i.$$

Beide konvergieren nicht, da die Summanden nicht gegen 0 gehen. Der Konvergenzbereich der Reihe ist also das Intervall $(-3, 3)$.

Aufgabe 8.7 In der Notation von Satz 8.11 ist hier

$$c_j = \frac{1}{j!} \quad \text{und} \quad b_{i-j} = \frac{1}{(i-j)!}.$$

Es folgt also nach demselben Satz

$$d_i = \sum_{j=0}^{i} \frac{1}{j!(i-j)!} = \frac{1}{i!} \sum_{j=0}^{i} \frac{i!}{j!(i-j)!} = \frac{1}{i!} \sum_{j=0}^{i} \binom{i}{j}.$$

Wegen

$$\sum_{j=0}^{i} \binom{i}{j} = 2^i$$

folgt

$$d_i = \frac{2^i}{i!}.$$

Somit lautet die gesuchte Produktreihe

$$\left(\sum_{i=0}^{\infty} \frac{x^i}{i!} \right)^2 = \sum_{i=0}^{\infty} \frac{2^i}{i!} \cdot x^i.$$

Der Konvergenzradius dieser Reihe ist

$$r = \lim_{i \to \infty} \left| \frac{2^i \cdot (i+1)!}{2^{i+1} \cdot i!} \right| = \lim_{i \to \infty} \frac{i+1}{2} = \infty,$$

die Reihe konvergiert also für alle $x \in \mathbb{R}$. Das kann man natürlich auch direkt aus Satz 8.11 schließen.

Aufgabe 8.8 Die Ableitung darf man summandenweise vornehmen, es ergibt sich

$$\sum_{i=1}^{\infty} i \cdot x^{i-1}. \tag{13.5}$$

Da die geometrische Reihe die Funktion $1/(1-x)$ darstellt, stellt die Reihe in (13.5) deren Ableitung dar, also

$$\frac{1}{(1-x)^2}$$

(vgl. Beispiel 8.8).

Aufgabe 8.9
a) Für die Funktion $f(x) = e^x$ gilt für alle $i \in \mathbb{N}$: $f^{(i)}(x) = e^x$. Damit sind aber auch alle Ableitungen an der Stelle $x = 1$ gleich, es gilt: $f^{(n)}(1) = e$. Die gesuchte Taylor-Reihe lautet also:

$$T_e(x) = \sum_{i=0}^{\infty} \frac{e}{i!} \cdot (x-1)^i.$$

b) Man berechnet mithilfe der Produktregel:

$$f'(x) = x \cdot \frac{1}{x} + \ln(x) = 1 + \ln(x), \quad f''(x) = \frac{1}{x},$$

$$f'''(x) = -\frac{1}{x^2}, \quad f''''(x) = \frac{2}{x^3}.$$

Hieraus folgt für die Werte am Entwicklungspunkt $x_0 = 1$:

$$f(1) = 0, f'(1) = 1, f''(1) = 1, f'''(1) = -1, f''''(1) = 2$$

und somit das gesuchte Taylor-Polynom

$$T_{f,4}(x) = (x-1) + \frac{1}{2}(x-1)^2 - \frac{1}{6}(x-1)^3 + \frac{1}{12}(x-1)^4.$$

Aufgabe 8.10 Die benötigte fünfte Ableitung der Funktion lautet

$$f^{(5)}(x) = \frac{-6}{x^4}.$$

Der gesuchte Fehler $R_4(2)$ wird gegeben durch die Formel

$$R_4(2) = \frac{f^{(5)}(\xi)}{5!} \cdot (2-1)^5 = \frac{-6}{\xi^4 \cdot 120} = \frac{-1}{20 \cdot \xi^4}.$$

Dieser Wert wird betragsmäßig am größten, wenn der Nenner am kleinsten ist, und da ξ zwischen 1 (Entwicklungspunkt) und 2 (x-Wert) liegt, ist das für $\xi = 1$ der Fall. Somit lautet die gesuchte Abschätzung:

$$|R_4(2)| \le \frac{1}{20}.$$

Aufgabe 8.11

a) Die kleinste Periode der Cosinusfunktion ist 2π, durch den Vorfaktor 2 verkürzt sich diese zu π, denn es gilt für alle x:

$$f(x+\pi) = \cos(2(x+\pi)) = \cos(2x+2\pi) = \cos(2x) = f(x).$$

b) Mit den gleichen Überlegungen wie in Teil a) findet man heraus, dass die Funktion $\cos\left(\frac{x}{2}\right)$ die Periode 4π und die Funktion $\sin\left(\frac{x}{3}\right)$ die Periode 6π hat. Die Gesamtfunktion, also die Summe dieser beiden Funktionen, wiederholt sich daher zum ersten Mal nach 12π, dies ist also die gesuchte kleinste Periode.

c) Für alle $x \in \mathbb{R}$ hat die Sinusfunktion die Eigenschaft $\sin(x + \pi) = -\sin(x)$. Durch das Quadrieren fällt das Minuszeichen weg, und somit gilt:

$$h(x+\pi) = \sin^2(x+\pi) = \sin^2(x) = h(x).$$

Die gesuchte kleinste Periode ist also π.

Aufgabe 8.12 Die in Beispiel 8.12 c) definierte Sägezahnfunktion $s(x)$ hat die Periode 1. Mithilfe der unmittelbar vor der Aufgabe stehenden Bemerkung hat daher die Funktion

$$\tilde{s}(x) = \frac{x}{2\pi} - \left\lfloor \frac{x}{2\pi} \right\rfloor$$

die gewünschte Periode 2π.

Aufgabe 8.13

a) Zunächst findet man

$$a_0 = \frac{1}{\pi} \cdot \int_0^{2\pi} x\, dx = \frac{1}{\pi} \cdot \frac{1}{2} x^2 \Big|_0^{2\pi} = 2\pi.$$

Für $n \geq 1$ findet man die a_n mithilfe partieller Integration:

$$a_n = \frac{1}{\pi} \cdot \int_0^{2\pi} x \cdot \cos(nx)\, dx$$

$$= \frac{1}{\pi} \cdot \left(\frac{x}{n} \cdot \sin(nx) \Big|_0^{2\pi} - \frac{1}{n} \cdot \int_0^{2\pi} \sin(nx)\, dx \right) ss$$

$$= \frac{1}{\pi} \cdot \left(0 + \frac{1}{n^2} \cdot \cos(nx) \Big|_0^{2\pi} \right) = 0$$

Analog berechnet man die Koeffizienten b_n für $n \geq 1$:

$$b_n = \frac{1}{\pi} \cdot \int_0^{2\pi} x \cdot \sin(nx)\, dx$$

$$= \frac{1}{\pi} \cdot \left(\frac{-x}{n} \cdot \cos(nx) \Big|_0^{2\pi} + \frac{1}{n} \cdot \int_0^{2\pi} \cos(nx)\, dx \right)$$

$$= \frac{1}{\pi} \cdot \left(\frac{-2\pi}{n} + \frac{1}{n^2} \cdot \sin(nx) \Big|_0^{2\pi} \right) = -\frac{2}{n}.$$

Die Fourier-Reihe lautet somit:

$$f(x) = \pi - 2 \sum_{n=1}^{\infty} \frac{\sin(nx)}{n}.$$

b) Wegen der Betragsbildung ist die Funktion gerade, daher gilt $b_n = 0$ für alle $n \in \mathbb{N}$. Die Berechnung der a_n erfolgt nach der Formel; es ist also

$$a_n = \frac{1}{\pi} \cdot \int_0^{2\pi} |\sin(x/2)| \cdot \cos(nx)\, dx.$$

Wenn sich x im Integrationsbereich zwischen 0 und 2π bewegt, dann bewegt sich $x/2$ im Bereich zwischen 0 und π. Dort ist aber Sinus niemals negativ, und das bedeutet, dass man die Betragsstriche um den Sinus einfach weglassen kann; es ist also

$$a_n = \frac{1}{\pi} \cdot \int_0^{2\pi} \sin(x/2) \cdot \cos(nx) \, dx.$$

Benutzt man nun den in der Aufgabe gegebenen Hinweis, so findet man, dass

$$a_n = \frac{1}{2\pi} \cdot \int_0^{2\pi} \sin\left(\left(n+\frac{1}{2}\right)x\right) + \sin\left(\left(-n+\frac{1}{2}\right)x\right) dx$$

ist. Integration und Zusammenfassen liefern:

$$a_n = \frac{1}{2\pi} \cdot \left(\frac{-1}{n+\frac{1}{2}} \cdot \cos\left(\left(n+\frac{1}{2}\right)x\right) - \frac{1}{-n+\frac{1}{2}} \cdot \cos\left(\left(-n+\frac{1}{2}\right)x\right) \right) \Bigg|_0^{2\pi}$$

$$= \frac{-4}{\pi} \cdot \frac{1}{4n^2 - 1}.$$

Die gesuchte Fourier-Reihe lautet somit

$$f(x) = \frac{2}{\pi} - \frac{4}{3\pi} \cdot \cos x - \frac{4}{15\pi} \cdot \cos(2x) - \cdots$$

Aufgabe 8.14 Hier ist für alle n:

$$b_n = \frac{2}{n} \text{ und } a_n = 0.$$

Somit ist $c_0 = 0$ und

$$c_n = \frac{-i}{n} \quad \text{und} \quad c_{-n} = \frac{i}{n} \text{ für } n = 1, 2, 3, \ldots$$

Um die Reihe übersichtlicher schreiben zu können, spalte ich sie nun in den positiven und negativen Indexbereich auf und erhalte:

$$F_f(x) = \sum_{n=-\infty}^{-1} \frac{-i}{n} \cdot e^{inx} + \sum_{n=1}^{\infty} \frac{-i}{n} \cdot e^{inx}.$$

Die erste Reihe kann man umschreiben zu:

$$\sum_{n=-\infty}^{-1} \frac{-i}{n} \cdot e^{inx} = \sum_{n=1}^{\infty} \frac{i}{n} \cdot e^{-inx},$$

und damit lautet das Ergebnis:

$$F_f(x) = \sum_{n=1}^{\infty}\left(\frac{i}{n}\cdot e^{-inx} - \frac{i}{n}\cdot e^{inx}\right) = \sum_{n=1}^{\infty}\frac{i}{n}\cdot\left(e^{-inx} - e^{inx}\right).$$

13.9 Kapitel 9

Aufgabe 9.1 Sind a und b zwei beliebige verschiedene Punkte aus I, so gilt nach dem Mittelwertsatz

$$\frac{v(b)-v(a)}{b-a} = v'(\xi)$$

mit einem Punkt ξ, der zwischen a und b liegt. Somit liegt ξ in I, und daher ist nach Voraussetzung $v'(\xi) = 0$. Also ist $v(b) = v(a)$, v hat also in a und b denselben Funktionswert, und da diese Punkte beliebig waren, heißt das: v hat auf dem ganzen Intervall I denselben Funktionswert, ist also dort konstant.

Aufgabe 9.2
a) Es ist

$$y(x) = c \cdot e^{(\ln(1/2)/T)\cdot x} = c\cdot\left(\frac{1}{2}\right)^{\frac{x}{T}}.$$

b) Aus a) folgt unmittelbar

$$y\big((n+1)T\big) = c\cdot\left(\frac{1}{2}\right)^{\frac{(n+1)T}{T}} = c\cdot\left(\frac{1}{2}\right)^{n+1} = \frac{1}{2}\cdot c\cdot\left(\frac{1}{2}\right)^{n} = \frac{1}{2}\cdot y(nT).$$

Aufgabe 9.3
a) Das ist keine Differenzialgleichung, da keine Ableitung von y auftritt.
b) Dies ist eine explizite Differenzialgleichung erster Ordnung.
c) Dies ist eine explizite Differenzialgleichung zweiter Ordnung, man kann sie in der Form

$$y'' = \frac{x}{1+x}$$

schreiben.

Aufgabe 9.4
a) Jede Lösung der Differenzialgleichung hat gemäß Beispiel 9.4 die Form $y(x) = a\sin(x) + b\cos(x)$. Einsetzen der Anfangsbedingungen liefert $a = b = 1$, also

$$y(x) = \sin(x) + \cos(x).$$

b) Die Lösung der Differenzialgleichung ist hier $y(x) = ae^{2x}$. Einsetzen des Anfangswertes ergibt $a = e^{-1}$, also

$$y(x) = e^{2x-1}.$$

Aufgabe 9.5

a) Die Lösung ist

$$y(x) = \pm\sqrt{\sin(x) + C}.$$

b) Dies ist keine Differenzialgleichung mit getrennten Variablen.

c) Umschreiben in $y' = x\,(y^2+1)$ zeigt, dass die Methode hier anwendbar ist. Die allgemeine Lösung der Differenzialgleichung lautet

$$y(x) = \tan\left(\frac{x^2}{2} + C\right).$$

Einsetzen der Anfangsbedingung liefert $C = \pi/4$, also

$$y(x) = \tan\left(\frac{x^2}{2} + \frac{\pi}{4}\right).$$

Aufgabe 9.6

a) Die Lösung der homogenen Gleichung lautet

$$y_h(x) = \frac{C}{x},$$

die Lösung der angegebenen Differenzialgleichung ist damit

$$y(x) = \frac{\sin(x) - x\cos(x) + K}{x}.$$

b) Die allgemeine Lösung der Differenzialgleichung ist

$$y(x) = \left(\frac{x^4}{4} + K\right) \cdot e^{-x^3},$$

damit lautet die gesuchte Lösung des Anfangswertproblems:

$$y(x) = \left(\frac{x^4}{4} + 1\right) \cdot e^{-x^3}.$$

Aufgabe 9.7 Die Lösung ist

$$y(x) = 2\tan(2x + K) - 4x - 1.$$

Aufgabe 9.8

a) Die beiden Funktionen sind offenbar linear unabhängig und lösen die homogene Differenzialgleichung, wie man durch Einsetzen verifiziert. Daher bilden sie ein Fundamentalsystem.

b) Zweimaliges Ableiten und Einsetzen der Ansatzfunktion $y(x) = a \cdot e^{-x}$ liefern

$$12a \cdot e^{-x} = e^{-x},$$

also $a = 1/12$.

c) Durch Kombination der Ergebnisse in a) und b) erhält man die allgemeine Lösung

$$y_a(x) = c_1 e^{2x} + c_2 e^{3x} + \frac{1}{12} \cdot e^{-x}.$$

Aufgabe 9.9

a) Das charakteristische Polynom lautet $p(\lambda) = \lambda^3 + \lambda^2 + \lambda + 1$ und hat die reelle Nullstelle $\lambda_1 = -1$. Daher ist $y(x) = e^{-x}$ eine Lösung der Differenzialgleichung.

b) Da in der Differenzialgleichung der Term y nicht vorkommt, ist $y(x) = 1$ eine Lösung.

Aufgabe 9.10 Die gesuchten Fundamentalsysteme sind:

a) $\{e^x, e^{-x}, xe^{-x}\}$,
b) $\{1, x, x^2, x^3\}$,
c) $\{e^{2x}, e^x, xe^x, x^2 e^x\}$.

Aufgabe 9.11

a) Die allgemeine Lösung lautet

$$y(x) = c_1 e^{2x} + c_2 x e^{2x},$$

die beiden Anfangsbedingungen ergeben dann die spezielle Lösung

$$y(x) = e^{2x}.$$

b) Die allgemeine Lösung lautet

$$y(x) = c_1 + c_2 e^{\frac{1}{2}x} + c_3 e^{-\frac{2}{5}x},$$

die Anfangsbedingungen ergeben dann die spezielle Lösung

$$y(x) = -1 + e^{\frac{1}{2}x}.$$

Aufgabe 9.12

a) Die allgemeine Lösung lautet

$$y(x) = c_1 e^{-2x} \cos(x) + c_2 e^{-2x} \sin(x).$$

b) Die allgemeine Lösung lautet

$$y(x) = c_1 e^{4x} \cos(5x) + c_2 e^{4x} \sin(5x),$$

die beiden Anfangsbedingungen ergeben dann die spezielle Lösung

$$y(x) = e^{4x} \cos(5x) - e^{4x} \sin(5x).$$

Aufgabe 9.13

a) Die Ansatzfunktion für die partikuläre Lösung ist $y_p(x) = b_2 x^2 + b_1 x + b_0$, die gesuchte allgemeine Lösung lautet

$$y(x) = c_1 e^{-2x} \cos(5x) + c_2 e^{-2x} \sin(5x) - x^2 + x + 2.$$

b) Die allgemeine Lösung ist

$$y(x) = c_1 + c_2 e^{4x} + \frac{3}{4} x \cdot e^{4x}.$$

c) Die Ansatzfunktion für die partikuläre Lösung ist $y_p(x) = bx^2 \cdot e^{-3x}$, die gesuchte allgemeine Lösung lautet

$$c_1 e^{-3x} + c_2 x \cdot e^{-3x} + \frac{3}{2} x^2 \cdot e^{-3x}.$$

Aufgabe 9.14 Die gesuchte Transformation ist

$$Y(s) = \int_0^\infty t \cdot e^{-st} dt.$$

Mittels partieller Integration kann man dies umformen zu

$$F(s) = -\frac{t}{s} \cdot e^{-st} \Big|_0^\infty + \frac{1}{s} \cdot \int_0^\infty e^{-st} dt$$

$$= 0 + \frac{1}{s} \cdot \left(-\frac{1}{s} \right) \cdot e^{-st} \Big|_0^\infty = 0 - \left(-\frac{1}{s^2} \right) = \frac{1}{s^2}.$$

Die Laplace-Transformierte von $y(t) = t$ ist also

$$Y(s) = \frac{1}{s^2}.$$

Aufgabe 9.15 Nach Definition ist

$$\mathcal{L}\{y'(t)\} = \int_0^\infty y'(t) \cdot e^{-st} dt.$$

Partielle Integration ergibt

$$\int_0^\infty y'(t) \cdot e^{-st} dt = y(t) \cdot e^{-st}\Big|_0^\infty - \int_0^\infty y(t) \cdot (-s) \cdot e^{-st} dt.$$

Einsetzen der Grenzen liefert das Endergebnis

$$-y(0) + s \cdot \int_0^\infty y(t) \cdot e^{-st} dt = -y(0) + s \cdot Y(s).$$

Aufgabe 9.16

a) Hier muss man Y wie folgt umschreiben:

$$Y(s) = \frac{1}{s^2+4} = \frac{1}{2} \cdot \frac{2}{s^2+4}.$$

Damit ist

$$y(t) = \frac{1}{2} \cdot \sin(2t).$$

b) Der Ansatz

$$\frac{s+3}{(s+1)(s+2)} = \frac{A}{s+1} + \frac{B}{s+2}$$

führt auf die Lösungen $A = 2$ und $B = -1$, also ist

$$Y(s) = \frac{2}{s+1} - \frac{1}{s+2}.$$

Somit ist die gesuchte Zeitfunktion hier

$$y(t) = 2 \cdot e^{-t} - e^{-2t}.$$

Aufgabe 9.17 Die Transformation der rechten Seite liefert

$$\mathcal{L}\{3t \cdot e^{-t}\} = 3 \cdot \frac{1}{(s+1)^2},$$

die der linken

$$s \cdot Y(s) - 2 + 4 \cdot Y(s) = Y(s) \cdot (s+4) - 2.$$

Gleichsetzen ergibt

$$Y(s) \cdot (s+4) - 2 = 3 \cdot \frac{1}{(s+1)^2},$$

also

$$Y(s) = \frac{2(s+1)^2 + 3}{(s+4)(s+1)^2}.$$

Eine Partialbruchzerlegung mit dem Ansatz

$$\frac{2(s+1)^2 + 3}{(s+4)(s+1)^2} = \frac{A}{s+1} + \frac{B}{(s+1)^2} + \frac{C}{s+4}$$

liefert

$$\frac{2(s+1)^2 + 3}{(s+4)(s+1)^2} = -\frac{1}{3} \cdot \frac{1}{s+1} + \frac{1}{(s+1)^2} + \frac{7}{3} \cdot \frac{1}{s+4}.$$

Die Zeitfunktion hiervon, also die gesuchte Lösung der Differenzialgleichung, ist somit

$$y(t) = -\frac{1}{3} \cdot e^{-t} + t \cdot e^{-t} + \frac{7}{3} \cdot e^{-4t}.$$

13.10 Kapitel 10

Aufgabe 10.1
a) Es ist $d(P_1, P_2) = 3$, $d(P_1, P_3) = \sqrt{11}$ und $d(P_2, P_3) = \sqrt{6}$.
b) Es handelt sich um die Kugel im $\mathbb{R}^3$ mit Mittelpunkt $(1, 0, 1)$ und Radius 1. Wegen

$$d\big((0,0,0),(1,0,1)\big) = \sqrt{2} > 1$$

liegt der Nullpunkt nicht in M.

Aufgabe 10.2 Wegen

$$\mathbf{x}_m = \left(1 - \frac{3}{m}, 3 + \frac{4}{m} \right)$$

gilt

$$d\left(\mathbf{x}_m,\bar{\mathbf{x}}\right)=\sqrt{\frac{9}{m^2}+\frac{16}{m^2}}=\frac{5}{m}.$$

Der Rest des Beweises verläuft analog Beispiel 10.3.

Aufgabe 10.3

a) Auf der y-Achse gilt $x = 0$, also haben alle Punkte auf dieser Achse den Funktionswert 0, und damit ist auch der Grenzwert der Funktionswerte auf dieser Achse gleich 0. Auf der Winkelhalbierenden gilt $x = y$, hier gilt also

$$f\left(x,y\right)=f\left(y,y\right)=\frac{y^2}{e^{y^2}-1}.$$

Mithilfe der l'hopitalschen Regel folgt

$$\lim_{y\to 0}\frac{y^2}{e^{y^2}-1}=\lim_{y\to 0}\frac{2y}{2ye^{y^2}}=\lim_{y\to 0}\frac{1}{e^{y^2}}=1.$$

Die Funktion hat also keinen Grenzwert in $(0, 0)$.

b) In Beispiel 10.5 c) wurde bereits gezeigt, dass der Funktionsteil in $x^2 + y^2 \leq 1$ stetig ist, ebenso ist natürlich die Konstante 0 außerhalb dieses Bereichs stetig. Noch zu zeigen ist, dass auch der Übergang zwischen beiden Bereichen stetig ist. Sei dazu (x, y) ein Punkt auf der Grenzlinie $x^2 + y^2 = 1$. Nähert sich eine Punktfolge von außen diesem Punkt, so ist die Folge ihrer Funktionswerte und damit auch deren Grenzwert 0. Nähert sich eine Punktfolge von innen diesem Punkt, so konvergiert die Folge ihrer Funktionswerte gegen

$$1-\left(x^2+y^2\right)=1-1=0.$$

Somit ist die Funktion stetig.

Aufgabe 10.4

a)
$$f_x\left(x, y\right)=\left(1-x\right)y\cdot e^{-(x+y)},$$
$$f_y\left(x, y\right)=\left(1-y\right)x\cdot e^{-(x+y)}.$$

b)
$$g_x\left(x, y, z\right)=3z\cos\left(3xz\right)\cdot\left(x^2+y+\frac{1}{z}\right)+2x\sin\left(3xz\right),$$

$$g_y\left(x, y, z\right)=\sin\left(3xz\right),$$

$$g_z\left(x, y, z\right)=3x\cos\left(3xz\right)\cdot\left(x^2+y+\frac{1}{z}\right)-\frac{1}{z^2}\sin\left(3xz\right).$$

c)
$$h_x(x, y, z) = y \cdot x^{y-1} \cdot z,$$
$$h_y(x, y, z) = \ln(x) \cdot x^y \cdot z,$$
$$h_z(x, y, z) = x^y.$$

Aufgabe 10.5 Die partiellen Ableitungen lauten

$$f_x(x,y) = (x+2) \cdot e^{x+2y} \text{ und } f_y(x,y) = (2x+2) \cdot e^{x+2y}.$$

Damit ist

$$t(x,y) = 2e + 3e(x-1) + 4ey.$$

Aufgabe 10.6

a) Es ist

$$f_x(x,y) = 2x + 2y \text{ und } f_y(x,y) = 3y^2 + 2x.$$

Damit ergeben sich die folgenden Ableitungen zweiter Ordnung:

$$f_{xx}(x,y) = 2, \quad f_{yy}(x,y) = 6y \text{ und } f_{xy}(x,y) = f_{yx}(x,y) = 2.$$

b) Es ist

$$g_x(x,y) = (1-x)ye^{-x-y} \text{ und } g_y(x,y) = (1-y)xe^{-x-y}.$$

Damit berechnet man:

$$g_{xx}(x,y) = (x-2)ye^{-x-y}, \quad g_{yy}(x,y) = (y-2)xe^{-x-y}$$

und

$$g_{yx}(x,y) = g_{xy}(x,y) = (1-x)(1-y)e^{-x-y}.$$

Aufgabe 10.7 Es ist

$$h_{xxy}(x,y) = h_{xyx}(x,y) = h_{yxx}(x,y) = 8y(1+4x^2)e^{2x^2}.$$

Aufgabe 10.8

a) Die partiellen Ableitungen wurden bereits in Übungsaufgabe 10.6 b) berechnet. Durch Nullsetzen der beiden ersten Ableitungen findet man die beiden Kandidaten

$$\mathbf{a}_1 = (0,0) \text{ und } \mathbf{a}_2 = (1,1).$$

Wegen $D_f(0, 0) = -1 < 0$ liegt hier kein Extremum vor. Weiterhin gilt

$$f_{xx}(1,1) = -e^{-2} < 0 \text{ und } D_f(1,1) = e^{-4} > 0,$$

daher nimmt die Funktion in (1, 1) ein lokales Maximum an.

b) Die ersten partiellen Ableitungen lauten

$$g_x(x,y) = 3x^2 - 3 \text{ und } g_y(x,y) = 3y^2 - 12.$$

Diese sind gleichzeitig 0, wenn $x = \pm 1$ und $y = \pm 2$ ist, es gibt also vier Kandidaten:

$$\mathbf{a}_1 = (1,2), \mathbf{a}_2 = (-1,2), \mathbf{a}_3 = (1,-2), \mathbf{a}_4 = (-1,-2).$$

Die Hesse-Matrix lautet

$$H_g(x,y) = \begin{pmatrix} 6x & 0 \\ 0 & 6y \end{pmatrix},$$

somit ist $D_g(x, y) = 36x\,y$. Für $\mathbf{a}_2 = (-1, 2)$ und $\mathbf{a}_3 = (1, -2)$ ist dieser Wert negativ, hier liegt also kein Extremum vor. In $\mathbf{a}_1 = (1, 2)$ hat die Funktion eine lokale Minimalstelle, in $\mathbf{a}_4 = (-1, -2)$ eine lokale Maximalstelle.

c) Die ersten partiellen Ableitungen sind hier

$$h_x(x,y) = 2xe^{-y} \quad \text{und} \quad h_y(x,y) = (2y - y^2 - x^2)e^{-y}.$$

Es ergeben sich die beiden Kandidaten

$$\mathbf{a}_1 = (0,0) \text{ und } \mathbf{a}_2 = (0,2).$$

Die Hesse-Matrix lautet

$$H_h(x,y) = \begin{pmatrix} 2e^{-y} & -2xe^{-y} \\ -2xe^{-y} & (2 - 4y + x^2 + y^2)e^{-y} \end{pmatrix}.$$

Wegen

$$H_h(0,0) = \begin{pmatrix} 2 & 0 \\ 0 & 2 \end{pmatrix} \text{ und } H_h(0,2) = \begin{pmatrix} 2e^{-2} & 0 \\ 0 & -2e^{-2} \end{pmatrix}$$

ist (0, 0) eine lokale Minimalstelle, in (0, 2) liegt kein Extremum vor.

d) Die ersten partiellen Ableitungen sind

$$k_x(x,y) = 2x - y + 9 \text{ und } k_y(x,y) = -x + 2y - 6.$$

Gleichzeitiges Nullsetzen dieser beiden Terme liefert die eindeutige Lösung $(x, y) = (-4, 1)$. Die Hesse-Matrix ist hier konstant:

$$H_k(x,y) = \begin{pmatrix} 2 & -1 \\ -1 & 2 \end{pmatrix}.$$

Sie ist positiv definit, daher liegt in (−4, 1) ein lokales Minimum vor.

Aufgabe 10.9 Einsetzen der Nebendingung $x^2 + z + 1$ in die Zielfunktion liefert

$$f(y,z) = y^2 + z^2.$$

Diese hat ihr einziges Minimum an der Stelle $(y, z) = (0, 0)$. Aus $x^2 = 1$ folgt $x = \pm 1$, also hat die Ausgangsfunktion die beiden Minimalstellen

$$(1,0,0) \text{ und } (-1,0,0).$$

Aufgabe 10.10 Da der Punkt P auf dem Kreis um 0 mit Radius 1 liegt, sind seine Koordinaten $P = \left(x, \sqrt{1 - x^2}\right)$. Die Fläche des Rechtecks ist somit

$$F(x) = x \cdot \sqrt{1 - x^2}$$

mit $0 < x < 1$. Dies ist eine univariate Funktion; mit den üblichen Methoden aus Kap. 6 findet man heraus, dass sie ihr einziges Maximum an der Stelle $x_0 = 1/\sqrt{2}$ annimmt. Die optimalen Koordinaten sind also

$$P = \left(\frac{1}{\sqrt{2}}, \frac{1}{\sqrt{2}}\right),$$

das optimale Rechteck ist somit ein Quadrat.

13.11 Kapitel 11

Aufgabe 11.1 Es gibt $32^3 = 32.768$ Möglichkeiten, die gesuchte Wahrscheinlichkeit ist somit

$$\frac{1}{32.768}.$$

Aufgabe 11.2 Hier ist $n = 6$ und $k = 3$. Die gesuchte Anzahl ist also

$$\binom{8}{3} = \frac{8!}{3! \cdot 5!} = 56.$$

Aufgabe 11.3 Die gesuchte Wahrscheinlichkeit ist

$$\frac{(7-5)!}{7!} = \frac{1}{3 \cdot 4 \cdot 5 \cdot 6 \cdot 7} = \frac{1}{2520} \approx 0,0003968.$$

Aufgabe 11.4 Der Trainer hat

$$\binom{7}{5} \cdot \binom{6}{5} \cdot \binom{2}{1} = \frac{7! \cdot 6! \cdot 2!}{5! \cdot 2! \cdot 5! \cdot 1! \cdot 1! \cdot 1!} = 252$$

Möglichkeiten.

Aufgabe 11.5

a) Es gibt $3^{11} = 177.147$ verschiedene Tipps.

b) Bei „5 aus 25" ist die Wahrscheinlichkeit für einen Haupttreffer gleich

$$\binom{25}{5}^{-1} = \frac{1}{53.130},$$

bei „4 aus 20" ist sie dagegen

$$\binom{20}{4}^{-1} = \frac{1}{4845},$$

also wesentlich höher.

c) Insgesamt haben die Fahrgäste

$$\frac{7!}{(7-4)!} = 840$$

Möglichkeiten.

d) Der Veranstalter hat

$$\binom{12}{4} \cdot \binom{8}{4} = \frac{12! \cdot 8!}{4! \cdot 8! \cdot 4! \cdot 4!} = 34.650$$

Möglichkeiten.

Aufgabe 11.6

a) Wurf einer geraden Zahl.

b) Wurf einer 3.

c) Dieses Ereignis ist unmöglich.

Aufgabe 11.7 Die Unvereinbarkeit der drei Ereignisse sieht man unmittelbar.
Die Einzelwahrscheinlichkeiten sind $p(A) = 1/6$, $p(B) = 1/3$, $p(C) = 1/6$. Somit ist

$$p(A) + p(B) = 1/2,$$
$$p(B) + p(C) = 1/2,$$
$$p(A) + p(C) = 1/3.$$

Dies erhält man auch durch Berechnung von $p(A \cup B)$, $p(B \cup C)$ und $p(A \cup C)$.

Aufgabe 11.8 Es sei $E =$„Schüler lernt Englisch" und $L =$„Schüler lernt Latein". Dann ist

$$p(E) = \frac{35}{50} = 0,7 \text{ und } p(L) = \frac{25}{50} = 0,5.$$

Da jeder Schüler mindestens eine Sprache erlernt, ist $p(E \cup L) = 1$. Es folgt:

a) $1 = p(E) + p(L) - p(E \cap L)$, also $p(E \cap L) = 0{,}2$,
b) $p(\text{„nur Englisch“}) = p(E) - p(E \cap L) = 0,5$,
c) $p(\text{„nur eine Sprache“}) = p(\text{„nur Englisch“}) + p(\text{„nur Latein“}) = 0{,}8$.

Aufgabe 11.9 Es sei S das Ereignis „hat die S-Bahn benutzt“ und B das Ereignis „war vor 9 Uhr im Büro“. Dann gilt

$$p(S) = \frac{6}{10} \text{ und } p(B) = \frac{7}{10}.$$

Weiterhin ist

$$p(B|S) = \frac{8}{10}.$$

Nach dem Multiplikationssatz ist $p(S|B) \cdot p(B) = p(B|S) \cdot p(S)$, also

$$p(S|B) = \frac{p(B|S) \cdot p(S)}{p(B)} = \frac{24}{35} \approx 0{,}686.$$

Aufgabe 11.10

a) Es ist $p(A_i) = \dfrac{1}{2}$ für alle i, außerdem gilt $p(A_i \cap A_j) = \dfrac{1}{4}$ für alle i und j. Daher ist

$$p(A_i \cap A_j) = \frac{1}{4} = \frac{1}{2} \cdot \frac{1}{2} = p(A_i) \cdot p(A_j)$$

für alle i und j.

b) Nein. Beispielsweise ist dann

$$p(A_2 \cap A_3) = \frac{1}{3} \neq \frac{2}{3}\frac{2}{3} = p(A_2) \cdot p(A_3).$$

Aufgabe 11.11 Es ist

$$p(a \le x \le b) = F_X(b) - \lim_{\substack{x \to a \\ x < a}} F_X(x)$$

und

$$p(a \le x < b) = \lim_{\substack{x \to b \\ x < b}} F_X(x) - \lim_{\substack{x \to a \\ x < a}} F_X(x).$$

Aufgabe 11.12 Die drei Einzelwahrscheinlichkeiten sind $p(X = 1) = 0{,}2$, $p(X = 2) = 0{,}2$ $\cdot 0{,}8 = 0{,}16$ und $p(X = 3) = 1 - p(X = 1) = p(X = 2)) = 0{,}64$. Die Verteilungsfunktion lautet also

$$F_X(x) = \begin{cases} 0, & \text{falls } x < 1, \\ 0,2, & \text{falls } 1 \le x < 2, \\ 0,36, & \text{falls } 2 \le x < 3, \\ 1, & \text{falls } 3 \le x. \end{cases}$$

Aufgabe 11.13 Hier ist $x_k = E(X)$ für $k = 1, 2, \ldots, 6$. Daher ist

$$V(X) = \sigma(X) = 0.$$

Aufgabe 11.14 Es ist

$$E(X) = \frac{1}{3}(1 + 4 + 13) = 6$$

und

$$V(X) = \frac{1}{3}(1 + 16 + 169) - 36 = 26.$$

Aufgabe 11.15 Hier ist $n = 20$ und $p = 0,95$. Damit folgt:

a) $p(X = 20) = 0,95^{20} \approx 0,358$,
b) $p(X = 16) \approx 0,013$,
c) $p(X < 18) = 1 - (p(X = 18) + p(X = 19) + p(X = 20)) \approx 0,075$.

Aufgabe 11.16 Hier ist

$$\lambda = \frac{15}{10} = 1,5.$$

Damit ist die gesuchte Wahrscheinlichkeit

$$p(X \ge 2) = 1 - (p(X = 0) + p(X = 1)) \approx 0,4422.$$

Aufgabe 11.17 Hier ist $\lambda = 2$. Es folgt

a) $p(X = 0) = e^{-2} \approx 0,1353$,
b) $p(X = 2) = 0,2707$,
c) $p(X > 5) = 1 - p(x \le 5) \approx 0,0166$.

Aufgabe 11.18 Es ist

$$E(X) = \int_0^1 x^2 dx + \int_1^2 (2-x)x\,dx = \frac{1}{3} + 3 - \frac{7}{3} = 1$$

und

$$V(X) = \int_0^1 (x-1)^2 x\,dx + \int_1^2 (x-1)^2 (2-x)\,dx = \frac{1}{6} = 0,1667.$$

Aufgabe 11.19 Mit der im Beispiel definierten standardnormalverteilten Zufallsgröße Y folgt:

a) $p(X > 5{,}03) = p(Y > 1{,}5) = 1 - p(Y \leq 1{,}5) = 1 - \Phi(1,5) = 0{,}0668$. Es sind also etwa 6,68 % Ausschuss zu erwarten.

b) $p(|X - 5| > 0{,}03) = p(X < 4{,}97) + p(X > 5{,}03) = p(Y < -1{,}5) = p(Y > 1{,}5) = 0{,}1336$. Es sind also etwa 13,36 % Ausschuss zu erwarten.

Aufgabe 11.20 Es ist

$$p\left(X > 125\right) = 1 - p\left(X \leq 125\right) = 1 - \Phi\left(\frac{125 - 120}{5}\right) = 1 - \Phi\left(1\right) = 0{,}1587.$$

Aufgabe 11.21 Es ergeben sich folgende Werte: $Q_{1/2} = 1950$, $Q_{1/4} = 1560$, $Q_{3/4} = 2300$, $\bar{x} = 2002{,}86$, $d_7 = 404{,}29$, $v_7 = 292.023{,}81$.

Aufgabe 11.22

a) Es ist

$$H_0 : p \geq \frac{1}{6} \text{ und } H_1 : p < \frac{1}{6}.$$

b) Mit den Daten aus Beispiel 11.39 folgt:

$$\mu - 1{,}64 \cdot \sigma = 1000 - 1{,}64 \cdot 28{,}87 = 952{,}65.$$

Der Würfel ist also vermutlich nicht gezinkt.

13.12 Kapitel 12

Aufgabe 12.1 Mit $x_0 = 1$ ist $x_1 = 0{,}54030$, also $|x_0 - x_1| = 0{,}45970$. Weiterhin ist nach Beispiel 12.3 $\varrho = |- \sin(1)| = 0{,}84147$.

a) Es ist festzustellen, für welches i erstmals die Ungleichung

$$\frac{\varrho^i}{1 - \varrho} \cdot |x_1 - x_0| \leq 10^{-2},$$

also

$$\varrho^i \leq \frac{1 - \varrho}{|x_1 - x_0|} \cdot 10^{-2} = 0{,}00345,$$

erfüllt ist. Entweder durch Logarithmieren oder Ausprobieren findet man heraus, dass dies für $i = 33$ gilt.

b) Es ist $x_{20} = 0,73918$. Mit $x_{19} = 0,73894$ folgt:

$$\frac{\varrho}{1-\varrho}\cdot\left|x_{20}-x_{19}\right|=0,00127.$$

Der Wert x_{20} ist also mit einem Fehler von höchstens etwa einem Tausendstel behaftet

Aufgabe 12.2

a) Das Verfahren lautet

$$x_{i+1}=x_i-\frac{x_i^m-a}{mx_i^{m-1}}\text{ für }i=0,1,2,\ldots$$

b) Hier ist $m = 3$ und $a = 7$, das Verfahren lautet also

$$x_{i+1}=x_i-\frac{x_i^3-7}{3x_i^2}\text{ für }i=0,1,2,\ldots$$

Wegen $2^3 = 8$ ist $x_0 = 2$ eine gute Wahl. Man erhält dann folgende Werte:

$$x_1=1,91666667, x_2=1,91293846, x_3=1,91293118.$$

c) Für $m = 1$ lautet das Verfahren: $x_{i+1} = x_i - (x_i - a) = a$, es liefert also im ersten Schritt das exakte Ergebnis.

Aufgabe 12.3 Mit dem Newton-Verfahren berechnet man die Nullstelle der Funktion $f(x) = \cos(x) - x$. Die Iteration lautet dann:

$$x_{i+1}=x_i+\frac{\cos\left(x_i\right)-x_i}{\sin\left(x_i\right)+1}.$$

Beginnend mit $x_0 = 1$ erhält man:

$$x_1=0,7504, x_2=0,7391, x_3=0,7391.$$

Aufgabe 12.4

a) Wegen $f'(x) = 6x^2 + 1 > 0$ ist die Funktion streng monoton steigend, kann also höchstens eine Nullstelle haben. Wegen $f(0) = -2 < 0$ und $f(1) = 1 > 0$ hat sie eine Nullstelle im Intervall $[0, 1]$.

b) Mit $x_0 = 1$ ergeben sich folgende Werte:

$$x_1=0,857143, x_2=0,835579, x_3=0,835123.$$

Aufgabe 12.5 Das Verfahren lautet

$$
x^{(k+1)} = \begin{pmatrix} 0 & -\dfrac{1}{6} & \dfrac{1}{6} \\ 0 & 0 & \dfrac{2}{5} \\ -\dfrac{1}{4} & 0 & 0 \end{pmatrix} x^{(k)} + \begin{pmatrix} \dfrac{7}{6} \\ -\dfrac{4}{5} \\ -\dfrac{11}{4} \end{pmatrix}, k = 0,1,2,\dots
$$

Verwendet man wie vorgegeben als Startvektor $x^{(0)}$ den Nullvektor, erhält man die Folgenden Werte:

k	$x_1^{(k)}$	$x_2^{(k)}$	$x_3^{(k)}$	$\max_i \left| x_i^{(k-1)} - x_i^{(k)} \right|$
0	0,0000	0,0000	0,0000	
1	1,6667	−0,8000	−2,7500	2,7500
2	0,8417	−1,9000	−3,0417	1,1000
3	0,9764	−2,0167	−2,9604	0,1347
4	1,0094	−1,9842	−2,9941	0,0337

Damit ist die gewünschte Genauigkeit erreicht und

$$
x^{(4)} = \begin{pmatrix} 1,0094 \\ -1,9842 \\ -2,9941 \end{pmatrix}
$$

ist die gesuchte Näherung an die exakte Lösung.

Aufgabe 12.6 Die Matrix lautet

$$
\begin{pmatrix} 6 & -1 & 0 & 2 \\ 0 & 2 & -1 & 0 \\ 1 & 1 & 3 & 0 \\ 0 & 3 & 0 & -4 \end{pmatrix}
$$

a) Wegen

$$
\max\left\{ \frac{1}{2}, \frac{1}{2}, \frac{2}{3}, \frac{3}{4} \right\} = \frac{3}{4} < 1
$$

ist das Zeilensummenkriterium erfüllt.

b) Wegen

$$
\max\left\{ \frac{1}{6}, \frac{5}{2}, \frac{1}{3}, \frac{1}{2} \right\} = \frac{5}{2} > 1
$$

ist das Spaltensummenkriterium nicht erfüllt.

Aufgabe 12.7 Das Verfahren lautet

$$
x^{(k+1)} = \begin{pmatrix} 0 & -\dfrac{1}{6} & \dfrac{1}{6} \\ 0 & 0 & \dfrac{2}{5} \\ 0 & 0 & 0 \end{pmatrix} x^{(k)} + \begin{pmatrix} 0 & 0 & 0 \\ 0 & 0 & 0 \\ -\dfrac{1}{4} & 0 & 0 \end{pmatrix} x^{(k+1)} + \begin{pmatrix} \dfrac{7}{6} \\ -\dfrac{4}{5} \\ -\dfrac{11}{4} \end{pmatrix}, k = 0,1,2,\dots
$$

Verwendet man wie vorgegeben als Startvektor $x^{(0)}$ den Nullvektor, erhält man die folgenden Werte:

k	$x_1^{(k)}$	$x_2^{(k)}$	$x_3^{(k)}$	$\max_i \left| x_i^{(k-1)} - x_i^{(k)} \right|$
0	0,0000	0,0000	0,0000	
1	1,6667	−0,8000	−3,0417	3,0417
2	0,7931	−2,0167	−2,9483	1,2167
3	1,0114	−1,9793	−3,0028	0,0545
4	0,9961	−2,0011	−2,9990	0,0218

Damit ist die gewünschte Genauigkeit erreicht und

$$
x^{(4)} = \begin{pmatrix} 0,9961 \\ -2,0011 \\ -2,9990 \end{pmatrix}
$$

ist die gesuchte Näherung an die exakte Lösung.

Aufgabe 12.8

a) Es ist

$$
\max_{i \in \{1,2,3\}} \sum_{\substack{j=1 \\ j \neq i}}^{3} \left| \frac{a_{ij}}{a_{ii}} \right| = \max \left\{ \frac{3}{4}, 1, \frac{1}{6} \right\} = 1,
$$

das Zeilensummenkriterium ist also nicht erfüllt (da das Maximum kleiner als 1 sein müsste).

b) Es ist

$$
\max_{j \in \{1,2,3\}} \sum_{\substack{i=1 \\ i \neq j}}^{3} \left| \frac{a_{ij}}{a_{jj}} \right| = \max \left\{ \frac{1}{4}, \frac{3}{4}, \frac{4}{6} \right\} = \frac{3}{4} < 1,
$$

das Spaltensummenkriterium ist also erfüllt.

Aufgabe 12.9 Das Verfahren lautet:

$$x^{(k+1)} = \begin{pmatrix} 0 & -\dfrac{1}{2} & -\dfrac{1}{4} \\[2mm] 0 & 0 & -\dfrac{3}{4} \\[2mm] 0 & 0 & 0 \end{pmatrix} x^{(k)} + \begin{pmatrix} 0 & 0 & 0 \\[2mm] \dfrac{1}{4} & 0 & 0 \\[2mm] 0 & \dfrac{1}{6} & 0 \end{pmatrix} x^{(k+1)} + \begin{pmatrix} \dfrac{1}{4} \\[2mm] -\dfrac{1}{4} \\[2mm] 0 \end{pmatrix}, k = 0,1,2,\ldots$$

Die berechneten Näherungen sind:

k	$x_1^{(k)}$	$x_2^{(k)}$	$x_3^{(k)}$	$\max_i \left| x_i^{(k-1)} - x_i^{(k)} \right|$
0	0,0000	0,0000	0,0000	
1	0,2500	−0,1875	−0,0313	0,2500
2	0,3516	−0,1387	−0,0231	0,1016
3	3,251	−0,1514	−0,0252	0,0264

Damit ist die gewünschte Genauigkeit erreicht.

Aufgabe 12.10 Die Aufgabe wird durch $p(x) = 1$ eindeutig gelöst.

Aufgabe 12.11 Es ist

$$L_0^3(x) = \frac{1}{-40}(x-1)(x-3)(x-4) = -\frac{1}{40}x^3 + \frac{1}{5}x^2 - \frac{19}{40}x + \frac{3}{10}$$

und

$$L_2^3(x) = -\frac{1}{8}(x+1)(x-1)(x-4) = -\frac{1}{8}x^3 + \frac{1}{2}x^2 + \frac{1}{8}x - \frac{1}{2}.$$

Aufgabe 12.12 Die Lösung lautet

$$p(x) = x^3 - x^2 + 1.$$

Aufgabe 12.13

a) Es ist

$$L_0^2(x) = \frac{x(x-2)}{3},\ L_1^2(x) = -\frac{(x+1)(x-2)}{2},\ L_0^2(x) = \frac{x(x+1)}{6}.$$

b) Die Summe dieser drei Polynome hat den konstanten Wert 1. Das kann man sich ganz allgemein überlegen, da es sich um ein Polynom zweiten Grades handelt, das an drei verschiedenen Stellen den Wert 1 hat, oder man kann es einfach zu Fuß ausrechnen:

$$L_0^2(x) + L_1^2(x) + L_2^2(x) = \frac{x(x-2)}{3} - \frac{(x+1)(x-2)}{2} + \frac{x(x+1)}{6}$$

$$= \frac{2(x^2 - 2x) - 3(x+1)(x-2) + (x^2 + x)}{6} = \frac{6}{6} = 1.$$

Aufgabe 12.14 Es ist die Interpolationsaufgabe

$$p(0) = 0, p\left(\frac{\pi}{2}\right) = 1, p(\pi) = 0$$

zu lösen. Das Ergebnis ist

$$p(x) = -\frac{4}{\pi^2} x^2 + \frac{4}{\pi} x.$$

Aufgabe 12.15

a) Die Werte lauten:

$$\Delta(-1) = 1, \Delta(1) = -1, \Delta(2) = 4, \Delta(5) = 1,$$
$$\Delta(-1,1) = -1, \Delta(1,2) = 5, \Delta(2,5) = -1,$$
$$\Delta(-1,1,2) = 2, \Delta(1,2,5) = -\frac{3}{2},$$
$$\Delta(-1,1,2,5) = -\frac{7}{12}.$$

b) Hier ist

$$\Delta(0) = 1, \Delta(1) = 2, \Delta(2) = 0, \Delta(3) = 1, \Delta(4) = -1,$$
$$\Delta(0,1) = 1, \Delta(1,2) = -2, \Delta(2,3) = 1, \Delta(3,4) = -2,$$
$$\Delta(0,1,2) = -\frac{3}{2}, \Delta(1,2,3) = \frac{3}{2}, \Delta(2,3,4) = -\frac{3}{2},$$
$$\Delta(0,1,2,3) = 1, \Delta(1,2,3,4) = -1,$$
$$\Delta(0,1,2,3,4) = -\frac{1}{2}.$$

Aufgabe 12.16 Der Punkt x_n hat Einfluss auf den Koeffizienten

$$b_n = \Delta(x_0, x_1, \ldots, x_n)$$

und somit auf das gesamte Interpolationspolynom.

Aufgabe 12.17 Es ist $\Delta(0) = 1$. Alle dividierten Differenzen zweiter und damit auch alle höherer Ordnung sind 0, und damit lautet das Polynom: $p(x) = 1$.

Aufgabe 12.18

a) Das Polynom lautet

$$p(x) = 1 - (x+1) + 2(x+1)(x-1) - \frac{7}{12}(x+1)(x-1)(x-2).$$

b) Das Polynom lautet

$$p(x) = 1 + x - \frac{3}{2}x(x-1) + x(x-1)(x-2) - \frac{1}{2}x(x-1)(x-2)(x-3).$$

Aufgabe 12.19

a) Zunächst berechnet man $\Delta(x_i) = ax_i^2 + bx_i + c$ für $i = 0, 1, 2$ und

$$\Delta(x_0, x_1) = \frac{a(x_0^2 - x_1^2) + b(x_0 - x_1)}{x_0 - x_1} = a(x_0 + x_1) + b$$

sowie

$$\Delta(x_1, x_2) = \frac{a(x_1^2 - x_2^2) + b(x_1 - x_2)}{x_1 - x_2} = a(x_1 + x_2) + b.$$

Also ist

$$\Delta(x_0, x_1, x_2) = a.$$

b) Einsetzen der Daten aus Teil a) liefert

$$p(x) = (ax_0^2 + bx_0 + c) + (a(x_0 + x_1) + b)(x - x_0) + a(x - x_0)(x - x_1)$$
$$= ax^2 + bx + c.$$

Dieses Ergebnis kann man natürlich auch mit der Eindeutigkeit des Interpolationspolynoms begründen, hier sollte es jedoch explizit berechnet werden.

Aufgabe 12.20 Hier ist $h = 0,125$. In der Notation von Beispiel 12.21 ergeben sich folgende Werte:

i	x_i	f_i	f_i
0	0,000	10000	
1	0,125		0,9846
2	0,250		0,9412
3	0,375		0,8767
4	0,500		0,8000
5	0,625		0,7191
6	0,750		0,6400
7	0,875		0,5664
8	1,000	0,5000	
Σ		1,5000	5,5280

Somit ist

$$T^{0,125} = \frac{0,125}{2} \cdot (1,5000 + 2 \cdot 5,5280) = 0,7848.$$

Aufgabe 12.21 Da mit $n = 4$ begonnen werden soll, ist $h = h_0 = 0,25$. Man erhält hierfür den Wert

$$T^{0,25} = 0,357515.$$

Mit der halbierten Schrittweite $h_1 = 0,125$ ergibt sich

$$T^{0,125} = 0,358726.$$

Wegen

$$\left| T^{0,25} - T^{0,125} \right| = 0,001211 > \varepsilon$$

ist die gewünschte Genauigkeit noch nicht erreicht (wenn auch knapp, aber knapp daneben ist auch vorbei).

Für $h_2 = 0,0625$ erhält man schließlich

$$T^{0,0625} = 0,359037.$$

Wegen

$$\left| T^{0,125} - T^{0,0625} \right| = 0,000311 < \varepsilon$$

ist die gewünschte Genauigkeit nun erreicht und $T^{0,0625} = 0,359037$ ist die gesuchte Näherung.

Aufgabe 12.22 Die gemäß der Simpson-Regel notierten Funktionswerte und deren Summen finden Sie in folgender Tabelle:

i	x_i	f_i	f_i	f_i
0	0,000	1,0000		
1	0,125		0,9846	
2	0,250			0,9412
3	0,375		0,8767	
4	0,500			0,8000
5	0,625		0,7191	
6	0,750			0,6400
7	0,875		0,5664	
8	1,000	0,5000		
Σ		1,5000	3,1468	2,3812

Somit ist

$$S^{0,125} = \frac{0,125}{3} \cdot (1,5000 + 4 \cdot 3,1468 + 2 \cdot 2,3812) = 0,7854.$$

Dieser Wert stimmt übrigens in allen angezeigten Stellen mit dem wahren Wert des

Integrals, nämlich $\dfrac{\pi}{4}$, überein.

Aufgabe 12.23 Für $2n = 4$, also $h = h_0 = 0,75$, erhält man folgende Tabelle:

i	x_i	f_i	f_i	f_i
0	$-1,00$	0,00000		
1	$-0,25$		0,01105	
2	0,50			0,12500
3	1,25		$-1,38107$	
4	2,00	0,00000		
Σ		0,00000	$-1,37002$	0,12500

Somit ist

$$S^{0,75} = \frac{0,75}{3} \cdot \left(4 \cdot (-1,37002) + 2 \cdot 0,12500\right) = -1,30752.$$

Halbierung der Schrittweite führt auf $h_1 = 0,375$. Die sich hierfür ergebende Tabelle sehen Sie hier:

i	x_i	f_i	f_i	f_i
0	$-1,000$	0,00000		
1	$-0,625$		0,22556	
2	$-0,250$			0,01105
3	0,125		0,00075	
4	0,500			0,12500
5	0,875		0,25637	
6	1,250			$-1,38107$
7	1,625		$-3,96438$	
8		0,00000		
Σ		0,00000	$-3,48170$	$-1,24502$

Dies führt auf die Näherung

$$S^{0,375} = \frac{0,375}{3} \cdot \left(4 \cdot (-3,48170) + 2 \cdot (-1,24502)\right) = -2,05211.$$

Ganz offensichtlich ist die gewünschte Genauigkeit noch nicht erreicht, und es muss mit der erneut halbierten Schrittweite $h_2 = 0,1875$ weitergerechnet werden. Auf die Angabe der Wertetabelle verzichte ich jetzt, ich denke, die können Sie nun schon längst selbst erstellen.

Als Näherungswert für das Integral ergibt sich

$$S^{0,1875} = \frac{0,1875}{3} \cdot \left(4 \cdot (-5,77971) + 2 \cdot (-4,72673)\right) = -2,03577.$$

Wegen

$$\left|S^{0,375} - S^{0,1875}\right| = \left|-2,05211 - (-2,03577)\right| = 0,01634$$

ist die gewünschte Genauigkeit leider immer noch nicht erreicht, und man muss noch eine Runde drehen.

Für $h_3 = 0,09375$ erhält man

$$S^{0,09375} = \frac{0,09375}{3} \cdot \left(4 \cdot (-11,02461) + 2 \cdot (-10,50644)\right) = -2,03473.$$

Wegen

$$\left|S^{0,1875} - S^{0,09375}\right| = \left|-2,03577 - (-2,03473)\right| = 0,00104 < \varepsilon$$

ist die gewünschte Genauigkeit nun endlich erreicht, und somit ist der Wert

$$S^{0,09375} = -2,03473$$

eine gute Näherung an das Integral

$$I = \int_{-1}^{2} x^3 \sin(\pi x)\,dx.$$

Literatur

Vor- und Brückenkurse

Dörsam, P.: Mathematik zum Studiumsanfang, 8. Aufl. pd, Heidenau (2014)
Fritzsche, K.: Mathematik für Einsteiger, 4. Aufl. Spektrum Akademischer, Heidelberg (2007)
Kemnitz, A.: Mathematik zum Studienbeginn, 11. Aufl. Springer-Spektrum, Heidelberg (2014)
Knorrenschild, M.: Vorkurs Mathematik, 4. Aufl. Hanser Fachbuch, München (2013)
Stingl, P.: Einstieg in die Mathematik für Fachhochschulen, 5. Aufl. Hanser Fachbuch, München (2013)
Walz, G., Zeilfelder, F., Rießinger, T.: Brückenkurs Mathematik, 5. Aufl. Springer-Spektrum, Heidelberg (2019)

Studienbegleitende Werke

Fetzer, A., Fränkel, H.: Mathematik 1/2: Lehrbuch für ingenieurwissenschaftliche Studiengänge (Bde 2), 11. Aufl. Springer, Heidelberg (2012)
Papula, L.: Mathematik für Ingenieure und Naturwissenschaftler (Bde 3). Vieweg und Teubner, Wiesbaden (2014)
Rießinger, T.: Mathematik für Ingenieure, 10. Aufl. Springer, Heidelberg (2017)
Stingl, P.: Mathematik für Fachhochschulen, 8. Aufl. Hanser Fachbuch, München (2009)

© Springer-Verlag GmbH Deutschland, ein Teil von Springer Nature 2020
G. Walz, *Mathematik für Hochschule und duales Studium*,
https://doi.org/10.1007/978-3-662-60506-6

Stichwortverzeichnis

© Springer-Verlag GmbH Deutschland, ein Teil von Springer Nature 2020
G. Walz, *Mathematik für Hochschule und duales Studium*,
https://doi.org/10.1007/978-3-662-60506-6